力学基础与工程技术前沿丛书

非线性振动

Nonlinear Vibrations

第二版

刘延柱　陈立群　编著

中国教育出版传媒集团

高等教育出版社 · 北京

内容简介

　　本书第一版曾为教育部研究生工作办公室推荐的研究生教学用书。书中系统地叙述了非线性振动的基本理论、研究方法以及各种典型的非线性振动现象。本书采用研究方法与振动类型两种体系兼顾的叙述方式，注意兼顾传统的非线性振动理论与近代非线性动力学的最新发展。全书除绪论以外共分六章。第一章叙述非线性振动的定性分析方法，包括运动稳定性理论和相平面方法。第二章系统地叙述非线性振动的各种近似解析方法。第三章自激振动和第四章参数振动中，则综合应用上述两种研究方法讨论了这两种重要的非线性振动类型。第五章分岔理论基础和第六章混沌振动是关于近代非线性动力学研究成果的系统介绍。各章的叙述以单自由度系统为主，也包含多自由度系统内容。书中的公式推导力求简练，并注意解释各种非线性振动现象的物理意义，以及与实际工程技术问题的紧密联系。各章均附有例题和习题。在附录中给出一些重要定理和方法的数学证明。书中还附有可供扫描下载计算机辅助教学课件的二维码。

　　本书可作为理工科高等院校非线性振动研究生课程的教材，也可供机械、航空、自动控制、无线电电子学等领域内的工程技术人员参考。

图书在版编目（CIP）数据

　　非线性振动 / 刘延柱，陈立群编著 . --2 版 . -- 北京：高等教育出版社，2024.4
　　ISBN 978−7−04−061580−7

　　Ⅰ.①非… Ⅱ.①刘… ②陈… Ⅲ.①非线性振动 -研究生 -教材 Ⅳ.① O322

　　中国国家版本馆 CIP 数据核字（2024）第 024691 号

FEI XIANXING ZHENDONG

| 策划编辑 | 王 超 | 责任编辑 | 王 超 | 封面设计 | 张雨微 | 版式设计 | 杨 树 |
| 责任绘图 | 于 博 | 责任校对 | 胡美萍 | 责任印制 | 朱 琦 | | |

出版发行	高等教育出版社	网　　址	http://www.hep.edu.cn
社　　址	北京市西城区德外大街4号		http://www.hep.com.cn
邮政编码	100120	网上订购	http://www.hepmall.com.cn
印　　刷	北京宏伟双华印刷有限公司		http://www.hepmall.com
开　　本	787mm×1092mm 1/16		http://www.hepmall.cn
印　　张	32.5	版　　次	2001 年 8 月第 1 版
字　　数	470 千字	版　　次	2024 年 4 月第 2 版
购书热线	010-58581118	印　　次	2024 年 4 月第 1 次印刷
咨询电话	400-810-0598	定　　价	89.00 元

本书如有缺页、倒页、脱页等质量问题，请到所购图书销售部门联系调换
版权所有　侵权必究
物 料 号　61580−00

《力学基础与工程技术前沿丛书》

主要符号表

a	振幅
A	振幅
$\boldsymbol{A}$	在零点计算的雅可比矩阵
B	激励幅值
c	黏性阻尼系数
cc	左边各项的共轭复数
C	平面域的边界曲线
$\boldsymbol{C}$	阻尼阵
codim g	函数 g 的余维数
d	维数
d_c	关联维数
d_i	信息维数
d_H	豪斯多夫维数
d_L	李雅普诺夫维数
d_p	点状维数
d_q	q 阶广义维数
D	平面域
D_n	第 n 阶偏微分算子
$\mathbf{D}_x\boldsymbol{f}(\boldsymbol{x}_0,\boldsymbol{\mu}_0)$	$\boldsymbol{f}$ 关于 $\boldsymbol{x}$ 的雅可比矩阵
E	保守系统的总机械能
E^c	中心子空间

E^{s}	稳定子空间
E^{u}	不稳定子空间
F	激励力的幅值
g_l	约化函数
$\boldsymbol{g}, g$	重力加速度
$\boldsymbol{G}$	陀螺阵
h	闭轨迹的特征指数
$h(x, \mu)$	戈鲁比茨基–沙弗范式
H	哈密顿函数
H_n^l	定义域和值域均为 R^n 的所有 l 次齐次多项式构成的线性空间
j	庞加莱指数
$\boldsymbol{J}$	雅可比矩阵
k	线性弹簧的刚度系数
$\boldsymbol{K}$	刚度阵
$\ker(\boldsymbol{A})$	矩阵 $\boldsymbol{A}$ 对应的线性变换的核空间
$\boldsymbol{L}^*$	矩阵 $\boldsymbol{L}$ 的复共轭转置
m	质量
$M(\tau)$	梅利尼科夫函数
$\boldsymbol{M}$	质量阵
$\boldsymbol{P}$	庞加莱映射
$R_x(\tau)$	自相关函数
$\text{range}(\boldsymbol{A})$	矩阵 $\boldsymbol{A}$ 对应的线性变换的值域
s	频率比
S	曲面或空间，吸引盆
S_j	第 j 个奇点
t	时间变量
T	周期运动的周期

T	保守系统的动能
T_n	第 n 阶尺度的时间变量
V	保守系统的势能
V	李雅普诺夫函数
$W^{\mathrm{c}}(\boldsymbol{x}_0)$	平衡点 $\boldsymbol{x}_0$ 的中心流形
$W^{\mathrm{s}}(\boldsymbol{x}_0)$	平衡点 $\boldsymbol{x}_0$ 的稳定流形
$W_{\mathrm{loc}}^{\mathrm{s}}(\boldsymbol{x}_0)$	平衡点 $\boldsymbol{x}_0$ 的局部稳定流形
$W^{\mathrm{u}}(\boldsymbol{x}_0)$	平衡点 $\boldsymbol{x}_0$ 的不稳定流形
$W_{\mathrm{loc}}^{\mathrm{u}}(\boldsymbol{x}_0)$	平衡点 $\boldsymbol{x}_0$ 的局部不稳定流形
$\boldsymbol{x}$	坐标，状态变量
α	不确定指数
Γ	相空间中的闭轨迹
ε	小参数
$\Phi_x(\omega)$	功率谱
θ	初相角，相位差
λ_i	特征值，李雅普诺夫指数
$\boldsymbol{\mu}$	分岔参数
$\boldsymbol{\mu}_0$	分岔值
σ	移位自同构
Σ_A	符号空间
ϕ	模态参数
ψ	相角
ω	周期运动的角频率
ω_0	线性系统的固有频率
Ω	角速度
$\oplus$	线性空间的直和

目　录

V

第二版序言

本书第一版曾作为理工科专业研究生教学用书使用，时隔二十年原版书早已售罄。鉴于理工科高等院校对非线性动力学课程的教学需要，有必要修订再版。此次修订仍保留原教材的体系和特点不变。参照教学实践中发现的问题和反馈的意见，对部分内容的处理做了调整和补充，更新了参考文献，改正了已发现的正文和习题答案中的错误，适当更换和增加了例题和习题。附录中增加了一些重要定理的数学证明。

如第一版序言所述，本书采用研究方法和振动类型两条主线相结合的叙述方式。第一章叙述非线性振动的定性分析方法，包括运动稳定性理论基础和相平面方法两部分。第二章介绍非线性振动的各种近似解析计算方法。鉴于非线性振动的近似解析计算常伴随烦琐的数学推导，修订时对推导过程作了适当的改进，使数学表达更为简明。第三章和第四章讨论自激振动和参数振动两种重要的振动类型。对这两种振动所做的分析和计算综合应用了前两章介绍的各种方法，并注意对各种非线性振动现象解释其物理过程和工程背景。第五章分岔理论基础侧重阐述降低分岔问题维数的方法和低维分岔系统的简化方法。第六章混沌振动主要叙述和分析混沌振动的数值方法、实验方法和解析方法，其中实验方法为此次修订时所增加。

为方便教学和自学，再版过程中作者还制作了计算机辅助教学课件。读者可扫描下面的二维码，下载配套的电子课件。

本书的第一至四章由刘延柱编写，绪论和第五、六章由陈立群编写。全书由刘延柱定稿。书稿承蒙北京航空航天大学陆启韶教授详细审阅并提出宝贵修改意见，作者谨表示衷心感谢。另外，北京信息科技大学戈新生教授协助了书

XV

稿的校对工作，白龙副教授协助绘制了书稿中的部分插图，在此一并感谢。书中的不当与疏失之处望读者不吝指正。

作者

2021 年 10 月

于上海交通大学和哈尔滨工业大学（深圳）

扫码下载本书电子课件

第一版序言

　　随着科学技术的发展，机械振动已成为各个工程领域内经常出现的重要问题。电子计算机的广泛使用和动态测量技术的进步也为复杂振动问题的解决提供了有力的工具。因此振动力学已成为工程技术人员必须具备的理论知识。机械、航空、土建、水利等工程专业的本科生在振动力学或与振动力学有关的其他课程中，已经获得了以线性振动理论为主要内容的振动力学基本知识。在线性常系数常微分方程理论基础上建立起来的线性振动理论是对振动现象的近似描述。线性振动理论只能在振幅足够小的特定情况下反映振动的客观规律。但实际的机械系统存在着各种非线性因素，在许多情况下，线性理论不能解释像自激振动、参数振动、多频响应、超谐和亚谐振动、内共振、跳跃现象和同步现象等复杂的振动现象。而上述各种非线性振动现象在现代工程技术中愈来愈频繁地出现。这就要求未来的工程师们不仅要掌握线性振动理论的基本知识，而且也要了解非线性振动的基本理论和分析、计算方法，以解决工程技术中的实际振动问题。

　　作者在所编著的教材《振动力学》（高等教育出版社 1998 年出版）中曾试图将线性振动和非线性振动纳入统一的理论体系，希望学生在本科生阶段就能了解非线性振动的初步知识，并在研究生阶段学习更系统深入的非线性振动理论。本书就是为此目的编写的研究生教材。主要内容来自《振动力学》的提高部分，以及作者于 1963 年在清华大学为工程力学专业编写的非线性振动讲义。在此基础上，根据国务院学位委员会学科评议组的审定意见，作了必要的补充和加深。对反映近代非线性动力学研究成果的分岔和混沌理论的内容，也作了适当的扩充。

非线性振动理论的叙述可以不同的研究方法为主线,也可以不同的振动类型为主线。本书采用两种主线相结合的叙述方式。全书除绪论以外共分六章。在第一章非线性振动的定性分析方法和第二章非线性振动的近似解析方法中,系统地介绍了非线性振动理论的两种基本的研究方法。在第三章自激振动和第四章参数振动中,则综合应用上述两种研究方法讨论了这两种重要的非线性振动现象。第五章分岔理论基础和第六章混沌振动是关于近代非线性动力学研究成果的系统介绍。虽然关于单自由度系统的讨论占书中的主要篇幅,但各相应章节都包含多自由度系统内容。在编写过程中,作者力图贯彻理论联系实际的原则,尽量使正文中的公式推导简练,注意解释非线性振动现象的物理意义,以及与实际工程技术问题的紧密联系。一些重要定理和方法的数学证明则放在附录中给出。各章均附有例题和习题,书末给出习题的参考答案。

本书的第一至四章由刘延柱编写,第五、六章由陈立群编写。全书由刘延柱定稿。书稿承蒙陆启韶教授详细审阅并提出许多宝贵意见,戈新生教授协助书稿的校对工作,作者谨表示衷心感谢。限于水平,书中的错误和不足之处恳请读者指正。

作者

2001 年 4 月

于上海交通大学

绪　论

§0.1　非线性振动的研究对象

在自然界、工程技术、日常生活和社会生活中, 普遍存在着物体的往复运动或状态的循环变化. 通常将这类现象称为**振荡**. 例如大海的波涛起伏、花的日开夜闭、钟摆的摆动、心脏的跳动、经济发展的高涨和萧条等形形色色的现象都具有明显的振荡特性. **振动**是一种特殊的振荡, 即平衡位置附近微小或有限的振荡. 如声波和超声波、工程技术中的机器和结构物的机械振动、无线电和光学中的电磁振荡等. 从最小的粒子到巨大的天体, 从简单的摆到复杂的生物体, 无处不存在振动现象. 有时人们力图防止或减小振动, 如建筑结构的隔振和车辆船舶的减振; 有时又力图制造和利用振动, 如振动输送、振动打桩、振动能量采集. 尽管振动现象的形式多种多样, 但有着共同的物理规律和统一的数学表达形式. 因此有可能建立统一的理论来进行研究, 即**振动力学**. 振动力学应用数学分析、实验量测和数值计算等方法, 探讨振动现象的机理、振动系统的特性及其激励与响应的关系, 为解决与振动有关的实际问题提供理论依据. 它是力学、声学、无线电电子学、自动控制理论等学科, 以及机械、航空、土木、水利等工程学科的理论基础之一.

根据描述振动的数学模型的不同, 振动理论区分为**线性振动理论**和**非线性振动理论**. 线性振动理论适用于线性系统, 即质量不变、弹性力和阻尼力与运动参数成线性关系的系统, 其数学描述为线性常系数微分方程. 线性振动理论是对振动现象的近似描述, 在振幅足够小的大多数情况下, 线性振动理论可以足够准确地反映振动的客观规律. 频率、振幅、相位、激励、响应、模态等都是在线性理论中建立起来的基本概念.

实际工程系统中广泛存在着各种非线性因素,如电场力、磁场力、万有引力等作用力非线性,法向加速度、科氏加速度等运动学非线性,非线性本构关系等材料非线性,弹性大变形等几何非线性等. 因此,工程实际中的振动系统绝大多数是非线性系统. 由于非线性微分方程尚无普遍有效的求解方法,而线性微分方程的数学理论已十分完善,因此将非线性系统以线性系统代替是工程中常用的有效方法,但仅限于一定的范围. 当非线性因素较强时,用线性理论得出的结果不仅误差过大,而且无法对自激振动、参数振动、多频响应、超谐和亚谐共振、内共振、跳跃和同步等现象作出解释. 而上述各种实际现象在现代工程技术中愈来愈频繁地出现. 早在 1940 年,美国塔科马 (Tacoma) 大桥因风载引起振动而坍塌的事故,就是典型的非线性振动引起破坏的例子. 因此有必要发展非线性振动理论,建立对非线性系统的计算方法,解释各种非线性现象的物理本质,以分析和解决工程技术中实际的非线性振动问题.

参数振动是一种特殊的振动形式,它的数学模型也可能是线性微分方程,但系数不是常数,而是时间的周期函数. 因此不属于常见的线性振动理论,也纳入非线性振动的研究范围.

§0.2　非线性振动的研究方法

非线性振动理论的研究目的是基于非线性振动系统的数学模型,在不同参数和初始条件下,确定系统运动的定性特征和定量规律. 非线性振动系统的数学模型为非线性微分方程. 与线性微分方程不同,非线性微分方程尚无普遍有效的求解方法,很难得到精确的解析解. 对于工程中的实际非线性振动问题,除采用实验方法进行研究以外,常用的理论研究方法为:几何方法、解析方法和数值方法.

几何方法是研究非线性振动的一种定性分析方法. 传统的几何方法是利用相平面内的相轨迹作为对运动过程的直观描述. 在常微分方程定性理论的基础上,根据相轨迹的几何性质判断微分方程解的性质. 利用相平面内的奇点和极限环作为平衡状态和孤立周期运动的几何表述. 因此, 关于奇点的类型和稳定性的研究, 关于极限环的存在性和稳定性的研究, 以及稳定性随参数变化的研究, 是传统几何方法讨论的主要内容. 几何方法的局限性是不能得到非线性振动的定量规律, 而且传统的几何方法通常难以推广到高维时变系统. 尽管如此, 几何方法仍在非线性振动研究中起着重要作用. 几何方法不仅能得到直观的定性结果, 而且可为其他研究方法提供理论依据.

在非线性振动理论的现代发展过程中, 几何方法有了新的研究内容. 现代几何方法也研究由数学抽象所得到的人为构建的几何结构, 它具有与真实非线性系统类似的性质. 例如在第六章关于混沌振动的讨论中, 就充分利用抽象的几何概念解释和预测非线性振动系统的一些复杂的动力学行为.

与几何方法有着密切联系的运动稳定性理论是定性分析方法的另一重要方面. 运动稳定性理论依据对微分方程性质的分析, 无需求解而直接判断所确定运动过程的性态. 将客观世界的正常状态, 如工程实践中机械系统的工作状态视为振动系统的稳态运动. 应用运动稳定性理论, 可以判断稳态运动的稳定性, 即判断受扰动后的运动是维持还是偏离稳态运动.

解析方法是研究非线性振动的定量分析方法. 即通过精确地或近似地寻求非线性微分方程的解析解, 得到非线性系统的运动规律, 以及对系统参数和初始条件的依赖关系. 非线性微分方程的精确解通常涉及非初等函数 (例如椭圆函数) 的引入和研究. 能够得到精确解的非线性系统称为**可积系统**, 这种系统的数量极其有限.

更常用的解析方法是近似解析方法. **近似解析方法**主要适用于弱非线性系统, 即与线性系统十分接近的非线性系统. 通常是以线性振动理论中得到的精确解为基础, 将非线性因素作为一种摄动, 求出近似的解析解. 最早的近似解析方法来源于天体力学中的摄动法, 也称为小参数法, 如正规摄动法和改进的林滋泰德–庞加莱法. 近似解析方法还包括其他形式, 如谐波平衡法、平均法、多尺度法和渐近法等. 这些近似解析方法原则上也可应用于特殊的强非线性系统. 如果存在与之相近而又精确可积的非线性系统, 则可对精确的非线性解进行摄动. 解析方法原则上对单自由度系统和多自由度同样适用. 对于用非线性偏微分方程描述的无穷多自由度的连续体振动,可利用模态的正交性或伽辽金方法化作只含时间自变量的非线性常微分方程组,然后利用近似解析方法进行处理. 也可直接对非线性偏微分方程进行摄动分析. 任何一种近似解析方法所得到的结果都是近似的结果,必须与其他方法互相印证. 解析方法的局限性是应用范围十分有限,仅用于讨论可积和接近可积系统的平衡和周期运动. 而且解析方法得到的解未必具有稳定性,因此可能不是实际存在的运动,其正确性只能依据实践的检验. 解析方法的优点是不仅能确定非线性系统运动随时间变化的规律,而且能得到运动特性与系统参数之间的依赖关系,因此是非线性振动问题研究的重要方法.

数值方法是研究非线性振动系统的数值计算方法. 数值方法借助电子计算机数值求解非线性微分方程,得到非线性系统在特定的参数条件和初始条件下的运动规律. 数值方法的基础是常微分方程组初值问题的数值解法. 数值方法既可以计算特定非线性系统的各种运动的时间历程,包括平衡、周期运动和非周期运动等,也可以确定参数对系统运动的影响,以及通过对吸引盆及其边界的计算确定初始条件对系统运动的影响. 由于处理非线性振动问题的数学工具尚不完备,数值方法起着非常重要甚至是不可替代的作用. 数值方法在非线性振动中的重要作用是揭示新的现象,这已成为非线性振动现代发展的突出特点. 数值方法还可以补充理论研究结果,使一些理论结果定量化,或揭示有关条件不成立时可能发生的情况. 数值方法得到的直观结果可为理论研究提供启示,激发灵感. 此外,数值方法还具有检验理论分析结果的作用.

需要指出的是,数值研究只能在有限精度下进行. 即使不考虑建立模型本身的误差,数值方法在应用过程中也不可避免地存在截断误差和舍入误差. 数值运算如积分求解非线性微分方程等极限过程都是强制性取有限项近似,因此存在截断误差. 在计算机中无限多位的实数是通过有限位的截尾数来近似的,因此存在舍入误差. 在数值研究过程中,截断误差和舍入误差对计算结果的影响,通常可通过改变计算精度、积分步长和计算方法加以考察. 数值计算结果的真实性必须仔细分析,在可能条件下,必须结合理论和实验研究进行检验和诠释.

§0.3 非线性振动的发展简史

人类对振动现象的了解和利用有着漫长的历史, 远古时期的先民已有利用振动发声的各种乐器. 在我国, 早在春秋时代就有利用单摆振荡的秋千, 战国时期成书的《庄子》已明确记载了共振现象. 现代物理科学的奠基人伽利略 (G. Galilei) 对振动问题进行了开创性的研究. 他发现了单摆的等时性并利用他的自由落体公式计算单摆周期. 在 17 世纪, 惠更斯 (C. Huygens) 注意到单摆大幅摆动对等时性的偏离以及两只频率接近时钟的同步现象, 是对非线性振动现象的最早记载.

严格的非线性振动的理论研究开始于 19 世纪后期, 由庞加莱 (H. Poincaré) 奠定了理论基础. 他开辟了振动问题研究的一个全新方向, 即定性理论. 在 1881 年至 1886 年的一系列论文中, 庞加莱讨论了二阶系统奇点的分类, 引入了极限环概念并建立了极限环的存在判据, 定义了奇点和极限环的指数; 此外还研究了分岔问题. 定性理论的一个特殊而重要的方面是稳定性理论, 最早的成果是 1788 年拉格朗日 (J. L. Lagrange) 建立的保守系统平衡位置稳定性判据. 1892 年李雅普诺夫 (A. M. Lyapunov) 给出了稳定性的严格定义, 并提出了研究稳定性问题的直接方法.

在非线性振动的近似解析方法方面, 1830 年泊松 (S. D. Poisson) 研究天体运动时提出摄动法的基本思想. 1882 年林滋泰德 (A. Lindstedt) 解决了摄动法的久期项问题. 1892 年庞加莱建立了摄动法的数学基础. 1918 年达芬 (G. Duffing) 在研究硬弹簧受迫振动时采用了谐波平衡和逐次迭代的方法. 早在拉格朗日的时代, 天体力学中已经采用平均法计算行星轨道的演化. 1920 年范德波尔 (B. van der Pol) 在研究电子管的非线性振荡时提出了平均法的基本思想. 1934 年克雷洛夫 (N. M. Krylov) 和博戈留波夫 (N. N. Bogoliubov) 将平均法发展为适用于一般弱非线性系统的近似计算方法. 1947 年他们又提出一种可求任意阶近似解的渐近法, 1955 年米特罗波尔斯基 (Y. A. Mitropolskii) 将这种方法推广到非定常系统, 最终形成 KBM 法. 1957 年斯特罗克 (P. A. Sturrock) 在研究电等离子体非线性效应时用两个不同尺度描述系统的解而提出多尺度法,

1965 年奈弗 (A. H. Nayfeh) 等使多尺度法进一步完善化, 使之在非线性振动研究中广泛使用.

非线性振动的研究深化了振动机制和运动形式的认识. 在振动机制方面, 人们发现, 除自由振动和受迫振动以外, 还广泛存在另一类不同的振动形式. 1926 年范德波尔研究了三极电子管回路的**自激振动**; 1932 年邓哈托 (J. P. Den Hartog) 研究了输电线的舞动, 并在 1934 年明确了输电线舞动是种自激振动. 1933 年贝克 (J. G. Baker) 的工作表明有能源输入时干摩擦会导致自激振动. 1831 年法拉第 (M. Faraday) 在充液容器垂直振动实验中, 1859 年麦尔德 (F. Melde) 在张紧于音叉上的弦振动实验中, 发现参数的周期变化可引起**参数振动**. 在运动形式方面, 人们逐渐认识了一种新的运动形式: **混沌振动**. 庞加莱在 19 世纪末已揭示不可积系统存在复杂的运动形式, 运动对初始条件具有敏感依赖性, 现在称这种运动形式为混沌. 1945 年卡特莱特 (M. L. Cartwright) 和李特尔伍德 (J. E. Littlewood) 对受迫范德波尔振子及莱文森 (N. Levinson) 对一类更简化的模型分析表明, 两个不同稳态运动可能具有任意长时间的相同暂态过程, 这表明运动具有不可预测性. 为解释卡特莱特和李特尔伍德、莱文森的结果, 斯梅尔 (S. Smale) 提出了马蹄映射的概念. 上田 (Y. Ueda) 和林千博 (C. Hayashi) 等发表于 1973 年的工作表明他们在研究达芬方程时得到一种混乱、貌似随机且对起始条件极度敏感的数值解. 混沌振动的发现和研究展现了一个活跃的新领域, 使非线性振动理论进入新的发展阶段.

§0.4　单自由度线性振动的主要结论

0.4.1　自由振动

以 x 为广义坐标的单自由度系统自由振动的动力学方程为

$$\ddot{x} + 2\zeta\omega_0\dot{x} + \omega_0^2 x = 0 \tag{0.4.1}$$

其中 ω_0 为保守系统的**固有频率**, ζ 为系统的**阻尼比**.

6

(1) $\zeta = 0$ 时系统作频率为 ω_0 的简谐振动:

$$x = A\sin(\omega_0 t + \theta) \tag{0.4.2}$$

自由振动的周期 $T = 2\pi/\omega_0$, **振幅** A 和**初相角** θ 取决于初始条件.

(2) $0 < \zeta < 1$ 时系统作衰减振荡:

$$x = A\mathrm{e}^{-\zeta\omega_0 t}\sin(\omega_\mathrm{d} + \theta) \tag{0.4.3}$$

其中频率 $\omega_\mathrm{d} = \omega_0\sqrt{1 - \zeta^2}$ 小于无阻尼时系统的固有频率. 每过一周期, 振幅减小 $\eta = \exp\left(2\pi\zeta/\sqrt{1-\zeta^2}\right)$ 倍.

(3) $\zeta \geqslant 1$ 时, 系统作衰减的非周期运动.

(4) $\zeta < 0$ 时为负阻尼, 系统作发散振荡.

0.4.2 受迫振动

前述单自由度系统受简谐激励时, 动力学方程为

$$\ddot{x} + 2\zeta\omega_0\dot{x} + \omega_0^2 x = B\omega_0^2\sin\omega t \tag{0.4.4}$$

其中 B 为与激励幅值相等的常力所引起的静变形, ω 为激励力频率.

(1) $0 < \zeta < 1$ 时, **稳态响应**是与激励频率 ω 相同的简谐振动:

$$x = A\sin(\omega t - \theta) \tag{0.4.5}$$

(2) 稳态响应的振幅 A 取决于激励的幅值 B 和频率比 $s = \omega/\omega_0$:

$$\frac{A}{B} = \frac{1}{\sqrt{(1 - s^2)^2 + (2\zeta s)^2}} \tag{0.4.6}$$

令 $B=1$, 稳态响应的幅值与激励频率关系用幅频响应曲线表示, 如图 0.1 所示.

(3) 稳态响应的相位差 θ 取决于频率比 $s = \omega/\omega_0$

$$\theta = \arctan\left(\frac{2\zeta s}{1 - s^2}\right) \tag{0.4.7}$$

稳态响应的相位与激励频率关系用相频响应曲线表示, 如图 0.2 所示.

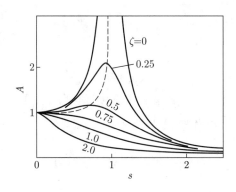

图 0.1　幅频特性曲线

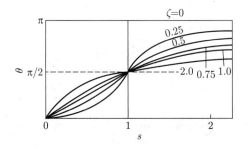

图 0.2　相频特性曲线

(4) 激励频率为 $\omega_{\mathrm{m}} = \omega_0 \sqrt{1 - 2\zeta^2}$ 时稳态响应的振幅 A 有极大值, 称为共振, ω_{m} 为共振频率.

(5) $\zeta = 0$, $\omega = \omega_0$ 时系统作振幅随时间增大的发散振荡, 即共振过程

$$x = -\frac{1}{2} B \omega_0 t \cos \omega_0 t \tag{0.4.8}$$

(6) 系统在若干激励力同时作用下的响应, 等于它们单独作用时的响应的叠加.

第一章 非线性振动的定性分析方法

非线性振动的定性分析方法是依据对运动微分方程性质的分析, 无需求解而直接判断运动性态的方法. 定性分析方法主要用于研究振动系统可能发生的稳态运动, 以及稳态运动在扰动作用下的稳定性问题. 稳态运动一般指系统的平衡状态或周期运动, 即工程实践中机械系统的正常工作状态. 这种状态必须是稳定的, 因为只有稳定的运动才是可实现的运动. 本章叙述非线性振动的定性分析方法, 含运动稳定性理论和相平面方法两个部分. 前半部分叙述李雅普诺夫运动稳定性理论的基本概念和判别方法. 后半部分叙述几何方法, 即相平面方法. 叙述相轨迹的奇点和极限环的基本概念, 作为系统的平衡状态和周期运动的直观显示. 前后部分之间有着密切联系. 此外, 本章还讨论平衡状态或周期运动的数目和稳定性随系统参数的变动突然变化的分岔现象. 分岔理论的基本内容在本书的第五章中有详细论述.

§1.1 运动稳定性理论基础

1.1.1 稳态运动和扰动方程

可能发生振动的机械系统称为**振动系统**, 也称为**动力学系统**, 简称**系统**. 利用理论力学知识可以对 n 个自由度的系统建立动力学微分方程. 首先选择 n 个广义坐标 $q_i\,(i=1,2,\cdots,n)$ 确定系统的位形. n 个广义坐标与 n 个广义速度 $\dot{q}_i\,(i=1,2,\cdots,n)$ 组成 $2n$ 个**状态变量**, 记作 y_j. 则动力学方程可表达为以 $y_j\,(j=1,2,\cdots,2n)$ 为未知变量的一阶常微分方程组, 其一般形式为

$$\dot{y}_j = Y_j(y_1, y_2, \cdots, y_{2n}, t) \tag{1.1.1}$$

此 $2n$ 个状态变量的微分方程组称为系统的**状态方程**. 以状态变量为基, 建立抽象的 $2n$ 维空间称为**状态空间**或**相空间**. 相空间内的每个点与状态变量的每一组值相对应, 称为**相点**. 随着时间的推移, 相点在相空间中的位置不断改变, 所描绘出的超曲线称为**相轨迹**, 由状态方程 (1.1.1) 的解确定. 对于单自由度振动系统的特殊情形, $n = 1$, 相空间退化为二维的相平面, 相轨迹成为平面曲线.

引入 $2n$ 维列阵 $\boldsymbol{y} = (y_j)$ 和 $\boldsymbol{Y} = (Y_j)$, 将方程 (1.1.1) 写作矩阵形式

$$\dot{\boldsymbol{y}} = \boldsymbol{Y}(\boldsymbol{y}, t) \tag{1.1.2}$$

设此方程满足解的存在与唯一性条件, $\boldsymbol{y} = \boldsymbol{y}_{\mathrm{s}}(t)$ 为此方程的特解, 满足

$$\dot{\boldsymbol{y}}_{\mathrm{s}} = \boldsymbol{Y}(\boldsymbol{y}_{\mathrm{s}}, t) \tag{1.1.3}$$

此特解所描述的特定运动在实践中对应于系统的某种正常状态, 如某种平衡状态或周期运动. 将此特定的运动称为系统的未受干扰的运动, 简称**未扰运动**或**稳态运动**. 只要状态变量的初值与稳态运动一致, $\boldsymbol{y}(t_0) = \boldsymbol{y}_{\mathrm{s}}(t_0)$, 此稳态运动就能实现为系统的实际运动. 若状态变量的初值 $\boldsymbol{y}(t_0)$ 偏离 $\boldsymbol{y}_{\mathrm{s}}(t_0)$, 则系统的运动将偏离稳态运动, 称为该稳态运动的**受扰运动**. 受扰运动 $\boldsymbol{y}(t)$ 与未扰运动 $\boldsymbol{y}_{\mathrm{s}}(t)$ 是同一动力学方程 (1.1.2) 的不同初值的解, 引入受扰运动与未扰运动的差值作为新的变量 $\boldsymbol{x}(t)$

$$\boldsymbol{x}(t) = \boldsymbol{y}(t) - \boldsymbol{y}_{\mathrm{s}}(t) \tag{1.1.4}$$

$\boldsymbol{x}(t)$ 称为**扰动**, 其初值 $\boldsymbol{x}(t_0)$ 称为初扰动. 将方程 (1.1.2) 与 (1.1.3) 相减, 得到确定扰动规律的微分方程, 即**扰动方程**

$$\dot{\boldsymbol{x}} = \boldsymbol{X}(\boldsymbol{x}, t) \tag{1.1.5}$$

其中

$$\boldsymbol{X}(\boldsymbol{x}, t) = \boldsymbol{Y}(\boldsymbol{y}_{\mathrm{s}} + \boldsymbol{x}, t) - \boldsymbol{Y}(\boldsymbol{y}_{\mathrm{s}}, t) \tag{1.1.6}$$

则系统未扰运动与扰动方程的零解 $\boldsymbol{x}(t) = \boldsymbol{0}$ 等价.

1.1.2　李雅普诺夫稳定性定义

在工程实践中, 机械系统特定的稳态运动, 如平衡状态或周期运动, 难以避免会受到外界扰动的影响. 在工程实际问题中, 常需要判断系统的稳态运动是否稳定, 即当状态变量受到微小扰动后, 其受扰运动规律是接近还是偏离未扰运动. 由于未扰运动与扰动方程 (1.1.6) 的零解等价, 上述稳定性问题转化为方程 (1.1.5) 的零解稳定性问题. 1892 年俄国数学家李雅普诺夫首先对稳定性概念赋予严格的定义.

定义一: 若给定任意小的正数 ε, 存在正数 δ, 对于一切受扰运动, 只要其初扰动 $\|\boldsymbol{x}(t_0)\| \leqslant \delta$, 对于所有 $t > t_0$ 均有 $\|\boldsymbol{x}(t)\| < \varepsilon$, 则称未扰运动 $\boldsymbol{y}_\mathrm{s}(t)$ 是**稳定**的.

此稳定性定义的几何解释是, 在相空间内以零点为中心作 $\|\boldsymbol{x}\| = \varepsilon$ 的球面和 $\|\boldsymbol{x}\| = \delta$ 的球面, 其所围的域分别记作 S_ε 和 S_δ. 若随着时间的无限延伸, 因扰动从 S_δ 中出发的任一条相轨迹均限制在 S_ε 以内, 即扰动的幅度均保持有界 (见图 1.1 曲线 a).

定义二: 若未扰运动稳定, 且当 $t \to \infty$ 时均有 $\|\boldsymbol{x}(t)\| \to 0$, 则称未扰运动 $\boldsymbol{y}_\mathrm{s}(t)$ 是**渐近稳定**的.

渐近稳定性定义的几何解释是, 随着时间的无限延伸, 相空间内从 S_δ 出发的每一条相轨迹均向原点趋近 (见图 1.1 曲线 b), 即扰动的幅度不仅有界而且趋近于零.

定义三: 若存在正数 ε, 对任意小正数 δ, 存在受扰运动 $\boldsymbol{y}(t)$, 当其初扰动满足 $\|\boldsymbol{x}(t_0)\| \leqslant \delta$ 时, 存在时刻 $t = t_1$, 满足 $\|\boldsymbol{x}(t_1)\| = \varepsilon$, 则称未扰运动 $\boldsymbol{y}_\mathrm{s}(t)$ 是**不稳定**的.

不稳定性定义的几何解释是, 在相空间内无论所作的球域 S_ε 如何大, 球域 S_δ 如何小, 总有一条从 S_δ 内出发的相轨迹最终到达 S_ε 的边缘 (见图 1.1 曲线 c), 即扰动的幅度无界, 随时间无限增大.

按以上定义的稳定性称为**李雅普诺夫稳定性**. 其定义有以下限制条件: 在同一个运动微分方程支配下, 受扰运动仅由初扰动引起, 在初扰动作用后系统不再受其他扰动, 且受扰运动与未扰运动在 $t \to \infty$ 无限时间区间内的同一时刻进行比较.

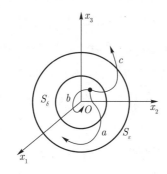

图 1.1 李雅普诺夫稳定性的几何解释

李雅普诺夫稳定性是稳定性理论的基本出发点, 但并非唯一的稳定性定义. 例如, **轨道稳定性**只要求系统 (例如人造卫星) 的运行轨道受到初扰动后的变化与未扰轨道充分接近, 而分别沿未扰轨道和受扰轨道运行的卫星在同一时刻的位置可能相差甚远. 因此李雅普诺夫稳定性是比轨道稳定性要求更严格的稳定性. 轨道稳定性将在 1.4.2 节中详细讨论.

例 1.1-1 试从李雅普诺夫稳定性的定义出发分析质量-弹簧系统的平衡状态稳定性.

解: 质量-弹簧系统由质量块 m 和刚度系数为 k 的线性弹簧组成 (图 1.2), 设 x 为弹簧变形, 在 $x = 0$ 平衡位置附近的动力学方程为

$$\ddot{x} + \omega_0^2 x = 0, \quad \omega_0^2 = \frac{k}{m} \tag{a}$$

令 $y = \dot{x}$, 化作

$$\dot{x} = y, \quad \dot{y} = -\omega_0^2 x \tag{b}$$

设初始值为 $x(0) = x_0, y(0) = y_0$, 方程组 (b) 的解为

$$\left. \begin{array}{l} x(t) = x_0 \cos \omega_0 t + (y_0/\omega_0) \sin \omega_0 t \\ y(t) = y_0 \cos \omega_0 t - \omega_0 x_0 \sin \omega_0 t \end{array} \right\} \tag{c}$$

则有

$$|x(t)| \leqslant |x_0| + (|y_0| / \omega_0), \quad |y(t)| \leqslant |y_0| + \omega_0 |x_0| \tag{d}$$

要保证 $|x(t)| < \varepsilon, |y(t)| < \varepsilon$, 仅需使初始值满足

$$|x_0| + (|y_0| / \omega_0) < \varepsilon, \quad |y_0| + \omega_0 |x_0| < \varepsilon \tag{e}$$

将 $|x_0| < \delta, |y_0| < \delta$ 代入上式, 导出

$$\delta = \min \left(\frac{\varepsilon}{1 + \omega_0}, \frac{\omega_0 \varepsilon}{1 + \omega_0} \right) \tag{f}$$

满足李雅普诺夫的稳定性定义, 振子的平衡位置稳定.

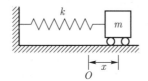

图 1.2 质量–弹簧系统

1.1.3 李雅普诺夫直接方法

李雅普诺夫直接方法是研究运动稳定性的重要方法. 它无须对扰动方程求解, 而是构造具有某种性质的函数, 使该函数与扰动方程产生联系, 以估计受扰运动的走向从而判断未扰运动的稳定性. 所构造的函数称为**李雅普诺夫函数**. 扰动方程 (1.1.5) 的右端不显含时间的振动系统称为**自治系统**, 显含时间的系统称为**非自治系统**. 本节仅讨论自治系统, 非自治系统情形见附录一. 自治系统的扰动方程为

$$\dot{\boldsymbol{x}} = \boldsymbol{X}(\boldsymbol{x}) \tag{1.1.7}$$

在讨论李雅普诺夫直接方法以前, 先解释定号函数与半定号函数的定义. 若实变量 $\boldsymbol{x}$ 的可微实函数 $V(\boldsymbol{x})$ 仅当 $\boldsymbol{x}$ 为零时 $V(\boldsymbol{x})$ 方能为零, 且在零点的充分小邻域内只能取同一符号的值. 即 $V(\boldsymbol{0}) = 0$, $\boldsymbol{x} \neq \boldsymbol{0}$ 时 $V(\boldsymbol{x}) > 0$ 或 $V(\boldsymbol{x}) < 0$, 则称 $V(\boldsymbol{x})$ 为正的或负的定号函数, 简称**正定**或**负定**函数. 若允许此邻域内除零点以外的其他点也能取零值, 则称 $V(\boldsymbol{x})$ 为正的或负的半定号函数, 简称半

正定或半负定函数. 若在此邻域内兼有正号或负号, 则称 $V(\boldsymbol{x})$ 为**不定函数**. 对于由矩阵 $\boldsymbol{A}$ 构成的二次型函数 $V(\boldsymbol{x}) = \boldsymbol{x}^{\mathrm{T}}\boldsymbol{A}\boldsymbol{x}$, 称矩阵 $\boldsymbol{A}$ 具有与 $V(\boldsymbol{x})$ 相应的正定或负定, 半正定或半负定性质.

李雅普诺夫直接方法的理论基础为以下三个**李雅普诺夫定理**：

定理一：若能构造可微正定函数 $V(\boldsymbol{x})$, 使得沿扰动方程 (1.1.7) 解曲线计算的对 t 的全导数 $\dot{V}$ 为半负定或等于零, 则系统的未扰运动稳定.

定理二：若能构造可微正定函数 $V(\boldsymbol{x})$, 使得沿扰动方程 (1.1.7) 解曲线计算的对 t 的全导数 $\dot{V}$ 为负定, 则系统的未扰运动渐近稳定.

定理三：若能构造可微正定、半正定或不定的有界函数 $V(\boldsymbol{x})$, 使得沿扰动方程 (1.1.7) 解曲线计算的对 t 的全导数 $\dot{V}$ 为正定, 则系统的未扰运动不稳定.

其中判断不稳定性的定理三是切塔耶夫 (N. G. Chetayev) 作出的补充, 也称为**切塔耶夫定理**.

以下就二维情形用几何方法对上述定理作直观的证明. 设向量 $\boldsymbol{x}$ 的坐标为 x_1, x_2. 在 (x_1, x_2, V) 三维空间内作正定的函数曲面 $\varSigma$. 此曲面在原点处与 (x_1, x_2) 平面相切. 以原点为中心, 在 (x_1, x_2) 相平面内作半径为 ε 的圆 S_ε. 过 S_ε 作圆柱面与 $\varSigma$ 交于 S_1, 过 S_1 曲线的最低点作平面 $V = \mathrm{const}$ 与 $\varSigma$ 相交于 S_2, S_2 在相平面上的投影 S_3 是与 S_ε 相切的封闭曲线, 作此封闭曲线的内切圆 S_δ. 若 V 沿扰动方程 (1.1.7) 解曲线计算的全导数 $\dot{V}$ 为半负定或等于零, 则从 S_δ 所围范围内出发的任意点 P 在 $\varSigma$ 上的对应点 P' 的运动不可能上行而必局限于 S_2 曲线的下方, 因此从 S_δ 内出发的每一条扰动方程的相轨迹均不能越出 S_ε (图 1.3). 根据李雅普诺夫的定义一, 未扰运动稳定. 若 $\dot{V}$ 为负定, 则 P' 点的运动必沿 $\varSigma$ 曲面下降至最低点, 在相平面内对应的 P 点必向原点趋近. 根据李雅普诺夫的定义二, 未扰运动为渐近稳定. 在图 1.4 中, 作不定号函数 V 的曲面 $\varSigma$, 若 V 的全导数 $\dot{V}$ 为正定, 则在 $V > 0$ 区域内出发的 P 点在 $\varSigma$ 上的对应点 P' 的运动必沿 $\varSigma$ 曲面上行, 相平面内的 P 点必不断远离原点而达到任意指定的 S_ε 的边界 (图 1.4). 根据李雅普诺夫的定义三, 未扰运动不稳定.

为使对自治系统证明的所有定理也适用于非自治系统 (1.1.5), 必须在李雅普诺夫函数 $V(\boldsymbol{x})$ 中增加时间变量, 改为 $V(t,\boldsymbol{x})$. 非自治系统的李雅普诺夫定理是包含自治系统在内更具普遍性的定理, 其更严格的数学证明载于附录一.

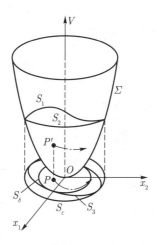

图 1.3 李雅普诺夫定理一、二的几何解释

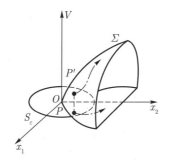

图 1.4 李雅普诺夫定理三的几何解释

李雅普诺夫定理提供了判断微分方程解的稳定性的充分条件, 以及借助李雅普诺夫函数进行稳定性判断的实用方法, 但如何构造李雅普诺夫函数 $V(\boldsymbol{x})$ 并无普遍规律可循. 常用的处理方法适用于微分方程有初积分存在的情形. 若将受扰运动的初积分或初积分的组合选为李雅普诺夫函数, 则沿扰动方程解的全导数等于零条件已自动实现. 未扰运动的稳定性仅取决于所选李雅普诺夫函数的定号性. 下节中对保守系统平衡稳定性的拉格朗日定理的证明就是李雅普诺夫直接方法的实际应用.

例 1.1-2 用李雅普诺夫直接方法判断以下系统未扰运动的零解稳定性.

$$\left.\begin{array}{l} \dot{x}_1 = x_2 + x_1 x_2^2 \\ \dot{x}_2 = -x_1 - x_1^2 x_2 \end{array}\right\} \tag{a}$$

解：选择正定的李雅普诺夫函数

$$V(x_1, x_2) = x_1^2 + x_2^2 \tag{b}$$

计算 V 沿方程 (a) 解曲线的全导数, 得到

$$\dot{V} = \frac{\partial V}{\partial x_1} \dot{x}_1 + \frac{\partial V}{\partial x_2} \dot{x}_2$$

$$= 2x_1 \left(x_2 + x_1 x_2^2\right) + 2x_2 \left(-x_1 - x_1^2 x_2\right) = 0 \tag{c}$$

由于 $\dot{V}$ 等于零, 系统的未扰运动稳定.

例 1.1-3 用李雅普诺夫直接方法判断以下系统的零解稳定性.

$$\left.\begin{array}{l} \dot{x}_1 = x_2 - x_1 \left(x_1^2 + x_2^2\right) \\ \dot{x}_2 = -x_1 - x_2 \left(x_1^2 + x_2^2\right) \end{array}\right\} \tag{a}$$

解：选择正定的李雅普诺夫函数

$$V(x_1, x_2) = x_1^2 + x_2^2 \tag{b}$$

计算 V 沿方程 (a) 解曲线的全导数, 得到

$$\dot{V} = \frac{\partial V}{\partial x_1} \dot{x}_1 + \frac{\partial V}{\partial x_2} \dot{x}_2$$

$$= 2x_1 \left[x_2 - x_1 \left(x_1^2 + x_2^2\right)\right] + 2x_2 \left[-x_1 - x_2 \left(x_1^2 + x_2^2\right)\right]$$

$$= -2 \left(x_1^2 + x_2^2\right)^2 < 0 \tag{c}$$

由于 $\dot{V}$ 为负定, 系统的未扰运动渐近稳定.

例 1.1-4 用李雅普诺夫直接方法判断以下系统的零解稳定性：

$$\left.\begin{array}{l} \dot{x}_1 = a^2 x_1 + x_1 x_2 \\ \dot{x}_2 = -b^2 x_2 + x_1^2 \end{array}\right\} \tag{a}$$

解：选择不定的李雅普诺夫函数

$$V(x_1, x_2) = x_1^2 - x_2^2 \qquad (b)$$

计算 V 沿方程 (a) 解曲线的全导数, 得到

$$\dot{V} = \frac{\partial V}{\partial x_1}\dot{x}_1 + \frac{\partial V}{\partial x_2}\dot{x}_2 = 2x_1\left(a^2 x_1 + x_1 x_2\right) - 2x_2\left(-b^2 x_2 + x_1^2\right)$$

$$= 2\left(a^2 x_1^2 + b^2 x_2^2\right) > 0 \qquad (c)$$

由于 $\dot{V}$ 为正定, 系统的未扰运动不稳定.

1.1.4 保守系统的稳定性定理

作用力仅由位置确定且有势的系统称为**保守系统**. 所谓有势是有势函数存在, 能使作用力表达为势函数的梯度. 依据拉格朗日提出的一个定理, 保守系统的平衡稳定性可直接根据势能的状况作出判断. 此定理于 1788 年提出, 经 1846 年狄利克雷 (P. G. L. Dirichlet) 严格证明, 称为拉格朗日–狄利克雷定理, 简称**拉格朗日定理**.

定理：若保守系统的势能在平衡状态处有孤立极小值, 则平衡状态稳定.

为证明此定理, 选择由动能 T 和势能 V 构成的总机械能 $T+V$ 为李雅普诺夫函数. 由于保守系统存在能量积分, 任何扰动运动对应的 $T+V$ 均保持常数, 其沿扰动方程解曲线的全导数必等于零. 根据动能的定义, T 必为广义速度的正定函数. 若将平衡位置作为势能 V 的零点, 且在平衡位置处取孤立极小值, V 必为广义坐标的正定函数. 则 $T+V$ 是坐标和速度的全部扰动变量的正定函数. 根据李雅普诺夫的定理一, 平衡位置稳定. 证毕.

附带指出, 对于转动坐标系中的物体, 即使考虑坐标系转动产生的离心力势能, 也不能用拉格朗日定理判断稳定性. 因为物体在转动坐标系中不仅受离心力作用, 而且有不做功的科氏惯性力出现, 此因素未能在离心力势能中得到体现. 因此若利用包含离心力势能的势能极小值判断转动坐标系中的物体平衡稳定性可导致错误结果. 除非科氏惯性力对物体的运动不产生影响, 例如与约束力抵消等特殊情况, 方可应用拉格朗日定理.

拉格朗日定理的逆定理在某些限制条件下成立. 如切塔耶夫证明的以下逆定理:

定理: 若势能 V 在平衡位置不具有孤立极小值, 且 V 为广义坐标的二次齐次函数, 则保守系统的平衡不稳定.

此结论的限制条件还可放宽为: 若势能 V 在平衡位置不具有孤立极小值, 且 V 为广义坐标的 $2m$ 次齐次函数 $(m \geqslant 1)$, 则保守系统的平衡不稳定.

为证明此定理, 需利用广义坐标 $q_i \, (i = 1, 2, \cdots, n)$ 和对应的广义动量 $p_i (i = 1, 2, \cdots, n)$ 组成的状态变量, 称为 n 自由度系统的**正则变量**. 1834 年哈密顿 (W. R. Hamilton) 建立了**哈密顿正则方程**, 作为保守系统动力学方程的另一种形式:

$$\dot{q}_i = \frac{\partial H}{\partial p_i}, \quad \dot{p}_i = -\frac{\partial H}{\partial q_i} \quad (i = 1, 2, \cdots, n) \tag{1.1.8}$$

其中 H 为**哈密顿函数**, 定义为

$$H = \sum_{i=1}^{n} \dot{q}_i p_i - L, \quad L = T - V \tag{1.1.9}$$

其中保守系统的动能 T 可表示为广义动量 $p_i (i = 1, 2, \cdots, n)$ 的二次齐次函数:

$$T = \frac{1}{2} \sum_{i=1}^{n} \sum_{j=1}^{n} \beta_{ij} p_i p_j \tag{1.1.10}$$

取不定号函数 $U = \displaystyle\sum_{i=1}^{n} p_i q_i$, 计算其沿扰动方程解曲线的全导数, 将正则方程 (1.1.8) 代入, 得到

$$\dot{U} = \sum_{i=1}^{n} (p_i \dot{q}_i + q_i \dot{p}_i) = \sum_{i=1}^{n} \left(p_i \frac{\partial H}{\partial p_i} - q_i \frac{\partial H}{\partial q_i} \right) \tag{1.1.11}$$

设势能 V 为广义坐标 $q_i (i = 1, 2, \cdots, n)$ 的二次齐次函数,

$$V = \frac{1}{2} \sum_{i=1}^{n} \sum_{j=1}^{n} \alpha_{ij} q_i q_j \tag{1.1.12}$$

略去不影响定号性的高阶小量, 利用欧拉齐次函数定理可将式 (1.1.11) 化作

$$\dot{U} = 2(T - V) \tag{1.1.13}$$

若势能 V 在平衡位置取孤立极大值, 成为广义坐标的负定函数. 则 $T-V$ 和相关的 $\dot{U}$ 为 q_i 和 $p_i(i=1,2,\cdots,n)$ 的正定函数. 根据李雅普诺夫的定理三, 平衡位置不稳定. 证毕.

例 1.1-5 利用拉格朗日定理判断质量–非线性弹簧系统的平衡稳定性.

解: 设例 1.1-1 的质量–弹簧系统中的弹簧为非线性弹簧, 其恢复力 F 与变形 x 的关系为

$$F(x)=kx\left(1+\varepsilon x^2\right) \tag{a}$$

计算系统的势能 V, 得到

$$V(x)=\int_0^x F(x)\,\mathrm{d}x=\int_0^x kx\left(1+\varepsilon x^2\right)\mathrm{d}x=\frac{1}{2}kx^2\left(1+\frac{1}{2}\varepsilon x^2\right) \tag{b}$$

令 V 对 x 的导数为零, 导出

$$\frac{\mathrm{d}V}{\mathrm{d}x}=F(x)=kx\left(1+\varepsilon x^2\right)=0 \tag{c}$$

如 $\varepsilon>0$, 解出 $x_{\mathrm{s}1}=0$ 为唯一的平衡位置. 如 $\varepsilon<0$, 还存在另外两个平衡位置 $x_{\mathrm{s}2,3}=\pm\sqrt{1/|\varepsilon|}$. 平衡的稳定性取决于 V 在平衡位置处的极值状态, 为此需计算 V 对 x 的二阶导数

$$\frac{\mathrm{d}^2V}{\mathrm{d}x^2}=\frac{\mathrm{d}F}{\mathrm{d}x}=k\left(1+3\varepsilon x^2\right) \tag{d}$$

如 k 为正值. 在 $x_{\mathrm{s}1}$ 处, $\mathrm{d}^2V/\mathrm{d}x^2=k$, V 取极小值, 平衡状态稳定. 如 $\varepsilon<0$, 在 $x_{\mathrm{s}2,3}$ 处 $\mathrm{d}^2V/\mathrm{d}x^2=-2k$, V 取极大值, 平衡状态不稳定.

例 1.1-6 设长度为 l, 质量为 m 的单摆悬挂在旋转轴上, 轴以角速度 ω 匀速旋转. 设摆与垂直轴的距离为 r, 距悬挂点的高度为 h, 相对垂直轴的偏角为 ϑ. 试利用拉格朗日定理判断单摆平衡位置的稳定性 (图 1.5).

解: 除重力场势能以外, 增加单摆绕垂直轴旋转产生的离心力场势能:

$$V=-mgh-m\omega^2\int_0^r r\mathrm{d}r \tag{a}$$

将 $h=l\cos\vartheta$, $r=l\sin\vartheta$ 代入后, 导出

$$V=-ml\left(g\cos\vartheta+\frac{1}{2}\omega^2 l\sin^2\vartheta\right) \tag{b}$$

单摆摆动因摆轴转动产生的科氏惯性力与摆动平面垂直, 不影响单摆的摆动. 此特殊情况可应用拉格朗日定理判断其平衡稳定性. 令 V 对 ϑ 的导数等于零

$$\frac{\mathrm{d}V}{\mathrm{d}\vartheta} = ml\left(g - \omega^2 l \cos\vartheta\right)\sin\vartheta = 0 \tag{c}$$

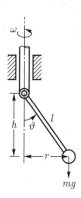

图 1.5 挂在旋转轴上的单摆

解出单摆的平衡位置:

$$\vartheta_{s1,2} = 0, \ \pm\pi, \quad \vartheta_{s3} = \arccos\left(\frac{g}{\omega^2 l}\right) \tag{d}$$

除下垂 ($\vartheta_{s1} = 0$) 和倒立 ($\vartheta_{s2} = \pm\pi$) 位置以外, 第 3 平衡位置 ϑ_{s3} 仅当 $\omega^2 > g/l$ 时存在. 计算 V 对 ϑ 的二阶导数, 得到

$$\frac{\mathrm{d}^2 V}{\mathrm{d}\vartheta^2} = ml\left(g\cos\vartheta - \omega^2 l\right) \tag{e}$$

根据拉格朗日定理检验各平衡位置的稳定性, 导出

$\omega^2 < g/l$ 情形:

$$\left(\frac{\mathrm{d}^2 V}{\mathrm{d}\vartheta^2}\right)_{\vartheta_{s1}} > 0, \ \vartheta_{s1} \text{ 稳定}; \quad \left(\frac{\mathrm{d}^2 V}{\mathrm{d}\vartheta^2}\right)_{\vartheta_{s2}} < 0, \vartheta_{s2} \text{ 不稳定}, \quad \vartheta_{s3} \text{ 不存在} \tag{f}$$

$\omega^2 \geqslant g/l$ 情形:

$$\left(\frac{\mathrm{d}^2 V}{\mathrm{d}\vartheta^2}\right)_{\vartheta_{s1},\vartheta_{s2}} < 0, \vartheta_{s1}, \vartheta_{s2} \text{ 均不稳定}; \quad \left(\frac{\mathrm{d}^2 V}{\mathrm{d}\vartheta^2}\right)_{\vartheta_{s3}} > 0, \vartheta_{s3} \text{ 稳定} \tag{g}$$

表明低转速 $\omega^2 < g/l$ 时, 下垂单摆稳定, 倒置单摆不稳定, 第 3 平衡位置不存在. 高转速 $\omega^2 > g/l$ 时, 下垂和倒置单摆均不稳定, 仅第 3 平衡位置 ϑ_{s3} 存在且稳定.

1.1.5 吸引性、吸引子和吸引盆

李雅普诺夫稳定性描述了振动系统的长期运动性态. 吸引性是振动系统长期运动性态的另一种描述. 考虑一般非自治系统情形. 设方程 (1.1.2) 存在特解 $y = y_s(t)$ 满足式 (1.1.3), 相应的扰动方程为方程 (1.1.5). 若给定任意小的正数 ε, 对所有初值 t_0 和一切初扰动满足 $\|x(t_0)\| \leqslant \delta$ 的受扰运动, 存在与 ε, t_0 和 $x(t_0)$ 有关的正数 T, 使得当 $t > T$ 时有 $\|x(t)\| < \varepsilon$, 则称未扰运动具有吸引性, 若 δ 可取任意大, 则未扰运动的**吸引性**是全局的.

从定义可知, 未扰运动具有吸引性时, 扰动 $x(t)$ 满足当 $t \to \infty$ 时均有 $\|x(t)\| \to 0$. 因此也可以认为, 在李雅普诺夫意义下的渐近稳定性相当于李雅普诺夫意义下的稳定性再加上吸引性. 虽然渐近稳定性既具有稳定性又具有吸引性, 但稳定性和吸引性是两个不同的概念. 非渐近稳定的稳定未扰运动不具有吸引性, 但具有吸引性的稳态运动可能不具有稳定性.

对于系统 (1.1.2), 若相空间中闭集 A 满足: 以 A 中的点为初始位置的相轨迹仍在 A 内, 则称 A 为**吸引集**. 一般情况下, 吸引集并非具有吸引性的最基本而不可分解的集合. 不能进一步分解的吸引集称为**吸引子**. 在系统演化过程中, 吸引子上的任意点逐渐趋近该吸引子的某个点. 吸引子最常见的例子是渐近稳定的平衡点. 但也存在其他类型的吸引子, 将在后面陆续引入. 对于复杂的吸引子, 通常很难检验它能否进一步分解. 因此一些文献往往将吸引集作为吸引子. 虽然严格而论, 二者是不同的概念.

吸引性和吸引集均为局部的概念. 在实际问题中, 常需要确定吸引范围. 全局吸引性可以保证吸引范围为整个相空间. 但在许多情况下, 仅需要研究未扰运动在特定扰动范围内的吸引性. 为此引入吸引盆的概念. 若相空间 R^n 中的点 y_0 使得当 $t \to \infty$ 时从 y_0 出发的相轨迹趋近吸引集 A, 则点 y_0 的全体称为吸引集 A 的**吸引盆**, 也称吸引域. 即吸引盆是相轨迹从其中出发可渐近趋近于该吸引集的点集. 根据微分方程解对初值的连续依赖性, 可以证明吸引集的吸引盆是非空开集. 根据给定初值的微分方程解的唯一性, 可以证明不同吸引集的吸引盆不相交.

在实际问题中, 不仅需要确定未扰运动的稳定性, 而且对于渐近稳定的未扰运动还要明确给出初始扰动的容许范围, 即吸引盆的范围. 借助李雅普诺夫函数. 可以估计甚至在一定条件下确定吸引盆. 对于低维系统, 可以用数值方法确定吸引盆. 更为复杂的吸引子和吸引盆边界在 §6.3 中将继续深入讨论.

例 1.1-7　估计非线性系统

$$\left.\begin{array}{l} \dot{x}_1 = x_2 + x_1\left(x_1^2 + x_2^2 - r^2\right) \\ \dot{x}_2 = -x_1 + x_2\left(x_1^2 + x_2^2 - r^2\right) \end{array}\right\} \tag{a}$$

零点的吸引盆.

解: 选择李雅普诺夫函数为

$$V\left(x_1, x_2\right) = x_1^2 + x_2^2 \tag{b}$$

计算 V 沿方程 (a) 解曲线的全导数, 得到

$$\dot{V}\left(x_1, x_2\right) = -2\left(x_1^2 + x_2^2\right)\left[r^2 - \left(x_1^2 + x_2^2\right)\right] \tag{c}$$

仅当初始扰动充分小, $x_1^2 + x_2^2 < r^2$ 时, 才有 $\dot{V} < 0$, 零解渐近稳定. 当初值 $x_1^2 + x_2^2 > r^2$ 时, V 变为正定, 零解不稳定. 能使受扰运动渐近地趋近原点的吸引盆包含开圆域 $\left\{(x_1, x_2) \in \mathrm{R}^2 \mid x_1^2 + x_2^2 < r^2\right\}$.

例 1.1-8　估计以下阻尼非线性系统自由振动的吸引盆边界.

$$\ddot{x} + c\dot{x} - x + x^3 = 0 \tag{a}$$

解: 系统 (a) 在相平面 $(x, \dot{x})$ 上的吸引子是渐近稳定平衡点 $S_1(1, 0)$ 和 $S_2(-1, 0)$. 不同的初值最终被吸引到这两个平衡点之一. 用数值方法得到吸引盆及其边界如图 1.6 所示. 阴影区为 S_1 的吸引盆, 空白区为 S_2 的吸引盆. 二者之间以吸引盆边界区隔.

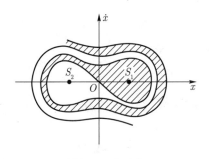

图 1.6 吸引盆

§1.2 一次近似稳定性理论

1.2.1 线性系统的稳定性准则

由于线性常系数常微分方程组的数学理论已十分完善, 因此在扰动量足够微小情况下仅保留其一次项, 使复杂的非线性系统简化为近似的线性系统, 是工程技术中常用的处理方法. 运动稳定性的一次近似理论包括线性系统的稳定性判断方法, 以及在何种条件下, 允许用线性理论的结论判断原系统的零解稳定性.

讨论含 n 个状态变量的自治系统[①], 其动力学方程的普遍形式为

$$\dot{x}_j = X_j\left(x_1, x_2, \cdots, x_n\right) \quad (j = 1, 2, \cdots, n) \tag{1.2.1}$$

或写作矩阵形式

$$\dot{\boldsymbol{x}} = \boldsymbol{X}\left(\boldsymbol{x}\right) \tag{1.2.2}$$

其中 n 维列阵 $\boldsymbol{x} = (x_j)$ 是对稳态运动的扰动, 函数列阵 $\boldsymbol{X} = (X_j)$ 不显含时间 t. 当扰动足够微小时, 将扰动方程 (1.2.1) 的右项展成泰勒级数, 略去二次以上的高阶项, 得到线性方程组, 即原系统的一次近似方程

$$\dot{\boldsymbol{x}} = \boldsymbol{A}\boldsymbol{x} \tag{1.2.3}$$

其中 $n \times n$ 系数矩阵 $\boldsymbol{A} = (a_{ij})$ 是在 $\boldsymbol{x} = \boldsymbol{0}$ 处函数 $\boldsymbol{X}$ 相对变量 $\boldsymbol{x}$ 的雅可比 (C.

[①] 按 1.1.1 节的定义, 状态变量数为自由度数的 2 倍. 此处改以 n 表示, 则系统的自由度为 $n/2$.

G. J. Jacobi) 矩阵

$$a_{ij} = \left.\frac{\partial X_i}{\partial x_j}\right|_{\boldsymbol{x}=0} \quad (i, j = 1, 2, \cdots, n) \tag{1.2.4}$$

方程 (1.2.3) 存在指数函数形式的特解:

$$\boldsymbol{x} = \boldsymbol{A}\mathrm{e}^{\lambda t} \tag{1.2.5}$$

代入方程 (1.2.3), 得到

$$(\boldsymbol{A} - \lambda \boldsymbol{E}) \boldsymbol{A} = \boldsymbol{0} \tag{1.2.6}$$

$\boldsymbol{A}$ 有非零解的充分必要条件为系数行列式等于零

$$|\boldsymbol{A} - \lambda \boldsymbol{E}| = \boldsymbol{0} \tag{1.2.7}$$

展开后得到 λ 的 n 次代数方程, 即矩阵 $\boldsymbol{A}$ 的特征方程, λ 为矩阵的特征值. 设共有 m 个不同的特征值 $\lambda_1, \lambda_2, \cdots, \lambda_m$, 每个特征值的重数分别为 $n_1, n_2, \cdots, n_m$. 特征值的总数为 $n_1 + n_2 + \cdots + n_m = n$.

线性方程组 (1.2.3) 的零解稳定性取决于特征值的实部符号. 根据以上分析结果可归纳为以下定理. 定理的证明见附录二.

定理一: 若所有特征值的实部均为负, 则线性方程的零解渐近稳定.

定理二: 若至少有一个特征值的实部为正, 则线性方程的零解不稳定. 具有正实部特征值的数目称为不稳定度.

定理三: 若存在零实部的特征值, 且为单根, 其余根的实部为负, 则线性方程的零解稳定, 但非渐近稳定. 若零实部特征值中有重根, 则零解不稳定.

1.2.2 劳斯–赫尔维茨判据

上述定理将线性系统的零解稳定性问题归结为对特征值实部正负号的判断. 劳斯 (E. J. Routh) 于 1875 年, 赫尔维茨 (A. Hurwitz) 于 1895 年提出一种方法, 可根据特征方程的系数判断特征值的实部符号, 称为**劳斯–赫尔维茨判据**, 已成为工程技术中普遍采用的实用方法.

设特征方程 (1.2.7) 的展开式为

$$a_0\lambda^n + a_1\lambda^{n-1} + \cdots + a_{n-1}\lambda + a_n = 0 \qquad (1.2.8)$$

规定其中 $a_0 > 0$. 将系数 $a_j\,(j = 0, 1, 2, \cdots, n)$ 按以下规律组成 n 阶方阵:

$$\Delta = \begin{pmatrix} a_1 & a_0 & 0 & 0 & \cdots & 0 \\ a_3 & a_2 & a_1 & a_0 & \cdots & 0 \\ a_5 & a_4 & a_3 & a_2 & \cdots & 0 \\ a_7 & a_6 & a_5 & a_4 & \cdots & 0 \\ \vdots & \vdots & \vdots & \vdots & \ddots & \vdots \\ a_{2n-1} & a_{2n-2} & a_{2n-3} & a_{2n-4} & \cdots & a_n \end{pmatrix} \qquad (1.2.9)$$

劳斯–赫尔维茨判据: n 次代数方程 (1.2.8) 所有的根实部均为负值的充分必要条件为矩阵 Δ 沿对角线的所有子行列式 $\Delta_j > 0\,(j = 0, 1, \cdots, n)$ 均大于零. 即

$$\Delta_1 = a_1 > 0, \quad \Delta_2 = \begin{vmatrix} a_1 & a_0 \\ a_3 & a_2 \end{vmatrix} > 0,$$

$$\Delta_3 = \begin{vmatrix} a_1 & a_0 & 0 \\ a_3 & a_2 & a_1 \\ a_5 & a_4 & a_3 \end{vmatrix} > 0, \quad \cdots, \quad \Delta_n > 0 \qquad (1.2.10)$$

表 1.1 中列出 $n \leqslant 5$ 的常用判据.

表 1.1　劳斯–赫尔维茨判据

n	劳斯–赫尔维茨判据
1	$a_0 > 0,\ a_1 > 0$
2	$a_0 > 0,\ a_1 > 0,\ a_2 > 0$
3	$a_0 > 0,\ a_1$ 或 $a_2 > 0,\ a_3 > 0,\quad a_1 a_2 - a_0 a_3 > 0$
4	$a_0 > 0,\ a_1 > 0,\ a_2$ 或 $a_3 > 0,\ a_4 > 0,\quad a_3\,(a_1 a_2 - a_0 a_3) - a_1^2 a_4 > 0$
5	$a_0 > 0,\ a_1$ 或 $a_2 > 0,\ a_3$ 或 $a_4 > 0,\ a_5 > 0,\quad a_1 a_2 - a_0 a_3 > 0,$ $(a_1 a_2 - a_0 a_3)\,(a_3 a_4 - a_2 a_5) - (a_1 a_4 - a_0 a_5)^2 > 0$

1.2.3 开尔文定理

机械系统中实际作用的各种力可归类为**保守力**（如重力和弹性恢复力）、**阻尼力**（如轴承摩擦和材料的内阻尼）和**陀螺力**（旋转部件因科氏惯性力产生的力或力矩）. 若系统仅含保守力, 利用 1.1.4 节叙述的拉格朗日定理就能判断其稳定性. 而实际存在的阻尼力和陀螺力会对保守系统的平衡稳定性产生影响. 开尔文定理是对上述机械系统稳定性普遍规律的总结.

讨论具有 n 个自由度的机械系统. 将上述不同种类作用力加以区分, 列写其线性化动力学方程:

$$M\ddot{x} + (C + G)\dot{x} + Kx = 0 \tag{1.2.11}$$

其中 x 为 n 阶广义坐标列阵, M, K, C, G 均为 n 阶方阵, 分别称为系统的**质量阵**、**刚度阵**、**阻尼阵**和**陀螺阵**.

$$M = (m_{ij}), \quad K = (k_{ij}), \quad C = (c_{ij}), \quad G = (g_{ij}) \tag{1.2.12}$$

M, K, C 通常为对称方阵, G 为反对称方阵.

线性方程 (1.2.11) 的零解稳定性遵循以下定理:

定理一: 对于保守系统 ($M \neq 0$, $K \neq 0$, $C = G = 0$), 若刚度阵 K 为正定, 则零解稳定.

定理二: 对于保守–阻尼系统 ($M \neq 0$, $K \neq 0$, $C \neq 0$, $G = 0$), 若保守系统稳定, 即 K 为正定, 则阻尼阵 C 的加入不影响系统的零解稳定性. 若 C 为正定, 即所谓完全阻尼, 则转为渐近稳定. 若保守系统不稳定, 加入阻尼阵 C 后系统仍不稳定.

定理三: 对于保守–陀螺系统 ($M \neq 0$, $K \neq 0$, $G \neq 0$, $C = 0$), 若保守系统稳定, 即 K 为正定, 则陀螺阵 G 的加入不影响系统的零解稳定性. 若保守系统不稳定, 无零根, 且不稳定度（具有正实部特征值的数目）为偶数, 则 G 的加入有可能使系统转为稳定. 若不稳定度为奇数, 则 G 的加入不可能改变系统的不稳定性.

定理四：对于保守–陀螺–阻尼系统 ($M \neq 0$, $K \neq 0$, $C \neq 0$, $G \neq 0$)，若保守系统稳定，即 K 为正定，则 G 和 C 的加入不影响系统的零解稳定性. 若 C 为完全阻尼，则转为渐近稳定，且不受 G 加入的影响. 若保守系统不稳定，且 C 为完全阻尼，则由于 C 的存在，不可能借助 G 的加入改变系统的不稳定性.

其中定理一即 1.1.4 节中已被严格证明的拉格朗日定理. K 矩阵正定是指由 K 矩阵组成的二次型为正定函数. 利用**西尔维斯特** (J. J. Sylvester) **判据**，K 矩阵正定性的充分必要条件为对角线各阶子行列式大于零.

定理二表明阻尼力的加入对系统的稳定性无实质性影响. 定理三表明陀螺力有**镇定**作用，能使不稳定系统转为稳定. 但根据定理四，若系统内存在阻尼，则陀螺力的镇定作用不能实现. 上述定理由开尔文勋爵 (Lord Kelvin) 和泰特 (P. G. Tait) 于 1879 年提出，后由切塔耶夫利用李雅普诺夫直接方法证明. 故称为**开尔文–泰特–切塔耶夫定理**，或简称**开尔文定理**. 以下仅就 $n = 2$ 的特殊情形，利用劳斯–赫尔维茨判据给出证明. 更普遍情形的数学证明见附录三.

证明：将方程 (1.2.11) 写作

$$\begin{pmatrix} m_1 & 0 \\ 0 & m_2 \end{pmatrix} \begin{pmatrix} \ddot{x}_1 \\ \ddot{x}_2 \end{pmatrix} + \left(\begin{pmatrix} c_1 & 0 \\ 0 & c_2 \end{pmatrix} + \begin{pmatrix} 0 & g \\ -g & 0 \end{pmatrix} \right) \begin{pmatrix} \dot{x}_1 \\ \dot{x}_2 \end{pmatrix}$$
$$+ \begin{pmatrix} k_1 & 0 \\ 0 & k_2 \end{pmatrix} \begin{pmatrix} x_1 \\ x_2 \end{pmatrix} = \begin{pmatrix} 0 \\ 0 \end{pmatrix} \tag{1.2.13}$$

此线性方程的特征方程为

$$a_0 \lambda^4 + a_1 \lambda^3 + a_2 \lambda^2 + a_3 \lambda + a_4 = 0 \tag{1.2.14}$$

其中

$$a_0 = m_1 m_2, \quad a_1 = m_1 c_2 + m_2 c_1,$$
$$a_2 = g^2 + m_1 k_2 + m_2 k_1 + c_1 c_2, \quad a_3 = c_1 k_2 + c_2 k_1, \quad a_4 = k_1 k_2 \tag{1.2.15}$$

设系统的特征值无零根，即 k_1 或 k_2 均不为零. 先讨论无阻尼的陀螺–保守系

27

统. 令 $c_1 = c_2 = 0$, 则 $a_1 = a_3 = 0$. 特征方程 (1.2.14) 简化为

$$a_0 \lambda^4 + a_2 \lambda^2 + a_4 = 0 \qquad (1.2.16)$$

系统的稳定性条件为特征值 λ 的纯虚根条件, 即 λ^2 的负实根条件:

$$a_0 > 0, \quad a_2 > 0, \quad a_4 > 0, \quad a_2^2 - 4a_0 a_4 > 0 \qquad (1.2.17)$$

以下分三种情形讨论

情形一: 若 $k_1 > 0$, $k_2 > 0$, 稳定性条件必满足, 不受 g 的影响. 此条件若不满足必不稳定.

情形二: 若 $k_1 < 0$, $k_2 < 0$, $g = 0$ 时 $a_2 < 0$, 系统不稳定; 若 $g \neq 0$ 且满足 $g^2 > m_1 |k_2| + m_2 |k_1|$, 则 $a_2 > 0$, 系统稳定.

情形三: 若 $k_1 < 0$, $k_2 > 0$ 或 $k_1 > 0$, $k_2 < 0$, 则 $a_4 < 0$, 系统不稳定, 且不受 g 的影响. 定理一和定理三得证.

再讨论保守–陀螺–阻尼的普遍情形, 设 c_1, c_2 不为零, 导出

$$a_3 (a_1 a_2 - a_0 a_3) - a_1^2 a_4$$

$$= (g^2 + c_1 c_2)(m_1 c_2 + m_2 c_1)(c_1 k_2 + c_2 k_1) + c_1 c_2 (m_1 k_2 - m_2 k_1)^2 \qquad (1.2.18)$$

对于情形一, 上式大于零. 全部劳斯–赫尔维茨条件均满足, 系统为渐近稳定, 不受 g 的影响. 若 k_1, k_2 均小于零则 $a_3 < 0$, k_1, k_2 若异号则 $a_4 < 0$. 表明即使因 g 的存在使条件 (1.2.18) 满足, 由于存在阻尼力, 系统也不稳定. 定理二和定理四得证.

例 1.2-1 设滑块 P 在转盘上受到相互正交弹簧的约束, 如图 1.7 所示. 转盘以角速度 Ω 作匀速旋转, 滑块的质量为 m, 弹簧刚度为 k, 滑块的平衡位置在盘心处. 试应用开尔文定理讨论此系统的平衡稳定性.

解: 以盘心 O 为原点, 沿正交的弹簧建立转盘的坐标系 $(O - xy)$, 列写滑块的动能 T 和势能 V:

$$T = \frac{1}{2} m \left[(\dot{x} - \Omega y)^2 + (\dot{y} + \Omega x)^2 \right], \quad V = \frac{1}{2} k (x^2 + y^2) \qquad (a)$$

代入拉格朗日方程, 列出

$$\left.\begin{array}{l} m\ddot{x} - 2m\Omega\dot{y} + \left(k - m\Omega^2\right)x = 0 \\ m\ddot{y} + 2m\Omega\dot{x} + \left(k - m\Omega^2\right)y = 0 \end{array}\right\} \tag{b}$$

写作矩阵形式

$$M\ddot{x} + G\dot{x} + Kx = 0 \tag{c}$$

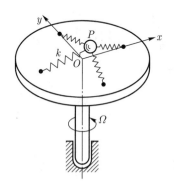

图 1.7 转盘上受弹簧约束的滑块

其中

$$M = \begin{pmatrix} m & 0 \\ 0 & m \end{pmatrix}, \quad G = \begin{pmatrix} 0 & -2m\Omega \\ 2m\Omega & 0 \end{pmatrix}$$

$$K = \begin{pmatrix} k - m\Omega^2 & 0 \\ 0 & k - m\Omega^2 \end{pmatrix}, \quad x = \begin{pmatrix} x \\ y \end{pmatrix} \tag{d}$$

根据开尔文定理三, 若 $k > m\Omega^2$, 则 K 为正定, 无陀螺项的滑块平衡位置稳定, 且 G 的加入不影响稳定性. 若 $k < m\Omega^2$, 则 K 为负定, 无陀螺项的滑块平衡位置不稳定, 不稳定度 2 为偶数, 仍可借助陀螺项的存在使平衡转为稳定. 为验证此结论, 列出方程 (b) 的特征方程

$$\begin{vmatrix} m\lambda^2 + k - m\Omega^2 & -2m\Omega\lambda \\ 2m\Omega\lambda & m\lambda^2 + k - m\Omega^2 \end{vmatrix} \tag{e}$$

$$= m^2\lambda^4 + 2m(k + m\Omega^2)\lambda^2 + (k - m\Omega^2)^2 = 0$$

解出

$$\lambda^2 = -\left(\Omega^2 + \frac{k}{m}\right) \pm 2\Omega\sqrt{\frac{k}{m}} \tag{f}$$

利用 $\left(\Omega - \sqrt{k/m}\right)^2 > 0$ 证明 $\Omega^2 + k/m > 2\Omega\sqrt{k/m}$, 则式 (f) 中 λ^2 的两个根均为负实根, 特征值 λ 为纯虚数. 证明陀螺项的存在使系统的平衡状态转为稳定.

开尔文定理仅适用于特征值无零根情形. 若有零根存在, 即使保守系统的不稳定度为奇数, 也有可能借助 $\boldsymbol{G}$ 的加入使系统转为稳定. 仍以方程 (1.2.13) 为例, 若保守系统存在零根, 则 $a_4 = 0$. 不失一般性, 设 $k_2 = 0$, $k_1 < 0$. 存在正实根 $\lambda = \sqrt{|k_1|/m_1}$, 保守系统不稳定, 不稳定度为奇数 1. 增加陀螺力后, 令 $g \neq 0$, 有非零特征值

$$\lambda = \pm\sqrt{\frac{m_2|k_1| - g^2}{m_1 m_2}} \tag{1.2.19}$$

若满足 $g^2 > m_2|k_1|$ 条件, 非零特征值为纯虚根, 系统转为稳定 [128].

例 1.2-2 试分析在中心万有引力场中作圆轨道运动的质点相对轨道坐标系的稳定性.

解: 以引力中心 O 至质点 P 未受扰位置 P_0 的连线为 x 轴, 沿质点速度方向作 y 轴. 参考坐标系 $(O-xy)$ 沿轨道平面以角速度 $\omega_c = \sqrt{\mu/R^3}$ 绕过中心 O 的法线匀速转动. 其中 μ 为地球的引力参数, R 为圆轨道半径. 设 P 点相对 O 点的径矢为 $\boldsymbol{r} = (R+\xi)\boldsymbol{i} + \eta\boldsymbol{j}$, 在转动坐标系 $(O-xy)$ 中受地球引力 $\boldsymbol{F}_1$、离心力 $\boldsymbol{F}_2$ 和科氏惯性力 $\boldsymbol{F}_c$ 的作用（图 1.8）. 仅保留扰动 ξ, η 的一次项, 导出

$$\left.\begin{aligned}
\boldsymbol{F}_1 &= -\left(\frac{m\mu}{r^2}\right)\left(\frac{\boldsymbol{r}}{r}\right) = -m\omega_c^2\left[(R-3\xi)\boldsymbol{i} + \eta\boldsymbol{j}\right] \\
\boldsymbol{F}_2 &= m\omega_c^2\boldsymbol{r} = m\omega_c^2\left[(R+\xi)\boldsymbol{i} + \eta\boldsymbol{j}\right] \\
\boldsymbol{F}_c &= -2m\left(\omega_c \times \dot{\boldsymbol{r}}\right) = 2m\omega_c\left(\dot{\eta}\boldsymbol{i} - \dot{\xi}\boldsymbol{j}\right)
\end{aligned}\right\} \tag{a}$$

其中的科氏惯性力 $\boldsymbol{F}_c$ 为陀螺力. 将以上各力代入 P 点的动力学方程 $m\ddot{\boldsymbol{r}} =$

$\boldsymbol{F}_1 + \boldsymbol{F}_2 + \boldsymbol{F}_{\mathrm{c}}$, 投影到 x 轴和 y 轴, 得到

$$\left.\begin{array}{r}\ddot{\xi} - 2\omega_{\mathrm{c}}\dot{\eta} - 4\omega_{\mathrm{c}}^2\xi = 0 \\ \ddot{\eta} + 2\omega_{\mathrm{c}}\dot{\xi} = 0\end{array}\right\} \tag{b}$$

无陀螺项时的特征方程为

$$\lambda^2\left(\lambda^2 - 4\omega_{\mathrm{c}}^2\right) = 0 \tag{c}$$

有零根和正实根, 表明重力场与离心力场形成的保守系统不稳定, 不稳定度为奇数 1. 加入陀螺项后特征方程变为

$$\lambda^2\left(\lambda^2 + \omega_{\mathrm{c}}^2\right) = 0 \tag{d}$$

非零特征值为纯虚数 $\lambda = \pm\mathrm{i}\omega_{\mathrm{c}}$, 证实陀螺力的加入使不稳定的保守系统转为稳定. 此结论解释了月球或人造卫星稳定的实际状态.

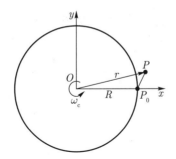

图 1.8　中心万有引力场中沿圆轨道运动的质点

1.2.4　李雅普诺夫一次近似理论

以上在线性方程 (1.2.3) 的推导过程中, 由于将高次项略去, 已完全不同于原方程 (1.2.2). 因此线性系统的稳定性准则只适用于一次近似方程. 李雅普诺夫证明了, 满足何种条件时方能根据一次近似方程的稳定性推断原方程的稳定性. 归纳为以下几条定理.

定理一: 若一次近似方程的所有特征值实部均为负, 则原方程的零解渐近稳定.

定理二：若一次近似方程至少有一特征值实部为正, 则原方程的零解不稳定.

定理三：若一次近似方程的特征根无正实部, 但存在零实部的特征值, 则不能判断原方程的零解稳定性.

其中定理一和定理二与线性方程组的零解渐近稳定和不稳定的条件完全一致, 可直接根据一次近似方程来判断原方程的零解稳定性. 定理三是介于前两种情况之间的临界情形, 虽能满足线性方程组的零解稳定性条件, 但不能判断原方程的零解稳定性. 因为在临界情形中, 原非线性方程的零解稳定性在很大程度上取决于所略去的高次项. 证明过程在附录四中给出.

例 1.2-3 试利用一次近似理论判断以下系统零解的稳定性.

$$\left.\begin{array}{l} \ddot{x} + c_1\dot{x} + c_2\left(x - y\right) + kx^3 = 0 \\ \ddot{y} + c_1 y - c_2 x + mxy^2 = 0 \end{array}\right\} \tag{a}$$

解：方程 (a) 的一次近似方程的特征方程为

$$\begin{vmatrix} \lambda^2 + c_1\lambda + c_2 & -c_2 \\ -c_2 & \lambda^2 + c_1 \end{vmatrix} = \lambda^4 + a_1\lambda^3 + a_2\lambda^2 + a_3\lambda + a_4 = 0 \tag{b}$$

其中各系数定义为

$$a_1 = c_1, \quad a_2 = c_1 + c_2, \quad a_3 = c_1^2, \quad a_4 = c_2\left(c_1 - c_2\right) \tag{c}$$

利用劳斯–赫尔维茨判据判断, 若系数 c_1, c_2 皆为正值, 且满足 $c_1 > c_2$, 则一次近似方程的零解渐近稳定. 根据李雅普诺夫一次近似理论, 原系统的零解亦渐近稳定.

例 1.2-4 试分析带阻尼单摆平衡状态的稳定性.

解：设单摆的质量为 m, 摆长为 l, 黏性阻尼系数为 c, 相对垂直轴的偏角为 φ (图 1.9). 动力学方程为

$$ml^2\ddot{\varphi} + c\dot{\varphi} + mgl\sin\varphi = 0 \tag{a}$$

引入参数 $2\zeta\omega_0 = c/ml^2$, $\omega_0^2 = g/l$, 将方程 (a) 写作

$$\ddot{\varphi} + 2\zeta\omega_0\dot{\varphi} + \omega_0^2\sin\varphi = 0 \tag{b}$$

令 $\dot{\varphi} = \ddot{\varphi} = 0$, 计算单摆的平衡位置 φ_s, 得到

$$\varphi_s = 0 \quad 或 \quad \pi \tag{c}$$

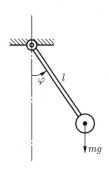

图 1.9　单摆

设平衡状态受到扰动 x, 将 $\varphi = \varphi_s + x$ 代入式 (b), 导出一次近似方程

$$\ddot{x} + 2\zeta\omega_0\dot{x} + \omega_0^2(\cos\varphi_s)x = 0 \tag{d}$$

此线性系统的特征方程为

$$\lambda^2 + 2\zeta\omega_0\lambda + \omega_0^2\cos\varphi_s = 0 \tag{e}$$

特征值为

$$\lambda_{1,2} = \omega_0\left(-\zeta \pm \sqrt{\zeta^2 - \cos\varphi_s}\right) \tag{f}$$

在 $\zeta > 0$ 和 $\varphi_s = 0$ 情况下, 特征值均为负实数, 表明线性方程 (d) 的零解渐近稳定. 根据李雅普诺夫一次近似理论的定理一, 原非线性系统 (b) 的零解亦渐近稳定. 即带阻尼单摆的下垂状态为渐近稳定.

若单摆无阻尼, 令 $\zeta = 0$, 则特征值为纯虚根, $\lambda_{1,2} = \pm i\omega_0$, 线性方程 (d) 的零解稳定. 但根据李雅普诺夫一次近似理论的定理三, 不能据此判断原非线性方程 (b) 的零解是否稳定.

对于单摆的倒置状态 (图 1.10)，改令 $\varphi_s = \pi$, 其特征值存在正实部. 根据李雅普诺夫一次近似理论的定理二, 一次近似方程 (d) 和原方程 (b) 的零解均不稳定.

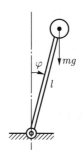

图 1.10　倒置的单摆

例 1.2-5 试讨论以下非线性系统的零解稳定性.

$$\left. \begin{array}{l} \dot{x}_1 = -x_2 + ax_1^3 \\ \dot{x}_2 = x_1 + ax_2^3 \end{array} \right\} \tag{a}$$

解：方程 (a) 的一次近似方程的特征方程为

$$\left| \begin{array}{cc} \lambda & 1 \\ -1 & \lambda \end{array} \right| = \lambda^2 + 1 = 0 \tag{b}$$

特征值为纯虚数

$$\lambda_{1,2} = \pm \mathrm{i} \tag{c}$$

一次近似方程的零解稳定, 但原方程 (a) 零解的稳定性不能由一次近似方程确定. 为判断原系统的零解稳定性, 选择正定的李雅普诺夫函数

$$V(x_1, x_2) = x_1^2 + x_2^2 \tag{d}$$

计算 V 沿方程 (a) 解曲线的全导数, 得到

$$\dot{V} = \frac{\partial V}{\partial x_1} \dot{x}_1 + \frac{\partial V}{\partial x_2} \dot{x}_2 = 2a \left(x_1^4 + x_2^4 \right) \tag{e}$$

当 $a < 0$ 时, $\dot{V}$ 为负定, 原方程的零解为渐近稳定. 当 $a = 0$ 时, $\dot{V}$ 恒等于零, 零解为稳定. 当 $a > 0$ 时, $\dot{V}$ 为正定, 零解不稳定. 可见原方程的稳定性取决于被一次近似方程忽略的高次项系数 a, 而完全不同于一次近似方程.

§1.3 相平面方法

1.3.1 相平面内的相轨迹

本章的 1.1.1 节已解释了相空间和相轨迹的基本概念, 相平面是相空间的二维特例. 本节叙述相平面方法在单自由度系统自由振动分析中的具体应用. 动力学方程的一般形式为

$$\ddot{x} + f(x, \dot{x}) = 0 \tag{1.3.1}$$

其中函数 $f(x, \dot{x})$ 的负值表示单位质量物体上作用力的合力, 包括恢复力和阻尼力在内. 由于方程 (1.3.1) 不显含时间变量, 作自由振动的系统为自治系统.

引入新的变量 y 表示速度 $\dot{x}$,

$$y = \dot{x} \tag{1.3.2}$$

系统的运动状态由位置 x 及速度 y 所体现, x 和 y 构成系统的状态变量. 方程 (1.3.1) 可改以状态变量的一阶微分方程组表示:

$$\left.\begin{array}{l} \dot{x} = y \\ \dot{y} = -f(x, y) \end{array}\right\} \tag{1.3.3}$$

设状态变量的初始条件为

$$t = 0: \quad x(0) = x_0, \quad y(0) = y_0 \tag{1.3.4}$$

方程组 (1.3.3) 的满足初始条件 (1.3.4) 的解 $x(t)$ 和 $y(t)$ 完全确定系统的运动过程. 以 x 和 y 为直角坐标建立 (x, y) 平面, 称为系统的**相平面**. 相平面上的点与系统的运动状态一一对应, 称为系统的**相点**. 系统的运动过程可以用相点在相平面上的移动过程来描述. 相点移动的轨迹称为**相轨迹**. 不同初始条件的

相轨迹组成相轨迹族. 若不需要确切地了解每个指定时刻的相点位置, 而只要求定性地了解系统在不同初始条件下的运动全貌, 则了解相轨迹族的几何特征就已足够. 用相平面方法分析非线性系统, 无需求解动力学微分方程, 对于很难用近似解析方法处理的强非线性系统也同样适用.

将方程组 (1.3.3) 中两式相除, 消去时间微分 dt 后即得到确定相轨迹族的一阶微分方程

$$\frac{\mathrm{d}y}{\mathrm{d}x} = -\frac{f(x,y)}{y} \tag{1.3.5}$$

给定系统的作用力, 即函数 $f(x,y)$ 指定以后, 方程 (1.3.5) 确定相平面 (x,y) 内各点的向量场, 构成相轨迹 (图 1.11). 在上半平面内 $y > 0$ 即 $\dot{x} > 0$, 随着时间的推移, 相点从左向右移动. 下半平面内 $y < 0$, 即 $\dot{x} < 0$, 相点从右向左移动. 横坐标轴上各点均为 $y = 0$, 则 $(\mathrm{d}y/\mathrm{d}x)_{y=0} \to \infty$, 相轨迹与横坐标轴垂直相交.

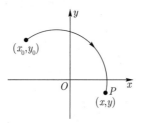

图 1.11 相平面内的相轨迹

1.3.2 相轨迹的奇点

相平面内与方程 (1.3.5) 右边分子分母同时为零对应的特殊点称为相轨迹的**奇点**. 在奇点处, $\mathrm{d}y/\mathrm{d}x$ 不存在或为不定值. 奇点的坐标 $(x_\mathrm{s}, y_\mathrm{s})$ 满足方程

$$y_\mathrm{s} = 0, \quad f(x_\mathrm{s}, y_\mathrm{s}) = 0 \tag{1.3.6}$$

因此奇点都分布在横坐标轴上.

根据微分方程解的存在唯一性定理, 若方程 (1.3.5) 的右端连续, 且满足利普希茨 (R. O. S. Lipschitz) 条件, 则过 (x,y) 平面上除奇点以外的任何点都通过也只能通过一条积分曲线. 奇点处或者无积分曲线通过, 或者有无数条积分

曲线通过. 由于奇点处 $\dot{x} = \dot{y} = 0$, 因此相点在奇点处的移动速度为零, 若相点沿通往奇点的相轨迹运动, 必须经过无限长时间之后才可能到达奇点. 系统在奇点处的速度和加速度均等于零, 表明奇点的物理意义即系统的平衡状态, 因此奇点也称为相平面内的**平衡点**.

奇点可以是稳定的也可以是不稳定的, 奇点的稳定性也就是系统平衡的稳定性. 利用李雅普诺夫的稳定性定义, 若对于任意的 $\varepsilon > 0$, 能找到确定的 $\delta(\varepsilon) > 0$, 使得在 $t = t_0$ 的初始时刻从以奇点为中心、半径为 δ 的圆内任意点出发的相轨迹在 $t > t_0$ 时保持在以该奇点为中心, 半径为 ε 的圆内, 则该奇点是稳定的. 反之为不稳定. 关于奇点的稳定性, 本章 §1.4 中将作更深入讨论.

1.3.3 保守系统的势能曲线与奇点

1. 势能曲线与奇点

将相平面法应用于 1.1.4 节中讨论过的保守系统. 单位质量保守系统的动力学方程为

$$\ddot{x} + f(x) = 0 \tag{1.3.7}$$

对应的相轨迹微分方程为

$$\frac{\mathrm{d}y}{\mathrm{d}x} = -\frac{f(x)}{y} \tag{1.3.8}$$

此方程可分离变量积分. 设起始条件如式 (1.3.4), 则积分得到的相轨迹方程为

$$\frac{1}{2}y^2 + V(x) = E, \quad V(x) = \int_0^x f(x)\,\mathrm{d}x \tag{1.3.9}$$

其中 $V(x)$ 为保守系统的势能, 积分常数 $E = (y_0^2/2) + V(x_0)$ 为系统的单位质量总机械能. 相轨迹方程 (1.3.9) 实际上就是保守系统的能量积分, 也可写作

$$y = \pm\sqrt{2[E - V(x)]} \tag{1.3.10}$$

分析式 (1.3.10), 可看出保守系统的相轨迹有以下特点 (图 1.12):

(1) 相轨迹曲线相对横坐标轴对称.

(2) 势能曲线 $z = V(x)$ 与横坐标轴的平行线 $z = E$ 交点的横坐标 $x = C_1, C_2, C_3$ 处, 相轨迹与横坐标轴相交. 交点处对应的速度和动能为零.

(3) $z = V(x)$ 的驻点的横坐标 $x = S_1, S_2, S_3$ 为奇点, 满足奇点的定义: $y = 0, V'(x) = f(x) = 0$.

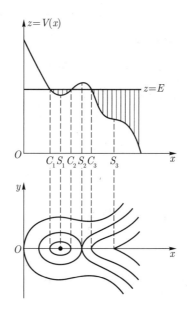

图 1.12　保守系统的势能曲线和相轨迹

(4) 在势能取极小值的 $x = S_1$ 处, 设 $E > V(S_1)$, 则在 $x = S_1$ 的某个小领域内都有 $E \geqslant V(S_1)$. 利用式 (1.3.10) 判断, 在相平面上可得到围绕奇点 S_1 的封闭相轨迹. 当 E 减小时, 封闭轨迹逐渐收缩, 而当 $E = V(S_1)$ 时, 缩为奇点 S_1. 当 $E < V(S_1)$ 时, 相平面上不存在对应的相轨迹. 这种类型的奇点是稳定的, 称为**中心**. 它对应于系统的稳定平衡状态.

(5) 在势能取极大值的 $x = S_2$ 处, 设 $E < V(S_2)$, 则在区间 (C_2, C_3) 内没有对应的相轨迹, 而在 $x < C_2$ 及 $x > C_3$ 处得到相轨迹的两个分支, 当 E 增大时这两支曲线逐渐靠近, 当 $E = V(S_2)$ 时它们在奇点 S_2 处相接触. 当 $E > V(S_2)$ 时, 则演变为分布在 x 轴的上方和下方的两支曲线. 这种类型的奇点是不稳定的, 称为**鞍点**. 它对应于系统的不稳定平衡状态. 通过鞍点的相轨迹称为**分隔线**, 因为它将相平面分隔成具有不同类型相轨迹的若干区域.

(6) 一般情况下, 保守系统的奇点只有中心和鞍点两种类型. 势能曲线的拐点 $x = S_3$ 处的奇点是个特例, 相轨迹在 $x < S_3$ 的左半边具有中心性质, 在

$x > S_3$ 的右半边具有鞍点性质, 相轨迹不封闭. 这类奇点为退化的鞍点, 也视为不稳定的平衡状态.

中心附近的相轨迹, 即稳定平衡状态的受扰运动为周期运动. 需计算周期运动的周期时, 可将式 (1.3.2) 代入式 (1.3.10), 分离变量后沿封闭相轨迹积分, 得到

$$T = \oint \frac{\mathrm{d}x}{\sqrt{2\left[E - V\left(x\right)\right]}} \tag{1.3.11}$$

一般情况下, 周期随初始条件的不同而变化, 只有线性保守系统的周期与初始条件无关.

2. 保守系统的平衡稳定性

根据上述保守系统的性质 (4), 可从几何观点出发, 验证 1.1.4 节中叙述的拉格朗日定理. 即保守系统的势能在平衡状态有孤立极小值为平衡状态稳定的充分条件. 性质 (5), (6) 从几何观点证明了上述定理的逆命题, 即保守系统的势能在平衡状态有非孤立极小值时平衡状态不稳定.

例 1.3-1 讨论线性保守系统的相轨迹.

解: 线性保守系统是最简单的保守系统, 其恢复力是位移的线性函数

$$f\left(x\right) = \alpha x \tag{a}$$

对应的势能和相轨迹方程分别为

$$V\left(x\right) = \frac{1}{2}\alpha x^2 \tag{b}$$

$$y^2 + \alpha x^2 = 2E \tag{c}$$

作为弹簧恢复力, 系数 α 为正值, 则相轨迹方程 (c) 为椭圆族, 奇点为中心. 表明系统的自由振动为简谐振动 (图 1.13a). 令式 (c) 中 $y = 0$, $\alpha = \omega_0^2$, ω_0 为线性系统的圆频率, 解得的振幅 $A = \sqrt{2E}/\omega_0$ 取决于积分常数 E, 由初始条件确定. 将式 (b) 代入积分 (1.3.11), 算出的周期 T 与振幅无关, 证明了线性系统存在等时性.

$$T = \frac{4}{\omega_0}\int_0^A \frac{\mathrm{d}x}{\sqrt{A^2 - x^2}} = \frac{2\pi}{\omega_0} \tag{d}$$

若式 (a) 中 α 取负号, 则恢复力变为排斥力, 称作 **负刚度系统**. 其相轨迹为双曲线族, 奇点为鞍点, 平衡状态不稳定 (图 1.13b).

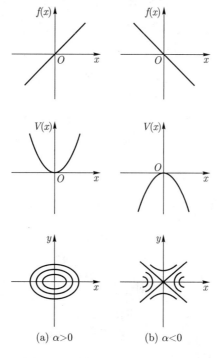

(a) $\alpha>0$ (b) $\alpha<0$

图 1.13 线性保守系统的相轨迹

例 1.3-2 试作出例 1.1-5 中质量–非线性弹簧系统的相轨迹.

解: 此系统的恢复力为坐标的非线性函数

$$f(x) = \alpha x \left(1 + \varepsilon x^2\right) \tag{a}$$

相轨迹方程为

$$y^2 + \alpha x^2 \left(1 + \frac{1}{2}\varepsilon x^2\right) = 2E \tag{b}$$

设 $\alpha > 0$, 称 $\varepsilon > 0$ 为硬弹簧, $\varepsilon < 0$ 为软弹簧 (图 1.14). 二者均在原点处有中心奇点. 依据例 1.1-5 的分析, 软弹簧有 3 个奇点, 另两个奇点为鞍点. 两类弹簧的相轨迹见图 1.15. 可见硬弹簧系统的平衡状态总是稳定. 软弹簧仅当能量较小时才有稳定平衡, 能量大到一定程度时可失去稳定. 带有如式 (a) 的 3 次

非线性项的微分方程称为**达芬方程**. 1918 年达芬首先研究了这类方程受周期激励的响应问题.

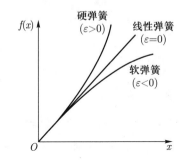

图 1.14 非线性弹簧的恢复力与位移关系

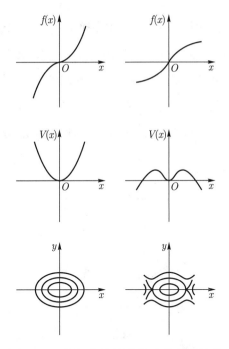

图 1.15 质量–非线性弹簧系统的相轨迹

例 1.3-3 讨论单摆大幅度运动的相轨迹

解：将例 1.2-4 中单摆动力学方程 (a) 的阻尼项略去, 简化为

$$\ddot{\varphi} + \left(\frac{g}{l}\right)\sin\varphi = 0 \tag{a}$$

其非线性恢复力为

$$f(x) = \left(\frac{g}{l}\right)\sin\varphi \tag{b}$$

势能和相轨迹方程分别为

$$V(\varphi) = \frac{g}{l}(1 - \cos\varphi) \tag{c}$$

$$y^2 + \frac{2g}{l}(1 - \cos\varphi) = 2E \tag{d}$$

当偏角较小时, $\sin\varphi \approx \varphi - (\varphi^3/6)$, 因此单摆相当于一种软弹簧. 不同点在于: 相平面上有无数个中心 $\varphi = \pm 2k\pi$ 和鞍点 $\varphi = \pm(2k+1)\pi\,(k = 0, 1, \cdots)$ (图 1.16). 由于转角 φ 的周期性, $\varphi = \pm 2k\pi$ 代表空间中的同一位置. 因此可以只取包含在二直线 $\varphi = \pi$ 和 $\varphi = -\pi$ 之间的带域, 使两条边线互相粘合卷成一个柱面, 成为**相柱面**. 在此柱面上, 中心和鞍点各只有一个. 过鞍点的相轨迹为分隔线, 分隔出两类拓扑性质不同的封闭曲线: 一类可在柱面上缩为一点, 另一类则不能 (图 1.17). 它们对应于两类性质不同的周期运动: 前者对应于单摆在平衡位置附近的摆动, 后者对应于单摆绕悬挂点朝同一方向的旋转. 单摆在中心和鞍点附近的运动性态与例 1.2-4 利用线性理论的分析结果一致.

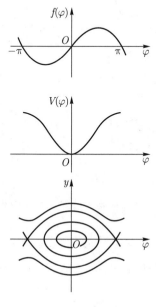

图 1.16 单摆的相轨迹

令式 (d) 中 $y = 0$, $\varphi = A$, 导出 $E = (g/l)(1 - \cos A)$, 代入式 (1.3.11) 计算得到的摆动周期 T 为振幅 A 的函数

$$T = 4\sqrt{\frac{l}{2g}} \int_0^A \frac{\mathrm{d}\varphi}{\sqrt{\cos\varphi - \cos A}} \tag{e}$$

可见单摆其实并不具有等时性, 它的周期随振幅而改变. 伽利略于 1581 年发现的单摆等时性现象只是小振幅情形的近似描述. 惠更斯于 1674 年关于大幅度摆动的单摆偏离等时性的发现是人类对于非线性振动现象的最早记载.

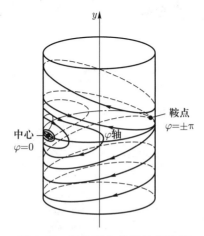

图 1.17　相柱面上单摆的相轨迹

3. 分段线性系统

分段线性系统是一类特殊的非线性振动系统, 其恢复力 $f(x)$ 为 x 的分段线性函数. 以图 1.18a 所示的系统为例, 其恢复力 $f(x)$ 是与位移 x 方向相反的常值力 F, 可写作

$$f(x) = F\mathrm{sgn}x \tag{1.3.12}$$

这类最简单的分段线性恢复力常见于自动控制系统, 称为**邦邦控制**. 将式 (1.3.12) 代入式 (1.3.9) 计算, 其相轨迹由左右两半平面内的抛物线族构成 (图 1.18b). 若 $F = 0$, 则抛物线退化为与 x 轴平行的直线族, 表示无恢复力时物体的匀速直线运动.

前面已说明, 具有线性恢复力的保守系统的相轨迹为椭圆族. 因此对于更复杂的分段线性系统, 其相轨迹可由直线、抛物线和椭圆拼接形成. 如图 1.19

所示的各种典型的分段线性恢复力, 所拼接形成的相轨迹曲线见图 1.20. 在实际工程问题中, 图 1.20 中的图 a、b 相当于有间隙或不灵敏区或存在, 图 c 相当于有饱和区存在, 图 d 相当于多弹簧系统.

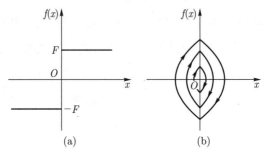

图 1.18 邦邦控制的恢复力和相轨迹

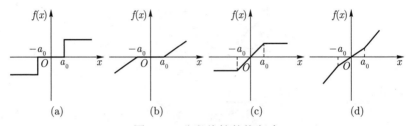

图 1.19 分段线性的恢复力

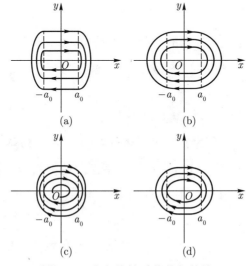

图 1.20 分段线性系统的相轨迹

1.3.4 静态分岔

设保守系统的力场依赖于某个参数 μ, 动力学方程为

$$\ddot{x} + f(x, \mu) = 0 \tag{1.3.13}$$

系统的平衡状态, 即相轨迹的奇点应满足

$$f(x_\mathrm{s}, \mu) = 0 \tag{1.3.14}$$

此保守系统的势能为

$$V(x, \mu) = \int_0^x f(x, \mu)\, \mathrm{d}x \tag{1.3.15}$$

参数 μ 的变化使相轨迹和奇点随之变化. 奇点的类型, 即平衡的稳定性可根据 1.1.4 节叙述的拉格朗日定理, 利用保守系统势能 $V(x, \mu)$ 的极值特性判断.

若 μ 经过某个临界值时, 相轨迹的拓扑性质即奇点的个数和类型产生突变, 则称此临界值为相轨迹的**分岔点**, 这种相轨迹拓扑性质随参数变化发生突变的现象称为**分岔**. 式 (1.3.14) 在 (x_s, μ) 平面上确定的曲线将此平面分隔成两个区域, 分别对应于 $f(x_\mathrm{s}, \mu) > 0$ 和 $f(x_\mathrm{s}, \mu) < 0$, 如图 1.21 所示. 图中以阴影线表示 $f(x_\mathrm{s}, \mu) > 0$ 的区域. 对于任一给定的参数 μ_0, 奇点的位置可由直线 $\mu = \mu_0$ 与曲线 $f(x_\mathrm{s}, \mu) = 0$ 的交点 1,2,3 的横坐标 $x_\mathrm{s1}, x_\mathrm{s2}, x_\mathrm{s3}$ 确定. 当 x 从小于 x_s1 经过 x_s1 变为大于 x_s1 时, $f(x_\mathrm{s}, \mu)$ 从正值变为负值, 因而有

$$f'(x_\mathrm{s}, \mu_0) = V_x''(x_\mathrm{s}, \mu_0) < 0 \tag{1.3.16}$$

表明在 $x = x_\mathrm{s1}$ 处, 势能 $V(x, \mu_0)$ 取极大值, 平衡不稳定, 奇点为鞍点. 同样奇点 $x = x_\mathrm{s3}$ 也是鞍点. 至于 $x = x_\mathrm{s2}$, 则有

$$f'(x_\mathrm{s}, \mu_0) = V_x''(x_\mathrm{s}, \mu_0) > 0 \tag{1.3.17}$$

势能 $V(x, \mu_0)$ 在 $x = x_\mathrm{s2}$ 处取极小值, 平衡稳定, 奇点为中心. 以上结论可归纳为庞加莱提出的定理:

定理: 如区域 $f(x_\mathrm{s}, \mu) > 0$ 位于曲线 $f(x_\mathrm{s}, \mu) = 0$ 的上方, 则平衡位置稳定, 奇点为中心. 如位于 $f(x_\mathrm{s}, \mu) = 0$ 的下方, 则平衡位置不稳定, 奇点为鞍点.

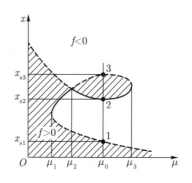

图 1.21 奇点位置与参数 μ 的关系曲线

图 1.21 中的稳定及不稳定位置分别以实线及虚线表示. 曲线上 $\mathrm{d}\mu/\mathrm{d}x_\mathrm{s}$ 为零或取不定值所对应的点 $\mu = \mu_1, \mu_2, \mu_3$ 都具有临界性质. 当参数 μ 经过这些特殊点时, 奇点的个数和类型发生突变, μ_1, μ_2, μ_3 即相轨迹的分岔点. 分岔现象仅发生于非线性系统, 若 $f(x,\mu)$ 为 x 的线性函数, 则 $f'(x_\mathrm{s},\mu)$ 为常值, 上述分岔点即不存在.

例 1.3-4 讨论非线性弹簧的平衡位置与稳定性与刚度的关系.

解: 将例 1.3-2 中非线性项的参数 ε 改以 μ 代替, 写作

$$f(x) = \alpha x \left(1 + \mu x^2\right) \tag{a}$$

代入式 (1.3.14) 确定奇点位置, 得到奇点 $x_{\mathrm{s}1} = 0$. 例 1.1-5 已说明, $\mu < 0$ 的软弹簧另有两个奇点

$$x_{\mathrm{s}2,3} = \pm \frac{1}{\sqrt{|\mu|}} \tag{b}$$

在图 1.22 中, (x_s, μ) 平面以 $\mu = 0$ 为分岔点. 右半平面为硬弹簧, 只有一个奇点 $x_\mathrm{s} = 0$ 为中心. 左半平面为软弹簧, 中心 $x_\mathrm{s} = 0$ 以外的另两个奇点为鞍点, 且随着 $|\mu|$ 的增大向中心趋近.

例 1.3-5 讨论例 1.1-6 中摆的平衡位置及稳定性与转速的关系 (图 1.5).

解: 将摆的转角 ϑ 改记为 x, 利用例 1.1-6 导出的单摆平衡位置:

$$x_{\mathrm{s}1,2} = 0, \pm\pi, \quad x_{\mathrm{s}3} = \arccos\mu \tag{a}$$

其中 $\mu = g/l\omega^2$, x_{s3} 仅存在于 $\mu < 1$ 情形. 利用例 1.1-6 判断各平衡位置稳定性的结论, 在图 1.23 的 (x_s, μ) 曲线上标出中心和鞍点, 找出分岔点为 $\mu = 1$. 所对应的转速为临界转速 ω_{cr}

$$\omega_{cr} = \sqrt{\frac{g}{l}} \qquad (b)$$

当 $\mu < 1$ 即转速超过临界转速 ω_{cr} 时, 摆的垂直状态变得不稳定, 且出现稳定的第 3 平衡位置 x_{s3}. 无限提高转速, $\mu \to 0$ 时, 此平衡位置向水平轴趋近.

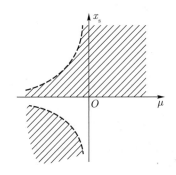

图 1.22 非线性弹簧的静态分岔

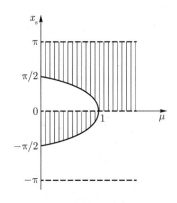

图 1.23 旋转轴上单摆的静态分岔

例 1.3-6 将弹性杆简化为由两个质量为 m 长度为 l 的均质刚性细杆 AC 和 BC 在 C 点处用铰链连接而成的机构. 上端 A 用滑移铰, 下端 B 用转动铰与基座固定 (图 1.24). 杆的抗弯刚度以刚度系数为 k 的螺圈弹簧代替. 设杆在上端轴向压力 $\boldsymbol{F}$ 作用下产生偏角 x, 试从动力学观点讨论压杆的稳定性与载荷的关系.

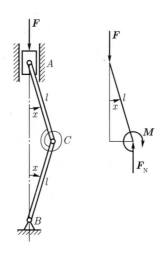

图 1.24 压杆的简化模型

解: 由上下杆的对称性推知铰支座 A, B 处的水平约束力为零, 则 C 点处的水平约束力亦必为零. 设轴向约束力为 $\boldsymbol{F}_N$, 对上杆列写相对 A 点的动量矩定理, 得到

$$\frac{1}{3}ml^2\ddot{x} + M - F_N \sin x = 0 \tag{a}$$

令上式中 $F_N = F$, $M = kx$, $\sin x \approx x - x^3/6$, 化作

$$\ddot{x} + \alpha x \left(\mu - 1 + \frac{x^2}{6}\right) = 0 \tag{b}$$

其中

$$\alpha = \frac{3F}{ml^2}, \quad \mu = \frac{k}{F} \tag{c}$$

利用式 (1.3.14) 确定系统的奇点, 得到

$$f(x_s, \mu) = \alpha x_s \left(\mu - 1 + \frac{x_s^2}{6}\right) = 0 \tag{d}$$

解出

$$x_{s1} = 0, \quad x_{s2,3} = \pm\sqrt{6(1-\mu)} \tag{e}$$

在图 1.25 作出的 (μ, x_s) 曲线上标出中心和鞍点, 分岔点为 $\mu = 1$, 所对应的载荷为临界载荷 F_{cr}

$$F_{cr} = k \tag{f}$$

当 $\mu < 1$, 即载荷超过 F_{cr} 时, 压杆的垂直平衡状态 $x_{\mathrm{s}1}$ 失去稳定, 转变为稳定的屈曲状态 $x_{\mathrm{s}2,3}$.

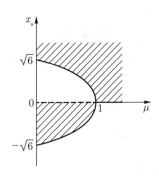

图 1.25 压杆的静态分岔

分岔现象是最早研究的非线性系统的特性之一. 本节只讨论了平衡点的分岔, 也称为**静态分岔**. 静态分岔在 5.1.3 和 5.1.4 节中有更严格的定义和深入分析. 在第二、三章中还将讨论系统运动状态随参数变化而发生的突变, 称为**动态分岔**. 关于分岔理论的普遍规律将在第五章中作系统的论述.

1.3.5　相轨迹的作图法

1. 等倾线法

对于给定的相轨迹微分方程 (1.3.5), 可以用作图方法画出相轨迹. 最简单的作图法为**等倾线法**. 令方程 (1.3.5) 的右边等于常数 C, 得到 (x, y) 相平面内以 C 为参数的曲线族

$$f(x, y) + Cy = 0 \tag{1.3.18}$$

称作相轨迹的**等倾线族**. 族内每条曲线上的所有点所对应的由方程 (1.3.5) 确定的向量场都指向同一方向. 例如线性保守系统的等倾线族为过原点的射线族

$$\omega_0^2 x + Cy = 0 \tag{1.3.19}$$

其中与 $C = 0$ 对应的零斜率等倾线分布在 y 轴上. 利用等倾线族的辅助, 不难看出相轨迹是以原点为中心的椭圆族 (见图 1.26).

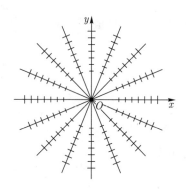

图 1.26　相平面内线性保守系统的等倾线族

2. 李纳法

另一种作图方法称为**李纳 (Lienard) 法**, 它只适用于线性恢复力的特殊情形. 适当选择单位使弹簧系数为 1, 设单位质量的阻尼力为 $-\varphi(y)$, 则有 $f(x,y)=x+\varphi(y)$. 相轨迹微分方程为

$$\frac{\mathrm{d}y}{\mathrm{d}x}=-\frac{x+\varphi(y)}{y} \tag{1.3.20}$$

在平面上作辅助曲线

$$x=-\varphi(y) \tag{1.3.21}$$

此辅助曲线即上述零斜率等倾线, 过相点 $P(x,y)$ 作 x 轴的平行线与辅助曲线交于 R 点, 过 R 点作 y 轴的平行线与 x 轴交于 S 点, 连接 PS, 将向量 $\boldsymbol{PS}$ 逆时针旋转 $90°$ 以后的方向就是方程 (1.3.20) 确定的相轨迹切线方向 (图 1.27). 要证明此结论只要引入 $\theta=\angle PSR$, 则有

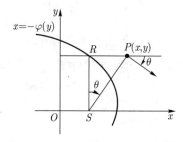

图 1.27　相轨迹的李纳作图法

$$\frac{\mathrm{d}y}{\mathrm{d}x} = \tan\left(-\theta\right) = -\frac{PR}{RS} = -\frac{x + \varphi\left(y\right)}{y} \tag{1.3.22}$$

仍以线性保守系统为例, 令 $\varphi\left(y\right) = 0$, 辅助曲线与 y 轴重合. 过 P 点的相轨迹是以 O 为圆心, PO 为半径的圆.

1.3.6 耗散系统的自由振动

1. 黏性阻尼

运动过程伴随能量耗散的机械系统称为**耗散系统**, 如带有**黏性阻尼**或**干摩擦**的系统. 先讨论黏性阻尼. 设单位质量物体上作用的恢复力和阻尼力分别为 $-\alpha x$ 和 $-c\dot{x}$, 将函数 $f\left(x, y\right)$ 写作

$$f\left(x, y\right) = \alpha x + cy \tag{1.3.23}$$

利用等倾线法作相轨迹. 将上式代入式 (1.3.18) 得到的等倾线族也是过原点的射线族

$$\alpha x + \left(c + C\right) y = 0 \tag{1.3.24}$$

但与式 (1.3.19) 比较, 零斜率等倾线从 y 轴移至第 2, 4 象限. c 较小时相轨迹是朝原点趋近的螺线, 它围绕奇点 $(0, 0)$ 无穷尽地转动但始终达不到奇点位置, 这类奇点称为**稳定焦点** (见图 1.28a), 系统的运动为衰减振动. 当 c 较大时, 相轨迹尚未完成绕奇点转动一周即接近奇点, 成为直接通往奇点的射线, 但由于相点在奇点处移动速度为零, 因此需经过无限长时间后才能到达奇点. 这类奇点称为**稳定结点** (见图 1.28b), 系统作衰减的非往复运动.

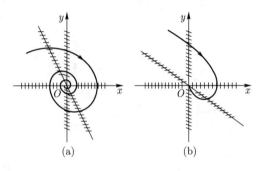

图 1.28 稳定焦点与结点

也可将式 (1.3.23) 代入相轨迹微分方程 (1.3.5), 得到

$$\frac{\mathrm{d}y}{\mathrm{d}x} = -\frac{\alpha x}{y} - c \tag{1.3.25}$$

与线性保守系统的相轨迹微分方程比较

$$\frac{\mathrm{d}y}{\mathrm{d}x} = -\frac{\alpha x}{y} \tag{1.3.26}$$

可看出二者的区别在于相平面上同一点处的相轨迹斜率相差一常数项 $-c$. 参照图 1.25 可以预计, 相轨迹不断从能级较高的椭圆进入能级较低的椭圆, 朝原点方向趋近 (图 1.29).

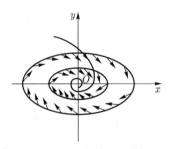

图 1.29　稳定焦点的形成

黏性阻尼系数 c 必须为正数. 若 c 为负值, 则意味着系统的总机械能不仅没有耗散, 相反能从外界取得能量. 这种特殊情况称为**负阻尼**. 负阻尼系统的相轨迹为不断向外扩展的螺线或射线. 若利用等倾线法作图, 则零斜率等倾线出现在第 1, 3 象限. 这类奇点称为**不稳定焦点**或**不稳定结点** (图 1.30).

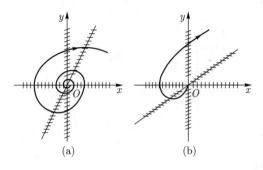

(a)　　　　　(b)

图 1.30　不稳定焦点与结点

2. 干摩擦

物体在粗糙平面上滑动时, 单位质量物体上作用的摩擦力 $-\varphi(y)$ 的简化规律为

$$\varphi(y) = F\mathrm{sgn}y \tag{1.3.27}$$

如图 1.31 所示. 其中动摩擦力为常值 F, 指向滑动相反方向. 根据库仑摩擦定律, F 与接触面处物体间的正压力 F_N 成正比,

$$F = fF_N \tag{1.3.28}$$

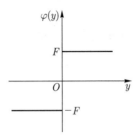

图 1.31　干摩擦力与相对速度关系曲线

比例系数 f 为动摩擦因数. 讨论受干摩擦力作用的质量-弹簧系统, 若弹簧为线性, 且弹簧系数为 1, 可利用李纳作图法. 先根据式 (1.3.21) 作出辅助曲线, 即

$$x = -F\mathrm{sgn}y \tag{1.3.29}$$

相轨迹在上半相平面内是以 $(-F, 0)$ 为圆心的圆, 在下半相平面内是以 $(F, 0)$ 为圆心的圆. 若相点的起始位置为 $(a_0, 0)$, 下一次与 x 轴相交的位置为 $(-a_1, 0)$, 再下一次为 $(a_2, 0)$ 等. 从图 1.32 可看出振幅的递减规律:

$$a_1 = a_0 - 2F, \quad a_2 = a_1 - 2F, \quad \cdots, \quad a_n = a_{n-1} - 2F \tag{1.3.30}$$

相轨迹是由半径递减的半圆组成的螺线, 向原点方向趋近. 直到 $a_n < F$ 时, 相点停止运动. 这时弹簧恢复力小于最大静摩擦力而保持平衡. 若近似忽略动摩擦因数与静摩擦因数的差别, 则 x 轴上区间 $(-F, F)$ 内的每个点都是奇点而构

成干摩擦的**死区**. 相点在死区的终止位置是随遇的. 由于黏性阻尼不存在死区, 因此在测量仪表中加入润滑油, 将干摩擦转化为黏性阻尼, 即可消除零点不准的现象.

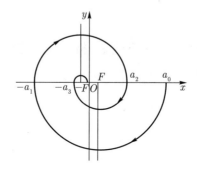

图 1.32　有干摩擦的质量–弹簧系统的相轨迹

§1.4　奇点的分类

1.4.1　平面动力学系统

在上一节中已应用相平面方法分析了单自由度系统的自由振动. 利用相轨迹的奇点表示系统的平衡状态. 根据奇点的不同类型定性地描述平衡状态附近的振动性态. 本节叙述一般情形下如何对奇点进行分类.

将动力学系统状态方程的普遍形式写作

$$\left.\begin{array}{l} \dot{x} = P\left(x, y\right) \\ \dot{y} = Q\left(x, y\right) \end{array}\right\} \tag{1.4.1}$$

含两个状态变量的动力学系统称为平面动力学系统, 或简称**平面系统**. 将以上两式相除, 得到与时间变量 t 无关的一阶微分方程:

$$\frac{\mathrm{d}y}{\mathrm{d}x} = \frac{Q\left(x, y\right)}{P\left(x, y\right)} \tag{1.4.2}$$

1.1.3 节已说明, 不显含时间 t 的系统为自治系统. 单自由度系统的自由振动就是平面自治系统.

系统 (1.4.2) 的相轨迹的奇点 $x_\mathrm{s}, y_\mathrm{s}$ 为以下方程的解

$$P\left(x_\mathrm{s}, y_\mathrm{s}\right) = 0, \quad Q\left(x_\mathrm{s}, y_\mathrm{s}\right) = 0 \tag{1.4.3}$$

不失一般性, 将坐标原点移至奇点处, 则 $x_\mathrm{s} = y_\mathrm{s} = 0$. 将函数 $P\left(x, y\right)$ 和 $Q\left(x, y\right)$ 在奇点 $(0,0)$ 附近展开为泰勒 (B. Taylor) 级数, 得到

$$\left.\begin{array}{l} P\left(x, y\right) = a_{11}x + a_{12}y + \varepsilon_1\left(x, y\right) \\ Q\left(x, y\right) = a_{21}x + a_{22}y + \varepsilon_2\left(x, y\right) \end{array}\right\} \tag{1.4.4}$$

其中 ε_1 和 ε_2 为 x 和 y 的二次以上的项, $a_{ij}\left(i, j = 1, 2\right)$ 为函数 P 和 Q 相对变量 x 和 y 的雅可比矩阵 $\boldsymbol{A}$ 的元素

$$\boldsymbol{A} = \frac{\partial\left(P, Q\right)}{\partial\left(x, y\right)} = \left(\begin{array}{cc} a_{11} & a_{12} \\ a_{21} & a_{22} \end{array}\right) \tag{1.4.5}$$

其中

$$\left.\begin{array}{ll} a_{11} = \left(\dfrac{\partial P}{\partial x}\right)_0, & a_{12} = \left(\dfrac{\partial P}{\partial y}\right)_0 \\ a_{21} = \left(\dfrac{\partial Q}{\partial x}\right)_0, & a_{22} = \left(\dfrac{\partial Q}{\partial y}\right)_0 \end{array}\right\} \tag{1.4.6}$$

下角标的 0 表示在奇点处取值. 忽略非线性项, 将变量 x, y 改记为 x_1, x_2, 引入列阵 $\boldsymbol{x} = \left(\begin{array}{cc} x_1 & x_2 \end{array}\right)^\mathrm{T}$, 将线性化的方程表示为

$$\dot{\boldsymbol{x}} = \boldsymbol{A}\boldsymbol{x} \tag{1.4.7}$$

为分析线性系统 (1.4.7) 的相轨迹奇点的性质, 作以下非奇异线性变换

$$\boldsymbol{x} = \boldsymbol{T}\boldsymbol{u} \tag{1.4.8}$$

将上式代入方程 (1.4.7) 并左乘 $\boldsymbol{T}^{-1}$, 化作

$$\dot{\boldsymbol{u}} = \boldsymbol{J}\boldsymbol{u}, \quad \boldsymbol{J} = \boldsymbol{T}^{-1}\boldsymbol{A}\boldsymbol{T} \tag{1.4.9}$$

其中 $\boldsymbol{u} = \left(\begin{array}{cc} u_1 & u_2 \end{array}\right)^\mathrm{T}$ 为变换后的状态变量. 适当选择 $\boldsymbol{T}$ 可使变换后的矩阵 $\boldsymbol{J}$ 成为若尔当 (C. Jordan) 标准型. 矩阵 $\boldsymbol{J}$ 与 $\boldsymbol{A}$ 有相同的特征值.

1.4.2 线性系统的奇点类型

分别对以下不同情形讨论矩阵 $\boldsymbol{J}$ 的特征值与奇点的关系.

1. $\boldsymbol{J}$ 有不等的实特征值 λ_1, λ_2, 则 $\boldsymbol{J}$ 为对角阵

$$\boldsymbol{J} = \begin{pmatrix} \lambda_1 & 0 \\ 0 & \lambda_2 \end{pmatrix} \tag{1.4.10}$$

方程 (1.4.9) 的投影式为

$$\left.\begin{array}{l} \dot{u}_1 = \lambda_1 u_1 \\ \dot{u}_2 = \lambda_2 u_2 \end{array}\right\} \tag{1.4.11}$$

这两个方程的通解为

$$u_1 = u_{10}\mathrm{e}^{\lambda_1 t}, \quad u_2 = u_{20}\mathrm{e}^{\lambda_2 t} \tag{1.4.12}$$

将 (1.4.11) 的两个方程相除, 得到

$$\frac{\mathrm{d}u_2}{\mathrm{d}u_1} = \alpha\frac{u_2}{u_1} \tag{1.4.13}$$

其中参数 $\alpha = \lambda_2/\lambda_1$. 方程 (1.4.13) 可分离变量, 积分得到相轨迹方程

$$u_2 = Cu_1^\alpha \tag{1.4.14}$$

相轨迹为指数曲线族. $\alpha < 0$ 即 λ_1, λ_2 异号时, 奇点为**鞍点** (图 1.33a). $\alpha > 0$ 即 λ_1, λ_2 同号时, 奇点为**结点**. 结点的稳定性根据 λ_1, λ_2 的符号判断, λ_1, λ_2 同为负号时为**稳定结点** (图 1.33b,c). λ_1, λ_2 同为正号时为不稳定结点, 图中的箭头方向相反. 若 $\lambda_2 = 0$ 为零根, 则 u_2 保持常值, $\alpha = 0$, 相轨迹退化为与 u_1 轴平行的直线族, 成为结点的退化情形.

2. $\boldsymbol{J}$ 有二重实特征值 $\lambda_1 = \lambda_2$, 则 $\boldsymbol{J}$ 为非对角阵

$$\boldsymbol{J} = \begin{pmatrix} \lambda_1 & 0 \\ 1 & \lambda_1 \end{pmatrix} \tag{1.4.15}$$

方程 (1.4.9) 的投影式为

$$\left.\begin{array}{l} \dot{u}_1 = \lambda_1 u_1 \\ \dot{u}_2 = u_1 + \lambda_1 u_2 \end{array}\right\} \tag{1.4.16}$$

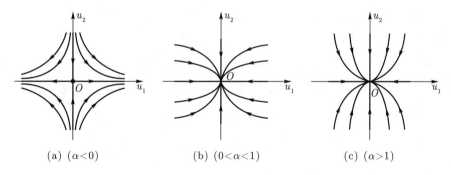

(a) $(\alpha < 0)$ (b) $(0 < \alpha < 1)$ (c) $(\alpha > 1)$

图 1.33 鞍点与稳定结点

此方程组的通解为

$$\left.\begin{array}{l} u_1 = u_{10}\mathrm{e}^{\lambda_1 t} \\ u_2 = (u_{20} + u_{10}t)\,\mathrm{e}^{\lambda_1 t} \end{array}\right\} \tag{1.4.17}$$

将 (1.4.16) 的两个方程相除, 得到

$$\frac{\mathrm{d}u_2}{\mathrm{d}u_1} = \frac{u_1 + \lambda_1 u_2}{\lambda_1 u_1} \tag{1.4.18}$$

$\mathrm{d}u_2/\mathrm{d}u_1 = 0$ 仅当 u_1 与 u_2 异号时可能发生, 即相轨迹仅在第 2, 4 象限内存在极值点. 若 $\lambda_1 \neq 0$, 当 $t \to \infty$ 时 u_2/u_1 无限增大, $\mathrm{d}u_2/\mathrm{d}u_1 \to \infty$, 表明所有的相轨迹都趋向与 u_2 轴相切. 奇点为结点. 结点的稳定性由 λ_1 的符号确定, $\lambda_1 < 0$ 时稳定 (图 1.34), $\lambda_1 > 0$ 时不稳定. 若 $\lambda_1 = 0$, 则 u_1 保持常值, 相轨迹退化为与 u_2 轴平行的直线族, 为结点的另一种退化情形.

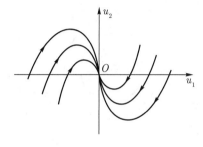

图 1.34 稳定结点

3. $\boldsymbol{J}$ 有共轭复根 $\lambda_{1,2} = \alpha \pm \mathrm{i}\beta$, 矩阵 $\boldsymbol{J}$ 为

$$\boldsymbol{J} = \begin{pmatrix} \alpha + \mathrm{i}\beta & 0 \\ 0 & \alpha - \mathrm{i}\beta \end{pmatrix} \tag{1.4.19}$$

将 u_1, u_2 作以下变换:

$$u_1 = re^{\mathrm{i}\varphi}, \quad u_2 = re^{-\mathrm{i}\varphi} \tag{1.4.20}$$

代入方程 (1.4.9), 且将式 (1.4.19) 代入, 得到

$$\left.\begin{aligned} \dot{u}_1 = (\dot{r} + \mathrm{i}r\dot{\varphi})\,e^{\mathrm{i}\varphi} = (\alpha + \mathrm{i}\beta)\,re^{\mathrm{i}\varphi} \\ \dot{u}_2 = (\dot{r} - \mathrm{i}r\dot{\varphi})\,e^{-\mathrm{i}\varphi} = (\alpha - \mathrm{i}\beta)\,re^{-\mathrm{i}\varphi} \end{aligned}\right\} \tag{1.4.21}$$

从上式导出 r, φ 的微分方程

$$\dot{r} = \alpha r, \quad \dot{\phi} = \beta \tag{1.4.22}$$

这两个方程的通解为

$$r = r_0 e^{\alpha t} \tag{1.4.23a}$$

$$\varphi = \varphi_0 + \beta t \tag{1.4.23b}$$

相轨迹为围绕奇点旋转的螺线, 奇点为**焦点**. 焦点的稳定性由 α 的符号确定, $\alpha < 0$ 时为**稳定焦点** (图 1.35), $\alpha > 0$ 时为**不稳定焦点**. $\alpha = 0$ 时螺线转化为椭圆, 奇点为**中心** (图 1.36). 由于特征值的实部为零属于临界情形, 奇点为中心的判断仅适用于线性系统.

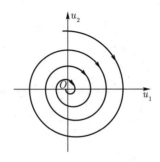

图 1.35 稳定焦点

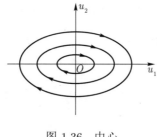

图 1.36 　中心

1.4.3　奇点的分类准则

按式 (1.4.8) 作线性变换后, 变量 u 与变换前的变量 x 为线性同构, 它们的奇点类型完全相同. 根据以上分析结果, 奇点的类型取决于矩阵 $\boldsymbol{A}$ 的特征值. 将 $\boldsymbol{A}$ 的特征方程展开, 得到

$$|\boldsymbol{A} - \lambda \boldsymbol{E}| = \lambda^2 - p\lambda + q = 0 \tag{1.4.24}$$

其中

$$\left.\begin{array}{l} p = \mathrm{tr}\boldsymbol{A} = a_{11} + a_{22} \\ q = |\boldsymbol{A}| = a_{11}a_{22} - a_{12}a_{21} \end{array}\right\} \tag{1.4.25}$$

方程 (1.4.24) 的特征值为

$$\lambda_{1,2} = \frac{1}{2}\left(p \pm \sqrt{\Delta}\right) \tag{1.4.26}$$

其中

$$\Delta = p^2 - 4q \tag{1.4.27}$$

奇点的不同类型由参数 p 和 Δ 确定:

(1) $\Delta > 0$: $\lambda_{1,2}$ 为不等实根. 因 $q = \lambda_1\lambda_2$, 若 $q > 0$ 则 λ_1 与 λ_2 同号, 奇点为结点. $p < 0$ 稳定, $p > 0$ 不稳定. 若 $q < 0$, 则 λ_1 与 λ_2 异号, 奇点为鞍点. 若 $q = 0$, 为 $\boldsymbol{A}$ 的奇异情形. 因 $\Delta = p^2$, 特征值中出现零根 $\lambda_2 = 0$, 相轨迹退化为平行直线族, 即结点的退化情形.

(2) $\Delta = 0$ ($q \geqslant 0$): $\lambda_1 = \lambda_2 = p/2$ 为重根. 奇点为结点, $p < 0$ 稳定, $p > 0$ 不稳定. 若 $p = 0$, 令式 (1.4.17) 中 $\lambda_1 = 0$, 相轨迹退化为与 u_2 轴平行的直线族, 即结点的另一种退化情形.

(3) $\Delta < 0$ ($q > 0$): $\lambda_{1,2}$ 为共轭复根. 若 $p = 0$, 奇点为中心. 若 $p \neq 0$, 奇点为焦点, $p < 0$ 稳定, $p > 0$ 不稳定.

可归纳出以下结论:

$$\Delta > 0 \begin{cases} q > 0 & \text{结点} \begin{cases} p < 0 & \text{稳定} \\ p > 0 & \text{不稳定} \end{cases} \\ q = 0 & \text{退化结点} \\ q < 0 & \text{鞍点} \end{cases}$$

$$\Delta = 0 \begin{cases} p = 0 & \text{退化结点} \\ p \neq 0 & \text{结点} \begin{cases} p < 0 & \text{稳定} \\ p > 0 & \text{不稳定} \end{cases} \end{cases}$$

$$\Delta < 0 \begin{cases} p = 0 & \text{中心} \\ p \neq 0 & \text{焦点} \begin{cases} p < 0 & \text{稳定} \\ p > 0 & \text{不稳定} \end{cases} \end{cases}$$

利用此分类准则可在 (p, q) 参数平面内划分出不同区域, 表示奇点的不同类型 (图 1.37).

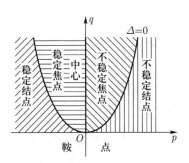

图 1.37 参数平面内的奇点类型

以上对奇点的分类是基于线性化的一次近似系统. 根据 1.2.4 节叙述的李雅普诺夫一次近似理论, 利用一次近似系统判断原系统的稳定性对临界情形不适用. 临界情形是矩阵 $\boldsymbol{A}$ 的特征值实部为零, 即式 (1.4.26) 中 $p = 0$, $\Delta < 0$ 情

形. 所对应的奇点为中心, 称为**非双曲奇点**. 临界情形对原系统不能区分中心和焦点, 原系统的奇点必须考察含 ε_1 和 ε_2 的高阶项方能正确判断. A 的特征值实部不为零时对应的奇点称为**双曲奇点**.

例 1.4-1 判断单摆的奇点类型.

解：设单摆相对垂直轴的偏角为 φ, 列出其动力学方程

$$\ddot{\varphi} + \left(\frac{g}{l}\right)\sin\varphi = 0 \tag{a}$$

令 $y = \dot{\varphi}$, 将方程化作

$$\frac{\mathrm{d}y}{\mathrm{d}\varphi} = -\frac{(g/l)\sin\varphi}{y} \tag{b}$$

奇点为

$$S_1 \begin{cases} y_\mathrm{s} = 0 \\ \varphi_\mathrm{s} = 0 \end{cases}, \quad S_2 \begin{cases} y_\mathrm{s} = 0 \\ \varphi_\mathrm{s} = \pi \end{cases} \tag{c}$$

令 $x = \varphi - \varphi_\mathrm{s}$, 方程 (b) 线性化为

$$\frac{\mathrm{d}y}{\mathrm{d}x} = -\frac{(g/l)\cos\varphi_\mathrm{s}x}{y} \tag{d}$$

列出方程 (d) 的雅可比矩阵

$$A = \begin{pmatrix} 0 & 1 \\ -(g/l)\cos\varphi_\mathrm{s} & 0 \end{pmatrix} \tag{e}$$

得到

$$p = 0, \quad q = (g/l)\cos\varphi_\mathrm{s}, \quad \Delta = -4p^2\cos\varphi_\mathrm{s}$$

奇点类型见表 1.2. 单摆运动的相轨迹见图 1.15 或图 1.16.

表 1.2 奇 点 类 型

奇点	p	q	Δ	奇点类型
S_1	0	+	−	中心
S_2	0	−	+	鞍点

例 1.4-2 分析滑翔机的运动. 设机翼面积很大, 空气阻力远小于升力而略去. 飞机的惯性矩不大, 而尾翼的稳定力矩很大. 攻角保持为零 (图 1.38).

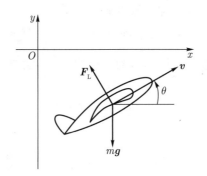

图 1.38 滑翔机

解: 设飞机的质量为 m, 质心速度为 v, 纵轴相对水平面的倾角为 θ, 升力 F_L 为

$$F_L = c_L S \frac{\rho v^2}{2} \tag{a}$$

其中 c_L 为升力系数, S 为特征面积, ρ 为空气密度. 列出飞机质心运动的动力学方程:

$$\left. \begin{array}{l} m\dot{v} = -mg\sin\theta \\ mv\dot{\theta} = -mg\cos\theta + c_L S \dfrac{\rho v^2}{2} \end{array} \right\} \tag{b}$$

将 θ, v 作为决定飞机运动状态的状态变量, 则 (θ, v) 相平面内的相轨迹微分方程为

$$\frac{\mathrm{d}v}{\mathrm{d}\theta} = \frac{-v\sin\theta}{(v/v_0)^2 - \cos\theta} \tag{c}$$

其中常数 $v_0 = \sqrt{2mg/(c_L S \rho)}$. 令 $y = v/v_0$, 作变量置换, 此方程化作

$$\frac{\mathrm{d}y}{\mathrm{d}\theta} = \frac{-y\sin\theta}{y^2 - \cos\theta} \tag{d}$$

存在三个奇点:

$$S_1 \left\{ \begin{array}{l} \theta_s = 0 \\ y_s = 1 \end{array} \right., \quad S_2 \left\{ \begin{array}{l} \theta_s = \pi/2 \\ y_s = 0 \end{array} \right., \quad S_3 \left\{ \begin{array}{l} \theta_s = -\pi/2 \\ y_s = 0 \end{array} \right. \tag{e}$$

奇点 S_1 对应于飞机作速度为 v_0 的水平匀速飞行, 奇点 S_2 和 S_3 对应于飞机直立且速度为零的瞬时失速状态. 列出方程 (d) 的雅可比矩阵

$$A = \begin{pmatrix} \sin\theta_s & 2y_s \\ -y_s\cos\theta_s & -\sin\theta_s \end{pmatrix} \tag{f}$$

得到

$$p = 0, \quad q = 2y_s^2\cos\theta_s - \sin^2\theta_s, \quad \Delta = 4\left(\sin^2\theta_s - 2y_s^2\cos\theta_s\right) \tag{g}$$

奇点类型见表 1.3.

表 1.3　奇 点 类 型

奇点	p	q	Δ	奇点类型
S_1	0	+	−	中心
S_2	0	−	+	鞍点
S_3	0	−	+	鞍点

实际上方程 (d) 为全微分方程, 可积分得到相轨迹方程

$$\frac{1}{3}y^3 - y\cos\theta = \text{const} \tag{h}$$

相轨迹族如图 1.39 所示. 可看出过鞍点的分隔线将相平面划分为两个不同区域. 扰动很小时滑翔机作稳定的水平匀速飞行, 受扰后在水平姿态附近摆动. 若扰动太大, 使相点越出由分隔线划分的粗实线所围区域, 则 ϑ 单调增加, 水平飞行转变为不稳定的翻筋斗运动.

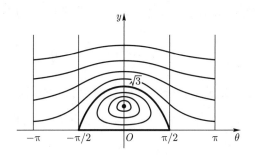

图 1.39　滑翔机运动的相轨迹

63

例 1.4-3 判断以下方程的奇点类型:

(a) $\ddot{x} + x + \varepsilon x^3 = 0$

(b) $\ddot{x} + x - \varepsilon x^3 = 0$

(c) $\ddot{x} + x + \varepsilon \dot{x}^3 = 0$

(d) $\ddot{x} + x - \varepsilon \dot{x}^3 = 0$

解: 此四方程均有奇点 $(0,0)$. 用线性理论判断, 因 $p = 0$, $q = 1$, $\Delta = -4 < 0$, 奇点类型均为中心. 如考虑被忽略的含 ε 的高次项, 情况 (a),(b) 是在例 1.1-5 中讨论过的质量–非线性弹簧系统, 奇点为中心无误. 情况 (c) 相当于增加与 $\dot{x}$ 三次方成比例的黏性阻尼, 奇点应为稳定焦点. 情况 (d) 相当于增加负阻尼, 奇点为不稳定焦点. 可见不同的高阶项导致不同的结论.

§1.5 极限环

1.5.1 瑞利方程和范德波尔方程

根据以上分析, 相平面内的封闭相轨迹是对周期运动的定性描述. 稳定的中心奇点周围密集的闭轨迹族对应于单自由度保守系统的自由振动. 在无数封闭相轨迹曲线中, 实际运动对应的相轨迹是由初始状态确定的其中一条. 但实践中也存在一类特殊的振动系统, 其运动微分方程的解在相平面上所确定的相轨迹是一条孤立的封闭曲线, 它所对应的周期运动由系统的物理参数唯一确定, 与初始状态无关. 这种孤立的封闭相轨迹称为**极限环**. 本节讨论极限环的普遍性质, 在第三章中将对能产生极限环的**自激振动**作更深入的分析.

讨论以下类型的微分方程, 是可能存在极限环的典型系统:

$$\ddot{x} - \varepsilon \dot{x}(1 - \delta \dot{x}^2) + \omega_0^2 x = 0 \tag{1.5.1}$$

这是瑞利 (J. W. S. Rayleigh) 进行声学研究时分析过的方程, 称为**瑞利方程**. 将方程 (1.4.1) 的各项对 t 求导, 将 $\dot{x}$ 作为新的变量但仍记作 x, 参数 3δ 以 δ 代替, 化作

$$\ddot{x} - \varepsilon \dot{x}(1 - \delta x^2) + \omega_0^2 x = 0 \tag{1.5.2}$$

此方程与瑞利方程等价, 形式上的区别仅括号内的 $\dot{x}$ 被 x 代替. 方程 (1.5.2) 是范德波尔在研究电子管振荡器电路时导出的, 称为**范德波尔方程**. 瑞利方程或范德波尔方程均能导致极限环出现, 其原因可作以下定性的解释.

方程 (1.5.1) 或 (1.5.2) 的第二项相当于耗散系统的阻尼项. 当 x 或 $\dot{x}$ 较小时, 此阻尼项为负值, 但对于 x 或 $\dot{x}$ 的足够大的值, 此阻尼项变为正值. 因此范德波尔方程对于小幅度运动为负阻尼, 对于大幅度运动为正阻尼. 利用变量 $y = \dot{x}$, 将方程 (1.5.2) 化作一阶自治的微分方程. 不失一般性令 $\omega_0^2 = 1$, 得到

$$\frac{\mathrm{d}y}{\mathrm{d}x} = \frac{\varepsilon y \left(1 - \delta y^2\right) - x}{y} \tag{1.5.3}$$

利用李纳作图法, 先作出零斜率等倾线, 即图 1.40 中的虚线

$$x = \varepsilon y \left(1 - y^2\right) \tag{1.5.4}$$

可看出, 在原点附近阻尼为负值, 零斜率发生于第 1, 3 象限. 在远离原点处, 阻尼为正值, 零斜率发生于第 2, 4 象限. 因此与原点重合的奇点为不稳定焦点, 附近的相点必向外发散. 在远离原点处, 相点的运动规律接近于稳定焦点周围的相轨迹而向内收敛. 可以预计, 这两类方向相反的相轨迹之间必有一稳定极限环存在 (图 1.40).

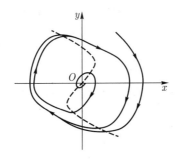

图 1.40 范德波尔方程的极限环

1.5.2 极限环的稳定性

为讨论极限环的稳定性, 应先了解 1.1.2 节中提到的轨道稳定性.

定义: 对于相轨迹 Γ, 给定任意小的正数 ε, 若存在正数 δ, 使得在初始时刻 $t = t_0$ 时, 从相轨迹 Γ 的任一侧距离 δ 处的受扰相轨迹上的任意点 P 在

$t > t_0$ 时与相轨迹 Γ 的距离均小于 ε, 则称未扰相轨迹 Γ 为**稳定**. 反之为**不稳定**. 若未扰相轨迹 Γ 稳定, 且当 $t \to \infty$ 时 P 点与相轨迹 Γ 的距离趋近于零, 则称未扰相轨迹 Γ 为**渐近稳定** (图 1.41a,b). 封闭相轨迹存在内外两侧, 两侧的轨道稳定性可能不同. 若封闭相轨迹的一侧稳定, 另一侧不稳定, 则称未扰封闭相轨迹为**半稳定** (图 1.41c).

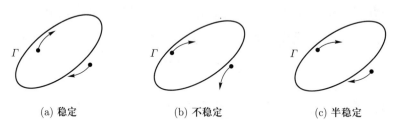

(a) 稳定   (b) 不稳定   (c) 半稳定

图 1.41　极限环稳定性的几何解释

轨道稳定性的上述定义由庞加莱提出, 也称为**庞加莱稳定性**. 轨道稳定性仅要求未受扰的相轨迹与受扰后的相轨迹之间充分接近, 而不要求每个瞬时受扰前后相轨迹上的每个相点位置之间充分接近. 因此不同于 1.1.2 节中叙述的李雅普诺夫稳定性. 满足李雅普诺夫稳定性的运动必满足轨道稳定性, 但满足轨道稳定性的运动不一定满足李雅普诺夫稳定性.

极限环的稳定性即上述封闭相轨迹的轨道渐近稳定性, 也可利用点映射概念说明. 在相轨迹 Γ 上任意点 P 处沿曲线的外法线 $\boldsymbol{n}$ 方向作线段 L. 从 P 点出发的相轨迹若再一次与 L 相交, 则交点 P' 称为 P 的**后继点** (图 1.42). 设 P 与 P' 相对 L 上的参考点 O 沿 On 轴的坐标为 s 和 s', 则 s' 为 s 的函数, 称为**后继函数**

$$s' = f(s) \tag{1.5.5}$$

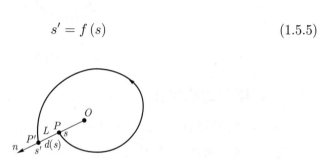

图 1.42　相轨迹上的点映射

后继函数 $f(s)$ 建立线段 L 上 P 点与后继点 P' 之间的**点映射**关系. 设 $d(s) = f(s) - s$ 为 P' 与 P 的距离. 以 s 为横坐标, 在 (s, s') 平面上作 $f(s)$ 曲线和 $s' = s$ 直线（图 1.43）. 若 $f(s)$ 曲线与直线在 $s = s_0$ 处相交于 P_0 点, 满足 $f(s_0) = s_0$, 即 $d(s_0) = 0$. 则 P_0 称为点映射的**不动点**, 过 P_0 点的相轨迹 Γ 为闭轨迹. 若 $f(s)$ 曲线与 $s' = s$ 直线仅在 s_0 处相交一次, 在 s_0 的任意小邻域内无其他交点, 则 Γ 为孤立闭轨迹, 即极限环. 极限环的稳定性等价于不动点 P_0 的稳定性. 观察图 1.43a 和图 1.43b 显示的映射过程可直观地看出, 不动点 P_0 的稳定性可根据后继函数 $f(s)$ 曲线在 s_0 点处的斜率判断:

$$\left.\begin{array}{l} f'(s_0) < 1 \quad 稳定 \\ f'(s_0) > 1 \quad 不稳定 \end{array}\right\} \tag{1.5.6}$$

稳定不动点对应的极限环 Γ 为**稳定极限环**. 不稳定不动点对应于**不稳定极限环**. 1884 年柯尼希 (S. König) 提出的以上判据也称为**柯尼希定理**. 极限环也可能存在一侧稳定但另一侧不稳定的情形（图 1.41c）, 即**半稳定极限环**.

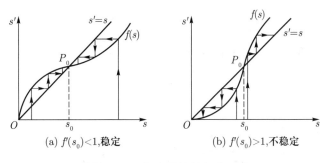

图 1.43 点映射的几何表示

从上述轨道稳定性的定义可以推知: 稳定极限环为轨道渐近稳定, 不稳定和半稳定极限环均为轨道不稳定. 只有稳定的闭轨迹才是物理上能够实现的周期运动. 更广泛意义下的柯尼希定理表明, 若 $f^{(i)}(s_0) = 0 \, (i = 1, 2, \cdots, k-1)$, 且 $f^{(k)}(s_0) \neq 0$, 则称 Γ 为 k **重极限环**. $k = 1$ 时称为**单重极限环**. 若 k 为奇数, 且 $f^{(k)}(s_0) < 1$, 则 Γ 稳定; $f^{(k)}(s_0) > 1$ 时, Γ 不稳定. 若 k 为偶数, 则 Γ 为半稳定.

例 1.5-1 试确定下列动力学方程所描述系统的极限环并讨论稳定性.

(1)
$$\dot{x} = y + \frac{x}{\sqrt{x^2+y^2}}\left(1-x^2-y^2\right)$$

$$\dot{y} = -x + \frac{y}{\sqrt{x^2+y^2}}\left(1-x^2-y^2\right)$$

(2)
$$\dot{x} = -y + x\left(x^2+y^2-1\right)$$

$$\dot{y} = x + y\left(x^2+y^2-1\right)$$

(3)
$$\dot{x} = y + \frac{x}{\sqrt{x^2+y^2}}\left(x^2+y^2-1\right)^2$$

$$\dot{y} = -x + \frac{y}{\sqrt{x^2+y^2}}\left(x^2+y^2-1\right)^2$$

解：令 $x = \rho\cos\varphi$, $y = \rho\sin\varphi$, 作变量置换. 写作

$$\rho^2 = x^2+y^2, \quad \tan\varphi = \frac{y}{x} \tag{a}$$

将上式对 t 求导, 得到

$$\rho\dot{\rho} = x\dot{x} + y\dot{y}, \quad \rho^2\dot{\varphi} = x\dot{y} - y\dot{x} \tag{b}$$

利用式 (a), (b) 将第 (1) 组方程化作

$$\dot{\rho} = 1 - \rho^2, \quad \dot{\varphi} = -1 \tag{c}$$

积分得到

$$\frac{\rho-1}{\rho+1} = Ce^{-2t}, \quad \varphi = \varphi_0 - t \tag{d}$$

其中 $C = (\rho_0 - 1)/(\rho_0 + 1)$. 由于 $\lim_{t\to\infty}\rho = 1$, 因此 $\rho = 1$ 即 $x^2+y^2 = 1$ 为稳定的极限环.

利用式 (a), (b) 将第 (2) 组方程化作

$$\dot{\rho} = \rho\left(\rho^2 - 1\right), \quad \dot{\varphi} = 1 \tag{e}$$

积分得到

$$\rho = \sqrt{\frac{Ce^{-2t}}{Ce^{-2t}-1}}, \quad \varphi = \varphi_0 + t \tag{f}$$

其中 $C = \rho_0^2/(\rho_0^2 - 1)$. $\lim\limits_{t \to -\infty} \rho = 1$ 表明, 如时间倒流, ρ 向 1 趋近. 实际过程应相反, ρ 自 1 向 ρ_0 趋近. 如 $\rho_0 < 1$, 相轨迹从 $\rho = 1$ 的圆向内远离该圆. 如 $\rho_0 > 1$, 则相轨迹从 $\rho = 1$ 的圆向外远离该圆. 因此 $\rho = 1$, 即 $x^2 + y^2 = 1$ 为不稳定极限环.

利用式 (a), (b) 将第 (3) 组方程化作

$$\dot{\rho} = \left(\rho^2 - 1\right)^2, \quad \dot{\varphi} = -1 \tag{g}$$

积分得到

$$\frac{\rho^2}{\rho^2 - 1} e^{-1/(\rho^2 - 1)} = Ce^{2t}, \quad \varphi = \varphi_0 - t \tag{h}$$

其中

$$C = \frac{\rho_0^2}{\rho_0^2 - 1} e^{-1/(\rho_0^2 - 1)} \tag{i}$$

当 $\rho_0 < 1$ 时, $C < 0$, 由于 $\lim\limits_{t \to \infty} \rho = 1$, 则 ρ 自 $\rho < 1$ 向 $\rho = 1$ 趋近, 相轨迹向外趋近 $\rho = 1$ 的圆. 当 $\rho_0 > 1$ 时, $C > 0$, 则 ρ 自 $\rho > 1$ 向 $\rho = 1$ 趋近, 相轨迹向内趋近该圆. 因此 $\rho = 1$ 即 $x^2 + y^2 = 1$ 为稳定极限环.

1.5.3 庞加莱指数

讨论一般形式的平面自治系统:

$$\left.\begin{array}{l} \dot{x} = P\left(x, y\right) \\ \dot{y} = Q\left(x, y\right) \end{array}\right\} \tag{1.5.7}$$

对应的相轨迹微分方程为

$$\frac{\mathrm{d}y}{\mathrm{d}x} = \frac{Q\left(x, y\right)}{P\left(x, y\right)} \tag{1.5.8}$$

此方程在 (x, y) 相平面内形成的向量场中, 作不经过奇点的封闭曲线 C. 当动点 P 沿 C 曲线逆时针环绕一周回至原处时, P 点处的向量与固定坐标轴夹角 θ 的变化为 2π 的整倍数 $2\pi j$ (图 1.44). 整数 j 称为封闭曲线 C 的**庞加莱指数**, 其数学表达式为

$$j\left(C\right) = \frac{1}{2\pi} \oint_C \mathrm{d}\left(\arctan \frac{Q}{P}\right) = \frac{1}{2\pi} \oint_C \frac{P\mathrm{d}Q - Q\mathrm{d}P}{P^2 + Q^2} \tag{1.5.9}$$

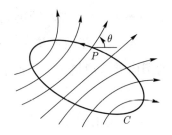

图 1.44 向量场中的闭曲线

庞加莱指数 $j(C)$ 有以下性质:

(1) 若 C 的内部不含奇点, 则 $j = 0$.

(2) 若 C 上各点的向量都向外或向内, 则 $j = +1$.

(3) 若 C 与封闭相轨迹重合, 则 $j = +1$.

(4) 若 C 的内部包含一个奇点, 则 j 称为该奇点的**奇点指数**. 中心、焦点、结点的指数 $j = +1$, 鞍点的指数 $j = -1$.

(5) 若 C 的内部包含若干个奇点, 则庞加莱指数等于各个奇点指数的代数和 (图 1.45).

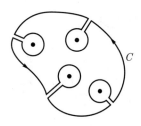

图 1.45 计算多个奇点指数的闭曲线

前三条结论可直接观察向量场的变化验证其正确性. 为证明后两条结论涉及的奇点指数, 将方程 (1.5.8) 中的 $P(x, y), Q(x, y)$ 以式 (1.4.4) 的线性部分表示为

$$\left.\begin{array}{l} P(x, y) = a_{11}x + a_{12}y \\ Q(x, y) = a_{21}x + a_{22}y \end{array}\right\} \tag{1.5.10}$$

代入式 (1.5.9) 计算庞加莱指数 $j(C)$, 展开化简后得到

$$j(C) = \frac{q}{2\pi} \oint_C (x\mathrm{d}y - y\mathrm{d}x) \tag{1.5.11}$$

其中 q 为式 (1.4.25) 定义的参数, 曲线积分等于 C 所围区域面积 S 的 2 倍.

$$q = |\boldsymbol{A}| = a_{11}a_{22} - a_{12}a_{21}, \quad \oint_C (x\mathrm{d}y - y\mathrm{d}x) = 2S \tag{1.5.12}$$

选择以下椭圆为封闭曲线 C:

$$(a_{11}x + a_{12}y)^2 + (a_{21}x + a_{22}y)^2 = 1 \tag{1.5.13}$$

其所围区域包含奇点 $x_\mathrm{s} = y_\mathrm{s} = 0$. 作以下变量置换:

$$\xi_1 = a_{11}x + a_{12}y, \quad \xi_2 = a_{21}x + a_{22}y \tag{1.5.14}$$

此变换将 (x, y) 平面内的椭圆变换为 (ξ_1, ξ_2) 平面内半径为 1 的圆

$$\xi_1^2 + \xi_2^2 = 1 \tag{1.5.15}$$

(ξ_1, ξ_2) 平面内的圆面积 $S_\xi = \pi$, 与 (x, y) 平面内的椭圆面积 S 之间应满足

$$S_\xi = \left| \frac{\partial (\xi_1, \xi_2)}{\partial (x, y)} \right| S = |q| \, S = \pi \tag{1.5.16}$$

将 $S = \pi/|q|$ 代入式 (1.5.12) 和 (1.5.11), 得到

$$j(C) = \frac{q}{|q|} \tag{1.5.17}$$

利用 1.4.3 节中的奇点分类准则判断, 除 $q < 0$ 为鞍点以外, 其余奇点均与 $q > 0$ 相对应. 从而得到: 中心、焦点、结点的指数 $j(C) = +1$, 鞍点的指数 $j(C) = -1$.

从上述性质 (3), (4) 可推断出封闭相轨迹存在的必要条件: 闭轨迹所围域内至少有一个奇点. 此奇点必须是中心、焦点或结点. 若有多个奇点, 则鞍点的数目必须比其余奇点的个数少 1, 使奇点指数的代数和为 +1.

再根据性质 (2) 推断: 若相轨迹均向内 (或向外) 通过闭曲线 C, 则 C 曲线所围域内可能存在稳定 (或不稳定) 焦点或结点 S (图 1.46). 也可能存在

71

不稳定（或稳定）焦点或结点, 同时围绕奇点存在稳定（或不稳定）闭轨迹 Γ（图 1.47）.

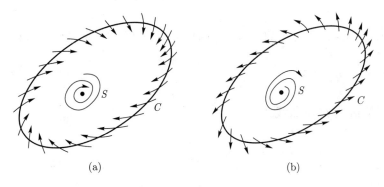

图 1.46 边界上相轨迹走向与奇点的关系

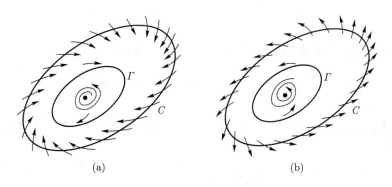

图 1.47 边界上相轨迹走向与闭轨迹的关系

例 1.5-2 试讨论例 1.1-5 中的质量–非线性弹簧系统存在闭轨迹的可能性.

解: 将质量–非线性弹簧系统的动力学方程写作

$$\ddot{x} + x - \varepsilon x^3 = 0 \tag{a}$$

此系统有 3 个奇点：中心 $S_1(0,0)$ 和两个鞍点 $S_2(1/\sqrt{\varepsilon},0)$, $S_3(-1/\sqrt{\varepsilon},0)$. 根据上述闭轨迹与奇点的关系可以判断：仅存在包含 S_1 的闭轨迹, 不存在将 S_2 或 S_3 也包含在内的闭轨迹. 观察图 1.48 可证实此判断的正确性.

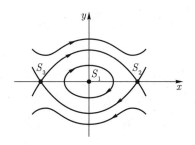

图 1.48 质量–非线性弹簧系统的相轨迹和奇点

1.5.4 庞加莱–本迪克松定理

1881 年庞加莱提出了判断闭轨迹存在的充分性条件, 后由本迪克松 (I. Bendixon) 于 1901 年严格证明, 称为**庞加莱–本迪克松定理**. 可简明地叙述为:

定理: 若平面自治系统在环形域 D 的边界上的相轨迹均由外向内 (或由内向外) 进入 D 域, 且 D 域内无奇点, 则在 D 域内存在稳定 (或不稳定) 闭轨迹.

利用上节叙述的庞加莱指数的性质, 不难直观地证明此定理: 若相轨迹向内（或向外）通过闭曲线 C, C 曲线所围域内可存在稳定（或不稳定）奇点和围绕奇点的稳定（或不稳定）闭轨迹 Γ, 如图 1.47 所示. 在闭轨迹 Γ 内围绕奇点作闭曲线 C', C' 与 C 围成环形域 D, 将奇点隔离在域外. 由此推断: 边界曲线 C 和 C' 上的相轨迹均向内（或向外）进入环形域 D, D 域内无奇点, 且存在闭轨迹 Γ（图 1.49）. 定理的严格证明可参阅文献 [11].

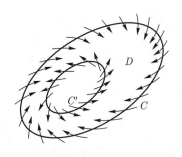

图 1.49 存在闭轨迹的环形域

实际应用此定理的困难在于, 如何设计环形域, 以及如何判断环形域边界上各点相轨迹的走向. 李雅普诺夫提出一种实用方法, 叙述如下: 在相平面内作半径不同的二同心圆围成环形域 D (图 1.50). 将圆周上任意点沿径向的法线 $\boldsymbol{n}$ 与向量场在该点的向量 $\boldsymbol{a}$ 点积. 若 $\boldsymbol{a} \cdot \boldsymbol{n} < 0$, 则向量朝原点方向穿过圆周. 若 $\boldsymbol{a} \cdot \boldsymbol{n} > 0$, 则向量朝远离原点方向穿过圆周. 由于式 (1.5.7) 表示的向量场中, P 和 Q 为任意点的向量 $\boldsymbol{a}$ 相对 x 轴和 y 轴的方向数. 圆周的法线 $\boldsymbol{n}$ 沿自圆心出发的径向, 以 x 和 y 为方向数. 则 $\boldsymbol{a} \cdot \boldsymbol{n}$ 与 $Px + Qy$ 的符号相同, 可利用后者判断相轨迹的走向. 根据庞加莱–本迪克松定理, 若环形域 D 内无奇点, 则 D 域内存在稳定极限环的充分条件为: 在内圆周上各点 $Px + Qy > 0$, 在外圆周上各点 $Px + Qy < 0$. D 域内存在不稳定极限环的充分条件为: 在内圆周上各点 $Px + Qy < 0$, 在外圆周上各点 $Px + Qy > 0$.

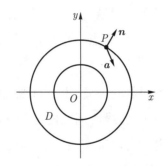

图 1.50　同心圆围成的环形域

例 1.5-3　试用庞加莱–本迪克松定理证明动力学方程

$$\left.\begin{aligned} \dot{x} &= y - x\left(x^2 + y^2 - 1\right) \\ \dot{y} &= -x - y\left(x^2 + y^2 - 1\right) \end{aligned}\right\} \tag{a}$$

描述的系统有稳定极限环.

解: 此方程只有一个奇点 $x_s = y_s = 0$, 利用线性化方程的特征值判断此奇点为不稳定焦点或结点, 满足极限环存在的必要条件. 为证明极限环存在的充分条件也成立, 设 δ 为小于 1 的任意正数, 作圆周 C_1: $x^2 + y^2 = 1 + \delta$ 和 C_2: $x^2 + y^2 = 1 - \delta$ 围成环形域 D. 此环形域内无奇点, 圆周上各点满足

$$C_1: \quad Px + Qy = -\left(x^2 + y^2\right)\left(x^2 + y^2 - 1\right) = -(1 + \delta)\delta < 0$$
$$C_2: \quad Px + Qy = -\left(x^2 + y^2\right)\left(x^2 + y^2 - 1\right) = (1 - \delta)\delta > 0 \tag{b}$$

根据庞加莱–本迪克松定理, D 域内必存在稳定极限环, 即圆周 $x^2 + y^2 = 1$.

例 1.5-4 试证明范德波尔方程描述的系统有稳定极限环.

解: 将范德波尔方程 (1.5.2) 中 ω_0 和 δ 均取作 1, 写作一阶方程组形式:

$$\left. \begin{array}{l} \dot{x} = y \\ \dot{y} = \varepsilon y \left(1 - x^2\right) - x \end{array} \right\} \tag{a}$$

此方程只有一个奇点 $x_{\mathrm{s}} = y_{\mathrm{s}} = 0$, 方程 (a) 的线性化方程为

$$\left. \begin{array}{l} \dot{x} = y \\ \dot{y} = \varepsilon y - x \end{array} \right\} \tag{b}$$

利用方程 (b) 的特征值判断, 此奇点为不稳定焦点或结点, 满足极限环存在的必要条件. 为证明极限环存在的充分性, 先作出方程 (a) 确定的向量场的水平等倾线

$$y = \frac{x}{\varepsilon \left(1 - x^2\right)} \tag{c}$$

式 (c) 表示的等倾线有三个分支, 均以直线 $x = \pm 1$ 为 $y \to \pm\infty$ 时的渐近线. 将其中第 2, 4 象限内的两个分支 C_1, C_2 作为环形域 D 的部分外边界 (见图 1.51, 其中虚线为第三分支). C_1, C_2 上各点的向量均水平向内进入 D 域. 作圆弧 $x^2 + y^2 = 1 + \delta$, 与 C_1, C_2 分别交于 A 点和 A' 点, 与 $x = -1$ 和 $x = +1$ 直线分别交于 B 点和 B' 点. 弧 $\overset{\frown}{AB}$ 和 $\overset{\frown}{A'B'}$ 也作为 D 域外边界的一部分, 分别记作 C_3, C_4. 因 $|x| > 1$, 弧上各点均满足

$$Px + Qy = \varepsilon y^2 \left(1 - x^2\right) < 0 \tag{d}$$

表明 C_3, C_4 弧上各点的向量亦向内进入 D 域. 过 B 点和 B' 点作线性化方程 (b) 的相轨迹分别与 C_2 和 C_1 交于 F 点和 F' 点. 令弧 $\overset{\frown}{BF}$ 和 $\overset{\frown}{B'F'}$ 也组成 D 域的外边界, 分别记作 C_5, C_6. 利用方程 (a) 计算范德波尔方程的向量场斜率,

方程 (b) 计算边界弧 C_5, C_6 的切线斜率. 从二者之差的符号确定向量场的走向. 得到

$$\frac{\varepsilon y\left(1-x^2\right)-x}{y}-\frac{\varepsilon y-x}{y}=-\varepsilon x^2<0 \tag{e}$$

表明 C_5, C_6 弧上各点的向量均向内进入 D 域. 作圆弧 $x^2+y^2=1-\delta_1$, 作为 D 域的内边界, 记作 C_7. 弧上各点有

$$Px+Qy=\varepsilon y^2\left(1-x^2\right)=\varepsilon y^2\left(y^2+\delta_1\right)>0 \tag{f}$$

表明 C_7 弧上各点均向外进入 D 域. 根据庞加莱–本迪克松定理, D 域内必存在稳定极限环.

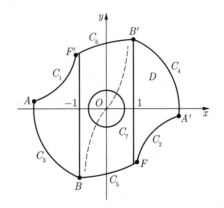

图 1.51 范德波尔方程存在极限环的证明

1.5.5 闭轨迹不存在条件

除上述极限环存在条件以外, 本迪克松还证明了一个闭轨迹不存在条件.

定理: 对于用式 (1.5.7) 描述的平面自治系统, 如果在单连通域 D 内 P, Q 有连续偏导数, 且 $\partial P/\partial x+\partial Q/\partial y$ 为半定号函数, 则在 D 域内必不存在闭轨迹.

证明: 采用反证法. 假设 D 域内存在闭轨迹 Γ, 且 D' 为 Γ 包围的域. 系统 (1.5.7) 沿 Γ 的曲线积分为零. 利用格林 (G. Green) 公式导出

$$\oint_{\Gamma}(P\mathrm{d}y-Q\mathrm{d}x)\,\mathrm{d}t=\iint_{D'}\left(\frac{\partial P}{\partial x}+\frac{\partial Q}{\partial y}\right)\mathrm{d}x\mathrm{d}y=0 \tag{1.5.18}$$

为保证此等式成立, $\partial P/\partial x + \partial Q/\partial y$ 在 D 域内必须变号, 而与定理的前提相矛盾. 因此闭轨迹必不存在.

例 1.5-5 试讨论范德波尔方程描述的系统不存在极限环的区域.

解: 令范德波尔方程 (1.5.2) 中 $\omega_0^2 = 1$, 写作

$$\left.\begin{array}{l} \dot{x} = y \\ \dot{y} = \varepsilon y \left(1 - \delta x^2\right) - x \end{array}\right\} \tag{a}$$

导出

$$\frac{\partial P}{\partial x} + \frac{\partial Q}{\partial y} = \varepsilon \left(1 - \delta x^2\right) \tag{b}$$

在由直线围成的带域 $-1/\sqrt{\delta} < x < 1/\sqrt{\delta}$ 内, 式 (b) 为半正定. 在两个半平面 $x < -1/\sqrt{\delta}$ 和 $x > 1/\sqrt{\delta}$ 内, 式 (b) 为半负定. 根据闭轨迹不存在定理, 上述域内不存在闭轨迹. 例 1.5-4 分析得出的闭轨迹只可能存在于上述域以外.

1.5.6 闭轨迹稳定性定理

为判断平面自治系统 (1.5.7) 的闭轨迹 Γ 的稳定性, 庞加莱引入以下参数:

$$h = \frac{1}{T} \oint_{\Gamma} \left(\frac{\partial P}{\partial x} + \frac{\partial Q}{\partial y}\right) \mathrm{d}t \tag{1.5.19}$$

其中 T 为闭轨迹 Γ 所对应周期运动的周期. 参数 h 称为闭轨迹 Γ 的**特征指数**. 庞加莱证明了以下闭轨迹稳定性定理:

定理: 若平面自治系统的闭轨迹 Γ 的特征指数 $h < 0$, 则闭轨迹 Γ 稳定. 若 $h > 0$, 则 Γ 不稳定. 若 $h = 0$, 闭轨迹 Γ 的稳定性不能直接判断.

此定理称为**庞加莱判据**, 其数学证明见附录五.

例 1.5-6 试利用庞加莱判据证明例 1.5-3 讨论的极限环稳定.

解: 从例 1.5-3 的方程 (a) 得出

$$\left.\begin{array}{l} P(x,y) = y - x\left(x^2 + y^2 - 1\right) \\ Q(x,y) = -x - y\left(x^2 + y^2 - 1\right) \end{array}\right\} \tag{a}$$

导出

77

$$\frac{\partial P}{\partial x} + \frac{\partial Q}{\partial y} = -2\left[2\left(x^2 + y^2\right) - 1\right] \tag{b}$$

例 1.5-3 已证明此系统存在闭轨迹 Γ:

$$x^2 + y^2 = 1 \tag{c}$$

导出

$$\left(\frac{\partial P}{\partial x} + \frac{\partial Q}{\partial y}\right)_{\Gamma} = -2\left[2\left(x^2 + y^2\right) - 1\right]_{\Gamma} = -2 \tag{d}$$

代入式 (1.5.19) 计算的特征指数 h 等于 -2. 根据庞加莱判据, 此极限环稳定.

例 1.5-7 设平面自治系统的相轨迹微分方程为

$$\frac{\mathrm{d}y}{\mathrm{d}x} = \frac{2\varepsilon y\left(1 - x^2 - y^2\right) - x}{y} \tag{a}$$

试利用庞加莱定理证明此系统存在稳定极限环.

解: 此系统存在唯一的奇点 $x_{\mathrm{s}} = y_{\mathrm{s}} = 0$. 作两个辅助圆:

$$C_1: \quad x^2 + y^2 = \frac{3}{2}, \quad C_2: \quad x^2 + y^2 = \frac{1}{2} \tag{b}$$

则有

$$\frac{\mathrm{d}y}{\mathrm{d}x} = -\frac{x}{y} - \varepsilon \quad (\in C_1), \quad \frac{\mathrm{d}y}{\mathrm{d}x} = -\frac{x}{y} + \varepsilon \quad (\in C_2) \tag{c}$$

相轨迹进入 C_1 与 C_2 之间的环形域 D (图 1.52), 且在 D 域内无奇点, 根据庞加莱–本迪克松定理, 此系统在 D 域内存在稳定的极限环.

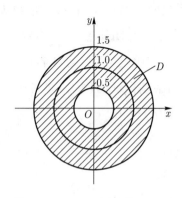

图 1.52 同心圆围成的环形域

实际上方程 (a) 存在孤立的周期解:

$$x^2 + y^2 = 1 \tag{d}$$

为便于利用庞加莱定理, 将式 (d) 写作参变形式:

$$x = \cos \omega t, \quad y = \sin \omega t \tag{e}$$

导出

$$\frac{\partial P}{\partial x} + \frac{\partial Q}{\partial y} = 2\varepsilon \left(1 - x^2 - 3y^2\right) = -4\varepsilon \sin^2 \omega t \tag{f}$$

令 $T = 2\pi$, 代入式 (1.5.19) 计算特征指数 h, 得到

$$h = \frac{1}{2\pi} \int_0^{2\pi} \left(-4\varepsilon \sin^2 \omega t\right) \mathrm{d}(\omega t) = -2\varepsilon < 0 \tag{g}$$

根据庞加莱判据, 此极限环稳定.

习　　题

1.1　设弹簧倒摆系统 (图 E1.1) 的摆长为 l, 质量为 m, 试用拉格朗日定理讨论为保证倒置平衡状态稳定, 弹簧的刚度系数 k 应满足的条件.

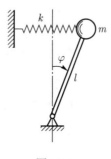

图 E1.1

1.2　试用拉格朗日定理证明卫星在圆轨道上运行的稳定性. 设轨道半径为 r, 卫星运行的角速度为 ω_{c}, 地球引力的势能为 μ/r, μ 为地球的引力常数. 结论是否正确?

1.3　试用李雅普诺夫直接方法判断下列系统零解的稳定性

(1) $\dot{x}_1 = mx_2, \dot{x}_2 = -mx_1$

(2) $\dot{x}_1 = mx_2 - ax_1^3$, $\dot{x}_2 = -nx_1 - bx_2^3$ (m, n 为正, a, b 同号)

(3) $\dot{x}_1 = x_2 - x_1^3$, $\dot{x}_2 = -x_1 - x_2$

(4) $\dot{x}_1 = -x_1 + x_2$, $\dot{x}_2 = -x_1 - x_2 + ax_2^3$

(5) $\dot{x}_1 = mx_2 + ax_1\left(x_1^2 + x_2^2\right)$, $\dot{x}_2 = -mx_1 + ax_2\left(x_1^2 + x_2^2\right)$

(6) $\dot{x}_1 = -x_2 - x_1\left(4 - x_1^2 - x_2^2\right)$, $\dot{x}_2 = x_1 - x_2\left(4 - x_1^2 - x_2^2\right)$

(7) $\dot{x}_1 = x_2 + x_1x_2^2$, $\dot{x}_2 = x_1 - x_2^3$

(8) $\dot{x}_1 = x_1 + x_2$, $\dot{x}_2 = x_1 - x_2^2\mathrm{sgn}\left(x_2\right)$

1.4 已知单自由度系统

$$\dot{x}_1 = F\left(x_1, x_2\right), \quad \dot{x}_2 = G\left(x_1, x_2\right)$$

有零解 $(0,0)$. 试证明, 若存在常数 a 和 b 使得在 $(0,0)$ 的邻域有

$$aF\left(x_1, x_2\right) + bG\left(x_1, x_2\right) > 0$$

则零解不稳定.

1.5 试利用上题结论证明下列系统的零解不稳定.

(1) $\dot{x}_1 = x_1^2 + x_2^2$, $\quad \dot{x}_2 = x_1x_2$

(2) $\dot{x}_1 = x_1^2 + x_2^2$, $\quad \dot{x}_2 = x_1 + x_2$

(3) $\dot{x}_1 = x_1x_2 + x_2^2$, $\dot{x}_2 = x_1\sin x_1$

1.6 利用一次近似理论判断下列系统零解的稳定性.

(1) $\dot{x}_1 = x_2 + x_1^2$, $\dot{x}_2 = x_3 + x_1x_2$, $\dot{x}_3 = -x_1 - 2x_2 - 3x_3 + x_3^2$

(2) $\dot{x}_1 = \mathrm{e}^{x_1}\sin x_2 + \sin x_1 + \mathrm{e}^{x_3} - 1$, $\dot{x}_2 = \sin\left(x_1 + x_2\right)$, $\dot{x}_3 = \ln\left(1 + x_1 + x_3\right)$

(3) $\dot{x}_1 = ax_1 - x_2 + x_1x_2^2$, $\dot{x}_2 = ax_2 - x_3 + x_1x_2^2$, $\dot{x}_3 = ax_3 - x_1 + x_1x_2$

(4) $\dot{x}_1 = -2x_1 + x_2 - x_3 + x_1^2\sin x_1$, $\dot{x}_2 = x_1 - x_2 + \left(x_1^2x_2 + x_3^2\right)\mathrm{e}^{x_1}$,

$\dot{x}_3 = x_1 + x_2 - x_3 - \left(x_2^2 + x_3^2\right)\cos x_1$

1.7 一单自由度系统的动力学方程为

$$\ddot{x} - x + x^3 = 0$$

问该系统是否为保守系统? 试画出 $f(x)$, $V(x)$ 函数曲线和相轨迹曲线族, 并判断奇点的类型.

1.8 图 E1.8 所示质量为 m, 摆长为 l 的单摆的运动受倾斜角为 α 的刚性墙约束, 且与墙作完全弹性碰撞. 试画出系统的相轨迹曲线, 并讨论当碰撞为非完全弹性时相轨迹的变化趋势.

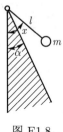

图 E1.8

1.9 质量为 m 的质点受长度为 l 的柔索约束在平面内运动, 在偏角 $\pm\alpha$ 与支点距离 a 处受钉子约束如图 E1.9 所示. 试画出系统的相轨迹曲线.

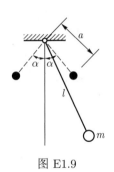

图 E1.9

1.10 同步电机通过三相交流电流产生匀速旋转磁场, 如图 E1.10 所示. 设转子极轴 x 相对定子磁极轴 X 的偏角为 θ, 转子的惯性矩为 J, 电磁恢复力矩为 $M\sin\theta$, 负载力矩 L 为常数. 试讨论电机转子运动的相轨迹与负载的关系.

1.11 质量为 m 长度为 l 的均质杆以匀角速度 ω 绕铅垂轴旋转, 如图 E1.11 所示. 试讨论平衡位置及其稳定性随 ω 的变化, 计算 ω 的分岔点.

1.12 质量为 m 的质点受弹簧约束沿半径为 r 的圆环滑动, 如图 E1.12 所示. 弹簧原长为 $l(l<2r)$, 刚度系数为 k. 试讨论质点平衡位置随 k 的变化, 计算 k 的分岔点.

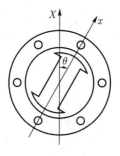

图 E1.10

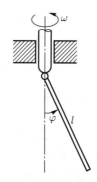

图 E1.11

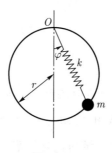

图 E1.12

1.13 质量-弹簧系统在流体介质中受到与速度平方成正比的阻力 $F_{\mathrm{d}} = -C_{\mathrm{d}}\dot{x}|\dot{x}|$. 试用等倾线法作出零等倾线, 分析 x 轴和 y 轴上各点的斜率以确定相轨迹的几何特征. 应用零等倾线和李纳法作出相轨迹.

1.14 试判断下列线性系统奇点的类型.

(1) $\dot{x} = 3x - 2y,\ \dot{y} = 2x + 3y$

(2) $\dot{x} = 4x - y,\ \dot{y} = x + 2y$

(3) $\dot{x} = 6x + 4y,\ \dot{y} = 3x + 2y$

(4) $\dot{x} = x - y,\ \dot{y} = 2x - y$

(5) $\dot{x} = -x,\ \dot{y} = -y$

(6) $\dot{x} = x + 3y,\ \dot{y} = 5x - y$

(7) $\dot{x} = -3x + y,\ \dot{y} = -x - y$

(8) $\dot{x} = x + 3y,\ \dot{y} = -6x - 5y$

1.15 试确定下列非线性系统的奇点并判断奇点的类型.

(1) $\dot{x} = x\left(1 - x - y\right),\ \dot{y} = \dfrac{1}{4}y\left(2 - 3x - y\right)$

(2) $\dot{x} = 8x - 6y + 8xy - 3y^2,\ \dot{y} = 6x - 6y - 5xy + 4y^2$

(3) $\dot{x} = y\left(1 + x\right),\ \dot{y} = x\left(1 + y^3\right)$

(4) $\dot{x} = x^2 + y^2 - 5,\ \dot{y} = xy - 2$

1.16 受弹簧约束的带电导线受到另一根平行且固定的电流方向相同的无限长带电导线引起的磁场力的作用, 如图 E1.16 所示. 设弹簧无变形时固定导线与动导线之间的距离为 a, 弹簧的刚度系数为 k, 动导线的长度为 l, 动导线和定导线的电流分别为 i 和 I, 则动导线的运动微分方程为

$$m\ddot{x} + k\left(x - \frac{\lambda}{a - x}\right) = 0$$

其中 $\lambda = 2Iil/k$. 设 $\varepsilon = \lambda/a^2 \ll 1$, 仅保留 ε 的一次项, 试确定此非线性系统的奇点及其类型, 并画出相轨迹曲线.

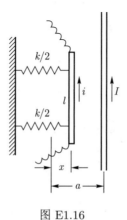

图 E1.16

1.17 试确定下列系统的极限环并判断稳定性.

(1) $\dot{x} = -y - x\left(x^2 + y^2 - 1\right)^2$, $\dot{y} = x - y\left(x^2 + y^2 - 1\right)^2$

(2) $\dot{x} = -y + x\left(\sqrt{x^2 + y^2} - 1\right)\left(\sqrt{x^2 + y^2} - 2\right)$

$\quad\; \dot{y} = x + y\left(\sqrt{x^2 + y^2} - 1\right)\left(\sqrt{x^2 + y^2} - 2\right)$

(3) $\dot{x} = y + \dfrac{x}{\sqrt{x^2 + y^2}}\left(x^2 + y^2 - 1\right)^2$

$\quad\; \dot{y} = -x + \dfrac{y}{\sqrt{x^2 + y^2}}\left(x^2 + y^2 - 1\right)^2$

(4) $\dot{x} = y - \dfrac{x}{x^2 + y^2 - 1}$, $\dot{y} = -x - \dfrac{y}{x^2 + y^2 - 1}$

1.18 试证明下列系统不存在极限环.

(1) $\dot{x} = y + x^3$, $\dot{y} = x + y + 2y^3$

(2) $\dot{x} = x + y + x^2 y + 4xy^2$, $\dot{y} = -x + y + x^2 y + xy^2$

(3) $\dot{x} = x + y + xy^2$, $\dot{y} = y + x^2 y + xy^2$

(4) $\dot{x} = 2xy + \mathrm{e}^{ax}$, $\dot{y} = -y^2 + \mathrm{e}^{ay}$

1.19 试讨论此系统不同参数 a 对应的奇点、极限环及其稳定性.

$$\dot{x} = y + x\left[a + 2\left(x^2 + y^2\right) - \left(x^2 + y^2\right)^2\right]$$

$$\dot{y} = -x + y\left[a + 2\left(x^2 + y^2\right) - \left(x^2 + y^2\right)^2\right]$$

1.20 试讨论以下系统存在极限环的可能性.

$$\ddot{x} + (c - a\dot{x})\dot{x} + kx = 0$$

第二章 非线性振动的近似解析方法

第一章中叙述的定性分析方法可用于判断非线性系统的运动性态,而避免对动力学微分方程求解.但定性分析方法的研究对象以自治系统为主,而且不能定量地计算频率、振幅、相位等体现振动性质的基本参数以及运动的时间历程.为弥补定性分析方法的不足,本章叙述非线性系统的定量分析方法.鉴于能求出精确解析解的非线性系统极少,因此除数值计算方法以外,只能采用近似的解析方法.近似解析方法的适用对象为弱非线性系统,其非线性项为小量.将微弱的非线性因素视为对线性系统的一种摄动,可在线性系统解的基础上,应用各种近似方法寻求非线性系统的近似解.通常是寻求非线性系统可能存在的周期解.本章以叙述方法为主,以典型的单自由度非线性系统为讨论对象.计算结果可用于解释非线性系统的一些特殊现象.各种近似解析方法的基本思想也适用于多自由度系统,即最后一节的讨论内容.

§2.1 谐波平衡法

2.1.1 谐波平衡法概述

非线性系统有各种**近似解析方法**.其中**谐波平衡法**是概念最清晰,步骤最简便的近似方法.其基本思想是将振动系统的激励项和方程的解均展成傅里叶(J. B. J. Fourier) 级数.从物理观点考虑,系统的作用力必须与惯性力平衡.动力学方程两边的同阶谐波系数必须相等,得到含未知系数的一系列代数方程,从中求出近似解.

以非线性系统的受迫振动为例,其动力学方程的普遍形式为

$$\ddot{x} + f(x, \dot{x}) = F(t) \tag{2.1.1}$$

不失一般性, 设 $F(t)$ 为偶函数, 且不含常值分量. 当实验观测到系统作周期为 $T = 2\pi/\omega$ 的周期运动时, 可将 $F(t)$ 展成周期为 T 的傅里叶级数

$$F(t) = \sum_{n=1}^{\infty} f_n \cos(n\omega t) \tag{2.1.2}$$

其中

$$f_n = \frac{1}{T} \int_{-T/2}^{T/2} F(t) \cos(n\omega t) \mathrm{d}t \quad (n = 1, 2, \cdots) \tag{2.1.3}$$

代入动力学方程 (2.1.1), 得到

$$\ddot{x} + f(x, \dot{x}) = \sum_{n=1}^{\infty} f_n \cos(n\omega t) \tag{2.1.4}$$

预计方程 (2.1.4) 的响应 $x(t)$ 也以相同的频率 ω 周期变化, 也展成傅里叶级数:

$$x(t) = \sum_{n=1}^{\infty} a_n \cos(n\omega t - \theta_n) \tag{2.1.5}$$

将其代入方程 (2.1.4) 中的非线性函数 $f(x, \dot{x})$. 一般情况下, $f(x, \dot{x})$ 所包含的非线性恢复力和阻尼力常以 x 和 $\dot{x}$ 的多项式表达. 将式 (2.1.5) 代入后, 利用三角运算可直接化为各阶谐波的线性组合. 仅取式 (2.1.2) 和 (2.1.5) 中级数的有限项, 令左右两边各阶谐波的系数相等, 即可从有限个代数方程解出待定的系数. 设所取谐波的个数为 m, 则各阶谐波的振幅 a_n $(n = 1, 2, \cdots, m)$ 与频率 ω 之间的对应关系得以确定. 傅里叶级数收敛时, 谐波频率愈高, 振幅愈小. 因此实际计算时, 取有限项代替无穷级数应有足够的近似程度. 令方程 (2.1.1) 中 $F(t) = 0$, 即转化为自由振动. 经过同样步骤可导出自由振动的频率与振幅之间的关系. 由于对非线性函数 $f(x, \dot{x})$ 未加限制, 谐波平衡法的使用范围不限于弱非线性系统.

例 2.1-1 试计算受邦邦恢复力作用的系统的自由振动.

解: 设质点的恢复力与运动方向相逆且保持常值. 利用符号函数 $\mathrm{sgn}x$ (图 2.1), 动力学方程为

$$m\ddot{x} + F_0 \mathrm{sgn}x = 0 \tag{a}$$

将方程的解写作

$$x = A \sin \omega t + A_3 \sin 3\omega t + \cdots \tag{b}$$

代入式 (a), 由于 $\mathrm{sgn}x = \mathrm{sgn}\,(\omega t)$, 将非线性函数 $\mathrm{sgn}\,(\omega t)$ 展成傅里叶级数

$$\mathrm{sgn}\,(\omega t) = \frac{4}{\pi}\left(\sin \omega t + \frac{1}{3}\sin 3\omega t + \cdots\right) \tag{c}$$

将式 (b), (c) 代入式 (a), 整理为

$$\left(\frac{4F_0}{\pi} - m\omega^2 A\right)\sin \omega t + \left(\frac{4F_0}{3\pi} - 9m\omega^2 A_3\right)\sin 3\omega t + \cdots = 0 \tag{d}$$

令各次谐波的系数等于零, 导出

$$\omega = 2\sqrt{\frac{F_0}{\pi m A}}, \quad A_3 = \frac{A}{27} \tag{e}$$

最终解出

$$x = A \sin 2\sqrt{\frac{F_0}{\pi m A}}t + \frac{A}{27}\sin 6\sqrt{\frac{F_0}{\pi m}}t + \cdots \tag{f}$$

表明固有频率 ω 随振幅 A 改变, 且振幅随谐波的阶次升高而递减.

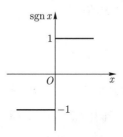

图 2.1 符号函数 $\mathrm{sgn}x$

2.1.2 伽辽金法

伽辽金 (B. G. Galerkin) 法可视为谐波平衡法的另一种叙述方式. 将动力学方程 (2.1.1) 写作

$$\ddot{x} + f\,(x, \dot{x}) - F\,(t) = 0 \tag{2.1.6}$$

将傅里叶级数形式的解 (2.1.5) 仅取有限项, 写作

$$x(t) = \sum_{n=1}^{m} a_n \cos(n\omega t - \theta_n) \tag{2.1.7}$$

将有限项级数 (2.1.7) 作为方程 (2.1.6) 的近似解, 代入方程的左边, 一般情况下不可能使其准确等于零. 所产生的非零值称为方程 (2.1.6) 的**残数**, 记作 R

$$R = \ddot{x} + f(x, \dot{x}) - F(t) \tag{2.1.8}$$

式中的 $x(t)$ 已被级数形式的近似解 (2.1.7) 代替. 动力学方程 (2.1.6) 表示对系统作用的外力与惯性力的平衡. 根据虚功原理, 系统的所有作用力对虚位移 δx 所做的虚功为零. 将式 (2.1.8) 各项与虚位移 δx 相乘, 得到

$$[\ddot{x} + f(x, \dot{x}) - F(t)]\delta x = R\delta x = 0 \tag{2.1.9}$$

其中的变分 δx 由式 (2.1.7) 中各阶谐波的系数 $a_n \ (n = 1, 2, \cdots, m)$ 的变分 δa_n $(n = 1, 2, \cdots, m)$ 所体现

$$\delta x = \sum_{n=1}^{m} \delta a_n \cos(n\omega t - \theta_n) \tag{2.1.10}$$

将上式代入式 (2.1.9), 此等式应在每个瞬时都成立. 但作为一种近似, 伽辽金法只要求在每个周期 T 内的平均值成立. 即

$$\sum_{n=1}^{m} \frac{1}{T} \int_{0}^{T} R \cos(n\omega t - \theta_n) \delta a_n \mathrm{d}t = 0 \tag{2.1.11}$$

由于 $\delta a_n \ (n = 1, 2, \cdots, m)$ 为独立变分, 上式 δa_n 的各个系数应分别为零. 依据三角函数的正交性, 仅其中与同阶谐波的乘积在每个周期内的平均值不等于零. 其结果与谐波平衡法完全相同. 但伽辽金法允许利用其他正交函数族进行计算, 而不限于三角级数, 因此应用范围更为广泛.

2.1.3 弱非线性系统

具有微弱非线性项的系统称为**弱非线性系统**, 是本章讨论的主要对象. 单自由度弱非线性系统的动力学方程表示为

$$\ddot{x} + \omega_0^2 x = \varepsilon f(x, \dot{x}, t) + F(t) \tag{2.1.12}$$

其中 $\varepsilon \ll 1$, 是足够小的与 $x, \dot{x}, t$ 无关的独立参数, 称为**小参数**. $\varepsilon = 0$ 时, 方程 (2.1.12) 转化为线性系统的受迫振动方程:

$$\ddot{x} + \omega_0^2 x = F(t) \tag{2.1.13}$$

若 $F(t) = 0$, 则成为自由振动方程. 此线性系统称为原非线性系统的**派生系统**, ω_0 为派生系统的固有频率. 派生系统的解称为**派生解**. 根据线性振动理论, 派生系统的自由振动是 ω_0 频率的简谐运动. 周期变化的激励 $F(t)$ 导致的受迫振动是与激励频率相同的周期运动. 原系统 (2.1.12) 的解称为**基本解**. 对于弱非线性系统, 基本解可能是与派生解接近的周期解, 但频率不会与派生系统的自由振动或受迫振动等同. 弱非线性系统可用谐波平衡法处理, 但谐波平衡法的应用范围很广, 并不限于弱非线性系统. 只要实验观测到非线性系统实际存在频率为 ω 的周期运动, 即可将基本解展成 ω 频率的傅里叶级数, 利用谐波平衡法求解. 以下以达芬系统的自由振动和受迫振动为例, 叙述具体的计算步骤.

2.1.4 达芬系统的自由振动

达芬系统就是用达芬方程描述的系统. 对于弱非线性情形, 以三次项的系数 ε 为小参数, 动力学方程为

$$\ddot{x} + \omega_0^2 \left(x + \varepsilon x^3 \right) = 0 \tag{2.1.14}$$

若实验观测到原系统的自由振动为周期运动, 频率 ω 与派生系统的自由振动频率 ω_0 可能接近但并不相等. 将基本解展成 ω 频率的傅里叶级数, 作为初步近似, 仅保留一次谐波, 写作

$$x = A \cos \omega t \tag{2.1.15}$$

将上式代入方程 (2.1.14), 利用三角函数公式 $\cos^3 \alpha = (3 \cos \alpha + \cos 3\alpha)/4$, 化作

$$\left(\omega_0^2 - \omega^2 + \frac{3}{4} \varepsilon \omega_0^2 A^2 \right) A \cos \omega t + \frac{1}{4} A^3 \cos 3\omega t = 0 \tag{2.1.16}$$

令上式中一次谐波的系数为零, 导出达芬系统的自由振动频率 ω 为振幅 A 的函数:

$$\omega^2 = \omega_0^2 \left(1 + \frac{3\varepsilon}{4}A^2\right) \tag{2.1.17}$$

振幅 A 由初始状态确定. 表明自由振动的频率与初始值有关, 是非线性系统区别于线性系统的特点之一.

例 2.1-2 试计算单摆的固有频率与振幅的关系.

解: 利用第一章例 1.2-4 中的单摆动力学方程, 略去阻尼项, 变量 φ 以 x 代替, 写作

$$\ddot{x} + \omega_0^2 \sin x = 0 \tag{a}$$

其中 $\omega_0^2 = g/l$. 单摆作微幅摆动时, 将 $\sin x$ 展为幂级数, 仅保留 x 的 3 次项, 令 $\varepsilon = -1/6$, 即转化为达芬方程 (2.1.14). 从式 (2.1.17) 得到单摆的固有频率与振幅的关系

$$\omega^2 = \omega_0^2 \left(1 - \frac{A^2}{8}\right) \tag{b}$$

从而揭示单摆的频率随振幅增大而变小, 并不具有等时性. 伽利略观察到的单摆等时性只是振幅微小时的运动规律, 只能用线性理论解释. 惠更斯于 1673 年对单摆大幅摆动偏离等时性现象的叙述, 是人类对非线性振动现象的最早记载.

2.1.5 达芬系统的受迫振动

讨论有阻尼的达芬系统, 设系统受频率 ω 的简谐激励. 动力学方程取自式 (0.4.4), 增加非线性项 εx^3, 写作

$$\ddot{x} + 2\zeta\omega_0\dot{x} + \omega_0^2\left(x + \varepsilon x^3\right) = B\omega_0^2 \cos\left(\omega t + \theta\right) \tag{2.1.18}$$

$\varepsilon = 0$ 时, 此方程的派生系统为 0.4.2 节叙述的线性系统的受迫振动, 存在与激励频率 ω 相同的简谐变化的稳态响应 (0.4.5). 一般情况下, 此稳态响应与激励之间存在相位差. 设激励力中待定的初相角 θ 恰能使响应的相位差为零, 则可将派生解写作

$$x = A \cos \omega t \tag{2.1.19}$$

对于 $\varepsilon \neq 0$ 情形, 若实验观测到原系统也存在 ω 频率的周期稳态响应, 则可认为基本解也是与式 (2.1.19) 形式相同的周期函数. 将式 (2.1.19) 代入方程 (2.1.18) 的左边, 利用与上节类似的三角变换, 化作

$$\left[A\left(1 - s^2\right) + \frac{3}{4}\varepsilon A^3 \right] \cos\omega t - (2\zeta s A) \sin\omega t + \cdots = B\left(\cos\theta\cos\omega t - \sin\theta\sin\omega t\right) \tag{2.1.20}$$

其中的省略号表示超过一次的高次谐波, $s = \omega/\omega_0$ 为频率比. 令上式两边一次谐波的系数相等, 得到

$$\left.\begin{array}{l} A\left(1 - s^2\right) + \dfrac{3}{4}\varepsilon A^3 = B\cos\theta \\[2mm] 2\zeta s A = B\sin\theta \end{array}\right\} \tag{2.1.21}$$

从上式中消去参数 θ, 导出达芬系统受迫振动的振幅与频率之间的关系式

$$\left(1 - s^2 + \frac{3}{4}\varepsilon A^2\right)^2 + (2\zeta s)^2 = \left(\frac{B}{A}\right)^2 \tag{2.1.22}$$

或写作

$$\frac{A}{B} = \frac{1}{\sqrt{\left(1 - s^2 + \dfrac{3\varepsilon}{4}A^2\right)^2 + (2\zeta s)^2}} \tag{2.1.23}$$

与式 (0.4.6) 比较可以看出, 线性系统的幅频特性是式 (2.1.23) 中 $\varepsilon = 0$ 时的特例. 将式 (2.1.22) 展开, 得到

$$s^4 - 2\left(1 + \frac{3\varepsilon}{4}A^2 - 2\zeta^2\right)s^2 + \left(1 + \frac{3\varepsilon}{4}A^2\right)^2 - \left(\frac{B}{A}\right)^2 = 0 \tag{2.1.24}$$

解出

$$s^2 = 1 + \frac{3\varepsilon}{4}A^2 - 2\zeta^2 \pm \sqrt{\left(\frac{B}{A}\right)^2 - 4\zeta^2\left(1 + \frac{3\varepsilon}{4}A^2 - \zeta^2\right)} \tag{2.1.25}$$

从式 (2.1.21) 解出相位差与频率的关系式

$$\theta = \arctan\frac{2\zeta s}{1 - s^2 + \dfrac{3\varepsilon}{4}A^2} \tag{2.1.26}$$

线性系统的相频特性 (0.4.7) 是式 (2.1.26) 中 $\varepsilon = 0$ 时的特例.

利用式 (2.1.22) 可在 $(s - A)$ 参数平面内作出幅频特性曲线. 令 $\varepsilon = +0.04$ (硬弹簧) 及 $\varepsilon = -0.04$ (软弹簧), $B = 1$, 图 2.2 给出以 ζ 为参数的幅频特性曲线族. 可看出非线性系统的受迫振动有与线性系统类似的幅频特性曲线. 但支撑曲线族的骨架 (图 2.2 中的虚线) 不是直线, 而是朝频率增大方向 ($\varepsilon > 0$) 或减小方向 ($\varepsilon < 0$) 弯曲, 从而使整个曲线族朝一侧倾斜. 此骨架曲线为 $B = 0$, 即无外激励时非线性系统的自由振动频率随振幅变化的曲线. 令式 (2.1.25) 中 $B = 0$ 和 $\zeta = 0$, 得到与式 (2.1.17) 相同的结果:

$$\omega^2 = \omega_0^2 \left(1 + \frac{3\varepsilon}{4} A^2 \right) \tag{2.1.27}$$

与线性系统不同, 由式 (2.1.26) 确定的相频特性与振幅 A 有关, 从而间接受到激励幅值 B 的影响. 令 $\varepsilon = 0.2$, $\zeta = 0.03$, 图 2.3 给出以 B 为参数的相频特性曲线.

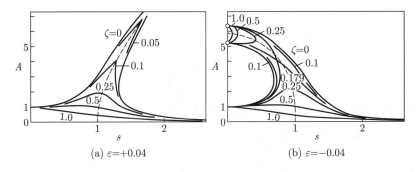

$$\text{(a) } \varepsilon{=}{+}0.04 \qquad\qquad \text{(b) } \varepsilon{=}{-}0.04$$

图 2.2　达芬系统的幅频特性曲线

从图 2.2 可看出非线性系统的幅频特性曲线并非单值. 在激励频率的某些区间内, 同一频率对应于振幅的三个不同值. 实验表明, 当激励频率从零开始缓慢地增大时, 受迫振动振幅沿图 2.4 的 A 点处沿幅频特性曲线连续变化至 B 点处. 再增大频率, 则振幅从 B 点突降至 C 点. 频率继续增大, 则振幅从 C 点沿曲线的下半分支向 D 点方向移动. 若激励频率从较大值开始缓慢地减小时, 受迫振动振幅从 D 点开始沿曲线的下半分支连续变化至 E 点, 再减小频率, 则振幅从 E 点突跃至 F 点, 频率继续减小, 则振幅从 F 点沿曲线的上半分

支向 A 点方向移动. 因此幅频特性曲线的 BE 段对应的受迫振动不稳定, 此不稳定性的理论证明将在 2.4.4 节中给出. 类似现象也发生于相位差随频率的变化. 这种振幅或相位突然变化的现象称为**跳跃现象**, 是非线性系统的特有现象之一. 系统的运动状态随着参数变化而发生性质突变的现象称为**动态分岔**, 跳跃是一种特殊的动态分岔.

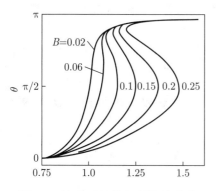

图 2.3 达芬系统的相频特性曲线

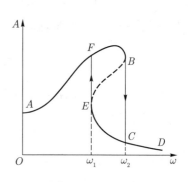

图 2.4 跳跃现象

§2.2 正规摄动法

2.2.1 摄动法概述

1830 年泊松在研究单摆的振动时将非线性系统的解按小参数 ε 的幂次展开, 提出一种近似计算方法. 这种适合于弱非线性系统的分析方法称为**摄动法**或**小参数法**. 以单自由度非自治弱非线性系统为例, 其动力学方程的一般形式为

$$\ddot{x} + \omega_0^2 x = \varepsilon f(x, \dot{x}) + F(t) \tag{2.2.1}$$

当 $\varepsilon = 0$ 时, 转化为固有频率为 ω_0 的线性系统动力学方程:

$$\ddot{x} + \omega_0^2 x = F(t) \tag{2.2.2}$$

即原系统 (2.2.1) 的派生系统. 若派生系统存在周期解 $x_0(t)$, 则当 ε 足够小时, 能否推断原系统也有相接近的周期解? 一般情况下此论断不一定成立, 仅举一简单例子即能说明. 设方程 (2.2.1) 增加的微弱右项为 $-\varepsilon \dot{x}$. 略去 $F(t)$, $\varepsilon = 0$

时派生系统的周期解为保守系统的自由振动. 若 $\varepsilon \neq 0$, 不论 ε 如何小均使保守系统变为耗散系统, 周期解必不可能存在. 为此, 庞加莱于 1892 年研究了弱非线性系统如派生系统存在周期解, 在何种条件下当 ε 足够小时原系统也存在相接近的周期解. 相应的理论分析可参阅附录六. 处理具体问题时, 只要实际观测到原系统 (2.2.1) 确实存在周期运动, 即可在派生系统的周期解 $x_0(t)$ 基础上加以修正, 构成原系统的周期解 $x(t, \varepsilon)$.

将 $x(t, \varepsilon)$ 展成 ε 的幂级数:

$$x(t, \varepsilon) = x_0(t) + \varepsilon x_1(t) + \varepsilon^2 x_2(t) + \cdots \tag{2.2.3}$$

将其代入方程 (2.2.1) 的两边, 设其中 $f(x, \dot{x})$ 为 x 和 $\dot{x}$ 的解析函数, 可展成 x 和 $\dot{x}$ 的泰勒级数. 得到

$$\ddot{x}_0 + \varepsilon \ddot{x}_1 + \varepsilon^2 \ddot{x}_2 + \cdots + \omega_n^2 \left(x_0 + \varepsilon x_1 + \varepsilon^2 x_2 + \cdots\right)$$

$$= \varepsilon \left[f(x_0, \dot{x}_0) + \frac{\partial f(x_0, \dot{x}_0)}{\partial x} \left(\varepsilon x_1 + \varepsilon^2 x_2 + \cdots\right) + \right.$$

$$\frac{\partial f(x_0, \dot{x}_0)}{\partial \dot{x}} \left(\varepsilon \dot{x}_1 + \varepsilon^2 \dot{x}_2 + \cdots\right) + \cdots + \frac{1}{2!} \frac{\partial^2 f(x_0, \dot{x}_0)}{\partial x^2} \left(\varepsilon x_1 + \varepsilon^2 x_2 + \cdots\right)^2 +$$

$$\frac{2}{2!} \frac{\partial^2 f(x_0, \dot{x}_0)}{\partial x \partial \dot{x}} \left(\varepsilon x_1 + \varepsilon^2 x_2 + \cdots\right)\left(\varepsilon \dot{x}_1 + \varepsilon^2 \dot{x}_2 + \cdots\right) +$$

$$\left. \frac{1}{2!} \frac{\partial^2 f(x_0, \dot{x}_0)}{\partial \dot{x}^2} \left(\varepsilon \dot{x}_1 + \varepsilon^2 \dot{x}_2 + \cdots\right)^2 + \cdots \right] + F(t) \tag{2.2.4}$$

此方程对 ε 的任意值均成立, 要求两边 ε 的同次幂系数相等. 从而导出各次近似解的线性微分方程组:

$$\ddot{x}_0 + \omega_0^2 x_0 = F(t) \tag{2.2.5a}$$

$$\ddot{x}_1 + \omega_0^2 x_1 = f(x_0, \dot{x}_0) \tag{2.2.5b}$$

$$\ddot{x}_2 + \omega_0^2 x_2 = x_1 \frac{\partial f(x_0, \dot{x}_0)}{\partial x} + \dot{x}_1 \frac{\partial f(x_0, \dot{x}_0)}{\partial \dot{x}} \tag{2.2.5c}$$

$$\vdots$$

从方程组的第一式解出零次近似解, 即派生系统的周期解. 依次代入下一式求出更高阶次的近似解, 代回式 (2.2.3) 即构成原系统的周期解. 这种将弱非线

性系统的解按小参数 ε 的幂次展开, 依次求解的方法称为**正规摄动法**或**直接展开法**.

实际使用摄动法时, 由于计算工作量随着幂次的增高而迅速增加, 因此往往只取级数的前几项. 于是级数的收敛性显得并不重要, 仅需用截去的高阶项的 ε 幂次估计近似解的误差. 近似解的正确性最终只能由实验观测来检验.

2.2.2 远离共振的受迫振动

以达芬系统为例, 讨论其远离共振的受迫振动. 动力学方程为

$$\ddot{x} + \omega_0^2 \left(x + \varepsilon x^3 \right) = F_0 \cos \omega t \tag{2.2.6}$$

其中激励频率 ω 远离派生系统的固有频率 ω_0. 将级数形式的解 (2.2.3) 代入方程 (2.2.6), 从两边 ε 的同次幂系数导出各次近似解的线性微分方程组

$$\ddot{x}_0 + \omega_0^2 x_0 = F_0 \cos \omega t \tag{2.2.7a}$$

$$\ddot{x}_1 + \omega_0^2 x_1 = -\omega_0^2 x_0^3 \tag{2.2.7b}$$

$$\ddot{x}_2 + \omega_0^2 x_2 = -3\omega_0^2 x_0^2 x_1 \tag{2.2.7c}$$

$$\vdots$$

零次近似方程 (2.2.7a) 为线性系统的受迫振动方程. 其一般解包含自由振动和受迫振动两部分. 由于系统中不可避免地存在阻尼, 必导致自由振动衰减. 略去此项后, 仅保留零次近似解的受迫振动项

$$x_0 = A_0 \cos \omega t \tag{2.2.8}$$

其中振幅 A_0 为

$$A_0 = \frac{F_0}{\omega_0^2 - \omega^2} \tag{2.2.9}$$

代入一次近似方程 (2.2.7b) 的右边, 利用三角函数公式化作

$$\ddot{x}_1 + \omega_0^2 x_1 = -\frac{\omega_0^2 A_0^3}{4} \left(3 \cos \omega t + \cos 3\omega t \right) \tag{2.2.10}$$

其受迫振动特解为

$$x_1 = A_{11} \cos \omega t + A_{12} \cos 3\omega t \tag{2.2.11}$$

其中

$$A_{11} = -\frac{3\omega_0^2 A_0^3}{4\left(\omega_0^2 - \omega^2\right)}, \quad A_{12} = -\frac{\omega_0^2 A_0^3}{4\left(\omega_0^2 - 9\omega^2\right)} \tag{2.2.12}$$

将式 (2.2.9) 和 (2.2.11) 代入二次近似方程 (2.2.7c) 的右边, 进行必要的三角函数运算以后, 得到

$$\ddot{x}_2 + \omega_0^2 x_2 = -\frac{3}{4}\omega_0^2 A_0^3 \left[(3A_{11} + A_{12}) \cos \omega t + A_{11} \cos 3\omega t + A_{12} \cos 5\omega t\right] \tag{2.2.13}$$

其受迫振动特解为

$$x_2 = A_{21} \cos \omega t + A_{22} \cos 3\omega t + A_{23} \cos 5\omega t \tag{2.2.14}$$

其中

$$A_{21} = -\frac{3}{4}\omega_0^2 A_0^2 \left(3A_{11} - A_{12}\right), \quad A_{22} = -\frac{3\omega_0^2 A_0^2 \left(A_{11}/4 - A_{12}/2\right)}{\omega_0^2 - 9\omega^2}$$
$$A_{23} = -\frac{3\omega_0^2 A_0^2 A_{12}}{4\left(\omega_0^2 - 25\omega^2\right)} \tag{2.2.15}$$

继续运算可求出更高阶的近似解. 将求出的各阶近似解代入式 (2.2.3), 最终得到原系统的受迫振动规律:

$$x = \left(A_0 + A_{11}\varepsilon + A_{21}\varepsilon^2 + \cdots\right) \cos \omega t + \left(A_{12}\varepsilon + A_{22}\varepsilon^2 + \cdots\right) \cos 3\omega t +$$
$$\left(A_{23}\varepsilon^2 + \cdots\right) \cos 5\omega t + \cdots \tag{2.2.16}$$

省略号包含近似解的更高阶项. 与线性系统的受迫振动比较, 非线性系统在 ω 频率的激励力作用下, 所产生的响应不仅包含 ω 频率的受迫振动, 而且有 3ω, $5\omega, \cdots$ 等高次谐波同时发生, 称为**倍频响应**, 是非线性系统的又一特有现象.

2.2.3 多频激励的受迫振动

仍以达芬系统为例, 设系统同时受到两个频率不同的简谐激励, 激励频率 ω_1 和 ω_2 均远离派生系统的固有频率, 动力学方程为

$$\ddot{x} + \omega_0^2 \left(x + \varepsilon x^3\right) = F_1 \cos \omega_1 t + F_2 \cos \omega_2 t \tag{2.2.17}$$

将级数形式解 (2.2.3) 代入方程 (2.2.17), 精确到 ε 的一次项, 导出

$$\ddot{x}_0 + \omega_0^2 x_0 = F_1 \cos\omega_1 t + F_2 \cos\omega_2 t \tag{2.2.18a}$$

$$\ddot{x}_1 + \omega_0^2 x_1 = -\omega_0^2 x_0^3 \tag{2.2.18b}$$

$$\vdots$$

零次近似方程 (2.2.18a) 的受迫振动特解为

$$x_0 = A_1 \cos\omega_1 t + A_2 \cos\omega_2 t \tag{2.2.19}$$

其中

$$A_1 = \frac{F_1}{\omega_0^2 - \omega_1^2}, \quad A_2 = \frac{F_2}{\omega_0^2 - \omega_2^2} \tag{2.2.20}$$

将式 (2.2.19) 代入一次近似方程 (2.2.18b), 整理后得到

$$\ddot{x}_1 + \omega_0^2 x_1 = -\omega_0^2 \left\{ \frac{3}{4} A_1 \left(A_1^2 + 2A_2^2 \right) \cos\omega_1 t + \frac{3}{4} A_2 \left(2A_1^2 + A_2^2 \right) \cos\omega_2 t + \right.$$

$$\frac{1}{4} A_1^3 \cos 3\omega_1 t + \frac{1}{4} A_2^3 \cos 3\omega_2 t + \frac{3}{4} A_1^2 A_2 [\cos\left(2\omega_1 + \omega_2 \right) t +$$

$$\left. \cos(2\omega_1 - \omega_2)t] + \frac{3}{4} A_1 A_2^2 \left[\cos\left(2\omega_2 + \omega_1 \right) t + \cos\left(2\omega_2 - \omega_1 \right) t \right] \right\} \tag{2.2.21}$$

可见一次近似方程的响应所包含的谐波频率中, 除激励频率 ω_1 和 ω_2 及其 3 倍或更高倍频率以外, 还存在 $2\omega_1 + \omega_2, 2\omega_2 + \omega_1$ 和 $|2\omega_1 - \omega_2|, |2\omega_2 - \omega_1|$ 等**组合频率**. 这种频率耦合现象是非线性系统的又一重要特征. 与线性系统不同, 非线性系统存在更多的共振可能性. 亥姆霍兹 (H. Helmholtz) 的研究表明, 人耳的鼓膜是一个恢复力特性含平方项的非线性弹性元件, 因此在受到 ω_1 和 ω_2 两种频率声波的激励时也能听到 ω_1 和 ω_2 的倍频以及 $\omega_1 + \omega_2$ 和 $|\omega_1 - \omega_2|$ 等组合频率的声音. 详见例 2.2-1 的分析.

例 2.2-1 分析平方恢复力系统的多频激励.

解: 设系统的恢复力含坐标平方的非线性项, 受到频率为 ω_1 和 ω_2 的多频激励

$$\ddot{x} + \omega_0^2 \left(x + \varepsilon x^2 \right) = F_1 \cos\omega_1 t + F_2 \cos\omega_2 t \tag{a}$$

令 $f(x, \dot{x}) = -x^2$, 代入近似解的线性微分方程组 (2.2.5), 导出

$$\ddot{x}_0 + \omega_0^2 x_0 = F_1 \cos \omega_1 t + F_2 \cos \omega_2 t \tag{b}$$

$$\ddot{x}_1 + \omega_0^2 x_1 = -\omega_0^2 x_0^2 \tag{c}$$

$$\vdots$$

零次近似方程 (b) 有与式 (2.2.19) 相同的受迫振动特解

$$x_0 = A_1 \cos \omega_1 t + A_2 \cos \omega_2 t \tag{d}$$

其中振幅 A_1, A_2 见式 (2.2.20). 将式 (d) 代入一次近似方程 (c), 整理后得到

$$\ddot{x}_1 + \omega_0^2 x_1 = -\omega_0^2 \left\{ \frac{1}{2} \left(A_1^2 + A_2^2 + A_1^2 \cos 2\omega_1 t + A_2^2 \cos 2\omega_2 t \right) + \right.$$
$$\left. A_1 A_2 \left[\cos \left(\omega_1 + \omega_2 \right) t + \cos \left(\omega_1 - \omega_2 \right) t \right] \right\} \tag{e}$$

系统的响应包含二倍激励频率 $2\omega_1$ 和 $2\omega_2$, 以及 $\omega_1 + \omega_2$ 和 $|\omega_1 - \omega_2|$ 等组合频率.

2.2.4 久期项问题

以上用正规摄动法成功分析了非线性系统的受迫振动. 但用正规摄动法处理自由振动却遇到困难. 仍以达芬系统为例, 利用式 (2.1.14) 表示的自由振动方程

$$\ddot{x} + \omega_0^2 \left(x + \varepsilon x^3 \right) = 0 \tag{2.2.22}$$

令各次近似的线性方程组 (2.2.5) 中 $f(x, \dot{x}) = -x^3$, $F(t) = 0$, 得到

$$\ddot{x}_0 + \omega_0^2 x_0 = 0 \tag{2.2.23a}$$

$$\ddot{x}_1 + \omega_0^2 x_1 = -x_0^3 \tag{2.2.23b}$$

$$\vdots$$

零次近似方程 (2.2.23a) 的自由振动解为

$$x_0 = A \cos \omega_0 t \tag{2.2.24}$$

将零次近似解代入一次近似方程 (2.2.23b), 利用三角公式化为

$$\ddot{x}_1 + \omega_0^2 x_1 = -\frac{\omega_0^2 A^3}{4} (3 \cos \omega_0 t + \cos 3 \omega_0 t) \tag{2.2.25}$$

右项中出现频率与固有频率 ω_0 相同的激励项. 依据线性振动理论, 此激励项可导致系统的共振. 方程 (2.2.25) 满足初值 $x_1(0) = \dot{x}_1(0) = 0$ 的解为

$$x_1 = \frac{A^2}{32} (-\cos \omega_0 t + \cos 3 \omega_0 t) - \frac{3 \omega_0 A^3}{8} t \sin \omega_0 t \tag{2.2.26}$$

其中含 $t \sin \omega_0 t$ 的最后一项的振幅随时间 t 无限增大, 是激励频率 ω_0 与固有频率相同导致共振的必然结果. 这种随时间不断增长的非周期项称为**久期项**. 它的存在与保守系统自由振动的实际现象相矛盾, 也违背了机械能守恒的物理定律. 久期项的出现暴露出正规摄动法的缺陷. 为克服此困难, 提出了各种对摄动法的改进方案, 统称为**奇异摄动法**. 下节中叙述的林滋泰德–庞加莱方法即其中的一种.

§2.3 林滋泰德–庞加莱法

2.3.1 林滋泰德–庞加莱法概述

1883 年林滋泰德为消除天文学中的久期项, 对正规摄动法做了改进. 1892 年庞加莱对改进的摄动法的合理性作了数学证明, 因此称为**林滋泰德–庞加莱法**. 其基本思想是认为非线性系统的固有频率 ω 与派生系统的固有频率 ω_0 并不相等, 应视为小参数 ε 的未知函数. 因此在将基本解展成 ε 的幂级数的同时, 也应将频率 ω 展成 ε 的幂级数, 幂级数的待定系数依据周期运动要求的条件依次确定.

以达芬系统的自由振动为例, 仍利用式 (2.2.22) 的动力学方程

$$\ddot{x} + \omega_0^2 (x + \varepsilon x^3) = 0 \tag{2.3.1}$$

规定初始条件为

$$x(0) = A, \quad \dot{x}(0) = 0 \tag{2.3.2}$$

将原系统的解展成 ε 的幂级数

$$x = x_0 + \varepsilon x_1 + \varepsilon^2 x_2 + \cdots \tag{2.3.3}$$

同时将原系统的自由振动频率 ω 也展成 ε 的幂级数

$$\omega = \omega_0 + \varepsilon \omega_1 + \varepsilon^2 \omega_2 + \cdots \tag{2.3.4}$$

或将 ω^2 展成 ε 的另一种形式幂级数

$$\omega^2 = \omega_0^2 \left(1 + \varepsilon \sigma_1 + \varepsilon^2 \sigma_2 + \cdots\right) \tag{2.3.5}$$

将式 (2.3.3) 和 (2.3.5) 代入方程 (2.3.1), 引入新的自变量 $\psi = \omega t$, 将顶部点号的微分符号改定义为对 ψ 的微分, 令 ε 的同次幂的每一项系数为零, 得到各阶近似的线性方程组:

$$\ddot{x}_0 + x_0 = 0 \tag{2.3.6a}$$

$$\ddot{x}_1 + x_1 = -\left(\sigma_1 \ddot{x}_0 + x_0^3\right) \tag{2.3.6b}$$

$$\ddot{x}_2 + x_2 = -\left(\sigma_2 \ddot{x}_0 + \sigma_1 \ddot{x}_1 + 3x_0^2 x_1\right) \tag{2.3.6c}$$

$$\vdots$$

设备方程的初始条件为

$$x_i(0) = A, \quad \dot{x}_i(0) = 0 \quad (i = 0, 1, 2, \cdots) \tag{2.3.7}$$

从零次近似方程 (2.3.6a) 和初始条件 (2.3.7) 解出

$$x_0 = A \cos \psi \tag{2.3.8}$$

将此零次近似解代入一次近似方程 (2.3.6b) 的右边, 整理后得到

$$\ddot{x}_1 + x_1 = A \left(\sigma_1 - \frac{3}{4}A^2\right) \cos \psi - \frac{1}{4}A^3 \cos 3\psi \tag{2.3.9}$$

为避免此方程的解中出现久期项, 以保证 $x_1(t)$ 解的周期性, 必须令方程右边 $\cos \psi$ 项的系数等于零. 则级数 (2.3.5) 中的系数 σ_1 得以确定:

$$\sigma_1 = \frac{3}{4}A^2 \tag{2.3.10}$$

满足此条件时, 一次近似方程 (2.3.9) 满足初始条件 (2.3.7) 的解为

$$x_1 = -\frac{A^3}{32}\left(\cos\psi - \cos 3\psi\right) \tag{2.3.11}$$

将上式代入方程 (2.3.6c), 经过必要的三角函数运算, 得到

$$\ddot{x}_2 + x_2 = A\left(\sigma_2 + \frac{3A^4}{128}\right)\cos\psi + \frac{24A^5}{128}\cos 3\psi - \frac{3A^5}{128}\cos 5\psi \tag{2.3.12}$$

为避免久期项, 保证 $x_2(t)$ 的周期性, 令方程右边 $\cos\psi$ 项的系数为零. 从而确定级数 (2.3.5) 中的另一个系数 σ_2:

$$\sigma_2 = -\frac{3A^4}{128} \tag{2.3.13}$$

去除久期项后, 二次近似方程 (2.3.12) 有以下满足初始条件 (2.3.7) 的解:

$$x_2 = \frac{A^5}{1024}\left(23\cos\psi - 24\cos 3\psi + \cos 5\psi\right) \tag{2.3.14}$$

重复同样步骤计算下去, 最终求出能满足所需精确度的周期解:

$$\begin{aligned} x &= A\cos\psi - \frac{\varepsilon A^3}{32}\left(\cos\psi - \cos 3\psi\right) + \frac{\varepsilon^2 A^5}{1024}\left(23\cos\psi - 24\cos 3\psi + \cos 5\psi\right) + \cdots \\ &= \left(A - \frac{\varepsilon A^3}{32} + \frac{23\varepsilon^2 A^5}{1024} + \cdots\right)\cos\psi + \left(\frac{\varepsilon A^3}{32} - \frac{3\varepsilon^2 A^5}{128} + \cdots\right)\cos 3\psi + \\ &\quad \left(\frac{\varepsilon^2 A^5}{1024} + \cdots\right)\cos 5\psi + \cdots \end{aligned} \tag{2.3.15}$$

与此同时, 得到振动频率 ω 随振幅 A 变化的关系式:

$$\omega^2 = \omega_0^2\left(1 + \frac{3\varepsilon A^2}{4} - \frac{3\varepsilon^2 A^4}{128} + \cdots\right) \tag{2.3.16}$$

不考虑二阶小量, 上式与用谐波平衡法导出的结果 (2.1.17) 一致. 以上分析表明, 达芬系统的自由振动为周期运动, 相轨迹为封闭曲线族. 自由振动的频率随振幅改变, 而不同于线性系统 (图 2.5). 还可看出, 周期解中除基频为 ω 的谐波以外, 还有频率为 $3\omega, 5\omega$ 等高次谐波存在, 是非线性系统区别于线性系统的又一重要特征. 在声学中这些高次谐波称为**泛音**, 各种声音的不同泛音结构决定了它们固有的音色.

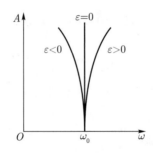

图 2.5 达芬系统的自由振动频率与振幅关系曲线

例 2.3-1 用林滋泰德–庞加莱法分析平方恢复力系统的自由振动.

解：设系统的恢复力含坐标平方的非线性项, 其自由振动的动力学方程为

$$\ddot{x} + \omega_0^2 \left(x + \varepsilon x^2 \right) = 0 \tag{a}$$

将展成 ε 的幂级数的解 (2.3.3) 和频率 (2.3.5) 代入方程 (a), 引入新的自变量 $\psi = \omega t$, 令 ε 的同次幂的每一项系数为零, 得到各阶近似的线性方程组:

$$\ddot{x}_0 + x_0 = 0 \tag{b}$$

$$\ddot{x}_1 + x_1 = -\left(\sigma_1 \ddot{x}_0 + x_0^2 \right) \tag{c}$$

$$\ddot{x}_2 + x_2 = -\left(\sigma_2 \ddot{x}_0 + \sigma_1 \ddot{x}_1 + 2x_0 x_1 \right) \tag{d}$$

$$\vdots$$

将零次近似解 $x_0 = A \cos\psi$ 代入一次近似方程, 整理后得到

$$\ddot{x}_1 + x_1 = A \left[\sigma_1 \cos\psi - \frac{A}{2} \left(1 + \cos 2\psi \right) \right] \tag{e}$$

为避免出现久期项, 令方程右边 $\cos\psi$ 项的系数等于零, 导出

$$\sigma_1 = 0 \tag{f}$$

则固有频率 ω 的一次近似为常值 ω_0. 一次近似方程满足初值 $x_1(0) = \dot{x}_1(0) = 0$ 的解为

$$x_1 = \frac{A^2}{6} \left(-3 + 2\cos\psi + \cos 2\psi \right) \tag{g}$$

将上式代入方程 (2.3.3), 得到

$$x = -\frac{\varepsilon A^2}{2} + A\left(1 + \frac{\varepsilon A}{3}\right)\cos\psi + \frac{\varepsilon A^2}{6}\cos 2\psi \tag{h}$$

常值项的出现是由于恢复力不具对称性导致.

2.3.2 接近共振的受迫振动

讨论带微弱阻尼的达芬系统当固有频率与激励频率接近时的受迫振动. 为避免接近共振时响应急剧增大, 设激励力与小参数 ε 同数量级. 将 2.1.5 节的动力学方程 (2.1.18) 中的激励项乘以 ε, 写作

$$\ddot{x} + 2\zeta\omega_0\dot{x} + \omega_0^2\left(x + \varepsilon x^3\right) = \varepsilon F_0\cos\left(\omega t + \theta\right) \tag{2.3.17}$$

设阻尼项、激励频率和派生系统固有频率的平方差均与小参数 ε 同数量级, 令

$$\zeta = \varepsilon\zeta_1, \quad \omega^2 = \omega_0^2\left(1 + \varepsilon\sigma_1\right), \quad F_0 = B_1\omega_0^2 \tag{2.3.18}$$

将基本解 $x(t)$ 展成 ε 的幂级数如式 (2.3.3), 与式 (2.3.18) 一同代入方程 (2.3.17). 引入新的自变量 $\psi = \omega t$, 顶部点号改为对新变量 ψ 的导数符号. 令两边 ε 的同次幂系数相等, 得到各阶近似的线性方程组:

$$\ddot{x}_0 + x_0 = 0 \tag{2.3.19a}$$

$$\ddot{x}_1 + x_1 = \sigma_1 x_0 - 2\zeta_1 s\dot{x}_0 - x_0^3 + B_1\left(\cos\theta\cos\psi - \sin\theta\sin\psi\right) \tag{2.3.19b}$$

$$\vdots$$

其中 $s = \omega/\omega_0$ 为激励频率与派生系统固有频率之比. 由于有阻尼项, 系统的激励与响应之间存在相位差, 设激励力中待定的初相角 θ 恰能使响应的相位为 ωt, 则可将零次近似方程 (2.3.19a) 的解写作

$$x_0 = A\cos\psi \tag{2.3.20}$$

将此零次近似解代入一次近似方程的右边, 整理后得到

$$\ddot{x}_1 + x_1 = \left(\sigma_1 A - \frac{3}{4}A^3 + B_1\cos\theta\right)\cos\psi + \left(2\zeta_1 sA - B_1\sin\theta\right)\sin\psi - \frac{1}{4}A^3\cos 3\psi \tag{2.3.21}$$

103

为避免此方程的解中出现久期项以保证响应的周期性, 令上式右边 $\cos\psi$ 和 $\sin\psi$ 的系数为零, 得到

$$\sigma_1 A - \frac{3}{4}A^3 + B_1\cos\theta = 0 \tag{2.3.22a}$$

$$2\zeta_1 sA - B_1\sin\theta = 0 \tag{2.3.22b}$$

消去上式中的参数 θ, 导出

$$\left(\frac{3}{4}A^2 - \sigma_1\right)^2 + (2\zeta_1 s)^2 = \frac{B_1^2}{A^2} \tag{2.3.23}$$

将上式各项乘以 ε^2, 令 $\varepsilon B_1 = B$, σ_1 和 ζ_1 恢复式 (2.3.18) 的定义, 即得到与 2.1.4 节中用谐波平衡法导出的式 (2.1.22) 相同的幅频特性

$$\left(1 - s^2 + \frac{3}{4}\varepsilon A^2\right)^2 + (2\zeta s)^2 = \left(\frac{B}{A}\right)^2 \tag{2.3.24}$$

幅频关系曲线如图 2.2, 关于跳跃现象的分析也相同. 消去式 (2.3.22) 中的 B_1, 得到与式 (2.1.26) 相同的相频特性

$$\theta = \arctan\frac{2\zeta s}{1 - s^2 + \dfrac{3\varepsilon}{4}A^2} \tag{2.3.25}$$

2.3.3 达芬系统的超谐波共振

2.2.2 节和 2.2.3 节的分析表明, 由于存在倍频响应和频率耦合等现象, 非线性系统比线性系统有更多的共振机会. 实践中观察到, 即使派生系统的固有频率 ω_0 远离激励频率 ω, 但接近激励频率的整数倍或分数倍时, 也可能产生共振现象. 将固有频率 ω_0 接近激励频率 ω 时的共振现象称为**主共振**. ω_0 接近激励频率 ω 的整数倍或分数倍时的共振现象称为**次共振**. 前者为**超谐波共振**, 后者为**亚谐波共振**.

以达芬系统为例. 由于次共振通常由较强的激励引起, 将方程 (2.3.17) 中的 εF_0 以 F_0 代替, 将 $\varepsilon\omega_0^2$ 作为小参数 ε, 令 $\zeta = 0$, $\theta = 0$, 将无阻尼达芬系统的受迫振动方程写作

$$\ddot{x} + \omega_0^2 x + \varepsilon x^3 = F_0 \cos \omega t \tag{2.3.26}$$

讨论 ω_0 接近 3ω 时发生 3 次超谐波共振的可能性. 设 ω_0^2 与 $(3\omega)^2$ 之差与小参数 ε 同数量级, 写作

$$(3\omega)^2 = \omega_0^2 + \varepsilon \sigma_1 \tag{2.3.27}$$

将解的幂级数展开式 (2.3.3) 和式 (2.3.27) 代入方程 (2.3.26), 令两边 ε 的同次幂系数相等, 得到各阶近似的线性方程组:

$$\ddot{x}_0 + (3\omega)^2 x_0 = F_0 \cos \omega t \tag{2.3.28a}$$

$$\ddot{x}_1 + (3\omega)^2 x_1 = \sigma_1 x_0 - x_0^3 \tag{2.3.28b}$$

$$\vdots$$

零次近似方程 (2.3.28a) 的解由 3ω 频率的自由振动和 ω 频率的受迫振动组成

$$x_0 = A_3 \cos 3\omega t + A_0 \cos \omega t \tag{2.3.29}$$

其中受迫振动的振幅 A_0 为

$$A_0 = \frac{F_0}{8\omega^2} \tag{2.3.30}$$

为确定 3ω 频率响应的振幅 A_3, 将零次近似解 (2.3.29) 代入一次近似方程 (2.3.28b), 整理后得到

$$\ddot{x}_1 + (3\omega)^2 x_1 = \sigma_1 \left(A_0 \cos \omega t + A_3 \cos 3\omega t \right) -$$

$$\left(A_0^3 \cos^3 \omega t + 3A_0^2 A_3 \cos^2 \omega t \cos 3\omega t + 3A_0 A_3^2 \cos \omega t \cos^2 3\omega t + A_3^3 \cos^3 3\omega t \right)^3$$

$$= A \left[\sigma_1 - \frac{3}{4} \left(2A_3^2 + A_0 A_3 + A_0^2 \right) \right] \cos \omega t +$$

$$\left[\sigma_1 A_3 - \frac{1}{4} \left(3A_3^3 + 6A_0^2 A_3 + A_0^3 \right) \right] \cos 3\omega t + \cdots \tag{2.3.31}$$

其中省略号为频率高于 3ω 的高次谐波. 为避免方程 (2.3.31) 的解出现久期项, 令方程右边 $\cos 3\omega t$ 的系数为零, 得到

$$3A_3^3 + \left(6A_0^2 - 4\sigma_1\right) A_3 + A_0^3 = 0 \tag{2.3.32}$$

因 3 次代数方程至少有一个实根, 方程 (2.3.32) 必有 A_3 的实数解存在. 证实当派生系统的固有频率 ω_0 接近 3ω 时可能发生超谐波共振.

2.3.4 达芬系统的亚谐波共振

实践中观察到, 当达芬系统的派生系统固有频率 ω_0 接近激励频率 ω 的 1/3 倍时, 也可能发生强烈的共振现象, 即 1/3 次亚谐波共振. 仍利用式 (2.3.26) 表示的强激励的无阻尼达芬方程:

$$\ddot{x} + \omega_0^2 x + \varepsilon x^3 = F_0 \cos \omega t \tag{2.3.33}$$

设 ω_0^2 与 $(\omega/3)^2$ 之差与小参数 ε 同数量级, 令

$$\left(\frac{\omega}{3}\right)^2 = \omega_0^2 + \varepsilon\sigma_1 \tag{2.3.34}$$

将解的幂级数展开式 (2.3.3) 和式 (2.3.34) 代入方程 (2.3.33), 令两边 ε 的同次幂系数相等, 得到各阶近似的线性方程组:

$$\ddot{x}_0 + \left(\frac{\omega}{3}\right)^2 x_0 = F_0 \cos \omega t \tag{2.3.35a}$$

$$\ddot{x}_1 + \left(\frac{\omega}{3}\right)^2 x_1 = \sigma_1 x_0 - x_0^3 \tag{2.3.35b}$$

$$\vdots$$

零次近似方程 (2.3.35a) 的解由 $\omega/3$ 频率的自由振动和 ω 频率的受迫振动组成

$$x_0 = A_{1/3} \cos \frac{\omega t}{3} + A_0 \cos \omega t \tag{2.3.36}$$

其中受迫振动的振幅 A_0 为

$$A_0 = -\frac{9F_0}{8\omega^2} \tag{2.3.37}$$

为确定 $\omega/3$ 频率响应的振幅 $A_{1/3}$, 将零次近似解 (2.3.36) 代入一次近似方程 (2.3.35b), 整理后得到

$$\ddot{x}_1 + \left(\frac{\omega}{3}\right)^2 x_1 = \left(\sigma_1 - \frac{3}{4}A_{1/3}^2 - \frac{3}{4}A_0 A_{1/3} - \frac{3}{2}A_0^2\right) A_{1/3} \cos\frac{\omega t}{3} +$$
$$\left(\sigma_1 A_0 - \frac{3}{4}A_0^3 - \frac{3}{2}A_0 A_{1/3}^2 - \frac{1}{4}A_{1/3}^3\right) \cos\omega t + \cdots \tag{2.3.38}$$

其中省略号为频率高于 ω 的高次谐波. 为避免方程 (2.3.38) 的解出现久期项, 令方程右边 $\cos(\omega t/3)$ 的系数为零, 得到

$$A_{1/3} = 0 \tag{2.3.39a}$$

或

$$A_{1/3}^2 + A_0 A_{1/3} + 2A_0^2 - \frac{4}{3}\sigma_1 = 0 \tag{2.3.39b}$$

从中解出 $A_{1/3}$ 的非零解

$$A_{1/3} = -\frac{A_0}{2} \pm \sqrt{\frac{4}{3}\sigma_1 - \frac{7}{4}A_0^2} \tag{2.3.40}$$

将式 (2.3.34) 和 (2.3.37) 代入上式, 化为

$$A_{1/3} = \frac{9F_0}{16\omega^2} \pm \sqrt{\frac{4}{3\varepsilon}\left(\frac{\omega^2}{9} - \omega_0^2\right) - \frac{567F_0^2}{256\omega^4}} \tag{2.3.41}$$

对于 $\varepsilon > 0$ 和 $\varepsilon < 0$ 两种情形, 从上式导出实数解条件, 即亚谐波响应的产生条件

$$\omega_0^2 \leqslant \left(\frac{\omega}{3}\right)^2 \left(1 - \frac{15309\varepsilon F_0^2}{1024\omega^6}\right) \quad (\varepsilon > 0)$$
$$\omega_0^2 \geqslant \left(\frac{\omega}{3}\right)^2 \left(1 + \frac{15309|\varepsilon| F_0^2}{1024\omega^6}\right) \quad (\varepsilon < 0) \tag{2.3.42}$$

可见当 $\varepsilon = 0$, 派生系统的固有频率 ω_0 恰好准确等于 $\omega/3$ 时, 亚谐波响应反而不会发生. 亚谐波响应的幅频特性曲线由式 (2.3.41) 确定.

$$\left(A_{1/3} - \frac{9F_0}{16\omega^2}\right)^2 + \frac{4\omega_0^2}{3\varepsilon} = \frac{4\omega_0^2}{27\varepsilon} - \frac{567F_0^2}{256\omega^4} \tag{2.3.43}$$

以 ω_0^2 为横坐标轴作出 $A_{1/3}$ 的幅频特性曲线如图 2.6 所示. 图中每根曲线均有两个分支, 因此同一频率 ω_0 对应于振幅的两个不同值, 但其中只有振幅较大的分支是稳定的. 图 2.6 中以实线和虚线表示稳定或不稳定的亚谐波响应.

上述超谐波和亚谐波响应问题还将在 §2.5 节中用多尺度法做更深入的分析.

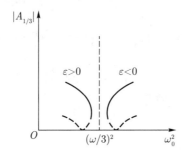

图 2.6　亚谐波响应的幅频特性曲线

§2.4　平均法

2.4.1　平均法概述

前面叙述的几种近似解析方法,对于弱非线性系统原则上均能求出满足任意精度要求的周期解. 但在具体计算时,ε 的次数愈高,计算工作愈繁重. 如所要求的精度仅限于 ε 的一次项,则可采用更为有效的方法直接求出一次近似解. 非线性振动的一次近似理论即应运而生,其中最主要的方法为**平均法**. 早在 18 世纪的拉格朗日时代,平均法的基本思想就已在天体力学的研究中形成,用于行星轨道的演化计算. 1920 年范德波尔在研究电子管的非线性振荡时使用了慢变系数法,奠定了平均法的基础. 之后经过克雷洛夫、博戈留波夫等人的工作使平均法更趋于完善.

以弱非线性系统的自由振动为例. 动力学方程为

$$\ddot{x} + \omega_0^2 x = \varepsilon f(x, \dot{x}) \tag{2.4.1}$$

当 $\varepsilon = 0$ 时,此方程的派生系统为线性保守系统

$$\ddot{x} + \omega_0^2 x = 0 \tag{2.4.2}$$

将派生系统的自由振动解表示为

$$x = a\cos(\omega_0 t + \theta) \tag{2.4.3}$$

其中任意常数 a 和 θ 取决于初始条件. 将上式对 t 微分一次,得到

$$\dot{x} = -a\omega_0 \sin(\omega_0 t + \theta) \tag{2.4.4}$$

当 $\varepsilon \neq 0$ 时, 原系统 (2.4.1) 的解不同于 (2.4.3), 甚至不一定是周期函数. 但当 ε 充分小时, 实际观察到原系统的运动可能与周期运动十分接近, 仅振幅 a 和初相角 θ 不再为常值, 而是随时间 t 缓慢变化. 因此可将方程 (2.4.1) 的解 $x(t)$ 和 $\dot{x}(t)$ 在形式上仍利用式 (2.4.3) 和 (2.4.4) 表达, 仅将其中的 a 和 θ 视为时间的函数. 考虑 a 和 θ 的变化, 将式 (2.4.3) 对时间 t 微分, 令 $\psi = \omega_0 t + \theta$, 消去式 (2.4.4) 后导出

$$\dot{a}\cos\psi - a\dot{\theta}\sin\psi = 0 \tag{2.4.5}$$

令式 (2.4.4) 对 t 微分, 代入方程 (2.4.1), 得到

$$\dot{a}\sin\psi + a\dot{\theta}\cos\psi = -\frac{\varepsilon}{\omega_0}f(x,\dot{x}) \tag{2.4.6}$$

从式 (2.4.5) 和 (2.4.6) 导出 a 和 θ 的微分方程

$$\left.\begin{array}{l} \dot{a} = -\dfrac{\varepsilon}{\omega_0}f(a\cos\psi, -\omega_0 a\sin\psi)\sin\psi \\[3mm] \dot{\theta} = -\dfrac{\varepsilon}{a\omega_0}f(a\cos\psi, -\omega_0 a\sin\psi)\cos\psi \end{array}\right\} \tag{2.4.7}$$

可用于确定 a 和 θ 的变化过程, 其变化率与小参数 ε 同数量级. 将方程组 (2.4.7) 的右项以 ψ 的一个周期内的平均值近似地代替, 并认为 a 和 θ 在 ψ 的每个周期内保持不变. 所得到的方程称为原方程的**平均化方程**

$$\dot{a} = -\frac{\varepsilon}{\omega_0}Q(a,\theta) \tag{2.4.8a}$$

$$\dot{\theta} = -\frac{\varepsilon}{a\omega_0}P(a,\theta) \tag{2.4.8b}$$

其中函数 P 和 Q 定义为

$$\left.\begin{array}{l} Q(a,\theta) = \dfrac{1}{2\pi}\displaystyle\int_0^{2\pi}f(a\cos\psi, -\omega_0 a\sin\psi)\sin\psi\mathrm{d}\psi \\[4mm] P(a,\theta) = \dfrac{1}{2\pi}\displaystyle\int_0^{2\pi}f(a\cos\psi, -\omega_0 a\sin\psi)\cos\psi\mathrm{d}\psi \end{array}\right\} \tag{2.4.9}$$

以上叙述的简化方法即平均法. 其基本思想是: 非线性方程的解与派生系统的解在形式上相同, 但振幅和初相角仅在同一周期内保持常值, 但下个周期

与前个周期相比, 振幅和初相角已发生微小的改变. 平均化方程 (2.4.8) 就是描述振幅和初相角缓慢变化的微分方程. 也可形象地认为, 平均化方程是计算振动过程的包络线方程 (图 2.7). 因此平均法也可称为**常数变易法**或**慢变振幅法**.

2.4.2 动相平面

将方程 (2.4.8a) 与 (2.4.8b) 相除, 得到 a 和 θ 的自治形式一阶微分方程

$$\frac{\mathrm{d}a}{a\mathrm{d}\theta} = \frac{Q(a,\theta)}{P(a,\theta)} \qquad (2.4.10)$$

令 $x_1 = a\cos\theta$, $y_1 = a\sin\theta$, 则方程 (2.4.10) 确定 (x_1, y_1) 平面内极坐标形式的积分曲线. 令 $y = \dot{x}/\omega_0$, 建立相平面 (x, y), 可以认为 (x_1, y_1) 平面相对 (x, y) 平面转过 θ 角, 以角速度 $\omega_0 = \dot{\theta}$ 匀速旋转. 相点在 (x, y) 内的坐标可根据式 (2.4.3) 和 (2.4.4), 用 (x_1, y_1) 平面内的坐标表示 (图 2.8). 将 (x_1, y_1) 平面称为**动相平面**, 则方程 (2.4.10) 成为动相平面内的相轨迹微分方程. 将动相平面 (x_1, y_1) 内的相轨迹投影到静止的 (x, y) 相平面, 就得到描述运动过程的实际相轨迹. 动相平面内的奇点 (a_s, θ_s) 对应于静相平面内的圆轨迹, 表示系统的简谐运动. 当 ε 充分小时, 动相平面的相点在奇点附近作缓慢的运动, 与迅速转动的动相平面比较, 是时间尺度完全不同的两种运动. 系统的实际运动被分解为两种不同时间尺度运动的综合.

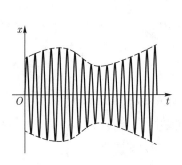

图 2.7 振动过程的平均化

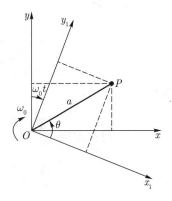

图 2.8 动相平面和静相平面

动相平面概念扩大了第一章中叙述的定性理论的应用范围, 使以相平面法为主的几何方法不仅适用于自治系统, 而且扩大到了非自治系统.

2.4.3 等效线性化法

注意到式 (2.4.9) 中的积分 P 和 Q 的二倍, 恰好等于非线性函数 $f(x, \dot{x})$ 对变量 $\psi = \omega_0 t + \theta$ 展开的周期为 2π 的傅里叶级数的第一阶谐波的系数. 忽略其他高次谐波时, 可近似将函数 $f(x, \dot{x})$ 写作

$$f(x, \dot{x}) = 2P(a, \theta)\cos\psi + 2Q(a, \theta)\sin\psi \tag{2.4.11}$$

利用式 (2.4.3) 和 (2.4.4), 将上式改写为

$$f(x, \dot{x}) = \frac{2}{a}P(a, \theta)x - \frac{2}{a\omega_0}Q(a, \theta)\dot{x} \tag{2.4.12}$$

将上式代入方程 (2.4.1), 整理后得到与原系统等效的线性方程. 其系数为参数 a 和 θ 的函数

$$\ddot{x} + \left[\frac{2\varepsilon}{a\omega_0}Q(a, \theta)\right]\dot{x} + \left[\omega_0^2 - \frac{2\varepsilon}{a}P(a, \theta)\right]x = 0 \tag{2.4.13}$$

仅讨论系统的周期运动时, 将上式中 a 和 θ 视作常数, 方程 (2.4.13) 即在形式上简化为线性系统的自由振动问题. 但频率和阻尼取决于振动的振幅和相角, 表现出与频率和振幅有关的非线性特性. 如增加激励项, 也可利用线性系统受迫振动的结论, 直接从 0.4 节列出稳态响应的幅频特性和相频特性公式. 这种从平均法演变出来的近似解析方法称为**等效线性化法**.

例 2.4-1 干摩擦系统

解: 讨论单自由度系统 (2.4.1) 受干摩擦力作用的自由振动. 令 $\psi = \omega_0 t + \theta$, 基于库仑定律, 干摩擦力对应的非线性函数 $f(\dot{x})$ 为

$$f(\dot{x}) = -F_0 \operatorname{sgn}\dot{x} \tag{a}$$

将变量 $x, \dot{x}$ 写作

$$x = a\cos\psi, \quad \dot{x} = -a\omega_0\sin\psi \tag{b}$$

将式 (a),(b) 代入式 (2.4.9), 积分得到

$$Q\left(a,\theta\right) = \frac{1}{2\pi}\left[\int_0^\pi F_0\sin\psi\mathrm{d}\psi + \int_\pi^{2\pi}\left(-F_0\right)\sin\psi\mathrm{d}\psi\right] = \frac{2F_0}{\pi} \left.\right\}$$

$$P\left(a,\theta\right) = \frac{1}{2\pi}\left[\int_0^\pi F_0\cos\psi\mathrm{d}\psi + \int_\pi^{2\pi}\left(-F_0\right)\cos\psi\mathrm{d}\psi\right] = 0 \qquad (c)$$

代入平均化方程 (2.4.8), 得到

$$\dot{a} = -\frac{2\varepsilon F_0}{\pi\omega_0}, \quad \dot{\theta} = 0 \qquad (d)$$

对于初值 a_0,θ_0, 积分得到

$$a\left(t\right) = a_0 - \left(\frac{2\varepsilon F_0}{\pi\omega_0}\right)t, \quad \theta = \theta_0 \qquad (e)$$

则干摩擦系统的自由振动规律为

$$x\left(t\right) = \left[a_0 - \left(\frac{2\varepsilon F_0}{\pi\omega_0}\right)t\right]\cos\left(\omega_0 t + \theta_0\right) \qquad (f)$$

例 2.4-2 平方阻尼系统

解: 将上例中的阻尼力改为与速度平方成比例, 对应的非线性函数 $f\left(\dot{x}\right)$ 为

$$f\left(\dot{x}\right) = -\gamma\dot{x}\left|\dot{x}\right| = -\gamma\omega_0^2 a^2\sin\psi\left|\sin\psi\right| \qquad (a)$$

将式 (a) 和上例中的式 (b) 代入式 (2.4.9), 积分得到

$$Q\left(a,\theta\right) = \frac{\gamma\omega_0^2 a^2}{2\pi}\left[\int_0^\pi\sin^3\psi\mathrm{d}\psi - \int_\pi^{2\pi}\sin^3\psi\mathrm{d}\psi\right] = \frac{4\gamma\omega_0^2 a^2}{3\pi} \left.\right\}$$

$$P\left(a,\theta\right) = \frac{\gamma\omega_0^2 a^2}{2\pi}\int_0^{2\pi}\sin\psi\cos\psi\left|\sin\psi\right|\mathrm{d}\psi = 0 \qquad (b)$$

代入平均化方程 (2.4.8), 得到

$$\dot{a} + \left(\frac{4\varepsilon\gamma\omega_0}{3\pi}\right)a^2 = 0, \quad \dot{\theta} = 0 \qquad (c)$$

对于初值 a_0,θ_0, 积分得到

$$a\left(t\right) = \frac{a_0}{1 + \left(\frac{4\varepsilon\gamma\omega_0 a_0}{3\pi}\right)t}, \quad \theta = \theta_0 \qquad (d)$$

仅保留 ε 的一次项, 其自由振动规律为

$$x\left(t\right) = a_0\left[1 - \left(\frac{4\varepsilon\gamma\omega_0 a_0}{3\pi}\right)t\right]\cos\left(\omega_0 t + \theta_0\right) \tag{e}$$

2.4.4 接近共振的受迫振动

讨论弱非线性系统接近共振时的受迫振动. 在方程 (2.4.1) 的右项中增加频率为 ω 的简谐激励力, 设激励力的幅值是与 ε 同阶的小量, 写作

$$\ddot{x} + \omega_0^2 x = \varepsilon f\left(x, \dot{x}\right) + \varepsilon F_0\cos\omega t \tag{2.4.14}$$

利用式 (2.3.18), 令 $\omega^2 = \omega_0^2\left(1 + \varepsilon\sigma_1\right)$, 将方程 (2.4.14) 化作

$$\ddot{x} + \omega^2 x = \varepsilon f_1\left(x, \dot{x}, \omega t\right) \tag{2.4.15}$$

其中

$$f_1\left(x, \dot{x}, \omega t\right) = f\left(x, \dot{x}\right) + \omega_0^2\sigma_1 x + F_0\cos\omega t \tag{2.4.16}$$

令方程 (2.4.15) 中 $\varepsilon = 0$, 化作派生系统的自由振动方程. 将方程的解及其导数写作

$$x = a\cos\left(\omega t + \theta\right) \tag{2.4.17}$$

$$\dot{x} = -a\omega\sin\left(\omega t + \theta\right) \tag{2.4.18}$$

当 $\varepsilon \neq 0$ 时, 将原系统 (2.4.15) 的解 $x\left(t\right)$ 和 $\dot{x}\left(t\right)$ 仍表示为式 (2.4.17) 和 (2.4.18) 形式, 仅将其中 a 和 θ 视为时间的慢变函数. 将式 (2.4.17) 对时间 t 微分, 令 $\psi = \omega t + \theta$, 消去式 (2.4.18), 得到

$$\dot{a}\cos\psi - a\dot{\theta}\sin\psi = 0 \tag{2.4.19}$$

将式 (2.4.18) 对 t 微分, 代入方程 (2.4.15), 得到

$$\dot{a}\sin\psi + a\dot{\theta}\cos\psi = -\frac{\varepsilon}{\omega}f_1\left(x, \dot{x}, \omega t\right) \tag{2.4.20}$$

从式 (2.4.19) 和 (2.4.20) 导出 a 和 θ 的微分方程

$$\left.\begin{array}{l} \dot{a} = -\dfrac{\varepsilon}{\omega} f_1\left(a\cos\psi, -a\omega\sin\psi, \psi-\theta\right)\sin\psi \\[2mm] \dot{\theta} = -\dfrac{\varepsilon}{\omega a} f_1\left(a\cos\psi, -a\omega\sin\psi, \psi-\theta\right)\cos\psi \end{array}\right\} \qquad (2.4.21)$$

讨论 a 和 θ 的慢变规律时, 将方程组 (2.4.21) 的右项以 ψ 的一个周期内的平均值近似地代替, 并认为 a 和 θ 在 ψ 的每个周期内保持不变. 得到方程 (2.4.21) 的平均化方程

$$\dot{a} = -\frac{\varepsilon}{\omega} Q\left(a,\theta\right) \qquad (2.4.22a)$$

$$\dot{\theta} = -\frac{\varepsilon}{\omega a} P\left(a,\theta\right) \qquad (2.4.22b)$$

式中函数 P 和 Q 定义为

$$\left.\begin{array}{l} Q\left(a,\theta\right) = \Phi\left(a,\theta\right) + \dfrac{F_0}{2}\sin\theta \\[2mm] P\left(a,\theta\right) = \Psi\left(a,\theta\right) + \dfrac{F_0}{2}\cos\theta \end{array}\right\} \qquad (2.4.23)$$

其中

$$\left.\begin{array}{l} \Phi\left(a,\theta\right) = \dfrac{1}{2\pi}\displaystyle\int_0^{2\pi} f\left(a\cos\psi, -a\omega\sin\psi\right)\sin\psi\,\mathrm{d}\psi \\[3mm] \Psi\left(a,\theta\right) = \dfrac{1}{2\pi}\displaystyle\int_0^{2\pi} f\left(a\cos\psi, -a\omega\sin\psi\right)\cos\psi\,\mathrm{d}\psi + \dfrac{1}{2}\omega_0^2\sigma_1 a \end{array}\right\} \qquad (2.4.24)$$

将式 (2.4.23) 代入方程 (2.4.22), 得到

$$\dot{a} = -\frac{\varepsilon}{\omega}\left[\Phi\left(a,\theta\right) + \frac{F_0}{2}\sin\theta\right] \qquad (2.4.25a)$$

$$\dot{\theta} = -\frac{\varepsilon}{\omega a}\left[\Psi\left(a,\theta\right) + \frac{F_0}{2}\cos\theta\right] \qquad (2.4.25b)$$

将方程组 (2.4.25) 的两个方程相除, 化作自治形式的一阶微分方程:

$$\frac{\mathrm{d}a}{\mathrm{d}\theta} = \frac{a\left[\Phi\left(a,\omega\right) + (F_0/2)\sin\theta\right]}{\Psi\left(a,\omega\right) + (F_0/2)\cos\theta} \qquad (2.4.26)$$

当激励的幅值 F_0 和频率 ω 给定以后, 方程 (2.4.26) 完全确定动相平面 (a,θ) 内的相轨迹. 动相平面内的奇点 (a_s,θ_s) 对应于系统的稳态响应, 为以下方程的解:

$$\Phi_s + \left(\frac{F_0}{2}\right)\sin\theta_s = 0 \qquad (2.4.27a)$$

114

$$\Psi_{\mathrm{s}} + \left(\frac{F_0}{2}\right) \cos \theta_{\mathrm{s}} = 0 \qquad (2.4.27\mathrm{b})$$

其中以下角标 s 表示在奇点处的函数值. 消去上式中的变量 θ_{s}, 导出受迫振动的振幅 a_{s} 与频率 ω 之间的关系式, 即系统的幅频特性:

$$W\left(a_{\mathrm{s}}, \omega\right) = \Phi_{\mathrm{s}}^2 + \Psi_{\mathrm{s}}^2 - \left(\frac{F_0}{2}\right)^2 = 0 \qquad (2.4.28)$$

消去式 (2.4.27) 中的 F_0, 得到系统的相频特性:

$$\theta_{\mathrm{s}} = \arctan \left(\frac{\Phi_{\mathrm{s}}}{\Psi_{\mathrm{s}}}\right) \qquad (2.4.29)$$

与前面叙述的几种近似方法比较, 平均法不仅能计算幅频和相频特性, 而且能利用平均化方程 (2.4.25) 或 (2.4.26) 分析受迫振动的稳定性和全局运动性态. 为此引入扰动变量 $\xi = a - a_{\mathrm{s}}$ 和 $\eta = \theta - \theta_{\mathrm{s}}$, 列出方程组 (2.4.25) 在奇点 $(a_{\mathrm{s}}, \theta_{\mathrm{s}})$ 附近的扰动方程:

$$\omega \dot{\xi} = -\varepsilon \left[\left(\frac{\partial \Phi}{\partial a}\right)_{\mathrm{s}} \xi + \left(\frac{F_0}{2} \cos \theta_{\mathrm{s}}\right) \eta \right] \qquad (2.4.30\mathrm{a})$$

$$\omega \dot{\eta} = -\frac{\varepsilon}{a_{\mathrm{s}}} \left[\left(\frac{\partial \Psi}{\partial a}\right)_{\mathrm{s}} \xi - \left(\frac{F_0}{2} \sin \theta_{\mathrm{s}}\right) \eta \right] \qquad (2.4.30\mathrm{b})$$

利用关系式 (2.4.27) 化作

$$\begin{aligned} \omega \dot{\xi} + \varepsilon \left(\frac{\partial \Phi}{\partial a}\right)_{\mathrm{s}} \xi - \varepsilon \Psi_{\mathrm{s}} \eta = 0 \\ \omega \dot{\eta} + \frac{\varepsilon}{a_{\mathrm{s}}} \left(\frac{\partial \Psi}{\partial a}\right)_{\mathrm{s}} \xi + \frac{\varepsilon}{a_{\mathrm{s}}} \Phi_{\mathrm{s}} \eta = 0 \end{aligned} \qquad (2.4.31)$$

此线性扰动方程的特征方程为

$$\begin{vmatrix} \omega \lambda + \varepsilon \left(\dfrac{\partial \Phi}{\partial a}\right)_{\mathrm{s}} & -\varepsilon \Psi_{\mathrm{s}} \\ \dfrac{\varepsilon}{a_{\mathrm{s}}} \left(\dfrac{\partial \Psi}{\partial a}\right)_{\mathrm{s}} & \omega \lambda + \dfrac{\varepsilon}{a_{\mathrm{s}}} \Phi_{\mathrm{s}} \end{vmatrix} = \omega^2 \left(\lambda^2 + a_1 \lambda + a_2\right) = 0 \qquad (2.4.32)$$

其中

$$a_1 = \frac{\varepsilon\omega}{a_{\mathrm{s}}}\left[\frac{\partial(a\Phi)}{\partial a}\right]_{\mathrm{s}}, \quad a_2 = \frac{\varepsilon^2}{2a_{\mathrm{s}}}\left(\frac{\partial W}{\partial a}\right)_{\mathrm{s}} \tag{2.4.33}$$

函数 $W(a_{\mathrm{s}}, \omega)$ 的定义如式 (2.4.28). 根据线性系统的稳定性理论, $a_1 > 0$, $a_2 > 0$ 为奇点渐近稳定的充分必要条件. 若 $(\partial W/\partial a)_{\mathrm{s}} < 0$, 则 $a_2 < 0$, 奇点必不稳定. $W(a_{\mathrm{s}}, \omega) = 0$ 在 (ω, a_{s}) 平面内确定受迫振动的幅频特性曲线. 图 2.9 中以阴影区表示 $W < 0$ 的范围. 此曲线相对 a_{s} 轴斜率为零的点必与 $(\partial W/\partial a)_{\mathrm{s}} = 0$ 相对应, 成为稳定与不稳定的分界点. 图中分别以实线和虚线表示幅频特性的稳定与不稳定部分. 与 2.1.5 节的图 2.4 对比, 图 2.9 为跳跃现象的产生提供了理论依据. 此外, 若 $a_1 < 0$, 即 $\partial(a\Phi)/\partial a < 0$, 奇点也不稳定. 在 3.5.2 节中, 此条件被用于周期激励的自激振动系统的稳定性分析.

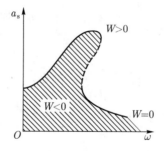

图 2.9　幅频特性曲线上的稳定区与不稳定区

例 2.4-3　讨论干摩擦系统的受迫振动

解：设例 2.4-1 中的干摩擦系统受简谐激励, 计算其受迫振动的幅频特性和相频特性. 动力学方程如式 (2.4.15), 非线性函数 $f_1(\dot{x})$ 定义如式 (2.4.16). 其中 $\omega^2 = \omega_0^2(1 + \varepsilon\sigma_1)$, 库仑摩擦 $f(\dot{x})$ 的定义同例 2.4-1 的式 (a). 采用与例 2.4-1 相同的 $x, \dot{x}$ 表达形式, 代入式 (2.4.24), 令 $s = \omega/\omega_0$, $\varepsilon\sigma_1$ 以 $s^2 - 1$ 代替, 积分得到

$$\Phi(a, \theta) = \frac{2F_0}{\pi}, \quad \Psi(a, \theta) = \frac{\omega_0^2 a(s^2 - 1)}{2\varepsilon} \tag{a}$$

代入式 (2.4.28) 和 (2.4.29), 令 $\varepsilon F_0 = \omega_0^2 B$, 导出系统的幅频特性和相频特性

$$\left(1-s^2\right)^2 + \left(\frac{4\varepsilon F_0}{\pi\omega_0^2 a}\right)^2 = \left(\frac{B}{a}\right)^2 \tag{b}$$

$$\theta_{\mathrm{s}} = \arctan\frac{4\varepsilon F_0}{\pi a\omega_0^2\left(s^2-1\right)} \tag{c}$$

例 2.4-4 讨论平方阻尼系统的受迫振动

解：讨论例 2.4-2 的平方阻尼系统的受迫振动. 阻尼力 $f(\dot{x})$ 按例 2.4-2 中式 (a) 的定义, 其余符号定义与例 2.4-1 相同. 代入式 (2.4.16), 积分得到

$$\Phi\left(a,\theta\right) = \frac{4\gamma\omega_0^2 a^2}{3\pi}, \quad \Psi\left(a,\theta\right) = \frac{\omega_0^2 a\left(s^2-1\right)}{2\varepsilon} \tag{a}$$

代入式 (2.4.28) 和 (2.4.29), 令 $\varepsilon F_0 = \omega_0^2 B$, 导出系统的幅频特性和相频特性

$$\left(1-s^2\right)^2 + \left(\frac{8\varepsilon\gamma a}{3\pi}\right)^2 = \left(\frac{B}{a}\right)^2 \tag{b}$$

$$\theta = \arctan\frac{8\varepsilon\gamma a}{3\pi\left(s^2-1\right)} \tag{c}$$

2.4.5 达芬系统

达芬系统作为典型的弱非线性系统, 先讨论其自由振动. 动力学方程为

$$\ddot{x} + \omega_0^2\left(x+\varepsilon x^3\right) = 0 \tag{2.4.34}$$

令 $x = a\cos\left(\omega_0 t+\theta\right)$, $f(x) = -\omega_0^2 x^3$, 代入式 (2.4.9), 积分得到

$$Q = 0, \quad P = -\frac{3}{8}\omega_0^2 a^3 \tag{2.4.35}$$

代入平均化方程组 (2.4.8), 得到

$$\dot{a} = 0 \tag{2.4.36a}$$

$$\dot{\theta} = \frac{3\varepsilon}{8}\omega_0 a^2 \tag{2.4.36b}$$

从式 (2.4.36a) 导出 a 为常值, 表明达芬系统的自由振动为简谐运动. 振动频率由式 (2.4.36b) 确定:

117

$$\omega = \omega_0 + \dot{\theta} = \omega_0 \left(1 + \frac{3\varepsilon}{8} a^2 \right) \tag{2.4.37}$$

在 ε 一次项的精度范围内, 此结果与用谐波平衡法或林滋泰德–庞加莱法导出的式 (2.1.17) 或 (2.3.16) 一致. 利用式 (2.4.13) 写出达芬方程的等效线性化方程:

$$\ddot{x} + \omega_0^2 \left(1 + \frac{3\varepsilon}{4} a^2 \right) x = 0 \tag{2.4.38}$$

以上分析结果均可利用此线性化方程直接得出.

讨论达芬系统接近共振时的受迫振动时, 设系统内含微弱的阻尼项. 其动力学方程为

$$\ddot{x} + 2\zeta\omega_0\dot{x} + \omega_0^2 \left(x + \varepsilon x^3 \right) = \varepsilon F_0 \cos\omega t \tag{2.4.39}$$

令 $\zeta = \varepsilon\zeta_1$, $\omega^2 = \omega_0^2 (1 + \varepsilon\sigma_1)$, 写作式 (2.4.15) 的形式, 其中

$$f_1(x, \dot{x}, \omega t) = \omega_0^2(\sigma_1 x - x^3) - 2\zeta_1\omega_0\dot{x} + F_0 \cos\omega t \tag{2.4.40}$$

令 $x = a\cos(\omega_0 t + \theta)$, 代入式 (2.4.16), 积分得到

$$\Phi(a, \omega) = -\zeta_1\omega_0\omega a, \quad \Psi(a, \omega) = \frac{\omega_0^2 a}{2} \left(\sigma_1 - \frac{3}{4} a^2 \right) \tag{2.4.41}$$

代入式 (2.4.28),(2.4.29), 令 $\varepsilon F_0 = \omega_0^2 B$, 导出与式 (2.1.22),(2.1.26) 相同的幅频特性和相频特性:

$$\left(1 - s^2 + \frac{3}{4}\varepsilon a^2 \right)^2 + (2\zeta s)^2 = \left(\frac{B}{a} \right)^2 \tag{2.4.42}$$

$$\theta = \arctan \frac{2\zeta s}{1 - s^2 + \frac{3}{4}\varepsilon a^2} \tag{2.4.43}$$

其中 $s = \omega/\omega_0$. 将式 (2.4.41) 代入方程 (2.4.26), 利用数值积分可计算动相平面 (a, θ) 内的奇点和相轨迹. 图 2.10 为同一激励产生多个响应时的相轨迹族. 图中的三个奇点中, S_1, S_2 为中心, S_3 为鞍点. 过鞍点的分隔线划分出 S_1 或 S_2 的不同吸引域. 从而描绘出系统受迫振动的全局运动性态.

图 2.10   达芬系统受迫振动的动相平面内的相轨迹族

2.4.6   分段线性系统

对于分段线性系统, 利用分段的解析积分可以拼接成精确解. 但如果精度要求仅限于 ε 的一次项, 应用平均法可以更简便地获得结果. 以图 2.11 所示的分段线性系统为例, 系统由质量块与弹簧 1 和带间隙的弹簧 2 组成. 设物块的质量为 m, 弹簧 1 的刚度系数为 k_1, 物块与弹簧 2 接触后二弹簧的总刚度系数为 k_2, 间隙的宽度为 a_0, 则系统的刚度以分段线性函数 $k(x)$ 表示 (图 2.12):

$$
k(x) = \begin{cases}
k_1 x + (k_2 - k_1)(x + a_0) & (x < -a_0) \\
k_1 x & (-a_0 < x < a_0) \\
k_1 x + (k_2 - k_1)(x - a_0) & (x > a_0)
\end{cases} \tag{2.4.44}
$$

系统的自由振动微分方程为

$$
m\ddot{x} + k(x) = 0 \tag{2.4.45}
$$

引入参数 $\omega_0^2 = k_1/m$, $\varepsilon = (k_2/k_1) - 1$, 将方程 (2.4.45) 写作 (2.4.1) 形式, 其中

$$f(x,\dot{x}) = -\omega_0^2 g(x)$$

$$g(x) = \begin{cases} x + a_0 & (x < -a_0) \\ 0 & (-a_0 \leqslant x \leqslant a_0) \\ x - a_0 & (x > a_0) \end{cases} \tag{2.4.46}$$

令 $x = a\cos\psi,\ \psi = \omega_0 t + \theta,\ a_0 = a\cos\psi_0$, 代入式 (2.4.46), 得到

$$g(x) = \begin{cases} a(\cos\psi + \cos\psi_0) & (\pi - \psi_0 < \psi < \pi + \psi_0) \\ 0 & (\psi_0 \leqslant \psi \leqslant \pi - \psi_0,\ \pi + \psi_0 \leqslant \psi \leqslant 2\pi - \psi_0) \\ a(\cos\psi - \cos\psi_0) & (0 < \psi < \psi_0,\ 2\pi - \psi_0 < \psi < 2\pi) \end{cases} \tag{2.4.47}$$

$a \leqslant a_0$ 时, 系统作频率为 ω_0 的自由振动. 若 $a > a_0$, 将上式代入式 (2.4.9), 积分得到

$$P(a,\theta) = -\frac{2\omega_0^2 a}{\pi}\left(\psi_0 - \frac{1}{2}\sin 2\psi_0\right),\quad Q(a,\theta) = 0 \tag{2.4.48}$$

将上式代入平均化方程 (2.4.8), 得到

$$\dot{a} = 0,\quad \dot{\theta} = \frac{\varepsilon\omega_0}{\pi}\left(\psi_0 - \frac{1}{2}\sin 2\psi_0\right) \tag{2.4.49}$$

令 $\alpha = a/a_0 = \sec\psi_0$, 则 $a > a_0$ 即 $\alpha > 1$ 时自由振动频率为 $\omega = \omega_0 + \dot{\theta}$, 导出

$$s = \frac{\omega}{\omega_0} = 1 + \frac{\varepsilon}{\pi}G(\alpha) \tag{2.4.50}$$

函数 $G(\alpha)$ 定义为

$$G(\alpha) = \begin{cases} 0 & (\alpha \leqslant 1) \\ \arccos\left(\frac{1}{\alpha}\right) - \left(\frac{1}{\alpha}\right)\sqrt{1 - \left(\frac{1}{\alpha}\right)^2} & (\alpha > 1) \end{cases} \tag{2.4.51}$$

式 (2.4.50) 确定的自由振动频率与振幅的关系曲线具有硬弹簧特性, 如图 2.13 所示.

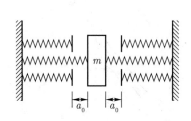

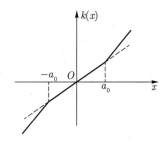

图 2.11 带间隙的质量-弹簧系统　　　图 2.12 分段线性的刚度特性

讨论此分段线性系统的受迫振动时, 设系统内有微弱阻尼, 其动力学方程为

$$\ddot{x} + 2\zeta\omega_0\dot{x} + \omega_0^2\left[x + \varepsilon g(x)\right] = \varepsilon F_0\cos\omega t \tag{2.4.52}$$

令 $\zeta = \varepsilon\zeta_1$, $\omega^2 = \omega_0^2(1 + \varepsilon\sigma_1)$, 写作式 (2.4.15) 的形式, 其中

$$f(x, \dot{x}, \omega t) = -2\zeta_1\omega_0\dot{x} - \omega_0^2[\sigma_1 x + g(x)] + F_0\cos\omega t \tag{2.4.53}$$

令 $x = a\cos(\omega t + \theta)$, 代入式 (2.4.24), 积分得到

$$\Phi(a, \omega) = 2\zeta_1\omega_0 a\omega, \quad \Psi(a, \omega) = \omega_0^2 a\left[\sigma_1 - \frac{2}{\pi}G(\alpha)\right] \tag{2.4.54}$$

函数 $G(\alpha)$ 的定义见式 (2.4.51). 将式 (2.4.54) 代入式 (2.4.27),(2.4.29), 令 $\varepsilon F_0 = \omega_0^2 B$, 整理后得到

$$\alpha^2\left\{\left[1 - s^2 + \frac{2\varepsilon}{\pi}G(\alpha)\right]^2 + (2\zeta s)^2\right\} = \left(\frac{B}{a_0}\right)^2 \tag{2.4.55}$$

$$\theta = \arctan\frac{2\zeta s}{1 - s^2 + \dfrac{2\varepsilon}{\pi}G(\alpha_{\mathrm{s}})} \tag{2.4.56}$$

其中 $\alpha_{\mathrm{s}} = a_{\mathrm{s}}/a_0$. 图 2.14 为受迫振动的幅频特性曲线, 是以图 2.13 中的曲线为骨架的曲线族, 其中的虚线部分因满足 $(\partial W/\partial a)_{\mathrm{s}} < 0$ 而证明为不稳定. 因此与达芬系统类似, 此分段线性系统也可能产生跳跃现象.

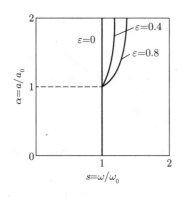
图 2.13 自由振动频率与振幅关系

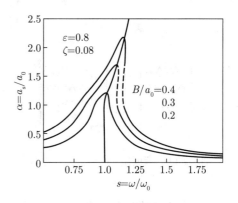
图 2.14 分段线性系统的幅频特性曲线

§2.5 多尺度法

2.5.1 多尺度法概述

2.4 节叙述的平均法利用两种不同的时间尺度, 将振动分解为快变和慢变两种不同的时间历程. 振幅和初相角不再视为常值, 而是随时间缓慢变化的变量. 讨论其慢变过程时, 将快变过程在每个周期内平均化. 讨论快变过程时, 则将参数的慢变过程予以忽略. 在平均法的基础上, 若将时间尺度划分得更加精细, 则发展为 **多尺度法**. 1957 年斯特罗克最早提出多时间尺度的概念, 经过奈弗等人的发展和完善, 成为一种十分有效的近似方法. 与摄动法相比, 多尺度法的明显优点是不仅能计算保守系统的周期运动, 而且能计算耗散系统的衰减振动; 不仅能计算稳态响应, 而且能计算非稳态过程. 多尺度法还能分析稳态响应的稳定性, 描绘非自治系统的全局运动性态.

为说明振动过程中不同时间尺度的存在, 将林滋泰德–庞加莱法计算的达芬方程的自由振动解 (2.3.15) 中的频率 ω 以式 (2.3.4) 代入, 得到

$$x = A \cos\left(\omega_0 t + \omega_1 \varepsilon t + \omega_2 \varepsilon^2 t + \cdots\right) - \frac{\varepsilon A^3}{32}\left[\cos\left(\omega_0 t + \omega_1 \varepsilon t + \omega_2 \varepsilon^2 t + \cdots\right) - \right.$$

$$\left. \cos\left(3\omega_0 t + \omega_1 \varepsilon t + \omega_2 \varepsilon^2 t + \cdots\right)\right] + \cdots$$

$$(2.5.1)$$

此公式表达的振动过程包含了不同时间尺度 $t, \varepsilon t, \varepsilon^2 t, \cdots$ 所对应的时间历程.

不同时间尺度体现变化过程的不同速度, 阶数愈高, 变化愈缓慢.

引入 T_n 表示不同尺度的时间变量

$$T_n \overset{\Delta}{=} \varepsilon^n t \ (n = 0, 1, 2, \cdots) \tag{2.5.2}$$

则可将振动过程视为不同尺度时间变量的函数, 表示为

$$x(t, \varepsilon) = \sum_{n=0}^{m} \varepsilon^n x_n (T_0, T_1, T_2, \cdots, T_m) \tag{2.5.3}$$

其中 m 为小参数 ε 的最高阶次, 取决于计算的精度要求. 将不同尺度的时间变量视为独立变量, $x(t, \varepsilon)$ 视为 m 个独立时间变量的多元函数. 对时间的微分则利用多元函数微分公式按 ε 的幂次展开

$$\frac{\mathrm{d}}{\mathrm{d}t} = \frac{\partial}{\partial T_0} + \varepsilon \frac{\partial}{\partial T_1} + \varepsilon^2 \frac{\partial}{\partial T_2} + \cdots + \varepsilon^m \frac{\partial}{\partial T_m} = \mathrm{D}_0 + \varepsilon \mathrm{D}_1 + \varepsilon^2 \mathrm{D}_2 + \cdots + \varepsilon^m \mathrm{D}_m \tag{2.5.4}$$

$$\frac{\mathrm{d}^2}{\mathrm{d}t^2} = \frac{\mathrm{d}}{\mathrm{d}t} \left(\frac{\partial}{\partial T_0} + \varepsilon \frac{\partial}{\partial T_1} + \varepsilon^2 \frac{\partial}{\partial T_2} + \cdots + \varepsilon^m \frac{\partial}{\partial T_m} \right)$$

$$= \left(\mathrm{D}_0 + \varepsilon \mathrm{D}_1 + \varepsilon^2 \mathrm{D}_2 + \cdots + \varepsilon^m \mathrm{D}_m \right)^2 = \mathrm{D}_0^2 + 2\varepsilon \mathrm{D}_1 \mathrm{D}_0 + \varepsilon^2 \left(\mathrm{D}_1^2 + 2\mathrm{D}_2 \mathrm{D}_0 \right) + \cdots \tag{2.5.5}$$

其中 $\mathrm{D}_n \ (n = 0, 1, 2, \cdots, m)$ 为偏微分算子符号, 定义为

$$\mathrm{D}_n \overset{\Delta}{=} \frac{\partial}{\partial T_n} \ (n = 0, 1, 2, \cdots, m) \tag{2.5.6}$$

将动力学方程中的微分运算以式 (2.5.4) 和 (2.5.5) 表示, 变量 x 也按式 (2.5.3) 展开, 代入动力学方程, 比较同次幂系数, 得到各阶近似的线性偏微分方程组. 在依次求解的过程中, 利用消除久期项条件和初始条件获得各阶近似的计算结果.

2.5.2 弱非线性系统的自由振动

采用式 (2.4.1) 表示的弱非线性系统动力学方程

$$\ddot{x} + \omega_0^2 x = \varepsilon f(x, \dot{x}) \tag{2.5.7}$$

仅讨论二阶近似解, 令

$$x = x_0 (T_0, T_1, T_2) + \varepsilon x_1 (T_0, T_1, T_2) + \varepsilon^2 x_2 (T_0, T_1, T_2) \tag{2.5.8}$$

将上式代入方程 (2.5.7), 且利用式 (2.5.5), 得到

$$\left[D_0^2 + 2\varepsilon D_1 D_0 + \varepsilon^2 \left(D_1^2 + 2D_2 D_0 \right) \right] \left(x_0 + \varepsilon x_1 + \varepsilon^2 x_2 \right) + \omega_0^2 \left(x_0 + \varepsilon x_1 + \varepsilon^2 x_2 \right)$$

$$= \varepsilon \left[f \left(x_0, \dot{x}_0 \right) + \left(\frac{\partial f}{\partial x} \right)_{x_0, \dot{x}_0} \varepsilon x_1 + \left(\frac{\partial f}{\partial \dot{x}} \right)_{x_0, \dot{x}_0} \varepsilon \dot{x}_1 \right]$$

$$(2.5.9)$$

展开后, 令两边 ε 的同次幂系数相等, 得到各阶近似的偏微分方程组:

$$D_0^2 x_0 + \omega_0^2 x_0 = 0 \tag{2.5.10a}$$

$$D_0^2 x_1 + \omega_0^2 x_1 = -2D_1 D_0 x_0 + f \left(x_0, \dot{x}_0 \right) \tag{2.5.10b}$$

$$D_0^2 x_2 + \omega_0^2 x_2 = -2D_1 D_0 x_1 - \left(D_1^2 + 2D_2 D_0 \right) x_0 + \left(\frac{\partial f}{\partial x} \right)_{x_0, \dot{x}_0} x_1 + \left(\frac{\partial f}{\partial \dot{x}} \right)_{x_0, \dot{x}_0} \dot{x}_1$$

$$(2.5.10c)$$

$$\vdots$$

零阶近似方程 (2.5.10a) 的解 $x_0(t)$ 即线性保守系统 (2.4.2) 的解, 如式 (2.4.3), (2.4.4) 所示. 将其中的时间变量 t 改以 T_0 表示, 写作

$$x_0 = a \cos \psi, \quad D_0 x_0 = -a\omega_0 \sin \psi \tag{2.5.11}$$

其中 $\psi = \omega_0 T_0 + \theta$, a, θ 均为更高阶时间变量 $T_1, T_2, \cdots$ 的慢变函数. 将上式代入一阶近似方程 (2.5.10b) 右边第一项, 化作

$$-2D_1 D_0 x_0 = 2\omega_0 \left(D_1 a \sin \psi + a D_1 \theta \cos \psi \right) = \left(a D_1 \theta - i D_1 a \right) \omega_0 e^{i\psi} + cc \tag{2.5.12}$$

其中以 cc 符号表示左侧复数的共轭复数, 与左侧之和等于该复数的 2 倍实数部分. 将非线性函数 $f(x_0, \dot{x}_0)$ 展成以 $\psi = \omega_0 T_0 + \theta$ 为自变量的傅里叶级数, 与式 (2.5.12) 一同代入方程 (2.5.10b), 得到

$$D_0^2 x_1 + \omega_0^2 x_1 = \left(a D_1 \theta - i D_1 a \right) \omega_0 e^{i\psi} + cc +$$

$$\frac{1}{2\pi} \sum_{n=-\infty}^{\infty} \left[\int_0^{2\pi} f \left(a \cos \psi, -\omega_0 a \sin \psi \right) e^{-in\psi} d\psi e^{in\psi} \right] + cc$$

$$(2.5.13)$$

为避免久期项, 方程右边 $n = 1$ 的各项, 即含 $e^{i\omega_0 T_0}$ 各项的系数之和必须为零. 导出

$$(aD_1\theta - iD_1a)\,\omega_0 + \frac{1}{2\pi}\left[\int_0^{2\pi} f\left(a\cos\psi, -\omega_0 a\sin\psi\right)e^{-i\psi}d\psi\right] = 0 \qquad (2.5.14)$$

将实部和虚部分开, 时间变量 T_1 以 εt 代替, 顶端的点号表示对时间 t 的导数, 得到

$$\left.\begin{array}{l} \dot{a} = -\dfrac{\varepsilon}{\omega_0}\left[\dfrac{1}{2\pi}\displaystyle\int_0^{2\pi} f\left(a\cos\psi, -\omega_0 a\sin\psi\right)\sin\psi d\psi\right] \\[4mm] \dot{\theta} = -\dfrac{\varepsilon}{a\omega_0}\left[\dfrac{1}{2\pi}\displaystyle\int_0^{2\pi} f\left(a\cos\psi, -\omega_0 a\sin\psi\right)\cos\psi d\psi\right] \end{array}\right\} \qquad (2.5.15)$$

与 2.4 节中叙述的平均化基本方程 (2.4.8),(2.4.9) 完全一致. 表明平均法就是多尺度法的一阶近似, 多尺度法是在平均法基础上的深入扩展.

2.5.3 达芬系统的自由振动

利用式 (2.2.22) 表示的达芬系统自由振动方程

$$\ddot{x} + \omega_0^2 x = -\varepsilon\omega_0^2 x^3 \qquad (2.5.16)$$

零阶近似方程如式 (2.5.10a). 将零阶近似解 (2.5.11) 和非线性项

$$f\left(x_0\right) = -\omega_0^2 a^3\cos^3\psi$$

代入一阶近似方程 (2.5.10b), 整理后得到

$$D_0^2 x_1 + \omega_0^2 x_1 = \omega_0 a\left(2D_1\theta - \frac{3\omega_0 a^2}{4}\right)\cos\psi + 2\omega_0 D_1 a\sin\psi - \frac{\omega_0^2 a^3}{4}\cos 3\psi \qquad (2.5.17)$$

为避免久期项, 令上式右边 $\cos\psi$ 和 $\sin\psi$ 项的系数等于零, 得到

$$D_1 a = 0, \quad D_1\theta = \frac{3\omega_0 a^2}{8} \qquad (2.5.18)$$

满足此条件时从方程 (2.5.17) 解出

$$x_1 = \frac{a^3}{32}\cos 3\psi \qquad (2.5.19)$$

将式 (2.5.11),(2.5.18),(2.5.19) 代入二阶近似方程 (2.5.10c), 整理后得到

$$\begin{aligned} D_0^2 x_2 + \omega_0^2 x_2 = {}& \left(2a\omega_0 D_2\theta + \frac{15a^5\omega_0^2}{128}\right)\cos\psi + 2\omega_0 D_2 a\sin\psi + \\ & \frac{21\omega_0^2 a^5}{128}\cos 3\psi - \frac{3a^5\omega_0^2}{128}\cos 5\psi \end{aligned} \qquad (2.5.20)$$

从避免久期项条件解出

$$D_2 a = 0, \quad D_2 \theta = -\frac{15a^4\omega_0}{256} \tag{2.5.21}$$

满足此条件时从方程 (2.5.20) 解出

$$x_2 = \frac{a^5}{1024}\left(-21\cos3\psi + \cos5\psi\right) \tag{2.5.22}$$

代入式 (2.5.8), 得到达芬系统自由振动的二阶近似解:

$$x = a\cos\psi + \frac{\varepsilon a^3}{32}\cos3\psi + \frac{\varepsilon^2 a^5}{1024}\left(-21\cos3\psi + \cos5\psi\right) \tag{2.5.23}$$

式 (2.5.18) 和 (2.5.21) 确定自由振动频率随振幅变化的规律:

$$\omega = \omega_0 + \left(\varepsilon D_1 + \varepsilon^2 D_2\right)\theta = \omega_0\left(1 + \varepsilon\frac{3a^2}{8} - \varepsilon^2\frac{15a^4}{256}\right) \tag{2.5.24}$$

2.5.4 达芬系统的主共振

讨论达芬系统的主共振, 即激励频率 ω 接近派生系统的固有频率 ω_0 情形. 令 2.3.2 节中的达芬方程 (2.3.17) 中 $\theta = 0$, 采用式 (2.3.18) 定义的符号, 写作

$$\ddot{x} + 2\varepsilon\zeta_1\omega_0\dot{x} + \omega_0^2\left(x + \varepsilon x^3\right) = \varepsilon F_0\cos\omega t \tag{2.5.25}$$

设其中激励频率 ω 与固有频率 ω_0 满足以下关系

$$\omega^2 = \omega_0^2\left(1 + \varepsilon\sigma_1\right) \tag{2.5.26}$$

代入方程 (2.5.25), 化作

$$\ddot{x} + \omega^2 x = \varepsilon f\left(x, \dot{x}\right) \tag{2.5.27}$$

其中

$$f\left(x, \dot{x}\right) = \omega_0^2 x\left(\sigma_1 - x^2\right) - 2\zeta_1\omega_0\dot{x} + F_0\cos\omega t \tag{2.5.28}$$

仅讨论一阶近似解, 令

$$x = x_0\left(T_0, T_1\right) + \varepsilon x_1\left(T_0, T_1\right) \tag{2.5.29}$$

代入方程 (2.5.27), 展开后令两边 ε 的同次幂系数相等, 得到近似方程组 (2.5.10). 零次近似方程 (2.5.10a) 的解如式 (2.5.11), 但 ψ 定义中的 ω_0 改为 ω

$$x_0 = a\cos\psi, \quad \mathrm{D}_0 x_0 = -a\omega\sin\psi, \quad \psi = \omega t + \theta \tag{2.5.30}$$

将其代入方程 (2.5.10b), 得到一阶近似方程

$$\mathrm{D}_0^2 x_1 + \omega^2 x_1 = -2\mathrm{D}_1\mathrm{D}_0 x_0 + \omega_0^2 x_0 \left(\sigma_1 - x_0^2\right) - 2\zeta_1\omega_0\mathrm{D}_0 x_0 + F_0\cos\omega t \tag{2.5.31}$$

将零阶近似解 (2.5.30) 代入, 整理为

$$\mathrm{D}_0^2 x_1 + \omega^2 x_1 = (2\mathrm{D}_1 a\omega + 2\zeta_1\omega\omega_0 a + F_0\sin\theta)\sin\psi +$$
$$\left(2\mathrm{D}_1\theta a\omega + \sigma_1\omega_0^2 a - \frac{3\omega_0^2 a^3}{4} + F_0\cos\theta\right)\cos\psi - \frac{\omega_0^2 a^3}{4}\cos 3\psi \tag{2.5.32}$$

为避免久期项, 令 $\sin\psi$ 和 $\cos\psi$ 的系数等于零, 导出

$$\left.\begin{array}{l} \mathrm{D}_1 a = -\zeta_1\omega_0 a - \dfrac{F_0}{2\omega}\sin\theta \\[2mm] \mathrm{D}_1\theta = -\dfrac{\omega_0^2}{2\omega}\left(\sigma_1 - \dfrac{3a^2}{4} + \dfrac{F_0}{a\omega_0^2}\cos\theta\right) \end{array}\right\} \tag{2.5.33}$$

为便于与其他近似方法的结果比较, 将上式各项乘以 ε, 利用以下符号作置换

$$\varepsilon\zeta_1 = \zeta, \varepsilon\sigma_1 = \left(\frac{\omega}{\omega_0}\right)^2 - 1, \quad \varepsilon F_0 = B\omega_0^2 \tag{2.5.34}$$

改用顶部点号代替 D_1 表示对 $T_1 = \varepsilon t$ 的导数, 得到

$$\dot{a} = -\frac{\varepsilon\omega_0^2}{2\omega}\left[2\zeta\left(\frac{\omega}{\omega_0}\right)a + B\sin\theta\right] \tag{2.5.35a}$$

$$\dot{\theta} = \frac{\varepsilon\omega_0^2}{2\omega}\left[1 - \left(\frac{\omega}{\omega_0}\right)^2 + \frac{3\varepsilon}{4}a^2 - \frac{B}{a}\cos\theta\right] \tag{2.5.35b}$$

此方程的常值特解 $a_\mathrm{s}, \theta_\mathrm{s}$ 对应于稳态周期运动. 令 $\dot{a} = \dot{\theta} = 0$, $s = \omega/\omega_0$, 导出

$$2\zeta s = -\left(\frac{B}{a}\right)\sin\theta_\mathrm{s} \tag{2.5.36a}$$

$$1 - s^2 + \frac{3\varepsilon}{4}a_s^2 = \left(\frac{B}{a}\right)\cos\theta_s \tag{2.5.36b}$$

消去 θ_s 或消去 B/a, 得到幅频关系和相频关系式:

$$\left(1 - s^2 + \frac{3\varepsilon}{4}a^2\right)^2 + (2\zeta s)^2 = \left(\frac{B}{a}\right)^2 \tag{2.5.37}$$

$$\theta = \arctan\frac{2\zeta s}{1 - s^2 + \dfrac{3\varepsilon}{4}A^2} \tag{2.5.38}$$

与用谐波平衡法或林滋泰德–庞加莱法导出的式 (2.1.22) 或 (2.3.24), 式 (2.1.26) 或 (2.3.25) 完全相同.

2.5.5　达芬系统的超谐波共振

　　2.3.3 节中已经说明, 派生的线性系统固有频率 ω_0 接近激励频率 ω 的整数倍或分数倍时, 也可能出现共振现象, 称为超谐波共振和亚谐波共振, 统称为次共振. 在 2.3.3 节和 2.3.4 节中, 已用林滋泰德–庞加莱法对达芬系统的次共振作了初步分析. 本节利用多尺度法作更深入的讨论.

　　讨论有阻尼达芬系统的受迫振动. 设激励力较强烈, 将方程 (2.5.25) 中的 εF_0 以 F_0 代替, 改用 $\mu = \zeta_1\omega_0$ 表示阻尼系数, 将非线性项的系数 $\varepsilon\omega_0^2$ 以 $\varepsilon\alpha$ 代替, 写作

$$\ddot{x} + 2\varepsilon\mu\dot{x} + \omega_0^2 x + \varepsilon\alpha x^3 = F_0\cos\omega t \tag{2.5.39}$$

只讨论一阶近似解, 将式 (2.5.30) 代入方程 (2.5.39), 展开后令两边 ε 的同次幂系数相等, 得到各阶近似方程

$$D_0^2 x_0 + \omega_0^2 x_0 = F_0\cos\omega t \tag{2.5.40a}$$

$$D_0^2 x_1 + \omega_0^2 x_1 = -2D_1 D_0 x_0 - 2\mu D_0 x_0 - \alpha x_0^3 \tag{2.5.40b}$$

$$\vdots$$

与 2.5.4 节不同, 零阶近似方程 (2.5.40a) 中已出现激励项. 零阶近似解包含自由振动和受迫振动两部分:

$$x_0 = a\cos(\omega_0 t + \theta) + A\cos\omega t \tag{2.5.41}$$

仅考虑一阶近似时, a, θ 均为 $T_1 = \varepsilon t$ 的函数, 受迫振动的振幅 A 为

$$A = \frac{F_0}{\omega_0^2 - \omega^2} \tag{2.5.42}$$

为方便推导, 将零阶近似解 (2.5.41) 中的变量 $\omega_0 t + \theta$ 和 ωt 分别以 ψ 和 φ 代替

$$\psi = \omega_0 t + \theta, \quad \varphi = \omega t \tag{2.5.43}$$

式 (2.5.41) 改记为

$$x_0 = a\cos\psi + A\cos\varphi \tag{2.5.44}$$

代入一阶近似方程 (2.5.40b), 整理后得到

$$\begin{aligned}
\mathrm{D}_0^2 x_1 + \omega_0^2 x_1 &= 2\omega_0\left(\mathrm{D}_1 a + \mu a\right)\sin\psi + 2a\omega_0\left[\mathrm{D}_1\theta - \frac{3\alpha}{8\omega_0}\left(a^2 + 2A^2\right)\right]\cos\psi + \\
&\quad 2\mu\omega A\sin\varphi - \frac{3\alpha A}{4}\left(2a^2 + A^2\right)\cos\varphi - \frac{\alpha}{4}\left(a^3\cos 3\psi + A^3\cos 3\varphi\right) - \\
&\quad \frac{3\alpha a A}{4}\left\{a\left[\cos\left(\varphi + 2\psi\right) + \cos\left(\varphi - 2\psi\right)\right] + A\left[\cos\left(\psi + 2\varphi\right) + \cos\left(\psi - 2\varphi\right)\right]\right\}
\end{aligned} \tag{2.5.45}$$

此方程的右边各项中, 不仅 $\sin\psi, \cos\psi$ 项能引起久期项, 而且含 $\cos 3\varphi$ 和 $\cos(\varphi - 2\psi)$ 等项当 $\varphi = \psi/3$ 或 $\varphi = 3\psi$ 时也能产生久期项. 因此不仅在 $\omega_0 \approx \omega$ 时发生主共振, 而且在 $\omega_0 \approx 3\omega$ 或 $\omega_0 \approx \omega/3$ 时还可能出现次共振, 即 3 次超谐波共振和 1/3 次亚谐波共振.

先讨论超谐波共振. 设 ω_0 与 3ω 的差别为 ε 的同阶小量, 写作

$$3\omega = \omega_0 + \varepsilon\sigma \tag{2.5.46}$$

代入式 (2.5.43), 得到

$$3\varphi = \psi - \theta + \varepsilon\sigma \tag{2.5.47}$$

将上式代入方程 (2.5.45) 的右侧, 为避免久期项, 令所有含 $\sin\psi$ 和 $\cos\psi$ 项的系数为零. 得到 a 和 θ 对 $T_1 = \varepsilon t$ 的一阶常微分方程组.

$$\mathrm{D}_1 a = -\mu a + \frac{\alpha A^3}{8\omega_0} \sin\left(\theta - \sigma T_1\right) \qquad (2.5.48\mathrm{a})$$

$$\mathrm{D}_1 \theta = \frac{\alpha}{8\omega_0 a}\left[3a\left(a^2 + 2A^2\right) + A^3 \cos\left(\theta - \sigma T_1\right)\right] \qquad (2.5.48\mathrm{b})$$

令 $\gamma = \theta - \sigma T_1$, 将式 (2.5.48) 化为自治系统. 用顶部点号代替 D_1 作为对 $T_1 = \varepsilon t$ 的导数符号, 写作

$$\dot{a} = -\mu a + \frac{\alpha A^3}{8\omega_0} \sin\gamma \qquad (2.5.49\mathrm{a})$$

$$\dot{\gamma} = \frac{\alpha}{8\omega_0 a}\left[3a\left(a^2 + 2A^2\right) + A^3 \cos\gamma\right] - \sigma \qquad (2.5.49\mathrm{b})$$

此方程的常值解对应于系统的稳态运动. 令 $\dot{a} = \dot{\gamma} = 0$, 导出稳态值 a_s, γ_s 应满足的条件:

$$\mu a_\mathrm{s} - \frac{\alpha A^3}{8\omega_0} \sin\gamma_\mathrm{s} = 0 \qquad (2.5.50\mathrm{a})$$

$$\left[\sigma - \frac{3\alpha}{8\omega_0}\left(a_\mathrm{s}^2 + 2A^2\right)\right] a_\mathrm{s} - \frac{\alpha A^3}{8\omega_0} \cos\gamma_\mathrm{s} = 0 \qquad (2.5.50\mathrm{b})$$

消去 γ_s 后得到幅频关系式:

$$\left\{\mu^2 + \left[\sigma - \frac{3\alpha}{8\omega_0}\left(a_\mathrm{s}^2 + 2A^2\right)\right]^2\right\} a_\mathrm{s}^2 = \left(\frac{\alpha A^3}{8\omega_0}\right)^2 \qquad (2.5.51)$$

如 $A \neq 0$, 即使 $\mu \neq 0$, a_s 也必不可能为零. 表明即使有阻尼存在, 接近 3 倍激励频率的振动也不会衰减而避免超谐波共振. 所确定的幅频特性与非线性参数 α、阻尼参数 μ 和激励振幅 A 等多个因素有关. 图 2.15 表示在确定的阻尼条件下, 不同非线性因素 α 所对应的幅频特性曲线. 曲线的弯曲状态也导致振幅的多值性, 表明超谐波共振也存在与主共振类似的跳跃现象.

如将阻尼项略去, 令 $\mu = 0$, 式 (2.5.51) 简化为

$$3a_\mathrm{s}^3 + \left(6A^2 - \frac{8\sigma\omega_0}{\alpha}\right) a_\mathrm{s} \pm A^3 = 0 \qquad (2.5.52)$$

此 3 次代数方程至少有一个 a_s 的实数解. 2.3.3 节曾用摄动法计算过相同问题. 因符号定义的差异, 为便于比较, 将式 (2.5.52) 中 a_s 和 A 分别用 A_3 和 A_0 代

替, 且令 $\sigma = \alpha\sigma_1/(2\omega_0)$, 即与式 (2.3.32) 完全一致. 摄动法对超谐波共振的分析是基于自由振动频率 ω_0 接近 3ω 时受 ω 频率激励的受迫振动. 本节的分析是基于 ω_0 频率的自由振动当激励频率 ω 接近 $\omega_0/3$ 时的受迫振动. 两种不同方法的计算结果相同. 但多尺度法能深入分析超谐波共振的动态过程.

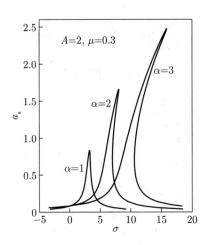

图 2.15 超谐波振动的幅频特性曲线

2.5.6 达芬系统的亚谐波共振

亚谐波共振是固有频率 ω_0 接近激励频率 ω 的分数倍时可能发生的共振. 设 ω_0 与 $\omega/3$ 的差别为 ε 的同阶小量, 表示为

$$\omega = 3\omega_0 + \varepsilon\sigma \tag{2.5.53}$$

代入式 (2.5.43), 得到

$$\varphi = 3(\psi - \theta) + \sigma T_1 \tag{2.5.54}$$

令 $\gamma = (3\theta - \sigma T_1)$, 导出

$$\cos(\varphi - 2\psi) = \cos(\psi - \gamma) = \cos\psi\cos\gamma + \sin\psi\sin\gamma \tag{2.5.55}$$

将该项代入上节中的一次近似方程 (2.5.45), 令所有含 $\sin\psi$ 和 $\cos\psi$ 项的系数为零以避免久期项. 得到 a 和 θ 对 $T_1 = \varepsilon t$ 的一阶常微分方程组.

$$\mathrm{D}_1 a = -\mu a + \frac{3\alpha a^2 A}{8\omega_0}\sin\gamma \tag{2.5.56a}$$

$$\mathrm{D}_1 \theta = \frac{3\alpha}{8\omega_0} \left(a^2 + 2A^2 + aA\cos\gamma \right) \tag{2.5.56b}$$

用顶部点号代替 D_1 表示对 $T_1 = \varepsilon t$ 的导数, 化作

$$\dot{a} = -\mu a + \frac{3\alpha a^2 A}{8\omega_0} \sin\gamma \tag{2.5.57a}$$

$$\dot{\gamma} = \frac{9\alpha}{8\omega_0} \left(a^2 + 2A^2 + aA\cos\gamma \right) - \sigma \tag{2.5.57b}$$

令 $\dot{a} = \dot{\gamma} = 0$, 导出稳态值 a_{s}, γ_{s} 应满足的条件

$$\mu - \frac{3\alpha A}{8\omega_0} a_{\mathrm{s}} \sin\gamma_{\mathrm{s}} = 0 \tag{2.5.58a}$$

$$\sigma - \frac{9\alpha}{8\omega_0} \left(a_{\mathrm{s}}^2 + 2A^2 + a_{\mathrm{s}}A\cos\gamma_{\mathrm{s}} \right) = 0 \tag{2.5.58b}$$

从上式中消去 γ_{s}, 得到 a_{s}^2 的二次代数方程

$$a_{\mathrm{s}}^4 - 2pa_{\mathrm{s}}^2 + q = 0 \tag{2.5.59}$$

其中

$$p = \frac{8\omega_0\sigma}{9\alpha} - \frac{3A^2}{2}, \quad q = \left(\frac{8\omega_0}{9\alpha} \right)^2 \left[9\mu^2 + \left(\sigma - \frac{9\alpha A^2}{4\omega_0} \right)^2 \right] \tag{2.5.60}$$

解出

$$a_{\mathrm{s}}^2 = p \pm \sqrt{p^2 - q} \tag{2.5.61}$$

由于 q 恒为正数, 振幅 a_{s} 的实数解条件为 $p > 0$, $p^2 \geqslant q$. 此条件要求:

$$A^2 < \frac{16\omega_0\sigma}{27\alpha}, \quad \frac{\alpha A^2}{4\omega_0} \left(\sigma - \frac{63\alpha A^2}{32\omega_0} \right) - 2\mu^2 \geqslant 0 \tag{2.5.62}$$

引入以下量纲一的参数

$$\beta = \frac{\sigma}{\mu}, \quad \varGamma = \frac{63\alpha A^2}{16\omega_0\mu} \tag{2.5.63}$$

则不等式 (2.5.62) 可表达为

$$\varGamma < \frac{21}{9}\beta, \quad \varGamma^2 - 2\beta\varGamma + 63 \leqslant 0 \tag{2.5.64}$$

对于给定的 σ, 利用以下 Γ 的实数解条件可使两个不等式均得到满足

$$\beta - \sqrt{\beta^2 - 63} \leqslant \Gamma \leqslant \beta + \sqrt{\beta^2 - 63} \tag{2.5.65}$$

根据此条件在 (β, Γ) 参数平面上画出 a_s 的实数解存在域, 即亚谐波共振的存在域. 如图 2.16 所示, 其边界曲线为

$$\Gamma = \beta \pm \sqrt{\beta^2 - 63} \tag{2.5.66}$$

图 2.16 利用此边界曲线划出亚谐波共振的存在域, 即图中的阴影区. 当参数组合落在此区域内时, 如 ω_0 接近 $\omega/3$, 系统可出现不衰减的 ω_0 频率的周期运动, 即亚谐波共振. 因 $\beta = 0$ 不在此存在域内, 表明 $\sigma = 0$, 即激励频率 ω 准确等于 $3\omega_0$ 时, 亚谐波共振反而不能发生. 阻尼系数 μ 足够大, 即 β 足够小时, 亚谐波共振也不可能发生.

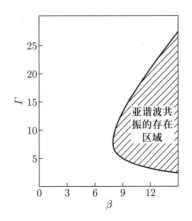

图 2.16 亚谐波共振的存在域

对于无阻尼的特殊情形, 令方程 (2.5.57a) 中 $\mu = 0$, 则 $\sin\gamma_s = 0, \cos\gamma_s = 1$. 从方程 (2.5.58b) 导出 a_s 的二次代数方程:

$$a_s^2 + A a_s + 2\left(A^2 - \frac{4\omega_0\sigma}{9\alpha}\right) = 0 \tag{2.5.67}$$

2.3.4 节曾用摄动法讨论过相同问题. 因符号定义有差异, 为便于比较, 将式 (2.5.67) 中的 a_s 和 A 分别用 $A_{1/3}$ 和 A_0 代替, 且令 $\sigma = 3\alpha\sigma_1/(2\omega_0)$, 即与式 (2.3.39b) 完全一致. 从方程 (2.5.67) 解出 a_s 为 σ 的函数, 即亚谐波共振的幅频关系式

$$a_{\mathrm{s}} = -\frac{A}{2} \pm \frac{1}{2}\sqrt{\frac{32\omega_0\sigma}{9\alpha} - 7A^2} \qquad (2.5.68)$$

图 2.17 为根据式 (2.5.67) 计算得到的幅频特性曲线. 图中每根曲线均有两个分支, 因此同一频率对应于振幅的两个不同值. 为判断亚谐波振动的稳定性, 引入 a, γ 的扰动变量 $\xi = a - a_{\mathrm{s}}$, $\eta = \gamma - \gamma_{\mathrm{s}}$, 且利用式 (2.5.58), 列出方程 (2.5.57) 在稳态值 $a_{\mathrm{s}}, \gamma_{\mathrm{s}}$ 附近的扰动方程:

$$\dot{\xi} - \left(\frac{3\alpha a_{\mathrm{s}}^2}{8\omega_0}A\right)\eta = 0$$

$$\dot{\eta} - \frac{9\alpha}{8\omega_0}(2a_{\mathrm{s}} + A)\xi = 0 \qquad (2.5.69)$$

此线性方程组的特征方程为

$$\begin{vmatrix} \lambda & -\dfrac{3\alpha a_{\mathrm{s}}^2}{8\omega_0}A \\[3mm] -\dfrac{9\alpha}{8\omega_0}(2a_{\mathrm{s}} + A) & \lambda \end{vmatrix} = \lambda^2 + b = 0 \qquad (2.5.70)$$

其中的常数 b 可利用式 (2.5.58b), (2.5.60) 化作

$$b = \frac{3}{2}\left(\frac{3\alpha a_{\mathrm{s}}}{4\omega_0}\right)^2 (a_{\mathrm{s}}^2 - p) \qquad (2.5.71)$$

根据李雅普诺夫的一次近似稳定性判据, 稳态解 $a_{\mathrm{s}}, \gamma_{\mathrm{s}}$ 的稳定性条件为 $b > 0$. 依据式 (2.5.71), 此条件化为

$$a_{\mathrm{s}}^2 > p \qquad (2.5.72)$$

参照式 (2.5.61) 可看出, 在幅频特性曲线的两个分支中, 仅幅值较大的一支满足稳定性条件 (2.5.72), 幅值较小的一支不满足. 在图 2.17 中, 分别以实线和虚线表示稳定与不稳定的幅值. 从而证实亚谐波共振也存在跳跃现象.

　　对方程组 (2.5.57) 数值积分, 可做出 (a, γ) 动相平面内的相轨迹. 典型的相轨迹曲线族如图 2.18 所示. 图中的奇点对应于不同的亚谐波响应. 其中 S_1 为稳定焦点, S_2 为鞍点. 过 S_2 的分隔线划分出的阴影区为 S_1 的吸引盆, 即亚谐波共振可能出现的区域.

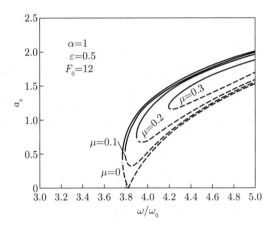

图 2.17　亚谐波共振的幅频特性曲线

　　稳定的亚谐波共振的存在表明：机械系统能被远大于固有频率的高频激励力激起强烈的共振. 例如有记载称：一架飞机被螺旋桨激起机翼的 1/2 阶亚谐波共振, 机翼的振动又激起舵面的 1/4 阶亚谐波共振而导致破坏.

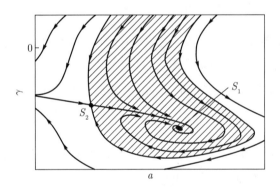

图 2.18　亚谐波共振的动相平面相轨迹

§2.6　渐近法

2.6.1　渐近法概述

　　将平均法与摄动法作比较. 平均法的突出优点是能避免摄动法的许多烦琐的中间运算, 而直接迅速地获得结果. 缺点是精度仅限于与 ε 同阶的一次近似, 因此只限于定性研究, 得不到更高精度的计算结果. 而摄动法的特点是能满足任意精度的要求. 上一节叙述的多尺度法通过将时间尺度划分得更为精细来提高近似解的精度. 提高精度的另一途径是将平均法与摄动法相结合形成一种新方法, 即本节叙述的**渐近法**. 1937 年克雷洛夫和博戈留波夫最先提出渐近法的思想, 以后博戈留波夫和米特罗波尔斯基给出严格的数学证明并加以补充和推广, 因此也称为克雷洛夫–博戈留波夫–米特罗波尔斯基方法, 或简称 KBM **法**.

讨论自治的弱非线性系统, 其动力学方程如式 (2.4.1)

$$\ddot{x} + \omega_0^2 x = \varepsilon f(x, \dot{x}) \tag{2.6.1}$$

当 $\varepsilon = 0$ 时, 方程 (2.6.1) 的派生系统为线性保守系统

$$\ddot{x} + \omega_0^2 x = 0 \tag{2.6.2}$$

此派生系统的解为

$$x = a\cos\psi, \quad \psi = \omega_0 t + \theta \tag{2.6.3}$$

其中振幅 a 和初相角 θ 为常值, 相角 ψ 匀速变化, 即

$$\dot{a} = 0, \quad \dot{\psi} = \omega_0 \tag{2.6.4}$$

当 ε 充分小时, 方程 (2.6.1) 右边摄动项的存在使原系统的解中除频率为 ω_0 的主谐波之外, 还含有微弱的高次谐波, 且振幅与频率均与小参数 ε 有关而缓慢变化. 因此可对弱非线性系统构造出以下级数形式的解

$$x = a\cos\psi + \varepsilon x_1(a, \psi) + \varepsilon^2 x_2(a, \psi) + \cdots \tag{2.6.5}$$

其中 $x_1(a, \psi)$, $x_2(a, \psi)$, $\cdots$ 均为 ψ 的以 2π 为周期的周期函数, 而 a 和 ψ 中包含的 θ 被视为时间的慢变函数, 由以下微分方程确定

$$\left. \begin{array}{l} \dot{a} = \varepsilon A_1(a) + \varepsilon^2 A_2(a) + \cdots \\ \dot{\theta} = \varepsilon B_1(a) + \varepsilon^2 B_2(a) + \cdots \end{array} \right\} \tag{2.6.6}$$

不难看出, 此方程的一次近似等同于平均法的基本方程 (2.4.8). 表明渐近法是在平均法的基础上增加了 ε 的高次项部分. 根据庞加莱的理论, 若弱非线性系统的周期解对 ε 是解析的, 则幂级数 (2.6.5) 和 (2.6.6) 收敛. 但在实际计算时幂级数的收敛性并不重要, 我们所关心的只是当 ε 充分小时, 取级数解的前 m 项为近似解, 能否在足够长的时间范围内与精确解相接近.

2.6.2 渐近方程组与渐近解

将式 (2.6.5) 对 t 微分, 整理后得到

$$\dot{x} = \dot{a}\left(\cos\psi + \varepsilon\frac{\partial x_1}{\partial a} + \varepsilon^2\frac{\partial x_2}{\partial a} + \cdots\right) + \dot{\psi}\left(-a\sin\psi + \varepsilon\frac{\partial x_1}{\partial \psi} + \varepsilon^2\frac{\partial x_2}{\partial \psi} + \cdots\right) \tag{2.6.7}$$

再微分一次, 得到

$$\ddot{x} = \ddot{a}\left(\cos\psi + \varepsilon\frac{\partial x_1}{\partial a} + \varepsilon^2\frac{\partial x_2}{\partial a} + \cdots\right) + \ddot{\psi}\left(-a\sin\psi + \varepsilon\frac{\partial x_1}{\partial \psi} + \varepsilon^2\frac{\partial x_2}{\partial \psi} + \cdots\right) + $$
$$\dot{a}^2\left(\varepsilon\frac{\partial^2 x_1}{\partial a^2} + \varepsilon^2\frac{\partial^2 x_2}{\partial a^2} + \cdots\right) + 2\dot{a}\dot{\psi}\left(-\sin\psi + \varepsilon\frac{\partial^2 x_1}{\partial a\partial\psi} + \varepsilon^2\frac{\partial^2 x_2}{\partial a\partial\psi} + \cdots\right) + $$
$$\dot{\psi}^2\left(-a\cos\psi + \varepsilon\frac{\partial^2 x_1}{\partial\psi^2} + \varepsilon^2\frac{\partial^2 x_2}{\partial\psi^2} + \cdots\right) \tag{2.6.8}$$

将 $\dot{a}$ 和 $\dot{\psi} = \omega_0 + \dot{\theta}$ 也对 t 微分, 将式 (2.6.6) 代入, 得到

$$\ddot{a} = \varepsilon^2 A_1\frac{\mathrm{d}A_1}{\mathrm{d}a} + \cdots \tag{2.6.9a}$$

$$\ddot{\psi} = \varepsilon^2 A_1\frac{\mathrm{d}B_1}{\mathrm{d}a} + \cdots \tag{2.6.9b}$$

将式 (2.6.6) 和 (2.6.9) 代入式 (2.6.7) 和 (2.6.8), 整理后得到

$$\dot{x} = -a\omega_0\sin\psi + \varepsilon\left(A_1\cos\psi - aB_1\sin\psi + \omega_0\frac{\partial x_1}{\partial\psi}\right) + $$
$$\varepsilon^2\left(A_2\cos\psi - aB_2\sin\psi + A_1\frac{\partial x_1}{\partial a} + B_1\frac{\partial x_1}{\partial\psi} + \omega_0\frac{\partial x_2}{\partial\psi}\right) + \cdots \tag{2.6.10}$$

$$\ddot{x} = -a\omega_0^2\cos\psi + \varepsilon\left(-2\omega_0 A_1\sin\psi - 2a\omega_0 B_1\cos\psi + \omega_0^2\frac{\partial^2 x_1}{\partial\psi^2}\right) + $$
$$\varepsilon^2\left[\left(A_1\frac{\mathrm{d}A_1}{\mathrm{d}a} - aB_1^2 - 2a\omega_0 B_2\right)\cos\psi - \left(aA_1\frac{\mathrm{d}B_1}{\mathrm{d}a} + 2\omega_0 A_2 + 2A_1 B_1\right)\sin\psi + \right.$$
$$\left. 2\omega_0 A_1\frac{\partial^2 x_1}{\partial a\partial\psi} + 2\omega_0 B_1\frac{\partial^2 x_1}{\partial\psi^2} + \omega_0^2\frac{\partial^2 x_2}{\partial\psi^2}\right] + \cdots \tag{2.6.11}$$

137

将式 (2.6.5) 和 (2.6.11) 代入原系统的方程 (2.6.1) 的左边, 整理后得到

$$\ddot{x} + \omega_0^2 x = \varepsilon \left[\omega_0^2 \left(\frac{\partial^2 x_1}{\partial \psi^2} + x_1 \right) - 2\omega_0 A_1 \sin\psi - 2\omega_0 a B_1 \cos\psi \right] +$$

$$\varepsilon^2 \left[\omega_0^2 \left(\frac{\partial^2 x_2}{\partial \psi^2} + x_2 \right) + \left(A_1 \frac{\mathrm{d}A_1}{\mathrm{d}a} - a B_1^2 - 2\omega_0 a B_2 \right) \cos\psi - \left(2\omega_0 A_2 + \right. \right.$$

$$\left. \left. 2 A_1 B_1 + a A_1 \frac{\mathrm{d}B_1}{\mathrm{d}a} \right) \sin\psi + 2\omega_0 A_1 \frac{\partial^2 x_1}{\partial a \partial \psi} + 2\omega_0 B_1 \frac{\partial^2 x_1}{\partial \psi^2} \right] + \cdots$$

$$(2.6.12)$$

将方程 (2.6.1) 的右边在 $x_0 = a\cos\psi$, $\dot{x}_0 = -a\omega_0 \sin\psi$ 附近展成泰勒级数, 将式 (2.6.5) 和 (2.6.10) 代入整理后得到

$$\varepsilon f(x, \dot{x}) = \varepsilon f(x_0, \dot{x}_0) + \varepsilon^2 \left[\frac{\partial f(x_0, \dot{x}_0)}{\partial x} x_1 + \right.$$

$$\left. \frac{\partial f(x_0, \dot{x}_0)}{\partial \dot{x}} \left(A_1 \cos\psi - a B_1 \sin\psi + \omega_0 \frac{\partial x_1}{\partial \psi} \right) \right] + \cdots \qquad (2.6.13)$$

令式 (2.6.12) 与 (2.6.13) 相等, 令其中 ε 的同次幂的系数相等, 得到以下渐近方程组:

$$\omega_0^2 \left(\frac{\partial^2 x_1}{\partial \psi^2} + x_1 \right) = f_0(a, \psi) + 2\omega_0 A_1 \sin\psi + 2\omega_0 a B_1 \cos\psi \qquad (2.6.14\mathrm{a})$$

$$\omega_0^2 \left(\frac{\partial^2 x_2}{\partial \psi^2} + x_2 \right) = f_1(a, \psi) + 2\omega_0 A_2 \sin\psi + 2\omega_0 a B_2 \cos\psi \qquad (2.6.14\mathrm{b})$$

$$\vdots$$

其中

$$f_0(a, \psi) = f(x_0, \dot{x}_0) \qquad (2.6.15\mathrm{a})$$

$$f_1(a, \psi) = x_1 \frac{\partial f(x_0, \dot{x}_0)}{\partial x} + \left(A_1 \cos\psi - a B_1 \sin\psi + \omega_0 \frac{\partial x_1}{\partial \psi} \right) \frac{\partial f(x_0, \dot{x}_0)}{\partial \dot{x}} +$$

$$\left(a B_1^2 - A_1 \frac{\mathrm{d}A_1}{\mathrm{d}a} \right) \cos\psi + \left(2 A_1 B_1 + a A_1 \frac{\mathrm{d}B_1}{\mathrm{d}a} \right) \sin\psi - \qquad (2.6.15\mathrm{b})$$

$$2\omega_0 A_1 \frac{\partial^2 x_1}{\partial a \partial \psi} - 2\omega_0 B_1 \frac{\partial^2 x_1}{\partial \psi^2}$$

在一次近似方程 (2.6.14a) 中, $f_0(a,\psi)$ 为 ψ 的周期为 2π 的函数, 可展成傅里叶级数

$$f_0(a,\psi) = \sum_{n=1}^{\infty} (f_{0n}\cos n\psi + g_{0n}\sin n\psi) \tag{2.6.16}$$

为保证 $x_0 = a\cos\psi$ 已将周期解内不同精度的一次谐波全部包含在内, $x_1(a,\psi)$ 的傅里叶级数展开式内不得再含有一次谐波成分, 以避免久期项出现. 即

$$x_1(a,\psi) = \sum_{n=2}^{\infty} (a_{1n}\cos n\psi + b_{1n}\sin n\psi) \tag{2.6.17}$$

将式 (2.6.16) 和 (2.6.17) 代入方程 (2.6.14a), 令两边同次谐波的系数相等. 其中一次谐波系数为零的条件给出

$$A_1 = -\frac{g_{01}}{2\omega_0}, \quad B_1 = -\frac{f_{01}}{2\omega_0 a} \tag{2.6.18}$$

导出其余的谐波系数:

$$a_{1n} = \frac{f_{0n}}{\omega_0^2(1-n^2)}, \quad b_{1n} = \frac{g_{0n}}{\omega_0^2(1-n^2)} \qquad (n=2,3,\cdots) \tag{2.6.19}$$

则一次近似解 $A_1(a)$, $B_1(a)$ 和 $x_1(a,\psi)$ 被完全确定. 将所导出的 A_1 和 B_1 代入方程 (2.6.6), 将 $\dot\psi$ 以 $\dot\theta$ 代替, g_{01}, f_{01} 以 $2Q(a,\theta), 2P(a,\theta)$ 代替, 则与平均法的简化方程 (2.4.8) 完全相同. 可见平均法即渐近法的一次近似特例.

将导出的 A_1, B_1 和 x_1 代入式 (2.6.15b), 将 $f_1(a,\psi)$ 也展成周期为 2π 的傅里叶级数

$$f_1(a,\psi) = \sum_{n=1}^{\infty} (f_{1n}\cos n\psi + g_{1n}\sin n\psi) \tag{2.6.20}$$

重复以上计算过程. 将 $x_2(a,\psi)$ 展成的傅里叶级数也不应含一次谐波

$$x_2(a,\psi) = \sum_{n=2}^{\infty} (a_{2n}\cos n\psi + b_{2n}\sin n\psi) \tag{2.6.21}$$

将式 (2.6.20) 和 (2.6.21) 代入方程 (2.6.14b), 令两边同次谐波的系数相等, 解出

$$\begin{aligned} A_2 &= -\frac{g_{11}}{2\omega_0}, \quad B_2 = -\frac{f_{11}}{2\omega_0 a} \\ a_{2n} &= \frac{f_{1n}}{\omega_0^2(1-n^2)}, \quad b_{2n} = \frac{g_{1n}}{\omega_0^2(1-n^2)} \end{aligned} \qquad (n=2,3,\cdots) \tag{2.6.22}$$

则二次近似解 $A_2(a)$, $B_2(a)$ 和 $x_2(a, \psi)$ 被完全确定. 用同样方法继续计算, 最终可渐近地得到满足所需精度的近似解.

2.6.3 达芬系统的自由振动

达芬系统的自由振动微分方程如式 (2.4.34)

$$\ddot{x} + \omega_0^2 \left(x + \varepsilon x^3 \right) = 0 \tag{2.6.23}$$

其中非线性函数及其导数为

$$f(x, \dot{x}) = -\omega_0^2 x^3, \quad \frac{\partial f}{\partial x} = -3\omega_0^2 x^2, \quad \frac{\partial f}{\partial \dot{x}} = 0 \tag{2.6.24}$$

将 $x = a \cos \psi$ 代入式 (2.6.15a), 整理后得到

$$f_0(a, \psi) = -\frac{\omega_0^2 a^3}{4} \left(3\cos\psi + \cos 3\psi \right) \tag{2.6.25}$$

代入方程 (2.6.14a), 得到

$$\omega_0^2 \left(\frac{\partial^2 x_1}{\partial \psi^2} + x_1 \right) = 2\omega_0 A_1 \sin\psi + \left(2\omega_0 B_1 - \frac{3\omega_0^2 a^2}{4} \right) a\cos\psi - \frac{\omega_0^2 a^3}{4} \cos 3\psi \tag{2.6.26}$$

避免久期项条件要求

$$A_1 = 0, \quad B_1 = \frac{3\omega_0 a^3}{8} \tag{2.6.27}$$

解出

$$x_1 = \frac{a^3}{32} \cos 3\psi \tag{2.6.28}$$

将上式代入式 (2.6.15b), 整理后得到

$$f_1(a, \psi) = \frac{15}{128} \omega_0^2 a^5 \cos\psi + \frac{21}{128} \omega_0^2 a^5 \cos 3\psi - \frac{3}{128} \omega_0^2 a^5 \cos 5\psi \tag{2.6.29}$$

代入方程 (2.6.14b), 得到

$$\omega_0^2 \left(\frac{\partial^2 x_2}{\partial \psi^2} + x_2 \right) = 2\omega_0 A_2 \sin\psi + \left(2B_2 + \frac{15}{128}\omega_0 a^4 \right) \omega_0 a\cos\psi +$$
$$\frac{21}{128}\omega_0^2 a^5 \cos 3\psi - \frac{3}{128}\omega_0^2 a^5 \cos 5\psi \tag{2.6.30}$$

避免久期项条件为

$$A_2 = 0, \quad B_2 = -\frac{15\omega_0 a^4}{256} \tag{2.6.31}$$

解出

$$x_2 = \frac{a^5}{1024}\left(-21\cos 3\psi + \cos 5\psi\right) \tag{2.6.32}$$

如此继续计算, 最终得到满足精度要求的解

$$x = a\cos\psi + \frac{\varepsilon a^3}{32}\left(1 - \frac{21\varepsilon a^2}{32}\right)\cos 3\psi + \frac{\varepsilon^2 a^5}{1024}\cos 5\psi + \cdots \tag{2.6.33a}$$

$$\dot{a} = 0 + \cdots \tag{2.6.33b}$$

$$\dot{\psi} = \omega_0\left(1 + \frac{3\varepsilon a^2}{8} - \frac{15\varepsilon^2 a^4}{256} + \cdots\right) \tag{2.6.33c}$$

将式 (2.6.33a) 与式 (2.3.15) 比较, 以确定不同符号 a 与 A 之间的关系:

$$a = A - \frac{\varepsilon A^3}{32} + \cdots \tag{2.6.34}$$

代入式 (2.6.33c), 令两边平方, 得到

$$\dot{\psi}^2 = \omega_0^2\left(1 + \frac{3\varepsilon A^2}{4} - \frac{3\varepsilon^2 A^4}{128} + \cdots\right) \tag{2.6.35}$$

与用林滋泰德–庞加莱法计算得到的式 (2.3.16) 一致.

2.6.4 弱非线性系统的受迫振动

讨论受周期激励的弱非线性系统

$$\ddot{x} + \omega_0^2 x = \varepsilon f(x, \dot{x}, \omega t) \tag{2.6.36}$$

其中非线性项 $f(x, \dot{x}, \omega t)$ 是 ωt 的周期为 2π 的函数, 可对 ωt 展成傅里叶级数

$$f(x, \dot{x}, \omega t) = \sum_{n=-\infty}^{\infty} f_n(x, \dot{x})\,\mathrm{e}^{\mathrm{i}n\omega t} \tag{2.6.37}$$

当 $\varepsilon = 0$ 时, 派生系统的振动是以 ω_0 为频率的自由振动. 作为零次近似解, 将式 (2.6.3) 也用复数表示为

$$x = a\mathrm{e}^{\mathrm{i}\psi}, \quad \dot{x} = \mathrm{i}a\omega_0\mathrm{e}^{\mathrm{i}\psi}, \quad \psi = \omega_0 t - \theta \tag{2.6.38}$$

将此零次近似解代入式 (2.6.37) 的系数 $f_n\left(x, \dot{x}\right)$, 再展成傅里叶级数, 必有 $e^{im\omega_0 t}$ $(m=1,2,\cdots)$ 项出现. 方程 (2.6.36) 右项的展开式中可能出现频率为 $(m\omega_0+n\omega)$ 的简谐分量, n 和 m 为任意整数. 当组合频率中的任何一个接近派生系统的固有频率 ω_0 时, 即使振幅很小, 也可能激起显著的振动. 因此非线性系统可能在满足下列条件时发生共振

$$\omega_0 \approx \frac{k}{l}\omega \tag{2.6.39}$$

其中 k, l 为互质的整数. 则弱非线性系统的共振可归纳为以下三种类型:

(1) $k=l=1, \omega_0 \approx \omega$: 固有频率 ω_0 接近激励频率 ω, 即**主共振**.

(2) $k=1, \omega_0 \approx \omega/l$: 固有频率 ω_0 接近激励频率 ω 的分数倍, 即**亚谐波共振**.

(3) $l=1, \omega_0 \approx k\omega$: 固有频率 ω_0 接近激励频率 ω 的整数倍, 即**超谐波共振**.

这三种类型的共振在前面几节中均已讨论过, 此处用渐近法重新作了说明. 对于远离共振的受迫振动, 即 ω_0 与任何 $(m\omega_0+n\omega)$ 均不接近的情形. 考虑到渐近解中应包含激励频率 ω 的谐波, 将式 (2.6.5) 改为

$$x = a\cos\psi + \varepsilon x_1\left(a, \psi, \omega t\right) + \varepsilon^2 x_2\left(a, \psi, \omega t\right) + \cdots \tag{2.6.40}$$

令方程 (2.6.40) 对 t 微分, 整理后得到

$$\begin{aligned}
\dot{x} = {}& \dot{a}\left(\cos\psi + \varepsilon\frac{\partial x_1}{\partial a} + \varepsilon^2\frac{\partial x_2}{\partial a} + \cdots\right) + \\
& \dot{\psi}\left(-a\sin\psi + \varepsilon\frac{\partial x_1}{\partial \psi} + \varepsilon^2\frac{\partial x_2}{\partial \psi} + \cdots\right) + \varepsilon\frac{\partial x_1}{\partial t} + \varepsilon^2\frac{\partial x_2}{\partial t} + \cdots
\end{aligned} \tag{2.6.41}$$

再微分一次, 得到

$$\begin{aligned}
\ddot{x} = {}& \ddot{a}\left(\cos\psi + \varepsilon\frac{\partial x_1}{\partial a} + \varepsilon^2\frac{\partial x_2}{\partial a} + \cdots\right) + \ddot{\psi}\left(-a\sin\psi + \varepsilon\frac{\partial x_1}{\partial \psi} + \varepsilon^2\frac{\partial x_2}{\partial \psi} + \cdots\right) + \\
& \dot{a}^2\left(\varepsilon\frac{\partial^2 x_1}{\partial a^2} + \varepsilon^2\frac{\partial^2 x_2}{\partial a^2} + \cdots\right) + 2\dot{a}\dot{\psi}\left(-\sin\psi + \varepsilon\frac{\partial^2 x_1}{\partial a\partial \psi} + \varepsilon^2\frac{\partial^2 x_2}{\partial a\partial \psi} + \cdots\right) + \\
& \dot{\psi}^2\left(-a\cos\psi + \varepsilon\frac{\partial^2 x_1}{\partial \psi^2} + \varepsilon^2\frac{\partial^2 x_2}{\partial \psi^2} + \cdots\right) + 2\dot{a}\left(\varepsilon\frac{\partial^2 x_1}{\partial a\partial t} + \varepsilon^2\frac{\partial^2 x_2}{\partial a\partial t}\right) + \\
& 2\dot{\psi}\left(\varepsilon\frac{\partial^2 x_1}{\partial \psi\partial t} + \varepsilon^2\frac{\partial^2 x_2}{\partial \psi\partial t}\right) + \varepsilon\frac{\partial^2 x_1}{\partial t^2} + \varepsilon^2\frac{\partial^2 x_2}{\partial t^2} + \cdots
\end{aligned} \tag{2.6.42}$$

将表示 $\dot{a}, \dot{\psi}$ 和 $\ddot{a}, \ddot{\psi}$ 的式 (2.6.6) 和 (2.6.9) 代入式 (2.6.42), 再代入方程 (2.6.36) 的左边, 整理后得到

$$
\begin{aligned}
\ddot{x} + \omega_0^2 x = {} & \varepsilon \left[\omega_0^2 \left(\frac{\partial^2 x_1}{\partial \psi^2} + x_1 \right) + 2\omega_0 \frac{\partial^2 x_1}{\partial \psi \partial t} + \frac{\partial^2 x_1}{\partial t^2} - 2\omega_0 \left(A_1 \sin \psi + aB_1 \cos \psi \right) \right] + \\
& \varepsilon^2 \left[\omega_0^2 \left(\frac{\partial^2 x_2}{\partial \psi^2} + x_2 \right) + 2\omega_0 \frac{\partial^2 x_2}{\partial \psi \partial t} + \frac{\partial^2 x_2}{\partial t^2} - \left(2\omega_0 A_2 + 2A_1 B_1 + \right. \right. \\
& \left. aA_1 \frac{\mathrm{d}B_1}{\mathrm{d}a} \right) \sin \psi - \left(2\omega_0 aB_2 + aB_1^2 - A_1 \frac{\mathrm{d}A_1}{\mathrm{d}a} \right) \cos \psi + \\
& \left. 2\omega_0 A_1 \frac{\partial^2 x_1}{\partial a \partial \psi} + 2\omega_0 B_1 \frac{\partial^2 x_1}{\partial \psi^2} + 2A_1 \frac{\partial^2 x_1}{\partial a \partial t} + 2B_1 \frac{\partial^2 x_1}{\partial \psi \partial t} \right] + \cdots
\end{aligned}
$$

$$(2.6.43)$$

将非线性项 $f(x, \dot{x}, \omega t)$ 在 $x_0 = a \cos \psi$, $\dot{x}_0 = -a\omega_0 \sin \psi$ 附近展成泰勒级数, 将式 (2.6.41) 和 (2.6.6) 代入整理后, 得到

$$
\begin{aligned}
\varepsilon f(x, \dot{x}, \omega t) = {} & \varepsilon f(x_0, \dot{x}_0, \omega t) + \varepsilon^2 \left[x_1 \frac{\partial f(x_0, \dot{x}_0, \omega t)}{\partial x} + \right. \\
& \left. \left(A_1 \cos \psi - aB_1 \sin \psi + \omega_0 \frac{\partial x_1}{\partial \psi} + \frac{\partial x_1}{\partial t} \right) \frac{\partial f(x_0, \dot{x}_0, \omega t)}{\partial \dot{x}} \right] + \cdots
\end{aligned}
$$

$$(2.6.44)$$

将式 (2.6.43) 和 (2.6.44) 代入方程 (2.6.36) 的两边, 令 ε 的同次幂的系数相等, 得到以下渐近方程组

$$
\omega_0^2 \left(\frac{\partial^2 x_1}{\partial \psi^2} + x_1 \right) + 2\omega_0 \frac{\partial^2 x_1}{\partial \psi \partial t} + \frac{\partial^2 x_1}{\partial t^2} = f_0(a, \psi, \omega t) + 2\omega_0 A_1 \sin \psi + 2\omega_0 aB_1 \cos \psi
$$

$$(2.6.45a)$$

$$
\omega_0^2 \left(\frac{\partial^2 x_2}{\partial \psi^2} + x_2 \right) + 2\omega_0 \frac{\partial^2 x_2}{\partial \psi \partial t} + \frac{\partial^2 x_2}{\partial t^2} = f_1(a, \psi, \omega t) + 2\omega_0 A_2 \sin \psi + 2\omega_0 aB_2 \cos \psi
$$

$$\vdots$$

$$(2.6.45b)$$

其中

$$
f_0(a, \psi, \omega t) = f(x_0, \dot{x}_0, \omega t) \tag{2.6.46a}
$$

$$
f_1(a, \psi, \omega t) = x_1 \frac{\partial f(x_0, \dot{x}_0, \omega t)}{\partial x} + \left(A_1 \cos \psi - aB_1 \sin \psi + \omega_0 \frac{\partial x_1}{\partial \psi} + \right.
$$

$$\frac{\partial x_1}{\partial t}\Bigg)\frac{\partial f(x_0,\dot x_0,\omega t)}{\partial \dot x}+\left(aB_1^2-A_1\frac{\mathrm{d}A_1}{\mathrm{d}a}\right)\cos\psi+(2A_1B_1+$$

$$aA_1\frac{\mathrm{d}B_1}{\mathrm{d}a}\Bigg)\sin\psi-2\omega_0A_1\frac{\partial^2 x_1}{\partial a\partial\psi}-2\omega_0B_1\frac{\partial^2 x_1}{\partial\psi^2}-2A_1\frac{\partial^2 x_1}{\partial a\partial t}-2B_1\frac{\partial^2 x_1}{\partial\psi\partial t}$$

$$\vdots$$

$$(2.6.46\mathrm{b})$$

代入方程组 (2.6.45a), 令两边同次谐波的系数相等, 利用避免久期项条件导出各次近似的 a 和 ψ 的慢变规律和相应的渐近解.

2.6.5 达芬系统的受迫振动

达芬系统的动力学方程 (2.6.36) 中的非线性项应包含激励项, 定义为

$$f(x,\dot x,\omega t)=F_0\cos\omega t-\omega_0^2 x^3 \tag{2.6.47}$$

将 $x_0=a\cos\psi$ 代入式 (2.6.46a), 得到

$$f_0(a,\psi,\omega t)=F_0\cos\omega t-\frac{1}{4}\omega_0^2 a^3(3\cos\psi+\cos 3\psi) \tag{2.6.48}$$

代入方程 (2.6.45a), 整理后得到

$$\omega_0^2\left(\frac{\partial^2 x_1}{\partial\psi^2}+x_1\right)+2\omega_0\frac{\partial^2 x_1}{\partial\psi\partial t}+\frac{\partial^2 x_1}{\partial t^2}=F_0\cos\omega t+$$
$$2\omega_0A_1\sin\psi+\left(2\omega_0aB_1-\frac{3}{4}\omega_0^2 a^3\right)\cos\psi-\frac{1}{4}\omega_0^2 a^3\cos 3\psi \tag{2.6.49}$$

不存在共振可能性时, 避免久期项条件为

$$A_1=0,\quad B_1=\frac{3}{8}\omega_0 a^2 \tag{2.6.50}$$

代入方程 (2.6.6), 得到

$$\dot a=0,\quad \dot\psi=\omega_0\left(1+\frac{3}{8}\varepsilon a^2\right) \tag{2.6.51}$$

满足条件 (2.6.50) 时, 从方程 (2.6.49) 解出

$$x_1=\frac{1}{32}a^3\cos 3\psi+\frac{F_0}{\omega_0^2-\omega^2}\cos\omega t \tag{2.6.52}$$

代入式 (2.6.40), 即得到远离共振时的受迫振动规律

$$x = a\cos\psi + \frac{1}{32}\varepsilon a^3 \cos 3\psi + \frac{\varepsilon F_0}{\omega_0^2 - \omega^2}\cos\omega t \qquad (2.6.53)$$

其中 a 为常值, 固有频率 $\dot{\psi}$ 由式 (2.6.51) 给出, 其平方项为

$$\dot{\psi}^2 = \omega_0^2\left(1 + \frac{3}{4}\varepsilon a^2 + \cdots\right) \qquad (2.6.54)$$

与用林滋泰德–庞加莱法计算得到的式 (2.3.16) 一致.

一般情况下, 若派生系统的固有频率与激励频率之间满足条件 (2.6.39), 即可能发生某种形式的共振. 设固有频率 ω_0 充分接近 $\lambda\omega$, $\lambda = k/l$ 为互质的整数之比.

$$\omega_0^2 = (\lambda\omega)^2 - \varepsilon\sigma \qquad (2.6.55)$$

将方程 (2.6.36) 改写为

$$\ddot{x} + (\lambda\omega)^2 x = \varepsilon\left[f\left(x, \dot{x}, \omega t\right) + \sigma x\right] \qquad (2.6.56)$$

此方程的渐近解仍写作 (2.6.40) 形式. 设 θ 为激励与响应之间的相位差

$$\theta = \psi - \lambda\omega t \qquad (2.6.57)$$

在接近共振情况下, 利用相位差 θ 代替 ψ 更便于计算. 将 a 和 ψ 的微分方程 (2.6.6) 改写为

$$\left.\begin{array}{l} \dot{a} = \varepsilon A_1\left(a, \theta\right) + \varepsilon^2 A_2\left(a, \theta\right) + \cdots \\ \dot{\theta} = \varepsilon B_1\left(a, \theta\right) + \varepsilon^2 B_2\left(a, \theta\right) + \cdots \end{array}\right\} \qquad (2.6.58)$$

将渐近解 (2.6.40) 对 t 微分, 整理后得到

$$\dot{x} = \dot{a}\left(\cos\psi + \varepsilon\frac{\partial x_1}{\partial a} + \varepsilon^2\frac{\partial x_2}{\partial a} + \cdots\right) + \dot{\theta}\left(-a\sin\psi + \varepsilon\frac{\partial x_1}{\partial\theta} + \right.$$
$$\left. \varepsilon^2\frac{\partial x_2}{\partial\theta} + \cdots\right) - \lambda\omega a\sin\psi + \varepsilon\frac{\partial x_1}{\partial t} + \varepsilon^2\frac{\partial x_2}{\partial t} + \cdots \qquad (2.6.59a)$$

$$\ddot{x} = \ddot{a}\left(\cos\psi + \varepsilon\frac{\partial x_1}{\partial a} + \varepsilon^2\frac{\partial x_2}{\partial a} + \cdots\right) + \ddot{\theta}\left(-a\sin\psi + \varepsilon\frac{\partial x_1}{\partial\theta} + \varepsilon^2\frac{\partial x_2}{\partial\theta} + \cdots\right) +$$

$$\dot{a}^2\left(\varepsilon\frac{\partial^2 x_1}{\partial a^2} + \varepsilon^2\frac{\partial^2 x_2}{\partial a^2} + \cdots\right) + 2\dot{a}\dot{\theta}\left(-\sin\psi + \varepsilon\frac{\partial^2 x_1}{\partial a\partial\theta} + \varepsilon^2\frac{\partial^2 x_2}{\partial a\partial\theta} + \cdots\right) +$$

$$\dot{\theta}^2\left(-a\cos\psi + \varepsilon\frac{\partial^2 x_1}{\partial\theta^2} + \varepsilon^2\frac{\partial^2 x_2}{\partial\theta^2} + \cdots\right) + 2\dot{a}\left(-\lambda\omega\sin\psi + \varepsilon\frac{\partial^2 x_1}{\partial a\partial t} + \right.$$

$$\left.\varepsilon^2\frac{\partial^2 x_2}{\partial a\partial t} + \cdots\right) + 2\dot{\theta}\left(-a\lambda\omega\cos\psi + \varepsilon\frac{\partial^2 x_1}{\partial\theta\partial t} + \varepsilon^2\frac{\partial^2 x_2}{\partial\theta\partial t} + \cdots\right) -$$

$$a\left(\lambda\omega\right)^2\cos\psi + \varepsilon\frac{\partial^2 x_1}{\partial t^2} + \varepsilon^2\frac{\partial^2 x_2}{\partial t^2} + \cdots$$

$$(2.6.59\mathrm{b})$$

令方程 (2.6.58) 对 t 微分, 得到

$$\left.\begin{aligned}\ddot{a} &= \varepsilon^2\left(A_1\frac{\partial A_1}{\partial a} + B_1\frac{\partial A_1}{\partial\theta}\right) + \cdots\\\ddot{\theta} &= \varepsilon^2\left(A_1\frac{\partial B_1}{\partial a} + B_1\frac{\partial B_1}{\partial\theta}\right) + \cdots\end{aligned}\right\}$$

$$(2.6.60)$$

将式 (2.6.58) 和 (2.6.60) 代入式 (2.6.59), 再代入方程 (2.6.56) 的左项, 整理后得到

$$\ddot{x} + (\lambda\omega)^2 x = \varepsilon\left[\frac{\partial^2 x_1}{\partial t^2} + (\lambda\omega)^2 x_1 - 2\lambda\omega\left(A_1\sin\psi + aB_1\cos\psi\right)\right] + \varepsilon^2\left[\frac{\partial^2 x_2}{\partial t^2} + \right.$$

$$(\lambda\omega)^2 x_2 - \left(2\lambda\omega A_2 + 2A_1 B_1 + aA_1\frac{\partial B_1}{\partial a} + aB_1\frac{\partial B_1}{\partial\theta}\right)\sin\psi - \left(2\lambda\omega aB_2 + \right.$$

$$\left.aB_1^2 - A_1\frac{\partial A_1}{\partial a} - B_1\frac{\partial A_1}{\partial\theta}\right)\cos\psi + 2A_1\frac{\partial^2 x_1}{\partial a\partial t} + 2B_1\frac{\partial^2 x_1}{\partial\theta\partial t}\right] + \cdots$$

$$(2.6.61)$$

将方程 (2.6.56) 的右项在 $x_0 = a\cos\psi$, $\dot{x}_0 = -a\lambda\omega\sin\psi$ 附近展成泰勒级数, 将式 (2.6.59a) 和 (2.6.6) 代入整理后, 得到

$$\varepsilon\left[f\left(x,\dot{x},\omega t\right) + \sigma x\right] = \varepsilon\left[f\left(x_0,\dot{x}_0,\omega t\right) + \sigma a\cos\psi\right] + \varepsilon^2\left[\frac{\partial f\left(x_0,\dot{x}_0,\omega t\right)}{\partial x}x_1 + \right.$$

$$\left.\frac{\partial f\left(x_0,\dot{x}_0,\omega t\right)}{\partial\dot{x}}\left(A_1\cos\psi - aB_1\sin\psi + \frac{\partial x_1}{\partial t}\right) + \sigma x_1\right] + \cdots$$

$$(2.6.62)$$

将式 (2.6.61) 与 (2.6.62) 代入方程 (2.6.56) 的两边, 令 ε 的同次幂系数相等, 得到以下渐近方程组

$$\frac{\partial^2 x_1}{\partial t^2} + (\lambda\omega)^2 x_1 = f_0\left(a, \psi, \omega t\right) + 2\lambda\omega A_1 \sin\psi + 2a\lambda\omega B_1 \cos\psi \qquad (2.6.63\text{a})$$

$$\frac{\partial^2 x_2}{\partial t^2} + (\lambda\omega)^2 x_2 = f_1\left(a, \psi, \omega t\right) + 2\lambda\omega A_2 \sin\psi + 2a\lambda\omega B_2 \cos\psi \qquad (2.6.63\text{b})$$

其中

$$\left.\begin{array}{l} f_0\left(a, \psi, \omega t\right) = f\left(x_0, \dot{x}_0, \omega t\right) + \sigma x_0 \\[2mm] f_1\left(a, \psi, \omega t\right) = x_1 \dfrac{\partial f\left(x_0, \dot{x}_0, \omega t\right)}{\partial x} + \left(A_1 \cos\psi - aB_1 \sin\psi + \right. \\[3mm] \left. \dfrac{\partial x_1}{\partial t}\right) \dfrac{\partial f\left(x_0, \dot{x}_0, \omega t\right)}{\partial \dot{x}} - 2A_1 \dfrac{\partial^2 x_1}{\partial a \partial t} - 2B_1 \dfrac{\partial^2 x_1}{\partial \theta \partial t} + \sigma x_1 \end{array}\right\} \qquad (2.6.64)$$

$$\vdots$$

2.6.6 达芬系统的主共振

设有阻尼的达芬系统在简谐力激励下作受迫振动. 先讨论激励频率 ω 接近固有频率 ω_0 时的主共振. 动力学方程为

$$\ddot{x} + 2\varepsilon\zeta_1\omega_0\dot{x} + \omega_0^2\left(x + \varepsilon x^3\right) = \varepsilon F_0 \cos\omega t \qquad (2.6.65)$$

其中

$$\omega_0^2 = \omega^2 - \varepsilon\sigma, \quad \psi = \omega t + \theta \qquad (2.6.66)$$

将方程 (2.6.65) 改写为

$$\ddot{x} + \omega^2 x = \varepsilon f\left(x, \dot{x}, \omega t\right) \qquad (2.6.67)$$

非线性函数定义为

$$f\left(x, \dot{x}, \omega t\right) = F_0 \cos\omega t - 2\zeta_1\omega_0\dot{x} - \omega_0^2 x^3 + \sigma x \qquad (2.6.68)$$

将 $x_0 = a\cos\psi$, $\dot{x}_0 = -a\omega\sin\psi$ 代入上式, 化作

$$\begin{array}{l} f_0\left(a, \psi, \omega t\right) = F_0 \cos\left(\psi - \theta\right) + 2\zeta_1\omega_0 a\omega \sin\psi - \\[3mm] \qquad\qquad \dfrac{1}{4}\omega_0^2 a^3\left(3\cos\psi + \cos 3\psi\right) + \sigma a \cos\psi \end{array} \qquad (2.6.69)$$

代入一次近似方程 (2.6.63a). 对于主共振情形, 令 $\lambda = 1$, 整理后得到

$$
\frac{\partial^2 x_1}{\partial t^2} + \omega^2 x_1 = \left(F_0 \cos\theta - \frac{3}{4}\omega_0^2 a^3 + 2a\omega B_1 + \sigma a \right) \cos\psi +
$$
$$
(F_0 \sin\theta + 2\zeta_1 \omega_0 a\omega + 2\omega A_1) \sin\psi - \frac{1}{4}\omega_0^2 a^3 \cos 3\psi \tag{2.6.70}
$$

为避免久期项, 必须令

$$
\left.
\begin{aligned}
F_0 \cos\theta - \frac{3}{4}\omega_0^2 a^3 + 2a\omega B_1 + \sigma a &= 0 \\
F_0 \sin\theta + 2\zeta_1 \omega_0 a\omega + 2\omega A_1 &= 0
\end{aligned}
\right\} \tag{2.6.71}
$$

解出

$$
\left.
\begin{aligned}
A_1 &= -\frac{1}{2\omega}\left(2\zeta_1\omega_0 a\omega + F_0 \sin\theta\right) \\
B_1 &= \frac{1}{2a\omega}\left(\frac{3}{4}\omega_0^2 a^3 - \sigma a - F_0 \cos\theta\right)
\end{aligned}
\right\} \tag{2.6.72}
$$

代入方程 (2.6.58), 并利用式 (2.6.66) 消去 σ, 得到

$$
\left.
\begin{aligned}
\dot{a} &= -\frac{\varepsilon}{2\omega}\left(2\zeta_1\omega_0 a\omega + F_0 \sin\theta\right) \\
\dot{\theta} &= \frac{1}{2a\omega}\left\{\left[\omega_0^2\left(1 + \frac{3}{4}\varepsilon a^2\right) - \omega^2\right]a - \varepsilon F_0 \cos\theta\right\}
\end{aligned}
\right\} \tag{2.6.73}
$$

此方程组的常值特解对应于稳态周期运动, 应满足

$$
\left.
\begin{aligned}
2\varepsilon\zeta_1\omega_0 a\omega &= -\varepsilon F_0 \sin\theta \\
\left[\omega_0^2\left(1 + \frac{3}{4}\varepsilon a^2\right) - \omega^2\right]a &= \varepsilon F_0 \cos\theta
\end{aligned}
\right\} \tag{2.6.74}
$$

利用以下符号置换:

$$
s = \frac{\omega}{\omega_0}, \quad \zeta = \varepsilon\zeta_1, \quad B = \frac{\varepsilon F_0}{\omega_0^2} \tag{2.6.75}
$$

即得到与多尺度法的式 (2.5.36) 相同的结果. 从中导出的幅频特性和相频特性也与式 (2.5.37) 和 (2.5.38) 完全相同. 满足条件 (2.6.71) 时, 从方程 (2.6.70) 解出

$$
x_1 = \frac{1}{32}a^3 \cos 3\psi \tag{2.6.76}
$$

代入式 (2.6.40), 得到达芬系统接近主共振的一次近似受迫振动规律:

$$x = a\cos(\omega t + \theta) + \frac{\varepsilon a^3}{32}\cos 3(\omega t + \theta) \tag{2.6.77}$$

其中 a 和 θ 的变化规律由方程 (2.6.73) 确定.

2.6.7 达芬系统的亚谐波共振

略去达芬系统的阻尼项, 讨论固有频率 ω_0 接近激励频率 ω 的 1/3 倍时的亚谐波共振. 利用 2.3.3 节中的动力学方程 (2.3.33), 但广义坐标改用 y 表示

$$\ddot{y} + \omega_0^2 y + \varepsilon y^3 = F_0 \cos \omega t \tag{2.6.78}$$

令

$$\omega_0^2 = \left(\frac{\omega}{3}\right)^2 - \varepsilon\sigma, \quad \psi = \left(\frac{\omega}{3}\right)t + \theta \tag{2.6.79}$$

将方程 (2.6.78) 改写为

$$\ddot{y} + \left(\frac{\omega}{3}\right)^2 y = F_0 \cos \omega t + \varepsilon\left(\sigma y - y^3\right) \tag{2.6.80}$$

作以下坐标变换

$$y = x - A\cos\omega t, \quad A = \frac{9F_0}{8\omega^2} \tag{2.6.81}$$

代入方程 (2.6.80), 变换为 x 的微分方程. 变换后的激励力被纳入非线性项

$$\left.\begin{aligned}
&\ddot{x} + \left(\frac{\omega}{3}\right)^2 x = \varepsilon f(x, \dot{x}, \omega t) \\
&f(x, \dot{x}, \omega t) = \sigma(x - A\cos\omega t) - (x - A\cos\omega t)^3
\end{aligned}\right\} \tag{2.6.82}$$

设此方程的渐近解为

$$x = a\cos\psi + \varepsilon x_1(a, \psi, \omega t) + \varepsilon^2 x_2(a, \psi, \omega t) + \cdots \tag{2.6.83}$$

其中的 a 和 θ 满足微分方程 (2.6.58). 将上式代入式 (2.6.82), 导出渐近方程组:

$$\frac{\partial^2 x_1}{\partial t^2} + \left(\frac{\omega}{3}\right)^2 x_1 = f_0(a, \psi, \omega t) + \frac{2}{3}\omega A_1 \sin\psi + \frac{2}{3}a\omega B_1 \cos\psi \tag{2.6.84}$$

$$\vdots$$

其中 $f_0\left(a, \psi, \omega t\right)$ 利用式 (2.6.79) 化简为

$$
\begin{aligned}
f_0\left(a, \psi, \omega t\right) = & \left(\sigma - \frac{3}{4}a^2 + \frac{3}{4}aA\cos 3\theta + \frac{3}{2}A^2\right)a\cos\psi + \\
& \frac{3}{4}a^2 A\sin 3\theta \sin\psi
\end{aligned}
\tag{2.6.85}
$$

将上式代入方程 (2.6.84), 为避免久期项, 必须令

$$
\left.
\begin{aligned}
&\frac{2}{3}\omega A_1 + \frac{3}{4}a^2 A\sin 3\theta = 0 \\
&\frac{2}{3}\omega B_1 + \sigma - \frac{3}{4}a^2 + \frac{3}{4}aA\cos 3\theta + \frac{3}{2}A^2 = 0
\end{aligned}
\right\}
\tag{2.6.86}
$$

解出

$$
\left.
\begin{aligned}
&A_1 = -\frac{9}{8\omega}a^2 A\sin 3\theta \\
&B_1 = \frac{3}{2\omega}\left(\frac{3}{4}a^2 - \frac{3}{4}aA\cos 3\theta - \frac{3}{2}A^2 - \sigma\right)
\end{aligned}
\right\}
\tag{2.6.87}
$$

代入方程 (2.6.58), 并利用式 (2.6.79) 和 (2.6.81) 消去 σ 和 A, 得到

$$
\left.
\begin{aligned}
&\dot{a} = -\frac{81\varepsilon a^2 F_0}{64\omega^3}\sin 3\theta \\
&\dot{\theta} = \frac{3}{2\omega}\left\{\frac{3}{4}\varepsilon\left[a^2 - \left(\frac{9F_0}{8\omega^2}\right)a\cos 3\theta - 2\left(\frac{9F_0}{8\omega^2}\right)^2\right] + \omega_0^2 - \left(\frac{\omega}{3}\right)^2\right\}
\end{aligned}
\right\}
\tag{2.6.88}
$$

此方程的常值解 a_s, θ_s 对应于稳态周期运动, 应满足

$$
\left.
\begin{aligned}
&\theta_s = 0 \\
&a_s^2 - \left(\frac{9F_0}{8\omega^2}\right)a_s - 2\left(\frac{9F_0}{8\omega^2}\right)^2 + \frac{4}{3\varepsilon}\left[\omega_0^2 - \left(\frac{\omega}{3}\right)^2\right] = 0
\end{aligned}
\right\}
\tag{2.6.89}
$$

为保证 a_s 有实数解, 要求

$$
9\left(\frac{9F_0}{8\omega^2}\right)^2 - \frac{16}{3\varepsilon}\left[\omega_0^2 - \left(\frac{\omega}{3}\right)^2\right] \geqslant 0
\tag{2.6.90}
$$

导出与用林滋泰德–庞加莱法得到的式 (2.3.42) 接近相同的亚谐波共振条件

$$\left.\begin{array}{ll}\omega_0^2 \leqslant \left(\dfrac{\omega}{3}\right)^2 \left(1 - \dfrac{19683\varepsilon F_0^2}{1024\omega^6}\right) & (\varepsilon > 0) \\[3mm] \omega_0^2 \geqslant \left(\dfrac{\omega}{3}\right)^2 \left(1 + \dfrac{19683\left|\varepsilon\right| F_0^2}{1024\omega^6}\right) & (\varepsilon < 0)\end{array}\right\} \tag{2.6.91}$$

§2.7 多自由度系统

2.7.1 非线性多自由度系统概述

与单自由度系统相比, 非线性多自由度系统和连续系统更难得到精确解. 在线性振动理论里, 利用模态概念和叠加原理可将多自由度系统的振动分解为一系列主振动, 每个主振动相当于单自由度系统的振动. 系统的每个固有频率对应于确定的模态. 但模态概念和叠加原理对非线性系统不适用. 一般情况下, 对非线性多自由度系统和连续系统的处理只能采用近似解析方法、数值方法或数值–解析方法.

就弱非线性情况而言, 前面各节针对单自由度系统叙述的各种近似解析方法, 如谐波平衡法、摄动法、多尺度法和渐近法等均可用于多自由度系统. 对于派生系统可解耦为独立的单自由度系统, 且已知不同变量的固有频率之间有确定关系的某些特殊情况, 也可应用平均法.

对于强非线性系统, 可先求得与之相近而又精确可积的非线性系统的精确解, 然后对精确的非线性解进行摄动. 所导出的微分方程和代数方程组通常无法精确求解, 仍必须利用数值方法. 数值方法基于常微分方程组的初值问题和边值问题, 可采用打靶法、差分法和变分法等计算方法. 对于连续系统, 数值方法分为有限差分法和有限元法两大类. 可在空间和时间域均采用有限差分法, 或均采用有限元法. 也可在时间域用有限差分法而在空间域用有限元法. 数值–解析方法的应用有两种途径. 一种是先对空间变量做出假定, 如采用线性理论的振型概念, 利用振型的正交性或用伽辽金方法导出对时间变量的常微分方程组. 对于几何形状和边界条件复杂的系统, 振型的确定要用数值方法. 非线性常微分方程组的求解可用近似解析方法. 另一种是先对变量与时间关系做出假定, 如假定为简谐振动. 然后利用谐波平衡法导出描述空间性质的微分方程边值问题, 通常采用含迭代过程的数值方法求解.

多自由度系统由于派生系统有多个固有频率和模态, 这些频率在原系统的近似计算过程中有更多组合机会, 导致更复杂的组合振动. 受外激励作用时, 激励频率与多个固有频率的耦合导致更复杂的次共振现象. 不同模态振动之间的能量转换导致一些特殊现象出现. 因此多自由度系统除单自由度系统的跳跃、多频响应、频率耦合等现象以外, 还可能出现如内共振、饱和现象和渗透现象等其他特殊现象.

本章仅介绍弱非线性多自由度系统的近似解析方法. 以串联的质量-弹簧系统、弹簧摆和旋转盘上的质量-弹簧系统作为有代表性的研究对象, 叙述谐波平衡法和多尺度法用于多自由度系统的计算过程. 且利用计算结果解释多自由度非线性系统的几种特殊现象.

2.7.2 质量-弹簧系统的自由振动

讨论图 2.19 所示的二自由度系统. 用弹簧 1 和 2 联结的质量分别为 m_1 和 m_2 的两个质点作水平自由振动, 设以 m_1 和 m_2 的静平衡位置为原点的广义坐标为 x_1 和 x_2, 弹簧 1 为硬弹簧, 恢复力特性为 $k_1x_1\left(1+\varepsilon x_1^2\right)$, 弹簧 2 为线性弹簧, 刚度系数为 k_2. 系统的动能和势能分别为

$$\left.\begin{aligned} T &= \frac{1}{2}\left(m_1\dot{x}_1^2 + m_2\dot{x}_2^2\right) \\ V &= \frac{1}{2}\left[k_1x_1^2\left(1+\frac{\varepsilon}{2}x_1^2\right) + k_2\left(x_2-x_1\right)^2\right] \end{aligned}\right\} \quad (2.7.1)$$

代入拉格朗日方程, 导出系统的动力学微分方程:

$$\left.\begin{aligned} m_1\ddot{x}_1 + \left(k_1+k_2\right)x_1 - k_2x_2 + \varepsilon k_1x_1^3 &= 0 \\ m_2\ddot{x}_2 - k_2(x_1-x_2) &= 0 \end{aligned}\right\} \quad (2.7.2)$$

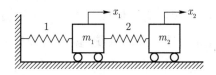

图 2.19 串联的质量-弹簧系统

引入以下参数:

$$\omega_{10} = \sqrt{\frac{k_1}{m_1}}, \quad \omega_{20} = \sqrt{\frac{k_2}{m_2}}, \quad \mu = \frac{m_2}{m_1} \tag{2.7.3}$$

其中 ω_{10} 和 ω_{20} 为派生系统的两个固有频率. 将式 (2.7.2) 改写为

$$\left. \begin{array}{l} \ddot{x}_1 + \left(\omega_{10}^2 + \mu\omega_{20}^2\right) x_1 - \mu\omega_{20}^2 x_2 + \varepsilon\omega_{10}^2 x_1^3 = 0 \\ \ddot{x}_2 - \omega_{20}^2(x_1 - x_2) = 0 \end{array} \right\} \tag{2.7.4}$$

利用谐波平衡法作近似计算. 设 ω_0 为原系统的自由振动频率, 其一阶谐波解为

$$x_i = A_{i0} \cos \omega_0 t \quad (i = 1, 2) \tag{2.7.5}$$

将上式代入方程 (2.7.4), 得到固有频率 ω_0 与振幅 A_{10}, A_{20} 之间的关系式:

$$A_{10}\omega_0^2 - \mu\omega_{20}^2 (A_{10} - A_{20}) - \omega_{10}^2 A_{10} \left(1 + \frac{3\varepsilon}{4} A_{10}^2\right) + \cdots = 0 \tag{2.7.6a}$$

$$A_{20}\omega_0^2 - \omega_{20}^2 (A_{20} - A_{10}) + \cdots = 0 \tag{2.7.6b}$$

其中省略号表示高于 A_{10}^3 的高次谐波项. 对于方程组 (2.7.4) 中 $\varepsilon = 0$ 的派生系统, 可利用特征方程确定固有频率 ω_0 和对应的振型 A_{20}/A_{10}. 由于非线性项的存在, 此做法已无可能. 将 A_{20}/A_{10} 定义为模态参数, 记作 ϕ. 代入方程组 (2.7.6), 略去高次谐波, 得到

$$\omega_0^2 = \mu\omega_{20}^2 (1 - \phi) + \omega_{10}^2 \left(1 + \frac{3\varepsilon}{4} A_{10}^2\right) \tag{2.7.7a}$$

$$\omega_0^2 = \left(\frac{\phi - 1}{\phi}\right) \omega_{20}^2 \tag{2.7.7b}$$

可见与线性振动不同, 固有频率 ω_0 取决于振幅, 且与模态参数 ϕ 有关, 并非一一对应. 对于给定的 ϕ 值, 令以上二式相等解出受迫振动振幅 A_{10}, 再由 ϕ 的定义导出 A_{20}.

$$A_{10} = \pm\frac{2}{\sqrt{3\varepsilon}} \sqrt{\frac{\omega_{20}^2 (1 + \mu\phi) (\phi - 1)}{\omega_{10}^2 \phi} - 1}, \quad A_{20} = \phi A_{10} \tag{2.7.8}$$

153

作为特例, 令 $m_1 = m_2 = m, k_1 = k_2 = k$, $\mu = 1$, $\varepsilon = 1$, $\omega_{10}^2 = \omega_{20}^2 = k/m$, 从式 (2.7.8) 算出

$$A_{10} = \pm \frac{2}{\sqrt{3}} \sqrt{\frac{\phi^2 - \phi - 1}{\phi}}, \quad A_{20} = \pm \frac{2}{\sqrt{3}} \sqrt{\phi\left(\phi^2 - \phi - 1\right)} \tag{2.7.9}$$

为保证 ω_0, A_{10} 和 A_{20} 有实数解, 且避免 A_{10} 的值过大使略去的高次谐波产生过大的误差, 规定 ϕ 在以下范围内取值

$$-0.618 \leqslant \phi \leqslant -0.5, \quad 1.618 \leqslant \phi \leqslant 2 \tag{2.7.10}$$

在此范围内, ϕ 值所对应的 A_{10} 值不超过 0.816. 引入参数 $s = \omega_0/\omega_{10}$, 导出振动频率的变化范围

$$0.382 \leqslant s^2 \leqslant 0.5, \quad 2.618 \leqslant s^2 \leqslant 3 \tag{2.7.11}$$

数值计算得出 A_{10} 和 A_{20} 随频率比平方 s^2 的变化曲线 (图 2.20). 可看出, 非线性多自由度系统的振动幅度和模态参数 ϕ 均随固有频率 ω_0 的变化而改变.

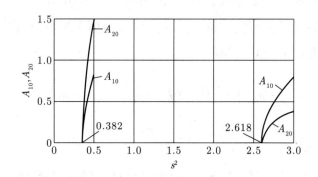

图 2.20　自由振动振幅与固有频率关系曲线

2.7.3　质量-弹簧系统的受迫振动

设图 2.19 表示的质量-弹簧系统中, 质点 m_1 受水平激励力 $F_0 \cos \omega t$ 作用. 引入 $B = F_0/k_1$, 动力学微分方程为

$$\left.\begin{array}{l} \ddot{x}_1 + \left(\omega_{10}^2 + \mu\omega_{20}^2\right) x_1 - \mu\omega_{20}^2 x_2 + \varepsilon\omega_{10}^2 x_1^3 = B\omega_{10}^2\cos\omega t \\ \ddot{x}_2 - \omega_{20}^2(x_1 - x_2) = 0 \end{array}\right\} \qquad (2.7.12)$$

利用谐波平衡法, 设一阶谐波的稳态响应为

$$x_i = A_i\cos\omega t \quad (i = 1, 2) \qquad (2.7.13)$$

将上式代入方程 (2.7.12), 引入参数 $\gamma = (\omega_{20}/\omega_{10})^2$ 和 $s = \omega/\omega_{10}$, 略去高次谐波项, 比较一次谐波项系数, 得到

$$\left.\begin{array}{l} -A_1 s^2 + \mu\gamma\left(A_1 - A_2\right) + A_1\left(1 + \dfrac{3\varepsilon}{4}A_1^2\right) = B \\ -A_2 s^2 + \gamma\left(A_2 - A_1\right) = 0 \end{array}\right\} \qquad (2.7.14)$$

从上式中消去 A_2, 化作

$$s^4 - \left[1 + \frac{3\varepsilon}{4}A_1^2 + \gamma\left(\mu - 1\right) - \frac{B}{A_1}\right]s^2 + \gamma\left(1 + \frac{3\varepsilon}{4}A_1^2 - \frac{B}{A_1}\right) = 0 \qquad (2.7.15)$$

解出

$$s^2 = \left\{\left[1 + \frac{3\varepsilon}{4}A_1^2 + \gamma\left(\mu - 1\right) - \frac{B}{A_1}\right] \pm \right.$$
$$\left. \sqrt{\left[1 + \frac{3\varepsilon}{4}A_1^2 + \gamma\left(\mu - 1\right) - \frac{B}{A_1}\right]^2 - 4\gamma\left(1 + \frac{3\varepsilon}{4}A_1^2 + \frac{B}{A_1}\right)}\right\} \qquad (2.7.16)$$

从上式可导出 A_1 和 A_2 的幅频特性曲线. 图 2.21 给出 $\mu = 0.1$, $\gamma = 1$, $\varepsilon = 1$, $B = 0.057$ 时 A_1 和 A_2 随激励频率比的平方 s^2 变化的曲线. 其中以实线表示受迫振动振幅 A_1 和 A_2, 虚线表示 $B = 0$ 时自由振动振幅 A_{10} 和 A_{20} 构成的骨架曲线. 振动与激励的相位相反时振幅为负值, 改以绝对值表示. 与图 2.2 表示的单自由度非线性系统受迫振动的幅频特性曲线比较, 骨架曲线增加为两条. 在激励频率比 s 的某些范围内, 每一个给定的 s 值可对应有 3 对 A_1 和 A_2 值, 因此要确定物理上能实现的振幅, 还需要进行稳定性分析. 可以预计, 非线性多自由度系统存在比单自由度系统更为复杂的跳跃现象.

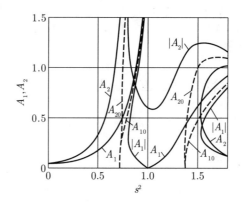

图 2.21 幅频特性曲线

2.7.4 弹簧摆的自由振动

讨论图 2.22 所示的弹簧摆, 由质量为 m 的质点和弹簧约束构成, 可在铅垂平面内变形和摆动. 设弹簧刚度为 k, 原长为 l, 以弹簧变形 x_1 和摆角 x_2 为广义坐标, 列写系统的动能 T 和势能 V:

$$\left.\begin{array}{l} T = \dfrac{1}{2}m\left[\dot{x}_1^2 + (l + x_1)\,\dot{x}_2^2\right] \\[2mm] V = \dfrac{1}{2}kx_1^2 + mg\,(l + x_1)^2\,(1 - \cos x_2) \end{array}\right\} \tag{2.7.17}$$

代入拉格朗日定理, 导出系统的动力学方程:

$$\left.\begin{array}{l} \ddot{x}_1 + \dfrac{k}{m}x_1 + g\,(1 - \cos x_2) - (l + x_1)\,\dot{x}_2^2 = 0 \\[2mm] \ddot{x}_2 + \dfrac{g}{l + x_1}\sin x_2 + \dfrac{2}{l + x_1}\dot{x}_1\dot{x}_2 = 0 \end{array}\right\} \tag{2.7.18}$$

仅保留 x_1, x_2 及其导数的二次项, 化简为

$$\left.\begin{array}{l} \ddot{x}_1 + \omega_{10}^2 x_1 = l\dot{x}_2^2 - \dfrac{g}{2}x_2^2 \\[2mm] \ddot{x}_2 + \omega_{20}^2 x_2 = -\dfrac{2}{l}\dot{x}_1\dot{x}_2 + \dfrac{g}{l^2}x_1x_2 \end{array}\right\} \tag{2.7.19}$$

其中 ω_{10} 和 ω_{20} 为派生系统的两个固有频率:

$$\omega_{10} = \sqrt{\dfrac{k}{m}}, \quad \omega_{20} = \sqrt{\dfrac{g}{l}} \tag{2.7.20}$$

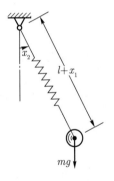

图 2.22 弹簧摆

应用多尺度法, 系统的运动按不同的时间尺度 $T_0 = t$ 和 $T_1 = \varepsilon t$ 进行, ε 是与变量 x_1, x_2 同数量级的小参数. 将方程 (2.7.19) 的解写作

$$\left.\begin{aligned} x_1 &= \varepsilon x_{10}\left(T_0, T_1\right) + \varepsilon^2 x_{11}\left(T_0, T_1\right) \\ x_2 &= \varepsilon x_{20}\left(T_0, T_1\right) + \varepsilon^2 x_{21}\left(T_0, T_1\right) \end{aligned}\right\} \tag{2.7.21}$$

将式 (2.7.21) 代入方程 (2.7.19), 并利用式 (2.5.4) 和 (2.5.5), 令 ε 的同次幂系数相等, 得到各次近似方程. 将 ε 和 ε^2 对应的方程作为零次和一次近似, 分别为

$$\left.\begin{aligned} \mathrm{D}_0^2 x_{10} + \omega_{10}^2 x_{10} &= 0 \\ \mathrm{D}_0^2 x_{10} + \omega_{20}^2 x_{20} &= 0 \end{aligned}\right\} \tag{2.7.22}$$

$$\left.\begin{aligned} \mathrm{D}_0^2 x_{11} + \omega_{10}^2 x_{11} &= -2\mathrm{D}_1\mathrm{D}_0 x_{10} + l\left(\mathrm{D}_0 x_{20}\right)^2 - \frac{g}{2} x_{20}^2 \\ \mathrm{D}_0^2 x_{21} + \omega_{20}^2 x_{21} &= -2\mathrm{D}_1\mathrm{D}_0 x_{20} - \frac{2}{l}\left(\mathrm{D}_0 x_{10}\right)\left(\mathrm{D}_0 x_{20}\right) + \frac{g}{l^2} x_{10}x_{20} \end{aligned}\right\} \tag{2.7.23}$$

零次近似方程 (2.7.22) 中的变量 x_{10} 和 x_{20} 被解耦为独立方程, 设零次近似解为

$$x_{i0} = a_i \cos \psi_i, \quad \mathrm{D}_0 x_{i0} = -a_i \omega_{i0} \sin \psi_i \quad (i = 1, 2) \tag{2.7.24}$$

其中

$$a_i = a_i\left(T_1\right), \quad \psi_i\left(T_0, T_1\right) = \omega_{i0}T_0 + \theta_i\left(T_1\right) \quad (i = 1, 2) \tag{2.7.25}$$

将零次近似解 (2.7.24) 代入方程 (2.7.23). 其中 $-2\mathrm{D}_1\mathrm{D}_0 x_{i0}$ 项参照式 (2.5.12) 化作

$$-2\mathrm{D}_1\mathrm{D}_0 x_{i0} = 2\omega_{i0}\left(\mathrm{D}_1 a_i \sin \psi_i + a_i \mathrm{D}_1 \theta_i \cos \psi_i\right) \quad (i = 1, 2) \tag{2.7.26}$$

利用 $g = l\omega_{20}^2$ 化简, 整理后得到

$$\left.\begin{aligned}
&\mathrm{D}_0^2 x_{11} + \omega_{10}^2 x_{11} = 2\omega_{10}\left(\mathrm{D}_1 a_1 \sin\psi_1 + a_1 \mathrm{D}_1\theta_1 \cos\psi_1\right) + \frac{a_2^2 g}{4}\left(1 - 3\cos 2\psi_2\right) \\
&\mathrm{D}_0^2 x_{21} + \omega_{20}^2 x_{21} = 2\omega_{20}\left(\mathrm{D}_1 a_2 \sin\psi_2 + a_2 \mathrm{D}_1\theta_2 \cos\psi_2\right) + \frac{a_1 a_2 \omega_{10}}{2l}\left[(\omega_{20} + 2\omega_{10}) \cdot\right. \\
&\qquad\qquad\qquad \left. \cos\left(\psi_1 + \psi_2\right) + (\omega_{20} - 2\omega_{10})\cos\left(\psi_1 - \psi_2\right)\right]
\end{aligned}\right\}$$

$$(2.7.27)$$

以上两个方程相互独立, 等同于两个单自由度系统, 对于久期项的处理方法也完全相同. 方程的右项包含多个频率, 除 ω_{10} 和 ω_{20} 以外, $\omega_{10} = 2\omega_{20}$, 即 $\psi_1 = 2\psi_2$, 也能形成久期项. 暂不考虑 $\omega_{10} \approx 2\omega_{20}$ 情形, 去久期项条件要求 $\sin\psi_i$ 和 $\cos\psi_i$ $(i = 1, 2)$ 的系数为零, 得到

$$\mathrm{D}_1 a_i = \mathrm{D}_1\theta_i = 0 \quad (i = 1, 2) \tag{2.7.28}$$

即 a_i 和 θ_i $(i = 1, 2)$ 均为常数. 去除久期项后, 解出方程 (2.7.27) 的一次近似解:

$$\left.\begin{aligned}
x_{11} &= \frac{l a_2^2}{4}\left(1 + \frac{3\omega_{10}^2}{4\omega_{20}^2 - \omega_{10}^2}\cos 2\psi_2\right) \\
x_{21} &= \frac{a_1 a_2}{2l}\left[\left(\frac{\omega_{20} - 2\omega_{10}}{2\omega_{20} - \omega_{10}}\right)\cos\left(\psi_1 - \psi_2\right) - \left(\frac{2\omega_{10} + \omega_{20}}{2\omega_{20} + \omega_{10}}\right)\cos\left(\psi_1 + \psi_2\right)\right]
\end{aligned}\right\}$$

$$(2.7.29)$$

对于 $\omega_{10} \approx 2\omega_{20}$ 情形, 引入参数 σ 使满足

$$\omega_{10} = 2\omega_{20} + \varepsilon\sigma \tag{2.7.30}$$

则有

$$\psi_1 = 2\psi_2 + \varphi, \quad \varphi = \theta_1 - 2\theta_2 + \sigma T_1 \tag{2.7.31}$$

将式 (2.7.30),(2.7.31) 代入式 (2.7.27), 化作

$$\mathrm{D}_0^2 x_{11} + \omega_{10}^2 x_{11} = 2\omega_{10}\left(\mathrm{D}_1 a_1 \sin\psi_1 + a_1 \mathrm{D}_1\theta_1 \cos\psi_1\right) + \frac{a_2^2 g}{4}\left[1 - 3\cos\left(\psi_1 - \varphi\right)\right]$$

$$\mathrm{D}_0^2 x_{21} + \omega_{20}^2 x_{21} = 2\omega_{20}\left(\mathrm{D}_1 a_2 \sin\psi_2 + a_2 \mathrm{D}_1\theta_2 \cos\psi_2\right) +$$

$$\frac{a_1 a_2 \omega_{20}}{2l}\left[(5\omega_{20} + 2\varepsilon\sigma)\cos\left(3\psi_2 + \varphi\right) - (3\omega_{20} + \varepsilon\sigma)\cos\left(\psi_2 + \varphi\right)\right]$$

$$(2.7.32)$$

展开此方程组, 改用字符顶端的点号表示对变量 $T_1 = \varepsilon t$ 的导数 D_1, 利用去久期项条件导出 a_1, a_2, θ_1, θ_2 的常微分方程组.

$$\dot{a}_1 - \frac{3g}{8\omega_{10}} a_2^2 \sin\varphi = 0 \tag{2.7.33a}$$

$$\dot{a}_2 + \frac{3\omega_{20}}{4l} a_1 a_2 \sin\varphi = 0 \tag{2.7.33b}$$

$$\dot{\theta}_1 - \frac{3ga_2^2}{8\omega_{10}a_1} \cos\varphi = 0 \tag{2.7.33c}$$

$$\dot{\theta}_2 - \frac{3\omega_{20}}{4l} a_1 \cos\varphi = 0 \tag{2.7.33d}$$

从方程 (2.7.33a) 和 (2.7.33b) 消去 $\sin\varphi$, 化作全微分

$$\gamma a_1 \dot{a}_1 + a_2 \dot{a}_2 = 0 \tag{2.7.34}$$

其中

$$\gamma = \frac{2\omega_{10}\omega_{20}}{gl} \tag{2.7.35}$$

从方程 (2.7.34) 积分得到

$$\gamma a_1^2 + a_2^2 = \text{const} \tag{2.7.36}$$

因 $\gamma > 0$, 上式在 (a_1, a_2) 平面内描绘出以原点为中心的椭圆族, 表明弹簧的伸长和摆动均为有界, 其幅度取决于初值且交替增大或减小. 当弹簧伸缩运动的幅值到达最大值时, 其摆动的幅值为最小值. 反之, 当弹簧的摆动幅值到达最大值时, 其伸缩运动的幅值为最小值. 能量在两种振动形式之间周期性转换, 而总机械能保持恒定. 非线性多自由度系统可能出现的这种特殊现象称为**内共振**. 当派生系统的多个固有频率相互可有理通约或接近有理通约时, 就可能发生内共振.

方程组 (2.7.32) 需用数值方法求解. 得到弹簧摆系统在不同初值条件下的运动时间历程, 如图 2.23 所示. 其中图 (a) 的初值为 $a_1(0) = 1$, $a_2(0) = 0$, 图 (b) 的初值为 $a_1(0) = a_2(0) = 1$.

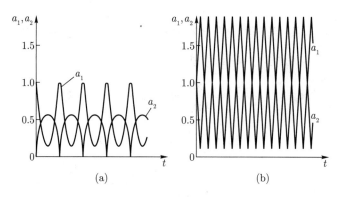

图 2.23　弹簧摆的内共振

2.7.5　弹簧摆的受迫振动

设弹簧摆存在微弱的阻尼, 沿弹簧轴向的阻尼力与质点的轴向速度成正比. 轴承内的阻尼力矩与弹簧摆动的角速度成正比, 比例系数分别为 $2\varepsilon c_1$ 和 $2\varepsilon c_2$. 弹簧摆的摆锤上受到轴向和切向频率均为 ω 的简谐激励力 $\boldsymbol{F}_1$ 和 $\boldsymbol{F}_2$ 作用, 幅值分别与 ε^2 和 ε 同阶, 二者之间的相位差为 θ (图 2.24). 系统的动力学方程为

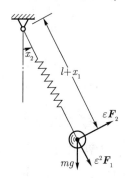

图 2.24　受激励的带阻尼弹簧摆

$$\left.\begin{aligned}\ddot{x}_1 + 2\varepsilon c_1\dot{x}_1 + \frac{k}{m}x_1 + g\left(1 - \cos x_2\right) - \left(l + x_1\right)\dot{x}_2^2 &= \frac{\varepsilon^2 F_1}{m}\cos\left(\omega t + \theta\right)\\ \ddot{x}_2 + 2\varepsilon c_2\dot{x}_2 + \frac{g}{l + x_1}\sin x_2 + \frac{2}{l + x_1}\dot{x}_1\dot{x}_2 &= \frac{\varepsilon F_2}{m\left(l + x_1\right)}\cos\omega t\end{aligned}\right\}\quad(2.7.37)$$

仅保留 x_1, x_2 及其导数的二次项, 化简为

$$\left.\begin{aligned}\ddot{x}_1 + \omega_{10}^2 x_1 &= -2\varepsilon c_1\dot{x}_1 + l\dot{x}_2^2 - \frac{g}{2}x_2^2 + \varepsilon^2 f_1\cos\left(\omega t + \theta\right)\\ \ddot{x}_2 + \omega_{20}^2 x_2 &= -2\varepsilon c_2\dot{x}_2 - \frac{2}{l}\dot{x}_1\dot{x}_2 + \frac{\omega_{20}^2}{l}x_1 x_2 + \varepsilon\left(1 - \frac{x_1}{l}\right)f_2\cos\omega t\end{aligned}\right\}\quad(2.7.38)$$

其中 ω_{10} 和 ω_{20} 的定义如式 (2.7.20), f_1 和 f_2 定义为

$$f_1 = \frac{F_1}{m}, \quad f_2 = \frac{F_2}{ml} \tag{2.7.39}$$

仍应用多尺度法, 将式 (2.7.21) 代入方程 (2.7.38), 令 ε 的同次幂系数相等, 得到零次近似方程:

$$\left.\begin{array}{l} \mathrm{D}_0^2 x_{10} + \omega_{10}^2 x_{10} = 0 \\ \mathrm{D}_0^2 x_{20} + \omega_{20}^2 x_{20} = f_2 \cos \omega t \end{array}\right\} \tag{2.7.40}$$

和一次近似方程:

$$\left.\begin{array}{l} \mathrm{D}_0^2 x_{11} + \omega_{10}^2 x_{11} = -2\left(\mathrm{D}_1 + c_1\right)\mathrm{D}_0 x_{10} + l\left(\mathrm{D}_0 x_{20}\right)^2 - \dfrac{g}{2}x_{20}^2 + f_1 \cos\left(\omega t + \theta\right) \\ \mathrm{D}_0^2 x_{21} + \omega_{20}^2 x_{21} = -2\left(\mathrm{D}_1 + c_2\right)\mathrm{D}_0 x_{20} - \dfrac{2}{l}\left(\mathrm{D}_0 x_{10}\right)\left(\mathrm{D}_0 x_{20}\right) + \dfrac{\omega_{20}^2}{l}x_{10}x_{20} - \\ \qquad \dfrac{x_{10}f_2}{l}\cos\omega t \end{array}\right\}$$
$$\tag{2.7.41}$$

将方程 (2.7.40) 的零次近似解写作

$$\left.\begin{array}{l} x_{10} = a_1 \cos\psi_1, \ \ \mathrm{D}_0 x_{10} = -a_1\omega_{10}\sin\psi_1 \\ x_{20} = a_2 \cos\psi_2 + A\cos\psi, \ \ \mathrm{D}_0 x_{20} = -a_2\omega_{20}\sin\psi_2 - A\omega\sin\psi \end{array}\right\} \tag{2.7.42}$$

其中 $a_i,\ \psi_i\,(i=1,2)$ 仍沿用式 (2.7.25) 的定义, ψ 和 A 定义为

$$\psi\left(T_0\right) = \omega T_0, \ \ A = \frac{f_2}{\omega_{20}^2 - \omega^2} \tag{2.7.43}$$

A 为常值, 即 x_2 的派生系统受 $\boldsymbol{F}_2$ 激励的受迫振动振幅. 将零次近似解 (2.7.42) 代入一次近似方程 (2.7.41), 得到

$$\mathrm{D}_0^2 x_{11} + \omega_{10}^2 x_{11} = 2\omega_{10}\left[\left(\mathrm{D}_1 a_1 + c_1 a_1\right)\sin\psi_1 + a_1\mathrm{D}_1\theta_1\cos\psi_1\right] +$$

$$l\left(a_2^2\omega_{20}^2 + A^2\omega^2\right) - \frac{3}{2}ga_2^2\cos^2\psi_2 - \left(l\omega^2 + \frac{g}{2}\right)A^2\cos^2\psi +$$

$$a_2 A\left[\left(l\omega_{20}\omega - \frac{g}{2}\right)\cos\left(\psi - \psi_2\right) - \left(l\omega_{20}\omega + \frac{g}{2}\right)\cos\left(\psi + \psi_2\right)\right] + f_1\cos\psi$$
$$\tag{2.7.44a}$$

161

$$D_0^2 x_{21} + \omega_{20}^2 x_{21} = 2\omega_{20} \left[(D_1 a_2 + c_2 a_2) \sin\psi_2 + a_2 D_1 \theta_2 \cos\psi_2 \right] +$$

$$\frac{a_1 a_2}{l} \omega_{20} \left[\left(\frac{\omega_{20}}{2} - \omega_{10} \right) \cos(\psi_2 - \psi_1) + \left(\frac{\omega_{20}}{2} + \omega_{10} \right) \cos(\psi_2 + \psi) \right] +$$

$$\frac{a_1}{l} \left[\left(\frac{\omega_{20}^2}{2} - \omega_{10}\omega \right) A - \frac{f_2}{2} \right] \cos(\psi_1 - \psi) + \frac{a_1}{l} \left[\left(\frac{\omega_{20}^2}{2} + \omega_{10}\omega \right) A - \frac{f_2}{2} \right] \cos(\psi_1 + \psi)$$

$$\tag{2.7.44b}$$

讨论激励频率 ω 接近 ω_{10} 时的主共振, 令

$$\omega = \omega_{10} + \varepsilon\sigma_1 \tag{2.7.45}$$

参照式 (2.7.25) 和 (2.7.43) 导出

$$\psi = \psi_1 + \varphi_1, \quad \varphi_1 = \sigma_1 T_1 - \theta_1 \tag{2.7.46}$$

分别对内共振和非内共振两种不同情形进行讨论. 先不考虑内共振, 将式 (2.7.46) 代入方程 (2.7.44a), 化作

$$D_0^2 x_{11} + \omega_{10}^2 x_{11} = [2\omega_{10}(D_1 a_1 + c_1 a_1) - f_1 \sin\varphi_1] \sin\psi_1 +$$

$$(2\omega_{10} a_1 D_1 \theta_1 + f_1 \cos\varphi_1) \cos\psi_1 + \cdots\cdots \tag{2.7.47}$$

省略号表示除 $\sin\psi_1, \cos\psi_1$ 以外的其他项. 列写方程 (2.7.47) 和 (2.7.44b) 的去久期项条件, 后者不受共振条件 (2.7.45) 的影响. 得到相对 $T_1 = \varepsilon t$ 的常微分方程组:

$$\dot{a}_1 + c_1 a_1 = \frac{f_1 \sin\varphi_1}{2\omega_{10}} \tag{2.7.48a}$$

$$\dot{\theta}_1 = -\frac{f_1 \cos\varphi_1}{2\omega_{10} a_1} \tag{2.7.48b}$$

$$\dot{a}_2 + c_1 a_2 = 0 \tag{2.7.48c}$$

$$\dot{\theta}_2 = 0 \tag{2.7.48d}$$

从方程 (2.7.48a), (2.7.48b) 解出一次近似解:

$$a_1 = a_{10} e^{-c_1 T_1} + \frac{f_1}{2\omega_0 (c_1^2 + \sigma_1^2)} [c_1 \sin(\sigma_1 T_1 - \theta) - \sigma_1 \cos(\sigma_1 T_1 - \theta)] \tag{2.7.49a}$$

$$a_2 = a_{20} e^{-c_2 T_1} \tag{2.7.49b}$$

当 $T_1 \to \infty$ 时, 式 (2.7.49a) 右边第一项和式 (2.7.49b) 的右项衰减为零. 式 (2.7.49a) 不衰减的第二项表明, 当激励频率 ω 接近 ω_{10} 时, 与 ε^2 同阶的微弱激励力 $\boldsymbol{F}_1$ 也能激起 x_1 的稳态响应, 但对 x_2 的振动无影响. θ_1 和 θ_2 从 (2.7.48) 的其余方程解出.

对于存在内共振情形, 设 $\omega_{10} \approx 2\omega_{20}$. 将条件 (2.7.30) 中的 σ 改用 σ_2 表示:

$$\omega_{10} = 2\omega_{20} + \varepsilon\sigma_2 \tag{2.7.50}$$

参照式 (2.7.25), 导出

$$\psi_1 = 2\psi_2 + \varphi_2, \quad \varphi_2 = \sigma_2 T_1 + \theta_1 - 2\theta_2 \tag{2.7.51}$$

代入方程组 (2.7.44), 化作

$$D_0^2 x_{11} + \omega_{10}^2 x_{11} = \left[2\omega_{10}(D_1 a_1 + c_1 a_1) - \frac{3}{4}ga_2^2 \sin\varphi_2 - f_1 \sin\varphi_1 \right] \sin\psi_1 +$$
$$\left[2\omega_{10}a_1 D_1\theta_1 - \frac{3}{4}ga_2^2 \cos\varphi_2 + f_1 \cos\varphi_1 \right] \cos\psi_1 + \cdots \tag{2.7.52a}$$

$$D_0^2 x_{21} + \omega_{20}^2 x_{21} = \omega_{20} \left[2(D_1 a_2 + c_2 a_2) + \frac{3}{2l}\omega_{20}a_1 a_2 \sin\varphi_2 \right] \sin\psi_2 +$$
$$\omega_{20} \left(2a_2 D_1\theta_2 - \frac{3}{2l}\omega_{20}a_1 a_2 \cos\varphi_2 \right) \cos\psi_2 + \cdots \tag{2.7.52b}$$

其中省略号表示除 $\sin\psi_i, \cos\psi_i\,(i=1,2)$ 以外的其他项. 列写方程 (2.7.52a) 和 (2.7.52b) 的去久期项条件, 得到相对 $T_1 = \varepsilon t$ 的常微分方程组:

$$\dot{a}_1 = -c_1 a_1 + \frac{1}{2\omega_{10}} \left(\frac{3}{4}ga_2^2 \sin\varphi_2 + f_1 \sin\varphi_1 \right) \tag{2.7.53a}$$

$$\dot{\theta}_1 = \frac{1}{2\omega_{10}a_1} \left(\frac{3}{4}ga_2^2 \cos\varphi_2 + f_1 \cos\varphi_1 \right) \tag{2.7.53b}$$

$$\dot{a}_2 = -a_2 \left(c_2 + \frac{3\omega_{20}}{4l}a_1 \sin\varphi_2 \right) \tag{2.7.53c}$$

$$\dot{\theta}_2 = \frac{3\omega_{20}}{4l}a_1 \cos\varphi_2 \tag{2.7.53d}$$

为寻求 x_{10}, x_{20} 可能存在的定常周期运动, 设振幅 a_1, a_2 和相角 φ_1, φ_2 为常值

163

$$\dot{a}_1 = \dot{a}_2 = \dot{\varphi}_1 = \dot{\varphi}_2 = 0 \qquad (2.7.54)$$

依据式 (2.7.46), (2.7.51) 对 φ_1, φ_2 的定义, 此条件要求

$$\dot{\theta}_1 = \sigma_1, \quad \dot{\theta}_2 = \frac{\sigma_1 + \sigma_2}{2} \qquad (2.7.55)$$

将上式代入方程组 (2.7.53), 常值振幅记作 a_{1s}, a_{2s}, 引入符号 $\sigma_0 = (\sigma_1 + \sigma_2)/2$, 导出

$$c_1 a_{1s} - \frac{1}{2\omega_{10}} \left(\frac{3}{4} g a_{2s}^2 \sin \varphi_2 + f_1 \sin \varphi_1 \right) = 0 \qquad (2.7.56\text{a})$$

$$\sigma_1 a_{1s} - \frac{1}{2\omega_{10}} \left(\frac{3}{4} g a_{2s}^2 \cos \varphi_2 + f_1 \cos \varphi_1 \right) = 0 \qquad (2.7.56\text{b})$$

$$a_{2s} \left(c_2 + \frac{3\omega_{20}}{4l} a_{1s} \sin \varphi_2 \right) = 0 \qquad (2.7.56\text{c})$$

$$\sigma_0 - \frac{3\omega_{20}}{4l} a_{1s} \cos \varphi_2 = 0 \qquad (2.7.56\text{d})$$

参照式 (2.7.56c), 分别对 $a_{2s} = 0$ 和 $a_{2s} \neq 0$ 两种情况求解. 先将 $a_{2s} = 0$ 代入式 (2.7.56a) 和 (2.7.56b), 消去 φ_1 后得到

$$a_{1s} = \frac{f_1}{2\omega_{10}\sqrt{c_1^2 + \sigma_1^2}} \qquad (2.7.57)$$

若 $a_{2s} \neq 0$, 从式 (2.7.56c) 和 (2.7.56d) 导出

$$\sin \varphi_2 = -\frac{4lc_2}{3\omega_{20}a_{1s}}, \quad \cos \varphi_2 = \frac{4l\sigma_0}{3\omega_{20}a_{1s}} \qquad (2.7.58)$$

消去 φ_2 后得到

$$a_{1s} = \frac{4l}{3\omega_{20}} \sqrt{c_2^2 + \sigma_0^2} = a_{1s}^* \qquad (2.7.59)$$

将式 (2.7.58),(2.7.59) 代入式 (2.7.56a), (2.7.56b), 消去 φ_1 后解出

$$a_{2s} = \frac{2}{\sqrt{3g}} \sqrt{-\Gamma_1 \pm \sqrt{f_1^2 - \Gamma_2^2}} \qquad (2.7.60)$$

其中

$$\left. \begin{aligned} \Gamma_1 &= \frac{8l\omega_{10}}{3\omega_{20}} \left(c_1 c_2 - \sigma_1 \sigma_0 \right) \\ \Gamma_2 &= \frac{8l\omega_{10}}{3\omega_{20}} \left(c_1 \sigma_0 + c_2 \sigma_1 \right) \end{aligned} \right\} \qquad (2.7.61)$$

响应的幅值 a_{1s} 和 a_{2s} 为激励幅值 f_1 的函数. 对于 $a_{2s} = 0$ 和 $a_{2s} \neq 0$ 两种不同情况, 其典型曲线分别以 C_1, C_2 和 C_3, C_4 表示为

$$
\begin{aligned}
&C_1: \quad a_{1s} = \frac{f_1}{2\omega_{10}\sqrt{c_1^2 + \sigma_1^2}} \\
&C_2: \quad a_{2s} = 0 \\
&C_3: \quad a_{1s} = a_{1s}^* \\
&C_4: \quad a_{2s} = \frac{2}{\sqrt{3g}}\sqrt{-\Gamma_1 \pm \sqrt{f_1^2 - \Gamma_2^2}}
\end{aligned}
\tag{2.7.62}
$$

对于 $\Gamma_1 > 0$ 和 $\Gamma_1 < 0$ 两种不同情形, 分别在图 2.25 和图 2.26 中示出. 图中的激励幅值 f_1 存在两个分岔值 f_1^* 和 f_1^{**}

$$
f_1^* = \sqrt{\Gamma_1^2 + \Gamma_2^2}, \quad f_1^{**} = |\Gamma_2|
\tag{2.7.63}
$$

其中 f_1^* 为 C_4 曲线与 f_1 轴的交点, 也是 C_1 与 C_3 的交点坐标. 在 $\Gamma_1 > 0$ 的图 2.25 中, f_1^* 是能使式 (2.7.60) 中 a_{2s} 有实数解的 f_1 的最小值, 表明曲线仅当 $f_1 \geqslant f_1^*$ 时存在. 在 $\Gamma_1 < 0$ 的图 2.26 中, f_1^{**} 是能使 C_4 曲线有非零值存在的 f_1 的最小值.

利用一次近似理论进一步判断各定常周期运动的稳定性, 则在 f_1^* 和 f_1^{**} 分隔的不同区域内, 受迫振动解的数目和稳定性都不相同. 在图 2.25 和图 2.26 中以实线表示稳定状态, 虚线表示不稳定状态. 可归纳为以下结论:

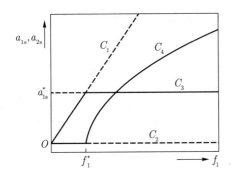

图 2.25 响应幅值与激励幅值关系曲线 ($\Gamma_1 > 0$)

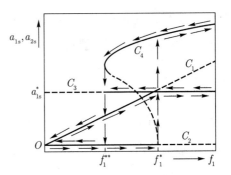

图 2.26 响应幅值与激励幅值关系曲线 ($\Gamma_1 < 0$)

(1) 对于 $\Gamma_1 > 0$ 情形, 例如令 $\sigma_1 = \sigma_2 = 0$, 即外共振和内共振均为完全调谐情形 (图 2.25), 当 $f_1 < f_1^*$ 时沿径向的激励仅能激起弹簧摆的径向受迫振动, 响应幅值与激励幅值成正比, 类似于线性系统. 当 f_1 增大到 $f_1 \geqslant f_1^*$ 时, 径向响应的幅值停止增长而保持常值, 称为**饱和现象**. 与此同时, 弹簧摆开始沿切向产生受迫摆动, 振幅随激励幅值按 1/2 次幂规律增长. 这种激励输入的能量向另一个自由度转移的现象也称为**渗透现象**. 是多自由度非线性系统的一种特有现象.

(2) 对于 $\Gamma_1 < 0$ 情形, 例如令 $\sigma_1 \neq 0$, $\sigma_2 = 0$, 即仅内共振完全调谐, 而外共振存在小失调的情形 (图 2.26), 由于在 $f_1^{**} < f_1 < f_1^*$ 区域内, a_{1s} 和 a_{2s} 各存在两个稳定解, 因此除上述饱和或渗透现象依然存在之外, 还可能发生当激励幅值连续变化经过 $f_1 = f_1^*$ 和 $f_1 = f_1^{**}$ 时的**跳跃现象**. f_1^* 和 f_1^{**} 成为参数 f_1 的动态分岔点.

2.7.6 含陀螺力的多自由度系统

第一章 1.1.6 节中曾说明, 如系统中含有旋转部件, 动力学方程中会出现因科氏惯性力引起的附加项 $\boldsymbol{G}\dot{\boldsymbol{x}}$, 称为陀螺力. 所构成的陀螺阵 $\boldsymbol{G}$ 为反对称矩阵, 它的存在使动力学方程之间产生耦合, 增添计算困难. 本节以 1.2.3 节中例 1.2-1 讨论过的转盘上的质量–弹簧系统为对象, 分析含陀螺力系统的自由振动.

设质量为 m 的滑块受正交的弹簧约束在匀速旋转的转盘上滑动, 如图 1.7 所示. 设转盘的角速度为 Ω, 原题中的弹簧改为非线性弹簧, 弹性恢复力 F 为变形 x 的二次非线性函数:

$$F = kx\left(1 - \mu x\right) \tag{2.7.64}$$

将例 1.1-7 中的动力学方程 (b) 中的弹性恢复力以非线性规律 (2.7.64) 代替, 变量 x, y 改记为 x_1, x_2, 列出

$$\left. \begin{array}{l} m\ddot{x}_1 - 2m\Omega\dot{x}_2 - m\Omega^2 x_1 + kx_1\left(1 - \mu x_1\right) = 0 \\ m\ddot{x}_2 + 2m\Omega\dot{x}_1 - m\Omega^2 x_2 + kx_2\left(1 - \mu x_2\right) = 0 \end{array} \right\} \tag{2.7.65}$$

引入参数

$$\alpha = \frac{k}{m} - \Omega^2, \quad \beta = 2\Omega, \quad \varepsilon = \frac{\mu k}{m} \tag{2.7.66}$$

将方程组 (2.7.65) 写作

$$\left.\begin{array}{l} \ddot{x}_1 - \beta \dot{x}_2 + \alpha x_1 = \varepsilon x_1^2 \\ \ddot{x}_2 + \beta \dot{x}_1 + \alpha x_2 = \varepsilon x_2^2 \end{array}\right\} \tag{2.7.67}$$

应用多尺度法, 仅讨论一次近似解. 令

$$x_i = x_{i0}(T_0, T_1) + \varepsilon x_{i1}(T_0, T_1) \quad (i = 1, 2) \tag{2.7.68}$$

将上式代入方程 (2.7.67), 展开后令两边 ε 的同次幂系数相等, 得到零次和一次近似微分方程组:

$$D_0^2 x_{10} - \beta D_0 x_{20} + \alpha x_{10} = 0 \tag{2.7.69a}$$

$$D_0^2 x_{20} + \beta D_0 x_{10} + \alpha x_{20} = 0 \tag{2.7.69b}$$

$$D_0^2 x_{11} - \beta D_0 x_{21} + \alpha x_{11} = -2D_1 D_0 x_{10} + \beta D_1 x_{20} + x_{10}^2 \tag{2.7.70a}$$

$$D_0^2 x_{21} + \beta D_0 x_{11} + \alpha x_{21} = -2D_1 D_0 x_{20} - \beta D_1 x_{10} + x_{20}^2 \tag{2.7.70b}$$

对比 2.7.4 节中的方程 (2.7.22) 和 (2.7.23), 增加的陀螺项使各次近似方程之间产生耦合. 将指数函数特解 $x_{i0} = A_i \mathrm{e}^{\mathrm{i}\omega_0 T_0}$ $(i = 1, 2)$ 代入零次近似方程 (2.7.69), 导出频率方程:

$$\omega_0^4 - \left(2\alpha + \beta^2\right) \omega_0^2 + \alpha^2 = 0 \tag{2.7.71}$$

解出派生系统的两个固有频率 ω_{i0} $(i = 1, 2)$:

$$\omega_{10}^2, \omega_{20}^2 = \frac{1}{2} \left[2\alpha + \beta^2 \pm \beta \sqrt{4\alpha + \beta^2} \right] \tag{2.7.72}$$

零次近似解遵循线性系统的自由振动规律. 设 $(1, \phi_i)(i = 1, 2)$ 为频率 $\omega_{i0}(i = 1, 2)$ 对应的振型, ϕ_i $(i = 1, 2)$ 由式 (2.7.69) 的两个方程之一确定:

$$\phi_i = -\frac{\mathrm{i}\beta\omega_{i0}}{\alpha - \omega_{i0}^2} \quad (i = 1, 2) \tag{2.7.73}$$

167

仿照式 (2.7.24) 表示零次近似解, 为便于计算写作复数形式:

$$
\begin{aligned}
x_{10} &= A_1 \mathrm{e}^{\mathrm{i}\psi_1} + A_2 \mathrm{e}^{\mathrm{i}\psi_2} + \mathrm{cc} \\
x_{20} &= \phi_1 A_1 \mathrm{e}^{\mathrm{i}\psi_1} + \phi_2 A_2 \mathrm{e}^{\mathrm{i}\psi_2} + \mathrm{cc}
\end{aligned}
\tag{2.7.74}
$$

其中振幅 A_i 和相角 ψ_i 定义为

$$
A_i = \frac{1}{2} a_i\left(T_1\right) \mathrm{e}^{\mathrm{i}\theta_i(T_1)} + \mathrm{cc}, \quad \psi_i = \omega_{i0} T_0 \quad (i = 1, 2)
\tag{2.7.75}
$$

此处 ψ_i 的定义区别于式 (2.7.25). 将式 (2.7.74) 代入一次近似方程 (2.7.70) 的右边, 整理为

$$
\begin{aligned}
\mathrm{D}_0^2 x_{11} - \beta \mathrm{D}_0 x_{21} + \alpha x_{11} = {}& \left(\beta\phi_1 - 2\mathrm{i}\omega_{10}\right) \mathrm{D}_1 A_1 \mathrm{e}^{\mathrm{i}\psi_1} + \left(\beta\phi_2 - 2\mathrm{i}\omega_{20}\right) \mathrm{D}_1 A_2 \mathrm{e}^{\mathrm{i}\psi_2} + \\
& A_1^2 \mathrm{e}^{2\mathrm{i}\psi_1} + A_2^2 \mathrm{e}^{2\mathrm{i}\psi_2} + 2A_1 A_2 \mathrm{e}^{\mathrm{i}(\psi_1+\psi_2)} + 2A_1 \bar{A}_2 \mathrm{e}^{\mathrm{i}(\psi_1-\psi_2)} + A_1 \bar{A}_1 + A_2 \bar{A}_2 + \mathrm{cc}
\end{aligned}
\tag{2.7.76a}
$$

$$
\begin{aligned}
\mathrm{D}_0^2 x_{21} + \beta \mathrm{D}_0 x_{11} + \alpha x_{21} = {}& -\left(\beta + 2\mathrm{i}\omega_{10}\phi_1\right) \mathrm{D}_1 A_1 \mathrm{e}^{\mathrm{i}\psi_1} - \left(\beta + 2\mathrm{i}\omega_{20}\phi_2\right) \mathrm{D}_1 A_2 \mathrm{e}^{\mathrm{i}\psi_2} + \\
& \phi_1^2 A_1^2 \mathrm{e}^{2\mathrm{i}\psi_1} + \phi_2^2 A_2^2 \mathrm{e}^{2\mathrm{i}\psi_2} + 2\phi_1\phi_2 A_1 A_2 \mathrm{e}^{\mathrm{i}(\psi_1+\psi_2)} + 2\phi_1 \bar{\phi}_2 A_1 \bar{A}_2 \mathrm{e}^{\mathrm{i}(\psi_1-\psi_2)} + \\
& \phi_1 \bar{\phi}_1 A_1 \bar{A}_1 + \phi_2 \bar{\phi}_2 A_2 \bar{A}_2 + \mathrm{cc}
\end{aligned}
\tag{2.7.76b}
$$

与 2.7.4 节的方程 (2.7.27) 比较, 增加的陀螺项使方程右边各项的频率更为丰富. 当 $\omega_{10} \approx 2\omega_{20}$ 或 $\omega_{20} \approx 2\omega_{10}$ 时均可能出现内共振. 以 $\omega_{10} \approx 2\omega_{20}$ 情形为例, 引入参数 σ, 使满足

$$
\omega_{10} = 2\omega_{20} + \varepsilon\sigma, \quad \psi_1 = 2\psi_2 + \sigma T_1
\tag{2.7.77}
$$

则一次近似方程 (2.7.70) 化作

$$
\begin{aligned}
\mathrm{D}_0^2 x_{11} - \beta \mathrm{D}_0 x_{21} + \alpha x_{11} = {}& \left[\left(\beta\phi_1 - 2\mathrm{i}\omega_{10}\right) \mathrm{D}_1 A_1 + A_2^2 \mathrm{e}^{-\mathrm{i}\sigma T_1}\right] \mathrm{e}^{\mathrm{i}\psi_1} + \\
& \left[\left(\beta\phi_2 - 2\mathrm{i}\omega_{20}\right) \mathrm{D}_1 A_2 + 2A_1 \bar{A}_2 \mathrm{e}^{\mathrm{i}\sigma T_1}\right] \mathrm{e}^{\mathrm{i}\psi_2} + A_1^2 \mathrm{e}^{2\mathrm{i}\psi_1} + \\
& 2A_1 A_2 \mathrm{e}^{\mathrm{i}(\psi_1+\psi_2)} + A_1 \bar{A}_1 + A_2 \bar{A}_2 + \mathrm{cc}
\end{aligned}
\tag{2.7.78a}
$$

$$D_0^2 x_{21} + \beta D_0 x_{11} + \alpha x_{21} = \left[-\left(\beta + 2i\omega_{10}\phi_1\right) D_1 A_1 + \phi_2^2 A_2^2 e^{-i\sigma T_1} \right] e^{i\psi_1} -$$
$$\left[-\left(\beta + 2i\omega_{20}\phi_2\right) D_1 A_2 + 2\phi_1\bar{\phi}_2 A_1 \bar{A}_2 e^{i\sigma T_1} \right] e^{i\psi_2} + \phi_1^2 A_1^2 e^{2i\psi_1} +$$
$$2\phi_1\phi_2 A_1 A_2 e^{i(\psi_1+\psi_2)} + \phi_1\bar{\phi}_1 A_1 \bar{A}_1 + \phi_2\bar{\phi}_2 A_2 \bar{A}_2 + \text{cc}$$

$$(2.7.78\text{b})$$

为去除久期项, 若沿用 2.7.4 节的方法令 $e^{i\psi_1}$ 和 $e^{i\psi_2}$ 的系数等于零, 则得到 4 个微分方程超过变量数而不可行, 必须另辟解决途径. 为此将一次近似解 $x_{i1}(i=1,2)$ 表示为 ω_{10} 和 ω_{20} 频率的周期函数

$$\left.\begin{array}{l} x_{11} = P_1 e^{i\psi_1} + P_2 e^{i\psi_2} \\ x_{21} = Q_1 e^{i\psi_1} + Q_2 e^{i\psi_2} \end{array}\right\} \quad (2.7.79)$$

则方程组 (2.7.78) 的去久期项条件转化为此周期解的存在条件. 将式 (2.7.79) 代入方程组 (2.7.78), 令两边 $e^{i\psi_1}$ 和 $e^{i\psi_2}$ 的系数相等, 得到两组代数方程:

$$\left.\begin{array}{l} \left(\alpha - \omega_{10}^2\right) P_1 - i\omega_{10}\beta Q_1 = R_1 \\ i\omega_{10}\beta P_1 + \left(\alpha - \omega_{10}^2\right) Q_1 = R_2 \end{array}\right\} \quad (2.7.80)$$

$$\left.\begin{array}{l} \left(\alpha - \omega_{20}^2\right) P_2 - i\omega_{20}\beta Q_2 = S_1 \\ i\omega_{20}\beta P_2 + \left(\alpha - \omega_{20}^2\right) Q_2 = S_2 \end{array}\right\} \quad (2.7.81)$$

其中 $R_i, S_i \, (i=1,2)$ 定义为

$$\left.\begin{array}{l} R_1 = (\beta\phi_1 - 2i\omega_{10}) D_1 A_1 + A_2^2 e^{-i\sigma T_1} \\ R_2 = -(\beta + 2i\omega_{10}\phi_1) D_1 A_1 + \phi_2^2 A_2^2 e^{-i\sigma T_1} \\ S_1 = (\beta\phi_2 - 2i\omega_{20}) D_1 A_2 + 2A_1 \bar{A}_2 e^{i\sigma T_1} \\ S_2 = -(\beta + 2i\omega_{20}\phi_2) D_1 A_2 + 2\phi_1\bar{\phi}_2 A_1 \bar{A}_2 e^{i\sigma T_1} \end{array}\right\} \quad (2.7.82)$$

由于式 (2.7.71) 的存在, 方程组 (2.7.80) 和 (2.7.81) 均具奇异性. 除非以下条件满足, 否则 P_1, Q_1 或 P_2, Q_2 无解:

$$\begin{vmatrix} R_1 & -i\omega_{10}\beta \\ R_2 & \alpha - \omega_{10}^2 \end{vmatrix} = 0, \quad \begin{vmatrix} S_1 & -i\omega_{20}\beta \\ S_2 & \alpha - \omega_{20}^2 \end{vmatrix} = 0 \quad (2.7.83)$$

展开后利用式 (2.7.73) 化简为

$$R_1 - \phi_1 R_2 = 0, \quad S_1 - \phi_2 S_2 = 0 \tag{2.7.84}$$

将式 (2.7.73),(2.7.82) 代入, 且利用以下等式:

$$\omega_{10}\omega_{20} = \alpha, \quad \left(\alpha - \omega_{10}^2\right)\left(\alpha - \omega_{20}^2\right) = -\alpha\beta^2, \quad \phi_1\bar{\phi}_2 = -1 \tag{2.7.85}$$

整理后得到

$$\left.\begin{array}{l} D_1 A_1 = (\Gamma - i)\,\mu_1 A_2^2 e^{-i\sigma T_1} \\[2mm] D_1 A_2 = -2\,(\Gamma - i)\,\mu_2 A_1 \bar{A}_2 e^{i\sigma T_1} \end{array}\right\} \tag{2.7.86}$$

其中

$$\Gamma = \frac{\beta\omega_{20}}{\alpha - \omega_{20}^2}, \quad \mu_1 = \frac{\alpha - \omega_{10}^2}{2\omega_{10}(\omega_{10}^2 - \omega_{20}^2)}, \quad \mu_2 = \frac{\alpha - \omega_{20}^2}{2\omega_{20}(\omega_{20}^2 - \omega_{10}^2)} \tag{2.7.87}$$

将式 (2.7.75) 代入方程 (2.7.86), 化作

$$\left.\begin{array}{l} D_1\left(a_1 e^{i\theta_1}\right) = \dfrac{1}{2}\,(\Gamma - i)\,\mu_1 a_2^2 e^{i(2\theta_2 - \sigma T_1)} \\[3mm] D_1\left(a_2 e^{i\theta_2}\right) = -\,(\Gamma + i)\,\mu_2 a_1 a_2 e^{i(\theta_1 - \theta_2 + \sigma T_1)} \end{array}\right\} \tag{2.7.88}$$

分开虚实部, 导出以下对变量 $T_1 = \varepsilon t$ 的常微分方程组.

$$\dot{a}_1 = \frac{1}{2}\mu_1 a_2^2 \left(\Gamma\cos\varphi - \sin\varphi\right) \tag{2.7.89a}$$

$$\dot{a}_2 = -\mu_2 a_1 a_2 \left(\Gamma\cos\varphi - \sin\varphi\right) \tag{2.7.89b}$$

$$\dot{\theta}_1 = \frac{1}{2a_1}\mu_1 a_2^2 \left(\Gamma\sin\varphi + \cos\varphi\right) \tag{2.7.89c}$$

$$\dot{\theta}_2 = -\mu_2 a_1 \left(\Gamma\sin\varphi + \cos\varphi\right) \tag{2.7.89d}$$

其中

$$\varphi = \theta_1 - 2\theta_2 + \sigma T_1 \tag{2.7.90}$$

方程 (2.7.89a) 和 (2.7.89b) 消去 φ 后, 化作与 2.7.4 节中相同的全微分 (2.7.34) 及其积分:

$$\gamma a_1^2 + a_2^2 = \text{const} \tag{2.7.91}$$

其中

$$\gamma = \frac{2\mu_2}{\mu_1} \tag{2.7.92}$$

因 $\gamma > 0$, 式 (2.7.91) 表明质点在转盘上自由振动的轨迹是围绕盘心的椭圆族. 且存在与弹簧摆类似的内共振现象. 能量在两个方向振动之间周期性转换, 而总机械能保持恒定.

若讨论含陀螺项多自由度系统的受迫振动, 在方程 (2.7.67) 的右侧增加频率为 ω 的激励项. 与 2.7.5 节类似, 也可用多尺度法处理, 但计算过程因增加陀螺力的耦合项变得更为烦琐. 除主共振以外, 可能出现比单自由度系统更多样的次共振. 也可能出现与弹簧摆类似的饱和现象、渗透现象和跳跃现象.

习　题

2.1　试用谐波平衡法确定非线性系统的自由振动 (图 E2.1).

$$m\ddot{x} + kx + \mu\mathrm{sgn}x = 0$$

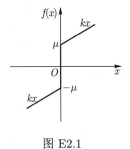

图 E2.1

2.2　试用谐波平衡法计算达芬系统的受迫振动, 导出含 3 次谐波的一次近似幅频特性.

$$\ddot{x} + \omega_0^2 \left(x + \varepsilon x^2\right) = F\left(t\right)$$

$$F\left(t\right) = \begin{cases} F_0 & \left(-\pi/2 < \omega_0 t < \pi/2\right) \\ -F_0 & \left(\pi/2 < \omega_0 t < 3\pi/2\right) \end{cases}$$

2.3　试用谐波平衡法确定非线性受迫振动系统

$$\ddot{x} + \omega_0^2 \left(x + \varepsilon x^2\right) = F\cos\omega t$$

存在周期为 $4\pi/\omega$ 近似解的条件, 导出幅频特性关系式.

2.4 将平均法的解改为以 $x = a\cos\theta + b\sin\theta$ 表示, 试推导确定振幅 a,b 慢变规律的微分方程.

2.5 用等效线性化方法确定非线性受迫振动

$$m\ddot{x} + k_1 x + k_2 x^3 = F + F_0\sin\omega t$$

的共振响应的幅频特性. 其中

$$F = \begin{cases} -mg\mu & (\dot{x} > 0) \\ mg\mu & (\dot{x} < 0) \end{cases}$$

2.6 分别用谐波平衡法、林滋泰德–庞加莱法、多尺度法和平均法求

$$\ddot{x} + \omega_0^2 x = \varepsilon\dot{x}^2 x \quad (\varepsilon \ll 1)$$

的一阶近似解.

2.7 分别用谐波平衡法、林滋泰德–庞加莱法、多尺度法和平均法求

$$\ddot{x} + \omega_0^2 x \left(1 + \varepsilon_1 x^3 + \varepsilon_2 x^5\right) = 0 \quad (\varepsilon_1, \varepsilon_2 \ll 1)$$

的一阶近似解.

2.8 图 E2.8 所示质量为 m 的小环沿以匀角速度 ω 绕对称轴旋转的抛物线上作无摩擦滑动. 在图示坐标系中 $y = cx^2$, 且满足条件 $2gc - \omega^2 > 0$. 试建立小环运动的动力学方程并求近似解.

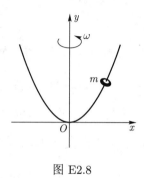

图 E2.8

2.9　图 E2.9 所示长度为 l 的均质杆在半径为 r 的半球面上作无摩擦运动. 平衡时杆质心在球面最高点. 建立角度 φ 满足的微分方程并求近似解.

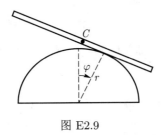

图 E2.9

2.10　在图 E2.10 所示系统中, 质量分别为 m_1 和 m_2 的物块由长度为 l 的无自重刚性杆连接. 杆在铅垂位置时刚度为 k 的弹簧为原长. 物块离弹簧静平衡位置的位移为 x. 建立 x 所满足的微分方程, 在按 x/l 展开的式中只保留二次项, 求近似解.

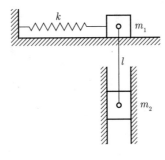

图 E2.10

2.11　试用多尺度法求

$$\ddot{x} + x + \varepsilon\left(x^2 + \dot{x}^2\right) = 0 \quad (\varepsilon \ll 1)$$

的近似解.

2.12　试用多尺度法求

$$\ddot{x} + 2\varepsilon\delta\dot{x} + x + \varepsilon x^3 = 0 \quad (\varepsilon \ll 1)$$

的近似解.

2.13 试用多尺度法求

$$\ddot{x} + x + 2\varepsilon\delta x^2\dot{x} + \varepsilon bx^3 = 0 \quad (\varepsilon \ll 1)$$

的近似解.

2.14 试用平均法求下列方程的近似解 $(\varepsilon \ll 1)$:

(1) $\ddot{x} + \omega_0^2 x + \varepsilon x |x| = 0$

(2) $\ddot{x} + \omega_0^2 x + \varepsilon (\delta_1 \mathrm{sgn}\dot{x} + 2\delta_2\dot{x}) = 0$

(3) $\ddot{x} + \omega_0^2 x + \varepsilon (2\delta_1\dot{x} + \delta_2\dot{x}|\dot{x}|) = 0$

2.15 设质量弹簧系受干摩擦和邦邦恢复力作用

$$m\ddot{x} + kx + \rho\,\mathrm{sgn}\dot{x} + \mu\,\mathrm{sgn}x = 0, \quad (\rho \ll 1,\ \mu \ll 1)$$

试用平均法求振动规律的近似解.

2.16 设质量 m 和刚度系数 k 的质量弹簧系统在 $x = \pm a_0$ 处受到附加非线性弹簧作用, 使弹簧恢复力 $k(x)$ 按以下规律变化:

$$k(x) = \begin{cases} kx & (|x| \leqslant a_0) \\ k\left[x + \varepsilon(x - a_0)^3\right] & (|x| > a_0) \end{cases}$$

如图 E2.16 所示. 试用平均法计算其自由振动频率.

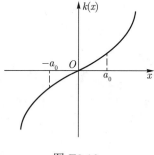

图 E2.16

2.17 试用多尺度法求

$$\ddot{x} + \omega_0^2 x + 2\varepsilon\delta\dot{x} + \varepsilon bx^2 = F_1\cos(\omega_1 t + \theta_1) + F_2\cos(\omega_2 t + \theta_2)$$

当 (1) $\omega_1 - \omega_2 \approx \omega_0$, (2) $\omega_1 + \omega_2 \approx \omega_0$ 时近似解的振幅和相位的微分方程.

2.18　试用多尺度法求

$$\ddot{x} + \omega_0^2 x = 2\varepsilon \left[(1 - u)\,\dot{x} - \dot{u}x\right], \quad s\dot{u} + u = x^2$$

的近似解.

2.19　设质量均为 m, 长度分别为 l_1 和 l_2 的二单摆串联组成的双摆如图 E2.19 所示. 设 A_{10} 和 A_{20} 为二单摆的自由振动振幅, 试用谐波平衡法计算其固有频率与模态参数 $\varphi = A_{20}/A_{10}$ 之间的关系式.

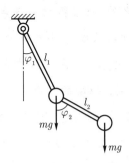

图 E2.19

2.20　试分别用平均法和多尺度法计算以下方程

$$\ddot{x} + \omega_{10}^2 x = \varepsilon b_1 xy + \varepsilon F_1 \cos \omega_1 t, \quad \ddot{y} + \omega_{20}^2 y = \varepsilon b_2 x^2 + \varepsilon F_2 \cos \omega_2 t$$

当 $\omega_{20} \approx 2\omega_{10}$, 且 $\omega_1 \approx \omega_{10}$, $\omega_2 \approx \omega_{20}$ 时近似解的振幅和相位的微分方程.

2.21　试用平均法计算以下方程

$$\ddot{x}_1 + \omega_{10}^2 x_1 = b_1 x_2 x_3, \quad \ddot{x}_2 + \omega_{20}^2 x_2 = b_2 x_1 x_3, \quad \ddot{x}_3 + \omega_{30}^2 x_3 = b_3 x_1 x_2$$

当 $\omega_{30} \approx \omega_{10} + \omega_{20}$ 时近似解的振幅和相位的微分方程.

2.22　试用多尺度法计算以下含陀螺力方程

$$\ddot{x}_1 - \beta \dot{x}_2 + \alpha x_1 = \varepsilon x_1^2$$
$$\ddot{x}_2 + \beta \dot{x}_1 + \alpha x_2 = \varepsilon x_2^2$$

设派生系统的固有频率为 $\omega_{i0}\,(i = 1, 2)$, 且 $\omega_{10} \approx 2\omega_{20}$, 试导出 x_1, x_2 的振幅和相位变化的常微分方程.

第三章　自　激　振　动

　　除自由振动和受迫振动之外, 自激振动是日常生活和工程实践中普遍存在的另一种振动形式. 自激振动靠系统以外的来源补充能量而不同于自由振动, 且能源是恒定的, 也不同于受迫振动. 系统依靠自身运动状态的反馈调节能量输入, 以维持不衰减的持续振动. 振动的频率和振幅均由系统的物理参数确定, 与初始条件无关. 这些现象在线性系统内不可能出现, 能产生自激振动的系统必为非线性系统. 其典型数学模型为范德波尔方程或瑞利方程. 本章叙述自激振动的物理过程和自激振动的普遍性质, 列举工程中一些典型的自激振动问题. 利用第一章中叙述的相平面内的极限环概念可对自激振动作定性分析. 第二章中叙述的各种近似解析方法可用于自激振动的近似计算. 此外, 本章还解释了振动规律明显区别于简谐振动的张弛振动现象, 以及振动性态随参数发生突变的动态分岔现象.

§3.1　自激振动概述

3.1.1　自激振动系统

　　在线性系统中, 只有机械能守恒的保守系统才能维持等幅自由振动. 有耗散因素存在时, 机械能在振动过程中不断损耗, 如不从外界补充能量等幅振动必不可能维持. 系统在周期变化的激励力作用下可以维持等幅振动, 这种靠交变能量维持的等幅振动称为受迫振动. 自然界和工程技术中还存在另一种类型的振动系统. 它也接受外界的能量补充, 但能源是恒定的, 并非周期变化. 系统以自己的运动状态作为调节器, 以控制能量的输入. 这类系统能自主地从定常的能源汲取能量, 依靠调节器使输入的能量具有交变性. 当输入的能量与耗散的能量达到平衡时, 系统就能维持等幅振动. 这种性质的振动称为**自激振动**, 产生自激振动的系统简称**自激系统**.

自激系统由三部分构成, 即 (1) 振动系统, (2) 恒定的能源, (3) 受系统运动状态反馈的调节器 (图 3.1). 以电铃和蒸汽机为例. 电铃是由铃锤和弹簧片组成的振动系统 (图 3.2), 直流电源为恒定的能源, 电磁断续器为调节器. 通电后铃锤在电磁力作用下产生位移敲击铜铃, 同时使电路断开, 电磁力消失, 铃锤在弹簧恢复力作用下回到原处, 如此往复循环以产生持久的振动. 蒸汽机是由活塞、连杆和飞轮组成的振动系统 (图 3.3), 锅炉供应的蒸汽为恒定能源, 配气阀为调节器. 蒸汽推动活塞, 并通过连杆带动飞轮转动. 与此同时, 带动配气阀移动以改变进气方向. 蒸汽朝不同方向推动活塞使活塞作往复振动, 并带动飞轮作持久的转动.

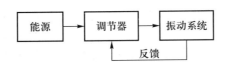

图 3.1　自激系统框图

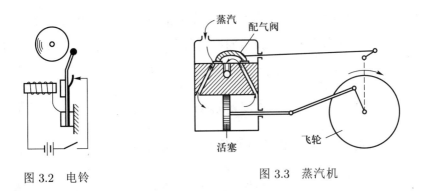

图 3.2　电铃　　　　　　图 3.3　蒸汽机

3.1.2　自激振动的产生过程

为说明自激振动产生的物理过程, 以摆长随位置周期性变化的变长度摆为例 (图 3.4). 单摆运动的恒定能源为重力. 控制摆绳长度的牵拉操作是改变能量分配的调节器. 设单摆的质量为 m, 最大摆长为 l_0, 偏角为 φ. 将 l_0 不变的等长度摆作为零次近似, 分析长度变化所导致的能量变化. 摆在最低点 A 处的速度 $v_0 = l_0\dot\varphi_0$ 有最大值, 在最大偏角 φ_m 的 B 点处速度为零 (图 3.5). 将 A 点作为势能的零点, 因保守系统的机械能守恒, A 点处的最大动能与 B 点处的最大势能相等, 记作 E_0

$$E_0 = \frac{1}{2}ml_0^2\dot\varphi_0^2 = mgl_0\left(1 - \cos\varphi_\mathrm{m}\right) \tag{3.1.1}$$

导出

$$\dot\varphi_0^2 = \frac{2g}{l_0}\left(1 - \cos\varphi_\mathrm{m}\right) \tag{3.1.2}$$

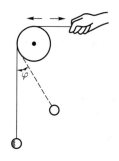

图 3.4 变长度摆

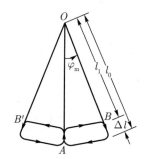

图 3.5 变长度摆的运动轨迹

在速度最大的 A 点处, 摆绳拉力等于重力与离心惯性力之和. 在此处拉紧摆绳使长度 l_0 缩短为 l_1, 拉力对摆所做的正功 $\Delta E'$ 转化为机械能增量. 设 $\Delta l = l_0 - l_1$, 仅保留 $\mu = \Delta l/l_0$ 的一次项时, 导出

$$\Delta E' = m\Delta l\left(g + l_0\dot\varphi_0^2\right) \tag{3.1.3}$$

在拉力最小的 B 点处放松摆绳使长度从 l_1 恢复为 l_0, 拉力所做的负功为

$$\Delta E'' = -mg\Delta l\cos\varphi_\mathrm{m} \tag{3.1.4}$$

若外力的正功大于负功, 必使摆的总机械能增加. 在单摆的每个周期内完成两次摆长的伸缩变化. 即在 A 点处拉紧, 在 B 点和对称的 B' 点处放松. 利用式 (3.1.1),(3.1.2), (3.1.3),(3.1.4) 计算摆长两次伸缩后改变的总机械能 $E_1 = E_0 + 2\left(\Delta E' + \Delta E''\right)$, 得到

$$E_1 = \sigma E_0, \quad \sigma = 1 + 6\mu > 1 \tag{3.1.5}$$

利用式 (3.1.1), 将其中 E_0 改为 E_1, 计算摆再次到达 A 点时增大的角速度 $\dot{\varphi}_1$

$$\dot{\varphi}_1^2 = \sigma \dot{\varphi}_0^2 \tag{3.1.6}$$

参照式 (3.1.2), 根据 $\dot{\varphi}_1^2$ 计算的最大摆幅 φ_m 亦随之增大

$$\varphi_m = \arccos\left(1 - \frac{l_0 \dot{\varphi}_1^2}{2g}\right) \tag{3.1.7}$$

不断周期性重复此操作, 将 $\dot{\varphi}_0$ 与 $\dot{\varphi}_1$ 的下标分别改为 n 和 $n+1$, 将式 (3.1.2) 和 (3.1.6) 用于表示第 n 次和 $n+1$ 次操作后的角速度, 作出 $\dot{\varphi}_n^2$ 和 $\dot{\varphi}_{n+1}^2$ 相对 φ_m 的变化曲线（图 3.6）. 显示出单摆从静止开始, 其摆幅和角速度不断增强的自激过程. 当输入能量与实际存在的耗散因素达到平衡时形成等幅振动.

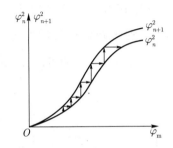

图 3.6 变长度摆的摆幅和角速度增长过程

3.1.3 自激振动的特征

自激振动和产生自激振动的系统有以下特征:

(1) 振动过程中存在能量的输入与耗散, 是非保守系统.

(2) 能源恒定. 能量的输入受运动状态, 即位移或速度的调节. 不显含时间变量, 是自治系统.

(3) 自激振动的相轨迹描述即第一章中叙述的极限环. 即振幅由系统的物理参数确定与初始条件无关的等幅周期运动.

(4) 自治的线性系统有能量耗散时不能产生等幅周期运动. 无能量耗散时只能产生振幅由初始条件确定的周期运动. 自激系统必为非线性系统.

(5) 自激振动的稳定性取决于能量的输入和耗散与振幅之间的关系. 在图 3.7 中, 输入能曲线与耗散能曲线的交点确定振幅的稳态值. 若振幅偏离稳态

值, 能量的增减促使振幅回归稳态值, 则自激振动稳定 (图 3.7a). 反之, 自激振动不稳定 (图 3.7b).

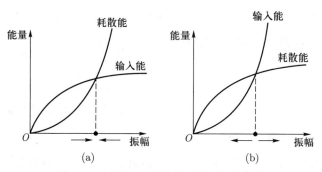

图 3.7 自激振动的能量–振幅关系曲线

以上述变长度摆为例. 依据式 (3.1.5) 和 (3.1.1), 输入能与 $1 - \cos\varphi_{\mathrm{m}}$ 成正比. 若摆轴内的干摩擦为常值, 则所做负功与最大转角 φ_{m} 成正比. 利用图 3.8 中的输入能和耗散能曲线判断, 交点 S_1 对应的 φ_{m1} 状态不稳定. 另一交点 S_2 对应的 φ_{m2} 状态稳定.

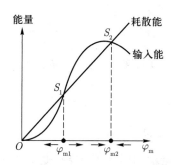

图 3.8 变长度摆的输入能与耗散能曲线

§3.2 工程中的自激振动问题

3.2.1 机械钟

本节列举工程技术中几种典型的自激振动. 利用 §1.5 中叙述的关于闭轨迹的概念和定性分析方法判断自激振动的存在性和稳定性.

机械钟是典型的自激系统. 以摆钟为例, 其振动系统是带干摩擦的重力摆, 恒定的能源是发条机构, 调节器是特殊设计的擒纵机构 (图 3.9). 这种机构能保证摆在指定位置, 例如图 3.10 所示的虚线位置 $x = \alpha$, 或 $x = -\alpha$ 位置时, 均受到由发条拉动的齿轮的冲击. 即使摆动方向不同, 擒纵机构也能使冲击方向与摆动方向一致. 发条能源以这种方式不断对摆做正功, 补充因干摩擦损耗的机械能.

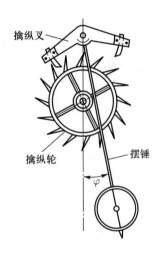

图 3.9 擒纵机构

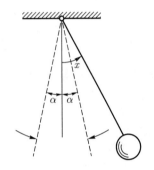

图 3.10 机械钟的简化模型

参照 1.3.6 节中对受干摩擦作用的单摆相轨迹的分析. 当 $y > 0$ 时, 相轨迹是以 $(-B, 0)$ 为圆心的圆弧, $y < 0$ 时, 改为以 $(B, 0)$ 为圆心的圆弧. 设相点从起始位置 $(\xi, 0)$ 开始向下方运动 (图 3.11), 相轨迹方程为

$$y^2 + (x - B)^2 = (\xi - B)^2 \tag{3.2.1}$$

在 $x = \alpha$ 处, 摆受冲击前的速度为

$$y_1 = -\sqrt{(\xi - B)^2 - (\alpha - B)^2} \tag{3.2.2}$$

设受冲击后摆的能量增加 ΔE, 即

$$\frac{y_2^2}{2} + \frac{\alpha^2}{2} = \frac{y_1^2}{2} + \frac{\alpha^2}{2} + \Delta E \tag{3.2.3}$$

从中导出受冲击后摆的速度

$$y_2^2 = y_1^2 + 2\Delta E \tag{3.2.4}$$

冲击后, 相点从 $(\alpha, -y_2)$ 沿半径增大了的圆弧继续运动, 相轨迹方程为

$$y^2 + (x - B)^2 = y_2^2 + (\alpha - B)^2 \tag{3.2.5}$$

将式 (3.2.2) 和 (3.2.4) 代入上式, 整理为

$$y^2 + (x - B)^2 = (\xi - B)^2 + 2\Delta E \tag{3.2.6}$$

设相点到达 x 轴时的坐标为 $(-\eta, 0)$. 令式 (3.2.6) 中的 $x = -\eta$, $y = 0$, 求出 η 为

$$\eta = \sqrt{(\xi - B)^2 + 2\Delta E} - B \tag{3.2.7}$$

在 (ξ, η) 平面上作曲线 (3.2.7) 及直线 $\eta = \xi$（图 3.12）, 此二曲线的交点 P 的坐标为

$$\xi_P = \eta_P = \frac{\Delta E}{2B} \tag{3.2.8}$$

若相点从 $(\xi_P, 0)$ 点出发, 绕原点一周后必回至原处, 形成孤立的封闭相轨迹, 即 1.5 节定义的极限环（图 3.13）. 图 3.12 表明, 无论相点的起始坐标 ξ 大于或小于 ξ_P, 以后都朝 P 点趋近. 表明极限环内的相轨迹不断向外贴近极限环, 极限环外的相轨迹不断向内贴近极限环, 证明是稳定的极限环. 这种构造的机械钟只要受到微小的冲击使摆幅到达 $x = \pm\alpha$ 处接受擒纵机构的冲击, 就能自动产生并维持稳定的周期运动.

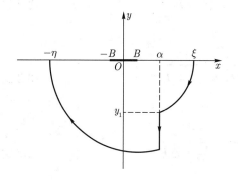

图 3.11　钟摆运动的相轨迹

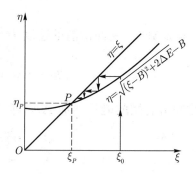

图 3.12　稳定极限环的存在

从能量观点解释, 设每次冲击的输入能量 ΔE 为常值. 考虑轴承内的常值

干摩擦, 每个往复耗散的能量与摆动幅度成正比. 在图 3.14 中作出输入能量及耗散能量随运动幅度的变化曲线, 二曲线的交点即与稳定的自激振动相对应.

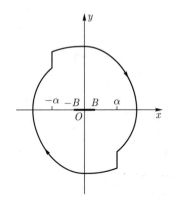

图 3.13　机械钟的极限环

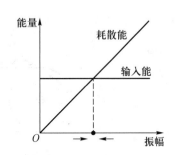

图 3.14　机械钟的能量与振幅关系

3.2.2　干摩擦自振

由干摩擦激发引起的自激振动是生活中的常见现象. 提琴弓毛摩擦琴弦产生的音乐或推门时轴承产生的噪声都是干摩擦自振现象. 工程中的典型例子是车刀在切削时产生的振动. 要解释这种现象必须考虑滑动摩擦力随相对速度 v 变化的非线性关系 $\varphi(v)$, 如图 3.15 所示. 图中表明当静摩擦转化为动摩擦时, 摩擦力突然下降, 然后随相对速度的增加而缓慢地上升. 与第一章的图 1.31 比较, 图 3.15 的曲线更接近实际情况.

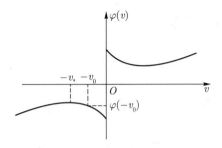

图 3.15　干摩擦与相对速度的关系曲线

将振动系统简化为匀速移动平台上的质量-弹簧系统 (图 3.16). 不失一般性, 令滑块质量和弹簧刚度均等于 1, 弹簧的伸长为 ξ, 平台速度为 v_0, 滑块与平台之间的相对速度为 v, 则

$$v = \dot{\xi} - v_0 \tag{3.2.9}$$

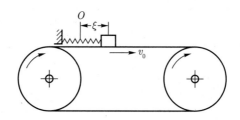

图 3.16 干摩擦自振的简化模型

列写滑块受干摩擦力和弹簧恢复力作用的动力学方程:

$$\ddot{\xi} + \varphi(\dot{\xi} - v_0) + \xi = 0 \tag{3.2.10}$$

令方程 (3.2.10) 中 $\dot{\xi} = \ddot{\xi} = 0$, 导出滑块的平衡位置 ξ_0:

$$\xi_0 = -\varphi(-v_0) \tag{3.2.11}$$

将平衡位置 ξ_0 作为新的坐标原点, 引入新的变量:

$$x = \xi - \xi_0 = \xi + \varphi(-v_0) \tag{3.2.12}$$

利用上式将方程 (3.2.10) 化作

$$\ddot{x} + \psi(\dot{x}) + x = 0 \tag{3.2.13}$$

令 $y = \dot{x}$, 函数 $\psi(y)$ 定义为

$$\psi(y) = \varphi(y - v_0) - \varphi(-v_0) \tag{3.2.14}$$

从图 3.17 中 $\psi(y)$ 的函数曲线可看出, 在 $y = 0$ 附近的阻尼特性具有负阻尼性质.

将方程 (3.2.13) 消去时间变量, 写作一阶自治微分方程:

$$\frac{\mathrm{d}y}{\mathrm{d}x} = -\frac{\psi(y) + x}{y} \tag{3.2.15}$$

利用 1.3.5 节叙述的等倾线法作方程 (3.2.15) 的相轨迹. 先作出辅助曲线

$$x = -\psi(y) \tag{3.2.16}$$

此曲线即零斜率等倾线 (图 3.18 中的虚线). 在原点附近, 零等倾线位于第 1, 3 象限, 相当于图 1.30 的负阻尼情形. 原点处的奇点为不稳定焦点, 对应于不稳定的滑块平衡位置. 当滑块因扰动偏离平衡位置时, 相点沿螺线向外运动, 振幅不断增大. 一旦相点到达辅助曲线的水平段 P_1P_2, 即沿此线段向右移动至端点 P_2, 然后环绕原点一周后再与 P_1P_2 线段相遇, 并重复此过程. 于是过 P_2 点的相轨迹形成相平面内的极限环 (图 3.18).

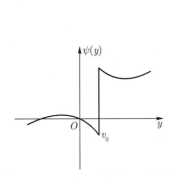

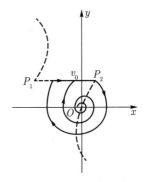

图 3.17 $\psi(y)$ 的函数曲线　　　　图 3.18 干摩擦自激系统的极限环

以上分析说明了干摩擦自振的产生原因. 当相点沿 P_1P_2 线段运动时, 滑块相对平台的相对速度为零, 这时平台咬住滑块以速度 v_0 一同匀速运动. 待弹簧恢复力随弹簧变形增长到足以克服静摩擦力时, 滑块开始相对平台向后滑动, 并在摩擦力作用下不断减速, 直到相对速度减至零, 平台再次咬住滑块, 则上述过程重复发生. 在此系统中, 匀速移动的平台将恒定的能源通过滑块与平台之间的干摩擦特性的调节作用输入滑块, 使滑块维持稳定的自激振动.

各种实际的干摩擦现象均可利用上述简单模型得到解释. 在工程中, 滑块与平台之间时而粘住时而滑动的不连续爬行现象, 可在机械传动系统中发生. 利用润滑剂使干摩擦转化为黏性摩擦, 干摩擦自振现象即不再出现.

3.2.3 输电线舞动

被冰层覆盖的输电线在水平阵风作用下可产生强烈的上下抖动, 振幅可达一二米而导致严重事故. 这种自激振动现象称作**输电线舞动**. 截取一小段电线成为集中质量, 以无振动时线段的质心平衡位置 O 为原点, 建立坐标系 $(O-xy)$, 质心 C 的垂直坐标以 y 表示 (图 3.19). 当风速为 v_0 的水平阵风吹来时, 其相对输电线的相对速度 v 为

$$v = v_0 + \dot{y}j \tag{3.2.17}$$

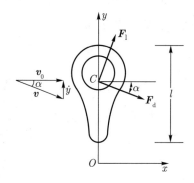

图 3.19 输电线的受力图

其中 j 为 y 轴的基向量. 设 α 为攻角, 即速度 v 与水平轴 x 的夹角. 则有

$$\alpha = \frac{\dot{y}}{v} \tag{3.2.18}$$

由于输电线的圆形断面被冰层覆盖成非圆形的不规则形状, 阵风对电线不仅沿 v 的逆向产生阻力 F_d, 同时向 v 的垂直方向产生升力 F_l. 根据空气动力学的实验结果, 阻力与升力的变化规律为

$$F_d = c_d l \frac{\rho v_0^2}{2}, \quad F_l = c_l l \frac{\rho v_0^2}{2} \tag{3.2.19}$$

其中 ρ 为空气密度, l 为断面的特征长度, c_d, c_l 分别为阻力系数和升力系数. 小

攻角时气动力沿 y 轴的垂直分量 F_y 近似为

$$F_y = F_l + F_d \alpha = c_y l \frac{\rho v_0^2}{2} \tag{3.2.20}$$

其中

$$c_y = c_l + c_d \alpha \tag{3.2.21}$$

大攻角时 c_y 为攻角 α 的非线性函数（见图 3.20），代入式 (3.2.20) 后，F_y 随 α 的变化可近似以三次多项式模拟

$$F_y = a\alpha - b\alpha^3 \tag{3.2.22}$$

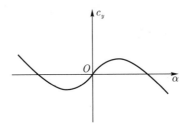

图 3.20 空气动力系数与攻角关系曲线

设 m 为线段的质量，线段两端拉力合成的弹性恢复力的刚度系数为 k，风力 F_y 以式 (3.2.22) 表示，其中的攻角 α 以式 (3.2.18) 代入，导出输电线段在风力作用下沿 y 轴运动的动力学方程

$$\ddot{y} - \varepsilon \dot{y}(1 - \delta \dot{y}^2) + \omega_0^2 y = 0 \tag{3.2.23}$$

其中

$$\varepsilon = \frac{a}{mv_0}, \quad \delta = \frac{b}{av_0^2}, \quad \omega_0 = \sqrt{\frac{k}{m}} \tag{3.2.24}$$

方程 (3.2.23) 即 1.5.1 节讨论过的瑞利方程 (1.5.1). 根据 1.5.1 节和 1.5.4 节中例 1.5-4 的分析，瑞利方程和等价的范德波尔方程 (1.5.2) 均存在稳定的极限环. 上述输电线舞动现象利用瑞利方程的极限环即能解释. 由于输电线的运动速度 v 直接影响攻角 α，α 较小时导线速度对空气动力产生正反馈，α 增大时变为负反馈，是输电线运动产生稳定极限环的物理原因.

在输电线上安装各种类型的阻尼器以增强阻尼作用可消除舞动现象. 大跨度桥梁或高层建筑物在风载作用下可产生与输电线舞动类似的自激振动. 飞机高速飞行时机翼可发生强烈颤动, 称作机翼的**颤振**, 其成因也与此类似.

3.2.4 管内流体喘振

输水管道系统内的流体可在某个流速范围内发生强烈振动, 也是自激振动现象. 拧开水龙头时自来水管内的水流与水管的耦合振动常伴随强烈的噪声. 这种自激振动称为**流体喘振**. 设水泵通过导管 1 将水注入容器 2(图 3.21), 导管的长度为 l, 容器内的水面高度为 h, 导管和容器的横截面积分别为 S_1 和 S_2, 导管左右两端的压强分别为 p_1 和 p_2, 水的密度为 ρ, 流速为 v, 管内阻力为 F_d, 利用动量定理列写管内水流的动力学方程

$$\rho l S_1 \dot{v} = S_1 (p_1 - p_2) - F_\mathrm{d} \qquad (3.2.25)$$

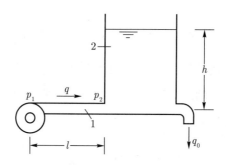

图 3.21 输水管道系统的简化模型

管内水流的流量为 $q = S_1 v$, 水泵输出水流的压强 p_1 和阻力 F_d 均为流量 q 的函数. 令

$$S_1 p_1 (q) - F_\mathrm{d} (q) = f (q) \qquad (3.2.26)$$

函数 $f(q)$ 的实验曲线如图 3.22 所示. 导管与容器连接处的压强 p_2 取决于容器内的水面高度 h,

$$p_2 = \rho g h \qquad (3.2.27)$$

设 q_0 为容器的出水流量, 则流体的连续性要求

$$S_2\dot{h} = q - q_0 \qquad (3.2.28)$$

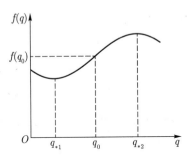

图 3.22　$f(q)$ 函数特性曲线

利用式 (3.2.26),(3.2.27) 和 (3.2.28) 将方程 (3.2.25) 的各项以 q 表示, 对 t 求导后化作

$$\ddot{q} - \frac{f'(q)}{\rho l}\dot{q} + \frac{S_1 g}{S_2}(q - q_0) = 0 \qquad (3.2.29)$$

令 $\dot{q} = \ddot{q} = 0$, 导出 q 的稳态值为 $q = q_0$, 此时进入容器与流出容器的流量相等. 若图 3.22 中 q_0 对应的函数值 $f(q_0)$ 恰好位于特性曲线的斜率为正的拐点处, 则在 $q = q_0$ 附近, 函数 $f(q)$ 可近似表示为

$$f(q) = f(q_0) + a(q - q_0) - b(q - q_0)^3 \qquad (3.2.30)$$

令 $x = q - q_0$, 可将方程 (3.2.29) 化作 1.5.1 节中的范德波尔方程:

$$\ddot{x} - \varepsilon\dot{x}(1 - \delta x^2) + \omega_0^2 x = 0 \qquad (3.2.31)$$

其中

$$\varepsilon = \frac{a}{\rho l}, \quad \delta = \frac{3b}{a}, \quad \omega_0^2 = \frac{S_1 g}{S_2 l} \qquad (3.2.32)$$

则喘振现象可利用范德波尔方程的极限环做出解释. 由于流量较小时压强和阻力的叠加起负阻尼作用, 流量增大时变为正阻尼, 是水流运动产生极限环的物理原因. 基于以上分析, 在输水管道系统的设计中应正确选择正常流量 q_0 在特性曲线 $f(q)$ 中的位置, 以防止管内流体发生喘振.

§3.3 张弛振动与动态分岔

3.3.1 拟简谐振动与张弛振动

在以上叙述的几种自激振动实例中, 输电线舞动和管道流体喘振的数学模型均为瑞利方程或范德波尔方程. 1.5.1 和 1.5.4 节已证明, 瑞利方程和范德波尔方程均能产生稳定的极限环. 极限环的几何形状取决于非线性参数 ε 的大小. 当 ε 足够小时, 系统接近线性, 零斜率等倾线与 y 轴接近重合, 极限环的形状接近于圆形, 自激振动接近于简谐振动, 可称为**拟简谐振动**. 随着 ε 的增大, 极限环逐渐歪扭, 自激振动的波形逐渐偏离简谐振动, 甚至接近于断续曲线 (图 3.23).

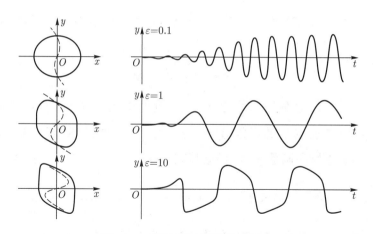

图 3.23　拟简谐振动与张弛振动

讨论 $\varepsilon \to \infty$ 的极限情形. 引入新的变量 $\xi = x/\varepsilon$, 将相轨迹微分方程 (1.4.3) 化作

$$\frac{\mathrm{d}y}{\mathrm{d}\xi} = \varepsilon^2 \frac{y(1 - \delta y^2) - \xi}{y} \tag{3.3.1}$$

当 $\varepsilon \to \infty$ 时, (ξ, y) 相平面内除了零斜率等倾线上各点的斜率为零外, 向量场的每一点的斜率都接近无限大. 因此极限环只能由零斜率等倾线的一部分与两条垂直线组成, 形成图 3.24 的形状. 相应的 y 的波形为断续的曲线, x 的波形为锯齿线. 这种与简谐振动完全不同的周期振动称为**张弛振动**.

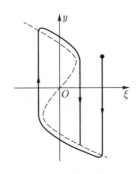

图 3.24 张弛振动的极限环

3.3.2 张弛振动的物理解释

从能量观点分析拟简谐振动和张弛振动的区别. 保守系统的总机械能由动能和势能组成, 在振动过程中能量在动能和势能两个储能器之间周期性交换, 表现为振动的简谐性. 当 ε 足够小时, 自激系统与保守系统接近, 所发生的自激振动波形也自然接近简谐运动. ε 极大时, 动力学方程中的惯性项可近似地忽略. 忽略了总机械能中的动能部分. 系统仅剩由势能体现的唯一储能器, 振动过程只有储能与放能两个阶段. 张与弛交替发生, 表现为断续的张弛振动.

可用一个直观模型解释张弛振动 (图 3.25). 将虹吸管嵌在漏斗的塞子中, 以弯管下方开口处 O 为基准, 设液面高度为 y, 弯管上方开口处 P 的高度为 y_1, 弯管最高处的高度为 y_2. 水从水龙头匀速注入漏斗, 水位以匀速 $\dot{y} = v_0$ 增加. 当水位达到 y_2 高度时, 弯管被水充满开始虹吸作用. P 点与液面的高度差 $y - y_1$ 产生压强增量, 迫使水经弯管由漏斗流出. 如流出速度大于注入速度, 漏斗内水位不断降低. 流出速度随液面下降减小. 液面降低至 y_1 时弯管内的水流尽, 虹吸作用停止, 漏斗又重新积水. 此过程循环进行, 在相平面 $(y, \dot{y})$ 内形成极限环如图 3.26 所示. 漏斗作为势能的单储能器, 水量作锯齿形振荡 (图 3.27). 周期 T 由储水时间 T_1 和排水时间 T_2 组成. 间歇泉的周期性喷发现象就是张弛振动在自然界中的具体存在.

再以干摩擦自振为例. 当平台速度较小, 滑块与平台粘着时, 滑块的动能固定不变, 而弹簧势能不断增加, 成为单储能器系统, 振动为张弛性. 但当弹簧恢复力大于静摩擦力时, 滑块跳脱平台作相对滑动, 系统又成为双储能器系统,振动接近简谐性. 因此干摩擦自振为简谐振动与张弛振动的综合. 平台速度 v_0 较大时, 粘着阶段缩小, 极限环与简谐振动相轨迹的区别不大, 自激振动的波形和频率均接近自由振动. 小提琴同一根弦的拨奏(自由振动)和拉奏(自激振动)发出的音调基本相同就是明显的例子. 平台速度 v_0 很小时, 张弛阶段在相轨迹中的比例增大, 自激振动更带有张弛性.

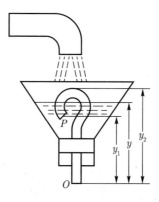

图 3.25   漏斗内的虹吸管

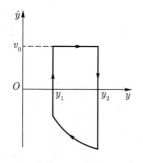

图 3.26   虹吸管的极限环

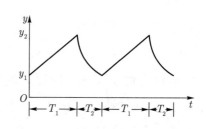

图 3.27   虹吸管的张弛振动

3.3.3   动态分岔

研究干摩擦自振现象时还可发现, 当平台以很大速度 v_0 运动时, 不能激发起滑块的自激振动. 滑块在弹簧和干摩擦作用下, 只能在平衡位置附近作衰减振动. 当 v_0 减小到某个临界值时, 稳定的平衡状态突然变得不稳定而转化为自激振动. 这种运动性态随参数变化发生突变的现象称为**动态分岔**. 上述衰减振动向自激振动的转化过程, 在相平面内表现为稳定焦点向伴随极限环出现的不稳定焦点转变 (图 3.28). 这种特殊的动态分岔称为**霍普夫** (E. Hopf) **分岔**.

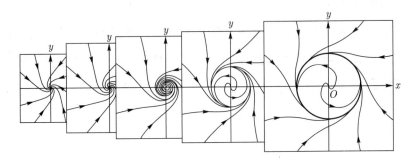

图 3.28　衰减振动向自激振动的演变

要说明上述动态分岔现象, 必须分析图 3.15 的干摩擦特性曲线 $\varphi(v)$. 可以看出, 原点附近的负阻尼只发生于 v_0 较小的情形. 若增大 v_0 使曲线在原点附近的斜率从正值变为负值, 则相平面内的零斜率等倾线移至第 2, 4 象限, 从点 P_2 出发的相轨迹必向原点趋近, 奇点成为稳定焦点 (图 3.29). 将图 3.15 中 $\varphi(v)$ 曲线的极值点对应的平台速度记作 v_*, 则 v_* 即成为 v_0 的分岔点.

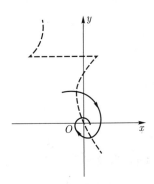

图 3.29　干摩擦作用下的衰减振动

类似现象也在管流喘振问题中发生. 将图 3.22 中 $f(q)$ 曲线的极小值对应的流量记作 q_{*1}. 极大值对应的流量记作 q_{*2}, 当 $q_0 < q_{*1}$ 或 $q_0 > q_{*2}$ 时将使 $f(q)$ 曲线的斜率从正值变为负值. 方程 (3.2.29) 中的负阻尼变为正阻尼, 流体在管内作衰减的阻尼振动, 喘振现象不可能发生. q_{*1} 和 q_{*2} 即成为 q_0 的分岔点.

动态分岔问题还将在第六章中做深入分析.

§3.4　自激振动的近似计算

3.4.1　谐波平衡法

自激振动过程相当于自激系统在无外激励情况下的自由振动. 第二章中的各种近似解析方法均可用于自激振动的定量计算. 首先用谐波平衡法做初步估算. 以范德波尔方程 (1.5.2) 作为典型的数学模型, 为适当简化推导, 令方程中的参数 $\delta = 1$, 写作

$$\ddot{x} - \varepsilon\dot{x}(1 - x^2) + \omega_0^2 x = 0 \tag{3.4.1}$$

仅取一阶谐波, 设与自激振动对应的解为

$$x = a\sin\omega t \tag{3.4.2}$$

代入方程 (3.4.1), 化作

$$\left(\omega_0^2 - \omega^2\right)a\sin\omega t - \varepsilon\omega a\left(1 - \frac{1}{4}a^2\right)\cos\omega t + \cdots = 0 \tag{3.4.3}$$

省略号表示超过一次的其他高次谐波. 从上式导出自激振动的频率和振幅的近似值:

$$\omega = \omega_0, \quad a = 2 \tag{3.4.4}$$

表明自激振动频率 ω 的近似值与线性派生系统的固有频率 ω_0 相等.

3.4.2　平均法

仍以范德波尔方程 (3.4.1) 为对象, 参照上节导出的近似结果 (3.4.4), 以派生系统固有频率 ω_0 为近似的自激振动频率. 令 $f(x,\dot{x}) = \dot{x}\left(1 - x^2\right)$, $x = a\cos\left(\omega_0 t + \theta\right)$, 代入式 (2.4.9) 计算 P 和 Q 函数, 得到

$$P = 0, \quad Q = a\omega_0\left(\frac{a^2}{4} - 1\right) \tag{3.4.5}$$

代入方程组 (2.4.8), 得到

$$\dot{a} = \frac{\varepsilon a}{2}\left(1 - \frac{a^2}{4}\right), \quad \dot{\theta} = 0 \tag{3.4.6}$$

其中第二式表明 θ 保持常值

$$\theta = \theta_0 \tag{3.4.7}$$

表明在一次近似范围内的计算结果对频率无修正. 将方程 (3.4.6) 的第一式两边乘以 a, 化作

$$\frac{\mathrm{d}\left(a^2\right)}{4-a^2} + \frac{\mathrm{d}\left(a^2\right)}{a^2} = \varepsilon \mathrm{d}t \tag{3.4.8}$$

积分得到

$$\ln\left(\frac{4-a_0^2}{4-a^2}\right) + \ln\left(\frac{a^2}{a_0^2}\right) = \varepsilon\, t \tag{3.4.9}$$

整理后导出

$$a = \frac{2}{\sqrt{1 + \left(\dfrac{4}{a_0^2} - 1\right)\mathrm{e}^{-\varepsilon\, t}}} \tag{3.4.10}$$

令 $t \to \infty$, 只要 a_0 是非零的任意值, a 必趋向于稳定值 2. 从而证明范德波尔方程存在稳定的极限环. 自激振动的振幅为 $\lim\limits_{t\to\infty} a = 2$, 与用谐波平衡法计算的振幅 (3.4.4) 一致. 式 (3.4.10) 补充了极限环形成的时间历程.

参照式 (2.4.13), 还可写出自激振动的等效线性化方程:

$$\ddot{x} + \varepsilon\left(\frac{a^2}{4} - 1\right)\dot{x} + x = 0 \tag{3.4.11}$$

当 $a < 2$ 时为负阻尼, 振幅增大; $a > 2$ 时此线性系统为正阻尼, 振幅减小. 便于解释稳定极限环的形成原因.

3.4.3 多尺度法

仍以式 (3.4.1) 表示的范德波尔方程为讨论对象

$$\ddot{x} - \varepsilon\dot{x}\left(1 - x^2\right) + \omega_0^2 x = 0 \tag{3.4.12}$$

利用多尺度法可得到比平均法更精确的近似解. 将式 (2.5.8) 和 (2.5.4) 代入方程 (3.4.12), 令 ε 的同次幂系数为零, 得到以下线性偏微分方程组:

$$\mathrm{D}_0^2 x_0 + \omega_0^2 x_0 = 0 \tag{3.4.13a}$$

$$\mathrm{D}_0^2 x_1 + \omega_0^2 x_1 = -2\mathrm{D}_1\mathrm{D}_0 x_0 + \mathrm{D}_0 x_0\left(1 - x_0^2\right) \tag{3.4.13b}$$

$$D_0^2 x_2 + \omega_0^2 x_2 = -2D_1 D_0 x_1 - \left(D_1^2 + 2D_2 D_0\right) x_0 - 2x_0 x_1 D_0 x_0 +$$

$$\left(1 - x_0^2\right)\left(D_0 x_1 + D_1 x_0\right) \tag{3.4.13c}$$

$$\vdots$$

方程 (3.4.13a) 的零次近似解以式 (2.5.11) 表示为

$$x_0 = a\cos\psi, \quad D_0 x_0 = -a\omega_0\sin\psi \tag{3.4.14}$$

其中 $\psi = \omega_0 T_0 + \theta$. 代入一次近似方程 (3.4.13b) 的右项, 得到

$$D_0^2 x_1 + \omega_0^2 x_1 = \left(2D_1 a - a + \frac{a^3}{4}\right)\omega_0\sin\psi + 2\omega_0 a D_1\theta\cos\psi + \frac{a^3\omega_0}{4}\sin 3\psi \tag{3.4.15}$$

避免久期项条件与平均法计算中的式 (3.4.6) 相同:

$$D_1 a = \frac{a}{2}\left(1 - \frac{a^2}{4}\right), \quad D_1\theta = 0 \tag{3.4.16}$$

此条件满足时, 从一次近似方程 (3.4.15) 解出

$$x_1 = -\frac{a^3}{32\omega_0}\sin 3\psi \tag{3.4.17}$$

将式 (3.4.14),(3.4.17) 代入二次近似方程 (3.4.13c) 的右项, 得到

$$D_0^2 x_2 + \omega_0^2 x_2 = \left[2\omega_0 D_2\theta + \frac{1}{4}\left(1 - a^2 + \frac{7a^4}{32}\right)\right]a\cos\psi +$$

$$2\omega_0 D_2 a\sin\psi + \frac{a^3}{16}\left(1 + \frac{a^2}{8}\right)\cos 3\psi + \frac{5a^5}{128}\cos 5\psi \tag{3.4.18}$$

避免久期项条件为

$$D_2\theta = -\frac{1}{8\omega_0}\left(1 - a^2 + \frac{7a^4}{32}\right), \quad D_2 a = 0 \tag{3.4.19}$$

此条件满足时, 从二次近似方程 (3.4.18) 解出

$$x_2 = -\frac{a^3}{128\omega_0^2}\left(1 + \frac{a^2}{8}\right)\cos 3\psi - \frac{5a^5}{3072\omega_0^2}\cos 5\psi \tag{3.4.20}$$

因 $D_2 a = 0$, 二次近似对自激振动的振幅 a 无影响, 即 3.4.2 节用平均法解出的式 (3.4.10).

$$a = \dfrac{2}{\sqrt{1 + \left(\dfrac{4}{a_0^2} - 1\right) \mathrm{e}^{-\varepsilon t}}} \tag{3.4.21}$$

利用式 (2.5.4), 推导 θ 对时间 t 的二次近似微分方程. 将式 (3.4.16),(3.4.19) 代入, 小参数 ε 以量纲一的 ε/ω_0 代替, 仍以 ε 表示, 得到

$$\dot{\theta} = -\dfrac{\varepsilon^2 \omega_0}{8} \left(1 - a^2 + \dfrac{7a^4}{32}\right) \tag{3.4.22}$$

式 (3.4.22) 对自激振动的频率 ω 作了修正

$$\omega = \omega_0 + \dot{\theta} = \omega_0 \left[1 - \dfrac{\varepsilon^2}{8} \left(1 - a^2 + \dfrac{7a^4}{32}\right)\right] \tag{3.4.23}$$

将式 (3.4.14), (3.4.17), (3.4.20) 代入式 (2.5.8), 得到范德波尔方程精确到二次的近似解:

$$x = a \cos \psi - \dfrac{\varepsilon a^3}{32} \sin 3\psi - \dfrac{\varepsilon^2 a^3}{128} \left[\left(1 + \dfrac{a^2}{8}\right) \cos 3\psi + \dfrac{5a^2}{24} \cos 5\psi\right] \tag{3.4.24}$$

3.4.4 渐近法

仍讨论以式 (3.4.1) 表示的范德波尔方程

$$\ddot{x} - \varepsilon \dot{x} \left(1 - x^2\right) + \omega_0^2 x = 0 \tag{3.4.25}$$

非线性函数 $f(x, \dot{x})$ 为

$$f(x, \dot{x}) = \dot{x} \left(1 - x^2\right), \quad \dfrac{\partial f}{\partial x} = -2x\dot{x}, \quad \dfrac{\partial f}{\partial \dot{x}} = 1 - x^2 \tag{3.4.26}$$

将零次近似解 $x = a \cos \psi, \dot{x} = -a\omega_0 \sin \psi$ 代入上式, 再代入式 (2.6.15), 整理后得到

$$f_0(a, \psi) = a\omega_0 \left(\dfrac{a^2}{4} - 1\right) \sin \psi + \dfrac{a^3 \omega_0}{4} \sin 3\psi \tag{3.4.27}$$

代入方程 (2.6.14a), 得到

$$\omega_0^2 \left(\dfrac{\partial^2 x_1}{\partial \psi^2} + x_1\right) = \left[2A_1 + a \left(\dfrac{a^2}{4} - 1\right)\right] \omega_0 \sin \psi + 2B_1 a\omega_0 \cos \psi + \dfrac{a^3 \omega_0}{4} \sin 3\psi \tag{3.4.28}$$

避免久期项条件为

$$A_1 = \frac{a}{2}\left(1 - \frac{a^2}{4}\right), \quad B_1 = 0 \tag{3.4.29}$$

此条件满足时, 从一次近似方程 (3.4.28) 解出

$$x_1 = -\frac{a^3}{32\omega_0}\sin 3\psi \tag{3.4.30}$$

将上式代入式 (2.6.15b), 整理后得到

$$f_1(a,\psi) = \frac{a}{4}\left(1 - a^2 + \frac{7a^4}{32}\right)\cos\psi + \frac{a^3}{16}\left(1 + \frac{a^2}{8}\right)\cos 3\psi + \frac{5a^5}{128}\cos 5\psi \tag{3.4.31}$$

代入式 (2.6.14b), 得到二次近似方程:

$$\omega_0^2\left(\frac{\partial^2 x_2}{\partial\psi^2} + x_2\right) = \left[2\omega_0 a B_2 + \frac{a}{4}\left(1 - a^2 + \frac{7a^4}{32}\right)\right]\cos\psi +$$
$$2\omega_0 A_2 \sin\psi + \frac{a^3}{16}\left(1 + \frac{a^2}{8}\right)\cos 3\psi + \frac{5a^5}{128}\cos 5\psi \tag{3.4.32}$$

避免久期项条件为

$$A_2 = 0, \quad B_2 = -\frac{1}{8\omega_0}\left(1 - a^2 + \frac{7a^4}{32}\right) \tag{3.4.33}$$

此条件满足时, 从二次近似方程 (3.4.32) 解出

$$x_2 = -\frac{a^3}{128\omega_0^2}\left(1 + \frac{a^2}{8}\right)\cos 3\psi - \frac{5a^5}{3072\omega_0^2}\cos 5\psi \tag{3.4.34}$$

得到与用多尺度法算出的式 (3.4.24) 相同的结果

$$x = a\cos\psi - \frac{\varepsilon a^3}{32}\sin 3\psi - \frac{\varepsilon^2 a^3}{128}\left[\left(1 + \frac{a^2}{8}\right)\cos 3\psi + \frac{5a^2}{24}\cos 5\psi\right] \tag{3.4.35}$$

其中的小参数 ε 已被量纲一的 ε/ω_0 重新定义. 将式 (3.4.29),(3.4.33) 代入式 (2.6.6), 得到振幅和相角变化的微分方程. 其中振幅 a 的变化规律与式 (3.4.10) 相同, 频率 ω 的微分方程与式 (3.4.23) 相同. 当振幅保持稳态值 a_0 时, 自激振动的频率为

$$\omega = \omega_0\left[1 - \frac{\varepsilon^2}{8}\left(1 - a_0^2 + \frac{7a_0^4}{32}\right)\right] \tag{3.4.36}$$

以上用渐近法导出的所有结果均与多尺度法相同.

§3.5 自激系统的受迫振动

3.5.1 远离共振的受迫振动

讨论自激振动系统在周期激励作用下的受迫振动. 在范德波尔方程中增加简谐激励项, 写作

$$\ddot{x} - \varepsilon \dot{x} \left(1 - x^2\right) + \omega_0^2 x = F_0 \cos \omega t \tag{3.5.1}$$

设激励频率 ω 远离派生系统的固有频率 ω_0, 利用多尺度法, 只考虑一次近似, 令

$$x (t, \varepsilon) = x_0 (T_0, T_1) + \varepsilon x_1 (T_0, T_1) \tag{3.5.2}$$

将式 (3.5.2) 和式 (2.5.4),(2.5.5) 代入方程 (3.5.1), 导出各阶近似方程组:

$$\mathrm{D}_0^2 x_0 + \omega_0^2 x_0 = F_0 \cos \omega t \tag{3.5.3a}$$

$$\mathrm{D}_0^2 x_1 + \omega_0^2 x_1 = \left(1 - x_0^2 - 2\mathrm{D}_1\right) \mathrm{D}_0 x_0 \tag{3.5.3b}$$

方程 (3.5.3a) 的零次近似解为频率 ω_0 的自由振动解与频率 ω 的受迫振动解的叠加.

$$x_0 = a \cos \left(\omega_0 t + \theta\right) + A \cos \omega t \tag{3.5.4}$$

其中的自由振动部分即自激振动的零次近似. 受迫振动的振幅 A 为

$$A = \frac{F_0}{\omega_0^2 - \omega^2} \tag{3.5.5}$$

令 $\psi = \omega_0 t + \theta$, $\varphi = \omega t$ 以简化符号, 零次近似解写作

$$x_0 = a \cos \psi + A \cos \varphi, \quad \mathrm{D}_0 x_0 = -a\omega_0 \sin \psi - A\omega \sin \varphi \tag{3.5.6}$$

代入方程 (3.5.3b), 化作

$$\mathrm{D}_0^2 x_1 + \omega_0^2 x_1 = \omega_0 \left\{2\mathrm{D}_1 a - a \left[1 - \left(A^2/2\right) - \left(a^2/4\right)\right]\right\} \sin \psi - 2a\omega_0 \mathrm{D}_1 \theta \cos \psi +$$

$$\left(a^3 \omega_0/4\right) \sin 3\psi + \left(A^3 \omega/4\right) \left(\sin \varphi + 3 \sin 3\varphi\right) +$$

$$\left(a^2 A/4\right) \left[\left(2\omega_0 + \omega\right) \sin \left(2\psi + \varphi\right) + \left(2\omega_0 - \omega\right) \sin \left(2\psi - \varphi\right)\right] +$$

199

$$\left(aA^2/4\right)\left[\left(2\omega+\omega_0\right)\sin\left(\psi+2\varphi\right)+\left(2\omega-\omega_0\right)\sin\left(2\varphi-\psi\right)\right]$$

$$(3.5.7)$$

从方程 (3.5.7) 看出, 系统在频率 ω 的简谐激励下, 可产生与派生系统固有频率 ω_0 接近的自激振动与激励频率 ω 的受迫振动. 此外, 还可能产生 $3\omega_0, 3\omega$ 等频率的倍频响应, 以及 $2\omega_0+\omega, 2\omega_0-\omega, 2\omega+\omega_0, 2\omega-\omega_0$ 等组合频率响应. 系统除可能发生 $\omega_0\approx\omega$ 时的主共振以外, 还可能发生 $\omega_0\approx3\omega$ 时的超谐共振, 以及 $\omega_0\approx\omega/3$ 时的亚谐共振.

对于非共振情形, 为避免方程 (3.5.7) 出现久期项的条件为

$$\mathrm{D}_1 a=\frac{a}{2}\left(1-\frac{A^2}{2}-\frac{a^2}{4}\right),\quad \mathrm{D}_1\theta=0 \qquad (3.5.8)$$

即振幅 a 和相角 θ 的一次近似微分方程. 以 t 为自变量, 写作

$$\dot{a}=\frac{\varepsilon a}{2}\left(\eta-\frac{a^2}{4}\right),\quad \dot{\theta}=0 \qquad (3.5.9)$$

其中 θ 维持常值 θ_0 与式 (3.4.7) 相同. a 的变化率与式 (3.4.6) 的差别仅式中的 1 被 η 代替. 参数 η 体现外激励对自激振动的影响, 定义为

$$\eta=1-\frac{A^2}{2}=1-\frac{F_0^2}{2\left(\omega_0^2-\omega^2\right)^2} \qquad (3.5.10)$$

将式 (3.5.9) 中的第一式两边乘以 a, 化作

$$\frac{\mathrm{d}\left(a^2\right)}{4\eta-a^2}+\frac{\mathrm{d}\left(a^2\right)}{a^2}=\varepsilon\eta\mathrm{d}t \qquad (3.5.11)$$

积分后得到响应振幅的变化规律:

$$a=2\sqrt{\frac{\eta}{1+\left(\frac{4\eta}{a_0^2}-1\right)\mathrm{e}^{-\varepsilon\eta t}}} \qquad (3.5.12)$$

从式 (3.5.12) 可看出, 自激振动的幅值取决于参数 η 的符号. 当 $\eta>0$, 即 $F_0<\sqrt{2}\left(\omega_0^2-\omega^2\right)$ 时, 随着 $t\to\infty$, a 朝 $2\sqrt{\eta}$ 趋近. 表明稳态运动中除 ω 频率的受迫振动以外, 还包含 ω_0 频率的自激振动. 对于 ω 与 ω_0 不可通约的一般

情况, 稳态运动为非周期运动. 若 $\eta < 0$, 即 $F_0 > \sqrt{2}\left(\omega_0^2 - \omega^2\right)$, 则随着 $t \to \infty$, a 趋近于零. 自激振动衰减乃至消失, 仅存在激励频率 ω 的受迫振动. 上述小激励力产生稳态自激振动, 大激励力导致自激振动衰减的结论明显不同于 2.1.5 节中关于达芬系统受迫振动的分析. 达芬系统的自由振动与激励无关, 而范德波尔系统由于激励引起的受迫振动会通过非线性项对运动产生反馈, 导致阻尼作用增强使自由振动衰减为零. 这种因强大外激励的抑制使自激振动趋于消失的现象也称为自激振动的**猝息**.

3.5.2 接近共振的受迫振动

讨论带微弱阻尼的范德波尔系统接近主共振时的受迫振动. 设激励力的幅值与 ε 同数量级, 动力学方程为

$$\ddot{x} - \varepsilon\left(1 - x^2\right)\dot{x} + \omega_0^2 x = \varepsilon F_0 \cos\omega t \tag{3.5.13}$$

设 ω 与 ω_0 接近, 令 $\omega^2 = \omega_0^2\left(1 + \varepsilon\sigma_1\right)$. 采用平均法, 将方程 (3.5.13) 写作

$$\ddot{x} + \omega^2 x = \varepsilon\left[f\left(x, \dot{x}\right) + F_0 \cos\omega t\right] \tag{3.5.14}$$

其中

$$f\left(x, \dot{x}\right) = \omega_0^2 \sigma_1 x + \left(1 - x^2\right)\dot{x} \tag{3.5.15}$$

令 $\psi = \omega t + \theta$, $x = a\cos\psi$, 代入式 (2.4.24), 积分得到

$$\Phi\left(a, \omega\right) = \frac{\omega a}{2}\left(\frac{a^2}{4} - 1\right), \quad \Psi\left(a, \omega\right) = \frac{\omega_0^2 \sigma_1 a}{2} \tag{3.5.16}$$

代入式 (2.4.28), 得到稳态响应的振幅 a_{s} 与激励频率 ω 之间的幅频特性关系式:

$$a_{\mathrm{s}}^2\left[\omega^2\left(\frac{a_{\mathrm{s}}^2}{4} - 1\right)^2 + \omega_0^2 \sigma_1^2\right] = \left(\frac{F_0}{2}\right)^2 \tag{3.5.17}$$

将上式各项除以 $a_{\mathrm{s}}^2 \omega^2$, 化作

$$W\left(\rho, \sigma\right) = \rho\left[\left(1 - \rho\right)^2 + \sigma^2\right] - \alpha = 0 \tag{3.5.18}$$

其中

$$\rho = \left(\frac{a_s}{2}\right)^2, \quad \sigma = \frac{\omega_0 \sigma_1}{\omega}, \quad \alpha = \left(\frac{F_0}{2a_s\omega}\right)^2 \qquad (3.5.19)$$

方程 (3.5.18) 为 ρ 的 3 次代数方程. 在参数 (σ, ρ) 平面内作出以 α 为参数的幅频特性曲线 (图 3.30). 依据 2.4.4 节的分析, 稳定区与不稳定区的分界线应满足 $\partial W/\partial \rho = 0$. 利用式 (3.5.18) 算出的分界线为

$$\sigma^2 + (1 - \rho)(1 - 3\rho) = 0 \qquad (3.5.20)$$

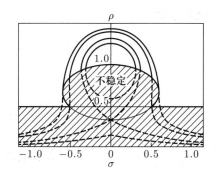

图 3.30 范德波尔方程的幅频特性曲线

即图 3.30 中的椭圆, 所围区域为不稳定区域. 此外, 根据 2.4.4 节的分析, 若特征方程 (2.4.32) 中的系数 $a_1 < 0$, 稳态周期运动亦不稳定. 利用式 (2.4.33) 对 a_1 的定义, 将式 (3.5.16) 代入, 导出另一不稳定条件:

$$\frac{1}{a_s}\left[\frac{\partial(a\Phi)}{\partial a}\right]_s = \frac{\omega}{2}(a_s^2 - 2) < 0 \qquad (3.5.21)$$

表明 $a_s < \sqrt{2}$ 即 $\rho < 1/2$ 时, 即图 3.30 中 $\rho = 1/2$ 直线以下的区域亦不稳定. 仅阴影区以外的区域为渐近稳定域, 其中的幅频曲线方为物理可实现的状态.

幅频特性 (3.5.18) 为 ρ 的 3 次代数方程. 不难判断, 如 $\sigma = \pm 1/\sqrt{3}$, $\alpha = 8/27$, 此方程存在三重实根 $\rho = 2/3$. 对应的幅频特性曲线在 $\sigma = \pm 1/\sqrt{3}$, $\rho = 2/3$ 处与椭圆 (3.5.20) 相切. 利用 2.4.4 节中关于幅频特性稳定性的判断方法, 可从图 3.30 看出, 在 $|\sigma| < \pm 1/\sqrt{3}$ 范围内, 每个激励频率对应的振幅有 3 个不同值. 其中仅最大值在渐近稳定区内, 另两个均不稳定. 响应振幅虽为多值, 但

只有 1 个稳定值, 不会出现与达芬方程类似的跳跃现象. 当 σ 向零接近, 即固有频率 ω_0 向激励频率 ω 接近时, 即使 ω_0 与 ω 并非严格相等, 也可能突然出现与激励频率接近且振幅足够大的稳态受迫振动. 这种响应频率向激励频率趋同的现象称为**同步现象**. 惠更斯最早发现两只机械钟相靠近时出现的同步现象. 在电子技术中同步现象得到实际应用, 例如利用一个频率高度稳定的石英振子使一个机械振动系统与它同步而构成石英钟.

§3.6 多自由度自激振动

3.6.1 电子管振荡器

范德波尔关于自激振动问题的研究源于对电子管振荡回路的分析. 图 3.31 所示的电子管振荡器由互相耦合的两个回路组成. 回路 1 是由电容 C_1、电感 L_1、电阻 R_1 和电子管组成的栅极电路. 回路 2 由电容 C_2、电感 L_2 和电阻 R_2 组成. L_1 与 L_2 之间电感系数为 N 的互感作用使二回路之间产生耦合. 此外, 板极电路与栅极电路之间也存在电感系数为 M 的耦合作用. 设二回路的电流分别为 i_1 和 i_2, 板极电流为 i_a, 利用基尔霍夫定律分别列写二回路的电路微分方程:

$$L_1\frac{\mathrm{d}i_1}{\mathrm{d}t} + R_1 i_1 + \frac{1}{C_1}\int_0^t i_1\mathrm{d}t = M\frac{\mathrm{d}i_a}{\mathrm{d}t} + N\frac{\mathrm{d}i_2}{\mathrm{d}t} \tag{3.6.1a}$$

$$L_2\frac{\mathrm{d}i_2}{\mathrm{d}t} + R_2 i_2 + \frac{1}{C_2}\int_0^t i_2\mathrm{d}t = N\frac{\mathrm{d}i_1}{\mathrm{d}t} \tag{3.6.1b}$$

设 u_1, u_2 为电容 C_1 和 C_2 两端的电压降, 则有

$$u_i = \frac{1}{C_i}\int_0^t i_i\mathrm{d}t \quad (i=1,2) \tag{3.6.2}$$

板极电流 i_a 受到栅压 u_1 的控制, 是 u_1 的非线性函数:

$$i_a = au_1 - bu_1^3 \tag{3.6.3}$$

利用式 (3.6.2),(3.6.3) 将方程组 (3.6.1) 化作 u_1 和 u_2 的微分方程组:

$$L_1C_1\ddot{u}_1 + R_1C_1\dot{u}_1 + u_1 = M\left(a - 3bu_1^2\right)\dot{u}_1 + NC_2\ddot{u}_2 \tag{3.6.4a}$$

$$L_2 C_2 \ddot{u}_2 + R_2 C_2 \dot{u}_2 + u_2 = N C_1 \ddot{u}_1 \tag{3.6.4b}$$

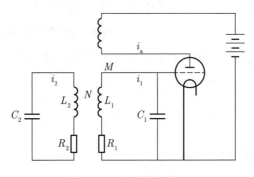

图 3.31　电子管振荡器

引入新变量 x_1, x_2, 化作

$$\ddot{x}_1 - \lambda_1 \ddot{x}_2 - \varepsilon \left(1 - x_1^2\right) \dot{x}_1 + \omega_{10}^2 x_1 = 0 \tag{3.6.5a}$$

$$\ddot{x}_2 - \lambda_2 \ddot{x}_1 + \varepsilon \beta \dot{x}_2 + \omega_{20}^2 x_2 = 0 \tag{3.6.5b}$$

其中

$$x_i = \sqrt{\frac{3Mb}{Ma - R_1 C_1}} u_i, \quad \omega_{i0}^2 = \frac{1}{L_i C_i} \qquad (i = 1, 2)$$

$$\varepsilon = \frac{1}{L_1} \left(\frac{Ma}{C_1} - R_1 \right), \quad \beta = \frac{L_1 C_1 R_2}{L_2 \left(Ma - R_1 C_1\right)}, \quad \lambda_1 = \frac{NC_1}{L_2 C_2}, \quad \lambda_2 = \frac{NC_2}{L_1 C_1} \tag{3.6.6}$$

若不存在互感, $N = 0$, $\lambda_1 = \lambda_2 = 0$, 则回路之间的关联消失. 式 (3.6.5a) 为 x_1 的范德波尔方程, 电流在回路 1 内维持稳定的周期振荡. 式 (3.6.5b) 为 x_2 的阻尼自由振动方程, 回路 2 的电流作衰减振荡. 互感 N 的存在使两个回路产生耦合, 回路 2 在回路 1 影响下电流从衰减振荡转变为频率相同的自激振荡.

3.6.2　自激振动的近似计算

先讨论式 (3.6.5) 中 $\varepsilon = 0$ 时的派生系统. 设 x_{10}, x_{20} 为派生系统的解, 满足以下零次近似方程:

$$\ddot{x}_{10} - \lambda_1 \ddot{x}_{20} + \omega_{10}^2 x_{10} = 0 \tag{3.6.7a}$$

$$\ddot{x}_{20} - \lambda_2 \ddot{x}_{10} + \omega_{20}^2 x_{20} = 0 \qquad (3.6.7\text{b})$$

此线性微分方程组存在以下特解:

$$x_{10} = a\cos\omega_0 t, \quad x_{20} = \phi a\cos\omega_0 t \qquad (3.6.8)$$

其中 ω_0 为线性派生系统的固有频率, 由以下特征方程确定:

$$\begin{vmatrix} \omega_{10}^2 - \omega_0^2 & \lambda_1\omega_0^2 \\ \lambda_2\omega_0^2 & \omega_{20}^2 - \omega_0^2 \end{vmatrix} = (1 - \lambda_1\lambda_2)\,\omega_0^4 - \left(\omega_{10}^2 + \omega_{20}^2\right)\omega_0^2 + \omega_{10}^2\omega_{20}^2 = 0 \quad (3.6.9)$$

此 4 次代数方程的 4 个根对应于派生系统的 4 个线性无关特解, 可用于构成一般解. 式 (3.6.8) 中的 ϕ 为模态参数

$$\phi = \frac{\omega_0^2 - \omega_{10}^2}{\lambda_1\omega_0^2} = \frac{\lambda_2\omega_0^2}{\omega_0^2 - \omega_{20}^2} \qquad (3.6.10)$$

对于包含非线性因素的原系统, 采用林滋泰德–庞加莱方法作近似计算. 为此将方程组 (3.6.5) 的解 x_1, x_2 展成 ε 的幂级数:

$$x_i = x_{i0} + \varepsilon x_{i1} + \varepsilon^2 x_{i2} + \cdots \qquad (i = 1, 2) \qquad (3.6.11)$$

将原系统的振动频率 ω 也展成 ε 的幂级数:

$$\omega^2 = \omega_0^2 \left(1 + \varepsilon\sigma_1 + \varepsilon^2\sigma_2 + \cdots\right) \qquad (3.6.12)$$

将式 (3.6.11),(3.6.12) 代入方程组 (3.6.5), 以 $\psi = \omega_0 t$ 代替自变量 t, 将原来对 t 的微分符号改定义为对 ψ 的微分, 令 ε 的同次幂的系数为零, 导出以下零阶近似的线性微分方程组:

$$\omega_0^2 \ddot{x}_{10} - \lambda_1\omega_0^2 \ddot{x}_{20} + \omega_{10}^2 x_{10} = 0 \qquad (3.6.13\text{a})$$

$$\omega_0^2 \ddot{x}_{20} - \lambda_2\omega_0^2 \ddot{x}_{10} + \omega_{20}^2 x_{20} = 0 \qquad (3.6.13\text{b})$$

以及一阶近似的微分方程组:

$$\omega_0^2 \ddot{x}_{11} - \lambda_1\omega_0^2 \ddot{x}_{21} + \omega_{10}^2 x_{11} = \omega_0 \left(1 - x_{10}^2\right)\dot{x}_{10} + \omega_0^2\sigma_1 \left(\lambda_1\ddot{x}_{20} - \ddot{x}_{10}\right) \quad (3.6.14\text{a})$$

205

$$\omega_0^2 \ddot{x}_{21} - \lambda_2 \omega_0^2 \ddot{x}_{11} + \omega_{10}^2 x_{21} = -\beta \omega_0 \dot{x}_{20} + \omega_0^2 \sigma_1 \left(\lambda_2 \ddot{x}_{10} - \ddot{x}_{20} \right) \tag{3.6.14b}$$

其中方程组 (3.6.13) 的解 x_{10}, x_{20} 已由式 (3.6.8) 给出

$$x_{10} = a \cos \psi , \quad x_{20} = \phi a \cos \psi \tag{3.6.15}$$

将其代入方程组 (3.6.14) 的右边, 整理后得到

$$\omega_0^2 \ddot{x}_{11} - \lambda_1 \omega_0^2 \ddot{x}_{21} + \omega_{10}^2 x_{11} = P \cos \psi + R \sin \psi + \frac{1}{3} \omega_0 a^3 \sin 3\psi \tag{3.6.16a}$$

$$\omega_0^2 \ddot{x}_{21} - \lambda_2 \omega_0^2 \ddot{x}_{11} + \omega_{10}^2 x_{21} = Q \cos \psi + S \sin \psi \tag{3.6.16b}$$

其中

$$\left. \begin{array}{l} P = \omega_0^2 \sigma_1 a \left(1 - \lambda_1 \phi \right) , \quad Q = \omega_0^2 \sigma_1 a \left(\phi - \lambda_2 \right) \\[2mm] R = -\omega_0 a \left(1 - \dfrac{a^2}{4} \right) , \quad S = \beta \omega_0 \phi a \end{array} \right\} \tag{3.6.17}$$

为避免此方程组的解中出现久期项以保证运动的周期性, P, Q, R, S 必须满足

$$\begin{vmatrix} \omega_{10}^2 - \omega_0^2 & P \\ \lambda_2 \omega_0^2 & Q \end{vmatrix} = \begin{vmatrix} \omega_{10}^2 - \omega_0^2 & R \\ \lambda_2 \omega_0^2 & S \end{vmatrix} = 0 \tag{3.6.18}$$

将式 (3.6.17) 代入后, 导出以下条件:

$$\sigma_1 a \left[\lambda_2 \omega_0^2 \left(1 - \lambda_1 \phi \right) + \left(\omega_0^2 - \omega_{10}^2 \right) \left(\phi - \lambda_2 \right) \right] = 0 \tag{3.6.19a}$$

$$\lambda_2 \omega_0^2 \left(1 - \frac{a^2}{4} \right) + \left(\omega_{10}^2 - \omega_0^2 \right) \beta \phi = 0 \tag{3.6.19b}$$

从条件 (3.6.19a) 解出

$$\sigma_1 = 0 \tag{3.6.20}$$

表明在一次近似意义下, 自激振动的频率 ω 与派生系统的固有频率 ω_0 相等. 将式 (3.6.10) 表示的 ϕ 代入式 (3.6.19b), 解出

$$a = 2 \sqrt{1 - \frac{\beta \left(\omega_0^2 - \omega_{10}^2 \right)}{\omega_0^2 - \omega_{20}^2}} \tag{3.6.21}$$

则回路 1 和回路 2 的自激振动振幅 a 和 ϕa 被完全确定.

习　题

3.1　试分析水龙头滴水的张弛振动过程（图 E3.1）.

图 E 3.1

3.2　两个小孩坐在长度为 $2a$, 高度为 h 的跷跷板两端如图 E3.2 所示. 系统的质心与支点 O 重合, 相对 O 点的惯性矩为 J, 板与地的接触为完全弹性碰撞.

(1) 若轴承无摩擦, 能否实现周期运动? 是否为自激振动? 画出相轨迹图.

(2) 若轴承有干摩擦力矩 M, 系统如何运动? 画出相轨迹图.

(3) 若板接触地时, 小孩用足蹬地, 每次输入不变的能量 ΔE, 在轴承干摩擦和弹性碰撞同时存在的条件下, 求保证系统实现周期运动的 ΔE 值, 是否为自激振动?

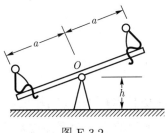

图 E 3.2

3.3　设变长度摆（图 E3.3）的摆长变化规律为 $l = l_0(1 + \varepsilon\varphi)$, 其中参数 ε 的正负号随角速度 $\dot\varphi$ 的变化而改变, $\varepsilon = \varepsilon_0 \mathrm{sgn}\dot\varphi$. 试列出动力学方程, 应用相平面法分析摆的运动规律和自激振动的可能性.

3.4　弗劳德 (Froud) 摆由旋转轴和套在轴上的复摆组成, 如图 E3.4 a 所示. 复摆相对垂直轴的转角为 φ. 轴以角速度 Ω 作匀速转动, 套筒与轴之间存

在的干摩擦力矩 M 取决于滑动表面之间的相对角速度 $\omega = \dot{\varphi} - \Omega$, 如图 E3.4b 所示. 此外摆还存在速度与 $\dot{\varphi}$ 成正比的风阻力矩, 比例系数为 c_{d}. 设轴的角速度 Ω 对应于图 E3.4b 中曲线 $M(\omega)$ 的拐点. $M(\omega)$ 在 Ω 附近为 ω 的奇函数. 展成泰勒级数仅取 3 次项时, 试导出摆的动力学方程. 并证明当 $M'(\Omega) < -c_{\mathrm{d}}$ 和 $M'''(\Omega) > 0$ 时可化作瑞利方程.

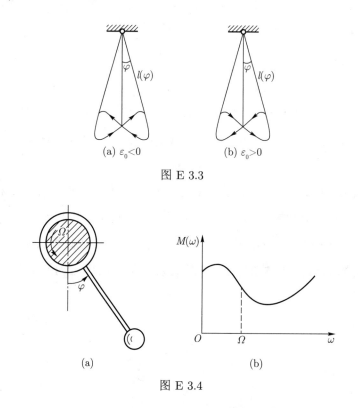

(a) $\varepsilon_0 < 0$　　(b) $\varepsilon_0 > 0$

图 E 3.3

(a)　　(b)

图 E 3.4

3.5　图 E3.5 所示干摩擦自振模型中, 物块的质量为 m, 弹簧刚度为 k, 传送带速度为 v. 物块与传送带间的静滑动摩擦因数为 f_{s}, 动滑动摩擦因数为 f, 且 $f_{\mathrm{s}} > f$, 其差值 $f_{\mathrm{s}} - f$ 随速度增大而略有增大. 因此物块向左运动和向右运动时的滑动摩擦系数不同, 分别为 f_{L} 和 f_{R}. 求物块在传送带上振动一个周期振幅的增量, 进而从能量观点分析稳定周期运动存在的可能性.

3.6　若上题中摩擦力 $F_{\mathrm{f}} = \varphi(v)$ 的规律为

$$\varphi(v) = F\,\mathrm{sgn}v \quad (v \neq 0), \quad -F_0 \leqslant \varphi(0) \leqslant F_0$$

如图 E3.6 所示, 其中 $F_0 \geqslant F$. 求初始时此系统能发生干摩擦自振的条件, 以及干摩擦自振在 t_d 时刻的终止条件.

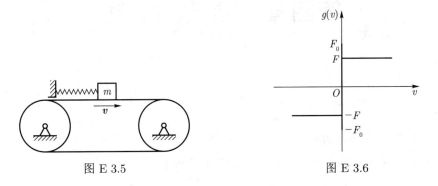

图 E 3.5　　　　　　　　　　　　　　　图 E 3.6

3.7　试用李纳法画出瑞利方程

$$\ddot{x} - \varepsilon \left(1 - \dot{x}^2\right) \dot{x} + x = 0$$

的相轨迹曲线族. 给定其中 $\varepsilon = 0.1$.

3.8　受冲量激励钟摆的动力学方程为

$$J\ddot{x} + c\dot{x} + kx - \frac{1}{2}I\left(\dot{x} - |\dot{x}|\right)\delta\left(x - x_0\right) = 0$$

其中 J, c, k, I 和 x_0 均为常数, δ 为狄拉克函数. 求稳态周期运动的存在条件.

3.9　用谐波平衡法求方程

$$\ddot{x} + x - \varepsilon\left(1 - x^2\right)\dot{x} + \varepsilon x^3 = 0 \quad (\varepsilon \ll 1)$$

的近似周期解的频率和幅值.

3.10　用平均法、林滋泰德–庞加莱法和多尺度法计算上题的一次近似解.

3.11　用谐波平衡法求方程

$$\ddot{x} - \varepsilon\left(1 - x^4\right)\dot{x} + x = 0 (\varepsilon \ll 1)$$

的近似周期解的频率和幅值.

3.12　用平均法、林滋泰德–庞加莱法和多尺度法计算上题的一次近似解.

第四章 参数振动

　　参数振动是除自由振动、受迫振动和自激振动以外的又一种振动形式. 参数振动由外界的激励产生, 但激励不是通过周期变化的外力直接施加于系统, 而是通过系统内参数的周期性变化间接地实现. 系统在参数激励下产生的响应有时趋于消失, 有时表现为剧烈的共振, 取决于参数振动的稳定性. 参数振动的数学模型是周期变系数的线性常微分方程. 对参数振动的研究基于弗洛凯理论, 其基本思想是利用微分方程的基本解判断解的有界性, 将有界与无界作为稳定与不稳定的定义. 周期运动作为稳定与不稳定之间的临界状态, 可用于确定参数平面内的稳定域边界. 本章叙述了参数振动的普遍规律, 列举了工程中一些典型的参数振动问题. 还利用近似解析方法, 对方波激励和简谐激励的单自由度系统做出了参数振动的稳定图. 此外, 本章也叙述了非线性参数振动和多自由度系统的参数振动.

§4.1　参数振动概述

4.1.1　参数振动的产生

　　1831 年法拉第最早发现参数振动现象. 他在充液容器垂直振动实验中, 观测到当容器振动频率为液体波动频率的二倍时, 液体产生剧烈波动. 1859 年麦尔德将弦张紧于音叉和固定端之间, 观察到当音叉振动频率为弦横向振动频率的二倍时, 弦产生剧烈振动. 这种由于参数周期变化所引起的振动称为**参数振动**. 和受迫振动类似, 参数振动也是由外界激励产生的, 但激励不是由周期变化的外力直接施加, 而是通过系统内参数的周期性变化间接作用于系统. 上述实验中观察到的振幅不断增大的不稳定参数振动也称为**参数共振**,以系统的固有频率等于参数激励频率之半为特征.

参数振动产生的物理过程也可利用 3.1.2 节讨论过的变长度摆说明 (图 3.4). 按其中分析, 若单摆受摆角 φ 控制为在最高处伸长在最低处缩短, 因重力持续做正功, 导致振幅不断增长的自激振动. 上述伸长缩短的操作在每个摆动周期内重复两次, 摆长的变化频率等于单摆摆动频率的二倍. 若将对单摆的操作改为受时间 t 控制, 令摆长 $l(t)$ 随时间周期变化, 频率为摆角 $\varphi(t)$ 频率的二倍, 且 $l(t)$ 与 $\varphi(t)$ 的相位之间恰好与 3.1.2 节中规定的动作一致, 也必将导致单摆的机械能和振幅不断增大, 导致不稳定的参数振动. 若摆长与摆角的相位差与此相反, 使重力的正功变为负功, 则机械能和振幅必递减使单摆变为渐近稳定. 而摆幅保持常值的周期运动就成为稳定与不稳定参数振动之间的临界状态. 通过此例题可看出, 自激振动与参数振动的产生有类似的物理过程. 区别在于前者的摆长为角度坐标 φ 的函数, 而后者为时间 t 的周期函数. 二者的数学表达截然不同.

4.1.2 参数振动的特征

参数振动和产生参数振动的系统有以下特征:

(1) 振动过程中存在能量的输入与耗散, 为非保守系统.

(2) 能源恒定如同自激振动, 但能量的输入并非受位移或速度的调节, 而是通过系统内参数随时间周期性变化实现. 因显含时间变量, 为非自治系统.

(3) 数学模型为周期变系数常微分方程, 通常为线性方程. 其普遍形式为

$$\ddot{y} + p(t)\dot{y} + q(t)y = 0 \tag{4.1.1}$$

其中体现参数激励的 $p(t)$ 和 $q(t)$ 均为 t 的周期函数. 可通过变量置换化作

$$\ddot{x} + Q(t)x = 0 \tag{4.1.2}$$

其中

$$x = y\exp\left[-\frac{1}{2}\int p(t)\,\mathrm{d}t\right], \ \ Q(t) = q(t) - \frac{1}{2}\left[\dot{p}(t) + \frac{1}{2}p^2(t)\right] \tag{4.1.3}$$

1877 年希尔 (G. W. Hill) 研究月球运动时建立此方程, 称为**希尔方程**.

作为特殊情形, 设参数变化规律 $Q(t)$ 是以 ω 为角频率的余弦函数, 将方程 (4.1.2) 改写为

$$\ddot{x} + \omega_0^2 \left(1 + \mu \cos \omega t\right) x = 0 \tag{4.1.4}$$

引入量纲一的时间 $2\tau = \omega t$, 化作标准形式参数振动方程, 称为**马蒂厄方程** (E. Mathieu).

$$\frac{\mathrm{d}^2 x}{\mathrm{d}\tau^2} + \left(\delta + \varepsilon \cos 2\tau\right) x = 0 \tag{4.1.5}$$

其中

$$\delta = \gamma^2, \quad \varepsilon = \mu\gamma^2, \quad \gamma = \frac{2\omega_0}{\omega} \tag{4.1.6}$$

是马蒂厄于 1868 年研究椭圆薄膜振动时建立的.

(4) 参数振动以解的有界或无界作为稳定或不稳定的定义. 周期运动被视为有界与无界之间的临界状态. 对参数振动稳定性的研究致力于计算周期运动所对应的参数组合, 以确定稳定与不稳定区域的边界.

§4.2　工程中的参数振动

4.2.1　受轴向周期力激励的直杆

设两端铰支、长度为 l, 单位长度质量为 ρ, 抗弯刚度为 EI, y 为横向位移的直杆在两端受到轴向周期激励力 $F \cos \omega t$ 的作用 (图 4.1), 其横向振动的动力学方程为

$$EI\frac{\partial^4 y}{\partial x^4} + \rho S\frac{\partial^2 y}{\partial t^2} + F\cos(\omega t)\frac{\partial^2 y}{\partial x^2} = 0 \tag{4.2.1}$$

假定振型为正弦曲线, 令

$$y = s(t)\sin\frac{\pi x}{l} \tag{4.2.2}$$

代入方程 (4.2.1) 分离变量后, 简化为单自由度系统的动力学方程. 令 $2\tau = \omega t$, 化作马蒂厄方程:

$$\frac{\mathrm{d}^2 s}{\mathrm{d}\tau^2} + \left(\delta + \varepsilon \cos 2\tau\right) s = 0 \tag{4.2.3}$$

其中

$$\delta = \frac{4\pi^4 EI}{\rho S l^4 \omega^2}, \quad \varepsilon = -\frac{4\pi^2 F}{\rho S l^2 \omega^2} \qquad (4.2.4)$$

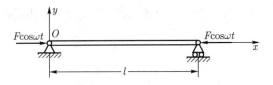

图 4.1 受轴向周期激励力的直杆

4.2.2 非圆截面转轴的横向振动

设以 ω 角速度旋转的轴沿固定方向作横向振动. 转轴的横截面由于挖去键槽或嵌线槽而偏离圆形 (图 4.2). 其相对定坐标轴的截面二次矩 I 是转角 $\varphi = \omega t$ 的简谐函数

$$I = I_0 + \Delta I \cos\varphi \qquad (4.2.5)$$

轴的横向振动方程为

$$EI\frac{\partial^4 y}{\partial x^4} + \rho S\frac{\partial^2 y}{\partial t^2} = 0 \qquad (4.2.6)$$

设横向振动的振型与式 (4.2.2) 相同, 与 (4.2.5) 代入方程 (4.2.6), 令 $2\tau = \omega t$, 即化作马蒂厄方程 (4.2.3), 其中

$$\delta = \frac{4\pi^4 EI_0}{\rho S l^4 \omega^2}, \quad \varepsilon = \frac{4\pi^4 E\Delta I}{\rho S l^4 \omega^2} \qquad (4.2.7)$$

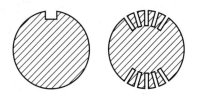

图 4.2 转轴的非圆截面

4.2.3 电动机车传动轴的扭振

设电动机车的车轮借助两根连杆与电机连接, 车轮匀速转动带动电机旋转. 连杆与车轮的联结偏置 90° 以消除死点现象 (图 4.3). 讨论电机转轴的扭转振

动时, 必须考虑连杆约束对刚度的影响. 连杆处于 $\varphi = 0$ 位置时, 对连接点切向运动的约束最大, 附加抗扭刚度也最大. 此时另一连杆处于 $\varphi = 90°$ 的死点位置, 对连接点切向运动的约束和对抗扭刚度的影响都极小. 分别以 $\cos\varphi$ 和 $\sin\varphi$ 表示二连杆对刚度的影响随 φ 角的变化规律, 其共同作用结果使转轴的总抗扭刚度 K 产生增量 $\Delta K(\varphi)$:

$$K = K_0 + \Delta K(\varphi) \tag{4.2.8}$$

其中

$$\Delta K(\varphi) = \Delta K(\cos\varphi + \sin\varphi) = \sqrt{2}\Delta K \cos(\varphi - \pi/4)$$

$\Delta K(\varphi)$ 在图 4.4 中以粗实线表示. 设电机转轴的惯性矩为 J, 扭角为 x, 列出其扭转振动的动力学方程:

$$J\ddot{x} + \left[K_0 + \sqrt{2}\Delta K \cos(\varphi - \pi/4)\right]x = 0 \tag{4.2.9}$$

设车轮角速度为 ω, 令 $\varphi = \omega t = 2\tau + \pi/4$, 可将式 (4.2.9) 化作马蒂厄方程 (4.1.5), 其中

$$\delta = \frac{4K_0}{J\omega^2}, \qquad \varepsilon = \frac{4\sqrt{2}\Delta K}{J\omega^2} \tag{4.2.10}$$

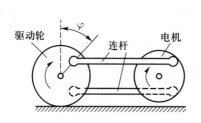 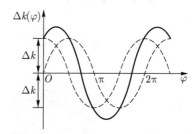

图 4.3　电动机车的传动　　　　图 4.4　电机转轴抗扭刚度增量的变化曲线

4.2.4　人造卫星的姿态运动

讨论沿椭圆轨道运行的人造卫星. 卫星 O 相对地球质心 O_e 的径矢 $\boldsymbol{r}$ 的模为

$$r = \frac{p}{1 + e\cos\theta} \tag{4.2.11}$$

其中常数 p 和 e 分别为轨道的半轴参数和偏心率, θ 是以近地点 $\varPi$ 为基准的角度坐标 (图 4.5). 图中 $(O-XYZ)$ 为轨道坐标系. 设卫星在轨道平面内作微幅摆动, 相对径矢 $\boldsymbol{r}$ 的偏角 φ 为小量 (图 4.6). 仅保留其一次项, 列写其在重力梯度力矩作用下的动力学方程

$$C\ddot{\varphi} + \frac{3\mu}{r^3}(B-A)\varphi = 0 \tag{4.2.12}$$

其中 μ 为地球的引力常数, A, B, C 为卫星的主惯性矩. 对于小偏心率的椭圆轨道, e 为小量, 仅保留式 (4.2.11) 中 e 的一次项. 因接近半径为 p 的圆轨道, 近似令 $\theta = \omega t$, $\omega = \sqrt{\mu/p^3}$. 设卫星作小偏角运动, 仅保留 φ 的一次项, 将式 (4.2.11) 代入方程 (4.2.12), 令 $2\tau = \omega t$, 化作马蒂厄方程

$$\frac{\mathrm{d}^2\varphi}{\mathrm{d}\tau^2} + (\delta + \varepsilon\cos 2\tau)\varphi = 0 \tag{4.2.13}$$

其中

$$\delta = 12\left(\frac{B-A}{C}\right), \quad \varepsilon = 36e\left(\frac{A-B}{C}\right) \tag{4.2.14}$$

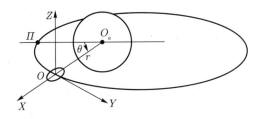

图 4.5 椭圆轨道上的人造卫星

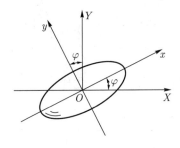

图 4.6 人造卫星的姿态运动

§4.3 弗洛凯理论

4.3.1 基本解

弗洛凯理论是分析周期变系数线性常微分方程解的稳定性理论, 法国数学家弗洛凯 (G. Floquet) 于 1883 年提出. 弗洛凯理论适用于任意阶常微分方程, 本章仅以二阶方程为例叙述, 其一般形式为

$$\ddot{x} + p(t)\dot{x} + q(t)x = 0 \tag{4.3.1}$$

其中 $p(t)$ 和 $q(t)$ 均为周期 T 的周期函数, 满足

$$p(t+T) = p(t), \quad q(t+T) = q(t) \tag{4.3.2}$$

设 $x_1(t)$ 和 $x_2(t)$ 为方程 (4.3.1) 的两个线性独立的特解, 如满足以下定义的朗斯基 (H. G. M. Wronsky) 行列式 $\Delta(t)$ 的非零条件:

$$\Delta(t) = \begin{vmatrix} x_1(t) & \dot{x}_1(t) \\ x_2(t) & \dot{x}_2(t) \end{vmatrix} \neq 0 \tag{4.3.3}$$

则称 $x_1(t)$ 和 $x_2(t)$ 为方程 (4.3.1) 的**基本解**. 方程 (4.3.1) 的任何解都可用基本解的线性组合表示

$$x(t) = C_1 x_1(t) + C_2 x_2(t) \tag{4.3.4}$$

为证明 $x_1(t)$ 和 $x_2(t)$ 为方程 (4.3.1) 的基本解, 设 $x_1(t)$, $x_2(t)$ 的初始条件为

$$\begin{pmatrix} x_1(0) & \dot{x}_1(0) \\ x_2(0) & \dot{x}_2(0) \end{pmatrix} = \begin{pmatrix} 1 & 0 \\ 0 & 1 \end{pmatrix} \tag{4.3.5}$$

将式 (4.3.3) 对 t 微分, 利用方程 (4.3.1) 化作

$$\frac{\mathrm{d}\Delta}{\mathrm{d}t} = \begin{vmatrix} x_1 & \ddot{x}_1 \\ x_2 & \ddot{x}_2 \end{vmatrix} = -p\Delta \tag{4.3.6}$$

从上式积分得到

$$\Delta(t) = \Delta(0) \exp\left[-\int_0^t p(\tau)\,\mathrm{d}\tau\right] \tag{4.3.7}$$

由于 $\Delta(0) = 1 \neq 0$, 则 $\Delta(t) \neq 0$, $x_1(t)$ 和 $x_2(t)$ 为基本解. 证毕.

若 $x_1(t)$ 和 $x_2(t)$ 为基本解, 则 $x_1(t+T)$ 和 $x_2(t+T)$ 也是方程 (4.3.1) 的解, 可表示为 $x_1(t)$ 和 $x_2(t)$ 的线性组合

$$\left.\begin{array}{l} x_1(t+T) = a_{11}x_1(t) + a_{12}x_2(t) \\ x_2(t+T) = a_{21}x_1(t) + a_{22}x_2(t) \end{array}\right\} \tag{4.3.8}$$

以矩阵形式表示为

$$\boldsymbol{x}(t+T) = \boldsymbol{A}\boldsymbol{x}(t) \tag{4.3.9}$$

其中 $\boldsymbol{x} = (x_1,\ x_2)^{\mathrm{T}}$, $\boldsymbol{A} = (a_{ij})$. 令上式及其对 t 的微分式中 $t = 0$, 利用初始条件 (4.3.5) 导出

$$A = \begin{pmatrix} a_{11} & a_{12} \\ a_{21} & a_{22} \end{pmatrix} = \begin{pmatrix} x_1(T) & \dot{x}_1(T) \\ x_2(T) & \dot{x}_2(T) \end{pmatrix} \tag{4.3.10}$$

$\boldsymbol{A}$ 的特征值为 λ_1, λ_2 称为方程 (4.3.1) 的**特征乘数**. 可以证明, 特征乘数与基本解的取法无关. 若方程 (4.3.1) 的所有特征乘数的模均小于 1, 则零解渐近稳定; 若至少有一个特征乘数的模大于 1, 则零解不稳定. 此外, 方程 (4.3.1) 存在周期为 T 的非零周期解的必要且充分条件是至少有一个特征乘数等于 1.

4.3.2 正规解

1.2.1 节中曾说明, 线性常系数常微分方程判断零解稳定性的方法是以指数函数 $\boldsymbol{x} = \boldsymbol{A}\mathrm{e}^{\lambda t}$ 作为基本解. 它具有以下性质

$$\boldsymbol{x}(t+T) = \sigma\boldsymbol{x}(t) \tag{4.3.11}$$

其中 $\sigma = \mathrm{e}^{\lambda T}$ 为常值复数. 零解的稳定性由特征值 λ 的实部符号判断: $\mathrm{Re}(\lambda) < 0$ 为渐近稳定, $\mathrm{Re}(\lambda) > 0$ 为不稳定, $\mathrm{Re}(\lambda) = 0$ 为临界情形. 对于周期变系数的

线性微分方程, 虽然找不到指数函数特解, 但仍有可能找出与 (4.3.11) 相同性质的特解, 其中 σ 也是某个常值复数. 这种特殊性质的特解称为**正规解**. 找到正规解以后, 反复使用条件 (4.3.11)m 次, 得到

$$\boldsymbol{x}\,(t+mT) = \sigma^m \boldsymbol{x}\,(t) \tag{4.3.12}$$

可用于确定任意个周期后解随时间的变化趋势. 弗洛凯理论以零解的有界性作为稳定性的定义, 则方程 (4.3.1) 的零解稳定性可根据 σ 的模做出判断:

$$|\sigma| < 1 : 渐近稳定, \quad |\sigma| > 1 : 不稳定, \quad |\sigma| = 1 : 临界情形 \tag{4.3.13}$$

若 σ 为实数, 则临界情况 $\sigma = \pm 1$ 对应于周期解. $\sigma = +1$ 时周期为 T, $\sigma = -1$ 时周期为 $2T$. 周期解是介于稳定与不稳定之间的临界情形. 此临界状态也满足有界性的稳定性条件, 与李雅普诺夫的稳定性定义一致.

将正规解 $x(t)$ 表示为线性独立的一对基本解 $x_1(t)$ 和 $x_2(t)$ 的线性组合

$$x\,(t) = \alpha_1 x_1\,(t) + \alpha_2 x_2\,(t) \tag{4.3.14}$$

将式 (4.3.8) 和 (4.3.14) 代入式 (4.3.11), 整理后得到

$$[\alpha_1\,(a_{11} - \sigma) + \alpha_2 a_{21}]\,x_1 + [\alpha_1 a_{12} + \alpha_2\,(a_{22} - \sigma)]\,x_2 = 0 \tag{4.3.15}$$

因 x_1 和 x_2 线性独立, 其系数必为零, 导致

$$\left. \begin{array}{l} \alpha_1\,(a_{11} - \sigma) + \alpha_2 a_{21} = 0 \\ \alpha_1 a_{12} + \alpha_2\,(a_{22} - \sigma) = 0 \end{array} \right\} \tag{4.3.16}$$

从 α_1 和 α_2 的非零解条件导出 σ 的特征方程

$$|\boldsymbol{A} - \sigma \boldsymbol{E}| = \sigma^2 + P\sigma + Q = 0 \tag{4.3.17}$$

利用式 (4.3.3), (4.3.10), 系数 P 和 Q 分别为

$$P = -\mathrm{tr}\boldsymbol{A}, \quad Q = \det \boldsymbol{A} = \Delta\,(T) \tag{4.3.18}$$

特征方程 (4.3.17) 与基本解的选择无关. 要证明这点, 只需选择另一对基本解 y_1 和 y_2

$$y_1 = \beta_1 x_1 + \beta_2 x_2, \quad y_2 = \gamma_1 x_1 + \gamma_2 x_2 \tag{4.3.19}$$

将 y_1 和 y_2 代替 x_1 和 x_2, 重复以上运算可导出与式 (4.3.17) 相同的特征方程. 因此当微分方程的参数确定以后, 特征方程和所对应的特征值均唯一地被确定. 因 $Q \neq 0$, 特征方程 (4.3.17) 无零根. 根据条件 (4.3.13), 若全部特征值的模 $|\sigma|$ 均小于 1, 则零解渐近稳定; 只要其中有一个特征值的模 $|\sigma|$ 大于 1, 零解必不稳定.

4.3.3 希尔方程的正规解

设方程 (4.3.1) 中 $p(t) \equiv 0$, $q(t)$ 为周期 T 的周期函数, 即成为希尔方程

$$\ddot{x} + q(t)\,x = 0 \tag{4.3.20}$$

根据初始条件 (4.3.5) 导出基本解 $x_1(t)$ 和 $x_2(t)$, 代入式 (4.3.10) 得到矩阵 $\boldsymbol{A}$. 由于 $p(t) \equiv 0$, 从式 (4.3.7) 导出 $\Delta(t) = \Delta(0) = 1$, 则 $Q = 1$, 特征方程为

$$\sigma^2 - 2a\sigma + 1 = 0 \tag{4.3.21}$$

其中 $2a = a_{11} + a_{22}$. 可解出特征值:

$$\sigma_{1,2} = a \pm \sqrt{a^2 - 1} \tag{4.3.22}$$

分以下几种情形讨论:

(1) $|a| > 1$: σ_1 和 σ_2 中必有一个根的值大于 1, 对应的基本解无界, 正规解不稳定.

(2) $|a| < 1$: σ_1 和 σ_2 为共轭复根, $\sigma_{1,2} = a \pm \mathrm{i}\sqrt{1 - a^2}$, 此共轭复根的模等于 1, 方程的基本解有界, 正规解稳定.

(3) $|a| = 1$: $\sigma_1 = \sigma_2 = \pm 1$ 为重根, 正规解是以 T 或 $2T$ 为周期的周期解, 是稳定与不稳定之间的临界情形.

根据以上分析, 选择方程的参数组合使系统实现周期为 T 或 $2T$ 的周期运动, 即可在参数平面内确定稳定与不稳定区域的分界线.

§4.4 参数振动的稳定图

4.4.1 方波激励的参数振动

先讨论方波激励参数振动. 方波激励在每个半周期内为常值, 可直接利用线性微分方程的解进行分析. 设希尔方程中参数 $q(t)$ 按周期为 T 的方波规律周期变化 (图 4.7)

$$q(t) = \begin{cases} \delta + \varepsilon & (0 < t < T/2) \\ \delta - \varepsilon & (T/2 < t < T) \end{cases} \tag{4.4.1}$$

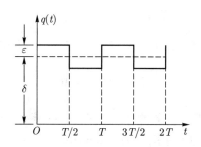

图 4.7 方波参数激励

其中 ε 为激励的脉动幅度. 此参数变化系统在不同半周期内可用不同的常系数线性微分方程表示为

$$\ddot{x}_1 + (\delta + \varepsilon)\, x_1 = 0 \quad (0 < t < T/2) \tag{4.4.2a}$$

$$\ddot{x}_2 + (\delta - \varepsilon)\, x_2 = 0 \quad (T/2 < t < T) \tag{4.4.2b}$$

方程 (4.4.2a) 和 (4.4.2b) 的通解分别为

$$\left. \begin{array}{l} x_1 = C_1 \sin \omega_{10} t + D_1 \cos \omega_{10} t \\ x_2 = C_2 \sin \omega_{20} t + D_2 \cos \omega_{20} t \end{array} \right\} \tag{4.4.3}$$

其中参数 ω_{10} 和 ω_{20} 分别为与之对应的线性系统的固有角频率

$$\omega_{10} = \sqrt{\delta + \varepsilon}, \quad \omega_{20} = \sqrt{\delta - \varepsilon} \tag{4.4.4}$$

积分常数 C_1, D_1, C_2 和 D_2 由解的连续性确定. 在半周期交界的 $t = T/2$ 时刻,
解的连续性条件为

$$x_1 \left(\frac{T}{2} \right) = x_2 \left(\frac{T}{2} \right), \quad \dot{x}_1 \left(\frac{T}{2} \right) = \dot{x}_2 \left(\frac{T}{2} \right) \tag{4.4.5}$$

在不同周期交界的 $t = 0$ 和 T 时刻, 考虑下个周期的振幅可能发生的变化, 应
以正规解条件 (4.3.11) 表示为

$$x_2 (T) = \sigma x_1 (0), \quad \dot{x}_2 (T) = \sigma \dot{x}_1 (0) \tag{4.4.6}$$

将式 (4.4.3) 代入式 (4.4.5),(4.4.6), 得到

$$C_1 \sin \frac{\omega_{10} T}{2} + D_1 \cos \frac{\omega_{10} T}{2} - C_2 \sin \frac{\omega_{20} T}{2} - D_2 \cos \frac{\omega_{20} T}{2} = 0$$

$$\omega_{10} \left(C_1 \cos \frac{\omega_{10} T}{2} - D_1 \sin \frac{\omega_{10} T}{2} \right) - \omega_{20} \left(C_2 \cos \frac{\omega_{20} T}{2} - D_2 \sin \frac{\omega_{20} T}{2} \right) = 0$$

$$\sigma D_1 - C_2 \sin \omega_{20} T - D_2 \cos \omega_{20} T = 0$$

$$\sigma \omega_{10} C_1 - \omega_{20} \left(C_2 \cos \omega_{20} T - D_2 \sin \omega_{20} T \right) = 0 \tag{4.4.7}$$

利用 C_1, D_1, C_2 和 D_2 的非零解条件, 导出 σ 应满足的特征方程

$$\begin{vmatrix} \sin \dfrac{\omega_{10} T}{2} & \cos \dfrac{\omega_{10} T}{2} & -\sin \dfrac{\omega_{20} T}{2} & -\cos \dfrac{\omega_{20} T}{2} \\[2mm] \omega_{10} \cos \dfrac{\omega_{10} T}{2} & -\omega_{10} \sin \dfrac{\omega_{10} T}{2} & -\omega_{20} \cos \dfrac{\omega_{20} T}{2} & \omega_{20} \sin \dfrac{\omega_{20} T}{2} \\[2mm] 0 & \sigma & -\sin \omega_{20} T & -\cos \omega_{20} T \\[2mm] \sigma \omega_{10} & 0 & -\omega_{20} \cos \omega_{20} T & \omega_{20} \sin \omega_{20} T \end{vmatrix} = \sigma^2 - 2a\sigma + 1 = 0 \tag{4.4.8}$$

此特征方程即式 (4.3.21), 其中的参数 a 定义为

$$a = \cos \frac{\omega_{10} T}{2} \cos \frac{\omega_{20} T}{2} - \left(\frac{\omega_{10}^2 + \omega_{20}^2}{2\omega_{10}\omega_{20}} \right) \sin \frac{\omega_{10} T}{2} \sin \frac{\omega_{20} T}{2} \tag{4.4.9}$$

从特征方程 (4.4.8) 解出由式 (4.3.22) 表示的特征值:

$$\sigma_{1,2} = a \pm \sqrt{a^2 - 1} \tag{4.4.10}$$

根据上节的分析, 零解的稳定性取决于 $|a|>1$ 或 $|a|<1$, $|a|=1$ 为稳定与不稳定之间的临界情形.

根据弗洛凯理论, 周期运动是区分参数振动稳定与不稳定的临界情形. 因此式 (4.4.8) 作为周期解的存在条件, 将式 (4.4.4) 代入式 (4.4.9), 令 $|a|=1$, 即可在 (δ, ε) 参数平面上描绘出曲线族, 成为稳定与不稳定区域的边界线. 英国数学家因斯 (E. L. Ince) 和斯特鲁特 (J. W. Strutt) 于 1928 年提出将这种图形作为判断参数振动稳定性的工具, 称为**因斯–斯特鲁特图**, 以下简称稳定图. 方波激励的稳定图如图 4.8 所示. 为判断曲线族所围区域的性质, 利用左侧横坐标轴上各点因 $\delta<0$ 是已知的不稳定自由振动, 再根据 1919 年霍普特 (O. Haupt) 证明的稳定域与不稳定域交替分布的特点, 可以确定稳定域与不稳定域的分布状况. 图 4.8 中的不稳定域以阴影区表示. 此图仅为 $\varepsilon>0$ 部分, $\varepsilon<0$ 的下半部分的稳定图为上半部分的镜像.

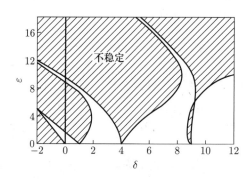

图 4.8　方波激励的稳定图

稳定图的横坐标轴上各点均与 $\varepsilon=0$ 的派生系统, 即固有频率为 $\omega_0=\sqrt{\delta}$ 的线性保守系统相对应. 令式 (4.4.9) 中的 ω_{10} 和 ω_{20} 均以 $\omega_0=\sqrt{\delta}$ 代替, 参数 a 简化为

$$a=\cos^2\frac{\omega_0 T}{2}-\sin^2\frac{\omega_0 T}{2}=\cos\frac{2\pi T}{T_0} \tag{4.4.11}$$

其中 $T_0=2\pi/\sqrt{\delta}$ 为派生线性系统的自由振动周期. 表明图 4.8 的横坐标轴右侧各点均为等幅振动, 即派生的线性系统自由振动, 满足 $|a|\leqslant 1$ 的稳定性条件.

其中 $|a| = 1$ 的临界情形对应于

$$\frac{2\pi T}{T_0} = n\pi \quad (n = 1, 2, \cdots) \tag{4.4.12}$$

将 $T = \pi$, $2\pi/T_0 = \sqrt{\delta}$ 代入, 导出 $\delta = n^2$, 在 $\delta > 0$ 的横坐标轴右侧, 解出 $\delta = 1, 4, 9, \cdots$ 等孤立点. 而横坐标轴左侧 $\delta < 0$, 为负刚度的不稳定情形. 据此判断横坐标轴右侧各点均稳定, 而左侧各点均不稳定. 但上述 $\delta = 1, 4, 9, \cdots$ 孤立点为临界情形, 因与图中的不稳定域连通, ε 只要稍偏离零值即不稳定, 应也属于不稳定域. 对于 $\delta = n = 1$ 的特殊情形, $T_0 = 2T$, 表明当固有频率等于参数激励频率的 $1/2$ 时可导致不稳定的参数共振, 称为**半频共振**. 如 $n = 2$, 不稳定条件 $T_0 = T$, 与受迫振动的共振条件相同. 在稳定图的左半平面, 虽横坐标轴上各点均为不稳定的自由振动, 但存在 $\varepsilon \neq 0$ 的狭小稳定域. 此稳定域的存在表明参数激励有能使不稳定的自由振动转为稳定的可能性.

例 4.4-1 设质量为 m, 弹簧刚度为 k 的质量–弹簧系统在固定端附近可受到轴套的抱紧而改变弹簧刚度 (图 4.9). 每次约束和解除约束时间均为 t^*. 约束范围远小于弹簧的总长度. 求能引发参数共振的最短约束时间 $t^*_{\min}$.

图 4.9 质量–非线性弹簧系统

解: 未被轴套抱紧的线性系统自由振动周期为 $T_0 = 2\pi\sqrt{m/k}$, 受轴套约束的周期为 $T = 2t^*$, 代入与临界状态对应的式 (4.4.12), 解出

$$t^* = \frac{n\pi}{2}\sqrt{\frac{m}{k}} \tag{a}$$

取 $n = 1$, 导出能引发参数共振的最短约束时间 $t^*_{\min}$

$$t^*_{\min} = \frac{\pi}{2}\sqrt{\frac{m}{k}} = \frac{T_0}{4} \tag{b}$$

4.4.2 简谐激励的参数振动

简谐激励参数振动的数学模型如式 (4.1.5), 即马蒂厄方程. 将变量 τ 改记为 t, 写作

$$\frac{\mathrm{d}^2 x}{\mathrm{d}t^2} + (\delta + \varepsilon \cos 2t)\, x = 0 \tag{4.4.13}$$

参数激励的角频率为 $\omega = 2$, 周期为 $T = \pi$. 如上所述, 参数振动以周期运动作为稳定域的边界. 计算马蒂厄方程周期解的近似解析方法基于其派生系统的周期解. 而 $\varepsilon = 0$ 的派生系统为线性保守系统, 仅当 $\delta = n^2\,(n = 0, 1, 2, \cdots)$ 时方存在周期等于 π 或 2π 的周期解. 所对应的线性无关特解为 $\cos nt$ 和 $\sin nt$. 除 $n = 0$ 为常值解以外, n 为偶数时为周期 π, n 为奇数时为周期 2π 的周期解.

利用林滋泰德–庞加莱摄动方法, 将马蒂厄方程的解 $x(t)$ 和参数 δ 均展成 ε 的幂级数

$$x = x_0 + \varepsilon x_1 + \varepsilon^2 x_2 + \cdots \tag{4.4.14}$$

$$\delta = n^2 + \varepsilon \sigma_1 + \varepsilon^2 \sigma_2 + \cdots \tag{4.4.15}$$

代入方程 (4.4.13), 令两边 ε 的同次幂系数相等, 导出各阶近似的线性方程组

$$\ddot{x}_0 + n^2 x_0 = 0 \tag{4.4.16a}$$

$$\ddot{x}_1 + n^2 x_1 = -(\sigma_1 + \cos 2t)\, x_0 \tag{4.4.16b}$$

$$\ddot{x}_2 + n^2 x_2 = -(\sigma_1 + \cos 2t)\, x_1 - \sigma_2 x_0 \tag{4.4.16c}$$

$$\vdots$$

对不同的 n 值分别计算:

(1) $n = 0$

从零阶方程 (4.4.16a) 解出

$$\ddot{x}_0 = 0 \tag{4.4.17}$$

唯有常值解 x_0 为周期解, 令 $x_0 = 1$. 代入方程 (4.4.16b) 后, 得到

$$\ddot{x}_1 = -(\sigma_1 + \cos 2t) \tag{4.4.18}$$

为避免久期项, 令 $\sigma_1 = 0$. 积分得到周期解

$$x_1 = \frac{1}{4}\cos 2t \tag{4.4.19}$$

代入方程 (4.4.16c), 得到

$$\ddot{x}_2 = -\left(\sigma_2 + \frac{1}{8}\right) - \frac{1}{8}\cos 4t \tag{4.4.20}$$

去久期项条件要求 $\sigma_2 = -1/8$, 积分得到周期解

$$x_2 = \frac{1}{128}\cos 4t \tag{4.4.21}$$

如此继续进行, 最终得到

$$x = \text{ce}_0\,(t,\varepsilon) = 1 + \frac{\varepsilon}{4}\cos 2t + \frac{\varepsilon^2}{128}\cos 4t + \cdots \tag{4.4.22}$$

$$\delta = \alpha_{c0}\,(\varepsilon) = -\frac{1}{8}\varepsilon^2 + \cdots \tag{4.4.23}$$

(2) $n = 1$

零阶方程 (4.4.16a) 有两个线性无关的特解 $\cos t$ 和 $\sin t$. 先采用 $x_0 = \cos t$, 代入一阶方程 (4.4.16b) 后得到

$$\ddot{x}_1 + x_1 = -\left(\sigma_1 + \frac{1}{2}\right)\cos t - \frac{1}{2}\cos 3t \tag{4.4.24}$$

为避免久期项, 令 $\sigma_1 = -1/2$, 积分得到周期解

$$x_1 = \frac{1}{16}\cos 3t \tag{4.4.25}$$

代入二阶方程 (4.4.16c), 得到

$$\ddot{x}_2 + x_2 = -\left(\sigma_2 + \frac{1}{32}\right)\cos t + \frac{1}{16}\cos 3t - \frac{1}{32}\cos 5t \tag{4.4.26}$$

225

去久期项条件要求 $\sigma_2 = -1/32$, 积分得到周期解:

$$x_2 = -\frac{1}{128}\cos 3t + \frac{1}{768}\cos 5t \tag{4.4.27}$$

继续计算后, 得到

$$x = \mathrm{ce}_1\,(t,\varepsilon) = \cos t + \frac{\varepsilon}{16}\cos 3t + \frac{\varepsilon^2}{768}\left(-6\cos 3t + \cos 5t\right) + \cdots \tag{4.4.28}$$

$$\delta = \alpha_{\mathrm{c}1}\,(\varepsilon) = 1 - \frac{1}{2}\varepsilon - \frac{1}{32}\varepsilon^2 + \cdots \tag{4.4.29}$$

若改用 $x_0 = \sin t$ 做类似运算, 得到

$$x = \mathrm{se}_1\,(t,\varepsilon) = \sin t + \frac{\varepsilon}{16}\sin 3t + \frac{\varepsilon^2}{768}\left(6\sin 3t + \sin 5t\right) + \cdots \tag{4.4.30}$$

$$\delta = \alpha_{\mathrm{s}1}\,(\varepsilon) = 1 + \frac{1}{2}\varepsilon - \frac{1}{32}\varepsilon^2 + \cdots \tag{4.4.31}$$

(3) $n = 2$

零阶方程 (4.4.16a) 的线性无关特解为 $\cos 2t$ 和 $\sin 2t$. 先将 $x_0 = \cos 2t$ 代入一阶方程 (4.4.16b), 得到

$$\ddot{x}_1 + 4x_1 = -\sigma_1\cos 2t - \frac{1}{2}\left(1 + \cos 4t\right) \tag{4.4.32}$$

为避免久期项, 令 $\sigma_1 = 0$, 解出一阶方程的周期解:

$$x_1 = -\frac{1}{8} + \frac{1}{24}\cos 4t \tag{4.4.33}$$

代入二阶方程 (4.4.16c)

$$\ddot{x}_2 + 4x_2 = -\left(\sigma_2 - \frac{5}{48}\right)\cos 2t + \frac{1}{48}\cos 6t \tag{4.4.34}$$

去久期项条件要求 $\sigma_2 = 5/48$, 积分得到二阶方程的周期解:

$$x_2 = -\frac{1}{1536}\cos 6t \tag{4.4.35}$$

继续计算后, 得到

$$x = \mathrm{ce}_2\,(t,\varepsilon) = \cos 2t - \frac{\varepsilon}{24}\left(3 - \cos 4t\right) - \frac{\varepsilon^2}{1536}\cos 6t + \cdots \tag{4.4.36}$$

$$\delta = \alpha_{c2}(\varepsilon) = 4 + \frac{5}{18}\varepsilon^2 + \cdots \tag{4.4.37}$$

若改用 $x_0 = \sin 2t$ 做类似运算, 则导出

$$x = \mathrm{se}_2(t, \varepsilon) = \sin 2t + \frac{\varepsilon}{24}\sin 4t + \frac{\varepsilon^2}{1536}\sin 6t + \cdots \tag{4.4.38}$$

$$\delta = \alpha_{s2}(\varepsilon) = 4 - \frac{1}{48}\varepsilon^2 + \cdots \tag{4.4.39}$$

如此继续进行, 直到满足精度要求时为止. 计算得到用级数表达的函数 $\mathrm{ce}_n(t, \varepsilon)$ 和 $\alpha_{cn}(\varepsilon)$ $(n = 0, 1, 2, \cdots)$, 称为 **n 阶余弦型马蒂厄函数及其特征函数**. $\mathrm{se}_n(t, \varepsilon)$ 和 $\alpha_{sn}(\varepsilon)$ $(n = 0, 1, 2, \cdots)$ 称为 **n 阶正弦型马蒂厄函数及其特征函数**.

特征函数 $\alpha_{cn}(\varepsilon)$ 和 $\alpha_{sn}(\varepsilon)$ $(n = 0, 1, 2, \cdots)$ 确定 (δ, ε) 参数平面内稳定域与不稳定域的分界线, 构成因斯–斯特鲁特稳定图. 与图 4.8 类似, 利用霍普特证明的稳定域与不稳定域依次交替分布的特点, 确定参数振动的稳定与不稳定区域, 如图 4.10 所示. 在 $4 > \delta > 0$ 范围内稳定性条件可表示为

$$\left.\begin{array}{ll} \delta < \alpha_{c1}(\varepsilon), \quad \alpha_{s2}(\varepsilon) > \delta > \alpha_{s1}(\varepsilon): & \text{稳定} \\ \alpha_{s1}(\varepsilon) > \delta > \alpha_{c1}(\varepsilon) & : \text{不稳定} \end{array}\right\} \tag{4.4.40}$$

$\delta < 0$ 范围内的稳定性条件为

$$\left.\begin{array}{ll} \alpha_{c1}(\varepsilon) > \delta > \alpha_{c0}(\varepsilon) & : \text{稳定} \\ \delta < \alpha_{c0}(\varepsilon), \quad \delta > \alpha_{c1}(\varepsilon): & \text{不稳定} \end{array}\right\} \tag{4.4.41}$$

与图 4.8 相同, 图 4.10 也以阴影线标示不稳定区, 也只有 $\varepsilon > 0$ 的上半部分, 无 $\varepsilon < 0$ 的下半镜像部分. 对于实际发生的参数振动问题, 若能将动力学方程写作马蒂厄方程的标准形式, 将 ε 取为正值, 即可根据参数 δ 和 ε 在稳定图中的位置, 或直接利用条件 (4.4.40),(4.4.41) 判断其稳定性.

图 4.10 右侧的横坐标轴上各点均在稳定区内, 仅 $\delta = n^2$ $(n = 0, 1, 2, \cdots)$ 各点例外. 因与不稳定区连通, 即使受到微弱的参数激励也可能进入不稳定区产生剧烈的参数共振, 也应属于不稳定区. 其中 $n = 1$ 对应的固有频率为激励频率的 $1/2$ 倍, 即 4.4.1 节叙述过的半频共振. 如前所述, 半频共振现象早在 19 世纪就已在实验中发现.

在图 4.10 的左侧, 即派生系统不稳定的 $\delta < 0$ 情形, 也有式 (4.4.41) 确定的狭小稳定域存在. 表明不稳定的派生系统可因参数激励转为稳定. 最直观的例子是支点沿垂直轴上下振动的倒置单摆. 无论方波激励或简谐激励, 选择适当的频率和振幅均能使倒摆从不稳定转为稳定.

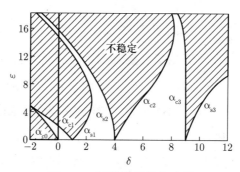

图 4.10　简谐激励的稳定图

4.4.3 利用平均法计算稳定图

应用平均法可对简谐激励参数振动的稳定图作近似计算. 仍讨论式 (4.1.5) 表示的马蒂厄方程:

$$\ddot{x} + (\delta + \varepsilon \cos 2t)\, x = 0 \tag{4.4.42}$$

根据弗洛凯理论, 当参数 δ 和 ε 满足某种关系时, 马蒂厄方程 (4.4.42) 可存在周期为 π 或 2π 的周期运动. 设此周期解的一般形式为

$$x = a \cos nt + b \sin nt \tag{4.4.43}$$

$$\dot{x} = -an \sin nt + bn \cos nt \tag{4.4.44}$$

其中 $n = 1, 2, \cdots$, a 和 b 均为时间 t 的慢变函数, 且满足

$$\dot{a} \cos nt + \dot{b} \sin nt = 0 \tag{4.4.45}$$

将式 (4.4.44) 对 t 求导, 代入方程 (4.4.42), 得到

$$-\dot{a} \sin nt + \dot{b} \cos nt = \frac{x}{n} \left(n^2 - \delta - \varepsilon \cos 2t \right) \tag{4.4.46}$$

从式 (4.4.45), (4.4.46) 导出 a 和 b 的微分方程：

$$\left.\begin{array}{l} \dot{a} = -\dfrac{1}{n}\left(n^2 - \delta - \varepsilon\cos 2t\right)\left(a\cos nt + b\sin nt\right)\sin nt \\[2mm] \dot{b} = \dfrac{1}{n}\left(n^2 - \delta - \varepsilon\cos 2t\right)\left(a\cos nt + b\sin nt\right)\cos nt \end{array}\right\} \tag{4.4.47}$$

将此方程组的右项以 π 或 2π 周期内的平均值代替. 先讨论 $n=1$ 情形, 得到平均化方程

$$\left.\begin{array}{l} \dot{a} + \dfrac{1}{2}\left(1 - \delta + \dfrac{\varepsilon}{2}\right)b = 0 \\[2mm] \dot{b} - \dfrac{1}{2}\left(1 - \delta - \dfrac{\varepsilon}{2}\right)a = 0 \end{array}\right\} \tag{4.4.48}$$

其特征方程为

$$\lambda^2 + \dfrac{1}{4}\left[(1-\delta)^2 - \left(\dfrac{\varepsilon}{2}\right)^2\right] = 0 \tag{4.4.49}$$

a 和 b 的零解稳定性条件即 λ 的纯虚根条件：

$$(1-\delta)^2 - \left(\dfrac{\varepsilon}{2}\right)^2 > 0 \tag{4.4.50}$$

则稳定域的范围为

$$\delta < 1 - \dfrac{\varepsilon}{2}, \quad \delta > 1 + \dfrac{\varepsilon}{2} \tag{4.4.51}$$

即式 (4.4.40) 表示的稳定性条件的一次近似. 此结论与式 (4.4.29),(4.4.31) 表示的马蒂厄特征函数 $\alpha_{c1}(\varepsilon)$ 和 $\alpha_{s1}(\varepsilon)$ 略去 ε 的二次以上小量后的结果一致. 图 4.11 为近似的稳定图, 其中的边界曲线为图 4.10 中的曲线在与横坐标轴交点处的切线.

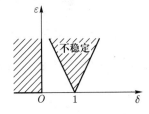

图 4.11　近似的简谐激励稳定图

对于 $n = 2$ 情形, 平均化方程为

$$\left.\begin{array}{l} \dot{a} + \left(1 - \dfrac{\delta}{4}\right) b = 0 \\[3mm] \dot{b} - \left(1 - \dfrac{\delta}{4}\right) a = 0 \end{array}\right\} \tag{4.4.52}$$

其特征方程为

$$\lambda^2 + \left(1 - \frac{\delta}{4}\right)^2 = 0 \tag{4.4.53}$$

任何情形下 λ 均为纯虚根, 表明 $n = 2$ 时, a 和 b 的零解恒稳定.

例 4.4-2 图 4.12 所示倒置单摆固定在振动台上. 设摆长为 l, 振动台的振动规律为 $a \cos \omega t$. 求能使单摆稳定不倒的最低激励频率 $\omega_{\min}$.

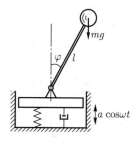

图 4.12 振动台上的倒置单摆

解: 倒置单摆在重力和惯性力作用下的动力学方程为

$$\ddot{\varphi} + \frac{g}{l} \left(-1 + \frac{a\omega^2}{g} \cos \omega t\right) \varphi = 0 \tag{a}$$

令 $x = \varphi$, $2\tau = \omega t$, 化作马蒂厄方程 (4.4.42), 其中

$$\delta = -\frac{4g}{l\omega^2}, \quad \varepsilon = \frac{4a}{l} \tag{b}$$

利用式 (4.4.41) 的稳定性条件, 将式 (4.4.23),(4.4.29) 代入后得到

$$1 - \frac{\varepsilon}{2} - \frac{\varepsilon^2}{32} > \delta > -\frac{\varepsilon^2}{8} \tag{c}$$

将式 (b) 代入后, 因 $a \ll l$, $\varepsilon \ll 1$, 左半不等式恒满足, 从右半不等式确定最低激励频率

$$\omega_{\min} = \frac{\sqrt{2gl}}{a} \tag{d}$$

4.4.4 线性阻尼对稳定图的影响

讨论系统存在线性阻尼时的参数振动. 在马蒂厄方程 (4.4.13) 内增加阻尼项, 写作

$$\ddot{x} + 2\zeta\dot{x} + (\delta + \varepsilon\cos 2t)\,x = 0 \tag{4.4.54}$$

为保证 $\varepsilon = 0$ 时的派生系统有周期为 π 或 2π 的周期解, 令 $\delta = n^2(n = 0, 1, 2,\cdots)$, 存在线性无关的特解 $\cos nt$ 和 $\sin nt$. 利用林滋泰德–庞加莱摄动方法计算稳定域的边界曲线. 将方程 (4.4.54) 的解 x 和参数 δ 展成 ε 的幂级数, 如式 (4.4.14) 和 (4.4.15). 设阻尼系数 ζ 与 ε 同数量级, 令 $\zeta = \varepsilon\gamma$. 代入后令两边 ε 的同次幂系数相等, 导出各阶近似的线性方程组

$$\ddot{x}_0 + n^2 x_0 = 0 \tag{4.4.55a}$$

$$\ddot{x}_1 + n^2 x_1 = -2\gamma\dot{x}_0 - (\sigma_1 + \cos 2t)\,x_0 \tag{4.4.55b}$$

$$\ddot{x}_2 + n^2 x_2 = -2\gamma\dot{x}_0 - (\sigma_1 + \cos 2t)\,x_1 - \sigma_2 x_0 \tag{4.4.55c}$$

$$\vdots$$

(1) $n = 0$

零阶方程 (4.4.55a) 唯有常值解为周期解. 令 $x_0 = 1$, 代入方程 (4.4.55b) 后的运算与无阻尼情形完全相同, 导出与式 (4.4.22) 和 (4.4.23) 相同的结果

$$x = 1 + \frac{\varepsilon}{4}\cos 2t + \frac{\varepsilon^2}{128}\cos 4t + \cdots \tag{4.4.56}$$

$$\delta = -\frac{1}{8}\varepsilon^2 + \cdots \tag{4.4.57}$$

(2) $n = 1$

由于有含 $\dot{x}_0$ 的阻尼项存在, 不可能采取 4.4.2 节将正弦函数和余弦函数两种特解分别处理的做法. 为此将零阶方程 (4.4.55a) 的周期解取作

$$x_0 = a\cos t + b\sin t \tag{4.4.58}$$

代入一阶方程 (4.4.55b), 整理后得到

$$\ddot{x}_1 + x_1 = -\left[\left(\sigma_1 + \frac{1}{2}\right)a + 2\gamma b\right]\cos t + \left[2\gamma a - \left(\sigma_1 - \frac{1}{2}\right)b\right]\sin t -$$

$$\frac{1}{2}\left(a\cos 3t - b\sin 3t\right) \tag{4.4.59}$$

为避免久期项, 令

$$\left.\begin{aligned} \left(\sigma_1 + \frac{1}{2}\right)a + 2\gamma b &= 0 \\ 2\gamma a - \left(\sigma_1 - \frac{1}{2}\right)b &= 0 \end{aligned}\right\} \tag{4.4.60}$$

a 和 b 的非零解条件为

$$\begin{vmatrix} 2\gamma & \sigma_1 + \dfrac{1}{2} \\ -\left(\sigma_1 - \dfrac{1}{2}\right) & 2\gamma \end{vmatrix} = \sigma_1^2 - \frac{1}{4} + 4\gamma^2 = 0 \tag{4.4.61}$$

如 $\gamma < 1/4$ 条件满足, σ_1 有实数解:

$$\sigma_1 = \pm\frac{1}{2}\sqrt{1 - (4\gamma)^2} \tag{4.4.62}$$

从方程 (4.4.59) 解出一阶方程的周期解:

$$x_1 = \frac{1}{16}\left(a\cos 3t + b\sin 3t\right) \tag{4.4.63}$$

将式 (4.4.58), (4.4.63) 代入二阶方程 (4.4.55c), 得到二次近似的稳定域边界曲线:

$$\begin{aligned} \ddot{x}_2 + x_2 = {} & \left[2\gamma a - \left(\sigma_2 - \frac{1}{32}\right)b\right]\sin t - \left[\left(\sigma_2 + \frac{1}{32}\right)a + 2\gamma b\right]\cos t - \\ & \frac{\sigma_1}{16}\left(a\cos 3t + b\sin 3t\right) - \frac{1}{32}\left(a\cos 5t + b\sin 5t\right) \end{aligned} \tag{4.4.64}$$

为避免久期项, 令

$$\left.\begin{aligned} 2\gamma a - \left(\sigma_2 - \frac{1}{32}\right)b &= 0 \\ \left(\sigma_2 + \frac{1}{32}\right)a + 2\gamma b &= 0 \end{aligned}\right\} \tag{4.4.65}$$

a 和 b 的非零解条件为

$$\begin{vmatrix} 2\gamma & -\left(\sigma_2 - \dfrac{1}{32}\right) \\ \left(\sigma_2 + \dfrac{1}{32}\right) & 2\gamma \end{vmatrix} = \sigma_2^2 + (2\gamma)^2 - \left(\frac{1}{32}\right)^2 = 0 \tag{4.4.66}$$

如 $\gamma < 1/64$ 条件满足, σ_2 有实数解:

$$\sigma_2 = \pm\frac{1}{32}\sqrt{1 - (64\gamma)^2} \tag{4.4.67}$$

从方程 (4.4.64) 解出二阶方程的周期解:

$$x_2 = \frac{\sigma_1}{128}\left(a\cos 3t + b\sin 3t\right) + \frac{1}{768}\left(a\cos 5t + b\sin 5t\right) \tag{4.4.68}$$

将式 (4.4.58),(4.4.63),(4.4.68) 代入式 (4.4.14), 得到马蒂厄方程的二次近似解

$$x = a\cos t + b\sin t - \frac{\varepsilon}{16}\left(1 + \frac{\varepsilon\sigma_1}{8}\right)\left(a\cos 3t - b\sin 3t\right) - \frac{\varepsilon^2}{768}\left(a\cos 5t + b\sin 5t\right) \tag{4.4.69}$$

将式 (4.4.62) 和 (4.4.67) 代入式 (4.4.15), 得到二次近似的稳定域边界曲线. 将 $\varepsilon\gamma$ 恢复用 ζ 表示, 写作

$$\delta = 1 \pm \frac{1}{2}\left[\sqrt{\varepsilon^2 - (4\zeta)^2} + \frac{\varepsilon}{16}\sqrt{\varepsilon^2 - (64\zeta)^2}\right] \tag{4.4.70}$$

参照式 (4.4.40), 稳定性条件为

$$\delta < 1 - \frac{1}{2}\left[\sqrt{\varepsilon^2 - (4\zeta)^2} + \frac{\varepsilon}{16}\sqrt{\varepsilon^2 - (64\zeta)^2}\right]$$

$$\delta > 1 + \frac{1}{2}\left[\sqrt{\varepsilon^2 - (4\zeta)^2} + \frac{\varepsilon}{16}\sqrt{\varepsilon^2 - (64\zeta)^2}\right] \tag{4.4.71}$$

如仅保留 ε 的一次项, 简化为

$$\left.\begin{array}{c}\delta < 1 - \dfrac{1}{2}\sqrt{\varepsilon^2 - (4\zeta)^2} \\[2mm] \delta > 1 + \dfrac{1}{2}\sqrt{\varepsilon^2 - (4\zeta)^2}\end{array}\right\} \tag{4.4.72}$$

4.4.3 节中无阻尼情形的稳定性条件 (4.4.51) 即上式中 $\zeta = 0$ 的特例. 用同样方法可计算 $n = 2$ 等更高项次. 图 4.13 为 (δ, ε) 参数平面内 $\delta = 1$ 附近不同 ζ 值对应的稳定图. 可看出不稳定区随着阻尼系数 ζ 的增大而缩小. 但在缩小的不稳定区内, 参数共振并未受到抑制. 与线性系统的受迫振动不同, 阻尼因素的存在虽能缩小不稳定区, 但并不能消除不稳定区内振幅无限增长的参数共振现象.

233

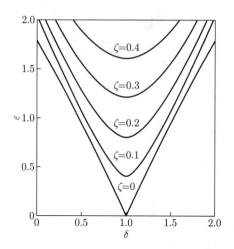

图 4.13　考虑线性阻尼的稳定图

§4.5　非线性参数振动

4.5.1　弱非线性系统的参数振动

以上对参数振动的讨论均建立在线性的变系数常微分方程基础之上. 本节讨论可能存在的非线性因素对参数振动的影响. 将马蒂厄方程 (4.4.13) 内增加弱非线性项, 写作

$$\ddot{x} + (\delta + \varepsilon \cos 2t)\, x = \varepsilon f(x, \dot{x}) \tag{4.5.1}$$

设 n 为派生系统的周期解角频率 $(n = 0, 1, 2, \cdots)$, 参数 δ 与 n^2 接近, 满足

$$\delta = n^2 + \varepsilon \sigma \tag{4.5.2}$$

将方程 (4.5.1) 改写为

$$\ddot{x} + n^2 x = \varepsilon f_1(x, \dot{x}, t) \tag{4.5.3}$$

其中的非线性函数 $f_1(x, \dot{x}, t)$ 包含时间变量 t

$$f_1(x, \dot{x}, t) = f(x, \dot{x}) - x(\sigma + \cos 2t) \tag{4.5.4}$$

采用平均法处理. 参照式 (2.4.3),(2.4.4), 将其中 ω_0 改记为 n, 写作

$$x = a \cos(nt + \theta), \quad \dot{x} = -an \sin(nt + \theta) \quad (n = 0, 1, 2, \cdots) \tag{4.5.5}$$

令 $\psi = nt + \theta$, 将上式中的时间以 $t = (\psi - \theta)/n$ 代替, 直接利用式 (2.4.7) 写出 a 和 θ 的微分方程:

$$\left.\begin{array}{l} \dot{a} = -\dfrac{\varepsilon}{n} f_1 \left(a \cos\psi, -na\sin\psi, (\psi - \theta)/n\right)\sin\psi \\[3mm] \dot{\theta} = -\dfrac{\varepsilon}{an} f_1 \left(a \cos\psi, -na\sin\psi, (\psi - \theta)/n\right)\cos\psi \end{array}\right\} \tag{4.5.6}$$

将式 (4.5.4) 代入此方程的右项, 计算在周期 $T = 2\pi/n$ 内的平均值, 即导出平均化的微分方程. 对于 $n = 1$, 即参数振动频率为 1/2 倍激励频率情形, 将式 (4.5.4) 代入后得到一次近似的微分方程

$$\dot{a} = -\varepsilon \left[\frac{a}{4}\sin 2\theta + Q\left(a, \theta\right)\right] \tag{4.5.7a}$$

$$\dot{\theta} = -\varepsilon \left[\frac{1}{4}\left(2\sigma + \cos 2\theta\right) + P\left(a, \theta\right)\right] \tag{4.5.7b}$$

函数 Q 和 P 定义为

$$\left.\begin{array}{l} Q\left(a, \theta\right) = \dfrac{1}{2\pi}\displaystyle\int_0^{2\pi} f\left(a\cos\psi, -a\sin\psi\right)\sin\psi\,\mathrm{d}\psi \\[3mm] P\left(a, \theta\right) = \dfrac{1}{2\pi}\displaystyle\int_0^{2\pi} f\left(a\cos\psi, -a\sin\psi\right)\cos\psi\,\mathrm{d}\psi \end{array}\right\} \tag{4.5.8}$$

4.5.2 非线性阻尼系统的参数振动

设系统的非线性项由非线性阻尼力体现, 表示为 $\varepsilon f\left(\dot{x}\right)$. 动力学方程为

$$\ddot{x} + \left(\delta + \varepsilon\cos 2t\right)x = \varepsilon f\left(\dot{x}\right) \tag{4.5.9}$$

写作式 (4.5.3) 形式, 将式 (4.5.4) 中的 $f\left(x, \dot{x}\right)$ 以 $f\left(\dot{x}\right)$ 代替, 写作

$$f_1\left(x, \dot{x}, t\right) = f\left(\dot{x}\right) - x\left(\sigma + \cos 2t\right) \tag{4.5.10}$$

仅讨论式 (4.5.2) 中 $n = 1$ 情形, 令

$$x = a\cos\psi, \quad \dot{x} = -a\sin\psi, \quad \psi = t + \theta \tag{4.5.11}$$

以干摩擦力为例, 其非线性函数 $f(\dot{x})$ 已在例 2.4-1 中给出

$$f(\dot{x}) = \begin{cases} F_0 & (0 < \psi < \pi, \ \dot{x} < 0) \\ -F_0 & (\pi < \psi < 2\pi, \ \dot{x} > 0) \end{cases} \tag{4.5.12}$$

利用例 2.4-1 中导出的 $Q(a, \theta)$ 和 $P(a, \theta)$

$$Q(a, \theta) = \frac{2F_0}{\pi}, \quad P(a, \theta) = 0 \tag{4.5.13}$$

将上式代入方程组 (4.5.7), 得到一次近似微分方程

$$\left. \begin{aligned} \dot{a} &= -\varepsilon \left(\frac{a}{4} \sin 2\theta + \frac{2F_0}{\pi} \right) \\ \dot{\theta} &= -\frac{\varepsilon}{4} (2\sigma + \cos 2\theta) \end{aligned} \right\} \tag{4.5.14}$$

再以阻尼力与速度平方成正比情形为例, 其阻尼力函数 $f(\dot{x})$ 在例 2.4-2 中表示为

$$f(\dot{x}) = -\gamma \dot{x} |\dot{x}| = -\gamma a^2 \sin \psi |\sin \psi| \tag{4.5.15}$$

利用例 2.4-2 中导出的 $Q(a, \theta)$ 和 $P(a, \theta)$

$$Q(a, \theta) = \frac{4\gamma a^2}{3\pi}, \quad P(a, \theta) = 0 \tag{4.5.16}$$

代入式 (4.5.7), 得到一次近似动力学方程

$$\dot{a} = -\frac{\varepsilon a}{4} \left(\sin 2\theta + \frac{16\gamma a}{3\pi} \right) \tag{4.5.17a}$$

$$\dot{\theta} = -\frac{\varepsilon}{4} (2\sigma + \cos 2\theta) \tag{4.5.17b}$$

4.5.3 极限环与动态分岔

为分析非线性阻尼系统可能产生的周期运动, 可利用上节列出的方程计算振幅和相角的稳态解. 以平方阻尼为例. 令方程 (4.5.17) 中 $\dot{a} = \dot{\theta} = 0$, 除 a 恒等于零的解以外, 得到

$$a_{\mathrm{s}} = \frac{3\pi}{16\gamma} \sqrt{1 - 4\sigma^2}, \quad \theta_{\mathrm{s}} = \frac{1}{2} \arccos(-2\sigma) \tag{4.5.18}$$

非零解 a_s 的实数解条件为

$$|\sigma| < 1/2 \tag{4.5.19}$$

利用式 (4.5.2) 导出

$$1 + \frac{\varepsilon}{2} > \delta > 1 - \frac{\varepsilon}{2} \tag{4.5.20}$$

参照 4.4.3 节中的式 (4.4.51), 此周期解存在条件恰好与无阻尼参数振动的不稳定条件一致. 可见与线性阻尼不同, 非线性阻尼能使无阻尼情形下的不稳定参数振动转变为周期运动, 对参数共振起抑制作用.

为判断周期运动的稳定性, 引入扰动变量

$$\xi = a - a_s, \quad \eta = \theta - \theta_s \tag{4.5.21}$$

代入方程 (4.5.17), 导出在稳态值 (a_s, θ_s) 附近的一次近似扰动方程

$$\dot{\xi} + \varepsilon a_s \left(\frac{4\gamma}{3\pi} \xi - \sigma\eta \right) = 0 \tag{4.5.22a}$$

$$\dot{\eta} + \frac{8\varepsilon\gamma a_s}{3\pi} \eta = 0 \tag{4.5.22b}$$

此线性方程的特征方程为

$$\begin{vmatrix} \lambda + \dfrac{4\varepsilon\gamma a_s}{3\pi} & -\varepsilon\sigma a_s \\ 0 & \lambda + \dfrac{8\varepsilon\gamma a_s}{3\pi} \end{vmatrix} = \left(\lambda + \frac{4\varepsilon\gamma a_s}{3\pi} \right) \left(\lambda + \frac{8\varepsilon\gamma a_s}{3\pi} \right) = 0 \tag{4.5.23}$$

特征值为负实数, 表明周期运动为渐近稳定, 对应于相平面内的稳定极限环. 式 (4.5.18) 表明, 极限环的幅度 a_s 随 $|\sigma|$ 的增大而缩小. 当 $|\sigma|$ 增大至 $1/2$ 时, $a_s = 0$, 稳定极限环退化为稳定焦点. 此后再增大 $|\sigma|$, 周期运动的存在条件 (4.5.19) 不再满足, 仅存在与系统平衡状态对应的零解. 若不存在阻尼因素, 从式 (4.4.51) 推知, 零解在 $|\sigma| < 1/2$ 区内不稳定, 在 $|\sigma| > 1/2$ 区内稳定. 阻尼项的存在使 $|\sigma| > 1/2$ 区域内的零解成为渐近稳定. 在 $|\sigma| < 1/2$ 区域内, 与零解不稳定的同时, 出现渐近稳定的非零解 a_s. 根据以上分析, 此非线性参数振动系统在 $\sigma = \pm 1/2$ 处存在霍普夫分岔, 如图 4.14 所示, 其中以实线和虚线表示稳定和不稳定.

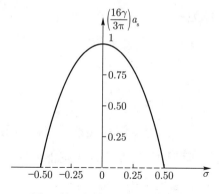

图 4.14 参数振动的动态分岔

§4.6 多自由度参数振动

4.6.1 二自由度参数振动

以上对单自由度系统参数振动的分析方法也适用于多自由度系统. 以二自由度线性系统为例. 设系统受相同频率的参数激励, 动力学方程为

$$\ddot{x}_i + \omega_{i0}^2 x_i = 2\varepsilon \sum_{j=1}^{2} f_{ij} x_j \cos \omega t \quad (i = 1, 2) \tag{4.6.1}$$

其中 $\omega_{i0}(i = 1, 2)$ 为线性系统的固有频率, ω 为激励频率, 参数 $f_{ij}(i \neq j)$ 使二自由度振动相互耦合. 利用多尺度法, 仅讨论一次近似解, 令

$$x_i = x_{i0}(T_0, T_1) + \varepsilon x_{i1}(T_0, T_1) \quad (i = 1, 2) \tag{4.6.2}$$

将式 (4.6.2) 代入方程组 (4.6.1), 利用式 (2.5.4), (2.5.5) 表达其中对 t 的导数. 展开后令 ε 的同次幂系数为零, 得到零阶和一阶近似微分方程:

$$D_0^2 x_{i0} + \omega_{i0}^2 x_{i0} = 0 \quad (i = 1, 2) \tag{4.6.3a}$$

$$D_0^2 x_{i1} + \omega_{i0}^2 x_{i1} = -2D_1 D_0 x_{i0} + 2 \cos \omega t \sum_{j=1}^{2} f_{ij} x_{j0} \quad (i = 1, 2) \tag{4.6.3b}$$

将零阶近似方程 (4.6.3a) 的解以复数形式表示为

$$x_{i0} = A_i(T_1) e^{i\omega_{i0} T_0} + cc \quad (i = 1, 2) \tag{4.6.4}$$

将式 (4.6.4) 代入一阶近似方程 (4.6.3b) 的右边, 展开后得到

$$D_0^2 x_{i1} + \omega_{i0}^2 x_{i1} = - 2D_1 A_i \omega_{i0} e^{i\omega_{i0}T_0} +$$

$$\sum_{j=1}^{2} f_{ij} A_j \left[e^{i(\omega+\omega_{j0})T_0} + e^{i(\omega-\omega_{j0})T_0} \right] + cc \quad (i=1,2) \quad (4.6.5)$$

当激励频率 $\omega = 2\omega_{j0}(j=1,2)$ 或 $\omega = \omega_{i0} \pm \omega_{j0}$ $(i,j=1,2)$ 时, 均可使系统产生共振. 其中 $\omega = 2\omega_{j0}$ 频率的共振为半频共振. $\omega = \omega_{i0} + \omega_{j0}$ 频率的共振称为**和型组合共振**, $\omega = \omega_{i0} - \omega_{j0}$ 频率的共振称为**差型组合共振**. 由此可见, 多自由度周期变系数线性系统与常系数线性系统的明显差异. 后者的受迫振动只存在与固有频率相等的共振频率.

4.6.2　和型组合共振

设参数振动的激励频率 ω 接近和型组合共振频率 $\omega_{10} + \omega_{20}$, 令

$$\omega = \omega_{10} + \omega_{20} + \varepsilon\sigma \quad (4.6.6)$$

直接计算可验证以下等式:

$$Ae^{-i\omega T_0} + cc = \bar{A}e^{i\omega T_0} + cc \quad (4.6.7)$$

将式 (4.6.6) 代入一阶近似方程 (4.6.5), 利用等式 (4.6.7) 化作

$$D_0^2 x_{11} + \omega_{10}^2 x_{11} = (-2i\omega_{10}D_1 A_1 + f_{12}\bar{A}_2 e^{i\sigma T_1})e^{i\omega_{10}T_0} + \cdots + cc \quad (4.6.8a)$$

$$D_0^2 x_{21} + \omega_{20}^2 x_{21} = (-2i\omega_{20}D_1 A_2 + f_{21}\bar{A}_1 e^{i\sigma T_1})e^{i\omega_{20}T_0} + \cdots + cc \quad (4.6.8b)$$

其中省略号表示与久期项无关的其他频率周期项. 为避免久期项, 复振幅 A_1, A_2 应满足

$$D_1 A_1 + \frac{if_{12}}{2\omega_{10}} \bar{A}_2 e^{i\sigma T_1} = 0 \quad (4.6.9a)$$

$$D_1 A_2 + \frac{if_{21}}{2\omega_{20}} \bar{A}_1 e^{i\sigma T_1} = 0 \quad (4.6.9b)$$

利用复振幅 A_1, A_2 的指数形式解:

$$A_1 = A_{10}\mathrm{e}^{-\mathrm{i}\lambda T_1}, \quad A_2 = A_{20}\mathrm{e}^{\mathrm{i}(\lambda+\sigma)T_1} \tag{4.6.10}$$

代入方程组 (4.6.9) 后导出

$$\lambda A_{10} - \frac{f_{12}}{2\omega_{10}} A_{20} = 0 \tag{4.6.11a}$$

$$\frac{f_{21}}{2\omega_{20}} A_{10} + (\lambda + \sigma) A_{20} = 0 \tag{4.6.11b}$$

此方程组的非零解条件为

$$\begin{vmatrix} \lambda & -\dfrac{f_{12}}{2\omega_{10}} \\[2mm] \dfrac{f_{21}}{2\omega_{20}} & \lambda + \sigma \end{vmatrix} = \lambda^2 + \sigma\lambda + \frac{f_{12}f_{21}}{4\omega_{10}\omega_{20}} = 0 \tag{4.6.12}$$

解出 λ 的两个特征值:

$$\lambda_{1,2} = -\frac{1}{2}\left(\sigma \pm \sqrt{\sigma^2 - \frac{f_{12}f_{21}}{\omega_{10}\omega_{20}}}\right) \tag{4.6.13}$$

$\lambda_{1,2}$ 的实根条件即方程组 (4.6.11) 的零解稳定性条件:

$$\sigma^2 > \frac{f_{12}f_{21}}{\omega_{10}\omega_{20}} \tag{4.6.14}$$

此条件若不满足, A_{10}, A_{20} 的幅度将不断增长而导致参数共振. 可看出, 若 f_{12} 与 f_{21} 异号, 稳定性条件 (4.6.14) 必自动满足. 表明和型参数共振只能在 f_{12} 与 f_{21} 同号时发生.

由于 $\sigma^2 = \dfrac{f_{12}f_{21}}{\omega_{10}\omega_{20}}$ 对应于稳定与不稳定之间的临界状况, 代入式 (4.6.6) 可用于确定 (ω, ε) 参数平面内的稳定域边界:

$$\omega = \omega_{10} + \omega_{20} \pm \varepsilon\sqrt{\frac{f_{12}f_{21}}{\omega_{10}\omega_{20}}} \tag{4.6.15}$$

此近似的稳定图边界由两条直线组成 (图 4.15). 参数共振在不稳定区内发生.

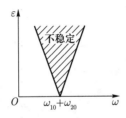

图 4.15 (ω, ε) 平面内组合参数振动的稳定图

例 4.6-1 一端固定的长度为 l 的矩形窄板受支座振动激励作弯扭振动如图 4.16 所示, 试判断其产生组合参数振动的可能性. 板的自重忽略不计.

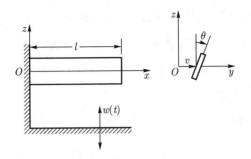

图 4.16 振动支座上的矩形窄板

解: 设板的截面保持刚性, 以截面中心沿 y 轴的位移 $v(x,t)$ 和截面绕中心轴 x 的扭角 $\theta(x,t)$ 为独立变量, 简化为二自由度系统. 当支座沿 z 轴作频率为 ω 的横向振动 $w(t) = A_0 \cos \omega t$ 时, 板的动力学方程为偏微分方程组:

$$
\left.
\begin{aligned}
EI\frac{\partial^4 v}{\partial x^4} + \frac{\rho_l}{2}\frac{\mathrm{d}^2 w}{\mathrm{d}t^2}\frac{\partial^2}{\partial x^2}\left[(l-x)^2\theta\right] + \rho_l\frac{\partial^2 v}{\partial t^2} = 0 \\
GI_{\mathrm{p}}\frac{\partial^2 \theta}{\partial x^2} + \frac{\rho_l}{2}\frac{\mathrm{d}^2 w}{\mathrm{d}t^2}\frac{\partial^2 v}{\partial x^2} + \rho_l I_{\mathrm{p}}\frac{\partial^2 \theta}{\partial t^2} = 0
\end{aligned}
\right\}
\tag{a}
$$

其中 ρ_l 为单位长度质量, EI 和 GI_{p} 分别为抗弯和抗扭刚度, I_{p} 为截面的二次极矩. 采用分离变量方法, 令

$$
v(x,t) = \phi_1(x)q_1(t), \quad \theta(x,t) = \phi_2(x)q_2(t)
\tag{b}
$$

其中 $\phi_1(x)$ 和 $\phi_2(x)$ 为悬臂梁的振型函数和杆的扭转振型函数. 将式 (b) 代入方程组 (a), 利用伽辽金方法, 将各项 x 的函数从零至 l 积分, 离散化为变系数

常微分方程组

$$
\left.
\begin{aligned}
\ddot{q}_1 + \omega_{10}^2 q_1 - (2\varepsilon f_{12}\cos\omega t)\, q_2 &= 0 \\
\ddot{q}_2 + \omega_{20}^2 q_2 - (2\varepsilon f_{21}\cos\omega t)\, q_1 &= 0
\end{aligned}
\right\}
\tag{c}
$$

其中

$$
\left.
\begin{aligned}
&\omega_{10}^2 = \frac{EI}{\rho_l}\int_0^l \frac{\varphi_1^{(4)}(x)}{\varphi_1(x)}\mathrm{d}x, \quad \omega_{20}^2 = \frac{G}{\rho_l}\int_0^l \frac{\varphi_2''(x)}{\varphi_2(x)}\mathrm{d}x, \quad \varepsilon = \frac{A_0}{l} \\
&f_{12} = \frac{l\omega^2}{4}\int_0^l \frac{1}{\varphi_1(x)}\frac{\mathrm{d}^2}{\mathrm{d}x^2}\left[(l-x)^2\,\varphi_2(x)\right]\mathrm{d}x, \quad f_{21} = \frac{l\omega^2}{4I_p}\int_0^l \frac{\varphi_1''(x)}{\varphi_2(x)}\mathrm{d}x
\end{aligned}
\right\}
\tag{d}
$$

将各振型函数代入式 (d) 的积分计算后, 得到同号的 f_{12} 与 f_{21}. 根据以上分析, 板在支座振动激励下只可能发生和型组合参数共振.

4.6.3 差型组合共振

设参数振动的激励频率 ω 接近于差型组合共振频率 $\omega_{10} - \omega_{20}$, 令

$$
\omega = \omega_{10} - \omega_{20} + \varepsilon\sigma
\tag{4.6.16}
$$

重复以上推导过程, 仅在方程 (4.6.13) 和式 (4.6.14) 中改变 ω_{20} 的正负号, 得到

$$
\lambda_{1,2} = -\frac{1}{2}\left(\sigma \pm \sqrt{\sigma^2 + \frac{f_{12}f_{21}}{\omega_{10}\omega_{20}}}\right)
\tag{4.6.17}
$$

则系统的零解稳定性条件改为

$$
\sigma^2 > -\frac{f_{12}f_{21}}{\omega_{10}\omega_{20}}
\tag{4.6.18}
$$

若 f_{12} 与 f_{21} 同号, 稳定性条件 (4.6.18) 必自动满足, 因此与和型参数共振相反, 差型参数共振只可能发生于 f_{12} 与 f_{21} 异号的情形. 若 f_{12}, f_{21} 中有一个为零, 则稳定性条件 (4.6.14) 和 (4.6.18) 均自动满足, 和型及差型参数共振均不可能发生.

例 4.6-2 设质量均为 m, 长度分别为 l_1 和 l_2 的二单摆串联组成双摆. 固定在振动台上, 如图 4.17 所示. 振动台的振动规律为 $\varepsilon a\cos\omega t$. 试判断其产生组合参数振动的可能性.

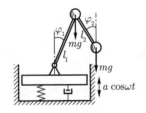

图 4.17 振动台上的双摆

解：设二单摆相对垂直轴的偏角分别为 φ_1 和 φ_2, 列写其动能和势能, 以及振动台引起的惯性力所对应的广义力：

$$
\left.
\begin{aligned}
&T = \frac{1}{2}m\left(2l_1^2\dot{\varphi}_1^2 + l_2^2\dot{\varphi}_2^2 + 2l_1l_2\dot{\varphi}_1\dot{\varphi}_2\right) \\
&V = mg\left(l_1\cos\varphi_1 - l_2\cos\varphi_2\right) \\
&Q_{\varphi_1} = 2m\varepsilon al_1\cos\omega t\sin\varphi_1 \\
&Q_{\varphi_2} = -m\varepsilon al_2\cos\omega t\sin\varphi_2
\end{aligned}
\right\}
\tag{a}
$$

代入拉格朗日方程, 得到

$$
\left.
\begin{aligned}
&2l_1\ddot{\varphi}_1 + l_2\ddot{\varphi}_2 - 2\left(g + \varepsilon a\omega^2\cos\omega t\right)\sin\varphi_1 = 0 \\
&l_1\ddot{\varphi}_1 + l_2\ddot{\varphi}_2 + \left(g + \varepsilon a\omega^2\cos\omega t\right)\sin\varphi_2 = 0
\end{aligned}
\right\}
\tag{b}
$$

将 $\ddot{\varphi}_1, \ddot{\varphi}_2$ 解耦, 仅保留 φ_1, φ_2 的一次项, 得到

$$
\left.
\begin{aligned}
&\ddot{\varphi}_1 - \omega_{10}^2\left(2\varphi_1 + \varphi_2\right) + \varepsilon\cos\omega t\sum_{j=1}^{2}f_{1j}\varphi_j = 0 \\
&\ddot{\varphi}_2 + \omega_{20}^2\left(\varphi_1 + \varphi_2\right) + \varepsilon\cos\omega t\sum_{j=1}^{2}f_{2j}\varphi_j = 0
\end{aligned}
\right\}
\tag{c}
$$

其中

$$
\omega_{10}^2 = \frac{2g}{l_1}, \quad \omega_{20}^2 = \frac{2g}{l_2}, \quad f_{11} = f_{12} = -\frac{2a\omega^2}{l_1}, \quad f_{21} = f_{22} = \frac{2a\omega^2}{l_2}
\tag{d}
$$

f_{12} 与 f_{21} 异号. 双摆在基座振动的激励下只可能发生差型组合参数共振.

习　题

4.1　设达芬系统在周期激励力作用下的动力学方程为

$$\ddot{x} + \omega_0^2(x + \mu x^3) = F_0 \cos \omega t$$

设系统的稳态响应为 $x = a\cos\omega t$, ξ 为扰动量, 试将其扰动方程表示为马蒂厄方程, 判断周期运动的稳定性.

4.2　设图 E4.2 所示倒置复摆的质量为 m, 质心与支点 O 的距离为 l, 相对 O 点的惯性矩为 J, O 点按 $y_0 = a\cos\omega t$ 规律运动. 试列写倒摆参数振动的马蒂厄方程, 确定方程中的参数 δ 和 ε, 导出为保证倒摆微幅振动稳定, 频率 ω 应满足的条件.

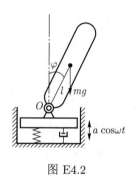

图 E4.2

4.3　图 E4.3 所示扭振系统中, 轴扭振刚度为 K 惯性矩为 J 的圆盘上距轴线 a 处受力 $F = F_0 + \Delta F\cos\omega t$ 作用. 试列写扭振系统参数振动的马蒂厄方程, 确定方程中的参数 δ 和 ε. 如 $K = 80$ N·m/rad, $J = 0.4$ kg·m^2, $a = 0.2$ m, $F_0 = 100$ N, $\Delta F = 40$ N, $\omega = 10$ rad/s, 试判断参数振动的稳定性.

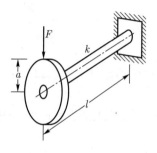

图 E4.3

4.4　图 E4.4 所示完全柔性的长为 L 的无自重弦线的中点 O 上吊一摆长为 l, 质量为 m 的单摆. 摆动过程中弦张力·F 为常数. 初始时悬挂点 O 的铅垂位移为 y_0, 速度为零. 试列写单摆参数振动的马蒂厄方程, 确定方程中的参数 δ, ε 和参数振动的激励频率 ω, 设 $m = 0.1$ kg, $F = 40$ N, $L = 1$ m, $l = 0.2$ m, $y_0 = 0.01$ m, 试判断摆的参数振动稳定性.

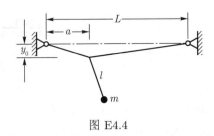

图 E4.4

4.5　图 E4.5 所示质量为 m 的物块吊在两根长度为 l 的弦线上. 弦中张力按规律 $F = F_0 + F_1 \cos \omega t$ 变化. 物块的垂直位移为 y, 试列写物块作参数振动的马蒂厄方程, 确定方程中的参数 δ 和 ε. 如 $m = 0.25$ kg, $l = 0.2$ m, $F_0 = 20$ N, $F_1 = 10$ N, $\omega = 25$ rad/s, 试判断参数振动的稳定性.

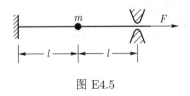

图 E4.5

4.6　图 E4.6 所示质量为 m 的小车受绳索牵拉, 绳的另一端与鼓轮连接. 小车距 O 点的水平距离为 x, 鼓轮半径为 R, 转角按 $\varphi(t) = \Delta\varphi \cos \omega t$ 规律变化. 绳索的弹性模量为 E, 截面积为 S, 转角为零时绳索长度为 l_0, 预拉力为 F_0. 令 $2\tau = \omega t$, 仅保留 $\Delta\varphi$ 的一次项, 列写参数振动的马蒂厄方程, 确定方程中的参数 δ 和 ε.

4.7　无自重梁在自由端固定一质量为 m 的物块 (图 E4.7). 梁的截面二次矩为 I, 弹性模量为 E, 梁的长度按规律 $l = l_0 + l_1 \cos \omega t$ 随时间变化. 列写参数振动的马蒂厄方程, 确定方程中的参数 δ 和 ε. 设 $m = 2$ kg, $I = 10^{-9}$ m^4, $E = 2 \times 10^{11}$ Pa, $l_0 = 1$ m, $l_1 = 0.2$ m, $\omega = 20$ rad/s, 试讨论物块微

幅铅垂振动的稳定性.

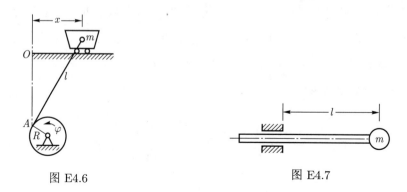

图 E4.6   图 E4.7

4.8 图 E4.8 所示单摆的质量为 m, 摆长 l 随时间周期变化, $l = l_0(1 - \mu\cos\omega t)$, $\mu \ll 1$. 仅保留 φ 和 μ 的一次项, 试利用马蒂厄方程中的参数 δ 和 ε 推导单摆振动的稳定性条件.

4.9 设 4.8 题中单摆的摆长 l 不变，其支承轴绕垂直轴旋转, 角速度 Ω 随时间周期变化, $\Omega = \Omega_0(1 + \mu\cos\omega t)$（图 E4.9）. 仅保留 φ 和 μ 的一次项, 试利用马蒂厄方程中的参数 δ 和 ε 推导单摆振动的稳定性条件.

4.10 设题 4.9 中单摆的轴承存在黏性阻尼, 阻尼力矩与角速度成正比, 比例系数为 c, 试推导单摆振动的稳定性条件.

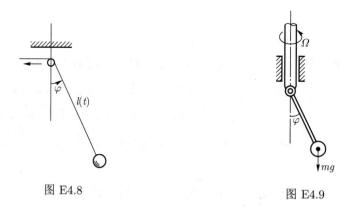

图 E4.8   图 E4.9

4.11 试用平均法讨论以下系统的参数振动

$$\ddot{x} + (\delta + 2\varepsilon\cos 3t)\,x = 0$$

令 $\delta = 1 + \varepsilon\sigma$, $x = a\cos t + b\sin t$, 列写振幅和相位缓慢变化的微分方程, 是否存在周期运动, 判断其稳定性.

4.12 试用平均法讨论达芬系统的参数振动.

$$\ddot{x} + (\delta + 2\varepsilon\cos 2t)\left(x + \varepsilon x^3\right) = 0$$

设 $\delta = 1 + \varepsilon\sigma$, 仅保留 ε 的一次项, 列写振幅和相位缓慢变化的微分方程, 计算可能存在的周期运动, 判断其稳定性.

4.13 对以下二自由度参数振动系统

$$\ddot{x}_1 + \omega_{10}^2 x_1 + \varepsilon\left(c_{11}x_1 + c_{12}x_2\right)\cos 2\omega t = 0$$
$$\ddot{x}_2 + \omega_{20}^2 x_2 + \varepsilon\left(c_{21}x_1 + c_{22}x_2\right)\cos 2\omega t = 0$$

设 $x_i = a_i\cos\omega t + b_i\sin\omega t$ $(i = 1, 2)$, 且 $\omega \approx \omega_{10} + \omega_{20}$, 试用平均法列写其周期解振幅的平均化方程.

第五章 分岔理论基础

许多振动系统都含有一个或多个参数. 分岔现象是指振动系统的定性行为随着系统参数的改变而发生质的变化. 分岔现象的研究起源于 18 世纪以来对弹性力学、天体力学、流体力学和非线性振动中失稳问题的研究. 然而, 长期以来分岔现象的研究是在各种具体的应用领域中进行. 直到 20 世纪 70 年代, 分岔理论才形成研究各种具体分岔现象中共性问题的分支学科. 分岔问题的研究不仅揭示了动力学系统不同运动状态之间的相互联系和转化, 而且与混沌密切相关, 成为非线性动力学的重要组成部分, 有着重要的理论意义. 除非线性振动、天体力学、固体力学和流体力学等力学分支外, 分岔问题也存在于机器人动力学、飞行器动力学、结构动力学、控制理论、非线性电子学、化学反应动力学, 甚至生态学和经济学等学科领域, 因此分岔理论具有广阔的应用背景. 低维振动系统和映射系统的分岔研究已经取得一系列重要成果, 但在高维、多参数、随机、时滞、非光滑、多尺度等的非线性系统中, 存在大量新的分岔现象和机理, 需要发展新的理论和方法, 具有很大挑战性.

关于静态分岔现象和动态分岔现象, 读者在本书 1.3.4 节和 §3.3 中已有初步了解. 本章较系统地叙述了分岔理论的基础知识. 具体包括分岔现象概述, 降低分岔问题维数的方法, 系统简化的方法, 霍普夫分岔及其控制, 闭轨迹的分岔和分岔问题的数值方法简述等内容. 限于篇幅, 在阐述分岔理论的基本思想和应用过程中, 略去一些需要较多数学知识准备的内容. 如需要深入研究, 可以参阅相关的专著.

§5.1 分岔现象

5.1.1 结构稳定性

§1.1 中讨论的运动稳定性是李雅普诺夫稳定性理论, 研究单个系统受到初始扰动后的动力学行为. 结构稳定性与此不同, 它研究一族差别不大的系统的相轨迹拓扑性质之间的关系. 系统受到扰动后转变为差别不大的另一系统, 结构稳定性问题是要确定系统相轨迹拓扑结构保持不变的条件.

单值连续且其逆也单值连续的变换称为**同胚**. 如果相空间之间的同胚将一系统的相轨迹变为另一系统的相轨迹, 则两个系统称为**拓扑轨道等价**. 例如, 平面线性系统的稳定焦点和稳定结点为拓扑轨道等价, 不同平面动力学系统的中心也为互相拓扑轨道等价, 但结点、中心和鞍点之间均不是拓扑轨道等价.

如果一系统受到小扰动后产生的新系统与原系统拓扑轨道等价, 则称此系统**结构稳定**. 不具备结构稳定性的系统称为**结构不稳定**. 1937 年安德罗诺夫 (A. A. Andronov) 和庞特里亚金 (L. S. Pontryagin) 首先研究了结构稳定性问题. 他们证明了以下定理.

定理: 平面动力学系统结构稳定的充分必要条件为:

(1) 仅有有限个平衡点[①], 且均为双曲平衡点.

(2) 不存在联结鞍点的相轨迹.

(3) 仅有有限个闭轨迹, 且均为双曲的.

在 1.4.3 节定义过双曲平衡点和非双曲平衡点, 若在某平衡点线性化系统的特征值实部不为零时, 该平衡点为双曲平衡点; 若有零实部特征值, 称相应的平衡点为非双曲奇点. 周期轨道的双曲性也可以类似定义, 将在 5.7.3 节给出. 上述定理的证明过程较长, 参阅文献 [19] 第 177-187 页或 [20] 第 513-528 页. 仅举一例说明条件 (1) 的必要性.

例 5.1-1 单自由度线性无阻尼自由振动系统的结构稳定性.

解: 固有频率为 ω_0 的单自由度无阻尼自由振动系统的动力学方程可写作

$$\dot{x} = y, \quad \dot{y} = -\omega_0^2 x \tag{a}$$

[①] 平衡点在第一章中称为奇点, 本章中改称为平衡点, 以避免与下文中定义的奇异点概念产生混淆.

其平衡点为中心, 不是双曲的, 不满足条件 (1). 相轨迹为椭圆族. 对此系统增加阻尼项成为

$$\dot{x} = y, \quad \dot{y} = -\omega_0^2 x - \varepsilon y \tag{b}$$

对于任意小的$\varepsilon > 0$, 非保守系统 (b) 的平衡点为稳定焦点, 不存在闭轨迹, 不与保守系统 (a) 拓扑轨道等价. 根据上述定理, 系统 (a) 不具有结构稳定性. 系统 (b) 具有结构稳定性.

1962 年比索杜 (M. Peixoto) 将安德罗诺夫和庞特里亚金的结果推广到有界闭合可定向二维流形, 并且证明了有界闭合可定向二维流形上的结构稳定系统构成有界闭合可定向二维流形全体系统所成集合的一个稠密开集. 这一结果表明, 有界闭合可定向二维流形上的结构稳定系统是非常普遍的, 即使结构不稳定系统, 也可以用结构稳定系统任意地逼近. 还可以推广安德罗诺夫和庞特里亚金的结果到高维 ($n \geqslant 2$) 系统, 但 1966 年斯梅尔举出反例说明当 $n \geqslant 2$ 时 n 维流形上的结构稳定系统不再构成全体系统所成集合的稠密开集.

对实际系统建立的动力学模型应该具有结构稳定性. 因为建立模型过程中总要进行理想化处理, 如果数学模型对于建模误差极为敏感, 便不能反映现实系统的动力学性态.

5.1.2 分岔的基本概念

分岔问题起源于力学失稳现象的研究. 伯努利 (D. Bernoulli) 和欧拉 (L. Euler) 等早在 18 世纪已研究过轴向压力作用下的杆件屈曲问题. 达朗贝尔 (J. le R. d'Alembert) 提出了自引力液体旋转平衡形状的问题, 以考察恒星和行星的形成. 1885 年庞加莱提出了旋转液体星平衡形体演化过程的分岔理论. 20 世纪 30 年代, 范德波尔、安德罗诺夫等发现非线性振动中的大量分岔现象, 并研究了分岔与动力学系统结构稳定性的关系.

若任意小的参数变化会使结构不稳定的动力学系统的相轨迹拓扑结构发生突然变化, 则称这种变化为分岔. 因此可将分岔的定义叙述为: 对于含参数的系统

$$\dot{x} = f(x, \mu) \tag{5.1.1}$$

其中 $x \in R^n$ 为状态变量, $\mu \in R^m$ 为**分岔参数**, 当参数 μ 连续地变动时, 若系统 (5.1.1) 相轨迹的拓扑结构在 $\mu = \mu_0$ 处发生突然变化, 则称系统 (5.1.1) 在 $\mu = \mu_0$ 处出现**分岔**. 这里的分岔参数是对 1.2.4 节中定义的分岔参数在 m 维情形的拓广, 分岔参数有时也称为**控制参数**. μ_0 称作**分岔值**或临界值. (x, μ_0) 称为**分岔点**. 在参量 μ 的空间 R^m 中, 由分岔值构成的集合称为**分岔集**. 在 (x, μ) 的空间 $R^n \times R^m$ 中, 平衡点和极限环等随参数 μ 变化的图形称为**分岔图**.

在一些应用问题中, 有时只需要研究平衡点和闭轨迹附近相轨迹的变化, 即在平衡点或闭轨迹的某个邻域中的分岔, 这类分岔问题称为**局部分岔**. 如果需要考虑相空间中大范围的分岔性态, 则称为**全局分岔**. 显然, 系统的 "局部" 和 "全局" 性质密切相关, 局部分岔本身也是全局分岔研究的重要内容.

如果只研究平衡点个数和稳定性随参数的变化, 则称为**静态分岔**. 读者在 1.2.3 节中已经对静态分岔有了初步的了解. **动态分岔**是指静态分岔之外的分岔现象. 闭轨迹的个数和稳定性的突然变化就属于动态分岔, 例如 §2.1 和 §2.7 中叙述的跳跃现象.

如果系统的分岔性态不受任何结构小扰动的影响而改变, 则称分岔具有**通有性**. 非通有的分岔称为具有**退化性**. 结构小扰动不影响通有分岔的性态, 因而可以认为通有分岔结构稳定; 而退化分岔结构不稳定. 通过适当引进附加参数可以将退化分岔转化为通有分岔, 这种方法称为**开折**.

在分岔研究中, 一般只考虑参数在分岔值附近时动力学系统定性性态的变化. 然而, 在分岔参数的整个变化范围内, 系统可能在不同的分岔值处相继地出现分岔. 这种相继的分岔对于研究动力学系统随参数演变的全局过程起重要作用.

分岔现象的研究主要可以概括为 4 个方面. (1) 确定分岔集, 即建立分岔的必要条件和充分条件; (2) 分析分岔的定性性态, 即出现分岔时系统拓扑结构随参数变化情况; (3) 计算分岔解, 尤其是平衡点和极限环; (4) 考察不同分岔相互作用, 以及分岔与混沌等其他动力学现象的关系.

5.1.3 静态分岔的必要条件

根据前述静态分岔的定义, 研究系统 (5.1.1) 的静态方程, 即方程左端导数项均为零的情形,

$$f(x, \mu) = 0 \tag{5.1.2}$$

考察代数方程 (5.1.2) 解的个数和性质随 μ 的突然变化, 即方程 (5.1.2) 解的多重解问题. 以下设 f 是足够光滑的函数, 即 f 对 x 和 μ 有充分多阶连续偏导数. 需要指出的是, f 非光滑时也有重要的物理意义, 如摩擦碰撞等问题. 这类非光滑系统的分析, 是当前活跃的研究领域, 但本教材不拟涉及.

设 μ_0 为一个静态分岔值, 记 (x_0, μ_0) 为静态分岔点, 则有

$$f(x_0, \mu_0) = 0 \tag{5.1.3}$$

若在 (x_0, μ_0) 计算的 f 关于 x 的雅可比矩阵 $\mathbf{D}_x f(x_0, \mu_0)$ 可逆, 根据隐函数存在定理, 方程 (5.1.3) 有唯一解 $x = \varphi(\mu)$, 使得

$$f(\varphi(\mu), \mu) \equiv 0, \quad x_0 = \varphi(\mu_0) \tag{5.1.4}$$

这与 (x_0, μ_0) 是静态分岔点矛盾, 因此 $\mathbf{D}_x f(x_0, \mu_0)$ 不可逆为系统 (5.1.1) 在 (x_0, μ_0) 静态分岔的必要条件. 满足式 (5.1.3) 且使 $\mathbf{D}_x f(x_0, \mu_0)$ 不可逆的点称为系统 (5.1.1) 的**奇异点**. 显然, 奇异点必是平衡点, 而平衡点可能不是奇异点.

根据线性代数知识, 平衡点 (x_0, μ_0) 为奇异点, 即满足上述分岔的必要条件, 等价于满足下列条件之一. (1) $\mathbf{D}_x f(x_0, \mu_0)$ 的行列式为零; (2) $\mathbf{D}_x f(x_0, \mu_0)$ 至少有一个零特征值, 即 (x_0, μ_0) 为非双曲平衡点; (3) $\mathbf{D}_x f(x_0, \mu_0)$ 所对应线性变换的零空间的维数大于或等于 1.

需要说明的是, 上述分岔的必要条件并不是充分条件, 即奇异点可能不是分岔点, 以下举例说明.

例 5.1-2 讨论一维系统

$$\dot{x} = x^3 - \mu \tag{a}$$

平衡点 (0,0) 是否为静态分岔点.

解：系统 (a) 有奇异点 (0,0), 令 $f(x,\mu)=x^3-\mu$, 导出

$$f(0,0)=0, \quad D_x f(0,0)=3x^2\big|_{(0,0)}=0 \tag{b}$$

满足分岔的必要条件. 但系统 (a) 对任意实数 μ, 都只有唯一平衡点 $\sqrt[3]{\mu}$. 因此, 平衡点 (0,0) 不是静态分岔点.

根据上述结构稳定性定理, 平面系统的平衡点和闭轨迹失去双曲性及出现联结鞍点的相轨迹时将产生分岔. 本节仅讨论非双曲平衡点的静态分岔, 并举例说明出现联结鞍点的相轨迹时将产生的全局分岔. 平衡点的动态分岔和非双曲闭轨迹的分岔将分别在 §5.4 和 §5.5 中讨论.

5.1.4 平衡点的静态分岔

以下通过若干例子说明平衡点静态分岔的不同类型. 为突出问题的实质, 仅讨论含一个分岔参数的平面动力学系统

$$\dot{x}_1 = P(x_1, x_2, \mu), \quad \dot{x}_2 = Q(x_1, x_2, \mu) \tag{5.1.5}$$

若 $\mu=\mu_0$ 时系统有非双曲平衡点 (x_{1s}, y_{2s}), 即

$$P(x_{1s}, x_{2s}, \mu_0)=0, \quad Q(x_{1s}, x_{2s}, \mu_0)=0 \tag{5.1.6}$$

且雅可比矩阵有实部为零的特征值, 则 μ 在 μ_0 附近的微小变化可能导致 (x_{1s}, y_{2s}) 附近相轨迹拓扑结构的变化, 产生局部分岔.

例 5.1-3 讨论平面系统

$$\dot{x}=\mu x - x^3, \quad \dot{y}=-y \tag{a}$$

的分岔.

系统 (a) 在 $\mu \leqslant 0$ 时有平衡点 (0,0), 其雅可比矩阵为

$$\boldsymbol{J}=\begin{pmatrix} \mu & 0 \\ 0 & -1 \end{pmatrix} \tag{b}$$

$\mu<0$, $\boldsymbol{J}$ 的两个特征值均为负, (0,0) 为稳定结点. $\mu=0$ 时 $\boldsymbol{J}$ 有零特征值, (0,0) 为非双曲平衡点, 此处发生分岔. 在 $\mu>0$ 时有 3 个平衡点, (0,0) 和 $(\pm\sqrt{\mu},0)$, 其雅可比矩阵分别为

$$\boldsymbol{J}_1 = \begin{pmatrix} \mu & 0 \\ 0 & -1 \end{pmatrix}, \quad \boldsymbol{J}_{2,3} = \begin{pmatrix} -2\mu & 0 \\ 0 & -1 \end{pmatrix} \tag{c}$$

$\boldsymbol{J}_1$ 的特征值为异号实数, (0,0) 为鞍点; $\boldsymbol{J}_{2,3}$ 的特征值为负实数, $(\pm\sqrt{\mu},0)$ 为稳定结点. 相轨迹变化和分岔图分别如图 5.1 和图 5.2 所示, 实线表示稳定平衡点, 虚线表示不稳定平衡点. 这种分岔称为**叉式分岔**. 当新增加的平衡点在 μ 大于分岔值的范围内出现时, 称分岔为**超临界叉式分岔**, 否则称为**亚临界叉式分岔**. 图 5.1 表示的分岔为超临界.

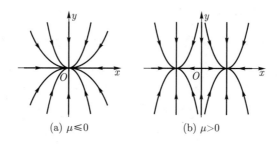

(a) $\mu \leqslant 0$ (b) $\mu > 0$

图 5.1　叉式分岔的相轨迹变化

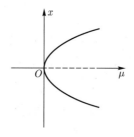

图 5.2　叉式分岔图

例 5.1-4　讨论平面系统

$$\dot{x} = \mu - x^2, \quad \dot{y} = -y \tag{a}$$

的分岔.

解： 系统 (a) 当 $\mu<0$ 时无平衡点. $\mu=0$ 时有平衡点 (0,0), 雅可比矩阵为

$$J = \begin{pmatrix} 0 & 0 \\ 0 & -1 \end{pmatrix} \tag{b}$$

(0,0) 为非双曲平衡点, 这种平衡点属于退化情形, 是一种高阶奇点, 由半个鞍点和半个结点组成, 称作**鞍结点**. 此处发生分岔. $\mu>0$ 时有两个平衡点, $(\sqrt{\mu},0)$ 和 $(-\sqrt{\mu},0)$ 其雅可比矩阵分别为

$$J_1 = \begin{pmatrix} -2\sqrt{\mu} & 0 \\ 0 & -1 \end{pmatrix}, \quad J_2 = \begin{pmatrix} 2\sqrt{\mu} & 0 \\ 0 & -1 \end{pmatrix} \tag{c}$$

J_1 的特征值为负实数, $(\sqrt{\mu},0)$ 为稳定结点; J_2 的特征值为异号实数, $(-\sqrt{\mu},0)$ 为鞍点. 相轨迹变化和分岔图分别如图 5.3 和图 5.4 所示, 实线表示稳定平衡点, 虚线表示不稳定平衡点. 这种分岔称为**鞍结分岔**.

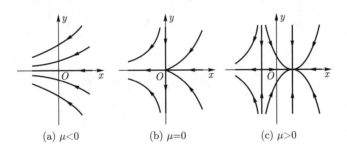

(a) $\mu<0$ (b) $\mu=0$ (c) $\mu>0$

图 5.3 鞍结分岔的相轨迹变化

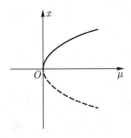

图 5.4 鞍结分岔图

例 5.1-5 讨论平面系统

$$\dot{x} = \mu x - x^2, \quad \dot{y} = -y \tag{a}$$

255

的分岔.

解: 系统 (a) 有平衡点 $(0,0)$ 和 $(\mu,0)$, 其雅可比矩阵分别为

$$J_1 = \begin{pmatrix} \mu & 0 \\ 0 & -1 \end{pmatrix}, \quad J_2 = \begin{pmatrix} -\mu & 0 \\ 0 & -1 \end{pmatrix} \tag{b}$$

在 $\mu<0$ 时系统 (a) 有稳定结点 $(0,0)$ 和鞍点 $(\mu,0)$, $\mu=0$ 时系统 (a) 有非双曲平衡点 $(0,0)$, 为鞍结点, 此处发生分岔. 在 $\mu>0$ 时系统 (a) 有鞍点 $(0,0)$ 和稳定结点 $(\mu,0)$, 相轨迹变化和分岔图分别如图 5.5 和图 5.6 所示. 在 $\mu=0$ 处两个平衡点的稳定性互换, 称为**跨临界分岔**.

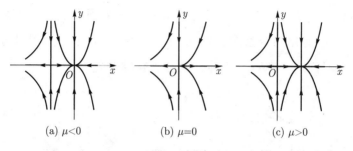

(a) $\mu<0$ (b) $\mu=0$ (c) $\mu>0$

图 5.5 跨临界分岔的相轨迹变化

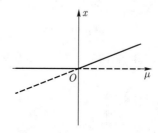

图 5.6 跨临界分岔图

叉式分岔、鞍结分岔和跨临界分岔是非双曲平衡点静态分岔的基本形式. 实际的分岔可能比基本形式复杂, 以下仅以一维系统为例, 说明较为复杂的静态分岔现象.

例 5.1-6 讨论一维系统

$$\dot{x} = \mu x - x^3 + \alpha \tag{a}$$

的分岔, 其中小参数 $\alpha \geqslant 0$.

解: 系统 (a) 的平衡点满足关于 x 的代数方程

$$x^3 - \mu x - \alpha = 0 \tag{b}$$

其关于 x 的三次方程的判别式为

$$R \equiv -\frac{\mu^3}{27} + \frac{\alpha^2}{2} \tag{c}$$

当 $\mu \leqslant 0$ 时, $R > 0$, 方程 (b) 有唯一实根; 对于充分小的 $\alpha \geqslant 0$, 当 $\mu > 0$ 时, $R < 0$, 方程 (b) 有三个实根. 分岔图如图 5.7 所示. 比较 $\alpha = 0$ 和 $\alpha > 0$ 的两种情形, 对于 $\alpha > 0$ 的情形, 当 $\mu < 0$ 时, $\alpha = 0$ 时的相应平衡点 0 向上平移, 但仍是稳定的; 当 $\mu > 0$ 时, $\alpha = 0$ 时的平衡点 0 向下平移, 但仍是不稳定的, $\alpha = 0$ 时的平衡点 $\sqrt{\mu}$ 和 $-\sqrt{\mu}$ 分别向上平移, 仍是稳定的. $\alpha > 0$ 时无明显的分岔点, μ 从负变到正时, 解的分支平滑地过渡到新的分支解. 这类分岔称为**有缺陷的分岔**.

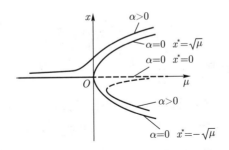

图 5.7 有缺陷的分岔

上例还表明, 叉式分岔为退化分岔. 类似的例子可以说明跨临界分岔也是退化分岔. 事实上, 对于单参数系统的静态分岔而言, 可以证明只有鞍结分岔是通有分岔.

例 5.1-7 讨论一维系统

$$\dot{x} = \mu x + x^3 - x^5 \tag{a}$$

的分岔.

解：系统 (a) 的平衡点满足 x 的代数方程

$$x\left(x^4 - x^2 - \mu\right) = 0 \tag{b}$$

当 $\mu < -1/4$ 时，有稳定平衡点 0；当 $-1/4 \leqslant \mu < 0$ 时，有稳定平衡点 0 和 $\pm\sqrt{\frac{1}{2}\left(1 + \sqrt{1+4\mu}\right)}$，及不稳定平衡点 $\pm\sqrt{\frac{1}{2}\left(1 - \sqrt{1+4\mu}\right)}$；当 $\mu \geqslant 0$ 时，有不稳定平衡点 0 和稳定平衡点 $\pm\sqrt{\frac{1}{2}\left(1 + \sqrt{1+4\mu}\right)}$．分岔图如 5.8 所示．从中可以看出，系统 (a) 仍有分岔点 (0.0)，在分岔点附近，分岔类似于亚临界叉形分岔；但远离分岔点时，存在着滞后和跳跃现象．这类分岔称为**有滞后的分岔**．

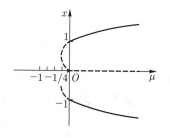

图 5.8　有滞后的分岔

5.1.5　全局分岔举例

1.3.3 节中已说明，联结鞍点的相轨迹称作分隔线．其中首尾通过同一鞍点的相轨迹也称作**同宿轨道**，联结不同鞍点的相轨迹称作**异宿轨道**．存在同宿或异宿轨道的系统结构不稳定，适当的小扰动将使相轨迹的拓扑结构发生变化而出现分岔，这种分岔是一种全局分岔，也属于动态分岔．

例 5.1-8　讨论平面系统

$$\dot{x} = y, \quad \dot{y} = x - x^2 + \mu y \tag{a}$$

的分岔．

解：系统 (a) 有两个平衡点：鞍点 $(0,0)$ 和中心或焦点 $(1,0)$．当 $\mu=0$ 时，系统 (a) 为保守系统，存在同宿轨道．对于 $\mu<0$ 或 $\mu>0$，同宿轨道不再存在．相轨迹变化如图 5.9 所示．这种分岔称为**同宿分岔**．

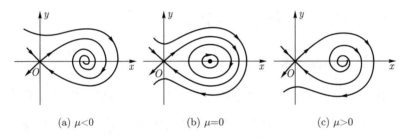

(a) $\mu<0$ (b) $\mu=0$ (c) $\mu>0$

图 5.9 同宿分岔的相轨迹变化

例 5.1-9 讨论平面系统

$$\dot{x} = \mu + x^2 - xy, \quad \dot{y} = y^2 - x^2 - 1 \tag{a}$$

的分岔.

解: 系统 (a) 在 $\mu = 0$ 时有鞍点 $(0,-1)$ 和 $(0,1)$, $x=0$ 即 y 轴满足 $\dot{x} = 0$ 为联结两个鞍点的异宿轨道. 当 $\mu \neq 0$ 时, 略去小量 μ 二次以上的项, 系统有鞍点 $(-\mu, -1)$ 和 $(\mu, 1)$, 且在 y 轴上 $\dot{x} = \mu$ 为非零常量. 因此原来的异宿轨道变为两条不同的过鞍点相轨迹. 相轨迹变化如图 5.10 所示. 这种分岔称为**异宿分岔**.

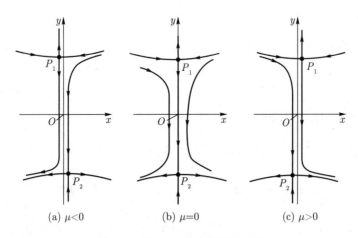

(a) $\mu<0$ (b) $\mu=0$ (c) $\mu>0$

图 5.10 异宿分岔的相轨迹变化

在高维系统 $(n \geqslant 3)$ 中, 同宿分岔和异宿分岔的发生可能导致混沌运动的出现. 在第六章中将进一步讨论这方面问题.

§5.2 李雅普诺夫–施密特约化

5.2.1 分岔问题的降维约化

分岔理论的重要内容是系统的降维, 即将原来需要研究的高维系统转化为较低维数的系统而保持分岔特性不变. 李雅普诺夫–施密特约化 (简称 LS 约化) 是将高维非线性系统平衡点分岔问题等效地简化为低维系统问题的一种方法. 下节叙述的中心流形定理提供了另一种研究分岔问题的降维方法.

LS 约化是将高维非线性系统平衡点分岔问题等效地简化为低维系统问题的方法. 其基本思想是: 通过空间的分解, 将描述平衡点的非线性代数方程分别投影到两个子空间上, 而得到两个方程, 其中一个存在唯一解, 将该唯一解代入另一个方程, 得到一个较低维的方程, 从而将原来高维系统中的分岔问题简化为低维系统的分岔问题.

上述系统降维方法的最初思想是 1892 年李雅普诺夫在研究线性近似系统具有零特征值的非线性系统零解稳定性问题时提出, 1906 年他应用这种方法研究庞加莱讨论旋转液体星时提出的分岔问题. 1908 年施密特 (E. Schmidt) 在研究线性和非线性积分方程时也应用和发展了这种方法. 因此这种降维方法称为 LS 约化

LS 约化可以应用于无穷维系统的约化. 为便于接受, 这里仅针对有限维系统叙述 LS 约化方法.

5.2.2 LS 约化的过程

动力学系统 (5.1.1) 的平衡点满足代数方程:

$$f(x, \mu) = 0 \quad x \in U \subset R^n, \quad \mu \in J \subset R^m \tag{5.2.1}$$

不失一般性设 $(0, 0) \in U \times J$ 为系统 (5.1.1) 的奇异点, 即在 $(0, 0)$ 计算的雅可比矩阵 $A = D_x f(0, 0)$ 不可逆. 亦即矩阵 A 存在零特征值, 设零特征值的数目为 k. 根据线性代数知识, 存在 k 维核空间 $\ker(A)$ 满足对任意 $y \in \ker(A)$ 有 $Ay = 0$, 矩阵 A 对应的线性变换的值域 $\text{range}(A)$ 为 $n - k$ 维线性空间. 分别记

线性空间 $\ker(\boldsymbol{A})$ 和 $\mathrm{range}(\boldsymbol{A})$ 正交补空间为 $M_1 = \ker(\boldsymbol{A})^\perp$ 和 $M_2 = \mathrm{range}(\boldsymbol{A})^\perp$, 则 M_1 和 M_2 的维数分别为 $n-k$ 和 k. 系统 (5.1.1) 状态变量 $\boldsymbol{x}$ 的空间 R^n 有直和分解:

$$R^n = \ker(\boldsymbol{A}) \oplus M_1 \tag{5.2.2}$$

$$R^n = M_2 \oplus \mathrm{range}(\boldsymbol{A}) \tag{5.2.3}$$

令 $\boldsymbol{P}$ 为从 R^n 到 $\mathrm{range}(\boldsymbol{A})$ 的正交投影, 则从 R^n 到 M_2 的正交投影为 $\boldsymbol{Q} = \boldsymbol{I} - \boldsymbol{P}$, 其中 $\boldsymbol{I}$ 为恒等变换. $\boldsymbol{P}$ 和 $\boldsymbol{Q}$ 均为线性空间 R^n 中的算子, 对于这里讨论的有限维情形, 可以简单地理解为矩阵. 方程 (5.1.1) 等价于联立方程:

$$\boldsymbol{P}f(\boldsymbol{x}, \boldsymbol{\mu}) = 0 \tag{5.2.4}$$

$$\boldsymbol{Q}f(\boldsymbol{x}, \boldsymbol{\mu}) = 0 \tag{5.2.5}$$

根据直和分解 (5.2.2), 对任意 $\boldsymbol{x} \in R^n$ 唯一存在 $\boldsymbol{u} \in \ker(\boldsymbol{A})$ 和 $\boldsymbol{v} \in M_1$ 使得 $\boldsymbol{x} = \boldsymbol{u} + \boldsymbol{v}$. 故可定义映射 $\boldsymbol{\Psi}$: $\ker(\boldsymbol{A}) \times M_1 \times J \to \mathrm{range}(\boldsymbol{A})$ 使得

$$\boldsymbol{\Psi}(\boldsymbol{u}, \boldsymbol{v}, \boldsymbol{\mu}) = \boldsymbol{P}f(\boldsymbol{u} + \boldsymbol{v}, \boldsymbol{\mu}) \tag{5.2.6}$$

相应地式 (5.2.4) 等价于

$$\boldsymbol{\Psi}(\boldsymbol{u}, \boldsymbol{v}, \boldsymbol{\mu}) = 0 \tag{5.2.7}$$

根据复合函数的求导公式, 由式 (5.2.6) 得到

$$\mathrm{D}_v\boldsymbol{\Psi}(0, 0, 0) = \boldsymbol{P}\mathrm{D}_x f(0, 0) = \boldsymbol{P}\boldsymbol{A} = \boldsymbol{A} \tag{5.2.8}$$

其中最后的等式考虑到 $\boldsymbol{P}$ 为从 R^n 到 $\mathrm{range}(\boldsymbol{A})$ 的正交投影. 若限制 $\boldsymbol{A}$ 仅作用在 M_1 上, 则线性变换 $\boldsymbol{A}$ 是一对一满射, 从而是可逆的. 根据隐函数定理, 在 $(\boldsymbol{u}, \boldsymbol{v}, \boldsymbol{\mu}) = (\boldsymbol{0}, \boldsymbol{0}, \boldsymbol{0})$ 的某个邻域中, 方程 (5.2.7) 存在唯一解

$$\boldsymbol{v} = \psi(\boldsymbol{u}, \boldsymbol{\mu}) \tag{5.2.9}$$

将式 (5.2.9) 代入式 (5.2.5), 得到

$$\boldsymbol{F}(\boldsymbol{u}, \boldsymbol{\mu}) = 0 \tag{5.2.10}$$

261

其中映射 F: $\ker(\boldsymbol{A}) \times J \to M_2$ 定义为

$$F\left(\boldsymbol{u}, \boldsymbol{\mu}\right) = \boldsymbol{Q}\boldsymbol{f}\left(\boldsymbol{u} + \boldsymbol{\psi}\left(\boldsymbol{u}, \boldsymbol{\mu}\right), \boldsymbol{\mu}\right) \tag{5.2.11}$$

在奇异点 $(\boldsymbol{x},\boldsymbol{\mu})=(\boldsymbol{0},\boldsymbol{0})$ 的某个邻域中, 方程 (5.2.1) 的解与方程 (5.2.10) 的解存在一一对应关系:

$$\boldsymbol{x} = \boldsymbol{u} + \boldsymbol{\psi}\left(\boldsymbol{u}, \boldsymbol{\mu}\right) \tag{5.2.12}$$

因此方程 (5.2.1) 的求解问题等价于在较低维数的核空间 $\ker(\boldsymbol{A})$ 中的方程 (5.2.10) 的求解问题. 方程 (5.2.10) 称为方程 (5.2.1) 的**约化方程**. 约化方程包含了研究原方程的解在奇异点邻域的性态的全部信息, 从而简化了静态分岔问题的分析.

在实际计算中, 往往采用坐标表示. 设 $\{\boldsymbol{i}_l\}$ 和 $\{\boldsymbol{j}_l\}$ $(l = 1, 2, \cdots, k)$ 分别为 $\ker(\boldsymbol{A})$ 和 M_2 的正交标准基, 则对任意 $\boldsymbol{u} \in \ker(\boldsymbol{A})$, 存在 $\boldsymbol{y}=(y_1,\cdots,y_k) \in R^k$ 使得

$$\boldsymbol{u} = \sum_{l=1}^{k} y_l \boldsymbol{i}_l \tag{5.2.13}$$

式 (5.2.13) 代入式 (5.2.10) 得到

$$\boldsymbol{g}\left(\boldsymbol{y}, \boldsymbol{\mu}\right) = \boldsymbol{0} \tag{5.2.14}$$

其中映射 $\boldsymbol{g}: R^k \times R^m \to R^k$ 定义为

$$\boldsymbol{g}\left(\boldsymbol{y}, \boldsymbol{\mu}\right) = \boldsymbol{Q}\boldsymbol{f}\left(\sum_{l=1}^{k} y_l \boldsymbol{i}_l + \boldsymbol{\psi}\left(\sum_{l=1}^{k} y_l \boldsymbol{i}_l, \boldsymbol{\mu}\right), \boldsymbol{\mu}\right) \tag{5.2.15}$$

注意到 $\boldsymbol{Q}=\boldsymbol{I}-\boldsymbol{P}$, 且对任意 $\boldsymbol{z} \in R^n$ 有 $\boldsymbol{P}\boldsymbol{z} \in \text{range}(\boldsymbol{A})$, 故 R^n 中的内积 $\langle,\rangle$ 满足

$$\langle \boldsymbol{j}_l, \boldsymbol{Q}\boldsymbol{z} \rangle = \langle \boldsymbol{j}_l, (\boldsymbol{I} - \boldsymbol{P})\boldsymbol{z} \rangle = \langle \boldsymbol{j}_l, \boldsymbol{z} \rangle \quad (l = 1, 2, \cdots, k) \tag{5.2.16}$$

根据上式, 若定义约化函数:

$$g_l\left(\boldsymbol{y}, \boldsymbol{\mu}\right) = \left\langle \boldsymbol{j}_l, \boldsymbol{f}\left(\sum_{l=1}^{k} y_l \boldsymbol{i}_l + \boldsymbol{\psi}\left(\sum_{l=1}^{k} y_l \boldsymbol{i}_l, \boldsymbol{\mu}\right), \boldsymbol{\mu}\right) \right\rangle \quad (l = 1, 2, \cdots, k)$$

$$\tag{5.2.17}$$

可以将式 (5.2.14) 写作关于 y_l $(l = 1, 2, \cdots, k)$ 的方程组

$$g_l\left(\boldsymbol{y}, \boldsymbol{\mu}\right) = 0 \qquad (l = 1, 2, \cdots, k) \tag{5.2.18}$$

式 (5.2.18) 即式 (5.2.14) 与式 (5.2.10) 完全等价, 也称为约化方程. 一般而言, 式 (5.2.10) 便于进行理论分析, 而式 (5.2.18) 便于应用时进行具体计算.

上述将方程降维的方法称为**李雅普诺夫–施密特约化**.

5.2.3 约化函数导数的计算

虽然约化方程 (5.2.10) 或 (5.2.18) 维数较低, 但求解在一般情形下仍是困难的. 通常只能采用逐次逼近法或摄动法求近似解. 约化方程依赖于方程 (5.2.7) 的解, 有时并不能显式写出. 所以, 通过分岔分析确定解的定性性态是主要的研究途径. 为此需要计算约化函数 (5.2.17) 的导数. 借助隐函数和复合函数的求导公式, 不需要约化函数的显式可确定其导数.

先定义方程 (5.2.1) 左端函数的 i $(i \geqslant 1)$ 阶微分:

$$\mathbf{D}^i \boldsymbol{f}\left(\boldsymbol{x}, \boldsymbol{\mu}\right)\left(\boldsymbol{v}_1, \cdots, \boldsymbol{v}_i\right) = \frac{\partial}{\partial t_1} \cdots \frac{\partial}{\partial t_i} \boldsymbol{f}\left(\boldsymbol{x} + \sum_{j=1}^i t_j \boldsymbol{v}_j, \boldsymbol{\mu}\right)\Bigg|_{t_1 = \cdots = t_i = 0} \tag{5.2.19}$$

其中 $\boldsymbol{v}_i \in R^n$ $(i \geqslant 1)$. 根据复合函数求导法, 由式 (5.2.15) 对 $\boldsymbol{y} = (y_1, \cdots, y_k) \in R^k$ 和 $\boldsymbol{\mu} = (\mu_1, \cdots, \mu_m) \in R^m$ 可以得到 $\boldsymbol{g}(\boldsymbol{y}, \boldsymbol{\mu})$ 的各阶偏导数如 $\partial \boldsymbol{g}/\partial y_i$、$\partial^2 \boldsymbol{g}/\partial y_i \partial y_j$、$\partial^3 \boldsymbol{g}/\partial y_i \partial y_j \partial y_l$、$\partial \boldsymbol{g}/\partial \mu_s$ 和 $\partial^2 \boldsymbol{g}/\partial y_i \partial \mu_s$ $(i, j, l = 1, \cdots, k; s = 1, \cdots, m)$ 等, 其中需要计算 $\boldsymbol{\psi}(\boldsymbol{u}, \boldsymbol{\mu})$ 的偏导数 $\partial \boldsymbol{\Psi}/\partial y_i$、$\partial^2 \boldsymbol{\Psi}/\partial y_i \partial y_j$ 和 $\partial \boldsymbol{\Psi}/\partial \mu_s$ 可以由式 (5.2.7) 根据隐函数求导法得到. 将 $\boldsymbol{g}(\boldsymbol{y}, \boldsymbol{\mu})$ 的各阶偏导数代入式 (5.2.17), 得到在 $(\boldsymbol{y}, \boldsymbol{\mu}) = (\boldsymbol{0}, \boldsymbol{0})$ 计算的约化函数 $g_l(\boldsymbol{y}, \boldsymbol{\mu})$ 的各阶偏导数:

$$\frac{\partial g_l}{\partial y_i} = 0 \tag{5.2.20}$$

$$\frac{\partial^2 g_l}{\partial y_i \partial y_j} = \left\langle \boldsymbol{j}_l, \mathbf{D}^2 \boldsymbol{f}\left(\boldsymbol{v}_i, \boldsymbol{v}_j\right)\right\rangle \tag{5.2.21}$$

$$\frac{\partial^3 g_l}{\partial y_i \partial y_j \partial y_r} = \left\langle \boldsymbol{j}_l, \mathbf{D}^3 \boldsymbol{f}\left(\boldsymbol{v}_i, \boldsymbol{v}_j, \boldsymbol{v}_r\right) - \mathbf{D}^2 \boldsymbol{f}\left(\boldsymbol{v}_i, \boldsymbol{A}^{-1} \boldsymbol{P} \mathbf{D}^2 \boldsymbol{f}\left(\boldsymbol{v}_j, \boldsymbol{v}_r\right)\right) - \right.$$

$$\mathbf{D}^2\boldsymbol{f}\left(\boldsymbol{v}_j,\boldsymbol{A}^{-1}\boldsymbol{P}\mathbf{D}^2\boldsymbol{f}\left(\boldsymbol{v}_i,\boldsymbol{v}_r\right)\right)-\mathbf{D}^2\boldsymbol{f}\left(\boldsymbol{v}_r,\boldsymbol{A}^{-1}\boldsymbol{P}\mathbf{D}^2\boldsymbol{f}\left(\boldsymbol{v}_i,\boldsymbol{v}_j\right)\right)\Big\rangle \tag{5.2.22}$$

$$\frac{\partial g_l}{\partial \mu_s}=\left\langle \boldsymbol{j}_l,\frac{\partial \boldsymbol{f}}{\partial \mu_s}\right\rangle \tag{5.2.23}$$

$$\frac{\partial^2 g_l}{\partial y_i \partial \mu_s}=\left\langle \boldsymbol{j}_l,\mathbf{D}\frac{\partial \boldsymbol{f}}{\partial \mu_s}\left(\boldsymbol{v}_i\right)-\mathbf{D}^2\boldsymbol{f}\left(\boldsymbol{v}_i,\boldsymbol{A}^{-1}\boldsymbol{P}\frac{\partial \boldsymbol{f}}{\partial \mu_s}\right)\right\rangle \tag{5.2.24}$$

其中 $\boldsymbol{A}^{-1}$ 为限制在 M_1 上矩阵 $\boldsymbol{A}$ 的逆, $\boldsymbol{f}(\boldsymbol{x},\boldsymbol{\mu})$ 的偏导数均是在 $(\boldsymbol{x},\boldsymbol{\mu})=(\boldsymbol{0},\boldsymbol{0})$ 处计算. 具体推导过程从略, 可参看文献 [27] 第 31-34 页.

在两种特殊情形下, 上述公式可以简化. 若 $\boldsymbol{f}$ 为 $\boldsymbol{x}$ 的奇函数, 即 $\boldsymbol{f}(-\boldsymbol{x},\boldsymbol{\mu})=-\boldsymbol{f}(\boldsymbol{x},\boldsymbol{\mu})$, 在 $(\boldsymbol{x},\boldsymbol{\mu})=(\boldsymbol{0},\boldsymbol{\mu})$ 处有 $\partial F/\partial \mu_s=\boldsymbol{0}$ 和 $\mathbf{D}^2 F=\boldsymbol{0}$, 故式 (5.2.21)–(5.2.24) 可简化为

$$\frac{\partial^2 g_l}{\partial y_i \partial y_j}=0 \tag{5.2.25}$$

$$\frac{\partial^3 g_l}{\partial y_i \partial y_j \partial y_r}=\left\langle \boldsymbol{j}_l,\mathbf{D}^3\boldsymbol{f}\left(\boldsymbol{v}_i,\boldsymbol{v}_j,\boldsymbol{v}_r\right)\right\rangle \tag{5.2.26}$$

$$\frac{\partial g_l}{\partial \mu_s}=0 \tag{5.2.27}$$

$$\frac{\partial^2 g_l}{\partial y_i \partial \mu_s}=\left\langle \boldsymbol{j}_l,\mathbf{D}\frac{\partial \boldsymbol{f}}{\partial \mu_s}\left(\boldsymbol{v}_i\right)\right\rangle \tag{5.2.28}$$

若对任意 $\boldsymbol{\mu}$ 有 $\boldsymbol{f}(\boldsymbol{0},\boldsymbol{\mu})=\boldsymbol{0}$, 则在 $(\boldsymbol{x},\boldsymbol{\mu})=(\boldsymbol{0},\boldsymbol{\mu})$ 处有 $\partial F/\partial \mu_s=\boldsymbol{0}$, 此时式 (5.2.23) 和 (5.2.24) 分别简化为式 (5.2.27) 和 (5.2.28).

5.2.4 稳定性与 LS 约化

利用 LS 约化方法得到的约化方程可以研究平衡点的稳定性. 这里仅讨论雅可比矩阵 $\boldsymbol{A}$ 只有一个特征值为零而其他特征值实部为负的情形, 即约化方程 (5.2.18) 的维数 $k=1$. 适当选择 $\ker(\boldsymbol{A})$ 和 M_2 的基向量 $\boldsymbol{i}_1$ 和 $\boldsymbol{j}_1$, 使得 $\langle \boldsymbol{i}_1,\boldsymbol{j}_1\rangle>0$. 可以证明: 设 $(\boldsymbol{x},\boldsymbol{\mu})=(\boldsymbol{0},\boldsymbol{0})$ 为方程 (5.1.1) 的静态分岔点, 在其邻域内约化方程 (5.2.18) 的某个解 $(y(\boldsymbol{\mu}),\boldsymbol{\mu})$ $(y\in R)$ 对应方程 (5.1.1) 的解 $(\boldsymbol{x}(\boldsymbol{\mu}),\boldsymbol{\mu})$, 则当 $\partial g_1/\partial y(y(\boldsymbol{\mu}),\boldsymbol{\mu})<0$ 时, $(\boldsymbol{x}(\boldsymbol{\mu}),\boldsymbol{\mu})$ 为渐近稳定; 当 $\partial g_1/\partial y(y(\boldsymbol{\mu}),\boldsymbol{\mu})>0$ 时, $(\boldsymbol{x}(\boldsymbol{\mu}),\boldsymbol{\mu})$ 为不稳定 (参阅文献 [27] 第 35-42 页).

例 **5.2-1** 研究平面系统

$$\dot{x}_1 = \mu x_1 + x_2 - x_1^2$$
$$\dot{x}_2 = -x_2 - x_1^2 \tag{a}$$

的静态分岔.

解: 令

$$\boldsymbol{f}(\boldsymbol{x}, \mu) = \left(\mu x_1 + x_2 - x_1^2, -x_2 - x_1^2\right)^{\mathrm{T}} \tag{b}$$

则其雅可比矩阵为

$$\mathbf{D}_{\boldsymbol{x}}\boldsymbol{f}(\boldsymbol{x}, \mu) = \begin{pmatrix} \mu - 2x_1 & 1 \\ -2x_1 & -1 \end{pmatrix} \tag{c}$$

系统 (a) 存在唯一奇异点 $(\boldsymbol{x}, \mu) = (\boldsymbol{0}, 0)$. 在该奇异点邻域用 L–S 方法建立约化方程. 设

$$\boldsymbol{A} = \mathbf{D}_{\boldsymbol{x}}\boldsymbol{f}(\boldsymbol{0}, 0) = \begin{pmatrix} \mu & 1 \\ 0 & -1 \end{pmatrix} \tag{d}$$

则 $\boldsymbol{A}$ 有特征值 0 和 -1. 相应地

$$\ker(\boldsymbol{A}) = \left\{(x_1, x_2) \in R^2 \,|\, x_2 = 0\right\} \tag{e}$$

$$\text{range}(\boldsymbol{A}) = \left\{(x_1, x_2) \in R^2 \,|\, x_1 = 0\right\} \tag{f}$$

分别为 x_1 和 x_2 轴, 两者正交. 故可以取 $M_1 = \text{range}(\boldsymbol{A})$ 和 $M_2 = \ker(\boldsymbol{A})$. 令 $\boldsymbol{e}_1 = (1, 0)$ 和 $\boldsymbol{e}_2 = (0, 1)$ 分别为 $\ker(\boldsymbol{A})$ 和 $\text{range}(\boldsymbol{A})$ 的单位向量, 则任意 $\boldsymbol{x} \in R^2$ 可写作

$$\boldsymbol{x} = \boldsymbol{u} + \boldsymbol{v} \tag{g}$$

其中 $\boldsymbol{u} = x_1\boldsymbol{e}_1 \in \ker(\boldsymbol{A})$ 和 $\boldsymbol{v} = x_2\boldsymbol{e}_2 \in \text{range}(\boldsymbol{A})$. 对任意 $\boldsymbol{z} \in R^2$ 从 R^2 到 $\text{range}(\boldsymbol{A})$ 的正交投影 $\boldsymbol{P}$ 为

$$\boldsymbol{P}\boldsymbol{z} = \langle \boldsymbol{e}_2, \boldsymbol{z} \rangle \boldsymbol{e}_2 \tag{h}$$

在 $\text{range}(\boldsymbol{A})$ 上投影方程 (5.2.4) 写作

$$\langle \boldsymbol{e}_2, \boldsymbol{f}(\boldsymbol{x}, \mu) \rangle = -x_2 - x_1^2 = 0 \tag{i}$$

265

即

$$x_2 = -x_1^2 \tag{j}$$

由此得到

$$\boldsymbol{v} = x_2 \boldsymbol{e_2} = -x_1^2 \boldsymbol{e_2} \tag{k}$$

式 (k) 代入式 (g), 再将结果代入式 (b), 注意到 $M_2 = \ker(\boldsymbol{A})$, 取 $\boldsymbol{i} = \boldsymbol{j} = \boldsymbol{e_1}$, 约化函数 (5.2.17) 为

$$g\left(x_1, \mu\right) = \left\langle \boldsymbol{e_1}, \boldsymbol{f}\left(x_1 \boldsymbol{e_2} - x_1^2 \boldsymbol{e_2}, \mu\right)\right\rangle = \mu x_1 - 2x_1^2 \tag{l}$$

得到一维约化方程:

$$\mu x_1 - 2x_1^2 = 0 \tag{m}$$

约化方程 (m) 有两个解

$$x_1^{(1)} = 0, \quad x_1^{(2)} = \frac{\mu}{2} \tag{n}$$

相应地系统 (a) 的平衡点为

$$\boldsymbol{x}^{(1)}\left(\mu\right) = (0,0)^{\mathrm{T}}, \quad \boldsymbol{x}^{(2)}\left(\mu\right) = \left(\frac{\mu}{2}, -\frac{\mu^2}{4}\right)^{\mathrm{T}} \tag{o}$$

这里 $\langle \boldsymbol{i}, \boldsymbol{j} \rangle = 1 > 0$, 由式 (l), 得到

$$\frac{\partial g}{\partial x_1} = \mu - 4x_1 \tag{p}$$

根据前述结果, $\boldsymbol{x}^{(1)}(\mu)$ 当 $\mu < 0$ 时渐近稳定, 当 $\mu > 0$ 时不稳定; $\boldsymbol{x}^{(2)}(\mu)$ 当 $\mu < 0$ 时不稳定, 当 $\mu > 0$ 时渐近稳定. 因此平衡点 $(\boldsymbol{x}, \mu) = (\boldsymbol{0}, 0)$ 为系统 (a) 的跨临界分岔点.

在本例中, 矩阵 $\boldsymbol{A}$ 的特征向量恰与坐标轴平行, 因此直和分解特别简单. 此时, LS 约化即是系统的静态方程联立消去与特征值 0 的特征向量平行的坐标分量. 此外, 在本例式 (i) 可以显式解出, 而通常投影方程的求解需利用幂级数展开等近似处理方法.

§5.3　中心流形方法

5.3.1　中心流形方法概述

中心流形是非线性系统理论的重要内容, 其应用不限于分岔理论. 中心流形是线性系统的中心子空间在非线性情形的推广. 在高维非线性系统非双曲平衡点的邻域, 存在一类维数较低的局部不变流形, 当系统的相轨迹在该流形上时可能存在分岔等动力学行为, 而在该流形之外, 动力学行为非常简单, 例如以指数方式被吸引到该流形. 这类流形称为中心流形. 中心流形定理的一个特例由普利斯 (V. Pliss) 于 1964 年证明, 一般有限维系统的情形由凯利 (A. Kelley) 于 1967 年证明. 该定理还可以推广到若干无穷维系统.

研究分岔问题时, 中心流形定理提供了一种高维系统的降维方法. 该方法将复杂的渐近行为分离出来, 可以在维数较低的中心流形上进行研究. 即高维系统的分岔特性可以由系统在相应的中心流形上的动力学行为确定.

5.3.2　线性系统平衡点的不变子空间

设线性系统

$$\dot{\boldsymbol{x}} = \boldsymbol{A}\boldsymbol{x} \quad \boldsymbol{x} \in R^n \tag{5.3.1}$$

其中 $n \times n$ 矩阵 $\boldsymbol{A}$ 有 n_s 个特征值具有负实部, n_c 个特征值具有零实部, n_u 个特征值具有正实部, 其中 l 重特征值按 l 个特征值考虑, 则 $n_\mathrm{s} + n_\mathrm{c} + n_\mathrm{u} = n$. 分别以 $\boldsymbol{v}_i$ $(i = 1, 2, \cdots, n_\mathrm{s})$、$\boldsymbol{u}_j$ $(j = 1, 2, \cdots, n_\mathrm{c})$ 和 $\boldsymbol{w}_k$ $(k = 1, 2, \cdots, n_\mathrm{u})$ 记对应于矩阵 $\boldsymbol{A}$ 具有负实部、零实部和正实部的特征值的线性无关特征向量, 其中复共轭特征值对应的复共轭特征向量分别用其实部和虚部代替, 对于重特征值采用广义特征向量. 这些向量分别张成 R^n 的 n_s 维、n_c 维和 n_u 维子空间:

$$E^\mathrm{s} = \mathrm{span}\,\{\boldsymbol{v}_1, \cdots, \boldsymbol{v}_{n_\mathrm{s}}\} \tag{5.3.2}$$

$$E^\mathrm{c} = \mathrm{span}\,\{\boldsymbol{u}_1, \cdots, \boldsymbol{u}_{n_\mathrm{c}}\} \tag{5.3.3}$$

$$E^\mathrm{u} = \mathrm{span}\,\{\boldsymbol{w}_1, \cdots, \boldsymbol{w}_{n_\mathrm{u}}\} \tag{5.3.4}$$

子空间 E^s、E^c 和 E^u 构成 R^n 的直和分解

$$R^n = E^s \oplus E^c \oplus E^u \tag{5.3.5}$$

根据微分方程 (5.3.1) 解的特点并利用线性代数知识, 可以证明解在子空间 E^s、E^c 和 E^u 都是不变的, 即初始值在这些子空间中时解仍在相应的子空间中. 子空间 E^s、E^c 和 E^u 分别称为**稳定子空间**、**中心子空间**和**不稳定子空间**, 合称为线性系统 (5.3.1) 的**不变子空间**. 在每个不变子空间中, 任意一点出发的相轨迹始终在该子空间内. 进一步可以证明, 在稳定子空间 E^s 中的相轨迹随着时间增加单调地或振荡地按指数规律趋于平衡点, 在中心子空间 E^c 中的相轨迹随着时间增加保持有界 (单重零实部特征值) 或按幂规律 (多重零实部特征值) 远离平衡点, 在不稳定子空间 E^u 中的相轨迹随着时间增加单调地或振荡地按指数规律远离平衡点.

例 5.3-1 分别确定下列矩阵

$$\boldsymbol{A}_1 = \begin{pmatrix} 1 & 2 & 0 \\ 1 & 0 & 0 \\ 0 & 0 & 0 \end{pmatrix}, \quad \boldsymbol{A}_2 = \begin{pmatrix} -1 & -1 & 0 \\ 1 & -1 & 0 \\ 0 & 0 & 2 \end{pmatrix}$$

给出的线性系统的不变子空间.

解: 矩阵 $\boldsymbol{A}_1$ 的特征值分别为 -1、0 和 2, 相应的特征向量分别为 $(1,-1,0)^T$、$(0,0,1)^T$ 和 $(2,1,0)^T$, 则有

$$\begin{aligned} E^s &= \text{span}\left\{(1,-1,0)^T\right\} \\ E^c &= \text{span}\left\{(0,0,1)^T\right\} \\ E^u &= \text{span}\left\{(2,1,0)^T\right\} \end{aligned} \tag{a}$$

如图 5.11a 所示. 矩阵 $\boldsymbol{A}_2$ 的特征值分别为 $-1+\mathrm{i}$、$-1-\mathrm{i}$ 和 2, 相应的特征向量分别为 $(1,0,0)^T - \mathrm{i}(0,1,0)^T$、$(1,0,0)^T + \mathrm{i}(0,1,0)^T$ 和 $(0,0,1)^T$, 则有

$$E^s = \text{span}\left\{(1,0,0)^T, (0,1,0)^T\right\}, \quad E^c = \varnothing, \quad E^u = \text{span}\left\{(0,0,1)^T\right\} \tag{b}$$

如图 5.11b 所示.

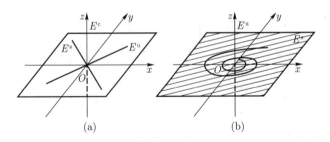

图 5.11 线性系统的不变子空间

线性系统平衡点不变子空间的概念可以推广到非线性系统, 即将在后面讨论的非线性系统的不变流形. 由于非线性的情形较为复杂, 分别处理双曲平衡点和非双曲平衡点. 双曲平衡点的不变流形虽然与分岔问题约化无关, 但在 §6.4 探讨混沌出现的机制中起重要作用. 非双曲平衡点的中心流形是分岔问题约化的基础.

5.3.3 非线性系统双曲平衡点的稳定流形和不稳定流形

平衡点的不变流形是线性系统的不变子空间概念在非线性系统中的推广. 平衡点的不变流形是动力学系统相空间中一类特殊的曲线或曲面, 在其上出发的相轨迹中随着时间增加而渐近地趋近或远离平衡点. 随着时间增加而渐近地趋于平衡点的不变流形称为稳定流形. 随着时间增加而渐近地远离平衡点的不变流形称为不稳定流形.

流形特别是微分流形是现代微分几何和拓扑中的基本概念, 为曲线和曲面概念的推广. **流形**是拓扑空间中的一类点集, 其中每点的小邻域可与欧几里得 (Euclid) 空间中的开集建立可逆连续映射. 若这种映射还具有 m 阶连续微分, 则点集称为 C^m–**流形**. 若 $m \geqslant 1$, C^m–流形称为**微分流形**. 在本书中可以将流形简单地理解为曲线或曲面, 而将微分流形理解为光滑的曲线或曲面. 前面讨论动力学系统时, 都将其相空间定义为欧几里得空间中的开集, 更一般的情形, 动力学系统的相空间可以是微分流形.

为了对稳定流形和不稳定流形有一个直观的概念, 先考察一个具体的例子.

例 5.3-2 确定非线性系统

$$\begin{pmatrix} \dot{x} \\ \dot{y} \\ \dot{z} \end{pmatrix} = \begin{pmatrix} -x \\ -y + x^2 \\ z + x^2 \end{pmatrix} \tag{a}$$

的稳定流形和不稳定流形.

解：非线性系统 (a) 仅有平衡点 $O(0,0,0)$, O 点的雅可比矩阵为

$$\boldsymbol{J} = \begin{pmatrix} -1 & 0 & 0 \\ 0 & -1 & 0 \\ 0 & 0 & 1 \end{pmatrix} \tag{b}$$

没有实部为零的特征值, 故 O 为双曲平衡点. 从方程组 (a) 的第一个线性微分方程可解出 $x_1(t)$, 代入后两个方程得到解耦的线性非齐次微分方程分别求解. 若给定 $t = 0$ 时的初值为

$$(x(0), y(0), z(0)) = (X, Y, Z) \tag{c}$$

可得到方程的解

$$\boldsymbol{x}(t) = \begin{pmatrix} x(t) \\ y(t) \\ z(t) \end{pmatrix} = \begin{pmatrix} X\mathrm{e}^{-t} \\ Y\mathrm{e}^{-t} + X^2(\mathrm{e}^{-t} - \mathrm{e}^{-2t}) \\ Z\mathrm{e}^{t} + X^2(\mathrm{e}^{t} - \mathrm{e}^{-2t})/3 \end{pmatrix} \tag{d}$$

注意到在曲面 $Z + X^2/3 = 0$ 上的初值使得解 $\boldsymbol{x}(t)$ 有 $\lim\limits_{t \to +\infty} \boldsymbol{x}(t) = \boldsymbol{0}$, 因此曲面

$$W^{\mathrm{s}}(O) = \left\{ (X, Y, Z) \in R^3 \,\middle|\, Z + X^2/3 = 0 \right\} \tag{e}$$

称为平衡点 O 的稳定流形. 而在曲线 $X = Y = 0$ 上的初值使得解 $\boldsymbol{x}(t)$ 有 $\lim\limits_{t \to -\infty} \boldsymbol{x}(t) = \boldsymbol{0}$, 因此曲线

$$W^{\mathrm{u}}(O) = \left\{ (X, Y, Z) \in R^3 \,\middle|\, X = Y = 0 \right\} \tag{f}$$

称为平衡点 O 的不稳定流形. 稳定流形和不稳定流形如图 5.12 所示.

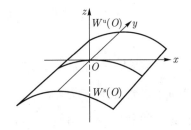

图 5.12 稳定流形和不稳定流形

为精确定义不变流形, 先给出局部稳定流形和不稳定流形的定义. 设非线性系统

$$\dot{\boldsymbol{x}} = \boldsymbol{f}(\boldsymbol{x}) \tag{5.3.6}$$

有平衡点 $\boldsymbol{x}_0$, U 是 $\boldsymbol{x}_0$ 在相空间中的某个邻域, 方程 (5.2.6) 以 $\boldsymbol{X}$ 为初值的解记为 $\boldsymbol{x}(t, \boldsymbol{X})$. 点集

$$W^{\mathrm{s}}_{\mathrm{loc}}(\boldsymbol{x}_0) = \{\boldsymbol{X} \in U | \text{对一切} t \geqslant 0 \text{有} \boldsymbol{x}(t, \boldsymbol{X}) \in U, \text{且当} t \to +\infty \text{时} \boldsymbol{x}(t, \boldsymbol{X}) \to \boldsymbol{x}_0\} \tag{5.3.7}$$

$$W^{\mathrm{u}}_{\mathrm{loc}}(\boldsymbol{x}_0) = \{\boldsymbol{x} \in U | \text{对一切} t \leqslant 0 \text{有} \boldsymbol{x}(t, \boldsymbol{X}) \in U, \text{且当} t \to -\infty \text{时} \boldsymbol{x}(t, \boldsymbol{X}) \to \boldsymbol{x}_0\} \tag{5.3.8}$$

分别称为平衡点 $\boldsymbol{x}_0$ 的**局部稳定流形**和**局部不稳定流形**. 将局部稳定流形 $W^{\mathrm{s}}_{\mathrm{loc}}(\boldsymbol{x}_0)$ 中的点在相轨迹上沿时间负向运动, 得到的点集 $W^{\mathrm{s}}(\boldsymbol{x}_0)$ 称为平衡点 $\boldsymbol{x}_0$ 的**全局稳定流形**, 简称**稳定流形**. 将**局部不稳定流形** $W^{\mathrm{u}}_{\mathrm{loc}}(\boldsymbol{x}_0)$ 中的点在相轨迹上沿时间正向运动, 得到的点集 $W^{\mathrm{u}}(\boldsymbol{x}_0)$ 称为平衡点 $\boldsymbol{x}_0$ 的**全局不稳定流形**, 简称**不稳定流形**. 若一流形使得某微分方程初值在该流形内的解始终保持在该流形内, 则称为该微分方程的**不变流形**. 稳定流形和不稳定流形均为不变流形.

稳定流形与不稳定流形的相交情况对于分析动力学系统的全局复杂行为至关重要. 根据稳定和不稳定流形的定义和微分方程解的唯一性不难证明:

(1) 稳定流形和不稳定流形均不能自身相交.

(2) 不同平衡点的稳定流形不能相交, 不稳定流形也不能相交.

(3) 若 $\boldsymbol{x} \neq \boldsymbol{x}_0$, 且 $\boldsymbol{x} \in W^s(\boldsymbol{x}_0) \cap W^u(\boldsymbol{x}_0)$, 则 $W^s(\boldsymbol{x}_0) \cap W^u(\boldsymbol{x}_0)$ 包含无穷多个点.

(4) 若 $\boldsymbol{x}_1$ 和 $\boldsymbol{x}_2$ 是不同的平衡点, 存在 $\boldsymbol{x} \neq \boldsymbol{x}_1$ 且 $\boldsymbol{x} \neq \boldsymbol{x}_2$ 使得 $\boldsymbol{x} \in W^s(\boldsymbol{x}_1) \cap W^u(\boldsymbol{x}_2)$, 则 $W^s(\boldsymbol{x}_1) \cap W^u(\boldsymbol{x}_2)$ 包含无穷多个点.

上述结论 (3) 表明平衡点的稳定流形 $W^s(\boldsymbol{x}_0)$ 与 $W^u(\boldsymbol{x}_0)$ 不稳定流形若有一个交点, 则有无穷多个交点. 由 (3) 和 (4) 知同一个或不同的平衡点的稳定流形与不稳定流形相交可能产生复杂的相轨迹, 在第六章中将继续讨论.

阿达玛 (J. S. Hadamard) 在 1901 年和佩龙 (O. Perron) 在 1928 年分别用不同的方法证明了非线性系统双曲平衡点不变流形的存在性, 以及与其线性近似系统的不变子空间的关系, 即下述双曲平衡点的不变流形定理:

双曲平衡点的不变流形定理: 设 $\boldsymbol{x}_0$ 是非线性系统 (5.3.6) 的双曲平衡点, 系统 (5.3.6) 在 $\boldsymbol{x}_0$ 的线性近似系统 (5.3.1) 有 n_s 维稳定子空间 E^s 和 n_u 维不稳定子空间 E^u, 且 $n_s + n_u = n$. 则系统存在 n_s 维局部稳定流形 $W^s_{loc}(\boldsymbol{x}_0)$ 和 n_u 维局部不稳定流形 $W^u_{loc}(\boldsymbol{x}_0)$, 使得 $W^s_{loc}(\boldsymbol{x}_0)$ 和 E^s、$W^u_{loc}(\boldsymbol{x}_0)$ 和 E^u 在 $\boldsymbol{x}_0$ 分别相切. 且若 $\boldsymbol{f}$ 具有 m 阶连续导数, 则 $W^s_{loc}(\boldsymbol{x}_0)$ 和 $W^u_{loc}(\boldsymbol{x}_0)$ 均为 C^m 微分流形.

这一定理证明较复杂, 可参阅文献 [22] 第 102-108 页或 [24] 第 56-59 页, 此处从略. $n_s = n_u = 1$ 的情形如图 5.13(a) 所示, $n_s = 2, n_u = 1$ 的情形如图 5.13(b) 所示.

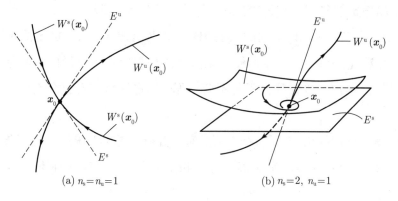

(a) $n_s = n_u = 1$　　　　　　(b) $n_s = 2, n_u = 1$

图 5.13　不变流形定理图示

非线性系统 (5.3.6) 的解 $\boldsymbol{x}(t, \boldsymbol{X})$ 在不变流形上平衡点邻域的行为具有如下性质：设 $\mathbf{D}_x\boldsymbol{f}(\boldsymbol{x}_0)$ 的特征值负实部均小于 $-\alpha$，正实部均大于 β，则对任意给定的 $\varepsilon>0$，存在 $\boldsymbol{x}_0$ 的一个邻域 U，使得当 $t\geqslant 0$ 时对任意 $\boldsymbol{x}\in U\cap W_{\mathrm{loc}}^{\mathrm{s}}(\boldsymbol{x}_0)$，有

$$|\boldsymbol{x}(t,\boldsymbol{X})|\leqslant\varepsilon\mathrm{e}^{-\alpha t} \tag{5.3.9}$$

而当 $t\leqslant 0$ 时对任意 $\boldsymbol{x}\in U\cap W_{\mathrm{loc}}^{\mathrm{u}}(\boldsymbol{x}_0)$，有

$$|\boldsymbol{x}(t,\boldsymbol{X})|\leqslant\varepsilon\mathrm{e}^{-\beta t} \tag{5.3.10}$$

例 5.3-3 利用例 5.3-2 中的非线性系统验证不变流形定理.

解：例 5.3-2 中非线性系统 (a) 的线性近似系统的系数矩阵 $\boldsymbol{J}$ 由式 (b) 给出，具有二重特征值 -1 和特征值 1. 对应于特征值 -1 的广义特征向量为 $(1,0,0)^{\mathrm{T}}$ 和 $(0,1,0)^{\mathrm{T}}$，对应于特征值 1 的特征向量为 $(0,0,1)^{\mathrm{T}}$，则有

$$E^{\mathrm{s}}=\mathrm{span}\left\{(1,0,0)^{\mathrm{T}},(0,1,0)^{\mathrm{T}}\right\},\quad E^{\mathrm{c}}=\varnothing,\quad E^{\mathrm{u}}=\mathrm{span}\left\{(0,0,1)^{\mathrm{T}}\right\} \tag{a}$$

$W_{\mathrm{loc}}^{\mathrm{s}}(\boldsymbol{0})$ 与 E^{s} 在原点 $\boldsymbol{0}$ 相切，而 $W_{\mathrm{loc}}^{\mathrm{u}}(\boldsymbol{0})$ 与 E^{u} 重合，如图 5.13(a) 所示.

5.3.4 中心流形定理及其约化原理

双曲平衡点的不变流形定理表明，在双曲平衡点的邻域内只存在稳定流形和不稳定流形. 在非双曲平衡点的邻域内，除稳定流形和不稳定流形外，还存在另一类局部不变流形. 这种与线性近似系统的中心子空间相切的局部不变流形称为**局部中心流形**. 所谓局部不变流形，是指初值在该流形内的解在有限时间间隔内始终保持在该流形内. 局部稳定流形和局部不稳定流形都是局部不变流形的例子. 在不会引起混淆时，局部稳定流形、局部中心流形和局部不稳定流形也简称为稳定流形、中心流形和不稳定流形. 应用泛函分析的知识可以证明下述平衡点的局部不变流形定理，也称为**中心流形定理**，具体证明过程参阅文献 [19] 第 267-276 页、[20] 第 316-318 页或 [22] 第 16-19 页，此处从略.

中心流形定理：设 $\boldsymbol{x}=\boldsymbol{x}_0$ 为 n 维非线性系统 (5.3.6) 的平衡点，其中 $\boldsymbol{f}$ 为具有 r 阶连续导数的向量函数. 记系统 (5.3.6) 在 $\boldsymbol{x}_0$ 处的线性近似系统的稳定

子空间、中心子空间和不稳定子空间分别为 E^s、E^c 和 E^u，其维数分别为 n_s、n_c 和 n_u. 则唯一存在 n_s 维稳定流形 $W^s(\boldsymbol{x}_0)$、n_c 维中心流形 $W^c(\boldsymbol{x}_0)$ 和 n_u 维不稳定流形 $W^u(\boldsymbol{x}_0)$，使得 $W^s(\boldsymbol{x}_0)$ 和 E^s、$W^c(\boldsymbol{x}_0)$ 和 E^c，以及 $W^u(\boldsymbol{x}_0)$ 和 E^u 在 $\boldsymbol{x}_0$ 处分别相切. $W^s(\boldsymbol{x}_0)$、$W^c(\boldsymbol{x}_0)$ 和 $W^u(\boldsymbol{x}_0)$ 均为 C^r-微分流形.

注意到上述定理仅保证中心流形的存在性，但中心流形可能是不唯一的，如下例所示.

例 5.3-4 确定系统

$$\left.\begin{array}{l} \dot{x} = x^2 \\ \dot{y} = -y \end{array}\right\} \tag{a}$$

的中心流形.

解： 系统 (a) 初始条件为 $t=0$ 时 $(x, y)=(X, Y)$ 的解为

$$(x(t), y(t)) = \left(\frac{X}{1-Xt}, Y\mathrm{e}^{-t} \right) \tag{b}$$

消去时间 t 后得到

$$y(x) = \left(Y\mathrm{e}^{-1/X} \right) \mathrm{e}^{1/x} \tag{c}$$

系统 (a) 在半平面 $x<0$ 中的相轨迹当 $x \to 0$ 时都趋于原点，而在半平面 $x<0$ 仅有 x 的正半轴当 $x \to 0$ 时趋于原点，半平面 $x<0$ 中的任意相轨迹与正半轴构成系统 (a) 的中心流形，如图 5.14 所示. 因此系统 (a) 存在无穷多个中心流形.

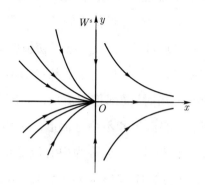

图 5.14 中心流形不唯一

若 $\boldsymbol{f}$ 在 $\boldsymbol{x}_0$ 计算的雅可比矩阵 $\mathbf{D}_x\boldsymbol{f}(\boldsymbol{x}_0)$ 存在实部为正的特征值，则系统

(5.3.6) 的平衡点 $\boldsymbol{x}_0$ 不稳定. 在工程和其他应用问题中更侧重研究 $\mathbf{D}_x\boldsymbol{f}(\boldsymbol{x}_0)$ 不含实部为正的特征值的情形. 此时 W^{u} 为空集. 不失一般性设平衡点为原点, 在原点的某个邻域 U 中, 系统 (5.3.6) 通过非奇异的线性变换可写作

$$\left.\begin{array}{l}\dot{\boldsymbol{u}} = \boldsymbol{A}\boldsymbol{u} + \boldsymbol{G}_1\left(\boldsymbol{u},\boldsymbol{v}\right) \\ \dot{\boldsymbol{v}} = \boldsymbol{B}\boldsymbol{v} + \boldsymbol{G}_2\left(\boldsymbol{u},\boldsymbol{v}\right)\end{array}\right\} \quad \boldsymbol{u} \in R^{n_{\mathrm{c}}}, \quad \boldsymbol{v} \in R^{n_{\mathrm{s}}} \tag{5.3.11}$$

其中 $n_{\mathrm{c}} \times n_{\mathrm{c}}$ 矩阵 $\boldsymbol{A}$ 和 $n_{\mathrm{s}} \times n_{\mathrm{s}}$ 矩阵 $\boldsymbol{B}$ 的特征值分别仅有零实部和负实部, $n_{\mathrm{c}} + n_{\mathrm{s}} = n$, 函数 $\boldsymbol{G}_1$ 和 $\boldsymbol{G}_2$ 及其一阶偏导数在原点处均为零.

根据中心流形定理, 中心流形 W^{c} 存在, 且在原点处与中心子空间 $\boldsymbol{v}{=}\boldsymbol{0}$ 相切, 故在邻域 U 内可将 W^{c} 表示为

$$\boldsymbol{v} = \boldsymbol{h}\left(\boldsymbol{u}\right) \tag{5.3.12}$$

其中

$$\boldsymbol{h}\left(\boldsymbol{0}\right) = \boldsymbol{0}, \quad \mathbf{D}\boldsymbol{h}\left(\boldsymbol{0}\right) = \boldsymbol{0} \tag{5.3.13}$$

如图 5.15 所示. 将式 (5.3.12) 代入式 (5.3.11), 得到

$$\dot{\boldsymbol{u}} = \boldsymbol{A}\boldsymbol{u} + \boldsymbol{G}_1\left(\boldsymbol{u}, \boldsymbol{h}\left(\boldsymbol{u}\right)\right) \tag{5.3.14}$$

因此系统 (5.3.14) 称为原系统 (5.3.11) 的**约化系统**. 可以证明, n_{c} 维系统 (5.3.14) 包含了 n 维系统 (5.3.11) 在原点邻域渐近行为的信息. 即有下述约化原理.

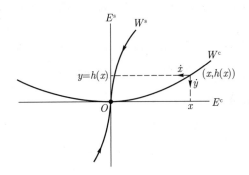

图 5.15　中心流形及其投影

约化原理: 如果系统 (5.3.14) 的原点为稳定 (渐近稳定、不稳定), 则系统 (5.3.11) 的原点为稳定 (渐近稳定、不稳定).

进一步还可以证明, 若系统 (5.3.14) 的原点为稳定, $(\boldsymbol{u}(t), \boldsymbol{v}(t))$ 为系统 (5.3.11) 的解, 其初值 $(\boldsymbol{u}(0), \boldsymbol{v}(0))$ 充分小, 则存在系统 (5.3.14) 的解 $\boldsymbol{u}_0(t)$ 和常数 $\alpha > 0$, 使得

$$\left. \begin{array}{l} \boldsymbol{u}(t) = \boldsymbol{u}_0(t) + \boldsymbol{O}\left(\mathrm{e}^{-\alpha t}\right) \\ \boldsymbol{v}(t) = \boldsymbol{h}(\boldsymbol{u}_0(t)) + \boldsymbol{O}\left(\mathrm{e}^{-\alpha t}\right) \end{array} \right\} \tag{5.3.15}$$

上式表明, 平衡点没有不稳定流形时, 在平衡点的某个小邻域内, 中心流形外的解随时间增加以指数方式趋于中心流形上的某个解. 同理还可证明, 平衡点没有稳定流形时, 在平衡点的某个小邻域内, 中心流形上的解随时间增加以指数方式趋于中心流形外的某个解. 因此中心流形具有渐近性质. 这些结论的证明参阅文献 [19] 第 319-321 页或 [22] 第 19-25 页.

5.3.5 中心流形的确定

在具体应用中心流形方法进行约化降维时, 必须首先确定中心流形. 将式 (5.3.12) 代入式 (5.3.11) 的第二式中, 得到

$$\mathbf{D}\boldsymbol{h}(\boldsymbol{u})\dot{\boldsymbol{u}} = \boldsymbol{B}\boldsymbol{h}(\boldsymbol{u}) + \boldsymbol{G}_2(\boldsymbol{u}, \boldsymbol{h}(\boldsymbol{u})) \tag{5.3.16}$$

再以式 (5.3.11) 中第一式代入, 整理后得到关于 $\boldsymbol{h}(\boldsymbol{u})$ 的微分方程

$$\mathbf{D}\boldsymbol{h}(\boldsymbol{u})(\boldsymbol{A}\boldsymbol{u} + \boldsymbol{G}_1(\boldsymbol{u}, \boldsymbol{h}(\boldsymbol{u}))) - \boldsymbol{B}\boldsymbol{h}(\boldsymbol{u}) - \boldsymbol{G}_2(\boldsymbol{u}, \boldsymbol{h}(\boldsymbol{u})) = \boldsymbol{0} \tag{5.3.17}$$

且有初值条件式 (5.3.13). 方程 (5.3.17) 一般不能精确求解, 但可以利用待定系数法求得渐近级数解. 通过例子说明精确或近似确定中心流形的过程.

例 5.3-5 确定系统

$$\left. \begin{array}{l} \dot{u} = -u^3 \\ \dot{v} = -v \end{array} \right\} \tag{a}$$

的中心流形.

解: 对于系统 (a), 式 (5.3.17) 写作

$$h'(u)\left(-u^3\right) + h(u) = 0 \tag{b}$$

积分式 (b), 得到

$$h(u) = \left\{ \begin{array}{ll} Ce^{-\frac{1}{2u^2}}, & u \neq 0 \\ 0, & u = 0 \end{array} \right\} \tag{c}$$

其中 C 为任意常数.

例 5.3-6 确定系统

$$\left. \begin{array}{l} \dot{u} = uv \\ \dot{v} = -v + au^2 \end{array} \right\} \tag{a}$$

的中心流形, 其中 a 为常数, 并讨论系统 (a) 的稳定性.

解: 对于系统 (a), 式 (5.3.17) 写作

$$h'(u)(-uh(u)) + h(u) - au^2 = 0 \tag{b}$$

初始条件 (5.3.13) 写作

$$h(0) = 0, \quad h'(0) = 0 \tag{c}$$

方程 (b) 不能精确求解. 根据式 (c), 可设 $h(u)$ 的渐近展开式为

$$h(u) = c_2 u^2 + c_3 u^3 + O(u^4) \tag{d}$$

将式 (d) 代入式 (b), 比较 u 的同次幂系数, 得到 $c_2 = a$ 和 $c_3 = 0$, 故

$$h(u) = au^2 + O(u^4) \tag{e}$$

根据式 (5.3.6), 有约化系统

$$\dot{u} = au^3 + O(u^5) \tag{f}$$

应用李雅普诺夫直接方法容易验证, 当 $a<0$ 时, 式 (f) 的零解渐近稳定; 当 $a=0$ 时, 式 (f) 的零解稳定; 当 $a>0$ 时, 式 (f) 的零解不稳定. 根据约化原理, 原系统的零解当 $a < 0$ 时渐近稳定, 当 $a = 0$ 时稳定, 当 $a > 0$ 时不稳定.

例 5.3-7 确定系统

$$\left. \begin{array}{l} \dot{x}_1 = x_2 \\ \dot{x}_2 = -x_2 + ax_1^2 + bx_1 x_2 \end{array} \right\} \tag{a}$$

的中心流形和约化系统, 其中 a 和 b 为常数.

解: 系统 (a) 尚不具有式 (5.3.11) 的形式, 为此先进行非奇异线性变换

$$\begin{pmatrix} x_1 \\ x_2 \end{pmatrix} = \begin{pmatrix} 1 & 1 \\ 0 & -1 \end{pmatrix} \begin{pmatrix} u \\ v \end{pmatrix} \tag{b}$$

将式 (b) 代入式 (a), 整理后得到

$$\left. \begin{aligned} \dot{u} &= a\left(u+v\right)^2 - b\left(uv+v^2\right) \\ \dot{v} &= -v - a\left(u+v\right)^2 + b\left(uv+v^2\right) \end{aligned} \right\} \tag{c}$$

对于系统 (c), 式 (5.3.17) 写作

$$h'\left(u\right)\left[a\left(u+h\left(u\right)\right)^2 - b\left(uh\left(u\right)+h^2\left(u\right)\right)\right] +$$

$$h\left(u\right) + a\left(u+h\left(u\right)\right)^2 - b\left(uh\left(u\right)+h^2\left(u\right)\right) = 0 \tag{d}$$

初始条件 (5.3.13) 写作

$$h\left(0\right) = 0 \ , \ h'\left(0\right) = 0 \tag{e}$$

方程 (d) 不能精确求解. 根据式 (e), 可设 $h(u)$ 的渐近展开式为

$$h\left(u\right) = c_2 u^2 + c_3 u^3 + O\left(u^4\right) \tag{f}$$

将式 (f) 代入式 (d), 比较 u 的同次幂系数, 得到 $c_2 = -a$ 和 $c_3 = a(4a-b)$, 故

$$h\left(u\right) = -au^2 + a\left(4a-b\right)x^3 + O\left(u^4\right) \tag{g}$$

根据式 (5.3.14), 得到约化系统

$$\dot{u} = au^2 + a\left(b-2a\right)u^3 + a\left(9a^2 - 7ab + b^2\right)u^4 + O\left(u^5\right) \tag{h}$$

5.3.6 用中心流形方法研究分岔

在研究分岔问题时, 需要讨论含参数的动力学系统 (5.1.1). 设 $\boldsymbol{\mu}=\boldsymbol{0}$ 时, 系统 (5.1.1) 的零解为非双曲平衡点, 在该点的雅可比矩阵 $\mathbf{D}_x \boldsymbol{f}(\boldsymbol{0},\boldsymbol{0})$ 有 n_c 个特

征值具有零实部, $n_{\mathrm{s}} = n - n_{\mathrm{c}}$ 个特征值具有负实部. 若将 $\boldsymbol{\mu}$ 作为变量处理, 经过非奇异线性变换可以将式 (5.1.1) 化为

$$
\left.
\begin{aligned}
\dot{\boldsymbol{u}} &= \boldsymbol{A}(\boldsymbol{\mu})\,\boldsymbol{u} + \boldsymbol{G}_1(\boldsymbol{u}, \boldsymbol{v}, \boldsymbol{\mu}) \\
\dot{\boldsymbol{v}} &= \boldsymbol{B}(\boldsymbol{\mu})\,\boldsymbol{v} + \boldsymbol{G}_2(\boldsymbol{u}, \boldsymbol{v}, \boldsymbol{\mu}) \\
\dot{\boldsymbol{\mu}} &= \boldsymbol{0}
\end{aligned}
\right\}
\quad \boldsymbol{u} \in R^{n_{\mathrm{c}}}, \quad \boldsymbol{v} \in R^{n_{\mathrm{s}}}, \quad \boldsymbol{\mu} \in R^m
\tag{5.3.18}
$$

其中 $n_{\mathrm{c}} \times n_{\mathrm{c}}$ 矩阵 $\boldsymbol{A}(\boldsymbol{\mu})$ 和 $n_{\mathrm{s}} \times n_{\mathrm{s}}$ 矩阵 $\boldsymbol{B}(\boldsymbol{\mu})$ 在 $\boldsymbol{\mu}=\boldsymbol{0}$ 时分别有零实部和负实部的特征值, 函数 $\boldsymbol{G}_1$ 和 $\boldsymbol{G}_2$ 以及一阶偏导数在 $(\boldsymbol{0},\boldsymbol{0},\boldsymbol{0})$ 处均为零. 系统 (5.3.18) 称为系统 (5.1.1) 的**扩张系统**. $(\boldsymbol{0},\boldsymbol{0},\boldsymbol{0})$ 为扩张系统 (5.3.18) 的非双曲平衡点, 根据不变流形定理, 存在 $n + m$ 维相空间 $(\boldsymbol{u},\boldsymbol{v},\boldsymbol{\mu})$ 中的 $n_{\mathrm{c}} + m$ 维中心流形在原点处与线性近似系统的中心子空间 $\boldsymbol{v}=\boldsymbol{0}$ 相切. 根据约化原理, 可以根据中心流形上平衡点的分岔描述原系统 (5.3.1) 平衡点的分岔.

例 5.3-8 研究达芬系统

$$
\left.
\begin{aligned}
\dot{x} &= y \\
\dot{y} &= -y + \mu x - a x^2
\end{aligned}
\right\}
\tag{a}
$$

平衡点 $(0,0)$ 的分岔.

解: 系统 (a) 尚不具有式 (5.3.18) 的形式, 为此先进行非奇异线性变换

$$
\begin{pmatrix} x \\ y \end{pmatrix} = \begin{pmatrix} 1 & 1 \\ 0 & -1 \end{pmatrix} \begin{pmatrix} u \\ v \end{pmatrix}
\tag{b}
$$

将式 (b) 代入式 (a), 整理后写作扩张系统的形式, 得到

$$
\left.
\begin{aligned}
\dot{u} &= \mu(u + v) - (u + v)^2 \\
\dot{v} &= -\mu(u + v) - v + (u + v)^2 \\
\dot{\mu} &= 0
\end{aligned}
\right\}
\tag{c}
$$

对于系统 (c), 中心流形由函数 $v = h(u,\mu)$ 表示, 相应地将式 (5.3.17) 写作

$$
\left(\frac{\partial h}{\partial u}, \frac{\partial h}{\partial \mu} \right) \left(\mu(u + h(u)) - (u + h(u))^2, 0 \right)^{\mathrm{T}}
$$

$$+ \mu \left(u + h \left(u \right) \right) + h \left(u \right) - \left(u + h \left(u \right) \right)^2 = 0 \tag{d}$$

即

$$\left[\mu \left(u + h \left(u \right) \right) - \left(u + h \left(u \right) \right)^2 \right] \left(\frac{\partial h}{\partial u} + 1 \right) + h \left(u \right) = 0 \tag{e}$$

初始条件 (5.3.13) 写作

$$h \left(0, 0 \right) = 0, \quad \frac{\partial h \left(0, 0 \right)}{\partial u} = \frac{\partial h \left(0, 0 \right)}{\partial \mu} = 0 \tag{f}$$

方程 (e) 不能精确求解. 根据式 (f), 可设 $h(u, \mu)$ 的渐近展开式为

$$h \left(u, \mu \right) = c_2 u^2 + c_3 u \mu + c_4 \mu^2 + O \left(3 \right) \tag{g}$$

其中 $O(3)$ 表示 u^3、$u^2\mu$、$u\mu^2$ 和 μ^3 以及更高次的项. 将式 (g) 代入式 (e), 比较 u 的同次幂系数, 得到 $c_2 = 1$、$c_3 = -1$ 和 $c_4 = 0$, 则有

$$h \left(u, \mu \right) = -\mu u + u^2 + O \left(3 \right) \tag{h}$$

根据式 (5.3.14), 得到约化系统

$$\left. \begin{array}{l} \dot{u} = -\mu u + u^2 + O \left(3 \right) \\ \dot{\mu} = 0 \end{array} \right\} \tag{i}$$

根据式 (i) 判断, 约化系统在 $\mu=0$ 处出现跨临界分岔, 并由此推知原系统 (a) 在 $\mu=0$ 时出现跨临界分岔.

§5.4 庞加莱–伯克霍夫范式

5.4.1 庞加莱–伯克霍夫范式理论概述

分岔理论的另一重要问题是降维之后所得到系统的简化, 在保持分岔特性的前提下尽可能转化为较为简单和规范的形式. 在分岔理论中系统简化主要有两种方法, 即本节阐述的庞加莱–伯克霍夫范式和将在下节介绍的奇异性理论.

研究微分方程的一种有效方法是借助坐标变换将其化为尽可能简单的形式, 即从方程右端函数的幂级数展开式中消去尽可能多的高阶项. 庞加莱–伯

克霍夫范式 (简称 PB 范式) 理论可以在平衡点邻域通过非线性的坐标变换将微分方程化简为某种规范形式, 而所用的非线性坐标变换可由一系列线性方程确定. 这种变换后所得到的规范形式虽然可能与原来的微分方程不完全等价, 但可以提供定性性态方面的重要信息. PB 范式不仅是微分方程定性研究的工具, 而且在分析含参数系统时成为分岔研究的基本方法. 1879 年庞加莱在博士学位论文中提出了 PB 范式的基本思想, 证明了当一次近似系统满足特定条件时, 非线性系统可以通过坐标变换化为线性系统. 1912 年杜拉克 (H. Dulac) 对于平面系统改进了庞加莱的结果. 1927 年伯克霍夫 (G. D. Birkhoff) 对范式理论的发展作出重要贡献. 现在 PB 范式仍是一个活跃的研究方向. PB 范式是一种局部的方法, 因为坐标变换只是在已知解的邻域中进行. 这里仅叙述非线性系统平衡点邻域的 PB 范式.

5.4.2 PB 范式定理

在正式讨论 PB 范式定理之前, 先通过一个例子说明该定理的结论和证明思路.

例 5.4-1 对于一维非线性微分方程

$$\dot{x} = c_1 x + c_2 x^2 + c_3 x^3 + \cdots \qquad (c_1 \neq 0) \tag{a}$$

在 $x = 0$ 的邻域内, 适当选择 $a_2, a_3, \cdots$ 等待定系数, 通过近似恒等的变换

$$x = y + a_2 y^2 + a_3 y^3 + \cdots \tag{b}$$

将式 (a) 化为尽可能简单的形式.

解: 将式 (b) 代入式 (a), 得到

$$\dot{y} \left(1 + 2a_2 y + 3a_3 y^2 + \cdots \right) = c_1 y + (c_1 a_2 + c_2) y^2 + (c_1 a_3 + c_2 a_2 + c_3) y^3 + \cdots \tag{c}$$

上式两边同除 $\dot{y}$ 的系数, 得到

$$\dot{y} = c_1 y + (c_2 - c_1 a_2) y^2 + (c_3 + 2c_1 a_2^2 - 2c_1 a_2) y^3 + \cdots \tag{d}$$

281

为消去式 (d) 中 y^2 和 y^3 项, 令

$$a_2 = \frac{c_2}{c_1}, \quad a_3 = \frac{a_2^2}{c_1^2} + \frac{c_3}{2c_1} \tag{e}$$

得到式 (a) 在 $x=0$ 即 $y=0$ 邻域的简化形式

$$\dot{y} = c_1 y + o\left(y^3\right) \tag{f}$$

适当选择变换 (b) 中高次项系数, 还可消去式 (a) 中更高次的项.

在一般情形, 研究微分方程 (5.3.6). 设 $\boldsymbol{f}$ 足够光滑, $\boldsymbol{x}=\boldsymbol{0}$ 为方程 (5.3.6) 的平衡点. 对于某个给定的正整数 $r \geqslant 2$, 通过坐标变换使得微分方程 (5.3.6) 右端函数 $\boldsymbol{f}$ 的幂级数展开式直到 r 次的项有比较简单的形式. 这一化简过程由低次项到高次项逐步实现. 以下仅叙述其中的一个步骤, 其他步骤也完全类似.

记 $H_n^l (l=2,\cdots,r)$ 为从 R^n 到 R^n 的所有 l 次齐次多项式构成的线性空间. 在 $\boldsymbol{x}=\boldsymbol{0}$ 处的雅可比矩阵为 $\boldsymbol{A}=\mathbf{D}_{\boldsymbol{x}}(\boldsymbol{0})$. 设 $\boldsymbol{f}(\boldsymbol{x})$ 的展开式中直到 $k-1$ 次的项已经化简, 写为

$$\boldsymbol{f}(\boldsymbol{x}) = \boldsymbol{A}\boldsymbol{x} + \boldsymbol{g}_2(\boldsymbol{x}) + \cdots + \boldsymbol{g}_{k-1}(\boldsymbol{x}) + \boldsymbol{h}_k(\boldsymbol{x}) + \boldsymbol{o}\left(\|\boldsymbol{x}\|^k\right) \tag{5.4.1}$$

其中 $\boldsymbol{g}_i \in H_n^i (i=2,\cdots,k-1)$ 是已经化简的项, $\boldsymbol{h}_k \in H_n^k$. 现需要构造坐标变换使 $\boldsymbol{h}_k(\boldsymbol{x})$ 得到简化, 同时保持次数低于 k 的项不变. 为此设

$$\boldsymbol{x} = \boldsymbol{y} + \boldsymbol{P}_k(\boldsymbol{y}) \tag{5.4.2}$$

其中 $\boldsymbol{P}_k \in H_n^k$ 为待定函数. 将式 (5.4.2) 代入式 (5.3.6), 得到

$$\dot{\boldsymbol{y}} = (\boldsymbol{I} + \mathbf{D}\boldsymbol{P}_k(\boldsymbol{y}))^{-1} \boldsymbol{f}(\boldsymbol{y} + \boldsymbol{P}_k(\boldsymbol{y})) \tag{5.4.3}$$

在平衡点 $\boldsymbol{x}=\boldsymbol{0}$ 的小邻域内, 有

$$(\boldsymbol{I} + \mathbf{D}\boldsymbol{P}_k(\boldsymbol{y}))^{-1} = \boldsymbol{I} - \mathbf{D}\boldsymbol{P}_k(\boldsymbol{y}) + \boldsymbol{o}\left(\|\boldsymbol{y}\|^k\right) \tag{5.4.4}$$

根据式 (5.4.1) 和 (5.4.4), 可将式 (5.4.4) 化为

$$\dot{\boldsymbol{y}} = \boldsymbol{A}\boldsymbol{y} + \boldsymbol{g}_2(\boldsymbol{y}) + \cdots + \boldsymbol{g}_{k-1}(\boldsymbol{y}) + \boldsymbol{h}_k(\boldsymbol{y}) - [\mathbf{D}\boldsymbol{P}_k(\boldsymbol{y})\boldsymbol{A}\boldsymbol{y} - \boldsymbol{A}\boldsymbol{P}_k(\boldsymbol{y})] + \boldsymbol{o}\left(\|\boldsymbol{y}\|^k\right)$$
$$\tag{5.4.5}$$

对于函数 $\boldsymbol{F}: R^n \to R^n$, 定义算子 $\mathbf{L}_A$ 为

$$\mathbf{L}_A \boldsymbol{F}(\boldsymbol{y}) = \mathbf{D}\boldsymbol{F}(\boldsymbol{y})\,\boldsymbol{A}\boldsymbol{y} - \boldsymbol{A}\boldsymbol{F}(\boldsymbol{y}) \tag{5.4.6}$$

利用式 (5.4.6), 将式 (5.4.5) 写作

$$\dot{\boldsymbol{y}} = \boldsymbol{A}\boldsymbol{y} + \boldsymbol{g}_2(\boldsymbol{y}) + \cdots + \boldsymbol{g}_{k-1}(\boldsymbol{y}) + \boldsymbol{h}_k(\boldsymbol{y}) - \mathbf{L}_A \boldsymbol{P}_k(\boldsymbol{y}) + o\left(\|\boldsymbol{y}\|^k\right) \tag{5.4.7}$$

注意到 $\mathbf{L}_A$ 作用于 H_n^k 的值域 $\mathbf{L}_A(H_n^k)$ 包含于 H_n^k, 取 $\mathbf{L}_A(H_n^k)$ 在 H_n^k 中的补空间为 G_n^k, 即有直和

$$H_n^k = \mathbf{L}_A\left(H_n^k\right) \oplus G_n^k \tag{5.4.8}$$

则对任意 $\boldsymbol{h}_k \in H_n^k$, 存在 $\boldsymbol{f}_k \in \mathbf{L}_A(H_n^k)$ 和 $\boldsymbol{g}_k \in G_n^k$, 使得

$$\boldsymbol{h}_k(\boldsymbol{y}) = \boldsymbol{f}_k(\boldsymbol{y}) + \boldsymbol{g}_k(\boldsymbol{y}) \tag{5.4.9}$$

由于 $\boldsymbol{f}_k \in \mathbf{L}_A(H_n^k)$, 存在 $\boldsymbol{P}_k \in H_n^k$ 使得 $\mathbf{L}_A \boldsymbol{P}_k(\boldsymbol{y}) = \boldsymbol{f}_k(\boldsymbol{y})$, 则方程 (5.4.7) 化简为

$$\dot{\boldsymbol{y}} = \boldsymbol{A}\boldsymbol{y} + \boldsymbol{g}_2(\boldsymbol{y}) + \cdots + \boldsymbol{g}_{k-1}(\boldsymbol{y}) + \boldsymbol{g}_k(\boldsymbol{y}) + o\left(\|\boldsymbol{y}\|^k\right) \tag{5.4.10}$$

其中 $\boldsymbol{g}_k \in G_n^k$. 这个过程对于 $2 \leqslant k \leqslant r$ 均成立, 因此可以通过一系列坐标变换使得 $\boldsymbol{g}_l \in G_n^l$ $(l = 2, \cdots, r)$. 从而证明了下述定理.

伯克霍夫范式定理: 设零点 $\boldsymbol{0}$ 为方程 (5.3.6) 的平衡点, $\boldsymbol{f}$ 具有 r $(r \geqslant 2)$ 阶连续导数, 则在零点邻域存在坐标的 r 次项式变换, 使得在新坐标中, 方程 (5.3.6) 简化为**规范形式**

$$\dot{\boldsymbol{y}} = \boldsymbol{A}\boldsymbol{y} + \boldsymbol{g}_2(\boldsymbol{y}) + \cdots + \boldsymbol{g}_r(\boldsymbol{y}) + o(\|\boldsymbol{y}\|^r) \tag{5.4.11}$$

其中 $\boldsymbol{g}_l \in G_n^l (l = 2, \cdots, r)$, G_n^l 为 $\mathbf{L}_A(H_n^l)$ 在 l 次齐次多项式构成的线性空间 H_n^l 中的补空间.

PB 范式定理及其证明过程中的非线性坐标变换是由一系列线性方程

$$[\mathbf{D}\boldsymbol{P}_k(\boldsymbol{y})\,\boldsymbol{A}\boldsymbol{y} - \boldsymbol{A}\boldsymbol{P}_k(\boldsymbol{y})] = \boldsymbol{f}_k(\boldsymbol{y}) \tag{5.4.12}$$

的解构造的, 在简化 k 阶项时, 不影响低于 k 阶的项, 但使高于 k 阶的项发生变化. 式 (5.4.11) 中的非线性项, 称为**共振项**, 是完全由方程 (5.3.6) 的线性部

分即矩阵 A 确定的. 由于补空间 G_n 的基有多种选择, 可以对应不同的 PB 范式, 故 PB 范式不是唯一的. 此外, 由于坐标变换是在平衡点的小邻域中进行的, 因此 PB 范式定理是局部性的结论.

截断高次项后, 系统

$$\dot{y} = Ay + g_2(y) + \cdots + g_r(y) \tag{5.4.13}$$

称为方程 (5.3.6) 的一个 r-阶庞加莱–伯克霍夫范式. PB 范式与通常的泰勒展开式相比, 简化之处在于通常幂级数展开式中各高次项为同次齐次多项式所张成线性空间中的元素, 而 PB 范式中各高次项为这些线性空间中的一个子空间中的元素, 从而使问题简化. 在一些特殊情形, 这种子空间可能退化为空集, 则相应的 PB 范式成为线性系统.

应该指出, 对于给定的 r, r-阶 PB 范式与原来的系统的拓扑结构有密切关系, 但未必完全相同; r-阶 PB 范式能在多大程度上充分反映原来系统的定性性态仍是个没有解决的问题. 即使函数 f 有收敛的幂级数展开式, 方程 (5.4.11) 右端当 $r \to \infty$ 时也可能不收敛. 此外, 由于补空间有不同的选取方法, PB 范式可能有不同的形式, 即 PB 范式不唯一. 尽管存在上述问题, 大量研究表明, 阶数不太高的 PB 范式已能给出定性研究所需要的基本信息.

5.4.3 矩阵特征值共振与 PB 范式中的共振项

在分岔理论中, 重点考虑具有零实部特征值的平衡点. 对于这类平衡点, 不可能通过坐标变换进行线性化, 在 PB 范式中存在共振项. 为确定式 (5.4.11) 中不为零的共振项, 需引入矩阵特征值共振的概念.

设 $\lambda_1, \lambda_2, \cdots, \lambda_n$ 为矩阵 A 的特征值, 若存在满足 $m_1 + m_2 + \cdots + m_n \geqslant 2$ 的非负整数组 $m_1, m_2, \cdots, m_n$ 和正整数 $s(1 \leqslant s \leqslant n)$ 使得

$$\lambda_s = m_1\lambda_1 + m_2\lambda_2 + \cdots + m_n\lambda_n \tag{5.4.14}$$

则称矩阵 A **特征值共振**, $m_1 + m_2 + \cdots + m_n$ 称为**共振的阶**. 例如, 满足 $\lambda_1 = 4\lambda_2$ 的特征值是 4 阶共振; 满足 $\lambda_1 = -\lambda_2$ 的特征值为奇数阶共振, 因为对任意正整数 m 有 $\lambda_1 = (m+1)\lambda_1 + m\lambda_2$; 而 $2\lambda_1 = 3\lambda_2$ 不是共振的.

若式 (5.4.10) 中共振项为零, 则对于给定的 $\boldsymbol{f}_k \in H_n^k$, 式 (5.4.12) 存在解 $\boldsymbol{h}_k \in H_n^k$. 为突出问题的本质, 考虑 $\boldsymbol{A}$ 是具有不同实特征值的对角矩阵, $\boldsymbol{e}_i\ (i = 1, 2, \cdots, n)$ 为特征值 $\lambda_i\ (i = 1, 2, \cdots, n)$ 所对应的特征向量, 则 $\boldsymbol{e}_i$ 构成 R^n 的一组基向量, 以 $\boldsymbol{e}_i$ 为基的坐标记为 $\boldsymbol{y} = (y_1, y_2, \cdots, y_n)^{\mathrm{T}}$, 则 $y^k = y_1^{m_1} y_2^{m_2} \cdots y_n^{m_n}$ $(k = m_1 + m_2 + \cdots + m_n)$ 是 H_n^k 中元素某一分量的最简形式. 取 $\boldsymbol{h}_k(\boldsymbol{y}) = y^k \boldsymbol{e}_s$, $\mathbf{D}\boldsymbol{h}_k(\boldsymbol{y})\boldsymbol{A}\boldsymbol{y}$ 是 $\boldsymbol{A}$ 的第 s 个 (对应于特征值 λ_s) 特征向量. 仅有第 s 个分量不为零,

$$
\frac{\partial y^k}{\partial \boldsymbol{y}} \boldsymbol{A}\boldsymbol{y} = \begin{pmatrix} m_1 y_1^{m_1-1} y_2^{m_2} \cdots y_n^{m_n} \\ m_2 y_1^{m_1} y_2^{m_2-1} \cdots y_n^{m_n} \\ \vdots \\ m_n y_1^{m_1} y_2^{m_2} \cdots y_n^{m_n-1} \end{pmatrix}^{\mathrm{T}} \begin{pmatrix} \lambda_1 & & & \\ & \lambda_2 & & \\ & & \ddots & \\ & & & \lambda_n \end{pmatrix} \begin{pmatrix} y_1 \\ y_2 \\ \vdots \\ y_n \end{pmatrix}
$$

$$
= (m_1 \lambda_1 + m_2 \lambda_2 + \cdots + m_n \lambda_n)\, y^k \tag{5.4.15}
$$

$\boldsymbol{e}_s$ 是 $\boldsymbol{A}$ 的第 s 个特征向量, 则有

$$
\boldsymbol{A} y^k \boldsymbol{e}_s = \lambda_s y^k \boldsymbol{e}_s \tag{5.4.16}
$$

将式 (5.4.6) 中的函数 $\boldsymbol{F}$ 以 $\boldsymbol{h}_k(\boldsymbol{y})$ 代替, 并将式 (5.4.15) 和 (5.4.16) 代入, 得到

$$
\mathbf{L}_A \boldsymbol{h}_k(\boldsymbol{y}) = \mathbf{D}(y^m \boldsymbol{e}_s) \boldsymbol{A}\boldsymbol{y} - \boldsymbol{A}(y^m \boldsymbol{e}_s)
$$

$$
= (m_1 \lambda_1 + m_2 \lambda_2 + \cdots + m_n \lambda_n - \lambda_s)\, y^m \boldsymbol{e}_s
$$

$$
= (m_1 \lambda_1 + m_2 \lambda_2 + \cdots + m_n \lambda_n - \lambda_s)\, \boldsymbol{h}_k(\boldsymbol{y}) \tag{5.4.17}
$$

表明 $\mathbf{L}_A$ 对应的矩阵为对角阵, 其特征值具有 $(m_1 \lambda_1 + m_2 \lambda_2 + \cdots + m_n \lambda_n) - \lambda_s$ 的形式. 因此当且仅当矩阵 $\boldsymbol{A}$ 不存在特征值共振时算子 $\mathbf{L}_A$ 可逆, 式 (5.4.12) 在 H_n^k 中有解.

若 $\boldsymbol{A}$ 存在重特征值, $\boldsymbol{A}$ 的若尔当标准型为上三角矩阵. 此时, 可以证明 $\mathbf{L}_A$ 也有相应的若尔当块, 且 $\mathbf{L}_A$ 的特征值仍具有 $(m_1 \lambda_1 + m_2 \lambda_2 + \cdots + m_n \lambda_n) - \lambda_s$ 的形式. 因此, 若 $\boldsymbol{A}$ 是上三角的若尔当标准型, 可以适当选取变换 (5.4.2), 使

得式 (5.4.10) 的右端仅由满足条件 (5.4.14) 的多项式 $y^k e_s$ 构成. 这个结论可以简化 PB 范式的计算.

例 5.4-2 确定系统

$$\left.\begin{array}{l} \dot{x} = 2x + a_1 x^2 + a_2 xy + a_3 y^2 + \cdots \\ \dot{y} = y + b_1 x^2 + b_2 xy + b_3 y^2 + \cdots \end{array}\right\} \tag{a}$$

的 PB 范式, 其中省略号表示高于 2 次的项.

解: 系统 (a) 的线性部分的特征值为 $\lambda_1 = 2$ 和 $\lambda_1 = 1$, 可能的共振为

$$2m_1 + m_2 = 2 \quad 或 \quad 2m_1 + m_2 = 1 \tag{b}$$

式 (b) 满足条件 $m_1 + m_2 \geqslant 2$ 的解仅有 $m_1 = 0$ 和 $m_2 = 2$, 故共振项为 $v^2 (1, 0)^{\mathrm{T}}$, 相应的范式为

$$\dot{u} = 2u + cv^2, \quad \dot{v} = v$$

例 5.4-3 证明受扰动的线性简谐振子

$$\dot{x} = y + \cdots, \quad \dot{y} = -x + \cdots \tag{a}$$

的 PB 范式仅含有奇数次项, 其中省略号表示高于 1 次的项.

解: 系统 (a) 的线性部分的特征值为 $\lambda_1 = i$ 和 $\lambda_1 = -i$, 可能的共振为

$$m_1 i - m_2 i = \pm i \tag{b}$$

由式 (b) 导出 $m_1 = m_2 \pm 1$, 则 PB 范式的共振项具有 $u^{m_1} v^{m_2}$ 的形式, 其阶 $k = m_1 + m_2 = 2m_2 \pm 1$ 为奇数.

5.4.4 计算 PB 范式的矩阵表示法

计算 PB 范式的关键是确定前述的补空间 G_n^l. 由于 H_n^l 为有限维线性空间, $\mathbf{L}_A$ 是线性算子, 因此可利用给定 H_n^l 基下 $\mathbf{L}_A$ 的矩阵表示求出补空间 G_n^l, 进而得到 PB 范式, 这种方法称为**矩阵表示法**. 利用线性代数知识可以证明以下结果.

设 $\{e_1, \cdots, e_s\}$ 为 H_n^l 的一组基, 算子 $\mathbf{L}_A$ 在该组基下的矩阵为 L, 则 L 的复共轭转置 L^* 的核空间 $\ker(L^*)$ 是 $\mathbf{L}_A(H_n^l)$ 在 H_n^l 中的一个补空间, 即 $H_n^l = \mathbf{L}_A(H_n^l) \oplus \ker(L^*)$. 从而可以取 $G_n^l = \ker(L^*)$.

例 5.4-4 计算微分方程

$$\dot{\boldsymbol{x}} = \boldsymbol{A}\boldsymbol{x} + \tilde{\boldsymbol{f}}(\boldsymbol{x}) \tag{a}$$

其中

$$\boldsymbol{x} = \begin{pmatrix} x_1 \\ x_2 \end{pmatrix} \in R^2, \quad \boldsymbol{A} = \begin{pmatrix} 0 & 1 \\ 0 & 0 \end{pmatrix}, \tilde{\boldsymbol{f}}(\boldsymbol{x}) = \boldsymbol{o}(\boldsymbol{x}) \tag{b}$$

的 2 阶 PB 范式.

解: 令 $\boldsymbol{y} = (y_1, y_2)^{\mathrm{T}} \in R^2$. 设

$$\boldsymbol{P}_2(\boldsymbol{y}) = \left(a_1 y_1^2 + b_1 y_1 y_2 + c_1 y_2^2, a_2 y_1^2 + b_2 y_1 y_2 + c_2 y_2^2\right)^{\mathrm{T}} \tag{c}$$

取线性空间 H_2^2 的一组基

$$\begin{aligned}
&\{e_1, e_2, e_3, e_4, e_5, e_6\} \\
&= \left\{ \begin{pmatrix} 0 \\ y_1^2 \end{pmatrix}, \begin{pmatrix} 0 \\ y_1 y_2 \end{pmatrix}, \begin{pmatrix} 0 \\ y_2^2 \end{pmatrix}, \begin{pmatrix} y_1^2 \\ 0 \end{pmatrix}, \begin{pmatrix} y_1 y_2 \\ 0 \end{pmatrix}, \begin{pmatrix} y_2^2 \\ 0 \end{pmatrix} \right\}
\end{aligned} \tag{d}$$

根据算子 $\mathbf{L}_A$ 的定义 (5.4.6), 对于任意 $\boldsymbol{F}(\boldsymbol{y}) = (F_1(\boldsymbol{y}), F_2(\boldsymbol{y}))^{\mathrm{T}} \in H_2^2$ 有

$$\begin{aligned}
\mathbf{L}_A \boldsymbol{F}(\boldsymbol{y}) &= \mathbf{D}\boldsymbol{F}(\boldsymbol{y}) \boldsymbol{A}\boldsymbol{y} - \boldsymbol{A}\boldsymbol{F}(\boldsymbol{y}) \\
&= \begin{pmatrix} \dfrac{\partial F_1}{\partial y_1} & \dfrac{\partial F_1}{\partial y_2} \\ \dfrac{\partial F_2}{\partial y_1} & \dfrac{\partial F_2}{\partial y_2} \end{pmatrix} \begin{pmatrix} y_2 \\ 0 \end{pmatrix} - \begin{pmatrix} 0 & 1 \\ 0 & 0 \end{pmatrix} \begin{pmatrix} F_1 \\ F_2 \end{pmatrix} = \begin{pmatrix} y_2 \dfrac{\partial F_1}{\partial y_1} - F_2 \\ y_2 \dfrac{\partial F_2}{\partial y_1} \end{pmatrix}
\end{aligned} \tag{e}$$

对于基向量 e_i $(i = 1, \cdots, 6)$, 以式 (d) 代入得到

$$\mathbf{L}_A e_1 = \begin{pmatrix} -y_1^2 \\ 2y_1 y_2 \end{pmatrix} = 2e_2 - e_4, \quad \mathbf{L}_A e_2 = \begin{pmatrix} -y_1 y_2 \\ y_2^2 \end{pmatrix} = e_3 - e_5,$$

$$\mathbf{L}_A e_3 = \begin{pmatrix} -y_2^2 \\ 0 \end{pmatrix} = -e_6, \ \mathbf{L}_A e_4 = \begin{pmatrix} -2y_1 y_2 \\ 0 \end{pmatrix} = 2e_5,$$

$$\mathbf{L}_A e_5 = \begin{pmatrix} y_2^2 \\ 0 \end{pmatrix} = e_6, \ \mathbf{L}_A e_6 = \begin{pmatrix} 0 \\ 0 \end{pmatrix} = \mathbf{0} \tag{f}$$

从而得到线性算子 $\mathbf{L}_A$ 在该组基下的表示

$$\mathbf{L}_A\left(e_1, e_2, e_3, e_4, e_5, e_6\right) = \left(e_1, e_2, e_3, e_4, e_5, e_6\right) \boldsymbol{L} \tag{g}$$

其中

$$\boldsymbol{L} = \begin{pmatrix} 0 & 0 & 0 & 0 & 0 & 0 \\ 2 & 0 & 0 & 0 & 0 & 0 \\ 0 & 1 & 0 & 0 & 0 & 0 \\ -1 & 0 & 0 & 0 & 0 & 0 \\ 0 & -1 & 0 & 2 & 0 & 0 \\ 0 & 0 & -1 & 0 & 1 & 0 \end{pmatrix} \tag{h}$$

为确定 $\ker(\boldsymbol{L}^*)$, 需要求解线性代数方程组

$$\boldsymbol{L}^* \boldsymbol{z} = \boldsymbol{0} \tag{i}$$

对于实矩阵 $\boldsymbol{L}$, 有 $\boldsymbol{L}^* = \boldsymbol{L}^{\mathrm{T}}$. 可以得到 (i) 的一个由 $6-\mathrm{rank}(\boldsymbol{L}^*)=2$ 个向量构成的基础解系

$$\left\{(0,1,0,2,0,0)^{\mathrm{T}}, (1,0,0,0,0,0)^{\mathrm{T}}\right\} = \{\boldsymbol{i}_2 + 2\boldsymbol{i}_4, \boldsymbol{i}_1\} \tag{j}$$

它为 $\ker(\boldsymbol{L}^*)$ 的一组基, 并对应于 $G_2^2 \subset H_2^2$ 的基

$$\{\tilde{e}_1, \tilde{e}_2\} = \{e_2 + 2e_4, e_1\} = \left\{\left(2y_1^2, y_1 y_2\right)^{\mathrm{T}}, \left(0, y_1^2\right)^{\mathrm{T}}\right\} \tag{k}$$

故任意 $\boldsymbol{g}_2 \in G_2^2$ 都可写作

$$\boldsymbol{g}\left(\boldsymbol{y}\right) = a\tilde{e}_1 + b\tilde{e}_2 \tag{l}$$

其中 a 和 b 为常数. 相应地, 系统 (a) 的一个 2 阶范式为

$$\left.\begin{array}{l} \dot{y}_1 = y_2 + 2ay_1^2 \\ \dot{y}_2 = ay_1y_2 + by_1^2 \end{array}\right\} \tag{m}$$

其中常数 a 和 b 与式 (a) 中函数 $\tilde{\boldsymbol{f}}$ 的具体形式有关. 若需要确定常数 a 和 b, 将坐标变换

$$\boldsymbol{x} = \boldsymbol{y} + \boldsymbol{P}_2(\boldsymbol{y}) \tag{n}$$

代入式 (a), 并将其中的 $\tilde{\boldsymbol{f}}$ 展开为幂级数, 比较同次幂系数可以得到式 (c) 和 (m) 中的待定常数.

尽管矩阵表示法的原理比较简单, 但注意到 H_n^l 的维数为 $n(n+l-1)!/$ $(l!(n-1)!)$, 随着 n 和 l 的增大而迅速增大, 计算量从而变得非常大. 此外, 在求不同阶的 PB 范式时要用不同的线性代数方程组求解, 更增加了计算的复杂性.

5.4.5 计算 PB 范式的共轭算子法

通过在 H_n^l 中适当地定义内积的方法, 可以证明下列结论 [43]:

设 $\boldsymbol{A} = \mathbf{D}_x \boldsymbol{f}(\mathbf{0})$ 的复共轭转置矩阵为 $\boldsymbol{A}^*$, 则在 H_n^k 中, 线性算子 $\mathbf{L}_{\boldsymbol{A}^*}$ 的核空间 $\ker(\mathbf{L}_{\boldsymbol{A}^*})$ 为 $\mathbf{L}_{\boldsymbol{A}}(H_n^l)$ 在 H_n^k 中的补空间, 即 $H_n^l = \mathbf{L}_{\boldsymbol{A}}(H_n^l) \oplus \ker(\mathbf{L}_{\boldsymbol{A}^*})$.

根据上述结论, 可以取 $G_n^k = \ker(\mathbf{L}_{\boldsymbol{A}^*})$. 为确定 $\ker(\mathbf{L}_{\boldsymbol{A}^*})$, 需要求线性偏微分方程

$$\mathbf{D}\boldsymbol{F}(\boldsymbol{y})\,\boldsymbol{A}^*\boldsymbol{y} - \boldsymbol{A}^*\boldsymbol{F}(\boldsymbol{y}) = \mathbf{0} \tag{5.4.18}$$

在 H_n^k 中的全部多项式解 $\boldsymbol{F}(\boldsymbol{y})$. 这种计算 PB 范式的方法称为**共轭算子法**.

例 5.4-5 用共轭算子法计算例 5.4-4 中系统 (a) 的 2 阶 PB 范式.

解: 对于例 5.4-4 系统 (a)

$$\boldsymbol{A}^* = \begin{pmatrix} 0 & 0 \\ 1 & 0 \end{pmatrix} \tag{a}$$

记 $\boldsymbol{y} = (y_1, y_2)^{\mathrm{T}} \in R^2$ 和 $\boldsymbol{F}(\boldsymbol{y}) = (F_1(\boldsymbol{y}), F_2(\boldsymbol{y}))^{\mathrm{T}} \in H_2^2$. 式 (5.4.18) 可写为

$$\begin{pmatrix} \dfrac{\partial F_1}{\partial y_1} & \dfrac{\partial F_1}{\partial y_2} \\ \dfrac{\partial F_2}{\partial y_1} & \dfrac{\partial F_2}{\partial y_2} \end{pmatrix} \begin{pmatrix} 0 \\ y_1 \end{pmatrix} - \begin{pmatrix} 0 & 0 \\ 1 & 0 \end{pmatrix} \begin{pmatrix} F_1 \\ F_2 \end{pmatrix} = \mathbf{0} \tag{b}$$

即

$$\left(y_1 \frac{\partial F_1}{\partial y_2}, y_1 \frac{\partial F_2}{\partial y_2} - F_1 \right)^{\mathrm{T}} = \mathbf{0} \tag{c}$$

对于 $\boldsymbol{F} \in H_2^2$, 由方程 (c) 可得全部解

$$\boldsymbol{F}(\boldsymbol{y}) = \left(a y_1^2, a y_1 y_2 + b y_1^2 \right)^{\mathrm{T}} \tag{d}$$

其中 a 和 b 为任意常数. $G_2^2 = \ker(\mathbf{L}_{\boldsymbol{A}^*})$ 由式 (d) 给出的 $\boldsymbol{F}(\boldsymbol{y})$ 全体构成. 从而得到例 5.4-4 系统 (a) 的 2 阶 PB 范式

$$\left. \begin{aligned} \dot{y}_1 &= y_2 + a y_1^2 \\ \dot{y}_2 &= a y_1 y_2 + b y_1^2 \end{aligned} \right\} \tag{e}$$

在例 5.4-4 和例 5.4-5 中, 由于所取的补空间 G_2^2 不同, 2 阶 PB 范式也有差别. 这也说明了 PB 范式的不唯一性.

共轭算子法的最大优点在于求不同阶的 PB 范式都用同样的偏微分方程组 (5.4.18), 仅是解空间取法不同, 而且不必进行大量的矩阵运算. 但在实际计算中尚无通用的方法求出方程 (5.4.18) 在 H_n^k 中的全部多项式解. 计算 PB 范式还有其他方法, 如李 (M. S. Lie) 代数法、对称不变量法等, 可参阅文献 [43].

5.4.6 PB 范式在分岔问题中的应用

将 PB 范式应用于研究分岔问题时, 需要考虑带参数的系统 (5.1.1). 可以先将其写作扩张系统

$$\left. \begin{aligned} \dot{\boldsymbol{x}} &= \boldsymbol{f}(\boldsymbol{x}, \boldsymbol{\mu}) \\ \dot{\boldsymbol{\mu}} &= \mathbf{0} \end{aligned} \right\} \tag{5.4.19}$$

然后对于扩张系统应用 PB 范式理论. 需要注意的是此时坐标变换以及范式的系数均与参数 $\boldsymbol{\mu}$ 有关, 而且坐标变换应保持 $\dot{\boldsymbol{\mu}} = \mathbf{0}$ 不变.

§5.5 奇异性理论

5.5.1 分岔问题中的奇异性理论概述

奇异性理论是研究可微分映射在奇异点邻域中的性态及其分类的数学理论. 它描述了系统连续变化过程中的间断结构. 在静态分岔问题中, 分岔点必须是奇异点, 但奇异点未必是分岔点. 分析方程右端函数在奇异点邻域的性态, 可以判定在该奇异点处是否确实发生静态分岔, 并进一步确定分岔的类型和性质. 通过奇异性的分析, 将平衡点的分岔归结为比较简单的范式 (识别问题), 进而可以由幂级数展开的前有限项确定多重解的性态. 还可以研究静态分岔在一般扰动下解的结构及其不变性质 (开折问题), 并对所涉及的分岔进行分类 (分类问题).

奇异性理论起源于 20 世纪 40 年代惠特尼 (H. Whitney) 和莫尔斯 (M. Morse) 等的工作. 在 20 世纪 60 年代末马瑟 (J. N. Mather) 基本上建立了奇异性的数学理论. 20 世纪 70 年代初托姆 (R. Thom) 以奇异性理论为基础提出突变理论. 70 年代末以来, 戈鲁比茨基 (M. Golubitsky) 和沙弗 (D. G. Schaeffer) 等将奇异性理论与群论方法相结合, 系统地应用于分岔问题的研究, 使得奇异性理论成为解决分岔问题的重要方法.

在实际应用中, 奇异性理论可以从系统的大量参数中辨别出少数能反映结构稳定性本质的参数, 从而可以在总体上把握系统的分岔特性并进行理论预测. 奇异性理论不仅适用于静态分岔, 还可以处理霍普夫分岔, 因此是研究平衡点分岔的一种统一而有效的方法. 本书仅叙述奇异性理论在分岔中应用的最基本知识, 讨论一维系统的静态分岔问题. 这不仅已说明了应用奇异性理论的基本思路, 而且对于实际问题中一些比较复杂的系统, 经过采用 LS 约化或中心流形方法处理后, 可以化为一维系统. 奇异性理论更全面地阐述, 可参阅文献 [27,33,62,81].

5.5.2 识别问题

对于单参数一维系统的静态分岔问题, 需要讨论代数方程

$$g(x,\mu) = 0 \qquad x \in U, \ \mu \in V \tag{5.5.1}$$

291

奇异点邻域的性态, 其中光滑函数 $g: R^2 \to R$ 具有无穷多阶连续导数. 除非另有说明, 本节所涉及的函数均具有无穷多阶连续导数. 不失一般性, 设 $(0,0) \in U \times V$ 为奇异点, 则

$$g(0,0) = 0, \quad g_x(0,0) = 0 \tag{5.5.2}$$

其中 g_x 表示 $\partial g/\partial x$, 为行文简便, 本节采用 g_x 和 g_{xy} 这种记号表示函数 g 关于 x 的偏导数和关于 x 和 y 的混合偏导数, 以后再有类似记号不再说明. 静态分岔仅涉及在奇异点附近的函数性态, 故任何在 $(0,0)$ 小邻域中满足

$$g_1(x, \mu) = g_2(x, \mu) \tag{5.5.3}$$

的函数 g_1 和 g_2 对于这里所讨论的问题并没有区别, 这时称函数 g_1 和 g_2 **作为芽相等**. 以下对于作为芽是相等的函数不加区别, 因此每个函数可以认为是作为芽相等的一类函数的代表.

分岔的**识别问题**是对于给定的存在奇异点的函数 g, 确定与 g 静态分岔特性相同的一类函数在奇异点所满足的条件. 为对函数进行分类, 先引入等价关系. 对于函数 g 和 h, 若在 $(0,0)$ 邻域存在同胚 $(x,\mu) | \to (X(x,\mu), M(\mu))$ 和 $S(x,\mu)$ 满足 $X(0,0)=0$、$M(0)=0$、$X_x(0,0)=0$、$M'(0)=0$ 和 $S(0,0)>0$, 且使得

$$g(x, \mu) = S(x, \mu) h(X(x, \mu), M(\mu)) \tag{5.5.4}$$

则称 g 和 h 为**接触等价**. 记作 $g \sim h$. 若在前述定义中取 $M(\mu)=\mu$, 则称 g 和 h 为**强等价**, 记作 $g \stackrel{s}{\sim} h$. 容易验证, 当 $g \stackrel{s}{\sim} h$ 时必有 $g \sim h$.

由式 (5.5.4) 知, 当 $g \sim h$ 时, 在 $(0,0)$ 的充分小邻域中有 $S(x,\mu) \neq 0$, 故函数 $g(x,\mu)$ 和 $h(x,\mu)$ 之间可以通过局部微分同胚 (X,M) 相互变换, 从而 g 和 h 有相同的分岔特性. 具体地, 若 $(0,0)$ 为 g 的奇异点, 则 $(0,0)$ 也是 h 的奇异点. 代数方程 $g(x,\mu)=0$ 和 $h(x,\mu)=0$ 在 $(0,0)$ 邻域解的数目相同; 微分方程 $\dot{x} + g(x,\mu) = 0$ 和 $\dot{x} + h(x,\mu) = 0$ 的对应相轨迹有相同的时间定向 (这是由 $X_x>0$ 和 $S>0$ 保证), 故对应平衡点的稳定性相同.

在识别问题中, 不考虑参数的变换, 因此采用强等价关系. 在后面讨论开折问题时需要接触等价关系. 对于 h 的识别问题, 即确定与 h 强等价的 g 在

(0,0) 所满足的条件, 这些条件称为**识别条件**. 显然, 对于满足 h 的识别条件的 g, 其静态分岔特性与 h 相同.

为便于应用, 通常选取若干简单而有代表性的多项式函数 $h(x,\mu)$ 来确定识别条件, 这些函数 $h(x,\mu)$ 称为**戈鲁比茨基–沙弗范式**, 简称 GS 范式. 若干重要分岔问题的 GS 范式及其识别条件如表 5.1 所列. 其一般的证明需要较多数学知识, 而每种识别条件单独证明也较繁复, 参阅文献 [27] 第 93-96 页和 [81] 第 56-58 页, 此处从略.

表 5.1 若干 GS 范式的识别条件

GS 范式	识别条件
$\varepsilon x^k + \delta\mu(k \geqslant 2)$	$g = g_x = \cdots = \partial^{k-1}g/\partial x^{k-1} = 0;\ \partial^k g/\partial x^k \neq 0,\ g_\mu \neq 0;$ $\varepsilon = \mathrm{sgn}\partial^k g/\partial x^k,\ \delta = \mathrm{sgn}g_\mu$
$\varepsilon x^k + \delta\mu x(k \geqslant 2)$	$g = g_x = \cdots = \partial^{k-1}g/\partial x^{k-1} = g_\mu = 0;\ \partial^k g/\partial x^k \neq 0,\ g_{x\mu} \neq 0;$ $\varepsilon = \mathrm{sgn}\partial^k g/\partial x^k,\ \delta = \mathrm{sgn}g_{x\mu}$
$\varepsilon(x^2 + \delta\mu^2)$	$g = g_x = g_\mu = 0;\ g_{xx} \neq 0,\ \Delta \neq 0;\ \varepsilon = \mathrm{sgn}g_{xx},\ \delta = \mathrm{sgn}\Delta$
$\varepsilon x^2 + \delta\mu^3$	$g = g_x = g_\mu = \Delta = 0;\ g_{x\mu} \neq 0,\ g_{vvv} \neq 0;\ \varepsilon = \mathrm{sgn}g_{x\mu},\ \delta = \mathrm{sgn}g_{vvv}$
$\varepsilon x^2 + \delta\mu^4$	$g = g_x = g_\mu = \Delta = g_{vvv} = 0;\ g_{xx} \neq 0,\ g_{vvvv}g_{xx} - 3g_{vvx}^2 \neq 0;$ $\varepsilon = \mathrm{sgn}g_{xx},\ \delta = \mathrm{sgn}(g_{vvvv}g_{xx} - 3g_{vvx}^2)$
$\varepsilon x^3 + \delta\mu^2$	$g = g_x = g_\mu = g_{xx} = g_{x\mu} = 0;\ g_{xxx} \neq 0,\ g_{\mu\mu} \neq 0;\ \varepsilon = \mathrm{sgn}g_{xxx}, \delta = \mathrm{sgn}g_{\mu\mu}$

在表 5.1 中, sgn 为符号函数, $\Delta = g_{xx}g_{\mu\mu} - g_{x\mu}g_{\mu x}$ 是函数 $g(x,\mu)$ 的黑塞 (L. O. Hesse) 矩阵 $\mathbf{D}^2 g$ 的行列式, g_v 表示沿 v 方向的导数, 其中 v 为对应 $\mathbf{D}^2 g$ 零特征值的特征向量, 即满足 $(\mathbf{D}^2 g)v = \mathbf{0}$.

值得注意的是, 在表 5.1 中给出的识别条件仅涉及 g 的有限个偏导数, 这表明在奇异点邻域的性态可以由展开式的低阶项完全确定, 这种性质称为**有限确定性**. 在表 5.1 中 GS 范式的分岔性态容易得到. 因而, 对于更复杂的方程 $g(x,\mu)=0$, 只要函数 g 满足表 5.1 中某个 GS 范式的识别条件, 则可以根据范式得知 g 的静态分岔性态.

许多高维静态分岔问题可以通过 LS 约化转化为单变量静态分岔问题. 虽然一般难以得到约化函数的显式表达, 但根据 §5.2 得知, 可直接利用原来的函数计算约化函数的各阶偏导数. 因此奇异性理论特别适合与 LS 约化配合使用研究静态分岔问题.

5.5.3 开折问题

系统方程往往是对真实研究对象进行某种简化后得到的理想化数学模型. 真实状态通常与理想状态存在微小的差别, 称为**非完全性**. 一般可以将非完全性视为对理想状态的一个小扰动. 这种扰动所引起的分岔性态的定性变化称为**非完全分岔**. 非完全性可以通过引入一些附加参数, 即 §5.1 定义的开折方法去描述可能出现的扰动, 然后对受扰动后的分岔特性进行分类.

若对于函数 $g(x,\mu)$, 存在函数 $G(x,\mu,\boldsymbol{\alpha})$, 其中 $\boldsymbol{\alpha}=(\alpha_1,\cdots,\alpha_k)^{\mathrm{T}} \in K \subset R^k$ 且 $\boldsymbol{0} \in K$, 使得当 $\boldsymbol{\alpha}=\boldsymbol{0}$ 时有

$$G(x,\mu,\boldsymbol{0}) = g(x,\mu) \tag{5.5.5}$$

则称 $G: U \times J \times K \to R$ 为 $g: U \times J \to R$ 的一个 **k–参数开折**, $\boldsymbol{\alpha}$ 为**开折参数**. 特别地, g 的 0–参数开折即为函数 g 本身. 注意到

$$G(x,\mu,\boldsymbol{\alpha}) = g(x,\mu) + (G(x,\mu,\boldsymbol{\alpha}) - G(x,\mu,\boldsymbol{0})) \tag{5.5.6}$$

可以将 $G(x,\mu,\boldsymbol{\alpha})$ 视为 $g(x,\mu)$ 的某个扰动函数, 其中扰动与 k 个附加参数 α_i $(i=1,\cdots,k)$ 有关. 函数 $g(x,\mu)$ 有无穷多个开折, 现讨论开折之间的关系.

设 $G(x,\mu,\boldsymbol{\alpha})(\boldsymbol{\alpha} \in R^k)$ 和 $H(x,\mu,\boldsymbol{\beta})(\boldsymbol{\beta} \in R^l)$ 均为函数 $g(x,\mu)$ 的开折. 若在 $(x,\mu,\boldsymbol{\beta})=(0,0,\boldsymbol{0})$ 的某个邻域存在同胚 $(x,\mu)| \to (X(x,\mu,\boldsymbol{\beta}), M(\mu,\boldsymbol{\beta}))$ 以及函数 $S(x,\mu,\boldsymbol{\beta})$ 和 $\boldsymbol{A}(\boldsymbol{\beta})$ 并满足不等式

$$S(0,0,\boldsymbol{0}) > 0 \ , \ X_x(0,0,\boldsymbol{0}) > 0 \ , \ M_\mu(0,\boldsymbol{0}) > 0 \tag{5.5.7}$$

和恒等式

$$S(x,\mu,\boldsymbol{0}) = 1 \ , \ X(x,\mu,\boldsymbol{0}) = x \ , \ M(\mu,\boldsymbol{0}) = \mu \ , \ \boldsymbol{A}(\boldsymbol{0}) = \boldsymbol{0} \tag{5.5.8}$$

使得

$$H(x,\mu,\boldsymbol{\beta}) = S(x,\mu,\boldsymbol{\beta}) G(X(x,\mu,\boldsymbol{\beta}), M(\mu,\boldsymbol{\beta}), \boldsymbol{A}(\boldsymbol{\beta})) \tag{5.5.9}$$

则称 **H 由 G 代理**. 这里不等式 (5.5.7) 表明接触等价性, 恒等式 (5.5.8) 表明
$G(x,\mu,\mathbf{0})$ 和 $H(x,\mu,\mathbf{0})$ 都等于 $g(x,\mu)$, 从而满足开折的定义. 式 (5.5.9) 表明开
折 H 与开折 G 接触等价, 因而在接触等价的意义上开折 G 包含了由开折 H
给出的一切扰动.

若 G 是函数 g 的某个开折, 且 g 的任意开折都可以由 G 代理, 则称 G 为
g 的一个**普用开折**. g 的普用开折可以有无穷多个, 普用开折中所含附加参数
最少的开折称为**普适开折**, 其中开折参数的个数称为函数的**余维数**, 函数 g 的
余维数记作 codim g. 并非任何函数都存在普用开折. 没有普用开折的函数的
余维数称为无限大. 函数的普适开折一般不是唯一的, 但不同的普适开折均有
相同的余维数.

函数 g 的普适开折在接触等价的意义上引进数目最少的附加参数就能包
含 g 的所有扰动函数. 因此, 在研究代数方程 $g = 0$ 受扰动后可能出现的各种
分岔性态时, 普适开折起非常重要的作用.

在应用中, 往往需要考虑普适开折的识别问题. 已知函数 $g(x,\mu)$ 与某个余
维数为 k 的 GS 范式 $h(x,\mu)$ 强等价, $G(x,\mu,\boldsymbol{\alpha})$ 为 g 的一个 k-参数开折, 需要
判定 G 是否为 g 的普适开折. 为此, 需要利用 g 和 G 的一些偏导数构造某个
矩阵 $\boldsymbol{A}$, 可以证明 (参阅文献 [27] 第 133-139 页和 [81] 第 62-64 页), G 为 g 的
普适开折的充要条件是

$$\det \boldsymbol{A}\,(0,0,\mathbf{0}) \neq 0 \qquad\qquad (5.5.10)$$

表 5.2 对于一些重要的 GS 范式给出相应的矩阵 $\boldsymbol{A}$, 在表 5.2 中, α、β、γ 等为
普适开折中的开折参数, $\varepsilon, \delta = \pm 1$.

设 $G(x,\mu,\boldsymbol{\alpha})$ 为函数 $g(x,\mu)$ 的一个 k-参数普适开折, $(0,0)$ 为 g 的一个奇异
点. 由于普适开折 G 已包含了对 g 的一切扰动, 因此 G 的分岔图反映了当受
扰动时可能出现的各种分岔性态. 现进一步讨论开折参数 $\boldsymbol{\alpha}$ 对普适开折 G 的
分岔图的影响, 即持久性问题.

若对 $\boldsymbol{\alpha} \in R^k$ 的某邻域 K 中的任何 $\boldsymbol{\beta}$, $G(x,\mu,\boldsymbol{\alpha})$ 与 $G(x,\mu,\boldsymbol{\beta})$ 接触等价, 从
而当 $G(x,\mu,\boldsymbol{\alpha})$ 受到小扰动时分岔图的定性性态保持不变, 则称 G 在 $\boldsymbol{\alpha}$ 处的分

岔图为**持久的**, 即分岔为通有的. 反之, 分岔图为**非持久的**, 分岔为退化的.

表 5.2　普适开折的识别条件

GS 范式	矩阵 A
$\varepsilon x^2 + \delta\mu$	无
$\varepsilon(x^2 + \delta\mu^2)$	G_α
$\varepsilon x^3 + \delta\mu$	$\begin{pmatrix} g_\mu & g_{\mu x} \\ G_\alpha & G_{\alpha x} \end{pmatrix}$
$\varepsilon x^2 + \delta\mu^3$	$\begin{pmatrix} 0 & g_{xx} & g_{x\mu} \\ G_\alpha & G_{\alpha x} & G_{\alpha\mu} \\ G_\beta & G_{\beta x} & G_{\beta\mu} \end{pmatrix}$
$\varepsilon x^3 + \delta\mu x$	$\begin{pmatrix} 0 & 0 & g_{x\mu} & g_{xxx} \\ 0 & g_{\mu x} & g_{\mu\mu} & g_{\mu xx} \\ G_\alpha & G_{\alpha x} & G_{\alpha\mu} & G_{\alpha xx} \\ G_\beta & G_{\beta x} & G_{\beta\mu} & G_{\beta xx} \end{pmatrix}$
$\varepsilon x^4 + \delta\mu$	$\begin{pmatrix} g_\mu & g_{\mu x} & g_{\mu xx} \\ G_\alpha & G_{\alpha x} & G_{\alpha xx} \\ G_\beta & G_{\beta x} & G_{\beta xx} \end{pmatrix}$
$\varepsilon x^2 + \delta\mu^4$	$\begin{pmatrix} 0 & 0 & 0 & g_{xx} & g_{x\mu} & g_{\mu\mu} \\ 0 & g_{xx} & g_{x\mu} & g_{xxx} & g_{xx\mu} & g_{x\mu\mu} \\ 0 & 0 & 0 & 0 & g_{xx} & 2g_{x\mu} \\ G_\alpha & G_{\alpha x} & G_{\alpha\mu} & G_{\alpha xx} & G_{\alpha x\mu} & G_{\alpha\mu\mu} \\ G_\beta & G_{\beta x} & G_{\beta\mu} & G_{\beta xx} & G_{\beta x\mu} & G_{\beta\mu\mu} \\ G_\gamma & G_{\gamma x} & G_{\gamma\mu} & G_{\gamma xx} & G_{\gamma x\mu} & G_{\gamma\mu\mu} \end{pmatrix}$
$\varepsilon x^3 + \delta\mu^2$	$\begin{pmatrix} 0 & 0 & g_{x\mu} & g_{xxx} & g_{xx\mu} \\ 0 & g_{\mu x} & g_{\mu\mu} & g_{\mu xx} & g_{\mu\mu x} \\ G_\alpha & G_{\alpha x} & G_{\alpha\mu} & G_{\alpha xx} & G_{\alpha\mu x} \\ G_\beta & G_{\beta x} & G_{\beta\mu} & G_{\beta xx} & G_{\beta\mu x} \\ G_\gamma & G_{\gamma x} & G_{\gamma\mu} & G_{\gamma xx} & G_{\gamma\mu x} \end{pmatrix}$
$\varepsilon x^4 + \delta\mu x$	$\begin{pmatrix} 0 & 0 & g_{x\mu} & 0 & g_{xxxx} \\ 0 & g_{\mu x} & g_{\mu\mu} & g_{\mu xx} & g_{\mu xxx} \\ G_\alpha & G_{\alpha x} & G_{\alpha\mu} & G_{\alpha xx} & G_{\alpha xxx} \\ G_\beta & G_{\beta x} & G_{\beta\mu} & G_{\beta xx} & G_{\beta xxx} \\ G_\gamma & G_{\gamma x} & G_{\gamma\mu} & G_{\gamma xx} & G_{\gamma xxx} \end{pmatrix}$

GS 范式	矩阵 $\boldsymbol{A}$
$\varepsilon x^5 + \delta\mu$	$\begin{pmatrix} g_\mu & g_{\mu x} & g_{\mu xx} & g_{\mu xxx} \\ G_\alpha & G_{\alpha x} & G_{\alpha xx} & G_{\alpha xxx} \\ G_\beta & G_{\beta x} & G_{\beta xx} & G_{\beta xxx} \\ G_\gamma & G_{\gamma x} & G_{\gamma xx} & G_{\gamma xxx} \end{pmatrix}$

可以证明, 当且仅当开折参数 $\boldsymbol{\alpha}$ 属于下列点集之一时, $G(x,\mu,\boldsymbol{\alpha})$ 的分岔图为非持久的:

(1) $B = \{\boldsymbol{\alpha} \in R^k|$ 存在 (x,μ) 使得在 $(x,\mu,\boldsymbol{\alpha})$ 处有 $G = G_x = G_\mu = 0\}$.

(2) $H = \{\boldsymbol{\alpha} \in R^k|$ 存在 (x,μ) 使得在 $(x,\mu,\boldsymbol{\alpha})$ 处有 $G = G_x = G_{xx} = 0\}$.

(3) $D = \{\boldsymbol{\alpha} \in R^k|$ 存在 (x_i,μ) $(i = 1,2)$ 且 $x_1 \neq x_2$ 使得在 $(x_i,\mu,\boldsymbol{\alpha})$ 处有 $G = G_x = 0\}$.

将满足集合 B、H 和 D 条件的 $G(x,\mu,\boldsymbol{\alpha})$ 的奇异点 (x,μ) 分别称为**歧点**、**滞后点**和**双极限点**. 在方程 $g(x,\mu) = 0$ 的解曲线上, 歧点处还有另外的解曲线通过, 滞后点处的切线垂直于 μ 轴且解曲线位于该切线的两侧, 双极限点处有 μ 坐标相同的两个转向点.

$G(x,\mu,\boldsymbol{\alpha})$ 的非持久分岔图对应的开折参数的集合 $\Sigma = B \cup H \cup D$ 称为**迁移集**. 迁移集将开折参数空间 R^k 分成若干个子区域. 可以将 $G(x,\mu,\boldsymbol{\alpha})$ 的分岔图按开折参数 $\boldsymbol{\alpha}$ 分为持久和非持久的两大类. 当 $\boldsymbol{\alpha} \in \Sigma$ 时, $G(x,\mu,\boldsymbol{\alpha})$ 的分岔图不是持久的, 并可按 Σ 的不同子集作进一步分类. 当 $\boldsymbol{\alpha} \notin \Sigma$ 时, $G(x,\mu,\boldsymbol{\alpha})$ 的分岔图是持久的, 并可以按各子区域作进一步的分类. 这样, 可以对 g 受扰动后可能出现的各种通有或退化的分岔进行分类.

当 codim $g = 0$ 时, g 的普适开折即为 g 本身, 这种静态分岔为通有的. 当 codim $g \geqslant 1$ 时, 静态分岔是退化的. 余维数 codim g 表示了 g 静态分岔的退化程度. 余维数愈大, 静态分岔的退化程度愈大, 受到扰动后可以出现的不同分岔性态愈多. 退化分岔可以通过开折的方法扩展为退化程度较小的分岔. 对于普适开折 $G(x,\mu,\boldsymbol{\alpha})$, 当 $\boldsymbol{\alpha} \notin \Sigma$ 时, 分岔为通有的; 当 $\boldsymbol{\alpha} \in \Sigma$ 但 $\boldsymbol{\alpha} \neq \boldsymbol{0}$ 时, 分岔为退化的, 但退化程度比 $\boldsymbol{\alpha} = \boldsymbol{0}$ 时小.

对于多参数的静态分岔问题, 可以作为单参数分岔的普适开折问题处理, 这样便于在参数空间中讨论. 对于应用中出现的多参数分岔问题, 普适开折提供了有关实际参数空间的结构和选择定性分析所需要的组合参数的重要信息. 尽管从理论上看, 普适开折处理的仍是局部分岔性态, 但有时可以通过局部结果来得到若干全局分岔性态.

5.5.4 分类问题

现讨论单参数的一维系统 $\dot{x} + g(x, \mu) = 0$ 静态分岔按分岔特性进行分类的问题. 随着 g 余维数增加, 奇异点的退化程度增大, 在受扰动后可能出现的分岔情况愈来愈复杂. 因此余维数在静态分岔的分类问题中起重要作用. 这里仅对余维数不超过 3 的奇异点进行分类, 这些分岔称为**初等分岔**.

可以证明 (参阅文献 [27] 第 200-202 页和 [81] 第 68-70 页), 若函数 g 在奇异点 $(0,0)$ 的余维数不超过 3, 则必与表 5.3 所列的 11 种 GS 范式中的某个强等价. 即余维数不超过 3 的奇异点仅有 11 种静态分岔性态, 相应的分岔图如图 5.16 所示. 这些也是在实际应用中经常遇到的静态分岔类型.

表 5.3 余维数不超过 3 的奇异点的 GS 范式和普适开折

编号	名称	余维数	GS 范式	普适开折
1	极限点	0	$\varepsilon x^2 + \delta\mu$	$\varepsilon x^2 + \delta\mu$
2	跨临界点	1	$\varepsilon(x^2 - \mu^2)$	$\varepsilon(x^2 - \mu^2) + \alpha$
3	孤立点	1	$\varepsilon(x^2 + \mu^2)$	$\varepsilon(x^2 + \mu^2) + \alpha$
4	滞后点	1	$\varepsilon x^3 + \delta\mu$	$\varepsilon x^3 + \delta\mu + \alpha x$
5	非对称尖点	2	$\varepsilon x^2 + \delta\mu^3$	$\varepsilon x^2 + \delta\mu^3 + \alpha + \beta\mu$
6	叉形点	2	$\varepsilon x^3 + \delta\mu x$	$\varepsilon x^3 + \delta\mu x + \alpha + \beta x^2$
7	四次折叠点	2	$\varepsilon x^4 + \delta\mu$	$\varepsilon x^4 + \delta\mu + \alpha x + \beta x^2$
8	四次孤立点	3	$\varepsilon x^2 + \delta\mu^4$	$\varepsilon x^2 + \delta\mu^4 + \alpha + \beta\mu + \gamma\mu^2$
9	双翼尖点	3	$\varepsilon x^3 + \delta\mu^2$	$\varepsilon x^3 + \delta\mu^2 + \alpha + \beta x + \gamma\mu x$
10	四次跨临界点	3	$\varepsilon x^4 + \delta\mu x$	$\varepsilon x^4 + \delta\mu x + \alpha + \beta\mu + \gamma x^2$
11	五次滞后点	3	$\varepsilon x^5 + \delta\mu$	$\varepsilon x^5 + \delta\mu + \alpha x + \beta x^2 + \gamma x^3$

注: 表中 δ 和 μ 可取 1 或 -1, α、β 和 γ 为开折参数.

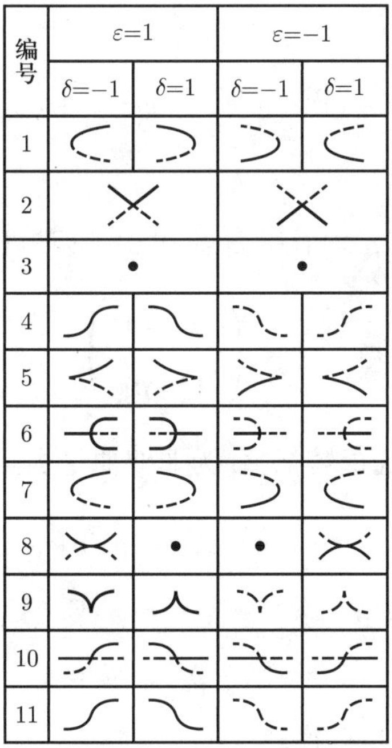

图 5.16 11 种奇异点的分岔图

§5.6 霍普夫分岔及其控制

5.6.1 霍普夫分岔

霍普夫分岔是指系统参数变化经过临界值时平衡点由稳定变为不稳定并从中生长出极限环. 它是一种相对简单而又重要的动态分岔问题, 不仅在动态分岔研究和极限环研究中有理论价值, 而且与工程中自激振动的产生有密切关系而有广泛应用. 霍普夫分岔是工程中常见的现象, 例如在 §3.3 中已经分析了自激振动中的霍普夫分岔现象. 伴随霍普夫分岔的自激振动可能导致燃气轮机转子、飞机旋翼等系统失稳而引发严重后果. 另一方面, 在振荡器设计时则需要霍普夫分岔出现. 霍普夫分岔的例子至少可以上溯到 18 世纪中叶离心调速仪的运动失稳. 庞加莱在 1885 年研究了平面系统中的这类分岔现象, 安德罗诺夫等在 1929 年建立了平面霍普夫分岔的理论, 高维系统中霍普夫分岔的数学理论在 1942 年由霍普夫建立.

例 5.6-1 讨论平面系统

$$\dot{x} = -y + x\left[\mu - \left(x^2 + y^2\right)\right], \quad \dot{y} = x + y\left[\mu - \left(x^2 + y^2\right)\right] \tag{a}$$

的分岔.

解：系统 (a) 对任意 μ 均有平衡点 (0,0), 其雅可比矩阵为

$$\boldsymbol{J} = \begin{pmatrix} \mu & -1 \\ 1 & \mu \end{pmatrix} \tag{b}$$

当 $\mu=0$ 时有实部为零的纯虚特征值, 为非双曲平衡点. 进行极坐标变换

$$x = \rho\cos\varphi, y = \rho\sin\varphi \tag{c}$$

将式 (a) 化作

$$\dot{\rho} = \rho\left(\mu - \rho^2\right), \quad \dot{\varphi} = 1 \tag{d}$$

对于初始值 ρ_0 和 φ_0, 可以积分得到

$$\rho = \frac{\rho_0}{\sqrt{2\rho_0^2 t + 1}}, \quad \varphi = t + \varphi_0 \,(\mu = 0) \tag{e}$$

$$\rho = \frac{\sqrt{|\mu|}\rho_0}{\sqrt{\rho_0^2 + |\mu|\left(-\rho_0^2\right)e^{-2\mu t}}}, \quad \varphi = t + \varphi_0 \quad (\mu \neq 0) \tag{f}$$

由式 (e) 和 (f) 可知, 对于 $\mu \leqslant 0$, 有 $\lim\limits_{t\to\infty}\rho = 0$, 即 (0,0) 为稳定焦点. 对于 $\mu>0$, 有 $\lim\limits_{t\to\infty}\rho = \sqrt{\mu}$, 出现渐近稳定的极限环 $\rho = \sqrt{\mu}$, 即 $x^2 + y^2 = \mu$, 而 (0,0) 变为不稳定焦点. 相轨迹的演变过程可参阅 3.3.3 节中的图 3.28. 极限环在分岔参数大于临界值的情形下存在, 称为超临界霍普夫分岔.

5.6.2 平面系统的霍普夫分岔定理

研究带单参数的平面系统

$$\dot{x} = P(x, y, \mu), \quad \dot{y} = Q(x, y, \mu) \tag{5.6.1}$$

不失一般性, 设零点 $O(0,0)$ 对 $\mu=0$ 邻域的任意参数 μ 值均为平衡点, 且 $\mu=0$ 时在零点的线性近似系统的平衡点为中心. 经过适当的非奇异线性坐标变换后,

新坐标仍用 x 和 y 表示, 系统 (5.6.1) 可改写作

$$\left.\begin{array}{l} \dot{x} = \alpha(\mu)x - \beta(\mu)y + f(x,y,\mu) \\ \dot{y} = \beta(\mu)x + \alpha(\mu)y + g(x,y,\mu) \end{array}\right\} (x,y) \in U \subset R^2, \ \mu \in J \subset R \qquad (5.6.2)$$

其中函数 f 和 g 为 x 和 y 的不低于 2 次的项, 具有 4 阶连续偏导数, 且满足

$$f(0,0,\mu) = g(0,0,\mu) = 0, \quad \mu \in J \qquad (5.6.3)$$

而在原点 (0,0) 的线性近似系统的复共轭特征值 $\alpha(\mu) \pm \mathrm{i}\beta(\mu)$ 当 $\mu=0$ 时有

$$\alpha(0) = 0, \quad \beta(0) = \omega > 0 \qquad (5.6.4)$$

可以证明系统 (5.6.2) 的一个 3 阶 PB 范式为

$$\left.\begin{array}{l} \dot{u} = c\mu u - (e\mu + \omega)v + (au - bv)(u^2 + v^2) \\ \dot{v} = (e\mu + \omega)u + c\mu v + (bu + av)(u^2 + v^2) \end{array}\right\} \qquad (5.6.5)$$

化作极坐标形式

$$\dot{\rho} = c\mu\rho + a\rho^3, \quad \dot{\varphi} = \omega + e\mu + b\rho^2 \qquad (5.6.6)$$

其中

$$c = \alpha'(0), \quad e = \beta'(0) \qquad (5.6.7)$$

$$a = \frac{1}{16}\left(\frac{\partial^3 f}{\partial x^3} + \frac{\partial^3 f}{\partial x \partial y^2} + \frac{\partial^3 g}{\partial x^2 \partial y} + \frac{\partial^3 g}{\partial y^3}\right) + \frac{1}{16\omega}\left[\frac{\partial^2 f}{\partial x \partial y}\left(\frac{\partial^2 f}{\partial x^2} + \frac{\partial^2 f}{\partial y^2}\right) - \right.$$
$$\left. \frac{\partial^2 g}{\partial x \partial y}\left(\frac{\partial^2 g}{\partial x^2} + \frac{\partial^2 g}{\partial y^2}\right) - \frac{\partial^2 f}{\partial x^2}\frac{\partial^2 g}{\partial x^2} + \frac{\partial^2 f}{\partial y^2}\frac{\partial^2 g}{\partial y^2}\right] \qquad (5.6.8)$$

上式中所有偏导数均在 $(x,y,\mu)=(0,0,0)$ 计算. 可以证明原系统与其 3 阶 PB 范式有相同的分岔特性. 且有以下定理.

通有的平面霍普夫分岔定理: 设系统 (5.6.2) 满足条件 (5.6.3) 和 (5.6.4) 并且有 $c \neq 0$ 和 $a \neq 0$, 则系统 (5.6.2) 在 $\mu=0$ 处出现霍普夫分岔. 当 $\mu \neq 0$ 且 μ 与 a/c 异号时, 在 $(x,y)=(0,0)$ 邻域存在唯一的极限环. 当 $\mu \to 0$ 时, 该极限环趋

于原点, 对充分小的 $|\mu|$, 该极限环上各点向径的平均值与 $\sqrt{|\mu|}$ 成正比, 周期接近 $2\pi/\omega$. 当 $a<0$ 时, 极限环稳定; 当 $a>0$ 时, 极限环不稳定.

此定理的证明详见附录七. 在上述定理中, 满足条件 $c \neq 0$ 和 $a \neq 0$ 的霍普夫分岔为通有的, 而其他情形的霍普夫分岔为退化的. 条件 $c \neq 0$ 表明系统 (5.4.1) 的线性近似系统的特征值当 $\mu=0$ 时以不等于零的速率穿过虚轴. 此时, 对充分小的 $|\mu| \neq 0$ 有 $\alpha(\mu) \neq 0$, 即系统在 $\mu \neq 0$ 时存在焦点, 且 $\alpha(\mu)$ 在 $\mu=0$ 的两侧异号, 即当 μ 变化经过 0 时, 焦点由稳定变为不稳定或由不稳定变为稳定. 当条件 $c \neq 0$ 不成立时, 仍能发生霍普夫分岔, 但出现的极限环可能是不唯一的. 当条件 $a \neq 0$ 不成立时, 仍能发生霍普夫分岔, 但所出现的极限环的稳定性判定问题更为复杂.

例 5.6-2 用霍普夫分岔定理讨论例 5.6-1 平面系统 (a) 的分岔.

解: 将例 5.6-1(a) 与式 (5.4.2) 比较, 得到

$$\alpha(\mu) = \mu, \quad \beta(\mu) = 1 \tag{a}$$

$$f(x,y,\mu) = -x\left(x^2+y^2\right), \quad g(x,y,\mu) = -\left(x^2+y^2\right)y \tag{b}$$

由式 (5.4.6) 和 (5.4.7), 得到

$$c = 1 > 0, \quad a = -\frac{3}{4} < 0 \tag{c}$$

根据霍普夫分岔定理, 对充分小的 $|\mu|$, $\mu>0$ 时唯一存在稳定极限环, 该极限环上各点向径的平均值与 $\sqrt{|\mu|}$ 成正比. 这一结果与例 5.6-1 中具体求解后得到的结论一致.

5.6.3 范德波尔系统的霍普夫分岔

将范德波尔方程 (1.5.2) 中的 x 和 ε 改用 q 和 μ 表示, 写作

$$\ddot{q} - \mu\dot{q}(1 - \delta q^2) + \omega_0^2 q = 0 \tag{5.6.9}$$

在 §1.5 中, 已经证明此系统当 $\delta=1, \omega_0 =1$ 时在 $\mu=0$ 出现霍普夫分岔, 现利用霍普夫分岔定理重新讨论这一问题.

直接应用霍普夫分岔定理仅能说明极限环的存在性, 但不能证明极限环的稳定性. 事实上, 将式 (5.4.9) 作非奇异线性变换

$$\begin{pmatrix} x \\ y \end{pmatrix} = \begin{pmatrix} -\dfrac{\mu}{2} & 1 \\ \sqrt{\omega_0^2 - \left(\dfrac{\mu}{2}\right)^2} & 0 \end{pmatrix} \begin{pmatrix} q \\ \dot{q} \end{pmatrix} \tag{5.6.10}$$

变换后可化作式 (5.6.2) 的形式, 其中

$$\alpha(\mu) = \frac{\mu}{2}, \quad \beta(\mu) = \sqrt{\omega_0^2 - \left(\frac{\mu}{2}\right)^2} \tag{5.6.11}$$

$$f(x, y, \mu) = -\frac{4\delta\mu}{4\omega_0^2 - \mu^2}\left(x + \frac{\mu y}{\sqrt{4\omega_0^2 - \mu^2}}\right)y^2, \quad g(x, y, \mu) = 0 \tag{5.6.12}$$

显然当 $\omega_0 > 0$ 时条件 (5.6.3) 和 (5.6.4) 可得到满足, 根据式 (5.6.5) 和 (5.6.8) 可算出 $c > 0$ 且 $a = 0$. 因此当 $\mu = 0$ 时出现霍普夫分岔而产生唯一的极限环, 但这种霍普夫分岔为退化分岔. 为判断极限环的稳定性需要计算更高阶的 PB 范式.

为能应用霍普夫分岔定理, 在 $\mu \neq 0$ 时引入变换

$$q = \begin{cases} \dfrac{u}{\sqrt{\mu}} & (\mu > 0) \\[2mm] \dfrac{u}{\sqrt{-\mu}} & (\mu < 0) \end{cases} \tag{5.6.13}$$

将式 (5.6.13) 代入式 (5.6.9), 得到

$$\ddot{u} - \left(\mu \mp \delta u^2\right)\dot{u} + \omega_0^2 u = 0 \tag{5.6.14}$$

其中 $\mu > 0$ 时 δ 前面的符号为负, $\mu < 0$ 时 δ 前面的符号为正. 作非奇异线性变换

$$\begin{pmatrix} x \\ y \end{pmatrix} = \begin{pmatrix} -\dfrac{\mu}{2} & 1 \\ \sqrt{\omega_0^2 - \left(\dfrac{\mu}{2}\right)^2} & 0 \end{pmatrix} \begin{pmatrix} u \\ \dot{u} \end{pmatrix} \tag{5.6.15}$$

变换后化作式 (5.6.2) 的形式, 其中

$$\alpha(\mu) = \frac{\mu}{2}, \quad \beta(\mu) = \sqrt{\omega_0^2 - \left(\frac{\mu}{2}\right)^2} \tag{5.6.16}$$

$$f(x,y,\mu) = \frac{4(\mp\delta)}{4\omega_0^2 - \mu^2}\left(x + \frac{\mu y}{\sqrt{4\omega_0^2 - \mu^2}}\right)y^2, \quad g(x,y,\mu) = 0 \qquad (5.6.17)$$

根据式 (5.6.7) 和 (5.6.8), 得到

$$c = \frac{1}{2} > 0, \quad a = \frac{(\mp\delta)}{8\omega_0^2} \qquad (5.6.18)$$

设 $\delta>0$, 则当 $\mu>0$ 时有 $a<0$, 即 μ 与 a/c 异号, 根据霍普夫分岔定理, 在 $(x,y)=(0,0)$ 邻域内存在唯一的稳定极限环. 当 $\mu\to0$ 时, 该极限环趋于原点, 对充分小的 $|\mu|$, 该极限环上各点向径的平均值与 $\sqrt{|\mu|}$ 成正比, 周期接近 $2\pi/\omega_0$. 同理可分析 $\delta<0$ 时的情形.

5.6.4 霍普夫分岔定理的高维推广

由于霍普夫分岔是一种局部分岔, 利用中心流形定理可以将高维系统约化为二维系统而得到一般的霍普夫分岔定理.

讨论带单参数的 n 维系统

$$\dot{\boldsymbol{x}} = \boldsymbol{f}(\boldsymbol{x},\mu) \quad \boldsymbol{x}\in\boldsymbol{R}^n, \ \mu\in R \qquad (5.6.19)$$

设其中 $\boldsymbol{f}$ 对各变元均有 4 阶连续偏导数, 且满足对包含 0 的开区间 J 中的一切 μ 均有 $\boldsymbol{f}(\boldsymbol{0},\mu)=\boldsymbol{0}$, 对于 $\mu\in J$, 在 $(\boldsymbol{0},\mu)$ 计算的雅可比矩阵 $\boldsymbol{A}(\mu)=\mathbf{D}_x\boldsymbol{f}(\boldsymbol{x},\mu)$ 在 $\mu=0$ 邻域内有共轭特征值 $\alpha(\mu)\pm\mathrm{i}\beta(\mu)$, 且当 $\mu=0$ 时式 (5.6.4) 成立, $\boldsymbol{A}(\mu)$ 的其余 $n-2$ 个特征值均有非零实部.

通过坐标变换, 可将式 (5.6.19) 化为

$$\left.\begin{array}{l}\dot{\boldsymbol{u}} = \boldsymbol{C}(\mu)\boldsymbol{u} + \boldsymbol{g}_1(\boldsymbol{u},\boldsymbol{v},\mu)\\ \dot{\boldsymbol{v}} = \boldsymbol{B}(\mu)\boldsymbol{v} + \boldsymbol{g}_2(\boldsymbol{u},\boldsymbol{v},\mu)\end{array}\right\} \quad \boldsymbol{u}\in R^2, \quad \boldsymbol{v}\in R^{n-2} \qquad (5.6.20)$$

其中

$$\boldsymbol{C}(\mu) = \begin{pmatrix} \alpha(\mu) & -\beta(\mu)\\ \beta(\mu) & \alpha(\mu)\end{pmatrix} \quad \alpha(0)=0, \quad \beta(0)=\omega_0>0 \qquad (5.6.21)$$

$(n-2) \times (n-2)$ 矩阵 $\boldsymbol{B}(\mu)$ 的特征值均不为零. 根据中心流形定理, 存在中心流形

$$\boldsymbol{v} = \boldsymbol{h}(\boldsymbol{u}, \mu) \tag{5.6.22}$$

满足

$$\mathbf{D}_x \boldsymbol{h}(\boldsymbol{u}, \mu)(\boldsymbol{C}(\mu)\boldsymbol{u} + \boldsymbol{g}_1(\boldsymbol{u}, \boldsymbol{v}, \mu)) = \boldsymbol{B}(\mu)\boldsymbol{v} + \boldsymbol{g}_2(\boldsymbol{u}, \boldsymbol{v}, \mu) \tag{5.6.23}$$

由式 (5.6.23) 解得 (5.6.22), 代入式 (5.6.20), 得到约化为二维的系统

$$\dot{\boldsymbol{u}} = \boldsymbol{C}(\mu)\boldsymbol{u} + \boldsymbol{g}_1(\boldsymbol{u}, \boldsymbol{h}(\boldsymbol{u}, \mu), \mu) \tag{5.6.24}$$

应用霍普夫分岔定理可知, 在 $\mu=0$ 邻域内系统 (5.6.19) 存在极限环. 若在 $\mu=0$ 处有 $c = \alpha'(\mu) \neq 0$, 则对于给定的 μ, 极限环是唯一的. 对充分小的 $|\mu|$, 该极限环上各点向径的平均值为 $O\left(\sqrt{|\mu|}\right)$, 周期为 $2\pi/\omega + O(|\mu|)$.

显然 $\boldsymbol{A}(0)$ 的其余 $n-2$ 个特征值若有正实部, 则分岔出现的极限环是不稳定的, 故极限环稳定的必要条件为 $\boldsymbol{A}(0)$ 的其余 $n-2$ 个特征值具有负实部. 在非退化霍普夫分岔的情形, 可以计算与式 (5.6.8) 类似的参数给出极限环稳定的充分条件. 设矩阵 $\boldsymbol{A}^{\mathrm{T}}(0)$ 和 $\boldsymbol{A}(0)$ 的特征向量分别为 $\boldsymbol{u}^{\mathrm{T}}$ 和 $\boldsymbol{v}$, 且满足正则条件 $\boldsymbol{u}^{\mathrm{T}}\boldsymbol{v}=0$, 定义参数 ψ 如下:

$$\psi = \sum_{m=1}^{n} \sum_{j=1}^{n} \sum_{k=1}^{n} \sum_{l=1}^{n} u_m v_j v_k \bar{v}_l \left[\sum_{p=1}^{n} \sum_{q=1}^{n} \left(2 \frac{\partial^2 f_m}{\partial x_j \partial x_p} A_{pq}^{-1} \frac{\partial^2 f_q}{\partial x_k \partial x_l} + \right. \right.$$
$$\left. \left. \frac{\partial^2 f_m}{\partial x_l \partial x_p} (A - 2\mathrm{i}\omega)_{pq}^{-1} \frac{\partial^2 f_q}{\partial x_j \partial x_k} \right) - \frac{\partial^3 f_m}{\partial x_j \partial x_k \partial x_l} \right] \tag{5.6.25}$$

其中下标表示矩阵的元素. 可以证明[15], 当 ψ 的实部和 c 同号且 $\boldsymbol{A}$ 的其余 $n-2$ 个特征值具有负实部时极限环稳定. 对于退化霍普夫分岔出现的极限环判断稳定性的过程更为复杂.

5.6.5 霍普夫分岔的控制

设计一种控制器以改变给定非线性系统的分岔特性并实现所期望的动力学行为称为**分岔的控制**. 分岔的控制要解决的问题包括: 延迟分岔的发生, 在选定的参数值处引入新的分岔, 改变存在分岔点的参数值, 变化分岔序列的类型,

镇定分岔解的某一支, 调节分岔产生极限环的重数、幅值和频率, 优化系统近分岔点的行为等. 自 20 世纪 90 年代中后期起分岔的控制受到广泛的重视, 研究工作涉及机械、航空、电力、化工等工程领域和物理、化学、生物等科学领域. 控制分岔的研究, 对于有效地避免、延缓和消除分岔导致的不良后果而提高系统的稳定性和可靠性具有理论指导意义, 成为非线性振动的一个新的发展方向. 目前研究较多的是静态分岔控制、霍普夫分岔控制和倍周期分岔控制.

早期对霍普夫分岔的驾驭通常是进行系统设计修正以避免霍普夫分岔, 有时可能需要高昂的成本. 近年来随着主动控制技术的发展, 人们开始探索霍普夫分岔的主动控制. 霍普夫分岔的控制主要包括三方面的内容: (1) 霍普夫分岔的抑制, 完全避免分岔的产生; (2) 改变霍普夫分岔的定性特性, 如分岔方向、分岔解的稳定性等; (3) 改变霍普夫分岔解的定量特性, 如改变周期解的幅值、频率. 控制霍普夫分岔的理论基础是霍普夫分岔定理. 控制霍普夫分岔的基本方法包括采用非线性静态或动态状态反馈控制, 利用受控系统的范式及其相应不变量, 应用谐波平衡法、多尺度法等近似解析确定周期解进行线性调节器设计等. 在控制器设计中在霍普夫分岔控制中还较多应用本书没有涉及的霍普夫分岔的频域描述 (参阅文献 [70]).

虽然分岔控制尤其是霍普夫分岔的控制的研究具有重要的工程应用前景, 但总体上仍处于起步阶段, 有大量问题需要进一步研究, 参阅文献 [97,129].

§5.7 闭轨迹的分岔

5.7.1 闭轨迹分岔的例子

相空间中的闭轨迹对应于周期运动. 具有非双曲闭轨迹的动力学系统是结构不稳定的, 适当的参数扰动可使闭轨迹附近的轨迹拓扑结构发生变化, 称为**闭轨迹分岔**. 它是一种局部分岔, 又是动态分岔. 非双曲闭轨迹局部分岔的基本类型仍是叉式分岔、鞍结分岔和跨临界分岔. 以下列平面系统为例.

例 5.7-1 讨论平面系统

$$\left.\begin{array}{l} \dot{x} = -y + x\left[1 - (x^2 + y^2)\right]\left\{\mu - \left[(x^2 + y^2) - 1\right]^2\right\} \\ \dot{y} = x + y\left[1 - (x^2 + y^2)\right]\left\{\mu - \left[(x^2 + y^2) - 1\right]^2\right\} \end{array}\right\} \tag{a}$$

的分岔.

解: 系统 (a) 对任意 μ 均有平衡点 (0,0), 其雅可比矩阵为

$$\boldsymbol{J} = \begin{pmatrix} \mu - 1 & -1 \\ 1 & \mu - 1 \end{pmatrix} \tag{b}$$

$\mu<1$ 时 (0,0) 为稳定焦点, $\mu>1$ 时 (0,0) 为不稳定焦点. 进行极坐标变换

$$x = \rho\cos\varphi, \quad y = \rho\sin\varphi \tag{c}$$

将式 (a) 化作

$$\dot{\rho} = \rho\left(1 - \rho^2\right)\left[\mu - \left(\rho^2 - 1\right)^2\right], \quad \dot{\varphi} = 1 \tag{d}$$

对任意实数 μ, 系统 (d) 有闭轨迹$\rho=1$, 当 $\mu<0$ 时, $\rho=1$ 不稳定. 当 $\mu>0$ 时, $\rho=1$ 稳定. 此时系统有不稳定闭轨迹 $\rho = \sqrt{1 + \sqrt{\mu}}$, 当 0<$\mu$<1 时, 系统还有不稳定闭轨迹 $\rho = \sqrt{1 - \sqrt{\mu}}$. 分岔图如图 5.17 所示. 这种分岔为闭轨迹的亚临界叉式分岔. 如果将式 (a) 中作时间反向变换, $t \to -t$, 则变换后的系统将出现超临界叉式分岔, 如图 5.18 所示.

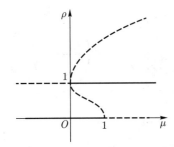

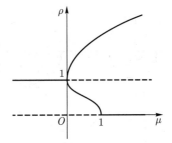

图 5.17 闭轨迹的亚临界叉式分岔　　图 5.18 闭轨迹的超临界叉式分岔

例 5.7-2 讨论平面系统

$$\left.\begin{array}{l} \dot{x} = -y - x\left\{\mu - \left[(x^2 + y^2) - 1\right]^2\right\} \\ \dot{y} = x - y\left\{\mu - \left[(x^2 + y^2) - 1\right]^2\right\} \end{array}\right\} \tag{a}$$

的分岔.

解：系统 (a) 对任意 μ 均有平衡点 $(0,0)$, 其雅可比矩阵为

$$\boldsymbol{J} = \begin{pmatrix} 1-\mu & -1 \\ 1 & 1-\mu \end{pmatrix} \tag{b}$$

$\mu<1$ 时为不稳定焦点, $\mu \geqslant 1$ 时为稳定焦点. 进行极坐标变换

$$x = \rho \cos\varphi, \quad y = \rho \sin\varphi \tag{c}$$

将式 (a) 化作

$$\dot{\rho} = -\rho \left[\mu - \left(\rho^2 - 1 \right)^2 \right], \quad \dot{\varphi} = 1 \tag{d}$$

由式 (d) 看出当 $\mu<0$ 时无闭轨迹, $\mu=0$ 时有半稳定极限环 $\rho=1$, 为非双曲闭轨迹, $0<\mu<1$ 时有稳定极限环 $\rho = \sqrt{1-\sqrt{\mu}}$ 和不稳定极限环 $\rho = \sqrt{1+\sqrt{\mu}}, \mu \geqslant 1$ 时仅有不稳定极限环 $\rho = \sqrt{1+\sqrt{\mu}}$, 相轨迹变化如图 5.19 所示. 从 $\mu=0$ 开始随着 μ 增加, 半稳定闭轨迹转化为稳定极限环和不稳定闭轨迹, 这种分岔为闭轨迹的鞍结分岔. 分岔图如图 5.20 所示, 在 $\mu=1$ 处还出现平衡点的亚临界霍普夫分岔.

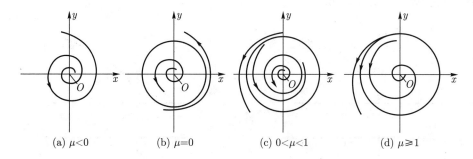

(a) $\mu<0$ (b) $\mu=0$ (c) $0<\mu<1$ (d) $\mu \geqslant 1$

图 5.19 闭轨迹鞍结分岔的相轨迹变化

例 5.7-3 讨论平面系统

$$\left.\begin{array}{l} \dot{x} = -y - x \left[1 - \left(x^2 + y^2 \right) \right] \left[1 + \mu - \left(x^2 + y^2 \right) \right] \\ \dot{y} = x - y \left[1 - \left(x^2 + y^2 \right) \right] \left[1 + \mu - \left(x^2 + y^2 \right) \right] \end{array}\right\} \tag{a}$$

的分岔.

解: 系统 (a) 对任意 μ 均有平衡点 (0,0), 其雅可比矩阵为

$$J = \begin{pmatrix} -1-\mu & -1 \\ 1 & -1-\mu \end{pmatrix} \tag{b}$$

$\mu < -1$ 时为不稳定焦点, $\mu \geqslant -1$ 时为稳定焦点. 进行极坐标变换

$$x = \rho\cos\varphi, \quad y = \rho\sin\varphi \tag{c}$$

将式 (a) 化作

$$\dot{\rho} = -\rho\left(1-\rho^2\right)\left(1+\mu-\rho^2\right), \quad \dot{\varphi} = 1 \tag{d}$$

由式 (d) 看出, 当 $\mu<0$ 时有稳定极限环 $\rho=1$ 和不稳定闭轨迹 $\rho = \sqrt{1+\mu}$; 当 $\mu>0$ 时有稳定极限环 $\rho = \sqrt{1+\mu}$ 和不稳定闭轨迹 $\rho=1$. 在 $\mu=0$ 处, 闭轨迹 $\rho=1$ 和 $\rho = \sqrt{1+\mu}$ 的稳定性发生互换, 这种分岔为闭轨迹的跨临界分岔. 分岔图 如图 5.21 所示, 在 $\mu=-1$ 处还出现平衡点的超临界霍普夫分岔.

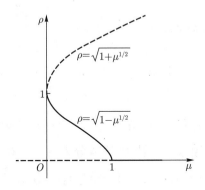

图 5.20 闭轨迹鞍结分岔的分岔图

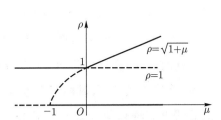

图 5.21 闭轨迹跨临界分岔的分岔图

5.7.2 庞加莱映射

庞加莱于 1881 年引入的首次返回映射, 是研究闭轨迹即周期运动的稳定 性及其分岔的几何方法. 它可以将微分方程描述的非线性系统转化为差分方程 描述的映射.

设 Γ 为非线性系统 (5.3.6) 在 R^n 中解 $\boldsymbol{x} = \boldsymbol{\varphi}_t(\boldsymbol{x}_0)$ 对应的周期轨道, 周期为 T. 选择 $n{-}1$ 维超曲面 Σ 为局部截面. 截面 Σ 不一定是超平面, 但必须与 Γ 处处横截即不相切地相交. 适当选择截面 Σ 的大小, 可以使 Σ 与 Γ 仅相交于一点. 以 $\boldsymbol{p}$ 记轨道 Γ 与截面 Σ 相交的点, 则从点 $\boldsymbol{p}$ 出发的轨道 Γ 经过时间 T 后首次返回截面 Σ, 即 $\boldsymbol{\varphi}_T(\boldsymbol{p}){=}\boldsymbol{p}{\in}\Sigma$. 取 $U{\subset}\Sigma$ 为 $\boldsymbol{p}$ 的一个邻域, 如图 5.22 所示. 当 U 足够小时, 任意 $\boldsymbol{q}{\in}U$ 充分靠近 $\boldsymbol{p}$, 因而从 $\boldsymbol{p}$ 出发的轨道都可以再次返回截面 Σ. 故可定义映射 $\boldsymbol{P}\colon U \to \Sigma$ 为

$$\boldsymbol{P}(\boldsymbol{q}) = \boldsymbol{\varphi}_\tau(\boldsymbol{q}) \tag{5.7.1}$$

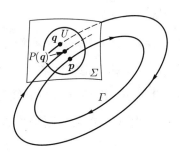

图 5.22　庞加莱映射示意图

映射 $\boldsymbol{P}$ 称为**庞加莱映射**, 又称**截面映射**或**首次返回映射**. 其中时间间隔 $\tau{=}\tau(\boldsymbol{q})$ 是由 $\boldsymbol{q}$ 出发的轨道首次返回 Σ 所需的时间, 一般与 $\boldsymbol{q}$ 有关, 不一定为常数, 但当 $\boldsymbol{q}{\to}\boldsymbol{p}$ 时有 $\tau{\to}T$. 可以证明, 当 $\boldsymbol{f}$ 具有连续 m 阶导数时, $\boldsymbol{P}$ 为可逆映射且映射 $\boldsymbol{P}$ 及其逆映 $\boldsymbol{P}^{-1}$ 射都具有连续 m 阶导数. 映射 $\boldsymbol{P}$ 将微分方程 (5.2.6) 定义的非线性系统转化为式 (5.7.1) 定义的 $n{-}1$ 维映射. 第一章中 §1.5 定义的点映射为相平面上以线段为截面的庞加莱映射.

一般情形下, 庞加莱映射是在周期轨道的局部定义的. 对于受周期激励的系统, 可以定义全局的庞加莱映射. 设非自治系统

$$\dot{\boldsymbol{x}} = \boldsymbol{f}(\boldsymbol{x}, t) \tag{5.7.2}$$

右端为时间 t 的周期函数, 即存在 T 使 $\boldsymbol{f}(\boldsymbol{x}, t+T) = \boldsymbol{f}(\boldsymbol{x}, t)$, 则系统 (5.7.2)

可改写为自治系统的形式

$$
\left.\begin{aligned}
\dot{\boldsymbol{x}} &= \boldsymbol{f}\,(\boldsymbol{x},\theta) \\
\dot{\theta} &= 1
\end{aligned}\right\} (\boldsymbol{x},\theta) \in R^n \times S^1 \tag{5.7.3}
$$

注意到式 (5.7.3) 与式 (5.3.6) 不同, 其相空间为流形 $R \times S^1$ 而不是 R^{n+1}. 其中 S^1 为圆环, 对 $\theta \in S^1$ 有 $\theta + T = \theta$. 对于自治系统 (5.7.3), 所有的轨道均与截面 Σ 横截相交, 可定义全局的截面

$$
\boldsymbol{\Sigma} = \left\{ (\boldsymbol{x},\theta) \in R^n \times S^1 \,|\, \theta = \theta_0 \right\} \tag{5.7.4}
$$

设方程 (5.7.3) 在初始条件下 $\boldsymbol{x}(\boldsymbol{x}_0,\theta_0) = \boldsymbol{x}_0$ 的解为 $\boldsymbol{x}(\boldsymbol{x}_0,t)$, 则可以全局地定义庞加莱映射

$$
\boldsymbol{P}\,(\boldsymbol{x}_0) = \boldsymbol{x}\,(\boldsymbol{x}_0,\theta_0 + T) \tag{5.7.5}
$$

在这种情形下, 时间间隔 $\tau = T$ 对所有点 $\boldsymbol{x}_0 \in \Sigma$ 均相同.

例 5.7-4 建立平面自治系统

$$
\left.\begin{aligned}
\dot{x}_1 &= x_1 - x_2 - x_1\left(x_1^2 + x_2^2\right) \\
\dot{x}_2 &= x_1 + x_2 - x_2\left(x_1^2 + x_2^2\right)
\end{aligned}\right\} \tag{a}
$$

的庞加莱映射.

解: 在系统 (a) 中进行极坐标变换

$$
x_1 = \rho\cos\theta\ ,\ x_2 = \rho\sin\theta \tag{b}
$$

得到

$$
\left.\begin{aligned}
\dot{\rho} &= \rho\left(1 - \rho^2\right) \\
\dot{\theta} &= 1
\end{aligned}\right\} \tag{c}
$$

积分式 (c) 得到 $t = 0$ 时从 $(\rho,\theta)^{\mathrm{T}}$ 出发的解为

$$
\varphi_t\left((\rho,\theta)^{\mathrm{T}}\right) = \left(\rho\left(\rho^2 + \left(1 - \rho^2\right)\mathrm{e}^{-2t}\right)^{-1/2}, t + \theta\right)^{\mathrm{T}} \tag{d}
$$

311

取正半轴 $x_1 > 0$ 为截面 Σ:

$$\Sigma = \left\{ (x_1, x_2)^{\mathrm{T}} \,|\, x_1 > 0, x_2 = 0 \right\} \tag{e}$$

在极坐标下为

$$\Sigma = \left\{ (\rho, \theta)^{\mathrm{T}} \,|\, \rho > 0, \theta = 0 \right\} \tag{f}$$

对于任意 $(\rho, \theta)^{\mathrm{T}} \in \Sigma$, 首次返回 Σ 的时间均为 2π, 故得到庞加莱映射

$$\boldsymbol{P}\left((\rho, \theta)^{\mathrm{T}} \right) = \rho \left(\rho^2 + \left(1 - \rho^2 \right) \mathrm{e}^{-4\pi} \right)^{-1/2} \tag{g}$$

或转换回直角坐标, 写作

$$\boldsymbol{P}\left((x_1, x_2)^{\mathrm{T}} \right) = \left(x_1^2 + x_2^2 \right)^{1/2} \left(x_1^2 + x_2^2 + \left(1 - x_1^2 - x_2^2 \right) \mathrm{e}^{-4\pi} \right)^{-1/2} \tag{h}$$

其中 $(x_1, x_2) \in \Sigma$.

5.7.3 映射的不动点及其不变流形

微分方程定义的非线性系统与差分方程定义的映射存在密切的关系. 一方面, 对解进行离散采样可以得到一个映射. 例如, 每隔固定时间 T 对解 φ_t 采样得到映射, 前面讨论的庞加莱映射也是从解得到的映射. 另一方面, 若给定映射 $\boldsymbol{M}^k$, 将每次映射的点用曲线连接可构造微分方程的解曲线 φ_t, 使得每次映射的点成为解曲线 φ_t 上的点, 且具有以下性质: 若 $\boldsymbol{M}^k(z) = \varphi_t(z)$, 则 $\boldsymbol{M}^{k+1}(z) = \varphi_{T+t}(z)$, 其中映射定义域中点用 z 表示, 以与表示非线性系统相空间中的点 $\boldsymbol{x}$ 区别. 这一过程称为**纬垂**, 如图 5.23 所示. 但纬垂得到的映射不是唯一的, 图 5.23(a) 和 (b) 给出同一映射纬垂得到的不同的解. 因此, 在非线性系统和映射的研究中往往存在对应的问题和现象. 由于映射的研究一般比较直观和简单, 人们通常先在映射的研究中发现有关结论, 然后再对非线性系统进行相应的研究. 这种研究思路是由庞加莱所开创的.

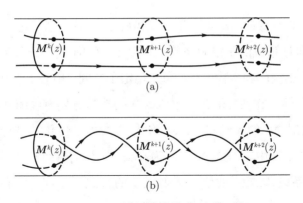

图 5.23 映射的纬垂及其不唯一性

对于映射, 可以定义轨道、不动点等概念. 设 U 是 R^n 中的一个开集, $\boldsymbol{M}$: $U \to U$ 为可逆映射

$$\boldsymbol{x}_{n+1} = \boldsymbol{M}(\boldsymbol{z}_n), \quad \boldsymbol{z}_n \in U \tag{5.7.6}$$

映射 $\boldsymbol{M}^k$ 过点 $\boldsymbol{z}$ 的轨道定义为集合 $\{\boldsymbol{M}^k(\boldsymbol{z}) | k \in Z\}$, 若分别限制 $k \geqslant 0$ 或 $k \leqslant 0$ 得到正半轨道和负半轨道. 微分方程定义的非线性系统的轨道为 R^n 中的连续曲线, 而映射的轨道为 R^n 中的离散点列. 若存在正整数 m 使得 $\boldsymbol{M}^m(\boldsymbol{z})=\boldsymbol{z}$, 则称 $\boldsymbol{z}$ 为映射 $\boldsymbol{M}^k$ 的**周期点**, 使该式成立的最小正整数 m 称为 $\boldsymbol{z}$ 的**周期**. 过周期点 $\boldsymbol{z}$ 的轨道称为**周期轨道**. $m=1$ 时的周期点称为**不动点**, 不动点 $\boldsymbol{z}$ 满足 $\boldsymbol{M}(\boldsymbol{z})=\boldsymbol{z}$.

类似于非线性系统可定义映射不动点的稳定性. 设映射 $\boldsymbol{M}^k$ 有不动点 $\boldsymbol{z}_0$, 若对 $\boldsymbol{z}_0$ 的任意邻域 U, 都存在 $\boldsymbol{z}_0$ 的邻域 W_0, 使得对任意 $\boldsymbol{z} \in W_0$ 和一切 $k \geqslant 0$ 有 $\boldsymbol{M}^k(\boldsymbol{z}) \in U$, 则称不动点 $\boldsymbol{z}_0$ 为稳定. 若稳定的不动点 $\boldsymbol{z}_0$ 对任意 $\boldsymbol{z} \in W_0$ 有 $\lim\limits_{k \to \infty} \boldsymbol{M}^k(\boldsymbol{x}) = \boldsymbol{x}_0$, 则称不动点 $\boldsymbol{z}_0$ 为渐近稳定. 若存在不动点 $\boldsymbol{z}_0$ 的一个邻域 U_0, 对任意 $\boldsymbol{z}_0$ 的邻域 W, 存在 $\boldsymbol{z}_1 \in W$ 和 $k_0 \geqslant 0$ 使得 $\boldsymbol{M}^{k0}(\boldsymbol{z}_1) \notin U_0$, 则称不动点 $\boldsymbol{z}_0$ 为不稳定. 对于映射不动点也可以应用李雅普诺夫直接方法的思想进行稳定性的判别.

映射不动点也存在不变流形. 先定义线性映射的不变子空间. 考虑线性映射

$$\boldsymbol{z}_{n+1} = \boldsymbol{A}\boldsymbol{z}_n \tag{5.7.7}$$

其中 $\boldsymbol{A}$ 为 $n \times n$ 可逆常值矩阵. 零点 $\boldsymbol{0}$ 是系统 (5.7.7) 的不动点. 可以证明, 当 $\boldsymbol{A}$ 的所有特征值模都小于 1 时, 零点是渐近稳定不动点. 若 $\boldsymbol{A}$ 存在模大于 1 的

特征值, 则零点是不稳定不动点. 将对应矩阵 $\boldsymbol{A}$ 模小于 1、等于 1 和大于 1 的特征值的特征向量张成的子空间 E^{s}、E^{c} 和 E^{u} 分别称为线性映射 (5.7.7) 的稳定子空间、中心子空间和不稳定子空间. 稳定子空间、中心子空间和不稳定子空间均为不变子空间. 在 E^{s} 和 E^{u} 上 (5.7.7) 的轨道分别有收缩和扩张的特征.

设 $\boldsymbol{z}_0$ 为映射 $\boldsymbol{M}$ 的不动点, 在 $\boldsymbol{z}_0$ 将式 (5.7.6) 线性化并进行坐标平移得到线性映射 (5.7.7), 其中 $\boldsymbol{A}=\mathbf{D}_z\boldsymbol{M}(\boldsymbol{z}_0)$ 为在 $\boldsymbol{z}_0$ 计算的雅可比矩阵. 相应的 E^{s}、E^{c} 和 E^{u} 称为系统 (5.7.6) 的线性近似系统的稳定子空间、中心子空间和不稳定子空间. 若 $\mathbf{D}_x\boldsymbol{M}(\boldsymbol{z}_0)$ 的所有特征值模均不等于 1, 称 $\boldsymbol{x}_0$ 为**双曲不动点**; 若 $\mathbf{D}_x\boldsymbol{M}(\boldsymbol{z}_0)$ 有模等于 1 的特征值, 称 $\boldsymbol{x}_0$ 为非双曲不动点. $\mathbf{D}_x\boldsymbol{M}(\boldsymbol{z}_0)$ 同时具有大于 1 和小于 1 的特征值模的不动点称为鞍点.

对于映射 $\boldsymbol{M}$ 的双曲不动点 $\boldsymbol{z}_0$, 可以分别定义其局部稳定流形和局部不稳定流形

$$W_{\mathrm{loc}}^{\mathrm{s}}(\boldsymbol{z}_0) = \{\boldsymbol{z} \in U | \text{对一切} k \geqslant 0 \text{有} \boldsymbol{M}^k(\boldsymbol{z}) \in U, \text{且当} k \to \infty \text{时} \boldsymbol{M}^k(\boldsymbol{z}) \to \boldsymbol{z}_0\}$$
(5.7.8)

$$W_{\mathrm{loc}}^{\mathrm{u}}(\boldsymbol{z}_0) = \{\boldsymbol{z} \in U | \text{对一切} k \geqslant 0 \text{有} \boldsymbol{M}^{-k}(\boldsymbol{z}) \in U, \text{且当} k \to \infty \text{时} \boldsymbol{M}^{-k}(\boldsymbol{z}) \to \boldsymbol{z}_0\}$$
(5.7.9)

其中 U 为不动点的 $\boldsymbol{z}_0$ 某个邻域. 双曲不动点 $\boldsymbol{z}_0$ 的全局稳定流形和全局不稳定流形分别定义为

$$W^{\mathrm{s}}(\boldsymbol{z}_0) = \bigcup_{k \geqslant 0} \boldsymbol{M}^{-k}\left(W_{\mathrm{loc}}^{\mathrm{s}}(\boldsymbol{z}_0)\right)$$
(5.7.10)

$$W^{\mathrm{u}}(\boldsymbol{z}_0) = \bigcup_{k \geqslant 0} \boldsymbol{M}^{k}\left(W_{\mathrm{loc}}^{\mathrm{u}}(\boldsymbol{z}_0)\right)$$
(5.7.11)

与非线性系统的情形类似, 有下述不变流形定理.

映射双曲不动点的不变流形定理: 设 $\boldsymbol{z}_0$ 是系统 (5.5.6) 的双曲不动点, 系统 (5.5.6) 在 $\boldsymbol{z}_0$ 的线性近似系统 (5.5.7) 有 n_{s} 维稳定子空间 E^{s} 和 n_{u} 维不稳定子空间 E^{u}, 且 $n_{\mathrm{s}} + n_{\mathrm{u}} = n$. 则系统存在 n_{s} 维局部稳定流形 $W_{\mathrm{loc}}^{\mathrm{s}}(\boldsymbol{z}_0)$ 和 n_{u} 维局部不稳定流形 $W_{\mathrm{loc}}^{\mathrm{u}}(\boldsymbol{z}_0)$, 使得 $W_{\mathrm{loc}}^{\mathrm{s}}(\boldsymbol{z}_0)$ 和 E^{s}、$W_{\mathrm{loc}}^{\mathrm{u}}(\boldsymbol{z}_0)$ 和 E^{u} 在 $\boldsymbol{x}_0$ 分别相切. 且若 $\boldsymbol{M}$ 具有 m 阶连续导数, 则 $W_{\mathrm{loc}}^{\mathrm{s}}(\boldsymbol{z})$ 和 $W_{\mathrm{loc}}^{\mathrm{u}}(\boldsymbol{z})$ 均为 C^m 微分流形.

类似于非线性系统, 可定义映射的中心流形, 也有相应的中心流形定理.

注意到映射 $\boldsymbol{M}$ 的 l 周期点是映射 $\boldsymbol{M}^l$ 的不动点, 因此可以定义 $\boldsymbol{M}$ 的双曲周期轨道及其局部稳定流形和局部不稳定流形, 并建立相应的离散动力学系统双曲周期轨道的不变流形定理.

若 $\boldsymbol{p} \in \Gamma$ 是庞加莱映射的双曲不动点, 则闭轨 Γ 为**双曲闭轨**. 可以用过 $W^{\mathrm{s}}(\boldsymbol{p})$ 和 $W^{\mathrm{u}}(\boldsymbol{p})$ 上各点的相轨迹构成闭轨 Γ 的稳定流形 $W^{\mathrm{s}}(\Gamma)$ 和不稳定流形 $W^{\mathrm{u}}(\Gamma)$, 如图 5.24 所示. 若 $\boldsymbol{DP}(\boldsymbol{p})$ 有 n_{s} 个特征值的模小于 1, n_{u} 个特征值的模大于 1 $(n_{\mathrm{s}} + n_{\mathrm{u}} = n-1)$, 则 $W^{\mathrm{s}}(\Gamma)$ 和 $W^{\mathrm{u}}(\Gamma)$ 的维数分别为 $n_{\mathrm{s}}+1$ 和 $n_{\mathrm{u}}+1$. 可以证明, 若双曲闭轨由 $\boldsymbol{x} = \boldsymbol{\varphi}(t)$ 给出, 其周期为 T, 在稳定流形 $W^{\mathrm{s}}(\Gamma)$ 或不稳定流形 $W^{\mathrm{u}}(\Gamma)$ 上任意点出发的相轨迹分别为 $\boldsymbol{x}^{\mathrm{s}}(t)$ 和 $\boldsymbol{x}^{\mathrm{u}}(t)$, 则存在常数 $K>0$、$\alpha>0$ 和 $\bar{t}$ 使得

$$\left.\begin{array}{l} (\boldsymbol{x}^{\mathrm{s}}(t) - \boldsymbol{\varphi}(t+\bar{t})) < K\mathrm{e}^{-\alpha t/T} \quad (t \geqslant 0) \\ (\boldsymbol{x}^{\mathrm{u}}(t) - \boldsymbol{\varphi}(t+\bar{t})) < K\mathrm{e}^{\alpha t/T} \quad (t \leqslant 0) \end{array}\right\} \tag{5.7.12}$$

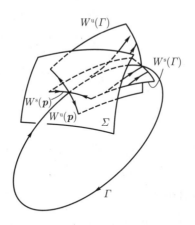

图 5.24 双曲闭轨的不变流形

5.7.4 映射不动点的分岔及相应的闭轨迹分岔

对于含参数的映射:

$$\boldsymbol{z}_{i+1} = \boldsymbol{M}(\boldsymbol{z}_i, \mu) \quad (i = 0, 1, 2, \cdots) \tag{5.7.13}$$

其中 $z_i \in R^n$ 为状态变量, $\boldsymbol{\mu} \in R^m$ 为分岔参数. 当参数 $\boldsymbol{\mu}$ 连续地变化时, 若系统 (5.7.13) 轨道的拓扑结构在 $\boldsymbol{\mu}=\boldsymbol{\mu}_0$ 处发生突然变化, 则称系统 (5.7.13) 在 $\boldsymbol{\mu}=\boldsymbol{\mu}_0$ 处出现分岔. $\boldsymbol{\mu}_0$ 称为分岔值或临界值. $(z_i,\boldsymbol{\mu}_0)^{\mathrm{T}}$ 称为分岔点. 在参数 $\boldsymbol{\mu}$ 的空间 R^m 中, 由分岔值构成的集合称为分岔集. 在 $(z_i,\boldsymbol{\mu})^{\mathrm{T}}$ 的空间 $R^n \times R^m$ 中, 不动点或周期轨道随参数 $\boldsymbol{\mu}$ 变化的图形称为分岔图.

类似于前述微分方程定义的非线性系统的情形, 根据侧重点的不同可以将映射的分岔作不同分类. 例如静态分岔和动态分岔, 局部分岔和全局分岔, 通有分岔和退化分岔.

映射 (5.7.13) 的静态分岔问题即是代数方程

$$z = M(z, \boldsymbol{\mu}) \tag{5.7.14}$$

的多重解问题. 设 $\boldsymbol{\mu}_0$ 为一个静态分岔值, $(z_{\mathrm{F}},\boldsymbol{\mu}_0)$ 为静态分岔点. 基于式 (5.7.14) 利用隐函数定理可以导出映射 (5.7.13) 静态分岔的必要条件: 在 $(z_{\mathrm{F}},\boldsymbol{\mu}_0)$ 计算的 M 关于 z 的雅可比矩阵 $\mathbf{D}_z M(z_{\mathrm{F}},\boldsymbol{\mu}_0)$ 至少有一个绝对值为 1 的特征值, 即 $(z_{\mathrm{F}},\boldsymbol{\mu}_0)$ 为非双曲不动点.

根据上述映射静态分岔的必要条件, 最基本的非双曲不动点分岔为下列三种情形之一. (1) $\mathbf{D}_x M(z_{\mathrm{F}},\boldsymbol{\mu}_0)$ 仅有一个特征值为 $\lambda=1$, 这类分岔称为**切分岔**或**折叠分岔**. (2) $\mathbf{D}_x M(z_{\mathrm{F}},\boldsymbol{\mu}_0)$ 仅有一个特征值为 $\lambda=-1$, 这类分岔称为**翻转分岔**或**倍周期分岔**. (3) $\mathbf{D}_x M(z_{\mathrm{F}},\boldsymbol{\mu}_0)$ 有一对模为 1 的复特征值 $\lambda_{1,2} = \mathrm{e}^{\pm \mathrm{i}\varphi}$, $0<\varphi<\pi$, 这类分岔称为**内依马克 (Y. Neimark)-沙克 (R. J. Sacker) 分岔**或映射的霍普夫分岔. 任何映射都可能出现切分岔或倍周期分岔, 而内依马克–沙克分岔只可能在二维及更高维的映射中出现.

映射不动点的分岔与非线性系统平衡点的分岔有许多相似之处, 也存在差别. 以下仅给出低维映射分岔的若干例子. 对于高维映射, 可以应用中心流形定理将系统约化到以对应于绝对值为 1 特征值的特征向量为切向量的一维或二维中心流形上.

例 5.7-5 讨论映射

$$z_{i+1} = z_i + \mu z_i + z_i^3 \tag{a}$$

的分岔.

解: 系统 (a) 不动点由代数方程

$$z = z + \mu z + z^3 \tag{b}$$

给出. 一维系统的雅可比矩阵的特征值即是式 (a) 右端函数的导数

$$\lambda = 1 + \mu + 3z^2 \tag{c}$$

系统在 $(z,\mu)=(0,0)$ 处有 $\lambda=1$, 出现切分岔. 当 $\mu<0$ 时, 有稳定不动点 $z_{F1}=0$ ($\lambda<1$) 和两个不稳定不动点 $z_{F2,3} = \pm\sqrt{-\mu}$ ($\lambda>1$); 当 $\mu>0$ 时, 系统仅有不稳定不动点 $z_F =0$ ($\lambda>1$). 这种分岔为亚临界叉形分岔. 若将式 (a) 中 z^3 项的符号 "+" 改为 "−", 则发生超临界叉式分岔.

例 5.7-6 讨论映射

$$z_{i+1} = z_i + \mu + z_i^2 \tag{a}$$

的分岔.

解: 系统 (a) 不动点由代数方程

$$z = z + \mu + z^2 \tag{b}$$

给出. 雅可比矩阵的特征值为

$$\lambda = 1 + 2z \tag{c}$$

系统在 $(z,\mu)=(0,0)$ 处有 $\lambda=1$, 出现切分岔. 当 $\mu<0$ 时, 有稳定不动点 $z_{F1} = -\sqrt{-\mu}$ ($\lambda<1$) 和不稳定不动点 $z_{F2} = \sqrt{-\mu}$ ($\lambda>1$); 当 $\mu>0$ 时, 没有不动点. 这种分岔为鞍结分岔.

例 5.7-7 讨论映射

$$z_{i+1} = z_i + \mu z_i - z_i^2 \tag{a}$$

的分岔.

系统 (a) 不动点由代数方程

$$z = z + \mu z - z^2 \tag{b}$$

给出. 系统的雅可比矩阵的特征值为

$$\lambda = 1 + \mu - 2z \tag{c}$$

系统在 $(z,\mu)=(0,0)$ 处, $\lambda=1$, 出现切分岔. 当 $\mu<0$ 时, 有稳定不动点 $z_{F1}=0$ ($\lambda<1$) 和不稳定不动点 $z_{F2}=\mu$ ($\lambda>1$); 当 $\mu>0$ 时, 系统有稳定不动点 $z_{F1}=\mu$ ($\lambda<1$) 和不稳定不动点 $x_{F2}=0$ ($\lambda>1$). 这种分岔为跨临界分岔.

例 5.7-8 讨论映射

$$z_{i+1} = -z_i - \mu z_i + z_i^3 \tag{a}$$

的分岔.

解: 系统 (a) 不动点由代数方程

$$z = -z - \mu z + z^3 \tag{b}$$

给出. 系统的雅可比矩阵的特征值为

$$\lambda = -1 - \mu + 3z^2 \tag{c}$$

系统在 $(z,\mu)=(0,-2)$ 处, $\lambda=1$, 出现切分岔. 当 $\mu<-2$ 时, 有不稳定不动点 $z_F=0$ ($\lambda>1$); 当 $\mu>-2$ 时, 系统有稳定不动点 $z_{F1}=0$ ($\lambda<1$) 和不稳定不动点 $z_{F2,3}=\pm\sqrt{2+\mu}$ ($\lambda>1$). 这种分岔为叉形分岔. 系统在 $(z,\mu)=(0,0)$ 处, $\lambda=-1$, 出现倍周期分岔. 当 $-2<\mu<0$ 时的稳定不动点 $z_{F1}=0$ ($\lambda>1$) 在 $\mu>0$ 后变成不稳定不动点, 不稳定不动点 $z_{F2,3}=\pm\sqrt{2+\mu}$ 保持不变. 进一步考察二次映射

$$z_{i+2} = z_i + \mu(2+\mu)z_i - 2z_i^3 + O(z_i^4) \tag{d}$$

系统的雅可比矩阵的特征值为

$$\lambda = 1 + \mu(2+\mu) - 6z^2 + O(z^3) \tag{e}$$

系统 (e) 在 $(z,\mu)=(0,0)$ 发生叉形分岔, 当 $\mu>0$ 时, 系统 (d) 除不稳定不动点 $z_{F1}=0$ 外, 还有稳定不动点, 由 $z_{F2}=\mu(2+\mu)/2+O(z^3)$ 确定. 分岔图如图 5.25 所示. 注意到系统 (d) 的不动点是系统 (a) 的周期 2 点, 因此称系统 (a) 在 $(z,\mu)=(0,0)$ 处出现倍周期分岔.

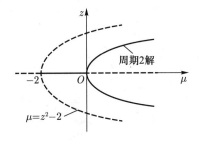

图 5.25 倍周期分岔

例 5.7-9 讨论二维映射

$$z_{1i+1} = \mu z_{1i}\left(1 - z_{2i}\right), \quad z_{2i+1} = z_{1i} \quad (\mu > 0) \tag{a}$$

的分岔.

解：系统 (a) 不动点由代数方程组

$$z_1 = \mu z_1 \left(1 - z_2\right), \quad z_2 = z_1 \tag{b}$$

给出, 解出不动点 P_1 和 P_2 分别为

$$\left(z_{1\text{F}1}, z_{2\text{F}1}\right) = \left(0, 0\right), \quad \left(z_{1\text{F}2}, z_{2\text{F}2}\right) = \left(1 - \frac{1}{\mu}, 1 - \frac{1}{\mu}\right) \tag{c}$$

在不动点 P_1 和 P_2 处, 系统 (a) 相应的雅可比矩阵分别为

$$\boldsymbol{J}_1 = \begin{pmatrix} 0 & \mu \\ 0 & 1 \end{pmatrix}, \quad \boldsymbol{J}_2 = \begin{pmatrix} 1 - \mu & 1 \\ 0 & 1 \end{pmatrix} \tag{d}$$

$\boldsymbol{J}_1$ 的特征值为 0 和 μ, $\boldsymbol{J}_2$ 的特征值为 $\left(1 \pm \sqrt{5 - 4\mu}\right)/2$. 当 $0<\mu<1$ 时, P_1 是稳定结点, P_2 是鞍点; 当 $\mu>1$ 时, P_1 是鞍点, 而 $1<\mu<5/4$ 时 P_2 是稳定结点; 因此在 $\mu=1$ 处系统 (a) 出现鞍结分岔. 注意到 $\mu=2$ 时, $\boldsymbol{J}_2$ 的特征值为单位模复数 $\mathrm{e}^{\pm\pi\mathrm{i}/3}$. 当 $5/4<\mu<2$ 时, P_2 是稳定焦点; 当 $\mu>2$ 时, P_2 是不稳定焦点. 此时用数值方法可以发现存在一闭合稳定流形, 如图 5.26 所示. 因此在 $\mu=2$ 处系统 (a) 出现内依马克–沙克分岔

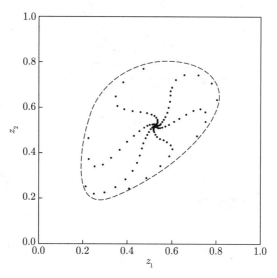

图 5.26　内依马克–沙克分岔的闭合稳定流形

在讨论非线性振动周期运动分岔时, 可以研究相应的映射的内依马克–沙克分岔. 庞加莱映射切分岔对应的典型周期运动分岔是跳跃现象. 在控制参数 (在非线性受迫振动中是激励频率) 的某个范围中, 系统的稳定极限环和不稳定极限环共存, 在分岔点两者对应的周期运动幅值相等, 并突然一并消失, 发生切分岔; 由于在分岔点邻域不存在其他周期运动, 系统响应跳跃到离它们较远的另一稳定周期运动上. 庞加莱映射的翻转分岔对应着周期运动的周期倍化. 原来周期运动对应的闭轨迹失去稳定性, 发生超临界翻转分岔, 新的稳定闭轨迹为单侧曲面默比乌斯带的边界. 从参数变化到分岔值起, 默比乌斯带逐渐增加宽度, 反映在庞加莱映射上是一个点变为两个点且新形成的两个点间距离增加. 庞加莱映射出现内依马克–沙克分岔对应着周期运动向准周期运动的突然变化. 准周期运动在相空间中对应于二维环面. 这种分岔通常不严格地称为周期运动的霍普夫分岔, 若原来的周期运动是由平衡点的霍普夫分岔产生的, 这种分岔也称为**二次霍普夫分岔**. 在某些特殊情形, 庞加莱映射出现内依马克–沙克分岔, 对应于周期运动向数倍于原周期的周期运动突然变化, 新的闭轨迹环绕在二维环面上但并没有充满, 这种情形称为**锁相**.

§5.8 分岔问题的数值方法

5.8.1 分岔问题数值方法概述

在分岔问题研究中, 常需要讨论带参数的非线性代数方程

$$f(x, \mu) = 0, \quad x \in R^n, \quad \mu \in R^m \tag{5.8.1}$$

的解 x 随控制参数 μ 的变化. 如果忽略状态变量与控制参量的区别, 引入增广的系统状态变量 $y = (x, \mu) \in R^{n \times m}$, 方程 (5.8.1) 可改写为

$$f(y) = 0, \quad y \in R^{n+m} \tag{5.8.2}$$

方程 (5.8.1) 或 (5.8.2) 求解的主要困难在于解的多重性, 这也正是分析分岔问题的关键所在. 为突出问题的实质, 在本节中, 总是设方程 (5.8.1) 或 (5.8.2) 中的向量值函数 f: $R^{n+m} \to R^n$ 为充分光滑, 并且局限于讨论单参数系统, 即 $m = 1$. 此时方程 (5.8.2) 的解定义了空间 R^{n+1} 中的光滑曲线.

为考察解的分岔性, 需要了解在参数连续改变时所讨论问题的解的变化过程. 这时常采用延续算法数值求解, 即从 (5.8.1) 的一个初始解点出发, 以充分小的步长对解曲线进行连续地跟踪, 从而得到解随参数变化的规律. 在奇异点处, 通常的延续算法往往失效, 为此需要改进延续算法以处理分岔问题.

用数值方法处理的分岔问题一般可分为三个方面: (1) 改进延续算法实现对解曲线的跟踪; (2) 判断和确定解曲线上的分岔点. (3) 计算分岔点处的分岔方向, 从而实现对分岔后的解曲线进行跟踪. 这些也是非线性问题大范围数值分析的基本问题.

本书仅讨论静态分岔问题数值方法. 分岔问题的数值方法是非线性振动中的一个重要研究方向, 参阅文献 [23, 41, 59, 101, 121].

5.8.2 解曲线的数值追踪

为实现对解曲线的数值追踪, 通常将代数方程 (5.8.1) 转化为常微分方程

$$\mathbf{D}_x f(x, \mu) \frac{\mathrm{d}x}{\mathrm{d}\mu} + \frac{\partial f(x, \mu)}{\partial \mu} = 0 \tag{5.8.3}$$

321

对于非奇异点, $\mathbf{D}_x f(\boldsymbol{x},\mu)$ 可逆, 方程 (5.8.3) 可改写为

$$\frac{\mathrm{d}\boldsymbol{x}}{\mathrm{d}\mu} = -\left[\mathbf{D}_x f\left(\boldsymbol{x},\mu\right)\right]^{-1}\frac{\partial f\left(\boldsymbol{x},\mu\right)}{\partial\mu} \tag{5.8.4}$$

若给定初值

$$\boldsymbol{x}\left(\mu_0\right) = \boldsymbol{x}_0 \tag{5.8.5}$$

则可以用常微分方程的数值解法求得方程 (5.8.4) 经过点 $(\boldsymbol{x}_0,\mu_0)$ 的一条积分曲线, 即方程 (5.8.1) 的解曲线. 其有别于一般常微分方程数值求解之处在于积分曲线隐含在代数方程 (5.8.1) 中, 可以适时地利用式 (5.8.1) 对求解过程进行修正, 通常采用牛顿迭代方法

$$\boldsymbol{x}_{k+1} = \boldsymbol{x}_k - \left[\mathbf{D}_x f\left(\boldsymbol{x}_k,\mu\right)\right]^{-1} f\left(\boldsymbol{x}_k,\mu\right) \tag{5.8.6}$$

迭代初值即取为微分方程 (5.8.4) 的近似解. 这样可以使近似解点与解曲线充分接近, 误差得以控制. 这种过程称为**预测–校正方法**, 即先由方程 (5.8.4) 从一点经过若干步后得到下一点的预测, 再由原方程 (5.8.1) 对其进行修正, 从而逐步获得方程 (5.8.2) 在空间 R^{n+1} 中的解曲线. 这种确定解曲线的思想称为**延续原理**.

由于在奇异点处矩阵 $\mathbf{D}_x f(\boldsymbol{x},\mu)$ 不可逆, 上述延续方法失效. 这种情形可以引入一个辅助参数 s 并增加一个约束方程, 即引入

$$N\left(\boldsymbol{x},\mu,s\right) = 0 \tag{5.8.7}$$

与方程 (5.8.1) 联立. 适当选择约束方程, 对于非分岔点的奇异点, 可以使所得到联立方程的 $n+1$ 阶雅可比矩阵

$$\boldsymbol{J} = \begin{pmatrix} \mathbf{D}_x f & \dfrac{\partial f}{\partial\mu} \\[2mm] \mathbf{D}_x N & \dfrac{\partial N}{\partial\mu} \end{pmatrix} \tag{5.8.8}$$

非奇异. 经常使用的辅助参数在几何上相当于弧长, 相应的补充约束方程为

$$\theta\frac{\mathrm{d}\boldsymbol{x}^{\mathrm{T}}}{\mathrm{d}s}\left(\boldsymbol{x}\left(s\right) - \boldsymbol{x}\left(s_1\right)\right) + (1-\theta)\frac{\mathrm{d}\mu}{\mathrm{d}s}\left(\mu\left(s\right) - \mu\left(s_1\right)\right) - \left(s - s_1\right) = 0 \tag{5.8.9}$$

其中$\theta\in(0,1)$可适当选择, s_1处的$\boldsymbol{x}$, μ, $\mathrm{d}\boldsymbol{x}^\mathrm{T}/\mathrm{d}s$和$\mathrm{d}\mu/\mathrm{d}s$在前一步计算中已经求得. 这种延续算法称为**拟弧长算法**. 在分岔点, 矩阵$\boldsymbol{J}$仍为不可逆, 但可以证明, 关于方程(5.8.1)和(5.8.7)的牛顿迭代法仍可能收敛, 其收敛范围是在以分岔点为顶点的某个锥体内.

5.8.3 分岔点的数值确定

分岔点均为奇异点, 即在该点$\mathbf{D}_x\boldsymbol{f}(\boldsymbol{x},\mu)$不可逆. 但可以证明, 若$n\times(n+1)$阶矩阵$\mathbf{D}_y\boldsymbol{f}(\boldsymbol{y})$至少有一个$n\times n$阶子矩阵可逆时, 奇异点不是分岔点, 这种非分岔点的奇异点称为**转折点**. 在分岔点处$\mathbf{D}_y\boldsymbol{f}(\boldsymbol{y})$的所有$n\times n$阶子矩阵均为不可逆的. 数值确定分岔点时, 往往首先确定奇异点, 然后再进行分岔点和转折点的区分.

为确定奇异点, 需要引入某种**测试函数**τ. 测试函数τ有不同的选取方法. 例如τ可以取为$\mathbf{D}_x\boldsymbol{f}(\boldsymbol{x},\mu)$诸特征值实部中的最大者, τ改变符号表明出现奇异点. τ或取为$\mathbf{D}_x\boldsymbol{f}(\boldsymbol{x},\mu)$诸特征值实部绝对值的最小者, τ出现零点表示奇异点. τ的一种自然的选择是$\mathbf{D}_x\boldsymbol{f}(\boldsymbol{x},\mu)$的行列式绝对值, 即$\tau(\boldsymbol{x},\mu)=|\det(\mathbf{D}_x\boldsymbol{f}(\boldsymbol{x},\mu))|$, $\tau(\boldsymbol{x},\mu)$取最小值0表示为奇异点$(\boldsymbol{x},\mu)$.

在连续追踪解曲线时, 可以不断地得到其上相邻的三点$\boldsymbol{y}_i$($i=0,1,2$), 并计算相应的$\tau(\boldsymbol{y}_i)$. 如果三点$\boldsymbol{y}_i$间存在奇异点, 则有$\tau(\boldsymbol{y}_0)>\tau(\boldsymbol{y}_1)<\tau(\boldsymbol{y}_2)$. 记$\boldsymbol{y}_0$和$\boldsymbol{y}_j$($j=1,2$)之间的弧长为$s_j$. 在$\boldsymbol{y}_i$上作抛物线插值:

$$\boldsymbol{y}(s)=\frac{(s-s_1)(s-s_2)}{s_1s_2}\boldsymbol{y}_0+\frac{s(s_2-s)}{s_1(s_2-s_1)}\boldsymbol{y}_1+\frac{s(s-s_1)}{s_2(s_2-s_1)}\boldsymbol{y}_2,\quad s\in[0,s_2]$$
(5.8.10)

采用对分法确定极小点的初次近似. 即取$s'=s_1/2$和$s''=(s_1+s_2)/2$, 然后分别代入式(5.8.10), 得到$\boldsymbol{y}(s')$和$\boldsymbol{y}(s'')$. 比较$\tau(\boldsymbol{y}(s'))$, $\tau(\boldsymbol{y}_1)$和$\tau(\boldsymbol{y}(s''))$, 其值最小的弧长$s_1^*$给出奇异点的初次近似$\boldsymbol{y}(s_1^*)$. 利用这种方法可以得到新的3个相邻的初次近似点$\boldsymbol{y}_i^*$($i=0,1,2$). 3个$\tau(\boldsymbol{y}_i^*)$的最小值小于$\tau(\boldsymbol{y}_i)$的最小值. 重复上述过程直到求出足够精度的极小点, 即为奇异点$\boldsymbol{y}^*=\boldsymbol{y}(s^*)$. 在$\boldsymbol{y}^*$点计算$\mathbf{D}_y\boldsymbol{f}(\boldsymbol{y})$的$n+1$个$n$阶代数余子式所成的向量

$$\boldsymbol{v}=\begin{pmatrix}J_1 & J_2 & \cdots & J_{n+1}\end{pmatrix}^\mathrm{T}$$
(5.8.11)

其中

$$J_i = (-1)^{i+1} \det\left(\frac{\partial \boldsymbol{f}}{\partial y_1} \quad \cdots \quad \frac{\partial \boldsymbol{f}}{\partial y_{i-1}} \quad \frac{\partial \boldsymbol{f}}{\partial y_{i+1}} \quad \cdots \quad \frac{\partial \boldsymbol{f}}{\partial y_{n+1}} \right) \quad (i = 1, 2, \cdots, n+1)$$

(5.8.12)

若 $\boldsymbol{v}$ 的模 $\|\boldsymbol{v}\|$ 足够小, 则 $\boldsymbol{y}^*$ 为分岔点. 若 $\|\boldsymbol{v}\|$ 较大而 $\mathbf{D}_x\boldsymbol{f}(\boldsymbol{x},\mu)$ 充分小, 则 $\boldsymbol{y}^*$ 为转折点.

5.8.4 分岔方向的确定

在分岔点 $(\boldsymbol{x}_0,\mu_0)$ 处, 分岔方向一般多于一个. 为确定分岔方向, 计算 $(\mathrm{d}\boldsymbol{x}, \mathrm{d}\mu)$ 使得

$$\boldsymbol{f}(\boldsymbol{x}_0 + \mathrm{d}\boldsymbol{x}, \mu_0 + \mathrm{d}\mu) = \boldsymbol{0}$$

(5.8.13)

得到分岔点处的分岔方向便得到解曲线上离开分岔点的某个新点 $(\boldsymbol{x}_0+\mathrm{d}\boldsymbol{x}, \mu_0+\mathrm{d}\mu)$, 通常不是奇异点. 因而从该点出发, 利用延续算法继续沿分岔后的一个方向作追踪计算.

如前所述, $\boldsymbol{y}_0 = (\boldsymbol{x}_0,\mu_0)$ 为分岔点时有 $\boldsymbol{f}(\boldsymbol{y}_0)=0$ 和 $\boldsymbol{v}(\boldsymbol{y}_0)=0$. 可以证明, 在点 $\boldsymbol{y}_0$ 处, 式 (5.8.11) 定义的向量 $\boldsymbol{v}$ 的雅可比矩阵 $\mathbf{D}_y\boldsymbol{v}(\boldsymbol{y}_0)$ 的非零单重实特征值对应的特征方向即是该点处的分岔方向. 因此分岔方向可以由线性特征值问题

$$\mathbf{D}_y\boldsymbol{v}(\boldsymbol{y}_0)\boldsymbol{u} = \lambda\boldsymbol{u}$$

(5.8.14)

确定. 这一结论仅能计算 $\mathbf{D}_y\boldsymbol{f}(\boldsymbol{y}_0)$ 的零空间维数 $m=2$ 的情形. 若 $m>2$, $\mathbf{D}_y\boldsymbol{f}(\boldsymbol{y}_0)$ 的秩小于 $n-1$, 其所有 $(n-1)\times(n-1)$ 子矩阵的行列式均为零, 根据式 (5.8.11) 的定义, $\mathbf{D}_y\boldsymbol{v}(\boldsymbol{y}_0)$ 的所有元素为零, 没有非零特征值. 利用中心流形定理约化, 可以通过分析 $\mathbf{D}_y\boldsymbol{v}(\boldsymbol{y}_0)$ 的零空间简化特征值问题 (5.8.14). 设 $\mathbf{D}_y\boldsymbol{f}(\boldsymbol{y}_0)$ 的零空间由 $\boldsymbol{\phi}_1$ 和 $\boldsymbol{\phi}_2$ 张成, 则分岔方向在零空间内, 可写作

$$\boldsymbol{u} = \xi_1\boldsymbol{\phi}_1 + \xi_2\boldsymbol{\phi}_2 = \boldsymbol{\Phi}\boldsymbol{\xi}$$

(5.8.15)

其中 $(n+1)\times 2$ 矩阵 $\boldsymbol{\Phi} = (\boldsymbol{\phi}_1 \quad \boldsymbol{\phi}_2)$, 而 $\boldsymbol{\xi} = (\xi_1 \quad \xi_2)$. 定义 2×2 矩阵 $\boldsymbol{A} = \boldsymbol{\Phi}^{\mathrm{T}}\mathbf{D}_y\boldsymbol{v}(\boldsymbol{y}_0)\boldsymbol{\Phi}$, $\boldsymbol{\xi}$ 可以由求解特征值问题

$$\boldsymbol{A}\boldsymbol{\xi} = \lambda\boldsymbol{\xi}$$

(5.8.16)

得到, 利用式 (5.8.15) 即得到分岔方向. 若 $m>2$, 分岔方向的确定更为复杂.

过分岔点后解曲线的点也可以采用代数方法得到. 设 $\mathbf{D}_y \boldsymbol{f}(\boldsymbol{y}_0)$ 的零空间由 $\boldsymbol{\phi}_k$ $(k=1,2,\cdots,m)$ 张成. 若在分岔点 $\boldsymbol{y}_0$ 的小邻域内有

$$\boldsymbol{y} = \boldsymbol{y}_0 + \sum_{i=1}^{m} \xi_i \boldsymbol{\phi}_i, \quad \boldsymbol{y} \in S_\varepsilon(\boldsymbol{y}_0) \tag{5.8.17}$$

其中 $S_\varepsilon(\boldsymbol{y}_0)$ 是以 $\boldsymbol{y}_0$ 为中心、以小正数 ε 为半径位于 $\mathbf{D}_y \boldsymbol{f}(\boldsymbol{y}_0)$ 的零空间中的 m 维球面, 则方程 (5.8.2) 的解使相应的 $\|\boldsymbol{f}\|^2 = \boldsymbol{f}^{\mathrm{T}} \boldsymbol{f}$ 取最小值. 因此, 求解方程 (5.8.2) 的问题转化为求解泛函 $\boldsymbol{f}^{\mathrm{T}} \boldsymbol{f}$ 的极小值问题

$$\min_{\boldsymbol{y} \in S_\varepsilon(\boldsymbol{y}_0)} \boldsymbol{f}^{\mathrm{T}} \boldsymbol{f}(\boldsymbol{y}) \tag{5.8.18}$$

采用拉格朗日乘子法, 问题 (5.6.18) 等价于求解

$$\left.\begin{array}{l} \boldsymbol{\Phi}^{\mathrm{T}} \left(\mathbf{D}_y \boldsymbol{f}(\boldsymbol{y})\right)^{\mathrm{T}} \boldsymbol{f}(\boldsymbol{y}) + \beta \boldsymbol{\xi} = \mathbf{0} \\[2mm] \displaystyle\sum_{i=1}^{m} \xi_i^2 - \varepsilon^2 = 0 \end{array}\right\} \tag{5.8.19}$$

其中 $\boldsymbol{\Phi} = (\boldsymbol{\phi}_1 \boldsymbol{\phi}_2 \cdots \boldsymbol{\phi}_m), \boldsymbol{\xi} = (\xi_1 \xi_2 \cdots \xi_m)^{\mathrm{T}}$. 方程 (5.8.19) 是关于 $m+1$ 个未知量 $(\xi_1\,\xi_2\cdots\xi_m, \beta)$ 的代数方程组, 可以用求解代数方程的数值方法求解.

习 题

5.1 试讨论平面系统

$$\dot{x} = \mu x - x^3 + xy^2, \quad \dot{y} = -y - y^3 - x^2 y$$

的静态分岔.

5.2 试讨论平面系统

$$\dot{x} = \mu y + xy, \quad \dot{y} = -\mu x + x^2 + y^2$$

的静态分岔.

5.3 试讨论平面系统

$$\dot{x} = \mu y - y^2 , \quad \dot{y} = x - 2y + 0.5x^2$$

的静态分岔.

5.4 试用 LS 约化建立平面系统

$$\dot{x} = \mu x + xy - x^3 , \quad \dot{y} = y + x^2 - y^2$$

的约化方程, 并讨论静态分岔.

5.5 试用 LS 约化证明平面系统

$$\dot{x} = (2 - \mu) x - 2y + 2x^2 + 2y^2 , \quad \dot{y} = (1 - 3\mu) x - y + xy + y^2$$

在零点邻域存在叉式分岔.

5.6 试确定平面系统

$$\dot{x} = x , \quad \dot{y} = -y + x^2$$

的平衡点及其不变流形, 并验证双曲平衡点的不变流形定理.

5.7 试计算平面系统

$$\dot{x} = xy + ax^3 + bxy^2 , \quad \dot{y} = -y + cx^2 + dx^2y$$

的中心流形, 用中心流形定理导出约化系统, 并证明当 $a + c > 0$ 时零解不稳定.

5.8 计算三维系统

$$\dot{x} = -y + xz - x^4 , \quad \dot{y} = x + yz + xyz , \quad \dot{z} = -z - (x^2 + y^2) + z^2 + \sin x^2$$

的中心流形, 用中心流形定理导出约化系统, 并判断零解的稳定性.

5.9 试用中心流形定理导出习题 5.4 中平面系统的约化系统, 并讨论静态分岔.

5.10 试确定系统

$$\dot{x} = 3x + a_1 x^2 + a_2 xy + a_3 y^2 + \cdots , \quad \dot{y} = y + b_1 x^2 + b_2 xy + b_3 y^2 + \cdots$$

的三阶 PB 范式, 其中省略号表示高于 2 次的项.

5.11 试确定系统

$$\dot{x} = 3y - x^2 + 7xy + 7y^2 , \quad \dot{y} = 2x + 4xy + y^2$$

的二阶 PB 范式, 并写出所用的变换.

5.12 试确定系统

$$\dot{\boldsymbol{x}} = \boldsymbol{A}\boldsymbol{x} + \tilde{\boldsymbol{f}}(\boldsymbol{x})$$

其中

$$\boldsymbol{x} = \begin{pmatrix} x_1 \\ x_2 \end{pmatrix} \in R^2, \quad \boldsymbol{A} = \begin{pmatrix} 0 & -1 \\ 1 & 0 \end{pmatrix}, \quad \tilde{\boldsymbol{f}}(\boldsymbol{x}) = \boldsymbol{o}(\boldsymbol{x})$$

的三阶 PB 范式.

5.13 试确定杆件–弹簧系统势函数

$$V(x,\mu) = 0.5x^2 + 2\mu(\cos x - 1)$$

的 GS 范式, 并讨论静态分岔.

5.14 试讨论平面系统

$$\dot{x} = -y + x\left[1 - \mu - \frac{\mu}{1 + \left(\sqrt{x^2 + y^2} - 1\right)^2}\right],$$

$$\dot{y} = x + y\left[1 - \mu - \frac{\mu}{1 + \left(\sqrt{x^2 + y^2} - 1\right)^2}\right]$$

的分岔.

5.15 试应用霍普夫分岔定理讨论非线性振动系统

$$\ddot{x} + \left(x^2 - \mu\right)\dot{x} + 2x + x^3 = 0$$

的霍普夫分岔.

5.16 试确定系统

$$\dot{x} = q - (\mu + 1)\,x + x^2 y\,, \quad \dot{y} = \mu x - x^2 y \quad (q > 0)$$

平衡点的稳定性和分岔.

5.17 以 xz 平面为截面, 确定三维系统

$$\dot{x} = x - \omega y - x\sqrt{x^2 + y^2}\,, \quad \dot{y} = \omega x + y - y\sqrt{x^2 + y^2}\,, \quad \dot{z} = cz$$

的庞加莱映射. 利用庞加莱映射证明系统当 $c > 0$ 时存在稳定闭轨迹.

5.18 试参考平面霍普夫分岔定理建立映射的内依马克–沙克分岔及其稳定性的判断方法, 并利用所得到结论重新讨论例 5.7-9.

第六章　混沌振动

前面各章的阐述表明，线性系统与非线性系统存在许多本质差别. 例如，线性系统受周期激励时，只产生同频周期响应；而非线性系统除同频响应外，还产生超谐波和亚谐波响应. 又例如，无阻尼线性系统的自由振动周期与初值无关；而非线性系统的自由振动周期与初值有关. 前面仅讨论了非线性系统的周期运动，事实上，非线性系统还可能出现更为复杂的振动现象，这便是本章将分析的混沌振动.

混沌振动是确定性系统的往复非周期运动，它产生于对于初始状态的敏感依赖性，具有内禀随机性和不可能长期预测性. 关于混沌振动的研究已成为非线性振动中一个蓬勃发展的方向. 它不仅对数学、物理、力学的各个分支有重要促进，而且为化学、生物学、生态学、经济学等学科提供一种分析问题的全新思路，甚至对人类认识自然界的一些基本概念如因果性、决定论、随机性等也有深刻启示. 随着混沌振动理论研究的深入，其工程应用也日益受到重视. 绪论已说明工程问题中广泛存在着非线性因素，在适当的参数和初值条件下系统可能出现混沌振动.

本章叙述了混沌振动的基础知识和若干专题内容. 首先概述混沌振动的含义、几何特征和产生混沌的途径，举例说明工程问题中的混沌振动，然后较为详细地阐述混沌振动的数值识别、实验研究和解析预测的基本方法，最后简介两个专题性内容即保守系统混沌振动和混沌振动控制.

§6.1 混沌振动概述

6.1.1 混沌振动的概念

混沌是非线性系统特有的一种运动形式, 是产生于确定性系统的敏感依赖于初始条件的往复性稳态非周期运动, 类似于随机振动而不可能进行长期预测. 非线性振动系统中的混沌称为**混沌振动**, 也简称为混沌.

混沌的基本特征是具有对初始状态的敏感依赖性, 即初始值的微小差别经过一定时间后可导致系统运动过程的显著差别. 这种对初始条件的敏感依赖性称为**初态敏感性**.

混沌还必须是往复的稳态非周期性运动, 这是非线性系统的又一有别于线性系统的特征. 在无限时间历程中, 确定性线性系统的非周期性运动 (即周期运动、准周期运动和拟周期运动之外的运动) 都不是往复的稳态运动. 如强阻尼线性振动趋于静止, 而无阻尼线性受迫振子共振时的运动发散到无穷. 非线性系统则不同, 它可能存在往复但非周期性的稳态运动.

混沌的这种往复的非周期性运动看上去似乎无任何规律可循, 完全类似于随机噪声, 而且采用传统的相关分析和谱分析等信号处理技术也无法将混沌信号与真正的随机信号区分. 值得注意的是, 这种类似随机的过程产生于完全确定性的系统. 因此, 混沌具有**内禀随机性,** 也称作**自发随机性**.

混沌的另一特征是长期预测的不可能性, 这又有别于完全不可预测的真正随机过程. 现实中的任何物理量都只能以有限精度被量测, 无穷高精度只是数学抽象, 在物理世界中不存在. 因而初值在测量精度之外存在着不确定因素. 可以认为, 具有初态敏感性的系统对于初值误差的作用不断进行放大. 随着时间的流逝, 初始条件中的不确定因素起着愈来愈大的作用. 一段时间以后, 决定运动的已不是初始条件中以有限精度给定的部分, 而是在精度范围之外无法确定而又必然存在的误差, 运动的预测便成为不可能了. 由于初态敏感性而具有的不可长期预测性, 被形象地称为**蝴蝶效应**. 一只蝴蝶的振翅, 导致大气状态极微小的变化, 但在几天后, 千里之外的一场本来没有的大风暴发生了. 蝴蝶效应是混沌的一个生动描述.

综上所述, 混沌振动是非线性系统特有的一种振动形式, 是产生于确定性系统的敏感依赖于初始条件的往复性非周期运动, 类似于随机振动而具有长期不可预测性.

例 6.1-1 上田振子的初值敏感性和内禀随机性[96].

解: 上田皖亮在 1978 年研究了一类非线性弹簧和线性阻尼组成的质量–弹簧系统在简谐激励作用下的受迫振动. 弹性恢复力 F 与变形 x 的非线性关系为 $F = kx^3$. 系统的动力学方程为

$$m\ddot{x} + c\dot{x} + kx^3 = F_0 \cos \omega t \tag{a}$$

给定其中参数

$$m = 1.0, \quad c = 0.05, \quad k = 1.0, \quad F_0 = 7.5, \quad \omega = 1.0 \tag{b}$$

再取差别不大的两组初始位置和速度

$$x_1(0) = 3.0, \quad \dot{x}_1(0) = 4.0 \tag{c}$$

$$x_1(0) = 3.01, \quad \dot{x}_1(0) = 4.02 \tag{d}$$

用电子计算机计算其位移时间历程, 即位移 x 随时间 t 变化的规律, 如图 6.1 所示. 可以看出, 10^{-2} 量级的初始误差经过 50s 后扩大为 10^0 量级的差别. 继续计算确定性非线性系统 (a) 的长期运动时间历程如图 6.2 所示, 看上去完全类似于随机噪声.

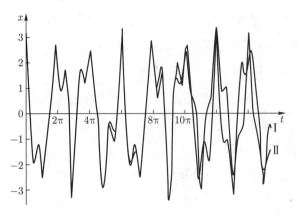

图 6.1 上田振子的初态敏感性

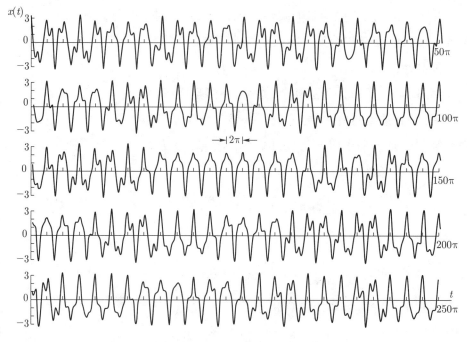

图 6.2　上田振子内禀随机性

6.1.2　混沌振动的几何特征

混沌振动的往复非周期特性可以利用 §1.2 相平面方法进行几何描述. 周期运动每隔一个周期就要重复以前的运动, 即存在常数 T 满足 $\boldsymbol{x}(t) = \boldsymbol{x}(t+T)$, 这时易证 $\dot{\boldsymbol{x}}(t) = \dot{\boldsymbol{x}}(t+T)$, 故周期运动的相轨迹曲线是闭曲线. 混沌不具有周期性, 因而混沌振动的相轨迹曲线是不封闭的曲线, 而运动的往复性则反映在相轨迹曲线局限于一个有界区域, 不会发散到无穷远.

当周期运动的周期很长时, 仅根据相平面图难以区分周期运动和混沌振动. 5.7.2 节引入的庞加莱映射能更好地刻画混沌的往复非周期特性. 如果庞加莱映射既不是有限点集也不是封闭曲线, 则对应的运动可能是混沌振动. 进一步区分, 如果系统没有外部噪声扰动又存在一定阻尼因素, 庞加莱映射的结果将是具有某种细致结构的点集. 如果系统受外噪声扰动或阻尼很小, 庞加莱映射的结果将是模糊一片的点集. 这里所称的细致结构, 是指相继将点集某一局部放大后都具有与整体类似的几何结构. 也就是说, 确定性有阻尼系统混沌振动的庞加莱映射是具有自相似结构的点集. 由于庞加莱映射的分辨率高于相平面图, 故庞加莱映射更经常被采用.

例 6.1-2 上田振子的相平面图和庞加莱映射.

解: 例 6.1-1 中式 (a) 在式 (b) 给定的参数下, 对应于初值 (3,4) 和 (3.1,4.1) 的相平面曲线如图 6.3 所示 [96]. 从中可以更全面地看出系统状态对初值的敏感依赖性. 相应的映射如图 6.4 所示.

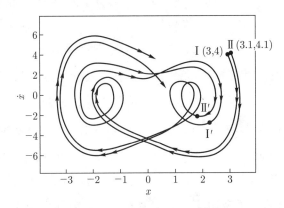

图 6.3 上田振子的两条相平面曲线

图 6.4 上田振子的庞加莱映射

对于描述多自由度系统运动的高维动态系统, 几何结构不再有直观的图示, 因而需要采用数值方法识别混沌运动.

6.1.3 产生混沌振动的途径

除以上静态地考察混沌的物理和几何之外, 还必须动态地讨论系统随着参数变化而呈现混沌振动的过程, 即产生混沌振动的途径. 研究产生混沌振动的途径, 在理论上有助于深化人们对混沌振动出现过程的理解, 明确混沌振动出现的机理. 在实践中发现产生混沌振动的途径也是识别混沌振动, 特别是将混沌振动与随机振动区分的有效方法. 对于出现往复非周期不规则运动的系统, 如果随着参数的改变呈现出产生混沌的途径, 则一般可以认为该系统是混沌振动而非随机振动.

倍周期分岔是一种广泛存在产生混沌振动的典型途径. 设系统有参数 μ, 只考虑单参数并不失一般性. 当系统有多个参数时, 可以仅让其中一个参数变化而令其余参数保持不变. 如果 $\mu = \mu_0$ 时系统的稳态振动有周期 T, 随着 μ 变化到 $\mu = \mu_1$ 时, 稳态振动变为周期 $2T$, 这种运动性质的突然改变即为倍周期分岔. 一般地, $\mu = \mu_k$ 时稳态振动的周期为 $2^k T$, 则 $\mu = \mu_{k+1}$ 时发生倍周期分岔系统稳态振动变为周期 $2^{k+1} T$. 由于周期不断加倍, 最后变为周期无穷大的运动, 即非周期运动. 从庞加莱映射可观察到: 1 个点变为 2 个点, 2 个点变为 4 个点, 等等, 随着倍周期分岔的不断出现, 最终变为无穷点集, 周期运动相应地转化为混沌运动. 值得注意的是, 倍周期分叉值 μ_i 所构成无穷序列 $\{\mu_i\}$ 的差商极限

$$\delta = \lim_{m \to \infty} \frac{\mu_m - \mu_{m-1}}{\mu_{m+1} - \mu_m} \tag{6.1.1}$$

是一个常数, 而且某类多种不同的系统可能有相同的常数, 因而被称为普适常数. 普适常数的存在反映了倍周期分岔产生混沌途径的特点. 倍周期分岔产生混沌这一途径是 1978 年由费根鲍姆对映射的研究所发现, 进而引起人们对混沌现象的广泛注意.

例 6.1-3 达芬振子

$$\ddot{q} + c\dot{q} - q + q^3 = f \cos \omega t \tag{a}$$

在什么情况下出现倍周期分岔进入混沌.

解: 给定 $c=0.3$ 和 $\omega=1.2$, 令 f 逐渐增加, 则系统运动出现倍周期分岔而产生混沌. 分别用相轨迹图和庞加莱映射表示运动. 当 $f=0.20$ 时, 有 $T=2\pi/\omega$ 周期运动, 如图 6.5 所示; 当 $f=0.27$ 时, 有 $2T$ 周期运动, 如图 6.6 所示; 当 $f=0.2867$ 时, 有 $4T$ 周期运动, 如图 6.7 所示; 当 $f=0.32$ 时, 出现混沌运动, 如图 6.8 所示.

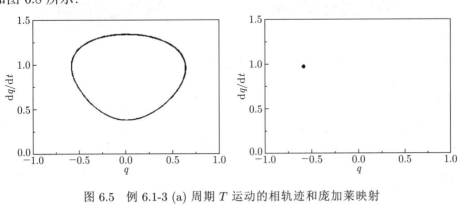

图 6.5   例 6.1-3 (a) 周期 T 运动的相轨迹和庞加莱映射

图 6.6   例 6.1-3 (a) 周期 $2T$ 运动的相轨迹和庞加莱映射

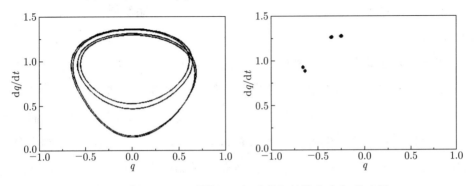

图 6.7   例 6.1-3 (a) 周期 $4T$ 运动的相轨迹和庞加莱映射

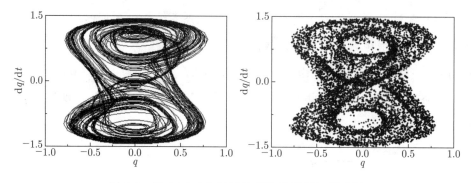

图 6.8 例 6.1-3 (a) 混沌的相轨迹和庞加莱映射

阵发性是又一种典型的混沌产生途径. 这里的**阵发性**是指系统较长时间尺度的规则运动和较短时间尺度的无规则运动的随机地交替. 阵发性的概念起源于湍流理论, 描述流场中在层流背景上湍流随机爆发的现象, 表现为层流和湍流相交而使相应的空间区域随机地交替. 若振动系统在特定参数下呈现阵发性, 随着参数的变化, 阵发性中无规则运动突发得越来越频繁, 系统便由周期运动转化为混沌运动. 产生混沌的阵发性途径由玻木 (Y. Pomeau) 和曼维尔 (P. Manneville) 于 1980 年首先研究. 伴随产生混沌的阵发性途径也具有普适特性.

例 6.1-4 一类磁性刚体航天器在地球近赤道平面圆轨道运动时姿态运动动力学方程为

$$\ddot{\varphi} + \gamma\dot{\varphi} + K\sin 2\varphi + \alpha\left(2\sin\varphi\sin t + \cos\varphi\cos t\right) = 0 \tag{a}$$

其中存在阵发性响应 [92].

解: 给定 $K = 1.1$ 和 $\alpha = 0.7$, 当 $\gamma = 0.290, 0.280$ 时, 系统响应呈现阵发性, 时间历程如图 6.9 所示.

准周期环面破裂也是一种典型的混沌产生途径. 初始处于平衡状态的系统当参数变化通过某一临界值后, 可能由平衡转变为周期运动, 这种运动性质的突变即 5.6.1 节讨论过的霍普夫分岔. 参数继续变化, 系统再经历分岔而出现耦合的极限环; 若两个极限环代表的周期运动的频率不可有理通约, 则耦合的极限环形成环面, 系统作准周期运动. 庞加莱映射为分布在一闭曲线上的点集. 在这类系统中, 参数的变化可能导致环面破裂而出现混沌, 庞加莱映射显示原来的闭曲线断开为不在封闭曲线上的无穷点集. 对于分岔导致准周期环面破裂而进入混沌这一途径的认识有不断深化的过程. 在 1942 年霍普夫建立其分岔理论不久, 朗道 (L. D. Landau) 于 1944 年在研究湍流机制时猜测无穷多次分岔导致无数多频率的准周期运动形成湍流. 1971 年茹厄勒 (D. Ruelle) 和塔肯斯 (F. Takens) 证明, 只需要 4 次霍普夫分岔形成的准周期运动即可以逼近混沌运动, 具有 4 个不可有理通约的准周期运动一般不稳定, 受扰动后可能转变为混沌运动. 1978 年纽豪斯 (S. E. Newhouse) 进一步将结果改为具有 3 个不可有理通约的准周期运动不稳定而导致混沌运动. 同年斯文尼 (H. L. Swinney) 和郭勒卜 (J. P. Gollub) 在同轴内外两个转动柱体间流体实验中发现了仅有 2 个不可有理通约的准周期运动不稳定可直接导致混沌运动. 1983 年格鲍吉 (C. Grebogi)、奥特 (E. Ott) 和约克 (J. A. Yorke) 证明了具有 3 个不可有理通约的准周期运动一般是稳定的, 进而提出了 2 次分岔进入混沌的途径. 1982 年以来, 费根鲍姆等分析了这种产生混沌途径的普适性特征.

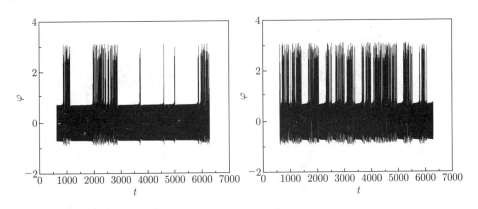

图 6.9　阵发性响应的时间历程

例 6.1-5　一类几何非线性黏弹性梁运动的简化动力学模型为

$$
\begin{aligned}
&\dddot{q} + \beta \ddot{q} + \omega^2 \left(1 - \varepsilon \cos \omega t\right) \dot{q} + \omega^2 \left[\varepsilon \omega \sin \omega t + \beta a \left(1 - \varepsilon \cos \omega t\right)\right] q + \\
&\frac{3}{8} \omega^2 \alpha^2 \left(1 - 3\varepsilon \cos \omega t\right) q^2 \dot{q} + \frac{1}{8} \omega^2 \alpha^2 \\
&\left[3 \omega \varepsilon \sin \omega t + \beta a - \beta \left(1 - 3b\right) \varepsilon \cos \omega t\right] q^3 \\
&= F \left(\omega \sin \omega t - \beta \cos \omega t\right)
\end{aligned}
\tag{a}
$$

其中存在准周期环面破裂进入混沌的途径 [64].

解：给定 $a=0.1$、$b=0.9$、$\omega=1.0$、$\alpha=2.8284$、$\varepsilon=0.01$ 和 $F=34.4964$. 令 β 变化. 当 $\beta=0.000001$ 时, 系统 (a) 存在准周期环面, 在庞加莱映射图上为封闭曲线. 当 $\beta=0.0001$ 时, 准周期环面开始破裂. 当 $\beta=0.025$ 时, 出现混沌运动. 相应的庞加莱映射图 6.10 所示.

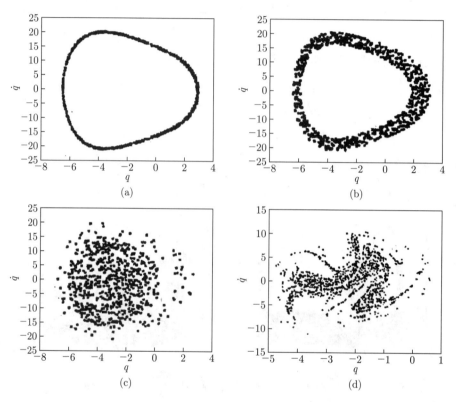

图 6.10 黏弹性梁准周期环面破裂进入混沌的庞加莱映射

混沌振动还可能随参数变化而突然出现或消失. 混沌突然出现或消失的机理之一为**激变**, 即混沌吸引子的突然出现或消失. 1982 年格鲍吉, 奥特和约克分析了出现混沌的激变途径. 根据激变的性质可将其概括为三种类型. 混沌吸引子的突然消失称为**边界激变**, 它产生于混沌吸引子在其盆边界上与不稳定周期轨道碰撞. 混沌吸引子在相空间中的尺寸突然增大称为**内部激变**, 它产生于混沌吸引子在其吸引盆内部与不稳定周期轨道碰撞. 多个混沌吸引子合并为一个混沌吸引子称为**吸引子合并激变**, 它产生于多个混沌吸引子同时在盆边界上与不稳定周期轨道碰撞. 当系统参数反方向变化时, 边界激变导致混沌吸引子的突然出现, 内部激变导致混沌吸引子的尺寸突然减小, 吸引子合并激变导致一个吸引子分裂成为若干个吸引子.

在边界激变的情形, 随着系统参数 μ 的变化, 不妨设 μ 为增加, 混沌吸引子与其盆边界的距离减小, 在临界值 $\mu = \mu_c$ 处, 吸引子与其盆边界接触. 盆边界是不稳定周期轨道的稳定流形, 故混沌吸引子接触了不稳定周期轨道的稳定流形. 当 $\mu > \mu_c$ 时, 混沌吸引子不再存在, 而形成瞬态混沌. 若 μ 仅略大于 μ_c, 从原来 $\mu < \mu_c$ 时存在的混沌吸引子的吸引盆中的初值出发的相轨迹经过相对长时间的不规则运动 (类似于 $\mu < \mu_c$ 时的混沌) 的过渡过程后, 趋于另外的吸引子. 研究发现, 瞬态混沌的持续时间 $\langle \tau \rangle$ 满足

$$\langle \tau \rangle \propto (\mu - \mu_c)^{-\gamma} \tag{6.1.2}$$

其 γ 称为**激变临界指数**, 对于不同类型的混沌吸引子, γ 取不同的数值. 若参数变化的方向相反, 边界激变也可以导致混沌吸引子突然出现, 因此, 边界激变也是产生混沌的途径之一.

在内部激变的情形, 设随着系统参数 μ 的增大而通过临界值 μ_c 时, 混沌吸引子突然变大. 在 μ 略大于 μ_c 时, 新形成混沌吸引子上的相轨迹在一段长时间内仍局限于内部激变前的混沌吸引子内. 在这段时间以后, 相轨迹突然离开原来的混沌吸引子而不规则地在变大的新的混沌吸引子上游荡, 称为**爆发**, 然后再回到原来的混沌吸引子. 如此循环. 爆发之间的时间是随机的, 但平均时间 $\langle \tau \rangle$ 满足式 (6.1.2). 这种现象称为**阵发性爆发**.

在吸引子合并激变的情形, 设当 $\mu < \mu_c$ 时有两个吸引子, 两者的吸引盆由盆边界分隔开. 随着系统参数 μ 的增大, 在 $\mu = \mu_c$ 处, 两个吸引子同时在盆边界上碰撞. 在 μ 略大于 $\mu > \mu_c$ 时, 新形成混沌吸引子上的相轨迹在一段长时间内仍局限于吸引子合并激变前的一个混沌吸引子上. 在这段时间之后, 相轨迹突然离开原来的混沌吸引子而转向吸引子合并激变前的另一个混沌吸引子. 然后再回到原来的混沌吸引子, 如此循环. 这种现象称为**阵发性交换**. 阵发性

爆发和阵发性交换统称为**激变诱导的阵发性**. 激变诱导的阵发性与产生混沌的阵发性途径不同, 不是较长时间尺度的规则运动和较短时间尺度的无规则运动的随机交替变化, 而是不同无规则运动的随机交替变化. 如果系统受外部噪声作用, 那么即使系统参数没有达到激变的临界值, 系统也可能因为外部噪声的存在而发生激变. 这种激变称为**噪声诱导的激变**.

本节讨论振动系统产生混沌振动的倍周期分岔、准周期环面破裂和阵发性三种基本途径, 也描述了产生混沌振动的激变途径. 这几种途径的存在已得到数值计算的验证和实验室实验的证实. 对于具体的系统, 多种产生混沌的途径可能共存. 此外, 由于混沌振动的复杂性, 还存在其他产生混沌振动的途径. 因此, 对于出现往复非周期不规则运动的系统, 如果参数的改变并未出现产生混沌振动的途径, 也不能由此断定系统不发生混沌振动.

6.1.4 混沌概念的拓广

随着对混沌研究的深入, 可以从不同角度对混沌概念进行拓广.

前述混沌概念是针对非线性系统的稳态运动而言, 但一些非线性系统可能具有很长的过渡性动力学行为, 最后呈现周期性的稳态运动. 这种相当长的过渡过程若为具有初值敏感性的往复非周期运动, 则称为**暂态混沌**. 在系统达到稳态运动之前, 暂态混沌与真正的混沌极难区分.

弹性体和流体等分布参数力学系统的自由度数为无穷多, 因而称为无穷维系统. 无穷维系统的运动不仅与初值条件有关, 而且与边界条件有关. 若无穷维系统的动力学行为对边界条件具有敏感性, 称这种运动为**空间混沌**. 若无穷维系统的动力学行为在时间维度和空间维度上都具有混沌特性, 称这种运动为**时空混沌**.

通常理解的混沌为确定性系统的一种动力学行为, 然而随机非线性系统特别是受小随机噪声扰动的非线性系统也可能出现类似混沌的运动. 随机非线性系统中具有初值敏感性的运动称为**随机混沌**.

§6.2 工程中的混沌振动

6.2.1 人造卫星的姿态运动 [46]

设人造卫星沿椭圆轨道运动, 轨道的半轴参数为 p, 偏心率为 e, 地球的引力常数为 μ, 以真近地点角 θ 确定卫星在轨道上的位置 (图 4.5). 卫星绕与轨道平面法线 Z 平行的主轴 z 作大幅度平面摆动, 摆角为 φ(图 4.6), 卫星的主惯性矩为 A、B、C, 不失一般性设 $B>A$. 考虑与摆动角速度成正比的结构内阻尼, 比例系数为 c. 利用式 (4.2.11) 表示的轨道运动规律, 列写卫星的平面运动动力学方程, 并变换为以 θ 为自变量

$$\varphi'' + \left[\frac{\delta - 2e\sin\theta\,(1 + e\cos\theta)}{(1 + e\cos\theta)^2} \right] \varphi' + \left(\frac{K}{1 + e\cos\theta} \right) \sin 2\varphi = 0 \qquad (6.2.1)$$

其中

$$\varphi' = \frac{\mathrm{d}\varphi}{\mathrm{d}\theta}, \quad \varphi'' = \frac{\mathrm{d}^2\varphi}{\mathrm{d}\theta^2}, \quad \delta = \frac{c}{C}\sqrt{\frac{p^3}{\mu}}, \quad K = \frac{3\,(B - A)}{2C} \qquad (6.2.2)$$

给定 K 和 δ, 改变 e 值, 系统由倍周期分岔进入混沌状态. 如图 6.11 所示, $e=0.1$ 时有周期解, $e=0.132$ 时有 2 周期解, $e=0.145$ 时有 4 周期解. $e=0.147$ 时为混沌振动, 其相轨迹和庞加莱映射如图 6.12 所示.

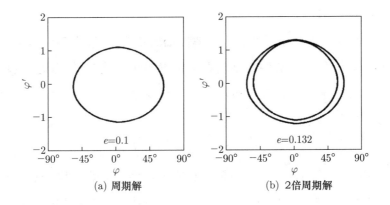

(a) 周期解   (b) 2倍周期解

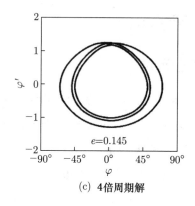

$$e=0.145$$

(c) 4倍周期解

图 6.11 姿态运动的倍周期分岔

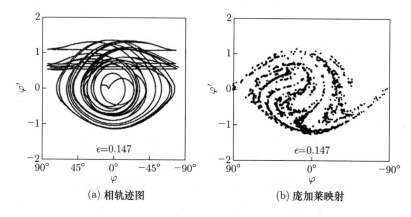

(a) 相轨迹图   (b) 庞加莱映射

图 6.12 混沌姿态运动的相轨迹和庞加莱映射

6.2.2 转子系统 [44]

讨论一个简单的转子系统. 考虑弹性轴的变形, 可以观察到两种不同的运动: 大轨道运动 (转子中心绕转轴变形前位置的转动) 和小轨道运动 (转子绕自身中心的转动), 分别如图 6.13 所示. 引入复变量 $z = x + y\mathrm{i}$, 导出系统的动力学方程为

$$\ddot{z} + c\dot{z} + z\left(-a + bz^2\right) = Pe^{i\Omega t} \tag{6.2.3}$$

其中 Ω 为激励频率, a, b 和 c 为与轴材料物理特性有关的常数. 若忽略非线性, 令 $b = 0$, 则对于高速转子的计算误差过大. 研究表明, 在幅频特性曲线上, 当转子的运动在大小轨道间跳跃时发生混沌运动, 如图 6.14 所示.

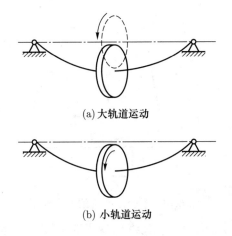

(a) 大轨道运动

(b) 小轨道运动

图 6.13 转子转动模型

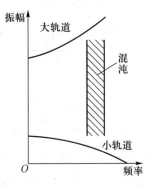

图 6.14 有混沌带的共振幅频特性曲线

6.2.3 海洋平台上设备的振动 [47]

海洋平台结构如图 6.15 所示, 上面放置的设备与平台不固联, 如图 6.16 所示. 设平台与设备之间摩擦力较大而使设备无相对滑动. 设备的质量为 m, 质心到 O 点距离为 l, 对 O 点的惯性矩为 J, 设备的高和宽分别为 h 和 b. 设海浪导致平台的水平和铅垂加速度分别为 a_x 和 a_y. 以设备的倾斜角 θ 为广义坐标, 列写系统的动力学方程:

$$J\ddot{\theta} + mla_x \cos(\theta - \varphi) - ml(g + a_y)\sin(\theta - \varphi) = 0 \qquad (6.2.4)$$

其中

$$\varphi = \operatorname{arccot}\frac{h}{b} \qquad (6.2.5)$$

当

$$a_x > \frac{bg}{h}\left(1 + \frac{a_y}{g}\right) \qquad (6.2.6)$$

时, 设备将与平台碰撞. 设恢复系数为 e, 在 t 时刻碰撞前后角速度满足关系式

$$\dot{\theta}(t^+) = e\dot{\theta}(t^-) \qquad (6.2.7)$$

343

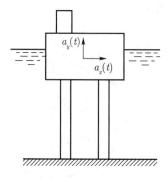

图 6.15 海洋平台及设备示意图 图 6.16 平台上设备的力学模型

设海浪激励为简谐激励. 在不同参数条件下, 系统将出现 1/3 谐波周期运动、准周期运动和混沌运动, 其相轨迹和庞加莱映射分别如图 6.17、6.18、6.19 所示. 比较图 6.18 和图 6.19, 仅从相轨迹上难以区分准周期运动和混沌运动, 而在庞加莱映射图上很容易区分.

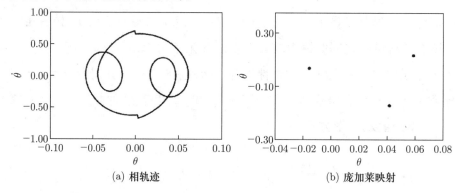

(a) 相轨迹 (b) 庞加莱映射

图 6.17 平台上设备的 1/3 谐波周期运动

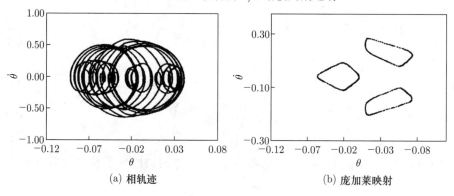

(a) 相轨迹 (b) 庞加莱映射

图 6.18 平台上设备的准周期运动

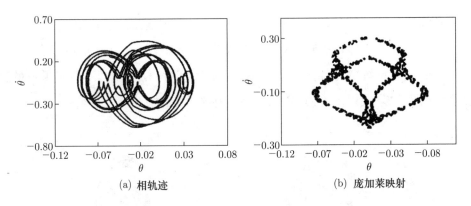

(a) 相轨迹   (b) 庞加莱映射

图 6.19 平台上设备的混沌运动

6.2.4 切碎机刀片的振动 [48]

切碎机的刀片可以简化为动支承上的复摆, 如图 6.20 所示. 设锤片是质量为 m、长度为 l 的均质细杆. 支承点以角速度 ω 和半径 r 绕 O 点作圆周运动. 阻力系数为 c. 以锤片偏离点和支承连线的角度 θ 为广义坐标, 量纲一的动力学方程为

$$\theta'' + c\theta' + 6\left(\frac{r}{l} - \frac{g}{\omega^2 l}\cos 2\tau\right)\sin\theta - \frac{g}{\omega^2 l}\sin 2\tau\cos\theta = 0 \qquad (6.2.8)$$

其中

$$\tau = \frac{1}{2}\left(\omega t + \pi\right), \quad \theta' = \frac{\mathrm{d}\theta}{\mathrm{d}\tau}, \quad \theta'' = \frac{\mathrm{d}^2\theta}{\mathrm{d}\tau^2} \qquad (6.2.9)$$

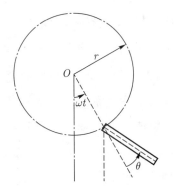

图 6.20 切碎机刀片力学模型

系统在不同参数条件下出现混沌振动. 无阻尼情形 $(c=0)$ 庞加莱映射如图 6.21(a) 所示. 有阻尼情形 $(c\neq0)$ 庞加莱映射如图 6.21(b) 所示. 可以看出无阻尼的保守系统的庞加莱映射图 6.21(a) 为模糊一片的点集, 而有阻尼的耗散系统的庞加莱映射图 6.21(b) 具有更为细致的结构.

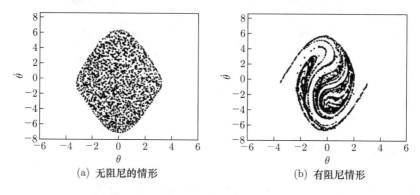

(a) 无阻尼的情形   (b) 有阻尼情形

图 6.21 切碎机刀片混沌振动的庞加莱映射

§6.3 混沌振动的数值识别

6.3.1 混沌振动数值识别概述

数值仿真是研究非线性振动的重要方法. 对于非线性振动问题, 数值研究不仅是求解问题的数值计算, 重要的是观察模型条件或参数条件改变时计算结果有何种相应的变化. 数值研究的过程一般包括 3 个基本步骤. 首先, 明确数值研究目的, 设计研究方案; 其次, 选择数值计算软件或编制数值计算程序, 上机计算; 最后, 对计算机输出的数字或图形进行理论分析.

数值研究具有若干独特的性质. 首先, 数值研究的对象通常是经过提炼的数学模型, 为自然或工程系统的理论抽象; 这种抽象的研究对象往往能突出客观实在的本质特性. 其次, 数值研究的参数条件可以较精确地加以控制. 实验室实验由于外界随机噪声背景的干扰和各种测量误差的限制, 很难对参数条件实现严格的控制. 最后, 数值研究所需人力物力较实验室实验为少, 实验周期短, 研究过程和结果可以存盘长期保存, 也易于重复检验.

混沌振动的数值识别为非线性动力学数值研究的重要方面. 混沌振动的识别问题是指根据系统的动力学行为判断它是否为混沌振动. 在实践过程中, 人们发现系统运动的若干数值特征可用于识别混沌振动, 主要指李雅普诺夫指数、分形维数、功率谱、熵等. 当系统运动的上述数值特征中一种或数种满足特定条件时, 便可断定系统出现混沌振动.

根据前一节的阐述, 混沌振动具有多方面含义. 将这些意义定量化便得到识别混沌振动的相应数值特征. 为刻划混沌振动的初态敏感性, 可以引入李雅普诺夫指数. 为刻划混沌振动的往复非周期性, 可以定义各种维数. 为刻划混沌振动的随机性, 可以采用功率谱密度函数. 为刻划混沌振动的不可预测性, 可以利用熵的概念.

本节讨论混沌振动的数值识别问题. 除叙述功率谱及其在识别混沌振动中的应用以外, 重点阐述李雅普诺夫指数、分形维数以及分形维数与李雅普诺夫指数之间的关系, 而对于熵的概念在识别混沌振动中的应用则没有涉及. 混沌振动的数值识别仍是一个尚未完全解决的课题, 识别混沌振动各种数值特征的适用性和相互关系以及算法的改进等都有待深入研究. 混沌的数值研究包括数值识别已成为一个重要的研究领域, 更全面的论述参阅文献 [32, 37, 40, 76, 79].

需要强调的是, 对数值仿真的结果必须仔细检验和诠释, 用直观和理论加以印证, 并且仅仅应用于它所适用的场合和目的. 数值研究只能在有限精度下进行. 即使不考虑建立模型本身的误差, 数值研究也不可避免地存在截断误差和舍入误差. 数值运算如积分求解非线性微分方程等极限过程都是强制性取有限项近似的, 因而存在截断误差. 在计算机中无限多位的实数是通过有限位的截尾数来近似的, 因而存在舍入误差. 计算结果受到截断误差和舍入误差的影响称为计算机噪声. 在研究混沌振动等问题时, 需要考察长期的动力学行为, 因而必须计算进行长时间尺度的积分或者迭代. 计算结果的可靠性成为数值研究的关键性基础问题. 理论分析表明, 计算机噪声对动力学行为的影响往往可以忽略. 事实上, 对于相当广泛的一类系统, 尽管由于计算机噪声的存在使得计算得到的轨迹并非系统在严格数学意义上的希望得到的轨迹, 但存在系统的某个严格数学意义上的轨迹在计算得到轨迹的充分小的邻域内. 此时称系统的可能轨迹被计算轨迹**遮蔽**. 遮蔽性质成立时, 计算机噪声只可能影响单独的轨迹, 而对吸引子的结构并无影响. 在实际数值研究中, 计算机噪声对动力学行为的影响通常可以通过改变计算精度、积分步长和计算方法加以考察.

6.3.2 李雅普诺夫指数

混沌振动的初态敏感性使得初始时刻靠得很近的两条相轨迹随着时间增长逐渐远离. 如果能够定量刻划这种邻近相轨迹的发散程度, 便可以建立混沌的一种数值识别方法. 李雅普诺夫指数就是表示相空间内邻近轨迹的平均指数发散率的数值特征. n 维相空间中的任意时刻, 两条邻近轨迹之间的距离可以分解在 n 个不同的方向上, 这 n 个不同方向上的距离增长率不同, 每一个增长率就是一个李雅普诺夫指数. 上述直观的基本思想可作以下更精确的表述.

将振动系统用 n 个自治一阶微分方程组描述

$$\dot{\boldsymbol{x}} = \boldsymbol{f}(\boldsymbol{x}), \quad \boldsymbol{x} \in R^n \tag{6.3.1}$$

选系统 (6.3.1) 两条起始点相近的相轨迹 L_1 和 L_2, 起始点分别为 $\boldsymbol{x}_0$ 和 $\boldsymbol{x}_0 + \Delta\boldsymbol{x}_0$, 称以 $\boldsymbol{x}_0$ 为初始值的轨迹为基准相轨迹, 以 $\boldsymbol{x}_0 + \Delta\boldsymbol{x}_0$ 为初始值的相轨迹为邻近相轨迹. 在 t 时刻, 邻近相轨迹和基准相轨迹上的点为 $\boldsymbol{x}(\boldsymbol{x}_0 + \Delta\boldsymbol{x}_0, t)$ 和 $\boldsymbol{x}(\boldsymbol{x}_0, t)$, 记 $\boldsymbol{w}(\boldsymbol{x}_0, t) = \boldsymbol{x}(\boldsymbol{x}_0 + \Delta\boldsymbol{x}_0, t) - \boldsymbol{x}(\boldsymbol{x}_0, t)$. 当 $\boldsymbol{w}$ 充分小时, 满足方程 (2.3.1) 在 $\boldsymbol{x}_0$ 处的线性化方程

$$\dot{\boldsymbol{w}} = \mathbf{D}\boldsymbol{f} \cdot \boldsymbol{w} \tag{6.3.2}$$

其中 $n \times n$ 雅可比矩阵 $\mathbf{D}\boldsymbol{f}$ 在 $\boldsymbol{x}_0$ 处计算. 此时两条邻近相轨迹沿 $\boldsymbol{w}$ 方向的平均指数发散率为

$$\lambda(\boldsymbol{x}_0, \boldsymbol{w}) = \lim_{\substack{t \to \infty \\ w_0 \to 0}} \frac{1}{t} \ln \frac{\|\boldsymbol{w}\|}{\|\boldsymbol{w}_0\|} \tag{6.3.3}$$

式中 $\boldsymbol{w}_0 = \boldsymbol{w}(\boldsymbol{x}_0, 0)$. 在 n 维相空间中, $\boldsymbol{w}$ 的全体张成一个随相轨迹运动的 n 维空间, 称为**切空间**. 选择该切空间的一组基底 $\{\boldsymbol{e}_i, i = 1, 2, \cdots, n\}$, 对应于每个基底向量 $\boldsymbol{e}_i$, 由式 (6.3.3) 可确定 n 个数值 $\lambda(\boldsymbol{x}_0, \boldsymbol{e}_i)(i = 1, 2, \cdots, n)$. 将这组数值由大到小排列为

$$\lambda_1 \geqslant \lambda_2 \geqslant \cdots \geqslant \lambda_n \tag{6.3.4}$$

称为系统 (6.3.1) 的**李雅普诺夫指数**.

李雅普诺夫指数可能为正, 也可能为负. 正李雅普诺夫指数表示对应方向上的发散, 负李雅普诺夫指数表示对应方向上的收缩. 对于自治动力学系统, 如果所有李雅普诺夫指数均为负, 系统将趋于静止; 如果有李雅普诺夫指数为零而其余的为负, 系统作周期性运动; 如果存在正李雅普诺夫指数而运动又是往复即有界的, 系统作混沌振动. 由于早期所研究的混沌均仅有一个为正的李雅普诺夫指数, 后来发现存在多个李雅普诺夫指数为正的混沌运动, 称作**超混沌**.

根据李雅普诺夫指数可以对 $n = 2, 3, 4$ 维的耗散系统的吸引子及其相应运动进行分类, 如表 6.1 所示.

表 6.1 低维相空间中吸引子的分类

维数 n	李雅普诺夫指数的符号	吸引子的类型	对应运动形式
3	− − −	稳定不动点	静止
	0 − −	极限环	周期运动
	0 0 −	2 维环面	准周期运动
	+ 0 −	混沌吸引子	混沌运动
4	− − − −	稳定不动点	静止
	0 − − −	极限环	周期运动
	0 0 − −	2 维环面	准周期运动
	0 0 0 −	3 维环面	准周期运动
	+ 0 − −	混沌吸引子	混沌运动
	+ 0 0 −	3 维环面上的混沌吸引子	混沌运动
	+ + 0 −	超混沌吸引子	超混沌运动
5	− − − − −	稳定平衡点	静止
	0 − − − −	极限环	周期运动
	0 0 − − −	2 维环面	准周期运动
	0 0 0 − −	3 维环面	准周期运动
	0 0 0 0 −	4 维环面	准周期运动
	+ 0 − − −	混沌吸引子	混沌运动
	+ 0 0 − −	3 维环面上的混沌吸引子	混沌运动
	+ 0 0 0 −	4 维环面上的混沌吸引子	混沌运动
	+ + 0 − −	3 维环面上的超混沌吸引子	超混沌运动
	+ + 0 0 −	4 维环面上的超混沌吸引子	超混沌运动
	+ + + 0 −	超混沌吸引子	超混沌运动

例 6.3-1 上田振子的李雅普诺夫指数 [102].

解：将上田振子例 6.1-1(a) 写作自治系统的形式

$$
\left.
\begin{aligned}
\dot{x}_1 &= x_2 \\
\dot{x}_2 &= -\frac{c}{m}x_2 - \frac{k}{m}x_1^3 + \frac{F_0}{m}\cos x_3 \\
\dot{x}_3 &= \omega
\end{aligned}
\right\}
\tag{a}
$$

相应的雅可比矩阵为

$$
\mathbf{D}f =
\begin{bmatrix}
0 & 1 & 0 \\
-\dfrac{3k}{m}x_1^2 & -\dfrac{c}{m} & -\dfrac{F_0}{m}\sin x_3 \\
0 & 0 & 0
\end{bmatrix}
\tag{b}
$$

取 $m=1.0$, $c=0.1$, $k=1.0$ 和 $\omega=1.0$. 不同 F_0 对应李雅普诺夫指数 λ_1 和 λ_3 如表 6.2 所示, $\lambda_2=0$.

表 6.2 不同 F_0 对应的上田振子的李雅普诺夫指数 λ_1 和 λ_3

F_0	9.9	10	11	12	13	13.3
λ_1	0.065	0.102	0.114	0.149	0.182	0.183
λ_3	−0.166	−0.202	−0.214	−0.249	−0.282	−0.284

例 6.3-2 切碎机刀片的混沌运动的李雅普诺夫指数 [48].

解：图 6.21(a) 和图 6.21(b) 所示切碎机刀片的混沌运动的李雅普诺夫指数分别为 0.392, 0, −0.392 和 0.423, 0, −0.567.

由以上讨论可知, 用李雅普诺夫指数刻划混沌只需确定最大李雅普诺夫指数是否为正. 因此, 在识别混沌振动时往往不需要计算出系统所有的李雅普诺夫指数, 而只需计算最大李雅普诺夫指数, 这样可以大大减少计算量.

若相邻的轨迹按指数发散, 邻近轨迹将远离基准轨迹, $\boldsymbol{w}$ 的长度随时间演化而逐渐增大. 足够长时间后, $\boldsymbol{w}$ 不能再由基于线性化的式 (6.3.2) 确定. 因此在实际计算中, 如果 $\boldsymbol{w}$ 变大, 则要重新设定 $\boldsymbol{w}$, 才能保证计算的正确性. 为此可采用如下处理. 取两条邻近轨迹 L_1 和 L_2, 起始点分别为 $\boldsymbol{x}_0$ 和 $\boldsymbol{z}_0$, 两起始

点之间的距离 $d_0 = ||\boldsymbol{z}_0 - \boldsymbol{x}_0||$. $\boldsymbol{x}_0$ 和 $\boldsymbol{z}_0$ 将沿各自的轨迹 L_1 和 L_2 运动, 经过时间 Δt 后, 分别运动到 $\boldsymbol{x}_1$ 和 $\boldsymbol{y}_1$, 这时距离为 $d_1 = ||\boldsymbol{y}_1 - \boldsymbol{x}_1||$, 在 $\boldsymbol{x}_1$ 和 $\boldsymbol{y}_1$ 之间取一点 $\boldsymbol{z}_1$ 使得 $||\boldsymbol{z}_1 - \boldsymbol{x}_1|| = d_0$, $\boldsymbol{x}_1$ 和 $\boldsymbol{z}_1$ 分别在轨迹 L_1 和 L_3 上. 再以 $\boldsymbol{x}_1$ 和 $\boldsymbol{z}_1$ 为起始点, 经过时间 Δt 后, 分别沿轨迹 L_1 和 L_3 运动到 $\boldsymbol{x}_2$ 和 $\boldsymbol{y}_2$, 这时距离为 $d_2 = ||\boldsymbol{y}_2 - \boldsymbol{x}_2||$. 这一过程如图 6.22 所示. 如此循环下去, 经过 m 个 Δt 后得到 m 个 d_i $(i = 1,2,\cdots,m)$, 其中 $d_i = ||\boldsymbol{y}_i - \boldsymbol{x}_i||$. 由于 d_i 在切空间中最大李雅普诺夫指数所对应的基底向量方向的增长远大于在其他方向上的增长, 故最大李雅普诺夫指数为

$$\lambda_1 = \lim_{m \to \infty} \frac{1}{m\Delta t} \sum_{i=1}^{m} \ln \frac{d_i}{d_0} \tag{6.3.5}$$

在实际计算时, m 只能为有限数. 由于 λ_1 的获得是轨迹各处指数发散率的统计平均, 统计要求具备足够的信息量, 因此 m 为相当大的整数.

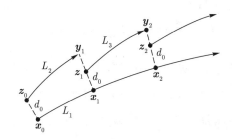

图 6.22　计算最大李雅普诺夫指数示意图

由最大李雅普诺夫指数的定义可知, 当 $\lambda_1 > 0$ 时, 系统有初态敏感性, 有界运动将为混沌; 当 $\lambda_1 = 0$ 时, 系统对初值不敏感, 呈现周期性运动; 当 $\lambda_1 < 0$ 时, 系统长期行为与初值无关, 收敛到平衡点.

例 6.3-3 海洋平台上设备运动的最大李雅普诺夫指数.

解: 图 6.17、图 6.18 和图 6.19 所示海洋平台上设备周期运动、准周期运动和混沌运动的最大李雅普诺夫指数分别为 0, 0, 0.14.

6.3.3 分形维数

在线性代数中,空间的维数是指张成该空间所需独立向量的数目. 这种维数概念与人们日常生活中形成的直观的几何意识相符, 点的维数为 0, 直线的维数为 1, 平面的维数为 2 等等. 但这种维数概念难以描述数学研究中某些似点又似线的几何结构,如著名的康托 (G. Cantor) 集合. 取一单位长度线段, 等分为 3 段, 截去中段, 得到 2 个长度为 1/3 的线段; 再将这两个长度为 1/3 的线段等分为 3 段, 截去中段, 得到 4 个长度为 1/9 的线段; 如图 6.23 所示, 为醒目将线段加了粗. 如此进行下去, 得到 2^n 个长度为 3^{-n} 的线段, 令 $n \to \infty$ 所得到的集合称作**康托集合**. 康托集合是无穷多但又无穷稀疏的点集, 既像点又像线,因此其维数介于 0 和 1 之间. 上述线性代数中的空间维数只能是整数, 不足以充分描述这类几何结构的特性.

图 6.23　康托集合示意图

为推广维数的概念,可从另一角度考虑. 正方形之所以为 2 维, 是因为如果边长增加 k 倍,则面积增加 $m = k^2$ 倍. 同理, 立方体的边长增加 k 倍, 则体积增加 $m = k^3$ 倍,因而是 3 维. 一般地, 对于 d 维几何体,若一个空间方向上几何尺寸增加 k 倍,则体积增加 $m = k^d$ 倍. 因而可将维数定义为

$$d = \frac{\ln m}{\ln k} \tag{6.3.6}$$

如上定义的维数不再局限于整数. 事实上,理论分析和数值计算都表明存在非常规的几何形体,维数不是整数. 这种维数为非整数的几何体称作**分形**.

例 6.3-4　利用式 (6.3.6) 计算康托集合的维数.

解: 对于康托集合,若将长度为 1/3 的 (0,1/3) 线段增加 3 倍, 成为 (0,1), 则截去中段后由于包含 (0,1/3) 和 (2/3,1) 两段而使长度增加 2 倍. 由式 (4.1.1), 维数 $d = \ln 2/\ln 3 = 0.6309 \cdots$. 维数介于 0 和 1 之间, 与直观的像点又像线一致.

一般的分形结构可能极为复杂, 描述性的定义式 (6.3.6) 往往不能直接应用, 而需要对其中的 "体积" 进行数学上的精确化. 这时可对维数重新定义. 设集合 S 为 n 维空间的子集, $N(a)$ 是覆盖集合 S 所需边长为 a 的 n 维立方体的最小数目, 则有以下**豪斯多夫 (F. Hausdoff) 维数**, 也称柯尔莫戈洛夫 (**A. N. Kolmogorov) 容量维数**

$$d_H = \lim_{a \to 0} \frac{\ln N(a)}{\ln \dfrac{1}{a}} \tag{6.3.7}$$

对于作为平面 (2 维空间) 子集的单位面积正方形, 以边长为 a 的小正方形 (2 维立方体) 覆盖, 至少需要 $N(a)=1/a^2$, 故由 (11.3.7) 式知 $d_H=2$, 等于所在空间的维数, 与常识相符.

例 6.3-5 利用式 (6.3.7) 计算康托集合的维数.

解: 对于直线 (一维空间) 的子集康托集合, 以长度 $a=1/3^i$ 的小线段 (一维立方体) 覆盖, 则至少需要 2^i 个, 由式 (6.3.7),

$$d_H = \lim_{i \to \infty} \frac{\ln 2^i}{\ln 3^i} = \frac{\ln 2}{\ln 3} \tag{a}$$

与按式 (6.3.6) 计算的结果一致.

考察分形这类几何形体时, 在不同的层次上, 亦即在愈来愈小的范围内, 发现同等程度的不规则性和复杂性. 因此, 这类几何形体的局部形态与整体形态类似, 即在不同的放大级别上, 几何形体的形态是相似的. 几何形体的这种性质, 称为**自相似性**. 具有自相似性的几何体维数也往往不是整数.

耗散系统的稳态运动对应于相空间中称作吸引子的有限集合, 它是耗散系统运动状态长时间演化的归宿. 由于混沌是非周期而又有限的运动, 在相空间中其相轨迹被吸引在一个有限的空间区域内往复缠绕而恒不相交, 因而可能存在具有无标度性和自相似性的精细几何结构.

例 6.3-6 非线性受迫振动系统

$$\ddot{x} + 0.25\dot{x} - x + x^3 = 0.3\cos t \tag{a}$$

庞加莱映射的精细结构 [40].

解: 系统 (a) 庞加莱映射如图 6.24(a) 所示, 取图中小矩形逐次放大如图 6.24(b)(c) 所示. 可以看出, 系统 (a) 的庞加莱映射具有无标度性和自相似性.

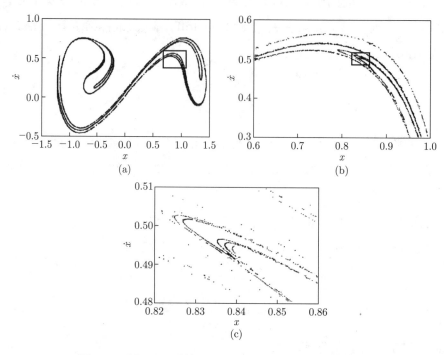

图 6.24 例 6.3-6 系统 (a) 的庞加莱映射及其局部放大

具有自相似性的精细结构的几何形体为分形. 若振动系统的吸引子为分形, 则称该吸引子为**奇怪吸引子**. 相应地, 由点、闭曲线或闭环面构成的不是分形的吸引子称作**平凡吸引子**. 耗散系统中, 稳定平衡点、稳定周期运动和稳定准周期运动对应的吸引子分别为相空间中的点、闭曲线和闭环面, 均为平凡吸引子. 混沌运动对应的吸引子, 称为**混沌吸引子**, 通常是奇怪吸引子.

前述豪斯多夫维数可用于刻划奇怪吸引子的特性, 然而豪斯多夫维数只是几何测度, 应用于非线性系统的吸引子时, 仅涉及轨迹是否通过小立方体而没有考虑轨迹通过小立方体的次数, 为弥补这一不足, 引入信息维数. 设吸引子由 $N(a)$ 个边长为 a 的超立方体覆盖. 记 P_i 为轨迹出现在第 i 个小超立方体的概率, 利用对小超立方体量测得到的信息量

$$I = -\sum_{i=1}^{N(a)} P_i \ln P_i \qquad (6.3.8)$$

代替定义式 (6.3.7) 中的数目 $N(a)$ 得到**信息维数**

$$d_i = \lim_{a \to 0} \frac{1}{\ln a} \sum_{i=1}^{N(a)} P_i \ln P_i \qquad (6.3.9)$$

若相轨迹落入每个小立方体的概率均相等, 即 $P_i = 1/N(a)$, 则根据式 (6.3.8)$I = \ln N(a)$, 代入式 (6.3.9) 便回到定义式 (6.3.7). 对于康托集合, 若点落入左、右区间的概率分别为 P_L 和 P_R, 则可以推导出信息维数 $d_i = -(P_L\ln P_L + P_R\ln P_R)/\ln 3$, 显然, 当 $P_L = P_R = 1/2$ 时与按式 (6.3.6) 和式 (6.3.7) 计算的结果一致. 另一种考虑轨迹通过小立方体概率的维数为关联维数. 仍记 P_i 为轨迹出现在第 i 个小立方体的概率, **关联维数**定义为

$$d_c = \lim_{a \to \infty} \frac{\ln \sum_{i=1}^{N(a)} P_i^2}{\ln a} \qquad (6.3.10)$$

若相轨迹落入每个小立方体的概率均相等, 即 $P_i = 1/N(a)$, 则式 (6.3.10) 回到定义式 (6.3.7).

从计算角度考虑, 确定覆盖吸引子的超立方体数目极为困难. 为解决这个问题, 需要建立分形维数便于计算的形式. 为此需要确定相空间中的一条相轨迹. 在相轨迹的稳态部分上采样得到总数为 N_0 个点的点集 S_P.

首先引入点状维数. 在其中一点 $\boldsymbol{x}_i$ 上建立半径为 r 的球面, 设球面中点集的点有 $N(r, \boldsymbol{x}_i)$ 个. S_P 中的点在此球面内的概率为

$$P(r, \boldsymbol{x}_i) = \frac{N(r, \boldsymbol{x}_i)}{N_0} \qquad (6.3.11)$$

定义相轨迹在该点的维数为

$$d_p(\boldsymbol{x}_i) = \lim_{r \to 0} \frac{\ln P(r, \boldsymbol{x}_i)}{\ln r} \qquad (6.3.12)$$

对平凡吸引子的情形, 平衡点 $\boldsymbol{x}_0$ 使 $N(r, \boldsymbol{x}_0)=0$, 极限环有 $N(r, \boldsymbol{x}_i) \propto r$, 与人们几何直觉一致. 对平凡吸引子和某些奇怪吸引子, 式 (6.3.12) 定义的维数与点

$\boldsymbol{x}_i$ 无关. 然而, 在大多数情形, 吸引子在各点的维数不同. 为此, 任意选择点集 S_P 中 M 个 $(M \ll N_0)$ 点计算平均值, 将吸引子的**点状维数**定义为

$$d_{\mathrm{p}} = \lim_{r \to 0} \frac{\ln \dfrac{\sum\limits_{i=1}^{M} P(r, \boldsymbol{x}_i)}{M}}{\ln r} \tag{6.3.13}$$

在计算中, 一般取 $N_0 \approx 10^3 \sim 10^4$, 且 $M \approx 10^2 \sim 10^3$. 点状维数是豪斯多夫维数便于计算的形式. 同理可得到信息维数便于计算的形式.

关联维数更便于计算. 给定正数 a, 在点集 S_P 的 N_0^2 个点对 $(\boldsymbol{x}_i, \boldsymbol{x}_j)$ 中, 计算出距离小于 a 的点对数目为 $N(i,j)$. 则点对中距离小于 a 的比例为

$$c(a) = \frac{N(i,j)}{N_0^2} \tag{6.3.14}$$

由式 (6.3.10) 可导出关联维数为

$$d_{\mathrm{c}} = \lim_{a \to 0} \frac{c(a)}{\ln a} \tag{6.3.15}$$

事实上, 仍记 P_i 为相轨迹的采样点出现在第 i 个小超立方体的概率, N_i 为第 i 个小超立方体中采样点的数目, 则有

$$P_i = \frac{N_i}{N_0} \tag{6.3.16}$$

由于在式 (6.3.14) 中, 同一个点对 $(\boldsymbol{x}_i, \boldsymbol{x}_j)$ 和 $(\boldsymbol{x}_j, \boldsymbol{x}_i)$ 被认为是不同的, 故 N_i 个点给出 $N_i(N_i-1)$ 个点对, 因此

$$c(a) = \frac{1}{N_0^2} \sum_{i=1}^{N_0} N_i(N_i - 1) = \sum_{i=1}^{N_0} P_i^2 - \sum_{i=1}^{N_0} \frac{N_i}{N_0^2} \tag{6.3.17}$$

当 N_0 充分大时, 由式 (6.3.17) 得到式 (6.3.14), 故式 (6.3.15) 与式 (6.3.10) 一致.

更一般地, 若吸引子由 $N(a)$ 个边长为 a 的超立方体覆盖, 定义 q **阶广义维数**

$$d_q = \lim_{a \to 0} \frac{1}{(q-1)\ln a} \ln \sum_{i=1}^{N(a)} P_i^q \quad (q \neq 1) \tag{6.3.18}$$

显然, 豪斯多夫维数和关联维数分别为 q 阶广义维数 $q=0$ 和 $q=2$ 时的特例, 即

$$d_{\mathrm{H}} = d_0, \quad d_{\mathrm{c}} = d_2 \tag{6.3.19}$$

通过极限运算还可验证信息维数是 q 阶广义维数中 $q \to 0^+$ 时的特例, 即

$$d_{\mathrm{i}} = \lim_{q \to 1^+} d_q \tag{6.3.20}$$

可以证明, 当 $q>0$ 时, d_q 随 q 的增大而减小. 因此, 由式 (6.3.19) 和 (6.3.20), 三种维数满足不等式

$$d_{\mathrm{c}} \leqslant d_{\mathrm{i}} \leqslant d_{\mathrm{H}} \tag{6.3.21}$$

这一性质可用于检验计算的正确性. 事实上, d_q 随 q 的变化很小. 数值计算表明, 对于具体的吸引子的关联维数、信息维数和豪斯多夫维数数值上接近.

吸引子的分形维数往往与所在相空间的拓扑维数相差不大于 2. 但在特殊情形下也存在吸引子分形维数和拓扑维数之差大于 2 的例子, 这类吸引子称为**超胖吸引子**.

李雅普诺夫指数和分形维数是对混沌振动的不同特性的量化. 李雅普诺夫指数描述了混沌振动的初态敏感性, 分形维数描述了由混沌振动的往复非周期性产生的相轨迹或庞加莱映射的有界不规则性. 因此李雅普诺夫指数和分形维数之间可能存在着某种联系. 耗散系统的稳态动力学行为发生于维数低于相空间维数的吸引子上. 从几何直观考虑, 具有正李雅普诺夫指数和负李雅普诺夫指数的方向都对支撑吸引子起作用, 而负李雅普诺夫指数对应的收缩方向, 在抵消膨胀方向的作用后, 形成吸引子维数的非整数部分. 因此, 将李雅普诺夫指数从最大的 λ_1 开始, 将后继的李雅普诺夫指数一一相加起来. 设加到 λ_K 时的和 $\sum_{i=1}^{K} \lambda_i$ 为正数, 而再加下一个 λ_{K+1} 后, 和 $\sum_{i=1}^{K+1} \lambda_i$ 成为负数. 很自然地设想吸引子维数介于 K 和 $K+1$ 之间. 用线性插值确定维数的非整数部分. 因此定义**李雅普诺夫维数**

$$d_{\mathrm{L}} = K + \frac{1}{-\lambda_{K+1}} \sum_{i=1}^{K} \lambda_i \tag{6.3.22}$$

其中 K 为使 $\sum\limits_{i=1}^{K}\lambda_i > 0$ 成立的最大整数. 数值结果表明, 在不少最大李雅普诺夫指数为正的一维以上映射或非线性微分方程系统中, 李雅普诺夫维数与豪斯多夫维数相等或非常接近. 卡普兰 (L. D. Kaplan) 和约克推测 d_{L} 与 d_{H} 相等, 故式 (6.3.22) 也称为**卡普兰–约克猜想**. 理论上可以证明 $d_{\mathrm{H}} \leqslant d_{\mathrm{L}}$. 在 2 维映射的情形还可以证明 $d_{\mathrm{H}} = d_{\mathrm{L}}$. 高维系统李雅普诺夫维数与豪斯多夫维数的关系尚待深入研究.

混沌吸引子与奇怪吸引子的定义并不相同, 混沌吸引子具有正李雅普诺夫指数, 而奇怪吸引子具有非整数维数. 两者都是对不规则运动现象的几何描述. 在大多数情形下, 两者是一致的, 即混沌吸引子是奇怪吸引子, 而奇怪吸引子也是混沌吸引子. 但在一些特殊情形下, 存在奇怪非混沌吸引子, 也有整数维数的混沌吸引子的例子. 一些不可通约双频激励的非线性系统存在奇怪非混沌吸引子. 这类系统随着参数的变化, 2 维环面的吸引子发生破碎, 形成奇怪非混沌吸引子. 参数继续变化, 奇怪非混沌吸引子变为 3 维环面的准周期吸引子. 3 维环面吸引子随着参数进一步变化而破碎, 最后形成奇怪吸引子, 也是混沌吸引子. 这个过程已在力学系统的实验中得到证实.

例 6.3-7 受准周期激励的阻尼单摆系统

$$\frac{1}{a}\ddot{q} + \dot{q} - \cos q = b + c\left[\cos\omega_1 t + \cos\omega_2 t\right] \tag{a}$$

中的非混沌奇怪吸引子 [36].

解: 固定其中系数

$$\omega_1 = \frac{1}{2}\left(\sqrt{5} - 1\right)\ ,\ \omega_2 = 1\ ,\ a = 3.0\ ,\ c = 0.55 \tag{b}$$

使 b 变化. 当 $b = 1.77$ 时, 系统 (a) 有 3 频准周期吸引子, 庞加莱映射如图 6.25(a) 所示; 当 $b = 1.34$ 时, 系统 (a) 有 2 频准周期吸引子, 庞加莱映射如图 6.25(b) 所示; 当 $b = 1.33$ 时, 系统 (a) 有 3 频非混沌奇怪吸引子, 庞加莱映射如图 6.25(c) 所示. 但图 6.25(c) 所示奇怪吸引子不是混沌吸引子, 因为其 2 个李雅普诺夫指数分别为 $\lambda_1 = -0.0717$ 和 $\lambda_2 = -0.2392$.

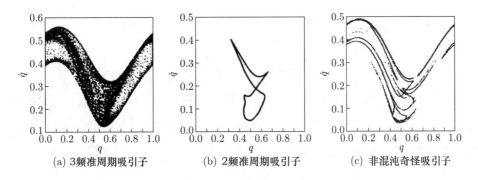

图 6.25 准周期激励阻尼单摆系统的庞加莱映射

例 6.3-8 二自由度非线性系统

$$\left.\begin{array}{l} \ddot{q}_1 + 0.1\dot{q}_1 + q_1^3 = 10\cos t \\ \ddot{q}_2 + 0.1\dot{q}_2 - q_1 + q_2 = 0 \end{array}\right\} \tag{a}$$

中的整数维混沌吸引子 [44].

解: 引入状态变量

$$\begin{pmatrix} x_1 & x_2 & x_3 & x_4 & x_5 \end{pmatrix}^{\mathrm{T}} = \begin{pmatrix} q_1 & \dot{q}_1 & q_2 & \dot{q}_2 & t \end{pmatrix}^{\mathrm{T}} \tag{b}$$

后可改写为 5 个方程构成的一阶自治连续动态系统

$$\left.\begin{array}{l} \dot{x}_1 = x_2 \\ \dot{x}_2 = -0.1x_2 - x_1^3 + 10\cos x_5 \\ \dot{x}_3 = x_4 \\ \dot{x}_4 = -0.1x_4 + x_1 - x_3 \\ \dot{x}_5 = 1 \end{array}\right\} \tag{c}$$

可以计算出系统 (c) 的 5 个李雅普诺夫指数分别为 $\lambda_1 = 0.1$、$\lambda_2 = 0$、$\lambda_3 = 0$、$\lambda_4 = -0.1$ 和 $\lambda_5 = -0.2$,最大李雅普诺夫指数为正故为混沌吸引子. 但李雅普诺夫维数 $d_{\mathrm{L}} = 4$ 为整数, 不是奇怪吸引子.

虽然在一般情况下仅用李雅普诺夫指数或分形维数可以识别混沌运动, 但以上内容表明. 对于一些特殊情形需要综合运用李雅普诺夫指数、分形维数和功率谱等数值识别方法. 并辅之以相平面和庞加莱映射才能判断系统是否呈现混沌性态.

在非线性振动问题中, 不仅吸引子可能是分形, 吸引盆的分界线也可能是分形. 吸引盆为使动力学行为渐近于某个吸引子的全体初值的集合. 非线性系统可能具有多个吸引子, 每个吸引子都有相应的吸引盆. 不同吸引盆的分界线称为**盆边界**. 两个吸引盆的边界是鞍点的稳定流形. 在一般情形下, 盆边界是不稳定不变集的稳定流形. 这里不稳定不变集可以是不稳定平衡点、不稳定极限环和不稳定准周期环面, 甚至可以是不稳定的混沌. 在以往许多经典非线性振动理论讨论的问题中, 盆边界都是光滑和连续的曲线或曲面. 例如 1.1.5 节中例 1.1-8 所讨论负线性刚度项达芬系统的平衡点、2.4.5 节达芬系统的主共振和 2.5.6 节达芬系统是亚谐波共振中涉及的盆边界都是光滑曲线. 20 世纪 80 年代格鲍吉、奥特、约克等人的工作揭示盆边界可以是非常不规则的曲线或曲面. 这类具有非整数维数的盆边界称为**分形盆边界**. 分形盆边界仍是由不稳定不变集的稳定流形构成. 大多数分形盆边界局部是断断续续的如康托集分布的分段连续曲线, 另外一些分形盆边界是处处连续但处处非光滑 (不可微分) 的曲线. 还有些高维系统的分形盆边界在不同范围内是分形维数不同的几何形体. 分形盆边界的结构是个有待深入研究的问题.

例 6.3-9 受迫阻尼摆

$$\ddot{q} + c\dot{q} + \sin q = f\cos t \tag{a}$$

的分形盆边界 [79].

解: 固定 $c = 0.1$ 和 $f = 2.0$. 相应受迫阻尼摆的吸引盆及其边界如图 6.26 所示. 图中存在两个周期均为 2π 的稳态周期运动, 即存在两个极限环吸引子. 一个极限环总体上为顺时针方向绕行, 在图中其吸引盆用空白区域表示；另一个总体上逆时针绕行, 在图中其吸引盆用黑色区域表示. 两者之间的部分为盆边界, 是不规则的分形. 采用数值方法可以得到分形盆边界的维数 $d \approx 1.8$.

如前所述, 混沌振动对初始条件极为敏感. 即使是非线性系统不呈现混沌性态, 当系统存在多个吸引子时, 最终将根据不同的初始条件而静止于不同的平衡点或作不同的周期运动. 由于盆边界为具有精细结构和自相似性的分形, 系统的最终状态也可能对初始条件极为敏感, 非线性系统的这种性质称为**终态敏感性**.

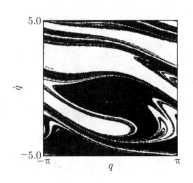

图 6.26 受迫阻尼摆的吸引盆及其边界

为明确终态敏感性的含义, 先讨论 2 维系统的一个特例. 设系统有两个平衡点吸引子 A 和 B, 吸引盆的边界为曲线 Γ. 记两个不同起始点的距离为 ε. 以两点连线为直径作一个圆 C. 若圆 C 不与边界曲线 Γ 相交, 则从两个起始点出发的相轨迹最终将趋于同一个吸引子. 若圆 C 与边界曲线 Γ 相交, 对任意小的 ε, 从两个起始点出发的相轨迹最终都趋于不同的吸引子. 从距离为 ε 的两个不同起始点出发的相轨迹趋于不同吸引子的概率即为圆 C 与边界曲线 Γ 相交的概率, 设为 $f(\varepsilon)$. $f(\varepsilon)$ 是起始值误差为 ε 时预测最终状态不可预测性的定量表示, $f(\varepsilon)$ 愈大, 不可预测性愈强. 对于图 6.27 所示非分形的盆边界, $f(\varepsilon) \propto \varepsilon$. 这意味着若初值精度提高 10 倍, 预测相轨迹趋于给定吸引子的能力也提高 10 倍. 但对于分形边界, 设边界的分形维数为 d, 则 $f(\varepsilon) \propto \varepsilon^{2-d}$. 非分形盆边界是其 $d=1$ 时的特例. 一般 n 维相空间的情形, 若盆边界的分形维数为 d, 可以证明

$$f(\varepsilon) \propto \varepsilon^{\alpha}$$

其中 $\alpha = n-d$ 称为**不确定指数**. 例 6.3-9 中不确定指数 $\alpha=2-1.8=0.2$, 故 $f(\varepsilon) \propto \varepsilon^{0.2}$. 这意味着为使预测相轨迹趋于给定吸引子的能力提高 10 倍, 则初值精度需要提高 10^5 倍. 因此, 系统最终状态对于初始条件极为敏感.

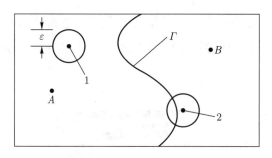

图 6.27　终态敏感性与盆边界

值得指出的是, 这里所述的终态敏感性与混沌的初值敏感性为不同的概念. 终态敏感性是系统的最终状态对初始条件的敏感依赖, 其原因是非线性系统具有多个吸引子, 而且吸引盆具有分形边界, 其程度可以用系统的不确定指数度量. 混沌的初值敏感性是混沌运动过程对初始条件的敏感依赖, 其原因是邻近相轨迹在某些方向指数发散, 发散的程度可以用李雅普诺夫指数度量. 但两者的共同之处是导致运动不可长期预测. 终态敏感性也说明对于多吸引子的非线性系统, 平衡态和周期运动仍可能不可预测.

6.3.4　功率谱分析

功率谱表示随机运动过程在各频率成分上的统计特性, 是研究随机振动的基本工具. 对于给定的随机信号, 可以采用标准程序软件计算或专用频谱分析仪器测定其功率谱. 为描述混沌振动的随机性, 可以应用研究随机振动的频谱分析方法识别混沌振动. 通常假设混沌是各态历经的, 即时间上的平均量与空间上的平均量相等.

对于随机信号的样本函数 $x(t)$, **功率谱**可以用下列两种方式定义. 一种为傅里叶变换平方的时间平均, 即

$$\Phi_x(\omega) = \lim_{T \to \infty} \frac{1}{T} \left| \int_0^{\mathrm{T}} x(t)\, \mathrm{e}^{-\mathrm{i}\omega t} \mathrm{d}t \right|^2 \tag{6.2.23}$$

另一种是自相关函数的傅里叶变换, 即

$$\Phi_x(\omega) = \int_{-\infty}^{\infty} R_x(\tau)\, \mathrm{e}^{-\mathrm{i}\omega\tau} \mathrm{d}\tau \tag{6.2.24}$$

其中**自相关函数** $R_x(\tau)$ 定义为

$$R_x(\tau) = \lim_{T \to \infty} \frac{1}{T} \int_{-T/2}^{T/2} x(t) x(t+\tau) \, \mathrm{d}t \tag{6.3.25}$$

根据随机过程中的维纳 (N. Wiener)–辛钦 (A. Y. Khinchin) 关系式, 当 $R_x(\tau)$ 绝对可积时, 定义式 (6.3.23) 和式 (6.3.24) 等价. 由于在电学中电压或电流的平方与功率成正比, 因此$\varPhi_x(t)$ 有功率谱这一名称.

在实验测量和计算机仿真中, 人们得到的往往是相差相同时间间隔 τ 的时间序列

$$x_1, x_2, \cdots, x_N \tag{6.3.26}$$

对于该序列附加周期性条件 $x_{N+i} = x_i\ (i=1,2,\cdots)$ 后可以计算相关函数, 即离散卷积

$$c_i = \frac{1}{N} \sum_{j=1}^{N} x_j x_{j+i} \tag{6.3.27}$$

再对 c_i 作离散傅里叶变换

$$p_j = \sum_{i=1}^{N} c_i \mathrm{e}^{\frac{2\mathrm{i}\pi k i}{N}} \tag{6.3.28}$$

其结果 p_j 表示 x_k 中的第 j 个频率成分, 即为时间序列 (6.3.26) 的离散功率谱.

在数值计算中, 更有效的确定离散功率谱的方法是不经过自关联函数, 而直接求 x_i 的离散傅里叶系数

$$a_j = \frac{1}{N} \sum_{k=1}^{N} x_k \cos\left(\frac{\pi k j}{N}\right), \ b_j = \frac{1}{N} \sum_{k=1}^{N} x_k \sin\left(\frac{\pi k j}{N}\right) \tag{6.3.29}$$

然后计算

$$\bar{p}_j = a_j^2 + b_j^2 \tag{6.3.30}$$

通常为许多组 $\{x_i\}$ 计算一批 $\{\bar{p}_j\}$, 平均后即逼近式 (6.3.8) 给出的功率谱. 此即是 1965 年库利 (J. W. Cooleyk) 和特基 (J. W. Tukky) 提出快速傅里叶变换算法的基本思路.

时间序列 (6.3.26) 中包含两个基本的时间常数, 采样时间间隔 τ 和总采样时间 $N\tau$. 这两个时间常数分别决定两个特征频率

$$\omega_{\max} = \frac{1}{2\tau} \tag{6.3.31}$$

和

$$\Delta\omega = \frac{1}{N\tau} \tag{6.3.32}$$

采样定理告诉我们, 当采样频率大于信号中最高频率 2 倍时, 采样之后的信号完整地保留了原始信号中的信息. 因此, $\omega_{\max}$ 为此种采样数据所能观测到的最高频率. $\Delta\omega$ 为两个相邻傅里叶系数的频率差. 为反映高频成分, 需要缩短采样间隔. 采用离散样本不可能唯一地确定研究系统的频率结构. 例如从给定时间区间上的正弦函数上采 1000 个点, 存在无穷多种可能构造出频率更高的周期函数使之恰好通过这 1000 个点. 因此, 离散采样总会出现虚假的高频成分. 由于周期性边界条件, 这些虚假的高频成分会反射回频率区间 $(0,\omega_{\max})$, 造成**混叠现象**. 混叠现象原则上无法消除, 实践中可设法减弱. 方法是令 $\omega_{\max}$ 显著地超过系统的实际主频率 ω_0, 例如取

$$\omega_{\max} = k\omega_0 \tag{6.3.33}$$

其中经验系数 k =5~10, 然后在所得的频率谱中只取 ω_0 以下部分. 采用这种办法可以使混叠现象导致的假峰有效地降低, 甚至可以小到背景之下. 为在功率谱上识别出较低的分频 ω_0/p, 需要在相应的峰上取若干个点. 若在分频的峰上需要 l 个点, 则有关系式

$$l\Delta\omega = \frac{\omega_0}{p} \tag{6.3.34}$$

在式 (6.3.31)、(6.3.32)、(6.3.33) 和 (6.3.34) 中消去 $\tau\omega_0$ 和 $\omega_{\max}$, 得到

$$N = 2klp \tag{6.3.35}$$

此为有效地避免混叠和分辨出 ω_0/p 分频的一次变换所需要的最小采样数目. 在数值研究中, 通常在计算机的能力允许的范围内取较大的数目 N.

　　周期运动的傅里叶展开式只有相应频率的一项, 其离散功率谱中也只有相应的一项不为零, 因此功率谱中只在其运动频率及其分频和倍频处出现离散的谱线. 周期运动的时间历程和功率谱如图 6.28 和 6.29 所示. 准周期运动的功率谱是在几个不可通约的基频及其叠加处的离散谱线. 准周期运动的时间历程和功率谱如图 6.30 所示.

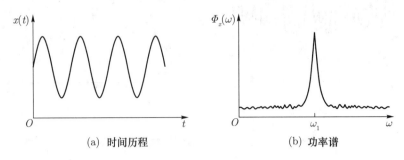

(a)　时间历程　　　　　　　　(b)　功率谱

图 6.28　周期 1 运动的时间历程和功率谱

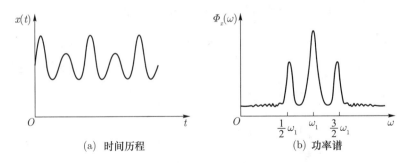

(a)　时间历程　　　　　　　　(b)　功率谱

图 6.29　周期 2 运动的时间历程和功率谱

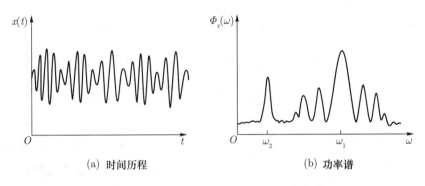

(a)　时间历程　　　　　　　　(b)　功率谱

图 6.30　准周期运动的时间历程和功率谱

混沌运动为有界的非周期运动,可视为无限多个不同频率的周期运动的叠加,其功率谱具有随机运动的特征. 混沌运动的功率谱为连续谱,即出现噪声背景和宽峰. 混沌运动的时间历程和功率谱如图 6.31 所示.

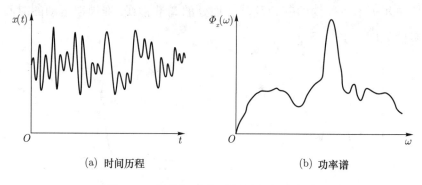

(a) 时间历程   (b) 功率谱

图 6.31   混沌运动的时间历程和功率谱

例 6.3-10   上田振子的功率谱 [44].

解: 例 6.3-1 中上田振子 (a) 的功率谱如图 6.32 所示.

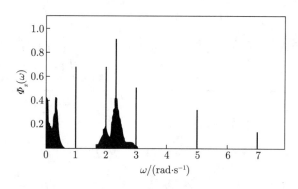

图 6.32   例 6.3-1 中上田振子 (a) 的功率谱

例 6.3-11   例 6.1-5(a) 描述非线性黏弹性梁运动的功率谱 [64].

解: 图 6.10 中准周期振动、准周期环面破裂和混沌振动的功率谱分别如图 6.33 所示.

需要指出的是, 采用功率谱分析只能确定振动是否为随机的, 但无法确定这种随机振动是由于外界的随机扰动, 还是由于确定性非线性系统的内禀随机性. 由此, 功率谱分析不能区分混沌振动和真正的随机振动.

　　自相关函数 (6.3.25) 或离散卷积 (6.3.27) 不仅是进行功率谱分析的理论基础, 也可直接应用于混沌振动的数值识别. 混沌振动的初值敏感性意味着在运动过程中迅速失去以往的信息. 因此, 经过一段时间后, 混沌振动的自相关趋于零. 类似于功率谱分析, 相关函数也无法区分混沌振动和真正的随机振动.

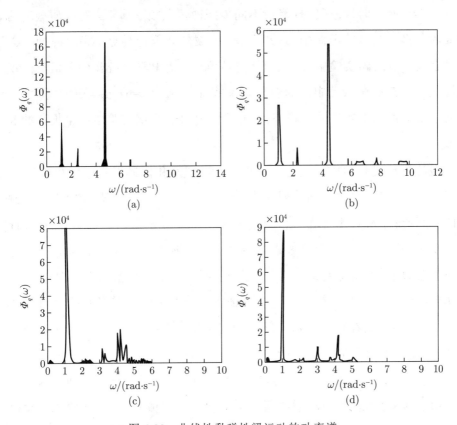

图 6.33　非线性黏弹性梁运动的功率谱

§6.4　混沌振动的实验研究

6.4.1　混沌振动实验研究概述

　　近现代科学的一个重要方面是广泛采用受控实验. 受控实验简称实验, 是指人们有目的地用物质手段改变研究对象而获得关于其性质或状态的信息. 自然界和工程系统中存在的混沌振动, 可以采用实验方法进行研究. 在基础研究中, 实验研究不仅能证实现有理论的正确性, 还可能突破原有理论框架, 发现新的现象和规律. 在应用研究中, 实验是非线性振动从理论到应用的重要环节. 此外, 一些直观的实验结果也有助于人们理解混沌振动, 加速相关知识的传播. 非线性振动的实验可以上溯到 1673 年惠更斯对摆的观察, 他发现单摆的大幅度摆动不具有等时性, 还发现轻微不同步摆钟存在频率拖带. 对混沌振动的观察要晚很多. 在电路振荡中, 1927 年, 范德波尔和范德马克 (van der Mark) 注意到在真空管线路实验中出现了不规则的噪声, 为电学系统实验中最早出现的混沌振动. 在机械振动中, 1967 年埃文森 (D. A. Evenson) 在弹性圆柱形壳非线性受迫振动中发现的非稳态振动, 可能是机械系统实验中最早报道的混沌现象.

混沌振动实验的作用是验证理论、发展理论和促进工程应用和科学普及. 通过实验, 人们通常要达到下列具体目的: (1) 基于实测数据, 确定系统观测变量的时间历程, 及其相轨迹图和庞加莱映射等; (2) 基于实测数据, 测定或计算观察变量的数值特征如李雅普诺夫指数、分形维数、功率谱等; (3) 确定分岔的临界参数值, 进而得到系统的分岔图, 进而确定系统分岔而产生混沌的途径, 并明确不同途径存在的参数范围; (4) 证实实验系统中存在混沌振动; (5) 建立混沌的判据, 进而在系统参数空间中确定混沌存在的区域; (6) 对于多吸引子共存的系统, 确定不同吸引子的吸引盆及其边界, 进而测定或计算相应的分形维数; (7) 以等效或缩比的方式模拟或者现场实测工程系统的混沌振动.

由于实验性质的不同, 混沌振动实验装置有各种形式, 但在构成方面也存在一些共性. 实验装置一般包括被测试系统, 受控制的外部激励系统和实验信号的采集、放大、转换、分析和处理系统. 混沌振动实验不仅是要记录和识别实验系统的运动性态, 更要考察系统参数条件或初始条件改变时振动特性有何相应变化. 因此, 实验条件的控制至关重要. 实验中通常要选择有重要物理意义的量如周期激励幅值或频率等进行控制, 以便观察到系统分岔和混沌现象. 为避免参数阶跃变化的影响, 应该尽可能采用连续变化元件进行控制. 对于多吸引子的非线性系统, 初值的控制也很重要. 混沌振动实验条件控制的一个重要问题的隔绝外部噪声. 由于混沌实验通常只研究确定性系统, 实验系统的噪声输入应该降低到最小. 在进行结构振动等力学系统的实验时, 必须屏蔽实验室建筑振动等外部随机性扰动, 一般可采用大质量实验台等方式实现.

混沌振动实验按其目的可分为演示性和研究性两类. 演示性实验主要是直观地显示现有理论成果, 特别是用于教学目的; 因此要求简便易行, 但对于实验条件的控制实验结果的分析处理要求较低. 研究性实验是混沌振动研究的一个重要方面, 结果必须精确可靠. 本节随后介绍两个实验, 一个主要是演示性实验, 另一个是研究性实验, 有关混沌判据的实验将在下节叙述.

6.4.2 周期激励单摆的混沌振动

受周期激励时, 单摆可能呈现混沌振动, 实验系统如图 6.34 所示. 周期变化驱动扭矩由电机提供. 设摆锤的质量为 m, 对悬挂点的惯性矩为 J, 摆绳长为 l. 摩擦力矩与角速度成正比, 系数为 C. 电机的驱动力矩为 $A\sin\Omega\tau$. 则系统的动力学方程为

$$J\frac{\mathrm{d}^2\theta}{\mathrm{d}\tau^2} + C\frac{\mathrm{d}\theta}{\mathrm{d}\tau} + mgl\sin\theta = A\sin\Omega\tau \tag{6.4.1}$$

进行量纲一变换

$$\Omega_0 = \sqrt{\frac{mgl}{J}}, \quad \Omega = \omega\Omega_0, \quad \tau = \frac{t}{\Omega_0}, \quad \gamma = \frac{C}{\sqrt{Jmgl}}, \quad f = \frac{A}{mgl} \tag{6.4.2}$$

可以导出式 (6.4.1) 的量纲一的形式

$$\ddot{\theta} + \gamma\dot{\theta} + \sin\theta = f\sin\omega t \tag{6.4.3}$$

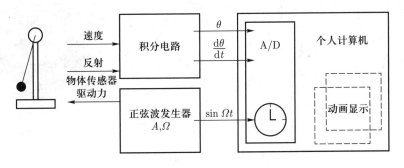

图 6.34 单摆实验系统示意图

在实验中, 摆绳为长 $l=18$ cm、直径的铝棒 $d=2$ mm, 摆锤为质量 $m=10$ g 的弹丸. 可以识别得到摆的振动参数 $\Omega_0=1.25$ Hz 和 $\gamma=0.037$, 进而得到摆的物理参数 $J=2.92\times10^{-4}$ kg·m^2 和 $C=8.5\times10^{-5}$ kg·m^2/s. 在摆的基座上放置反射物体传感器测量经过平衡位置的时间. 在电机上固定转速表传感器以测量摆的角速度, 采用放大器和低通滤波器 (25Hz) 改进信号质量. 通过积分电路由角速度得到角位移. 最后经过 A/D 转换输入计算机可以得到运动的几何特征.

摆在不同的电机激励条件下呈现不同的运动形态. 无扭矩作用时, 摆渐近于平衡位置, 如图 6.35(a) 所示. 当扭矩幅值较小 $f=0.2$、$\omega=1.1$ 时, 摆作周期摆动, 如图 6.35(b) 所示. 扭矩幅值继续增加, 当 $f=0.25$、$\omega=0.7$ 时, 不同的周期摆动共存, 取决于初始条件, 如图 6.35(c) 所示. 当扭矩幅值增加到 $f=0.58$ 时, 随着驱动频率的减小出现倍周期分岔, $\omega=0.62$ 时为周期 1 运动, 如图 6.35(d) 所示, $\omega=0.61$ 时为周期 2 运动, 如图 6.35(e) 所示. $\omega=0.605$ 时为混沌运动, 如图 6.35(f) 所示.

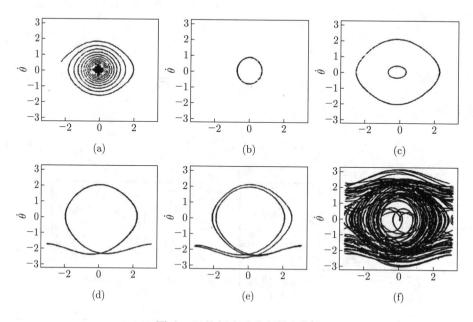

图 6.35 单摆实验的相轨迹图

6.4.3 周期激励屈曲梁的混沌振动

框架受周期激励的屈曲弹性梁实验是最早在机械系统中进行的关于混沌振动的实验. 如图 6.36 所示, 铅垂放置弹性钢悬臂梁上端固定在刚性框架上, 框架下方对称放置两块磁铁, 刚性框架可以作简谐运动. 这种磁场中运动的弹性元件也有广泛的工程背景, 如发电机、电动机等. 当框架静止时, 由于弹性梁在磁力作用, 原来无磁力作用时的稳定平衡的铅垂位置此时变为不稳定, 直线平衡位形失稳而发生屈曲. 此时系统有两个稳定平衡位置. 因此该系统是典型的双势阱系统.

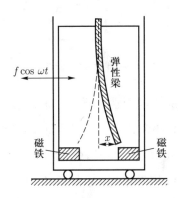

图 6.36 框架激励屈曲弹性梁

框架受周期激励屈曲弹性梁实验装置如图 6.37 所示. 信号发生器和放大器控制电磁激振器使刚性框架作简谐运动. 用电阻应变片通过梁的变形采集振动位移信号经桥式电路放大和滤波输入模拟量存贮器或数字示波器, 同时经过放大电路的位移信号进入模拟微分器得到速度信号, 也输入模拟量存贮器或数字示波器. 为得到庞加莱映射数字示波器还接一脉冲发生器.

实验系统具体参数如下. 弹性梁的长、宽和厚分别为 188 mm、9.5 mm 和 0.23 mm. 为增大系统阻尼, 在梁两侧各粘贴厚为 0.05 mm 的薄金属层. 磁铁直径为 25 mm. 有磁铁时屈曲弹性梁端点位移为 20 mm. 框架位移的幅值在 2 mm 和 5 mm 之间变化. 可以识别得到系统的固有频率为 9.3 Hz, 黏性系数在不粘贴薄金属层为 0.0033, 粘贴后为 0.017.

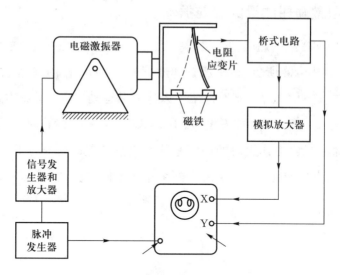

图 6.37　屈曲弹性梁实验装置示意图

在激励幅值较大时, 系统呈现混沌振动. 混沌振动的时间历程和相轨迹图分别如图 6.38 和 6.39 所示. 小阻尼和较大阻尼时的庞加莱映射分别如图 6.40(a) 和 (b) 所示. 混沌运动的功率谱和自相关函数分别如图 6.41 和 6.42 所示 [102].

实验研究表明, 激励幅值较小时, 系统呈现周期振动. 随着激励幅值的增加, 系统由倍周期分岔进入混沌. 系统庞加莱映射分岔图如图 6.43 所示. 对不同的激励频率, 激励幅值的临界值也不相同. 这种临界值可以用近似解析方法加以预测. 屈曲梁的简化动力学模型及其在该模型基础上的近似解析预测将在下节 §6.5 讨论.

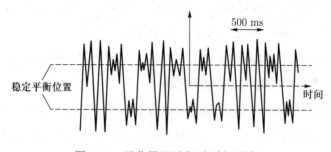

图 6.38　屈曲梁混沌振动时间历程

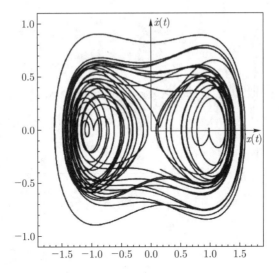

图 6.39 屈曲梁混沌振动相轨迹图

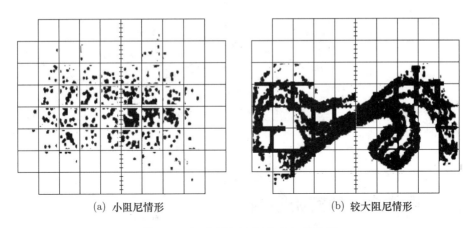

(a) 小阻尼情形   (b) 较大阻尼情形

图 6.40 屈曲梁混沌振动庞加莱映射

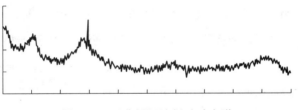

图 6.41 屈曲梁混沌振动功率谱

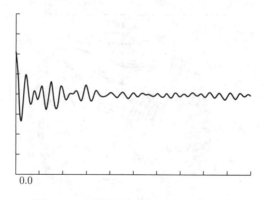

0.0

图 6.42　屈曲梁混沌振动自相关函数

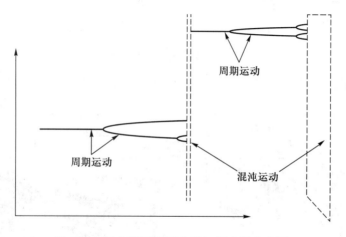

图 6.43　屈曲梁混沌振动庞加莱映射分岔图

§6.5　混沌振动的解析预测

6.5.1　混沌振动的解析预测概述

　　混沌振动的预测要求在运动开始以前, 便能确定在何种条件下系统将出现混沌振动. 用解析方法预测混沌振动出现的条件是一个在理论和应用方面都有重要意义的问题. 然而由于混沌振动的复杂性而难以做到严格的数学描述, 混沌振动出现条件的解析预测迄今尚未很好解决, 许多问题都有待深入研究.

　　确定混沌振动出现条件的方法可以分为三类. 第一类是经验预测, 对于某种具体的非线性振动系统, 根据大量实验室实验或数值仿真结果, 归纳出混沌振动出现时系统参数所满足的条件; 第二类是理论预测, 对于某种类型的非线性振动系统, 基于对混沌振动出现机制的理论分析, 得到混沌振动出现时系统参数应满足的条件; 第三类是经验–理论混合预测, 即采用实验和理论分析方法确定混沌振动出现的机制, 用理论方法建立混沌振动出现时系统参数所满足的条件, 其中的某些系数由实验或仿真给出. 三类方法中, 经验预测的结果比较准确, 但所需费用和时间较多, 结果的适用范围较窄; 理论预测的结果适用范围较宽, 但有时不够准确; 经验–理论混合预测介于两者之间.

用解析方法预测混沌振动出现条件是理论预测的一种. 它是用解析表达式表示混沌振动的出现条件. 本节叙述的梅利尼科夫 (V. K. Melnikov) 方法和什尔尼科夫 (L. P. Shilnikov) 方法都是典型的预测混沌振动出现条件的解析方法. 拓扑结构的分析表明, 系统出现横截同宿轨道或横截异宿环时产生拓扑意义上的混沌, 有可能导致可观测的混沌运动. 梅利尼科夫方法基于摄动分析给出受小扰动的可积系统出现横截同宿轨道或异宿环条件的解析条件, 作为系统出现混沌的必要条件. 什尔尼科夫方法适用于具有鞍焦型同宿轨道的三维系统. 当系统满足一定条件时, 可以在奇点邻域构造庞加莱映射, 并证明其具有斯梅尔 (S. Smale) 马蹄映射性质, 从而判断系统出现混沌. 由于证明系统存在鞍焦型同宿轨道较为困难, 该方法应用较少. 解析方法尽管有一定的理论依据, 但由于拓扑意义上的混沌与前面讨论可观测的混沌振动之间并非完全一致, 在许多问题中, 解析方法得到的混沌出现条件往往与实验或数值结果差别较大.

预测混沌振动出现条件的经验–解析方法是根据物理或数值实验发现某类非线性振动系统出现混沌的机制如稳定极限环与不稳定极限环相交、从势阱内逃逸及跳跃过程中的分岔等, 然后应用谐波平衡法和多尺度法等近似解析解法建立预测混沌判据的解析表达式. 这类方法本质上属于经验–理论混合预测. 本节也将给出这方面的例子, 并对于一类实验系统进行解析预测结果、经验–解析预测结果与实验结果比较. 出现混沌振动的近似解析判据近年来有一些研究, 一般能够给出比单纯解析方法更接近实际的结果, 但缺乏坚实的理论依据, 适用范围也非常狭隘, 局限于几类最简单的单自由度非线性振子的情形.

预测混沌振动出现的条件是个非常复杂的问题. 这种复杂性至少表现在两

个方面. 一方面, 系统运动性态不仅取决于参数条件, 也与初始条件有关. 因此对混沌全面的预测必须考虑系统不同吸引子的吸引盆. 另一方面, 实验和数值工作都发现, 在参数空间中使系统呈现混沌性态的参数集合具有分形边界. 由于分形的性质, 系统参数微小的变化可能使系统呈现截然不同的动力学行为.

由于上述复杂性, 对于非常简单的系统也难以建立混沌振动出现时系统参数满足的充分与必要条件. 目前对混沌出现条件的预测一般只能得到某个参数范围, 在此范围内可能出现混沌. 即使这种较弱意义上的混沌预测问题, 也没有非线性系统普遍适用的结果. 这不仅是因为混沌理论研究还不够成熟, 更是因为这一问题本身的复杂性.

6.5.2 产生混沌的一种几何机制

庞加莱映射的双曲鞍点的稳定流形与不稳定流形是否相交, 常与混沌能否出现相关, 是产生混沌的一种几何机制. 这一事实构成预测混沌振动的梅利尼科夫方法和什尔尼科夫方法的基础. 以下先分析这种几何机制.

在 §5.1 关于分岔问题的讨论中定义的同宿轨道和异宿轨道概念, 也可以用鞍点的稳定流形和不稳定流形概念重新表述. 对于庞加莱映射 P 的双曲鞍点 p_s, 若其稳定流形 $W^s(p_s)$ 与不稳定流形 $W^u(p_s)$ 彼此重合, 即 $W^s(p_s) = W^u(p_s)$, 则称这种流形为**同宿轨道**. 该轨道上的点当 $t \to \pm\infty$ 时趋于同一个点 p_s. 对于庞加莱映射的两个双曲鞍点 p_{s1} 和 p_{s2}, 若 p_{s1} 的稳定流形 $W^s(p_{s1})$ 与 p_{s2} 的不稳定流形 $W^u(p_{s2})$ 重合, 则称这种流形为**异宿轨道**. 该轨道上的点在 $t \to +\infty$ 和 $t \to -\infty$ 时趋于不同的点 p_{s1} 和 p_{s2}. 若 p_{s1} 的不稳定流形 $W^u(p_{s1})$ 也与 p_{s2} 的稳定流形 $W^s(p_{s2})$ 重合而形成另一条异宿轨道, 则称这两条异宿轨道构成**异宿环**. 异宿环也可由多个双曲鞍点间的多条异宿轨道构成. 同宿轨道、异宿轨道和异宿环的例子如图 6.44 所示, 图 (a) 为一条同宿轨道, 图 (b) 为两条同宿轨道, 图 (c) 为两条异宿轨道构成的异宿环, (d) 为三条异宿轨道构成的异宿环.

若稳定流形与不稳定流形彼此不重合, 则两者可能相交也可能不相交. 不相交时不稳定流形恒位于稳定流形的外侧或内侧, 如图 6.45 所示. 稳定流形与不稳定流形不相切地相交称作横截相交, 横截相交与混沌相关. 直观上看, 横截相交是具有某种鲁棒性的相交, 受小的扰动后仍然相交. 如果是相切, 受到小的扰动就可能分离不再相切. 若同一双曲鞍点 p_s 的稳定流形 $W^s(p_s)$ 和不稳定流形 $W^u(p_s)$ 横截相交于一点, 则称该点为**横截同宿点**, 简称**同宿点**. 若不同双曲鞍点 p_{s1} 和 p_{s2} 的稳定流形 $W^s(p_{s1})$ 和不稳定流形 $W^u(p_{s2})$ 横截相交于一点, 则称该点为**横截异宿点**, 简称**异宿点**.

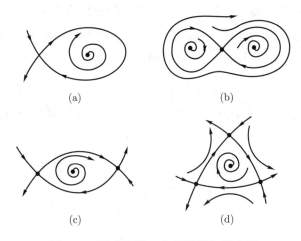

图 6.44 同宿轨道、异宿轨道和异宿环

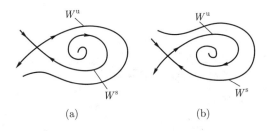

图 6.45 不相交的稳定流形和不稳定流形

如果存在一个同宿点 $q \in W^s(p_s) \cap W^u(p_s)$, 则 q 同时在 $W^s(p_s)$ 和 $W^u(p_s)$ 上. $W^s(p_s)$ 和 $W^u(p_s)$ 均为不变流形, 故对于整数 m, m 次庞加莱映射的像 $P^m(q)$ 也在 $W^s(p_s)$ 和 $W^u(p_s)$ 上, 因此 $P^m(q)$ 亦为同宿点. 从而证明必有无穷多个同宿点存在, 使得不变流形呈现异常复杂的情形, 如图 6.46 所示.

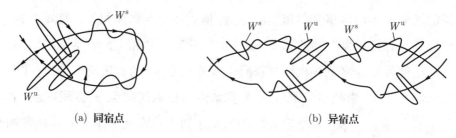

(a) 同宿点   (b) 异宿点

图 6.46   相交的稳定流形和不稳定流形

考察在庞加莱截面上横截同宿点附近的一小矩形区域. 在庞加莱映射过程中, 沿稳定流形的方向上收缩, 沿不稳定流形的方向上伸展, 同时发生折曲. 若干次映射后形成的马蹄形区域与原来的矩形区域相交得到两个新的小矩形区域, 如图 6.47 所示. 新的小矩形区域仍在横截同宿点附近, 可以重复上述过程. 从图中可以看出, 矩形区域中原来很接近的点经过若干次映射后可能分离得很远, 使初始误差迅速放大. 因此这种复杂的几何结构可能导致混沌. 这种将矩形区域收缩、伸展并且折曲再与自身相交的映射是 1963 年斯梅尔首先研究的, 称作**斯梅尔马蹄映射**, 简称马蹄映射或斯梅尔马蹄.

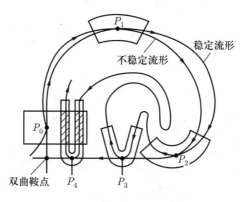

图 6.47   马蹄映射示意图

以上分析表明, 产生混沌的一种几何机制是出现横截同宿点. 同理, 横截异宿点的产生也可能导致混沌振动. 这一结论的数学依据是混沌的拓扑描述, 参阅附录八.

以上描述的仅是具有混沌性态即初值敏感的不变集, 不一定具有吸引性. 从实验或数值计算中可观测的混沌振动必须是具有吸引性的不变集, 即混沌吸引子, 并且要求有足够大的吸引盆. 因此, 对于实际系统, 即使可以判定具有前述意义上的混沌不变集, 仍无充分理由断定该不变集就是实际观测到的混沌振动. 这是本节讨论解析预测方法的局限所在. 尽管存在上述局限, 横截同宿点的出现仍为预测混沌振动提供了重要的线索. 双曲鞍点的稳定流形是不同吸引子的吸引盆边界, 它与不稳定流形横截相交后, 这种盆边界变得极为复杂而成为分形盆边界, 使得运动具有初值敏感性. 因此, 横截同宿点的出现是产生混沌振动的一种先兆.

6.5.3 梅利尼科夫方法

1963 年梅利尼科夫提出一种判断受小周期扰动的平面可积系统出现横截同宿点的解析方法. 该方法适用条件是未受扰动的平面可积系统存在双曲鞍点和联接鞍点的同宿轨道或异宿环. 对于受扰动系统, 先通过庞加莱映射将非自治平面连续动态系统转化为平面映射. 在小扰动的情形, 原系统的双曲鞍点小邻域内有相应平面映射的双曲鞍点, 其稳定流形与不稳定流形之间的距离经过一阶近似简化后可写作一种便于计算的形式, 即梅利尼科夫函数.

研究平面非自治系统

$$\dot{\boldsymbol{x}} = \boldsymbol{f}\left(\boldsymbol{x}\right) + \varepsilon \boldsymbol{g}\left(\boldsymbol{x}, t\right) \quad \boldsymbol{x} \in R^2 \tag{6.5.1}$$

其中 ε 为小参数, 扰动部分 $\boldsymbol{g}$ 为时间 t 的周期函数. 设 $\varepsilon = 0$ 时的未扰系统

$$\dot{\boldsymbol{x}} = \boldsymbol{f}\left(\boldsymbol{x}\right) \quad \boldsymbol{x} \in R^2 \tag{6.5.2}$$

有一个双曲鞍点 $\boldsymbol{p}_\mathrm{s}$, 并可积分出 $\boldsymbol{p}_\mathrm{s}$ 的稳定流形和不稳定流形重合构成的同宿轨道 $\boldsymbol{x}^\mathrm{h}(t-\tau)$, 使得

$$\lim_{t \to \pm\infty} \boldsymbol{x}^\mathrm{h}\left(t - \tau\right) = \boldsymbol{p}_s \tag{6.5.3}$$

起始时刻 τ 可为任意实数.

定义梅利尼科夫函数

$$M\left(\tau\right) = \int_{-\infty}^{+\infty} \boldsymbol{f}\left(\boldsymbol{x}^\mathrm{h}\left(t\right)\right) \wedge \boldsymbol{g}\left(\boldsymbol{x}^\mathrm{h}\left(t\right), t + \tau\right) \mathrm{e}^{-\int_0^t \mathrm{tr}\left(\mathbf{D}\boldsymbol{f}\left(\boldsymbol{x}^\mathrm{h}\left(z\right)\right)\right)\mathrm{d}z} \mathrm{d}t \tag{6.5.4}$$

式中算子 $\wedge$ 定义为, 对于向量 $\boldsymbol{a}=(a_1,a_2)^{\mathrm{T}}$ 和 $\boldsymbol{b}=(b_1,b_2)^{\mathrm{T}}$ 有

$$\boldsymbol{a} \wedge \boldsymbol{b} = a_1 b_2 - a_2 b_1 \tag{6.5.5}$$

可以证明 (推导过程见附录九), 如果梅利尼科夫函数 (6.5.4) 有简单零点, 稳定流形和不稳定流形必横截相交而形成横截同宿点. 根据前面混沌产生机制的分析可推测将出现混沌. 这种判断稳定流形和不稳定流形相交进而建立产生横截同宿点条件的方法称为**梅利尼科夫方法**.

根据以上结果判断, 不计 ε^2 及更高阶的项, 当且仅当式 (6.5.4) 给出的梅利尼科夫函数 $M(\tau)$ 存在简单零点 (在该点 $\mathrm{d}M(\tau)/\mathrm{d}\tau \neq 0$) 时, $d_N(\tau,\tau)$ 改变符号. 此时, 稳定流形与不稳定流形横截相交形成横截同宿点. 当 $M(\tau)$ 不存在零点时, 稳定流形与不稳定流形不相交. 当 $M(\tau)$ 仅有非简单零点时, 即 $M(\tau)$ 的零点与 $\mathrm{d}M(\tau)/\mathrm{d}\tau$ 的零点相同, 则稳定流形与不稳定流形相切. 在数值计算中, 通常可以利用稳定流形与不稳定流形相切检验梅利尼科夫方法. 1979 年霍尔姆斯 (P. J. Holmes) 将梅利尼科夫方法应用于混沌振动研究, 其主要结果如下例所示.

例 6.5-1 一类带负线性刚度项达芬方程

$$\ddot{x} + \varepsilon\gamma\dot{x} - ax + cx^3 = \varepsilon f \cos\omega t \qquad (\gamma, a, c, f > 0, \ 0 < \varepsilon \ll 1) \tag{a}$$

出现混沌振动的解析预测及其数值验证.

解: 当 $\varepsilon = 0$ 时的未扰系统

$$\ddot{x} - ax + cx^3 = 0 \tag{b}$$

的相平面图如图 6.48 所示. 双曲鞍点 (0,0) 的稳定流形和不稳定流形重合构成的同宿轨道满足微分方程

$$\frac{1}{2}\dot{x}^2 - \frac{a}{2}x^2 + \frac{c}{4}x^4 = 0 \tag{c}$$

设 $t = 0$ 时 $\dot{x} = 0$, 由式 (c) 解得 $x_0 = \pm\sqrt{2a/c}$. 积分式 (c), 有

$$\int_{x_0}^{x} \frac{\mathrm{d}x}{\pm\sqrt{ax^2 - \frac{c}{2}x^4}} = t \tag{d}$$

计算定积分, 整理后得到

$$x^{\pm}(t) = \pm\sqrt{\frac{2a}{c}}\,\mathrm{sech}\sqrt{a}t \tag{e}$$

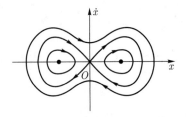

图 6.48 系统 (b) 相平面图

将式 (a) 写作式 (6.5.1) 的形式, 得到

$$\boldsymbol{x} = \begin{pmatrix} x \\ \dot{x} \end{pmatrix}, \quad \boldsymbol{f}(\boldsymbol{x}) = \begin{pmatrix} x_2 \\ ax_1 - cx_1^3 \end{pmatrix}, \quad \boldsymbol{g}(\boldsymbol{x}, t) = \begin{pmatrix} 0 \\ -\gamma x_2 + f\cos\omega t \end{pmatrix} \tag{f}$$

相应可积系统 (6.5.2) 的同宿轨道为

$$\left(x_1^{\pm}(t), x_2^{\pm}(t)\right)^{\mathrm{T}} = \left(\pm\sqrt{\frac{2a}{c}}\,\mathrm{sech}\sqrt{a}t, \quad \mp\sqrt{\frac{2}{c}}a\,\mathrm{sech}\sqrt{a}\,\tanh\sqrt{a}t\right)^{\mathrm{T}} \tag{g}$$

由式 (f) 推知

$$\mathrm{tr}\,(\mathbf{D}\boldsymbol{f}) = \mathrm{tr}\begin{pmatrix} 0 & 1 \\ a - 3cx_1^2 & 0 \end{pmatrix} = 0 \tag{h}$$

$$\boldsymbol{f}\left(\boldsymbol{x}^{\pm}(t)\right) \wedge \boldsymbol{g}\left(\boldsymbol{x}^{\pm}(t), t+\tau\right) = \left(-\gamma x_2^{\pm}(t) + f\cos\omega(t+\tau)\right)x_2^{\pm}(t) \tag{i}$$

将式 (g)、(h) 和 (i) 代入式 (6.5.4), 得到

$$M_{\pm}(\tau) = \int_{-\infty}^{\infty}\left[-\gamma\left(x_2^{\pm}(t)\right)^2 + f\cos\omega(t+\tau)x_2^{\pm}(t)\right]\mathrm{d}t \tag{j}$$

上式中第一个积分可利用变换积分变量的方法求出, 利用式 (c), 得到

$$\int_{-\infty}^{\infty} \left(x_2^{\pm}(t)\right)^2 dt = 2 \int_0^{\infty} \left(x_2^{\pm}(t)\right)^2 dt = 2 \int_{\sqrt{2a/c}}^0 x_2(x_1) dx_1$$

$$= 2 \int_{\sqrt{2a/c}}^0 \sqrt{ax_1^2 - \frac{c}{2}x_1^4} dx_1 = \frac{4a^{3/2}}{3c} \tag{k}$$

式 (j) 中第二个积分的计算比较繁复, 以式 (g) 代入并分析函数的奇偶性可得到

$$\int_{-\infty}^{\infty} \cos\omega(t+\tau) x_2^+(t) dt$$

$$= \mp \sqrt{\frac{2}{c}}a \left(\cos\tau \int_{-\infty}^{\infty} \cos\omega t \, \mathrm{sech}\sqrt{a}t \tanh\sqrt{a}t dt - \right.$$

$$\left. \sin\tau \int_{-\infty}^{\infty} \sin\omega t \, \mathrm{sech}\sqrt{a}t \tanh\sqrt{a}t dt \right) \tag{l}$$

$$= \pm \sqrt{\frac{2}{c}}a \sin\tau \int_{-\infty}^{\infty} \sin\omega t \, \mathrm{sech}\sqrt{a}t \tanh\sqrt{a}t dt$$

积分 $\int_{-\infty}^{\infty} \sin\omega t \, \mathrm{sech}\sqrt{a}t \tanh\sqrt{a}t dt$ 的计算需要应用复变函数论中的留数定理. 对于图 6.49 所示 AB、BC、CD 和 DA 构成的封闭曲线 L, 复变函数 $\sin\omega z \, \mathrm{sech}\sqrt{a}z \tanh\sqrt{a}z$ 在 L 中有极点 $(0, \pi\mathrm{i}/2\sqrt{a})$, 留数为 $-\mathrm{i}\omega\cosh(\pi\omega/2\sqrt{a})$. 根据留数定理

$$\oint_L \sin\omega z \, \mathrm{sech}\sqrt{a}z \tanh\sqrt{a}z dz = 2\pi\mathrm{i}\left(-\mathrm{i}\omega\cosh\frac{\pi\omega}{2\sqrt{a}}\right) \tag{m}$$

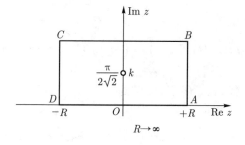

图 6.49 计算积分用的封闭曲线

令 $R \to \infty$, 得到

$$\left(1 + \cosh\frac{\pi\omega}{\sqrt{a}}\right) \int_{-\infty}^{\infty} \sin\omega t \operatorname{sech}\sqrt{a}t \tanh\sqrt{a}t \, dt = 2\pi\omega\cosh\frac{\pi\omega}{2\sqrt{a}} \tag{n}$$

即

$$\int_{-\infty}^{\infty} \sin\omega t \operatorname{sech}\sqrt{a}t \tanh\sqrt{a}t \, dt = \pi\omega\operatorname{csch}\frac{\pi\omega}{2\sqrt{a}} \tag{o}$$

综合以上推导结果, 得到

$$M_{\pm}(\tau) = -\frac{4a^{3/2}}{3c}\gamma \pm \pi f\omega\sqrt{\frac{2}{a}}\operatorname{csch}\frac{\pi\omega}{2\sqrt{a}}\sin\omega\tau \tag{p}$$

由式 (p) 推知, 当且仅当

$$\varepsilon f > \frac{4a^{3/2}\varepsilon\gamma}{3\pi\omega\sqrt{2c}}\sinh\frac{\pi\omega}{2\sqrt{a}} \tag{q}$$

时, $M_{\pm}(\tau)$ 有简单零点. 其中采用 εf 和 $\varepsilon\gamma$ 代替 f 和 γ 是由于 εf 和 $\varepsilon\gamma$ 为式 (a) 中出现的系数. 因此, 式 (q) 为达芬系统 (a) 出现混沌的必要条件.

数值算例支持上述理论结果 [42]. 取 a =1、c =1、ω=1 和 $\varepsilon\gamma$=0.25, 依次变化 εf. 由式 (q) 给出 εf 出现混沌的临界值为 0.188. 当 εf 较小时, 庞加莱映射的稳定流形与不稳定流形不相交, εf =0.11 时的情形如图 6.50(a) 所示. 当 εf 接近临界值时, 稳定流形与不稳定流形相切, εf =0.19 时的情形如图 6.50(b) 所示. 当 εf 大于临界值时, 庞加莱映射的稳定流形与不稳定流形横截相交, εf =0.30 和 εf =0.40 时的情形分别如图 6.51(a) 和 (b) 所示. 对于这种存在横截同宿点的情形, 系统确实出现混沌振动, 图 6.51(a) 和 (b) 中参数 εf =0.30 和 εf =0.40 时的庞加莱映射分别如图 6.52(a) 和 (b) 所示, 具有混沌吸引子的特征.

梅利尼科夫方法已有多方面的推广和深化. 这里仅简要介绍对高维系统的推广和高阶梅利尼科夫方法两方面的进展, 并简要说明梅利尼科夫方法在其他相关问题中的应用. 梅利尼科夫方法最初是对受周期扰动的平面可积系统提出的. 以后相继推广到受准周期扰动的有限维可积保守系统, 也推广到几类受周

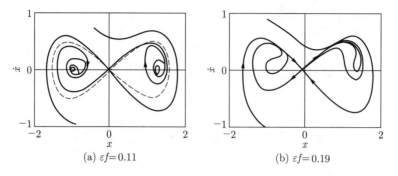

(a) $\varepsilon f=0.11$ (b) $\varepsilon f=0.19$

图 6.50 稳定流形和不稳定流形不横截相交

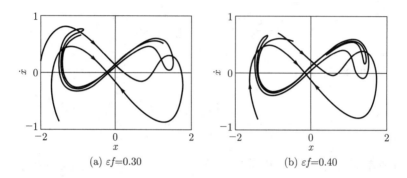

(a) $\varepsilon f=0.30$ (b) $\varepsilon f=0.40$

图 6.51 稳定流形和不稳定流形横截相交

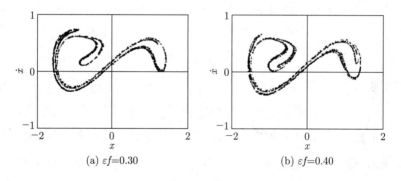

(a) $\varepsilon f=0.30$ (b) $\varepsilon f=0.40$

图 6.52 图 6.51 对应的混沌吸引子

期扰动的无穷维可积保守系统. 这种推广的基础是存在同宿结构高维映射具有类似于高维斯梅尔马蹄映射的混沌不变集. 梅利尼科夫方法本质上是基于一阶近似的方法. 因此若平面可积系统受不同阶小量的扰动, 原来的方法便无法处理. 为解决这种问题, 发展了高阶梅利尼科夫方法. 其基本思想是在和 (6.5.4)

和 (6.5.5) 中增加 ε 的高阶项, 然后建立高阶梅利尼科夫函数. 除应用于建立各类系统横截同宿点的条件之外, 梅利尼科夫方法的基本思想还可以用于讨论受周期扰动可积系统的亚谐波共振解和超谐波共振解的存在性. 梅利尼科夫方法的发展和应用参阅文献 [34, 39, 42, 94,114].

6.5.4 什尔尼科夫方法

1965 年什尔尼科夫建立了一类三维非线性系统出现斯梅尔马蹄映射的条件. 这类条件涉及鞍焦型同宿轨道的概念. 三维非线性系统的平衡点 O 称为**鞍焦点**, 如果原系统在 O 的雅可比矩阵 3 个特征值中有一个为正实数, 另两个为实部为负的共轭复数. 鞍焦点具有一维的不稳定流形 $W^u(O)$ 和二维稳定流形 $W^s(O)$. 若鞍焦点的一维不稳定流形 $W^u(O)$ 上的相轨迹 Γ 当 $t \to \pm\infty$ 时进入二维稳定流形 $W^s(O)$, 则称该相轨迹 Γ 为**鞍焦型同宿轨道**, 如图 6.53 所示. 在鞍焦型同宿轨道上, 当 $t \to \pm\infty$ 时相轨迹 Γ 都趋于鞍焦点 O. 什尔尼科夫证明了对于存在鞍焦型同宿轨道的系统, 如果鞍焦点的正实特征值大于共轭复特征值实部的绝对值, 则可在该鞍焦型同宿轨道附近构造庞加莱映射, 使之具有斯梅尔马蹄映射的性质.

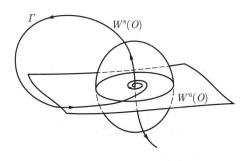

图 6.53 鞍焦型同宿轨道

研究三维系统

$$\begin{aligned}
\dot{x} &= \alpha x - \beta y + P(x, y, z) \\
\dot{y} &= \beta x + \alpha y + Q(x, y, z) \\
\dot{z} &= \lambda z + R(x, y, z)
\end{aligned} \tag{6.5.6}$$

其中光滑函数 P、Q、R 及其导数在原点 $O(0,0,0)$ 处均为零. 因此原点 O 为系统 (6.5.6) 的平衡点. 若$\alpha<0$ 和$\lambda>0$, 则原点 O 为系统 (6.5.6) 的鞍焦点. 进一步假设系统 (6.5.6) 存在鞍焦型同宿轨道 Γ 当 $t \to \pm\infty$ 时都趋于原点 O. 可以证明 (证明思路见附录十), 在特征值满足

$$\lambda > -\alpha > 0 \tag{6.5.7}$$

时, 能够构造庞加莱映射使之具有斯梅尔马蹄映射的性质. 因此, 若三维系统存在鞍焦型同宿轨道, 且鞍焦点特征值满足给定条件 (6.5.7), 从而可判断该系统存在斯梅尔马蹄映射意义上的混沌. 这种方法称为**什尔尼科夫方法**. 应用什尔尼科夫方法的关键在于判断系统是否存在鞍焦型同宿轨道. 以下通过一个例子说明该方法的应用.

例 6.5-2 一类具有分段线性反馈系统混沌振动的解析预测及其数值结果. 系统动力学方程为

$$\ddot{x} + \beta\dot{x} + x = y$$
$$\dot{y} = f_\mu(x) \tag{a}$$

其中$\beta>0$, $f_\mu(x)$ 为带单参数 μ 的分段线性函数, 定义为

$$f_\mu(x) = \begin{cases} 1 + ax & (x < 0) \\ 1 + \mu x & (x \geqslant 0) \end{cases} \tag{b}$$

式中常数 a 和参数 μ 均为正.

解: 在三维相空间中, 系统 (a) 等价于自治系统

$$\dot{x} = y$$
$$\dot{y} = z$$
$$\dot{z} = -y - \beta z + f_\mu(x) \tag{c}$$

系统在半空间 $x \leqslant 0$ 和 $x \geqslant 0$ 分别有平衡点 $A(-1/a,0,0)$ 和 $B(1/\mu,0,0)$. 设式 (c) 右端的向量函数在点 A 处的雅可比矩阵 $\boldsymbol{J}_1$ 特征值为λ 和$\rho\pm i\omega$, 在点 B 处

的雅可比矩阵 $\boldsymbol{J}_2$ 特征值为 L 和 $R\pm\mathrm{i}\Omega$. 为简便计, 以 (ρ, ω, R) 为参数代替原来的参数 (β, a, μ). 则可由矩阵 $\boldsymbol{J}_1$ 的特征方程导出

$$
\begin{aligned}
\lambda &= \left(1 - \rho^2 - \omega^2\right)/(2\rho) \\
\beta &= -\left(1 + 3\rho^2 - \omega^2\right)/(2\rho) \\
a &= \left(1 - \rho^2 - \omega^2\right)\left(\rho^2 + \omega^2\right)/(2\rho)
\end{aligned}
\tag{d}
$$

因此条件 (6.5.7) 写作

$$
\rho^2 + 1 < \omega^2 < 3\rho^2 + 1
\tag{e}
$$

由矩阵 $\boldsymbol{J}_2$ 的特征方程导出

$$
\begin{aligned}
L &= \left(1 + 3\rho^2 - \omega^2\right)/(2\rho) - 2R \\
\Omega^2 &= 1 + 3R^2 - R\left(1 + 3\rho^2 - \omega^2\right)/\rho \\
\mu &= \left(4R\rho - 1 - 3\rho^2 + \omega^2\right)\left[\left(1 + 4R^2\right)\rho - R\left(1 + 3\rho^2 - \omega^2\right)\right]/(2\rho^2)
\end{aligned}
\tag{f}
$$

在以下讨论中, 固定参数 ρ 和 ω, 将 R 作为可变参数.

考虑 A 处的不变流形. 当 $x \leqslant 0$ 时, 式 (c) 为线性常微分方程组, 可以解出对应于特征值 λ 的不稳定流形及其与平面 $x = 0$ 的交点 $M(0, \lambda/a, \lambda^2/a)$. 对应于特征值 $\rho \pm \mathrm{i}\omega$ 的稳定流形在 A 的一个邻域中为平面 Π^-, Π^- 与平面 $x = 0$ 相交于直线 Λ^-, Λ^- 的方程为

$$
x = 0, \quad z = 2\rho\left[y + 1/\left(\rho^2 + \omega^2 - 1\right)\right]
\tag{g}
$$

直线 Λ^- 上的点可能不是 A 的稳定流形中的点. 若存在 $N \in \Lambda^-$, 且当 $t = 0$ 时由 N 出发的轨道对一切 $t > 0$ 都位于半空间 $x \leqslant 0$ 时, 则 N 属于 A 的稳定流形.

以下用构造方法说明鞍焦型同宿轨道 Γ_0 的存在. Γ_0 由三部分构成. 第一部分为属于 A 的不稳定流形的线段 AM, 其中 M 位于平面 $x = 0$ 上. 第二部分为曲线 MN, 其中 N 为 $t = 0$ 时从 M 出发的相轨迹在 $t < 2\pi/\omega$ 到达 Λ^- 上的点. 该点的存在性将在下面证明, 并证明 N 属于 A 稳定流形. 第三部分为由 N 出发以 A 为渐近平衡点的相轨迹.

现证明上述鞍焦型同宿轨道 Γ_0 第二部分即曲线 MN 的存在性. 在此部分 $x \geqslant 0$, $f_\mu(x)=1-\mu x$, 故可从方程 (c) 解得

$$
\begin{pmatrix} x_R(t) \\ y_R(t) \\ z_R(t) \end{pmatrix} = \begin{pmatrix} (u\cos\Omega t + v\sin\Omega t)\,\mathrm{e}^{Rt} + w\mathrm{e}^{(t+1/\mu)} \\ \dot{x}_R(t) \\ \ddot{x}_R(t) \end{pmatrix} \tag{h}
$$

其中常数 u、v 和 w 由 $t=0$ 时 M 的初始条件确定. 分别用 Ξ_1 和 Ξ_2 表示平面 Π^- 所分割成的包含 M 和不包含 M 的半空间. 对于适当的 ρ 和 ω, 可以找到 $0<R_1<R_2$ 和 $0<t_1<t_2<2\pi/\omega$, 使得

$$
\begin{aligned}
&x_R(t_1) > 0 \quad R \in [R_1, R_2], \quad x_R(t_2) < 0 \quad R \in [R_1, R_2] \\
&x_{R_1}(t) \in \Xi_1 \quad t \in [t_1, t_2], \quad x_{R_2}(t) \in \Xi_2 \quad t \in [t_1, t_2]
\end{aligned} \tag{i}
$$

根据相轨迹的连续性, 存在 $R^* \in (R_1, R_2)$ 和 $t^* \in (t_1, t_2)$ 使 $N(x_{R^*}(t^*), y_{R^*}(t^*), z_{R^*}(t^*)) \in \Lambda^-$. 因此同宿轨道 Γ_0 的曲线 MN 部分存在.

再证明 N 属于平衡点 A 的稳定流形. 记 Π_R^+ 为包含另一个平衡点 B 局部不稳定流形的平面. 过 M 与 Π_R^+ 平行的平面记为 $\Pi_{R_1}^+$. 则 N 属于 Λ^- 位于 Π_R^+ 和 $\Pi_{R_1}^+$ 之间的一段. 设 Λ^- 与 Π_R^+ 和 $\Pi_{R_1}^+$ 的交点分别为 I_R 和 J_R, 令

$$
d_1 = \sup_{R \in [R_1, R_2]} (\max\{d(A, I_R), d(A, J_R)\}) \tag{j}
$$

其中 d 为空间中两点之间的距离. 以 d_0 表示 A 到 Λ^- 的距离. 对于线段 $\bigcup_{R \in [R_1, R_2]} [I_R, J_R]$ 上任意点 N, 由 N 出发的相轨迹绕 A 半周后与 A 的距离小于 d_0, 则可保证 N 为 A 的稳定流形上的点. 为此, 选取参数 ρ, ω, R_1 和 R_2 使得

$$
d_0 > d_1 \mathrm{e}^{\rho\pi/\omega} \tag{k}
$$

即可满足上述条件. 例如, 取 $\rho = -0.4$, $\omega=1.1$, $R_1 =0.39$ 和 $R_2 =0.4$.

由以上讨论可知, 选取 ρ 和 ω 满足式 (e), 并使 ρ, ω 和 $R \in [R_1, R_2]$ 同时满足条件 (i), 则存在 R^*, 使得系统 (a) 取参数 r, w 和 R^* 时满足什尔尼科夫方法的条件, 从而预测混沌振动存在.

数值计算结果支持上述分析. 取参数 $\rho=-0.4$、$\omega=1.1$ 和 $R=0.174$, 这组参数满足条件 (e), 系统 (c) 出现混沌振动, 如图 6.54 所示. 值得注意的是, 什尔尼科夫方法给出的并非是存在混沌的必要条件. 例如, 取不满足条件的参数 $\rho=-0.27$ 和 $\omega=1.018$, 系统 (c) 仍存在混沌振动, 如图 6.55 所示.

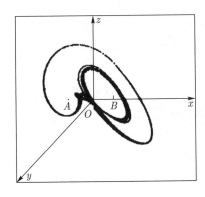

图 6.54 系统 (a) 满足什尔尼科夫条件的混沌

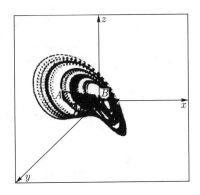

图 6.55 系统 (a) 不满足什尔尼科夫条件的混沌

6.5.5 混沌振动的近似解析判据

一些工程系统可以模型化为受小耗散力和周期扰动力作用的保守系统. 若系统忽略阻尼和激励而得到的保守系统的势函数存在最小值, 则称该系统为**有势阱系统**. 使势函数取最小值的相点为保守系统的稳定平衡点. 考虑有势阱系统中的阻尼时, 稳定平衡点变为渐近稳定平衡点, 该平衡点的吸引盆称为**势阱**. 若同时考虑有势阱系统的阻尼和激励, 系统可能出现平衡、周期振动、准周期振动、混沌振动和无界运动等多种运动形式. 如果相应保守系统势函数有多于一个的极小值, 则称该系统为**多势阱系统**. 单自由度多势阱系统可写为

$$\ddot{x} + \gamma\dot{x} + \frac{\partial V}{\partial x} = f\cos\omega t \tag{6.5.8}$$

其中 x 为系统的广义坐标, V 为有多个极小值的势函数. 势函数和对应的相平面如图 6.56 所示.

多势阱系统受扰动后, 可在势函数极小值对应的中心点周围作周期运动. 当扰动较小时, 这种周期运动固定在某个中心点附近保持不变. 当扰动较大时, 系统的运动不再局限于固定的势阱, 即不再围绕固定的中心点, 而在不同的势阱之间游荡. 这种情形可能导致系统出现混沌振动.

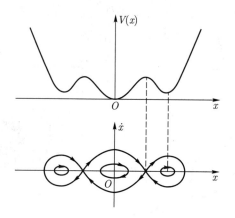

图 6.56　多势阱系统势函数与相平面图

大量数值实验表明, 当受扰系统广义速度的最大值 $\dot{x}_{\mathrm{m}}$ 接近未扰系统分隔线上广义速度最大值 v_{m} 时, 即对于接近 1 的数 α 有

$$\dot{x}_{\mathrm{m}} = \alpha v_{\mathrm{m}} \tag{6.5.9}$$

系统将出现混沌振动. 式 (6.5.9) 为多势阱系统出现混沌的一种经验判据. 利用近似解析方法可以建立判据的解析形式. 以下通过一个例题具体说明非线性系统混沌振动近似解析判据的建立过程.

例 6.5-3　一类特殊的带负线性刚度项的达芬方程

$$\ddot{x} + \gamma\dot{x} - \frac{1}{2}x\left(1 - x^2\right) = f\cos\omega t \tag{a}$$

出现混沌振动近似解析判据 [102].

解: 系统 (a) 未扰系统的势函数为

$$V\left(x\right) = -\frac{1}{4}x^2 + \frac{1}{8}x^4 \tag{b}$$

有 2 个极小值 $x = \pm 1$. 未扰系统的分隔线方程为

$$\frac{1}{2}\dot{x}^2 - \frac{1}{4}x^2 + \frac{1}{8}x^4 = 0 \tag{c}$$

可导出最大速度为

$$v_m = \frac{1}{2} \tag{d}$$

利用谐波平衡法分析受扰系统的运动. 设系统 (a) 在其未扰系统的相平面右侧中心点 (1,0) 周围的周期轨道为

$$x = 1 + A\cos(\omega t + \vartheta) \tag{e}$$

将式 (e) 代入式 (a), 并略去高次谐波项, 整理得到

$$A^2 \left\{ \left[(1-\omega^2) - \frac{3}{2}A^2 \right]^2 + \gamma^2\omega^2 \right\} = f^2 \tag{f}$$

式 (e) 确定的最大运动速度为

$$\dot{x}_{\mathrm{m}} = \omega A \tag{g}$$

将式 (d) 和 (g) 代入式 (6.5.9), 解出 x_{m} 代入式 (f), 得到周期扰动力幅值 f 的临界值 f_{c}

$$f_{\mathrm{c}} = \frac{\alpha}{2\omega} \left\{ \left[(1-\omega^2) - \frac{3\alpha^2}{8\omega^2} \right]^2 + \gamma^2\omega^2 \right\}^{\frac{1}{2}} \tag{h}$$

从而导出达芬方程 (a) 出现混沌运动条件的经验–解析预测公式

$$f > \frac{\alpha}{2\omega} \left\{ \left[(1-\omega^2) - \frac{3\alpha^2}{8\omega^2} \right]^2 + \gamma^2\omega^2 \right\}^{\frac{1}{2}} \tag{i}$$

其中的系数 α 由实验确定.

在 6.4.3 节中讨论的图 6.36 所示周期激励屈曲弹性梁是典型的双势阱系统. 只考虑梁自由端横向位移时简化为单自由度系统, 其动力学方程由例 6.5-3 方程 (a) 给出. 从图 6.57 所示混沌振动时间历程的实验结果和数值结果的比较可看出, 两者的规律定性地一致.

数值结果

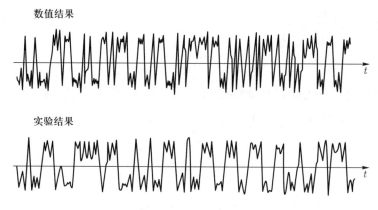

实验结果

图 6.57　运动时间历程的实验结果与数值结果比较

将例 6.5-3 中方程 (a) 混沌振动解析结果例 6.5-1 的式 (q)、经验–解析结果例 6.5-3 的式 (i) 和实验结果的比较, 如图 6.58 所示. 在例 6.5-1 式 (q) 中取 $a = c = 1/2$. 在例 6.5-3 式 (i) 中由实验确定 $\alpha = 0.86$. 由此可见, 经验–解析预测的结果比解析预测的结果更接近实验结果.

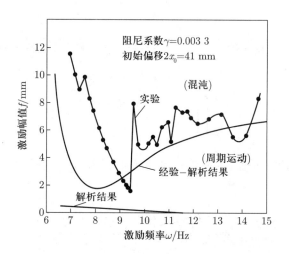

图 6.58　混沌振动预测的解析结果、经验–解析结果与实验结果的比较

由以上讨论可知, 在混沌运动经验判据的基础上, 利用基本的近似解析方法如谐波平衡法便可以得到与实验接近的结果. 对于特定的非线性系统, 基于各类出现混沌运动的经验判据, 也可以应用其他的近似解析解法. 产生混沌的一种途径为倍周期分岔, 利用多尺度法可以确定倍周期运动及其稳定性条件从

而预测混沌振动. 数值实验表明, 某些非线性系统亚谐波振动失稳时可导致混沌振动, 利用近似解析解法可以确定亚谐波振动, 再进行稳定性分析便可得到预测混沌振动的判据. 数值实验还表明, 某些非线性系统发生跳跃现象时, 在跳跃过程中可出现混沌振动. 用近似解析解法和稳定性分析可以建立这类系统出现混沌振动的判据.

混沌振动的经验–解析预测的一般过程为: 根据物理或数值实验发现某类非线性系统出现混沌振动的机制, 然后应用近似解析解法建立预测混沌振动判据的解析表达式, 其中可能含有一些需要由实验或仿真确定的系数, 再根据实验或仿真结果确定这些系数. 经验–解析预测的结果一般比较接近实验结果, 但只能处理具体的某类非线性系统, 适用范围比较窄; 而且本质上是一种经验公式, 缺乏充分的理论基础. 非线性振动近似解析方法在经验–解析预测中有广泛的应用. 出现混沌条件的经验–解析预测的研究进展可参阅文献 [95].

§6.6 保守系统的混沌振动

6.6.1 保守系统混沌振动概述

机械能守恒的系统称为**保守系统**. 在保守系统中, 质点或刚体受到的作用力都是有势力, 力函数满足无旋性条件. 保守系统中, 平衡点和闭轨道等相轨迹都没有吸引性. 因此保守系统没有吸引子. 保守系统初值的作用不会被耗散消失, 因此不能区分瞬态响应和稳态响应. 对振动系统而言, 保守系统不含阻尼且不受随时间变化的激励作用, 即为无阻尼自由振动. 对线性系统, 无阻尼自由振动只能是周期性运动, 即周期运动或准周期运动. 对非线性系统而言, 有可能出现混沌振动.

完全可积的保守系统, 相空间中的几何结构较为简单, 只能作周期性运动, 不能出现混沌振动. 不可积系统可能呈现更为丰富的动力学特性. 20 世纪 60 年代数学家柯尔莫戈洛夫、阿诺德 (V. I. Arnol'd) 和莫泽 (J. Moser) 的工作, 发现了非常接近可积保守系统的仅可积保守系统作周期性运动的条件, 足够接近可积系统, 能量函数解析, 相应的可积系统非退化和非共振. 这个重要的结论用三位发现者姓氏的第一个英文字母命名, 称为 KAM 定理.

KAM 定理是周期性运动存在条件, 因此事实上也给出了不存在混沌的条件. 保守系统中混沌的研究, 往往就是从 KAM 定理的条件受到破坏开始. 从 20 世纪 60 年代以来开展的研究工作, 使人们明确了近可积保守系统中出现混沌振动的机制, 主要是共振与不可积扰动增强. 系统共振时, KAM 环面破裂, 产生局部的随机层, 即使不可积扰动充分小, 在高于两自由度的系统将发生阿诺德扩散, 导致混沌. 系统共振且不可积扰动充分大, 共振环面破裂形成共振带出现局部混沌, 共振带彼此重叠, 出现全局混沌.

保守系统的混沌是一个重要的研究专题, 参阅 [17, 35, 45, 50, 65, 67, 116, 124].

6.6.2 可积保守系统

n 自由度的动力学系统可以用 n 个广义坐标 q_i $(i=1,2,\cdots,n)$ 和 n 个广义动量 p_i 描述其运动状态. 全体 (q_i,p_i) 的集合构成 $2n$ 维相空间 $(\boldsymbol{q},\boldsymbol{p})$. 对于不受非有势力作用的系统, 应满足哈密顿正则方程:

$$\dot{q}_i = \frac{\partial H}{\partial p_i}, \quad \dot{p}_i = -\frac{\partial H}{\partial q_i} \tag{6.6.1}$$

其中 H 为系统的哈密顿函数,

$$H = H(\boldsymbol{q},\boldsymbol{p},t) \tag{6.6.2}$$

对于定常力学系统, H 为系统的能量. 用正则方程描述的动力学系统称为**哈密顿系统**. 若 $H=H(\boldsymbol{q},\boldsymbol{p})$ 不显含时间, 由式 (6.6.1) 导出

$$\frac{\mathrm{d}H}{\mathrm{d}t} = \sum_{i=1}^n \left(\frac{\partial H}{\partial q_i}\dot{q}_i + \frac{\partial H}{\partial p_i}\dot{p}_i \right) + \frac{\partial H}{\partial t} = \sum_{i=1}^n \left(\frac{\partial H}{\partial q_i}\frac{\partial H}{\partial p_i} - \frac{\partial H}{\partial p_i}\frac{\partial H}{\partial q_i} \right) + 0 = 0 \tag{6.6.3}$$

即 H 在系统运动过程中不随时间 t 变化, H 为守恒量. 这类系统为保守系统. 若 H 显含时间 t, 将原来 $2n$ 维相空间增广为 $2(n+1)$ 维相空间 $(\bar{\boldsymbol{q}},\bar{\boldsymbol{p}})$, 其第 $n+1$ 个广义坐标为 $\bar{q}_{n+1}=t$, 第 $n+1$ 个广义动量为 $\bar{p}_{n+1}=-H$, 增广系统的哈密顿函数定义为

$$\bar{H}(\bar{\boldsymbol{q}},\bar{\boldsymbol{p}}) = H(\boldsymbol{q},\boldsymbol{p},q_{n+1}) + p_{n+1} \tag{6.6.4}$$

相应的正则方程为

$$\dot{\bar{q}}_i = \frac{\partial \bar{H}}{\partial \bar{p}_i}, \quad \dot{\bar{p}}_i = -\frac{\partial \bar{H}}{\partial \bar{q}_i} \quad (i = 1, 2, \cdots, n+1) \tag{6.6.5}$$

根据定义, 式 (6.6.5) 和 (6.6.4) 与式 (6.6.1) 和 (6.6.2) 等价, 但增广系统的函数不显含时间, 为保守系统. 因此, 任意哈密顿系统都可以转化为保守系统, 本节仅考虑保守系统.

保守系统往往可以通过适当的变量变换而得到实质性的简化. 变量 (q,p) 到 (Q,P) 的变换, 一般可以写作

$$Q = Q(q,p), \quad P = P(q,p) \tag{6.6.6}$$

微分方程组 (6.6.1) 相应地变换为

$$\dot{Q} = \dot{Q}(Q,P), \quad \dot{P} = \dot{P}(Q,P) \tag{6.6.7}$$

若式 (6.6.7) 仍具有正则方程 (6.6.1) 的结构, 即存在变换了的哈密顿函数 $h(Q,P)$ 使得

$$\dot{Q}_i = \frac{\partial h}{\partial P_i}, \quad \dot{P}_i = -\frac{\partial h}{\partial Q_i} \quad (i = 1, 2, \cdots, n) \tag{6.6.8}$$

则变换 (6.6.6) 称为正则变换. 即相空间中将任意正则方程仍然变为正则方程的变换称为**正则变换**. 可以验证, 正则变换的逆变换也是正则变换; 两个正则变换的复合仍是正则变换.

若能构造正则变换将变量 (q,p) 变为变量 (I,θ), 使得用新变量 (I,θ) 表示的哈密顿函数仅依赖于 I, 而与 θ 无关, 即

$$H = H(I) \tag{6.6.9}$$

相应的哈密顿方程为

$$\dot{I}_i = -\frac{\partial H}{\partial \theta_i} = 0, \quad \dot{\theta}_i = \frac{\partial H}{\partial I_i} = \Omega_i(I_1, I_2, \cdots, I_n) \quad (i = 1, 2, \cdots, n) \tag{6.6.10}$$

从微分方程组 (6.6.10) 可积分得到

$$I_i(t) = I_i(0), \quad \theta_i(t) = \Omega_i(I_1(0), I_2(0), \cdots, I_n(0))\,t + \theta_i(0) \tag{6.6.11}$$

其中 $2n$ 个由初始条件确定的常数 $\boldsymbol{I}(0)$ 和 $\theta(0)$ 可以由 $(\boldsymbol{q}(0), \boldsymbol{p}(0))$ 得到. $(\boldsymbol{I}, \boldsymbol{\theta})$ 称为**作用-角度变量**. 根据式 (6.6.11), 对于给定的初值, 系统 (6.6.10) 的运动由 n 个角度坐标 θ_i 唯一确定. n 维流形上的点由 n 个角度确定时, 称为 **n-环面**. 1-环面即是圆周, 2-环面为通常的环面, $n \geqslant 3$ 时 n-环面不能在三维物理空间中图示. 可积系统的相轨迹分布在该 n-环面上. 若 Ω_i **非有理通约**, 即不存在不同时为零的整数 k_i 使得 $\displaystyle\sum_{i=1}^{n} k_i \Omega_i = 0$, 则相轨迹在 n-环面上不闭合地无穷环绕, 可以证明相轨迹在环面上是稠密的. 此时系统 (6.6.11) 的运动是准周期的. 若 Ω_i 有理通约, 则相轨迹在 n-环面上闭合, 不是稠密的. 此时系统 (6.6.0) 的运动为周期的.

上述用作用-角度变量表示的保守系统是可积系统. 一般地, n 自由度哈密顿系统称为**可积系统**, 若存在 n 个彼此独立的**孤立运动积分**

$$I_i(\boldsymbol{q}, \boldsymbol{p}) = C_i \quad (i = 1, 2, \cdots, n) \tag{6.6.12}$$

其中 C_i 为常数. 函数 I_i 彼此独立是指相应的微分 $\mathrm{d}I_i$ 彼此线性无关. 1918 年诺特 (E. Noether) 揭示了孤立运动积分的存在产生于系统的对称, 即系统在某种变换下的不变性. 时间在平移变换下的不变性 (时间的均匀性) 导致能量积分的存在, 空间在平移变换下的不变性 (空间的均匀性) 导致动量积分的存在, 空间在转动变换下的不变性 (空间的各向同性) 导致动量矩积分的存在. 对于 n 自由度可积系统, 由于 n 个孤立运动积分的存在, 系统在 $2n$ 维相空间中的运动限制在一个与 n 维环面同胚的 n 维流形上. 由于从其上出发的相轨迹始终留在该流形内, 这些流形称为**不变环面**. 系统用作用-角度变量表示时, 作用变量 I_i 给出 n 维环面的 n 个半径, 角度变量 θ_i 是在环面上的 n 个坐标. 因此, 可积系统的运动只能是周期的或准周期的, 不存在混沌运动.

6.6.3 近可积保守系统的 KAM 定理

独立孤立运动积分数目少于系统自由度数目的系统称为**不可积系统**. 1892 年庞加莱证明, 包括三体问题在内的许多经典动力学问题不可积. 事实上, 任取一个 2 自由度以上的保守系统, 它几乎一定是不可积的. 可积的系统是如此稀少, 以至于不可能用可积系统逼近不可积系统. 然而, 目前尚无根据哈密顿函数判别系统是否可积的简单判据.

由可积系统附加小扰动而形成的不可积系统称为**近可积系统**. 利用作用–角度变量, 近可积系统的哈密顿函数可写作

$$H\left(\boldsymbol{I}, \boldsymbol{\theta}\right) = H_0\left(\boldsymbol{I}\right) + V\left(\boldsymbol{I}, \boldsymbol{\theta}\right) \tag{6.6.13}$$

其中 V 充分小. 若不存在不可积扰动, 即 $V = 0$, 此函数对应的保守系统可积, 其解具有式 (6.6.11) 给出的简单形式. 当 $V \neq 0$ 时, 可积性在一般情形可能受到破坏, 但在特定条件下仍能够保持.

1954 年柯尔莫戈洛夫揭示了近可积保守系统与相应的可积系统之间的关系, 随后其结果由阿诺德和莫泽严格证明并改进而称为 KAM 定理. KAM 定理的证明需要较多数学知识, 这里仅不加证明地给出结论.

KAM 定理：设保守系统的哈密顿函数 (6.6.13) 满足如下条件

(i) $H(\boldsymbol{I}, \boldsymbol{\theta})$ 在区域 $\Sigma_0 : |\text{Im}\boldsymbol{\theta}| \leqslant t, |\boldsymbol{I} - \boldsymbol{I}_0| \leqslant s$ 上实解析;

(ii) 在 I_0 计算的 $\Omega_j = \dfrac{\partial H_0}{\partial I_j}$ $(j = 1, 2, \cdots, n)$ 使得 $\left|\dfrac{\partial \Omega_j}{\partial I_k}\right| \neq 0$(非退化条件);

(iii) 对任意非零整数向量 $\boldsymbol{k} = (k_1, k_2, \cdots, k_n)$ 存在正数 $C(\boldsymbol{\Omega}) > 0$ 和 $\mu > n - 1$ 满足非共振条件

$$\left|\sum_{j=1}^{n} k_j \Omega_j\right| \geqslant C \left(\sum_{j=1}^{n} |k_j|\right)^{-\mu} \tag{6.6.14}$$

则对任意 $\varepsilon > 0$, 存在 $\delta = \delta(\varepsilon, C, \mu, s, t)$, 如果在 Σ_0 内 $|V| < \delta$, 则方程

$$\dot{\boldsymbol{\theta}} = \frac{\partial H}{\partial \boldsymbol{I}}, \quad \dot{\boldsymbol{I}} = -\frac{\partial H}{\partial \boldsymbol{\theta}} \tag{6.6.15}$$

的相轨迹在 n 维不变环面

$$\boldsymbol{I} = \boldsymbol{I}_0 + \boldsymbol{\Gamma}\left(\boldsymbol{\Theta}\right), \quad \boldsymbol{\theta} = \boldsymbol{\Theta} + \boldsymbol{\Phi}\left(\boldsymbol{\Theta}\right) \tag{6.6.16}$$

上, 其中 $\boldsymbol{\Gamma}$ 和 $\boldsymbol{\Phi}$ 是在 $|\text{Im}\boldsymbol{\Theta}| \leqslant t/2$ 上周期为 2π 的实解析函数, 此不变环面上的相轨迹由方程

$$\boldsymbol{\Theta} = \boldsymbol{\Theta}_0 + t \frac{\partial H}{\partial \boldsymbol{I}}\bigg|_{\boldsymbol{I} = \boldsymbol{I}_0} \tag{6.6.17}$$

确定, 且该不变环面充分接近相应可积系统的不变环面, 即

$$|\boldsymbol{\Gamma}| + |\boldsymbol{\Phi}| < \varepsilon \tag{6.6.18}$$

KAM 定理的条件包括 4 个方面, 导致不可积的扰动充分小、H 解析、系统非退化和相应可积系统离开共振一定距离. 其中最关键的条件是扰动要小和原可积系统非共振, 而哈密顿函数解析和原可积系统非退化两个条件可以适当减弱. KAM 定理成立时, n 自由度近可积保守系统的相轨迹位于 $2n$ 维相空间中一个 n 维环面上, 此环面称为 **KAM 环面**或 **KAM 曲面**.

KAM 定理以高度形式化的数学语言, 揭示了近可积保守系统的物理图景. 非退化的可积保守系统, 受充分小扰动而形成近可积保守系统; 无扰动可积系统的多数非共振不变环面, 在受小扰动的保守系统中仍存在, 只是有轻微变形, 使得近可积系统的相空间中仍然有不变环面; 这些不变环面被相轨迹稠密地充满, 相轨迹周期地环绕着环面, 环面的独立频率数目等于系统自由度数. 因此 KAM 定理条件成立时, 近可积保守系统类似于可积保守系统, 仍不存在混沌振动.

近可积保守系统出现混沌振动, 必须违反 KAM 定理条件成立的条件, 主要是发生共振和扰动足够大. 以下将具体讨论.

6.6.4 从局部随机层到全局混沌

讨论近可积保守系统在发生共振时的情形. 就相应的未受摄动的可积系统而言, 若 Ω_i 有理通约, 式 (6.6.11) 给出的运动构成 n 维环面 T_n 上的周期轨道. 保守系统恒存在能量积分, 因此给定初始能量后 $2n$ 维系统相空间被约束在等能面上, 为 $2n-1$ 维. 与环面 T_n 横截相交的 $2n-2$ 维截面 Σ 定义了系统的庞加莱映射 $\boldsymbol{P}_0$. 截面 Σ 与环面 T_n 相交形成**等势线** Γ. 在共振情形, 相轨迹为封闭曲线, 对 Γ 上每一点存在正整数 k 使得该点为映射 $\boldsymbol{P}_0$ 的 k 周期点. 存在摄动时, 截面 Σ 在等能面上环面 T_n 的邻域仍定义了庞加莱映射 $\boldsymbol{P}$, 等势线 Γ 的变化反映了相应环面 T_n 的变化.

若映射 $\boldsymbol{M}$ 作用下相空间的体积保持不变, 则映射 $\boldsymbol{M}$ 称为**哈密顿映射**. 保

守系统的庞加莱映射为哈密顿映射. 可以证明, 对任意正整数 k, 映射 M^k 的不动点只能为鞍点或中心. 为突出问题实质和便于直观理解, 仅考虑二维哈密顿映射, 即对应于二自由度保守系统的庞加莱映射, 此时相空间为四维, 约束在等能面上为三维, 庞加莱截面 Σ 为二维, 与二维环面相交得到一维的等势线 Γ. $z_0 \in R^2$ 若满足 $M^k(z_0)=z_0$, 即 z_0 为 M 的 k 周期点, 则 z_0 在计算的二维映射 M^k 的雅可比矩阵特征值 λ_1 和 λ_2 满足 $\lambda_1\lambda_2=1$. 因此有 $0<\lambda_1<1<\lambda_2$ 或 λ_1 和 λ_2 为单位模共轭复数, 分别将相应的周期点 z_0 称为**双曲点**和**椭圆点**.

1935 年伯克霍夫在 1899 年庞加莱工作的基础上, 证明了通常所称的**伯克霍夫–庞加莱定理**. 在充分小的摄动下, 对正整数 k 等势线 Γ 破裂为庞加莱映射 P 的 $2mk$ (m 为正整数) 个 k 周期点, 这些周期点在 Γ 的邻域, 其中 mk 个为双曲点, mk 个为椭圆点. $mk=3$ 的情形如图 6.59 所示. Γ 称为**共振等势线**, 包含双曲点和椭圆点的 Γ 的邻域称为**共振带**. 双曲点之间由异宿轨道连接形成分界线. 根据 6.5.2 节的分析, 若存在横截异宿点将导致复杂的动力学行为, 如图 6.60 所示. 这种保守系统中稳定流形和不稳定流形无限次横截相交形成复杂几何结构的称为**随机层**. 在分界线之内由未破裂等势线形成的环绕椭圆点的区域称为**孤岛**. 多个椭圆点的情形, 孤岛将形成**岛链**.

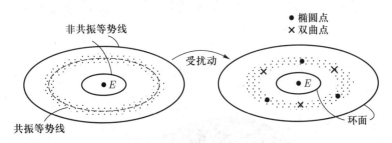

图 6.59　等势线破裂为椭圆点和双曲点

等势线破裂而形成的椭圆点在其小邻域内被较小的等势线包围. 共振情形的等势线将进一步按伯克霍夫–庞加莱定理破裂为椭圆点和双曲点. 这种性态无穷重复, 具有自相似性, 如图 6.61 所示.

在任意椭圆点的邻域中, 同时也存在非共振而没有破裂的等势线. 此时系统同时存在在非共振等势线上的规则运动和在共振带中随机层上的混沌运动.

注意到庞加莱映射的等势线对应于 KAM 环面, 因此在可积系统受到小扰动时, 仍然存在非共振 KAM 环面和破裂的共振 KAM 环面形成的椭圆点和双曲点形成复杂的几何结构, 2 自由度的情形如图 6.62 所示 [17]. 这种具有自相似性的几何结构被亚伯拉罕 (R. Abraham) 和马斯登 (J. E. Marsden) 称为**柯尔莫戈洛夫含混吸引子**, 虽然在保守系统中并不存在真正的吸引子.

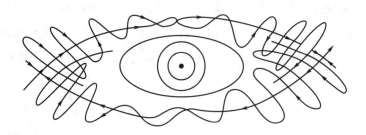

图 6.60 保守系统中的随机层

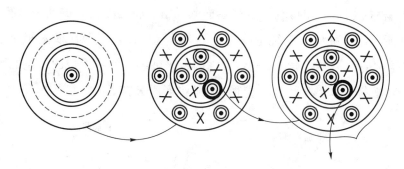

图 6.61 椭圆点邻域的自相似性

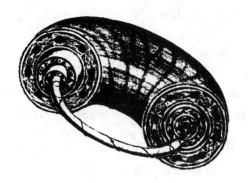

图 6.62 柯尔莫戈洛夫含混吸引子

随机层对哈密顿函数的任意小摄动均存在, 但当摄动很弱时, 随机层也很小, 以至于在数值实验中无法发现, 系统呈现规则的周期或准周期振动. 对于稍强的摄动, 出现可以观测到的随机层, 但根据 KAM 定理, 非共振的 KAM 环面仍存在, 随机层被 KAM 环面所分割. 这种被 KAM 环面所分割的不规则运动称为**局部混沌**. 随着摄动的增强, 分隔相邻随机层的 KAM 环面将逐个破裂, 随机层也相应变大. 对于充分大的摄动, 不同的共振带将发生重叠, 随机层不再被 KAM 环面分隔而连成一片, 这种不规则运动称为**全局混沌**. 在全局混沌的情形, 仍可能存在未被摄动破坏的 KAM 环面, 形成混沌海洋中大小不等的规则运动孤岛. 岛内又可以有尺度更小的 KAM 环面, 因此全局混沌呈现出非常复杂的胖分形结构.

揭示不可积保守系统性态的一个著名例子是 1964 年埃侬 (M. Henon) 和海尔斯 (C. Heiles) 所讨论的模型, 该模型可以用于描述涡旋星系柱对称引力场中粒子的运动, 也可以作为描述圆环上具有指数衰减型排斥的三粒子晶格 (该模型本身是可积系统) 略去 4 次以及更高次项的近似.

例 6.6-1 哈密顿函数为

$$H\left(q_1, q_2, p_1, p_2\right) = \frac{1}{2}\left(q_1^2 + q_2^2 + p_1^2 + p_2^2\right) + \left(q_1^2 q_2 - \frac{1}{3} q_2^3\right) \tag{a}$$

的保守系统的局部混沌和全局混沌 [50].

解: 式 (a) 右端前一个括号为可积系统, 受后一个括号的摄动, 成为不可积系统. 式 (a) 的等能面为三维, 取截面 $q_1 = 0$, 得到庞加莱映射. 数值实验表明, 随着系统能量 h 的增加, 系统动力学行为由规则变为混沌, 埃侬-海尔斯系统的庞加莱映射如图 6.63 所示. 当 $h = 1/24$ 时, 系统整体上呈现规则运动, 存在 4 个椭圆点由连接 3 个双曲点的分界线包围, 如图 6.63a 所示. 但局部放大显示, 也存在很薄的随机层. 当 $h = 1/8$ 时, 存在着如 $h = 1/24$ 时的规则运动, 也存在 5 个小岛链表示的周期 5 运动 (轨道从一个岛跃向另一个岛), 还有在大区域游荡中轨道所表示的不规则运动, 如图 6.63b 所示. 当 $h = 1/6$ 时, 出现全局混沌, 几乎不存在规则运动, 如图 6.63c 所示.

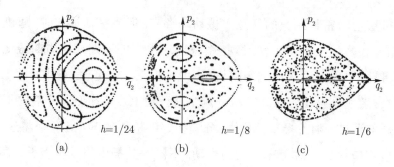

图 6.63 埃侬–海尔斯系统的庞加莱映射

6.6.5 阿诺德扩散

对于 n 自由度可积保守系统 (6.6.9), 其运动被限制在 $2n$ 维相空间中的 n 维环面 (6.6.11) 上. 如果可积系统受到扰动, 根据前面的分析, 将在 $2n-1$ 维等能面和 $2n-1$ 维共振面 $\sum\limits_{i=1}^{n} k_i \Omega_i(\boldsymbol{J}_0) = 0$ (k_i 为不同时为零的整数) 相交处的邻域内出现随机层. 等能面与共振面相交在 $(2n-1)-1 = 2n-2$ 维曲面上, 环绕该曲面的随机层所占据的空间为 $(2n-2)+1=2n-1$ 维. 共振面和等能面的相交形成各种曲线, 它们彼此相交构成互相连通的复杂网络. 这种遍布等能面的网络称为**阿诺德网络**.

在 m 维空间中, 一个 $m-1$ 维闭曲面, 例如 $m-1$ 维环面 T_{m-1}, 才有可能将该空间分为互不连通的两部分, 而维数低于 $m-1$ 的闭曲面做不到这一点. 在 n 自由度的保守系统中, KAM 环面仅有 n 维. 因此, 仅当 $(2n-1)-1= n$ 即 $n=2$ 时, KAM 环面才能将相空间分成互不连通的两部分, 即可以包围随机层. 注意到 KAM 环面存在于近可积保守系统中, 在 KAM 环面上任一点的轨道上相应的作用量变化很小, 因此 KAM 环面之间的运动所引起的作用量变化也很小. KAM 环面对随机层的限制作用为 2 自由度系统所特有. 当 $n \geqslant 3$ 时, $2n-1$ 维环面不可能将 n 维空间分隔成互不连通的两部分. 因此即使存在充分多的 KAM 环面, 等能面上相点的作用量变化仍然可能很大. 此时不可积扰动的存在使得阿诺德网络被随机层包围, 相点可以沿阿诺德网络随机运动, 绕过任何 KAM 环面并能到达相空间的任意处. 这种多自由度保守系统的随机运动称为

阿诺德扩散.

一般 $n \geqslant 3$ 系统的阿诺德网络的结构由与扰动无关的共振面和等能面确定, 因此其结构与扰动强度无关, 而只取决于未受扰动的可积系统的结构. 所以, 阿诺德扩散不存在扰动强度的临界值问题, 在任何扰动强度下都存在着全局性的阿诺德扩散. 它是一种具有重要实际意义的现象, 例如在太阳系稳定性问题中就存在这种现象. 尽管阿诺德扩散的机制和图像尚不十分清楚, 但目前已明确, 阿诺德扩散的速度非常缓慢. 对于扰动量级为 ε 的近可积系统, 可以证明 [16], 当相应的可积系统满足一定条件后, 对于充分小的扰动, 系统动量变化满足

$$\|\boldsymbol{p}(t) - \boldsymbol{p}(0)\| < \varepsilon^a, \quad t \in \left[0, \frac{1}{\varepsilon} e^{\varepsilon^{-b}}\right] \tag{6.6.19}$$

其中 a 和 b 是与未受摄动的可积系统的哈密顿函数有关的正常数.

6.6.6 天体和航天器混沌姿态运动简介

天体系统是典型的保守系统. 习惯上认为太阳系的运动是非常规则的运动, 但现在已发现太阳系中存在混沌运动. 土星的卫星土卫七是高度非球对称, 因而具有很强的姿态和轨道运动的耦合. 1984 年威兹德姆 (J. Wisdom) 的分析结果揭示有混沌运动存在, 并通过数值计算结果得到验证. 天文观测表明, 土卫七确实在作不规则的翻滚, 并且转动速度经常发生变化. 类似的分析可以说明, 所有形状不规则的星体在其演化过程中的某一阶段存在混沌姿态运动.

航天器保持正确姿态对于航天器的有效载荷, 如通信天线、太阳能帆板、探测仪器、航天机械臂等的正常工作至关重要. 因此在刚体动力学基础上对航天器绕质心姿态运动研究有着重要意义, 它可以了解和预测航天器的姿态坐标在外界力矩和各种耦合效应作用下的变化. 以往的工作侧重讨论各类航天器的稳定性问题. 随着非线性动力学研究热潮的兴起及相关知识在工程界的传播, 在 20 世纪 90 年代前后对航天器姿态动力学中的混沌问题也开始研究. 航天器混沌姿态运动的研究不仅为混沌问题提供了物理和工程的背景, 也给航天器姿态动力学提供了一个新的视角. 由于航天器的运动空间不受约束, 万有引力场和

其他力场均有明确规律可循, 因此与一般工程问题相比, 力学模型更符合实际, 数学模型也更为简明. 在现有混沌理论工具主要适用于低维系统的条件下, 航天器更适宜成为混沌理论研究的具体对象.

在万有引力场中沿椭圆轨道运动的单体航天器, 在适当参数和初值条件下, 可能出现混沌姿态运动. 除受中心万有引力场单独作用外, 混沌也出现在受到其他力场作用的航天器姿态运动中. 例如航天器在磁场和引力场共同作用下的运动, 航天器在两个中心万有引力场中的运动, 航天器在太阳光压作用下的运动等. 多体航天器混沌姿态运动的研究主要针对三类模型: 带自旋转子的陀螺体航天器、绳系卫星和带挠性联结的非自旋双体航天器. 忽略耗散作用时, 均可作为保守系统处理. 其混沌运动可以用庞加莱截面映射、相轨迹和李雅普诺夫指数等进行数值识别, 也可以用梅利尼科夫方法进行解析预测.

航天器姿态运动的非线性动力学问题, 参阅 [61, 123].

§6.7　混沌振动的控制

6.7.1　控制混沌概述

控制混沌的含义非常广泛. 一般而言, 是指改变系统的混沌性态使之呈现或接近呈现周期性动力学行为. 具体而言, 控制混沌有三方面含义, 其一是**混沌的抑制**, 即消除系统的混沌运动而无需考虑所产生运动的具体形式; 其二是**混沌轨道的引导**, 即在相空间中将混沌轨道引入事先指定的点或周期性轨道的确定的小邻域内; 其三是**混沌的控制**, 即通过施加控制使混沌系统达到事先给定的周期性动力学行为; 其中一种重要的特殊情形是**混沌的镇定**, 即使稠密嵌入相空间中混沌吸引子内的无穷多不稳定周期轨道之一稳定化. 混沌的抑制含义最为广泛, 只需消除系统的混沌状态; 混沌轨道的引导往往只是实施控制的准备; 混沌的控制问题含义最为严格, 受控系统以事先确定的周期和幅值运动, 在作为特例的镇定问题中跟踪目标是原系统动力学方程的不稳定解. 因此狭义的控制混沌只包括混沌的控制问题, 尤其是镇定问题, 本节只涉及控制混沌的这个方面.

控制混沌的研究兴起于 1989 年, 有三种不同的控制方案问世. 第一种方案为共振控制, 通过引入一类无反馈外激励型控制使系统呈现事先指定的周期性态; 第二种方案是建立一种有反馈的参数修改机制控制同宿轨道; 第三种方案是系统理论的应用, 分别利用统计性预测和基于滤波的状态估计器等随机控制方法控制保守系统中的混沌. 真正引起广泛重视的工作是 1990 年奥特、格鲍吉和约克的一篇短文, 其中提出了利用参数反馈镇定构成混沌吸引子的任意不稳定周期性轨道的方法, 即后来所称的 OGY 方法. 这种控制方法与实验有密切联系, 因而很快便应用于实验研究.

控制混沌研究引起广泛重视并非偶然的. 从学科发展逻辑来看, 确定性混沌的研究大体经历了三个阶段. 先是从有序到混沌, 研究混沌产生的条件、机制和途径; 再是混沌中的有序, 研究混沌中的普适性、统计特征及分形结构等; 随后则是从混沌到有序, 主动地驾驭混沌达到有序. 在这种意义上, 可以认为控制混沌标志着混沌研究进入一个新的阶段. 控制混沌是混沌理论走向应用的第一步, 它不仅能对混沌有害的一面予以消除, 例如, 在实验室中已成功地用电信号控制动物心脏的不规则跳动, 进而可用于治疗心房和心室纤维颤动, 甚至有可能研制出采用控制混沌技术的心脏复律器和除颤器. 更重要的是控制混沌可以利用混沌有益的一面, 例如, 在航天技术中, 由于三体问题的不稳定性, 可以利用很少的剩余燃料而使宇宙飞船穿越太阳系. 又例如, 考虑到混沌与信息处理的密切关系, 控制混沌技术有可能应用于保密通信, 这已在控制混沌非线性电路的实验中得到证实. 此外, 系统处于混沌态时很容易实现不同运动间的转化, 因而设计多用途系统时可以考虑使系统处于混沌态, 以提高系统的灵活性.

本节仅叙述控制混沌的基本思路, 对这一专题的全面论述参阅文献 [69, 70, 73, 83, 90, 113].

6.7.2 混沌的镇定控制

镇定控制是研究和应用较多的一种控制方案. 它基于混沌吸引子的几何结构. 采用镇定控制时, 控制目标必须是稠密嵌入混沌吸引子的无穷多个不稳定周期轨道之一, 通过系统可控参数的反馈摄动使不稳定周期轨道稳定化. 为突出该方案的实质, 这里仅讨论不动点的镇定.

先讨论带控制参数的二维映射

$$z_{i+1} = M\left(z_i, u_i\right), \quad z_i \in R^2 \tag{6.7.1}$$

不加控制, 即 $u_i = 0$ 时, 系统 (6.7.1) 有混沌吸引子, 其中含有不稳定不动点

$$z_{\mathrm{F}} = M\left(z_{\mathrm{F}}, 0\right) \tag{6.7.2}$$

为控制目标. 在 $(z_{\mathrm{F}},0)$ 的邻域内将式 (6.7.1) 局部线性化, 得到

$$z_{i+1} - z_{\mathrm{F}} = \mathbf{D}_z M\left(z_i - z_{\mathrm{F}}\right) + \frac{\partial M}{\partial u}u_i \tag{6.7.3}$$

其中 2×2 矩阵 $\mathbf{D}_z M$ 和二维向量 $\partial M/\partial u$ 均在 (6.7.1) 计算. 设 $\mathbf{D}_z M$ 有特征值 λ_{s} 和 λ_{u} 且 $|\lambda_{\mathrm{s}}| < 1, |\lambda_{\mathrm{u}}| > 1$, λ_{s} 和 λ_{u} 对应的特征向量 e_{s} 和 e_{u} 给出不动点的局部稳定流形和局部不稳定流形, 设 e_{s} 和 e_{u} 的反变基向量 f_{s} 和 f_{u} 满足

$$f_{\mathrm{s}}^{\mathrm{T}} \cdot e_{\mathrm{s}} = f_{\mathrm{u}}^{\mathrm{T}} \cdot e_{\mathrm{u}} = 1, \quad f_{\mathrm{s}}^{\mathrm{T}} \cdot e_{\mathrm{u}} = f_{\mathrm{u}}^{\mathrm{T}} \cdot e_{\mathrm{s}} = 0 \tag{6.7.4}$$

则有

$$\mathbf{D}_z M = \lambda_{\mathrm{s}} e_{\mathrm{s}} f_{\mathrm{s}}^{\mathrm{T}} + \lambda_{\mathrm{u}} e_{\mathrm{u}} f_{\mathrm{u}}^{\mathrm{T}} \tag{6.7.5}$$

取控制律为

$$u_i = -\frac{\lambda_{\mathrm{u}}}{f_{\mathrm{u}} \cdot \dfrac{\partial M}{\partial u}} f_{\mathrm{u}} \cdot \left(z_i - z_{\mathrm{F}}\right) \tag{6.7.6}$$

时, 由式 (6.7.3)、(6.7.4) 和 (6.7.5) 可以验证

$$f_{\mathrm{u}} \cdot \left(z_{i+1} - z_{\mathrm{F}}\right) = 0 \tag{6.7.7}$$

式 (6.7.7) 表明施加控制律 (6.7.6) 时, 可以使 z_{i+1} 进入 z_{F} 的局部稳定流形, 此后可以不施加控制, 即 $u_i = 0$. 一旦 z_{i+1} 又离开 z_{F} 的局部稳定流形, 控制律 (6.7.6) 再起作用. 这一思想最初由奥特、格鲍吉和约克提出的, 取三人姓氏的第一个字母而称为 **OGY 方法**.

上述思路可以推广到更一般的情形. 考虑有可控参数 u 的 n 维映射

$$z_{i+1} = M\left(z_i, u_i\right), \quad x_n \in R^n \tag{6.7.8}$$

$u_i = 0$ 时系统 (6.7.8) 的混沌吸引子含有不稳定不动点

$$z_{\mathrm{F}} = M\left(z_{\mathrm{F}}, 0\right) \tag{6.7.9}$$

作为控制目标. 将式 (6.7.8) 在 $(x_{\mathrm{F}}, 0)$ 的邻域内作线性近似, 得到

$$z_{i+1} - z_{\mathrm{F}} = A\left(z_i - z_{\mathrm{F}}\right) + B u_i \tag{6.7.10}$$

其中关于 z 和 u 的雅可比矩阵 $A = \mathbf{D}_x M(x, u)$ 和 $B = \mathbf{D}_u M(x, u)$ 均在 $(x, u) = (x_{\mathrm{F}}, 0)$ 计算. 为镇定 x_{F}, 设控制参数 u_i 遵循线性控制律

$$u_i = k^{\mathrm{T}}\left(z_i - z_{\mathrm{F}}\right) \tag{6.7.11}$$

其中 k^{T} 是待定的 n 维向量 k 的转置, 将式 (6.7.11) 代入式 (6.7.10) 有

$$z_{i+1} - z_{\mathrm{F}} = \left(A + B k^{\mathrm{T}}\right)\left(z_i - z_{\mathrm{F}}\right) \tag{6.7.12}$$

由式 (6.7.12) 可知, 若 $A + B k^{\mathrm{T}}$ 的所有特征值的模都小于 1, 则 x_{F} 便成为稳定不动点, 因此问题转化为已知 A 和 B 时确定 k 使 $A + B k^{\mathrm{T}}$ 的特征值模都小于 1, 这恰是线性系统控制理论中的极点配置问题, 已有标准的解法. 显然, k 的选择不是唯一的, 一种自然而有效的选择是取 k 使 A 的 n_{s} 个小于 1 的特征值不变, 而将其余 $n - n_{\mathrm{s}}$ 个特征值置零. 这意味着控制律 (6.7.11) 成立时, 可使 z_{i+1} 进入 z_{F} 的局部稳定流形, 随后不进行控制. 一旦 x_{i+1} 又离开 x_{F} 的局部稳定流形, 式 (6.7.11) 再起作用. OGY 方法的推广和变形通称为**镇定控制**.

镇定控制的特点可以概括为以下几个方面: 首先, 镇定控制在理论上是针对映射提出的, 但借助庞加莱映射也可控制混沌振动. 其次, 镇定控制的局限是系统必须为耗散的和混沌的, 有混沌吸引子, 且控制目标必须是稠密嵌入混沌吸引子的不稳定轨道之一, 即镇定控制只能解决混沌的镇定问题. 第三, 镇定控制要求已知或可从数据中构造出映射的模型或非线性系统的庞加莱截面映射,

但对精度要求不高. 第四, 镇定控制仅在控制目标的邻域内是可行的, 故要求系统的动力学行为先要接近控制目标, 单纯利用混沌行为的遍历性可能需要很长时间, 利用混沌行为的初值敏感性可借助小摄动使系统轨道迅速进入目标邻域, 这便是轨道引导技巧. 最后, 镇定控制原则上可应用于有随机噪声背景的控制混沌问题, 但随机噪声将使所需的参数摄动值增大, 而且也可能激起阵发混沌导致控制失效.

6.7.3 混沌的输送控制及其发展

经典非线性振动理论中弱非线性系统**频率拖带**的概念在适当条件下可用于将混沌转化为周期运动. 由此杰克逊 (E. A. Jackson) 提出一种控制混沌的方案, 称为**输送控制**, 是早期**共振控制**的发展与完善.

耗散系统的混沌和周期性稳定轨道都是吸引子, 因此可以假设带控制参数的 n 维动态系统

$$\dot{\boldsymbol{x}} = \boldsymbol{f}\left(\boldsymbol{x}\right) + \boldsymbol{u}, \quad \boldsymbol{x}, \boldsymbol{u} \in R^n, \quad t \in R^1 \tag{6.7.13}$$

在相空间 R^n 中存在**收敛域**

$$C\left(\boldsymbol{f}\right) = \left\{ \boldsymbol{x} \in R^n \left| \det\left(\frac{\partial f_i}{\partial x_j} - \delta_{ij}\lambda_i\left(\boldsymbol{x}\right)\right) = 0, \operatorname{Re}\lambda_i\left(\boldsymbol{x}\right) < 0 \right. \right\} \tag{6.7.14}$$

使得邻近的轨道沿着 n 个特征方向收敛. 若给定目标 $\boldsymbol{x}^g(t)$, 则可对系统 (6.7.13) 实施控制

$$\boldsymbol{u} = \boldsymbol{F}\left(\dot{\boldsymbol{x}}^g, \boldsymbol{x}^g\right) = \dot{\boldsymbol{x}}^g - \boldsymbol{f}\left(\boldsymbol{x}^g\right) \tag{6.7.15}$$

容易证明 $\boldsymbol{x}(t) = \boldsymbol{x}^g(t)$ 是 (6.7.13) 式的一个特解. 收敛域的存在可保证这一特解的稳定性, 对于适当的初值便可实现控制, 即使得

$$\lim_{t \to \infty} \|\boldsymbol{x}\left(\boldsymbol{t}\right) - \boldsymbol{x}^g\left(t\right)\| = 0 \tag{6.7.16}$$

可实现控制的初值范围

$$B\left(\boldsymbol{f}, \boldsymbol{x}^g\right) = \left\{ \boldsymbol{x}_0 \in R^n \left| \lim_{t \to \infty} \|\mathbf{x}\left(\boldsymbol{t}\right) - \boldsymbol{x}^g\left(t\right)\| = 0 \right. \right\} \tag{6.7.17}$$

称为动态系统 (6.7.13) 的控制目标 $x^g(t)$ 的**输送盆**.

输送控制的关键是根据目标动力学行为 $x^g(t)$ 构造外激励型控制 $\boldsymbol{F}(\dot{\boldsymbol{x}}^g, \boldsymbol{x}^g)$, 将动力学轨道输送到目标轨道上. 这种控制方案有三方面的局限性, 其一是不受控系统的特解不能成为控制目标, 此时因 $\boldsymbol{F}(\dot{\boldsymbol{x}}^g, \boldsymbol{x}^g) = 0$ 而没有控制, 这意味着输送控制不能用于混沌的镇定问题; 其二是系统必须是耗散的, 这样才能有吸引性; 其三, 系统必须有可加性控制参数, 才有可能加外激励型控制. 这种控制方案还基于收敛域和输送盆的存在, 对于一般的非线性系统, 两者的存在性并无证明, 只是对一维映射有些较严格的论证. 输送控制的特点还可以概括为以下几方面. 首先, 输送控制实现的机制是共振, 当 $x^g(t)$ 为周期性轨道时, 由式 (6.7.15) 定义的外激励型控制也有相同的周期性, 共振便有同周期的响应; 其次, 由目标定义外激励型控制, 不仅能把不同的动力学行为输送到目标行为, 而且当系统有多个吸引子时也可实现在不同目标间的迁移; 再次, 输送控制必须有系统的数学模型, 模型既可以是已知的也可以是由数据构造的, 在此基础上才能定义所施加的控制; 最后, 输送控制是一次性施加的, 随后不需要任何反馈, 是一种开环控制.

6.7.4 系统理论在控制混沌中的应用

长期以来对系统理论能否应用于混沌系统的控制并不清楚, 20 世纪 90 年代以来才有一些尝试. 较早的工作是应用确定性常规反馈控制和确定性自适应控制, 随后也有一些工作涉及最优控制、鲁棒控制、随机控制和智能控制等.

常规反馈控制的原理较简单, 为使动态系统 (6.7.13) 具有目标动力学行为 $x^g(t)$, 设计控制器 K 使受控系统为

$$\dot{\boldsymbol{x}} = \boldsymbol{E}(\boldsymbol{x}) + \boldsymbol{K}(\boldsymbol{x}^g - \boldsymbol{x}) \tag{6.7.18}$$

问题的关键便是针对所研究的具体系统设计控制器 K. 简单的自适应控制机制, 例如使误差信号正比于目标与实际输出之差, 在此基础上修改参数, 用于系统

$$\dot{\boldsymbol{x}} = \boldsymbol{E}(\boldsymbol{x}, \boldsymbol{p}), \quad \boldsymbol{x} \in R^n, \quad \boldsymbol{p} \in R^m \tag{6.7.19}$$

有自适应控制算法

$$\dot{x} = E(x, p), \quad \dot{p} = \varepsilon G(e, \dot{e}), \quad e = x^g - x \tag{6.7.20}$$

其中 $G: R^n \times R^n \to R^m$ 是连续函数、ε 为控制刚度, 控制效果取决于 G 和 ε 的选择. 自适应控制中的一些标准算法, 如最小均方算法、量化状态最小均方算法和模型参考自适应算法等, 也可应用于控制混沌.

系统理论在控制混沌中的应用具有以下几个特点. 首先, 系统理论为控制混沌问题提供了理论框架; 其次, 系统理论应用于控制混沌的局限尚不清楚, 对于混沌的镇定和混沌的控制都适用, 原则上似乎可以适当地设计控制器以任意周期运动为目标控制任意混沌系统, 例如, 输送控制和镇定控制都不适用于保守系统, 但有用随机自适应控制成功地控制保守系统混沌的例子; 再次, 非线性系统理论应用于控制混沌时, 系统的模型参数不必是完全已知的, 部分未知参数可利用自适应参数辨识技术从数据中得到, 然后实施控制; 然后, 在利用自适应控制方法控制混沌时, 被控系统与控制器构成闭环系统中可能产生新的动力学复杂性. 事实上, 有反馈系统的复杂动力学行为早已被了解并有大量研究工作, 只是以往受控系统本身并非是混沌的. 因此控制的效果取决于控制器的设计. 最后, 以目标与实际输出之差进行反馈是系统理论应用的基本特征.

6.7.5 混沌同步化简介

随着研究的深入, 混沌系统的控制内容愈来愈丰富. **混沌同步化**是一种特殊的混沌系统控制问题, 其特殊之处在于控制目标是混沌运动. 同步化意味着彼此耦合的两个系统有相同的时间过程. 对同步化的研究可以上溯到惠更斯对单摆运动趋同的研究, 那可能是最早观察到的非线性现象. 20 世纪 90 年代, 由于发现混沌系统可以同步化并在保密通信中有应用前景, 混沌同步化成为活跃的研究方向. 大体上混沌同步化问题有两类. 一类是非线性系统内部的同步化, 以具有正李雅普诺夫指数的不稳定部分的混沌输出为驱动信号, 以具有负李雅普诺夫指数的稳定部分为响应系统, 使其输出与混沌驱动同步化. 另一类是两个不同的混沌系统进行耦合或施加外部驱动, 使两个混沌系统的响应同步化. 混沌同步化的含义也在研究中不断扩展, 多数研究可以归结为下面的一般性问题.

考虑两个非线性系统

$$\dot{\boldsymbol{x}}_i = \boldsymbol{f}_i\,(\boldsymbol{x}_1, \boldsymbol{x}_2, t, \boldsymbol{u}) \quad (i=1,2) \tag{6.7.21}$$

其中 t 为时间变量, $\boldsymbol{x}_i \in R^{m_i}$ 为状态变量, $\boldsymbol{u} \in R^n$ 为控制输入. 两个非线性系统有可观测输出变量 $\boldsymbol{y}_i \in R^l$

$$\boldsymbol{y}_i = \boldsymbol{h}_i\,(\boldsymbol{x}_1, \boldsymbol{x}_2, t, \boldsymbol{u}) \quad (i=1,2) \tag{6.7.22}$$

若可设计控制律

$$\boldsymbol{u} = \boldsymbol{g}\,(\boldsymbol{x}_1, \boldsymbol{x}_2, t) \tag{6.7.23}$$

使得在给定时刻 t_0 之后在测量精度内有

$$\boldsymbol{y}_1\,(t) = \boldsymbol{y}_2\,(t) \tag{6.7.24}$$

则称两个系统 (6.7.21) 从时刻 t_0 开始关于输出函数 (6.7.22) 同步化.

在上述同步化描述中, 没有涉及初值. 初值影响着非线性系统特别是混沌系统的动力学行为. 有一类特殊的同步化问题是控制混沌系统从给定初值的开始的运动到从另一个初值开始的运动. 仅对特定初值范围才成立的同步化称为局部同步化, 对任意初值都成立的同步化称为全局同步化.

本节前面讨论的控制混沌, 也可以认为是混沌同步化的特例, 控制混沌系统与非混沌系统同步化. 也可以实现非混沌系统与混沌系统的同步化, 那是控制混沌的逆问题, 有多种具体的形式. 例如, 瞬态混沌向混沌的转化、混沌的保持和非混沌系统的混沌化, 这些都有理论研究和实验室实现. 值得重视的还有利用噪声和混沌控制非混沌系统, 先用噪声使非混沌系统进入混沌状态, 然后采用控制混沌方法镇定目标周期轨道, 最后去掉噪声. 在控制混沌研究的基础上, 还提出了控制复杂性的概念, 以实现多稳态运动系统中不同运动的转换. 混沌同步化在控制混沌的参考文献 [69, 70, 73, 83, 90, 98, 113] 中已经有所涉及, 进一步还可以参阅 [88, 108, 117].

习 题

6.1 选择适当初始条件, 应用常微分方程的数值方法计算非线性振动系统

$$\ddot{x} + 0.15\dot{x} - x + x^3 = 0.3\cos t$$

的时间历程、相轨迹曲线和庞加莱映射, 并说明混沌振动的初态敏感性、内禀随机性和非周期性.

6.2 在初始条件 $x_0 = a$ 下, 计算系统

$$\dot{x} = bx + c$$

的李雅普诺夫指数. 将该结果推广到高维线性系统可得到何种结论?

6.3 在上题中, 若 $b>0$, 系统是否出现混沌运动, 为什么?

6.4 在零初始条件下, 基于常微分方程的数值解法计算例 6.1-4 中两种情形的李雅普诺夫指数和李雅普诺夫维数.

6.5 取一单位长度线段. 去掉位于线段正中、长度为 1/3 的小线段, 再用与该小线段构成等边三角形的另外两边代替. 在所得到折线的 4 段长度为 1/3 的线段上去掉位于每段线段正中、长度为 1/9 的小线段, 再用与该小线段构成等边三角形的另外两边代替. 得到 4^i 个长度为 3^{-i} 的线段构成的折线, 确定令 $i \to \infty$ 所得到的曲线的维数.

6.6 取一单位长度线段为边长的等边三角形. 将该三角形四等分得到 4 个边长为 1/2 的等边三角形, 去掉中间一个, 保留它的 3 条边. 再将剩下的 3 个小等边三角形四等分, 分别去掉中间的一个, 保留它们的边. 确定重复上述过程直至无穷所得到的几何形体的维数.

6.7 设点落入康托集合左、右区间的概率分别为 P_l 和 P_r, 计算该康托集合的信息维数.

6.8 证明式 (6.3.18) 定义的 q 阶广义维数 d_q 当 $q>0$ 时随 q 的增大而减小.

6.9 根据方程 (6.4.3), 用数值仿真研究单摆随着电机激励幅值增加而混沌的路径, 并与实验结果进行比较.

6.10 证明可积系统

$$\ddot{x} + x - x^3 = 0$$

的异宿轨道为

$$x_{\pm}(t) = \pm\tanh\left(\frac{\sqrt{2}}{2}t\right), \quad \dot{x}_{\pm}(t) = \pm\frac{\sqrt{2}}{2}\operatorname{sech}^2\left(\frac{\sqrt{2}}{2}t\right)$$

再用梅利尼科夫方法证明非线性振动系统

$$\ddot{x} + \varepsilon\delta\dot{x} + x - x^3 = \varepsilon f\cos\omega t \quad (\varepsilon, \delta, f > 0, \ \varepsilon \ll 1)$$

存在混沌的必要条件为

$$\frac{f}{\delta} > \frac{2}{3\pi\omega}\sinh\left(\frac{\sqrt{2}}{2}\omega\pi\right)$$

6.11 对于非线性振动系统

$$\ddot{x} + \sin x = \varepsilon\left(a + f\cos\omega t\right) \quad (\varepsilon, a > 0, \ \varepsilon \ll 1)$$

求当 $\varepsilon = 0$ 时相应可积系统的异宿轨道, 进而导出系统的梅利尼科夫函数, 并建立存在混沌的条件.

6.12 对于非线性系统

$$\dot{x} = 7y - f(x), \quad \dot{y} = x - y + z, \quad \dot{z} = -by$$

其中

$$f(x) = \begin{cases} 2x - 3 & (x \geqslant 1) \\ -x & (|x| < 1) \\ 2x + 3 & (x \leqslant -1) \end{cases}$$

应用什尔尼科夫方法证明当 $6.5 \leqslant b \leqslant 10.5$ 时存在混沌.

6.13 设 M 为连续可逆哈密顿映射, D 为相空间中的有界区域, 证明 D 中任意点的非零体积的邻域 U 中存在某点使得该点在映射 M 的有限次作用后返回邻域 U.

6.14 若平面近可积哈密顿系统的哈密顿函数为 $H(x,y,t) = H_0(x,y)+ \varepsilon H_1(x,y,t)$, 当 $\varepsilon=0$ 时相应可积系统有同宿轨道 $(x_0(t),y_0(t))$, 证明该系统的梅利尼科夫函数为

$$M\left(\tau\right) = \int_{-\infty}^{+\infty} \left\{H_0\left(x\left(t-\tau\right),y\left(t-\tau\right)\right), H_1\left(x\left(t-\tau\right),y\left(t-\tau\right),t\right)\right\}\mathrm{d}t$$

其中

$$\{H_0, H_1\} = \frac{\partial H_0}{\partial x}\frac{\partial H_1}{\partial y} - \frac{\partial H_0}{\partial y}\frac{\partial H_1}{\partial x}$$

6.15 若非线性振动系统的哈密顿函数为

$$H\left(x,y,t\right) = \frac{1}{2}\left(x^2+y^2\right) - \frac{1}{3}x^3 + \frac{1}{2}\varepsilon x^2\cos\omega t \qquad (\varepsilon \ll 1)$$

建立该系统的动力学方程, 求出当 $\varepsilon=0$ 时相应可积系统的同宿轨道, 导出梅利尼科夫函数.

附录一 李雅普诺夫稳定性定理的证明

A.1.1 稳定性定理

定理: 若能构造可微正定函数 $V(t, \boldsymbol{x})$, 使得沿扰动方程 (1.1.5) 解曲线计算的全导数 $\dot{V}(t, \boldsymbol{x})$ 为半负定或等于零, 则系统的未扰运动稳定.

证明: 对于正定函数 $V(t, \boldsymbol{x})$, 当 $\dot{V}(t, \boldsymbol{x})$ 为半负定或等于零时, 总能找到不显含时间 t 的正定函数 $W(\boldsymbol{x})$, 使得当 t 充分大时满足不等式:

$$V(t, \boldsymbol{x}) \geqslant W(\boldsymbol{x}), \quad \dot{V}(t, \boldsymbol{x}) \leqslant 0 \tag{A.1.1}$$

对于任意小的正数 ε, 作以零点为中心, ε 为半径的球面 S_ε. 设 $W(\boldsymbol{x})$ 在球面 S_ε 上的最小值为 l, 即 $W(\boldsymbol{x}) \geqslant l\,(\boldsymbol{x} \in S_\varepsilon)$. 考察 t 取初始值 t_0 时的函数 $V(t_0, \boldsymbol{x})$, 因不显含时间 t 的正定函数具有无穷小上界, 必存在正数 δ, 使得 $\boldsymbol{x}(t)$ 在 $t = t_0$ 时的初值 $\boldsymbol{x}_0$ 在 δ 为半径的球面 S_δ 所围闭域内, 其中的任一点均满足

$$V(t_0, \boldsymbol{x}_0) < l \tag{A.1.2}$$

计算 $V(\boldsymbol{x})$ 沿解曲线 $\boldsymbol{x}(t)$ 的积分式:

$$V(t, \boldsymbol{x}) = V(t_0, \boldsymbol{x}_0) + \int_{t_0}^{t} \dot{V}(t, \boldsymbol{x}(t)) \mathrm{d}t \tag{A.1.3}$$

从式 (A.1.1), (A.1.2), (A.1.3) 推知, 函数 $W(\boldsymbol{x})$ 必满足

$$W(\boldsymbol{x}) \leqslant V(t, \boldsymbol{x}) \leqslant V(t_0, \boldsymbol{x}_0) < l \tag{A.1.4}$$

则在 $t \geqslant t_0$ 的任意时刻, $\boldsymbol{x}(t)$ 均被限制在 S_ε 所围域内, 即 $\|\boldsymbol{x}(t)\| < \varepsilon$. 根据稳定性定义, 未扰运动稳定.

A.1.2 渐近稳定性定理

定理: 若能构造可微正定函数 $V(t, \boldsymbol{x})$, 使得沿扰动方程 (1.1.5) 解曲线计算的全导数 $\dot{V}(t, \boldsymbol{x})$ 为负定, 则系统的未扰运动渐近稳定.

证明: 由于稳定性条件已得到满足, 对于任意小的正数 ε, 必存在正数 δ, 使 $\boldsymbol{x}(t)$ 的初值满足 $\|\boldsymbol{x}(t_0)\| \leqslant \delta$ 的一切解曲线 $\boldsymbol{x}(t)$ 均保持在半径为 ε 的球面 S_ε 所围域内. 需要补充证明的是, 当 $t \to \infty$ 时是否 $\|\boldsymbol{x}(t)\| \to 0$.

采用反证法, 假设有正数 e 存在, 使 $t \geqslant t_0$ 时有

$$V(t, \boldsymbol{x}) > e \tag{A.1.5}$$

由于正定函数 $V(t, \boldsymbol{x})$ 具有无穷小上界, 必可找到正数 β, 使得 $\|\boldsymbol{x}(t)\| < \beta$ 内的任一点均有 $V(t, \boldsymbol{x}) < e$. 因此若 (A.1.5) 确实成立, $\boldsymbol{x}(t)$ 的范数应满足

$$\beta \leqslant \|\boldsymbol{x}(t)\| \leqslant \varepsilon \tag{A.1.6}$$

作半径为 β 的球面 S_β, 则解曲线 $\boldsymbol{x}(t)$ 必保持在 S_ε 与 S_β 所围的环域之内. 设负定函数 $\dot{V}(t, \boldsymbol{x})$ 在此闭域内有最大值 $-l$, 则 $V(t, \boldsymbol{x})$ 在此域内的估值为

$$V(t, \boldsymbol{x}) = V(t_0, \boldsymbol{x}_0) + \int_{t_0}^t \dot{V}(\boldsymbol{x}(t)) \, \mathrm{d}t \leqslant V(t_0, \boldsymbol{x}_0) - l(t - t_0) \tag{A.1.7}$$

当 t 足够大时, $V(t, \boldsymbol{x})$ 为负值, 与正定性条件产生矛盾, 因此式 (A.1.5) 必不可能成立. 即无论 e 如何小, 总会在某一时刻 $t = t_1$ 使 $V(t, \boldsymbol{x}) < e$. 由于 $V(t, \boldsymbol{x})$ 为时间的递减函数, 此后将永远小于 e. 取任意小正数 μ, 设 e 是半径为 μ 的球面 S_μ 上的最小值, 则在 $t = t_1$ 以后, $\boldsymbol{x}(t)$ 必保持在球面 S_μ 所围域内, 从而证明 $t \to \infty$ 时 $\|\boldsymbol{x}(t)\| \to 0$.

A.1.3 不稳定性定理

定理: 若能构造可微正定、半正定或不定的有界函数 $V(t, \boldsymbol{x})$, 使得沿扰动方程 (1.1.5) 解曲线计算的全导数 $\dot{V}(t, \boldsymbol{x})$ 为正定, 则系统的未扰运动不稳定.

证明: 作以零点为中心, 任意正数 ε 为半径的球面 S_ε, 将 S_ε 所围闭域内能使函数 $V(t, \boldsymbol{x})$ 取正值的区域记作 D. 因 $V(t, \boldsymbol{x})$ 有界, 设在闭域 D 内的最

大值为 L, 满足

$$V(t, \boldsymbol{x}) < L \tag{A.1.8}$$

采用反证法, 假设对一切 $t \geqslant t_0$, 解曲线 $\boldsymbol{x}(t)$ 均保持在 D 域内. 设函数 $V(t, \boldsymbol{x})$ 在 D 域内的初值为 $V_0 = V(t_0, \boldsymbol{x}_0)$, 由于 $\dot{V}(t, \boldsymbol{x})$ 在此区域内是正定的, 必存在正数 l, 使得 $V \geqslant V_0$ 时函数 $\dot{V}(t, \boldsymbol{x}) \geqslant l$. 则 $V(t, \boldsymbol{x})$ 在 D 域内的估值为

$$V(t, \boldsymbol{x}) = V_0 + \int_{t_0}^{t} \dot{V}(t, \boldsymbol{x}(t)) \mathrm{d}t \geqslant V_0 + l(t - t_0) \tag{A.1.9}$$

当 $t \to \infty$ 时, $V(t, \boldsymbol{x}(t)) \to \infty$, 与有界函数 $V(t, \boldsymbol{x})$ 的式 (A.1.8) 产生矛盾. 因此解曲线 $\boldsymbol{x}(t)$ 必越出 S_ε, 从而证明未扰运动不稳定.

附录二　线性系统稳定性定理的证明

A.2.1　线性系统的基本解

讨论 n 次线性方程组:

$$\dot{x}_i = X_i\,(x_1, x_2, \cdots, x_n) \quad (i = 1, 2, \cdots, n) \tag{A.2.1}$$

其中 $\boldsymbol{x} = (x_j)$ 为状态变量. 将方程组 (A.2.1) 以矩阵形式表示

$$\dot{\boldsymbol{x}} = \boldsymbol{A}\boldsymbol{x} \tag{A.2.2}$$

将此方程组的 n 个特解记作 $\tilde{\boldsymbol{x}}_k\,(t)\,(k = 1, 2, \cdots, n)$. 若各特解之间为线性无关, 则称 $\tilde{\boldsymbol{x}}_k\,(t)$ 为方程组 (A.2.2) 的**基本解**. 将 $\tilde{\boldsymbol{x}}_k\,(t)$ 依次排列成 $n \times n$ 阶矩阵 $\tilde{\boldsymbol{x}}\,(t)$

$$\tilde{\boldsymbol{x}}\,(t) = (\ \tilde{\boldsymbol{x}}_1\,(t) \quad \tilde{\boldsymbol{x}}_2\,(t) \quad \cdots \quad \tilde{\boldsymbol{x}}_n\,(t)\ ) \tag{A.2.3}$$

基本解阵 $\tilde{\boldsymbol{x}}\,(t)$ 可用以下定义的矩阵指数函数 e^{At} 表示为

$$\tilde{\boldsymbol{x}}\,(t) = \mathrm{e}^{At} = \boldsymbol{E} + \boldsymbol{A}t + \frac{1}{2!}\boldsymbol{A}^2 t^2 + \cdots \tag{A.2.4}$$

其中 $\boldsymbol{E}$ 为 n 阶单位阵. 作为 1 阶特例, 将 $\boldsymbol{A}$ 以标量 a 代替, 矩阵指数函数 $\mathrm{e}^{\boldsymbol{A}t}$ 即化作通常指数函数 e^{at} 的幂级数展开式

$$\mathrm{e}^{at} = 1 + at + \frac{1}{2!}a^2 t^2 + \cdots \tag{A.2.5}$$

将式 (A.2.4) 逐项对 t 求导, 得到

$$\begin{aligned}
\dot{\tilde{\boldsymbol{x}}}\,(t) &= \boldsymbol{A} + \boldsymbol{A}^2 t + \frac{1}{2!}\boldsymbol{A}^3 t^2 + \cdots = \boldsymbol{A}\left(\boldsymbol{E} + \boldsymbol{A}t + \frac{1}{2!}\boldsymbol{A}^2 t^2 + \cdots\right) \\
&= \boldsymbol{A}\mathrm{e}^{\boldsymbol{A}t} = \boldsymbol{A}\tilde{\boldsymbol{x}}
\end{aligned} \tag{A.2.6}$$

从而证明, 矩阵指数函数 e^{At} 确为方程组 (A.2.2) 的解.

418

A.2.2　柯西正则型

利用矩阵 T 对变量 x 作非奇异变换

$$x = Ty \tag{A.2.7}$$

代入方程 (A.2.2), 左乘 T^{-1}, 化作柯西正则型方程

$$\dot{y} = Jy, \quad J = T^{-1}AT \tag{A.2.8}$$

其中 $y = (y_j)$ 为变换后的状态变量. 适当选择 T 可使变换后的 J 成为**柯西**（**A. L. Cauchy**）**正则型**, 即由子矩阵 $J_k\,(k = 1, 2, \cdots, m)$ 排成的对角型分块矩阵

$$J = \begin{pmatrix} J_1 & & & 0 \\ & J_2 & & \\ & & \ddots & \\ 0 & & & J_m \end{pmatrix} \tag{A.2.9}$$

$n_k \times n_k$ 子矩阵 $J_k\,(k = 1, 2, \cdots, m)$ 为与各特征值 λ_k 对应的若尔当块, 其对角线上所有元素均为 λ_k, 左下方次对角线上所有元素均为 1, 其余元素均为零.

$$J_k = \begin{pmatrix} \lambda_k & & & & 0 \\ 1 & \lambda_k & & & \\ & 1 & \ddots & & \\ & & \ddots & \lambda_k & \\ 0 & & & 1 & \lambda_k \end{pmatrix} \quad (k = 1, 2, \cdots, m) \tag{A.2.10}$$

由于 T 为相似变换, 矩阵 J 与 A 有相同的特征值. 其特征方程为

$$|\boldsymbol{J}_k - \lambda\boldsymbol{E}_k| = -\begin{vmatrix} \lambda - \lambda_k & & & & \\ 1 & \lambda - \lambda_k & & & \\ & 1 & \ddots & & \\ & & \ddots & \lambda - \lambda_k & \\ & & & 1 & \lambda - \lambda_k \end{vmatrix}$$

$$= 0 \quad (k = 1, 2, \cdots, m) \tag{A.2.11}$$

其中 $\boldsymbol{E}_k$ 为 n_k 阶单位阵. 将基本解 (A.2.4) 中的矩阵 $\boldsymbol{A}$ 以 $\boldsymbol{J}$ 代替, 写作

$$\tilde{\boldsymbol{x}}(t) = \mathrm{e}^{\boldsymbol{J}t} = \boldsymbol{E} + \boldsymbol{J}t + \frac{1}{2!}\boldsymbol{J}^2 t^2 + \cdots \tag{A.2.12}$$

将式 (A.2.9) 代入基本解 (A.2.12), 化作

$$\tilde{\boldsymbol{x}}(t) = \begin{pmatrix} \mathrm{e}^{\boldsymbol{J}_1 t} & & & \\ & \mathrm{e}^{\boldsymbol{J}_2 t} & & \\ & & \ddots & \\ & & & \mathrm{e}^{\boldsymbol{J}_m t} \end{pmatrix} \tag{A.2.13}$$

利用式 (A.2.10) 和 (A.2.12) 将上式中的子矩阵 $\mathrm{e}^{\boldsymbol{J}_k t}$ 用矩阵指数函数表示, 整理后得到

$$\mathrm{e}^{\boldsymbol{J}_k t} = \mathrm{e}^{\lambda_k t}\begin{pmatrix} 1 & & & & \\ t & 1 & & & \\ t^2/2! & t & 1 & & \\ \vdots & \vdots & \vdots & \ddots & \\ \gamma_1 & \gamma_2 & \gamma_3 & \cdots & 1 \end{pmatrix} \quad (k = 1, 2, \cdots, m) \tag{A.2.14}$$

其中 $\gamma_j = t^{n_k - j}/(n_k - j)!$ $\quad (j = 1, 2, \cdots, n_k - 1)$.

A.2.3　线性系统的稳定性定理

将式 (A.2.14) 代入式 (A.2.13), 根据 $\boldsymbol{A}$ 的不同情况可作出以下判断:

(1) 设 $\boldsymbol{A}$ 有 n 个不同的单根, 则 $n_k = 1\,(k = 1, 2, \cdots, n)$, $\boldsymbol{J}$ 简化为由 λ_k 组成的对角阵. 方程组 (A.2.2) 的基本解 (A.2.4) 简化为

$$\tilde{x}_k = \mathrm{e}^{\lambda_k t} \quad (k = 1, 2, \cdots, n) \tag{A.2.15}$$

特征值 λ_k 的实部为负值时, 对应的基本解随时间的推移趋近于零. λ_k 的实部为正值时, 对应的基本解无限增大. 实部为零的特征值 λ_k 对应的基本解为有界函数.

(2) 设 $\boldsymbol{A}$ 有重数为 n_k 的重根 λ_k, 则方程组 (A.2.2) 的基本解含以下成分

$$\tilde{x}_k = f_k(t)\mathrm{e}^{\lambda_k t} \tag{A.2.16}$$

其中 $f_k(t)$ 为 t 的 $n_k - 1$ 次代数多项式. 对应的基本解随时间无限增大.

由于线性方程组的通解是由基本解线性组合而成, 因此方程组 (A.2.2) 的零解稳定性可根据上述基本解的稳定性判定. 归纳为以下定理:

定理一: 若所有特征值的实部均为负值, 则线性方程组的零解渐近稳定.

定理二: 若至少有一特征值的实部为正值, 则线性方程组的零解不稳定. 具有正实部特征值的数目称为不稳定度.

定理三: 若存在实部为零的特征值, 且为单根, 其余根的实部为负值, 则线性方程组的零解稳定, 但不是渐近稳定. 若零实部特征值中有重根, 则零解不稳定.

附录三　开尔文定理的证明

讨论 n 个自由度的自治线性系统, 动力学方程为

$$M\ddot{x} + (C + G)\dot{x} + Kx = 0 \tag{A.3.1}$$

其中 x 为 n 阶坐标列阵, M, K, C, G 均为 n 阶方阵, 分别为质量阵、刚度阵、阻尼阵和陀螺阵. 若 $C = G = 0$, 则简化为保守系统的动力学方程:

$$M\ddot{x} + Kx = 0 \tag{A.3.2}$$

其中 M 和 K 均为对称矩阵. 适当选择矩阵 T 作非奇异变换, 使变换后的矩阵成为

$$T^{\mathrm{T}} M T = E, \quad T^{\mathrm{T}} K T = \Gamma \tag{A.3.3}$$

其中 E 为 n 阶单位阵, Γ 是由行列式 $|M\gamma - K| = 0$ 的根 $\gamma_i\,(i = 1, 2, \cdots, n)$ 组成的 n 阶对角阵:

$$\Gamma = \mathrm{diag}\,(\gamma_1, \gamma_2, \cdots, \gamma_n) \tag{A.3.4}$$

其中 $\gamma_i = -\lambda_i^2$, $\lambda_i\,(i = 1, 2, \cdots, n)$ 为保守系统 (A.3.2) 的特征值. 称 $\gamma_i(i = 1, 2, \cdots, n)$ 为**稳定系数**, 其正值对应于 λ_i 的纯虚根, 负值对应于 λ_i 的正负实根. 前者确定的零解稳定, 后者确定的零解不稳定. 分别对应于正定或负定的刚度阵 K.

利用矩阵 T 对方程 (A.3.1) 作非奇异变换, 令变换后的坐标阵、阻尼阵和陀螺阵保留原符号 x, C, G 不变, 动力学方程变为

$$E\ddot{x} + (C + G)\dot{x} + \Gamma x = 0 \tag{A.3.5}$$

引入变量 $\boldsymbol{y} = \dot{\boldsymbol{x}}$, 将方程 (A.3.5) 表示为

$$\left.\begin{array}{l} \dot{\boldsymbol{x}} = \boldsymbol{y} \\ \dot{\boldsymbol{y}} = -(\boldsymbol{C} + \boldsymbol{G})\,\boldsymbol{y} - \boldsymbol{\varGamma}\boldsymbol{x} \end{array}\right\} \tag{A.3.6}$$

定理一：对于受有势力、陀螺力和不完全耗散力（或无耗散力）作用的系统, 若所有稳定系数 $\gamma_i\,(i = 1, 2, \cdots, n)$ 均取正值, 则未扰运动稳定.

证明：构造李雅普诺夫函数

$$V = \frac{1}{2}\boldsymbol{x}^{\mathrm{T}}\boldsymbol{\varGamma}\boldsymbol{x} + \frac{1}{2}\boldsymbol{y}^{\mathrm{T}}\boldsymbol{E}\boldsymbol{y} \tag{A.3.7}$$

计算 V 沿方程 (A.3.6) 的解曲线对 t 的全导数, 导出

$$\dot{V} = \boldsymbol{x}^{\mathrm{T}}\boldsymbol{\varGamma}\dot{\boldsymbol{x}} + \boldsymbol{y}^{\mathrm{T}}\boldsymbol{E}\dot{\boldsymbol{y}} = -\boldsymbol{y}^{\mathrm{T}}\,(\boldsymbol{C} + \boldsymbol{G})\,\boldsymbol{y} = -\boldsymbol{y}^{\mathrm{T}}\boldsymbol{C}\boldsymbol{y} \tag{A.3.8}$$

其中因陀螺阵 $\boldsymbol{G}$ 为反对称矩阵, 导致 $\boldsymbol{y}^{\mathrm{T}}\boldsymbol{G}\boldsymbol{y} = 0$. 若所有 γ_i 均为正值, 则 V 为正定. 若 $\boldsymbol{C}$ 为半正定或等于零, 则 $\dot{V}$ 为半负定或等于零. 根据李雅普诺夫定理一, 未扰运动稳定.

定理二：对于受有势力、陀螺力和完全耗散力作用的系统, 若所有稳定系数 $\gamma_i\,(i = 1, 2, \cdots, n)$ 均取正值, 则未扰运动渐近稳定.

证明：构造李雅普诺夫函数：

$$V = \frac{1}{2}\boldsymbol{x}^{\mathrm{T}}\boldsymbol{\varGamma}\boldsymbol{x} + \frac{1}{2}\boldsymbol{y}^{\mathrm{T}}\boldsymbol{E}\boldsymbol{y} + \mu\boldsymbol{y}^{\mathrm{T}}\boldsymbol{E}\boldsymbol{x} \tag{A.3.9}$$

其中 μ 是可取任意值的参数. 计算 V 对 t 的全导数, 得到

$$\dot{V} = \left(\boldsymbol{x}^{\mathrm{T}}\boldsymbol{\varGamma} + \mu\boldsymbol{y}^{\mathrm{T}}E\right)\dot{\boldsymbol{x}} + \left(\boldsymbol{y}^{\mathrm{T}} + \mu\boldsymbol{x}^{\mathrm{T}}\right)\boldsymbol{E}\dot{\boldsymbol{y}} \tag{A.3.10}$$

将式 (A.3.6) 代入, 且利用等式 $\boldsymbol{x}^{\mathrm{T}}\boldsymbol{A}\boldsymbol{y} = \boldsymbol{y}^{\mathrm{T}}\boldsymbol{A}^{\mathrm{T}}\boldsymbol{x}$, 引入变量 $\boldsymbol{z} = \left(\begin{array}{cc} \boldsymbol{x}^{\mathrm{T}} & \boldsymbol{y}^{\mathrm{T}} \end{array}\right)^{\mathrm{T}}$, 化作

$$V = \boldsymbol{z}^{\mathrm{T}}\boldsymbol{A}\boldsymbol{z}, \quad \dot{V} = \boldsymbol{z}^{\mathrm{T}}\boldsymbol{D}\boldsymbol{z} \tag{A.3.11}$$

其中 $\boldsymbol{A}$ 和 $\boldsymbol{D}$ 均为 $2n \times 2n$ 矩阵：

$$\boldsymbol{A} = \frac{1}{2}\begin{pmatrix} \boldsymbol{\varGamma} & \mu\boldsymbol{E} \\ \mu\boldsymbol{E} & \boldsymbol{E} \end{pmatrix}, \quad \boldsymbol{D} = -\begin{pmatrix} \mu\boldsymbol{\varGamma} & \mu\,(\boldsymbol{C} + \boldsymbol{G})/2 \\ \mu\,(\boldsymbol{C} + \boldsymbol{G})/2 & \boldsymbol{C} + \boldsymbol{G} - \mu\boldsymbol{E} \end{pmatrix} \tag{A.3.12}$$

若所有 γ_i 均为正值, 则 $\boldsymbol{\Gamma}$ 为正定. 选取足够小的参数 μ, 可使 $\boldsymbol{A}$ 和 $\boldsymbol{D}$ 的行列式对角线诸子式均大于零. 利用西尔维斯特判据判断, V 为正定, $\dot{V}$ 为负定. 根据李雅普诺夫定理二, 未扰运动渐近稳定.

定理三：对于受有势力、陀螺力和完全耗散力作用的系统, 若所有稳定系数 $\gamma_i\,(i=1,2,\cdots,n)$ 均不为零, 且其中至少有一个稳定系数取负值, 则未扰运动不稳定.

证明：构造李雅普诺夫函数：

$$V = -\frac{1}{2}\boldsymbol{x}^{\mathrm{T}}\boldsymbol{\Gamma}\boldsymbol{x} - \frac{1}{2}\boldsymbol{y}^{\mathrm{T}}\boldsymbol{E}\boldsymbol{y} - \mu\boldsymbol{y}^{\mathrm{T}}\boldsymbol{\Gamma}\boldsymbol{x} \tag{A.3.13}$$

若所有 γ_i 均不为零, 且其中至少有一个取负值, V 为不定函数. 计算 V 对 t 的全导数, 得到

$$\dot{V} = -\left(\boldsymbol{x}^{\mathrm{T}} + \mu\boldsymbol{y}^{\mathrm{T}}\right)\boldsymbol{\Gamma}\dot{\boldsymbol{x}} - \left(\boldsymbol{y}^{\mathrm{T}}\boldsymbol{E} + \mu\boldsymbol{x}^{\mathrm{T}}\boldsymbol{\Gamma}\right)\dot{\boldsymbol{y}} \tag{A.3.14}$$

利用式 (A.3.6) 将式 (A.3.13), (A.3.14) 化作式 (A.3.11), 其中矩阵 $\boldsymbol{A}$ 和 $\boldsymbol{D}$ 的定义改为

$$\boldsymbol{A} = -\frac{1}{2}\begin{pmatrix} \boldsymbol{\Gamma} & \mu\boldsymbol{\Gamma} \\ \mu\boldsymbol{\Gamma} & \boldsymbol{E} \end{pmatrix}, \quad \boldsymbol{D} = \begin{pmatrix} \mu\boldsymbol{\Gamma}^2 & \mu\boldsymbol{\Gamma}\left(\boldsymbol{C}+\boldsymbol{G}\right)/2 \\ \mu\boldsymbol{\Gamma}\left(\boldsymbol{C}+\boldsymbol{G}\right)/2 & \boldsymbol{C}+\boldsymbol{G}-\mu\boldsymbol{\Gamma} \end{pmatrix} \tag{A.3.15}$$

选取足够小的参数 μ, 可使 $\boldsymbol{D}$ 的行列式对角线的诸子式均大于零, 则 $\dot{V}$ 为正定. 根据李雅普诺夫稳定性定理三, 系统不稳定.

定理四：对于不稳定的保守系统, 若所有稳定系数 $\gamma_i\,(i=1,2,\cdots,n)$ 均不为零, 其中取负值的数目为偶数, 则 $\boldsymbol{G}$ 的加入有可能使未扰运动转为稳定. 如其中取负值的数目为奇数, 则 $\boldsymbol{G}$ 的加入不可能改变系统的不稳定性.

证明：在保守系统内加入陀螺阵 $\boldsymbol{G}=(g_{ij})$, 其中 $g_{ji}=-g_{ij}$. 令方程 (A.3.5) 中 $\boldsymbol{C}=\boldsymbol{0}$, 列写其特征方程, 得到

$$\Delta\left(\lambda\right) = \begin{vmatrix} \lambda^2+\gamma_1 & \cdots & g_{1n}\lambda \\ \vdots & \ddots & \vdots \\ g_{n1}\lambda & \cdots & \lambda^2+\gamma_n \end{vmatrix} = 0 \tag{A.3.16}$$

如 $\lambda = 0$, 则有

$$\Delta(0) = \prod_{i=1}^{n} \gamma_i \quad \begin{array}{l} < 0 : \text{负值} \gamma_i \text{的数目为奇数} \\ > 0 : \text{负值} \gamma_i \text{的数目为偶数} \end{array} \qquad (A.3.17)$$

令 $\lambda \to \infty$, 则有

$$\lim_{\lambda \to \infty} \Delta(\lambda) > 0 \qquad (A.3.18)$$

可据此判断, 若负值 γ_i 的数目为奇数, 则方程 (A.3.16) 至少有一个 λ 的正实根存在, 未扰运动必不稳定. 若负值 γ_i 的数目为偶数, 则 λ 的正实根可能避免出现, 使系统转为稳定. 以 $n = 2$ 为例, 式 (A.3.16) 展开为

$$\Delta(\lambda) = \lambda^4 + \left(g^2 + \gamma_1 + \gamma_2\right)\lambda^2 + \gamma_1\gamma_2 = 0 \qquad (A.3.19)$$

其中 $\gamma_i < 0 \ (i = 1, 2)$, 不稳定度为 2. 选择足够大的陀螺力满足以下条件:

$$g^2 + \gamma_1 + \gamma_2 > 0, \quad \left(g^2 + \gamma_1 + \gamma_2\right)^2 - 4\gamma_1\gamma_2 > 0 \qquad (A.3.20)$$

则 λ^2 有负实数解, λ 为纯虚根. 证明陀螺力的加入能使不稳定系统转为稳定.

附录四　李雅普诺夫一次近似理论的证明

A.4.1　V 函数存在定理

讨论定常的线性微分方程组:

$$\dot{\boldsymbol{x}} = \boldsymbol{A}\boldsymbol{x} \tag{A.4.1}$$

其中 $\boldsymbol{x}$ 为 n 阶坐标列阵, $\boldsymbol{A}$ 为 $n \times n$ 阶方阵. 设 V 和 W 为以下二次型函数

$$V = \boldsymbol{x}^{\mathrm{T}}\boldsymbol{P}\boldsymbol{x}, \quad W = \boldsymbol{x}^{\mathrm{T}}\boldsymbol{G}\boldsymbol{x} \tag{A.4.2}$$

其中 $\boldsymbol{P}$ 和 $\boldsymbol{G}$ 均为 $n \times n$ 阶方阵. 现讨论在何种条件下, 对于给定的二次型 W 有二次型 V 唯一存在, 使函数 V 沿方程 (A.4.1) 解曲线对时间 t 的全导数等于函数 W, 即

$$\dot{V} = W \tag{A.4.3}$$

将式 (A.4.2) 代入式 (A.4.3), 利用式 (A.4.1) 化作

$$\dot{V} = \dot{\boldsymbol{x}}^{\mathrm{T}}\boldsymbol{P}\boldsymbol{x} + \boldsymbol{x}^{\mathrm{T}}\boldsymbol{P}\dot{\boldsymbol{x}} = \boldsymbol{x}^{\mathrm{T}}\left(\boldsymbol{A}^{\mathrm{T}}\boldsymbol{P} + \boldsymbol{P}\boldsymbol{A}\right)\boldsymbol{x} = \boldsymbol{x}^{\mathrm{T}}\boldsymbol{G}\boldsymbol{x} \tag{A.4.4}$$

则矩阵 $\boldsymbol{G}$ 应满足以下条件:

$$\boldsymbol{G} = \boldsymbol{A}^{\mathrm{T}}\boldsymbol{P} + \boldsymbol{P}\boldsymbol{A} \tag{A.4.5}$$

问题归结于, 对于给定的 $\boldsymbol{G}$ 能否从式 (A.4.5) 唯一解出矩阵 $\boldsymbol{P}$.

设 $\boldsymbol{y}$ 与 $\boldsymbol{z}$ 均为以 $\boldsymbol{A}^{\mathrm{T}}$ 为系数矩阵的线性方程的解, 满足

$$\dot{\boldsymbol{y}} = \boldsymbol{A}^{\mathrm{T}}\boldsymbol{y}, \quad \dot{\boldsymbol{z}} = \boldsymbol{A}^{\mathrm{T}}\boldsymbol{z} \tag{A.4.6}$$

虽然变量符号不同, 但所满足的两组方程完全相同. 其特征值均为矩阵 A^{T} 的特征值, 分别记作 λ_r 和 $\lambda_s (r, s = 1, 2, \cdots, n)$, 满足

$$A^{\mathrm{T}} y = \lambda_r y, \quad A^{\mathrm{T}} z = \lambda_s z \quad (r, s = 1, 2, \cdots, n) \tag{A.4.7}$$

因 A^{T} 与 A 的特征值相同, λ_r, λ_s 也是方程组 (A.4.1) 特征值. 将矩阵 P 设计为特征向量 y 与 z^{T} 的乘积

$$P = y z^{\mathrm{T}} \tag{A.4.8}$$

将式 (A.4.8) 代入式 (A.4.5) 的右项, 利用 (A.4.7) 的第一式和转置后的第二式化作

$$G = (\lambda_r + \lambda_s) P \tag{A.4.9}$$

将 n 阶方阵 G 和 P 所含各列按序连接为 n^2 阶列阵, 记作 $\tilde{G}$ 和 $\tilde{P}$. 将式 (A.4.9) 的矩阵元素重新排列, 化作以 $\tilde{P}$ 为未知变量的代数方程

$$\tilde{G} = (\lambda_r + \lambda_s) \tilde{P} = L\tilde{P} \tag{A.4.10}$$

其中 L 为待定的 n^2 阶方阵. 设 E 为 n^2 阶单位阵, $\tilde{P}$ 的非零解条件要求满足

$$|L - (\lambda_r + \lambda_s) E| = 0 \tag{A.4.11}$$

表明 $\lambda_r + \lambda_s$ 为矩阵 L 的特征值. 如方程 (A.4.6) 的任意二特征值之和不为零, 即

$$\lambda_r + \lambda_s \neq 0 \quad (r, s = 1, 2, \cdots, n) \tag{A.4.12}$$

则 $|L| \neq 0$, 对于给定的 $\tilde{G}$, 方程 (A.4.10) 必唯一存在 $\tilde{P}$ 的非零解. 从而证明以下定理

定理: 如线性方程的系数矩阵 A 的任意两个特征值之和不为零, 则对于任意给定的二次型 W, 必唯一存在二次型 V, 其沿方程解曲线对时间 t 的全导数满足 $\dot{V} = W$.

A.4.2　一次近似系统的稳定性

讨论以下定常的非线性扰动方程:

$$\dot{\boldsymbol{x}} = \boldsymbol{X}\left(x\right) \tag{A.4.13}$$

将非线性函数 $\boldsymbol{X}\left(x\right)$ 展成幂级数, 仅保留一次项, 成为方程 (A.4.13) 的一次近似方程:

$$\dot{\boldsymbol{x}} = \boldsymbol{A}\boldsymbol{x} \tag{A.4.14}$$

其中

$$\boldsymbol{A} = \left(a_{ij}\right), \, a_{ij} = \frac{\partial X_i}{\partial x_j} \quad \left(i, j = 1, 2, \cdots, n\right) \tag{A.4.15}$$

若线性方程 (A.4.14) 的零解为渐近稳定, 则矩阵 $\boldsymbol{A}$ 的所有特征值的实部均为负值. 任意二特征值之和的非零条件 (A.4.12) 必自然满足. 对于给定的负定二次型 $W\left(\boldsymbol{x}\right)$, 必存在唯一的二次型 $V\left(\boldsymbol{x}\right)$, 其沿一次近似方程 (A.4.14) 解曲线对时间 t 的全导数 $\dot{V}$ 满足

$$\dot{V} = \sum_{i=1}^{n} \frac{\partial V}{\partial x_i} \dot{x}_i = \sum_{i=1}^{n} \frac{\partial V}{\partial x_i} \sum_{j=1}^{n} a_{ij} x_j = W \tag{A.4.16}$$

且 $V\left(\boldsymbol{x}\right)$ 必为正定. 否则相点在状态空间中的走向与零解渐近稳定的已知条件矛盾.

若线性方程 (A.4.14) 的零解不稳定, 矩阵 $\boldsymbol{A}$ 的特征值中至少有一个实部为正值. 对于给定的正定二次型 $W\left(\boldsymbol{x}\right)$, 将要求满足的式 (A.4.16) 修改为

$$\dot{V} = W - \alpha V \tag{A.4.17}$$

其中 α 为充分小的正数. 将方程 (A.4.14) 也修改为:

$$\dot{\boldsymbol{x}} = \left(\boldsymbol{A} - \frac{\alpha}{2}\boldsymbol{E}\right)\boldsymbol{x} \tag{A.4.18}$$

设此方程的特征值为 σ, 满足特征方程

$$\left| A - \left(\frac{\alpha}{2} + \sigma \right) \boldsymbol{E} \right| = 0 \tag{A.4.19}$$

方程 (A.4.18) 的特征值 σ 与方程 (A.4.14) 的特征值 λ 之间有以下关系:

$$\sigma = \lambda - \frac{\alpha}{2} \tag{A.4.20}$$

设 λ 之中实部为正值的特征值为 λ_k, 适当选择 α 可使特征值 $\sigma_k = \lambda_k - (\alpha/2)$ 满足条件 (A.4.12), 即与其他特征值 $\sigma_s\,(s = 1, 2, \cdots, k-1, k+1, \cdots, n)$ 之和不为零

$$\sigma_k + \sigma_s \neq 0 \quad (s = 1, 2, \cdots, k-1, k+1, \cdots, n) \tag{A.4.21}$$

根据上述 V 函数存在定理, 对于给定的二次型 $W - \alpha V$, 必唯一存在二次型 V, 使其沿方程 (A.4.18) 的解曲线的全导数满足 $\dot{V} = W - \alpha V$, 即

$$\dot{V} = \sum_{s=1}^{n} \frac{\partial V}{\partial x_s} \left[a_{s1}x_1 + a_{s2}x_2 + \cdots + \left(a_{ss} - \frac{\alpha}{2} \right) x_s + \cdots + a_{sn}x_n \right] = W - \alpha V \tag{A.4.22}$$

利用欧拉齐次函数定理, 有

$$\sum_{s=1}^{n} \frac{\partial V}{\partial x_s} \left(\frac{\alpha}{2} x_s \right) = \frac{\alpha}{2} (2V) = \alpha V \tag{A.4.23}$$

代入式 (A.4.22), 消去两边的 $-\alpha V$, 即化作式 (A.4.16), 即 $\dot{V} = W$. 从而证明, 存在唯一的二次型 V, 其沿方程 (A.4.14) 的解曲线的全导数等于正定二次型 W. 且 V 不可能为负定或半负定, 以保证有 $V > 0$ 区域存在, 与零解不稳定的已知条件一致.

根据以上分析, 依据条件 (A.4.12) 证明其存在性的 V 函数即李雅普诺夫函数. 表明利用李雅普诺夫直接方法可以证明一次近似系统的渐近稳定和不稳定条件. 若线性方程 (A.4.14) 的特征值具有零实部的特征根, 因纯虚根成对出现, 条件 (A.4.12) 必不能满足, 不存在相应的 V 函数. 因此一次近似系统的稳定条件不能用李雅普诺夫直接方法证明.

A.4.3 李雅普诺夫一次近似稳定性定理

为讨论一次近似稳定性的结论能否判断原方程的零解稳定性, 将方程 (A.4.13) 的非线性右项 $\boldsymbol{X}(\boldsymbol{x})$ 写作一次近似项 $\boldsymbol{A}\boldsymbol{x}$ 与含二次以上扰动量的余项 $\boldsymbol{R}(\boldsymbol{x})$ 之和

$$\dot{\boldsymbol{x}} = \boldsymbol{A}\boldsymbol{x} + \boldsymbol{R}(\boldsymbol{x}) \tag{A.4.24}$$

其中

$$\boldsymbol{R}(\boldsymbol{x}) = \begin{pmatrix} R_1(\boldsymbol{x}) & R_2(\boldsymbol{x}) & \cdots & R_n(\boldsymbol{x}) \end{pmatrix}^{\mathrm{T}} \tag{A.4.25}$$

如略去余项 $\boldsymbol{R}(\boldsymbol{x})$, 式 (A.4.24) 即转化为一次近似方程 (A.4.14).

上节中已证明, 若一次近似方程的零解为渐近稳定, 必存在唯一的正定二次型 $V(\boldsymbol{x})$, 其沿一次近似方程 (A.4.14) 解曲线对时间 t 的全导数 W 为负定二次型. 现将函数 $V(\boldsymbol{x})$ 改为沿原方程 (A.4.24) 的解曲线计算全导数 $\dot{V}(\boldsymbol{x})$, 得到

$$\dot{V} = \sum_{i=1}^{n} \frac{\partial V}{\partial x_i} \dot{x}_i = \sum_{i=1}^{n} \frac{\partial V}{\partial x_i} \left(\sum_{j=1}^{n} a_{ij} x_j + R_i \right) = W + \sum_{i=1}^{n} \frac{\partial V}{\partial x_i} R_i \tag{A.4.26}$$

与式 (A.4.16) 比较, 所增加的最后一项为高于二阶的小量, 不影响 $\dot{V}(\boldsymbol{x})$ 的定号性. 则 $V(\boldsymbol{x})$ 函数沿原方程 (A.4.24) 的解曲线对 t 的全导数亦为负定. 根据李雅普诺夫的稳定性定理, 原方程 (A.4.24) 的零解为渐近稳定.

前已证明, 若一次近似方程的零解不稳定, 则对于给定的正定二次型 W, 必唯一存在非负的二次型 V, 使其沿一次近似方程 (A.4.14) 解曲线对时间 t 的全导数 $\dot{V} = W$ 为正定二次型. 将函数 $V(\boldsymbol{x})$ 改为沿原方程 (A.4.24) 的解曲线计算全导数 $\dot{V}(\boldsymbol{x})$, 得到与式 (A.4.26) 相同的结果. 因增加的最后一项为高于二阶的小量, 不影响 $\dot{V}(\boldsymbol{x})$ 的定号性. 表明 $V(\boldsymbol{x})$ 函数沿原方程 (A.4.24) 的解曲线对 t 的全导数亦为正定.

一次近似方程的稳定性条件, 即特征值实部为零情形, 因不满足 V 函数存在定理, 原系统的稳定性不能确定.

以上分析结果归纳为 3 条定理:

定理一：若一次近似方程的所有特征值实部均为负, 则原方程的零解渐近稳定.

定理二：若一次近似方程至少有一特征值实部为正, 则原方程的零解不稳定.

定理三：若一次近似方程的特征根无正实部, 但存在零实部的特征值, 则原方程的零解稳定性不能判断.

附录五　庞加莱判据的证明

讨论平面自治系统, 其运动微分方程的一般形式为

$$\left.\begin{array}{l} \dot{x} = P(x,y) \\ \dot{y} = Q(x,y) \end{array}\right\} \tag{A.5.1}$$

设此系统存在封闭相轨迹 Γ, 与 Ox 轴交于 $x = x_0$ 处的 A 点. 设 A' 为 Ox 轴上与 A 点距离为 λ 的邻近点, 从 A' 点出发的相轨迹为 Γ' (图 A.5.1). 相点沿 Γ' 的运动规律为

$$x = x(t,\lambda), \quad y = y(t,\lambda) \tag{A.5.2}$$

相点沿闭轨迹 Γ 的运动规律为上式中 $\lambda = 0$ 时的特例.

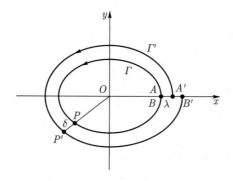

图 A.5.1　闭轨迹的稳定性

设在零时刻, 两个相点同时从 A 和 A' 点出发, 分别沿 Γ 和 Γ' 运动. 在图 A.5.1 中, P 为第一个相点在 t 时刻的位置. 连接并延长 OP 与 Γ' 交于 P', 设第二个相点到达 P' 点的时间为 μt. μ 为 λ 的函数, $\mu = \mu(\lambda)$. 显然有 $\mu(0) = 1$.

将 $\mu(\lambda)$ 对 λ 展成泰勒级数

$$\mu(\lambda) = 1 + a\lambda + \cdots \tag{A.5.3}$$

令 $PP' = \delta$, 则 δ 为 t 和 λ 的函数 $\delta = \delta(t,\lambda)$, 满足

$$\delta(t,0) = 0, \quad \delta(0,\lambda) = \lambda \tag{A.5.4}$$

沿 Γ 运动的相点经过一个周期 T 到达 Ox 轴与 A 重合的 B 点. 沿 Γ' 运动的相点在 μT 时刻到达 Ox 轴的 B' 点. B' 与 A' 一般不重合, $BB' = \delta(T,\lambda)$. 令

$$\delta(T,\lambda) = \sigma\lambda \tag{A.5.5}$$

其中系数 σ 也是 λ 的函数, $\sigma = \sigma(\lambda)$. 设 σ_0 为 $\lambda \to 0$ 时 σ 的极限, 则 $\sigma(\lambda)$ 对 λ 的泰勒展开式为

$$\sigma(\lambda) = \sigma_0 + \sigma_1\lambda + \cdots \tag{A.5.6}$$

B 与 B' 的横坐标差为 $\sigma\lambda$, 纵坐标差为零. 利用式 (A.5.3) 和 (A.5.6) 表示为

$$\left.\begin{array}{l} x\left((1+a\lambda)T,\lambda\right) - x(T,0) = (\sigma_0 + \sigma_1\lambda)\lambda \\ y\left((1+a\lambda)T,\lambda\right) - y(T,0) = 0 \end{array}\right\} \tag{A.5.7}$$

将上式的左边在 $\lambda = 0$ 附近展成 λ 的泰勒级数, 仅保留一次项, 得到

$$\left.\begin{array}{l} aT\left(\dfrac{\partial x}{\partial t}\right)_{T,0} + \left(\dfrac{\partial x}{\partial \lambda}\right)_{T,0} = \sigma_0 \\ aT\left(\dfrac{\partial y}{\partial t}\right)_{T,0} + \left(\dfrac{\partial y}{\partial \lambda}\right)_{T,0} = 0 \end{array}\right\} \tag{A.5.8}$$

消去 aT 后, 解出

$$\sigma_0 = \frac{1}{(\partial y/\partial t)_{T,0}} \left|\begin{array}{cc} \left(\dfrac{\partial x}{\partial \lambda}\right)_{T,0} & \left(\dfrac{\partial y}{\partial \lambda}\right)_{T,0} \\ \left(\dfrac{\partial x}{\partial t}\right)_{T,0} & \left(\dfrac{\partial y}{\partial t}\right)_{T,0} \end{array}\right| = \frac{W(T,0)}{(\partial y/\partial t)_{T,0}} \tag{A.5.9}$$

其中 $W(t,\lambda)$ 为函数 $x = x(t,\lambda)$ 和 $y = y(t,\lambda)$ 的朗斯基行列式

$$W(t,\lambda) \triangleq \left|\begin{array}{cc} \dfrac{\partial x}{\partial \lambda} & \dfrac{\partial y}{\partial \lambda} \\ \dfrac{\partial x}{\partial t} & \dfrac{\partial y}{\partial t} \end{array}\right| \tag{A.5.10}$$

根据 λ 的定义, 在 $t = 0$ 时刻, 应有 $x(0, \lambda) = x_0 + \lambda$, $y(0, \lambda) = 0$. 导出

$$\left(\frac{\partial x}{\partial \lambda}\right)_{0,\lambda} = 1, \quad \left(\frac{\partial y}{\partial \lambda}\right)_{0,\lambda} = 0 \tag{A.5.11}$$

相轨迹在与 x 轴交点处的斜率为 ∞, 因而有

$$\left(\frac{\partial x}{\partial t}\right)_{0,\lambda} = 0, \quad \left(\frac{\partial y}{\partial t}\right)_{0,\lambda} \neq 0 \tag{A.5.12}$$

利用式 (A.5.11),(A.5.12) 计算 $W(0, \lambda)$, 得到

$$W(0, \lambda) = \left(\frac{\partial y}{\partial t}\right)_{0,\lambda} \neq 0 \tag{A.5.13}$$

对于 $\lambda = 0$ 的闭轨迹 $\varGamma$ 情形, 导出

$$W(0, 0) = \left(\frac{\partial y}{\partial t}\right)_{0,0} = \left(\frac{\partial y}{\partial t}\right)_{T,0} \tag{A.5.14}$$

将式 (A.5.14) 代入式 (A.5.9), 得到

$$\sigma_0 = \frac{W(T, 0)}{W(0, 0)} \tag{A.5.15}$$

利用式 (A.5.1) 计算 $\dot{x}$ 和 $\dot{y}$ 对 t 和 λ 的偏导数, 得到

$$\left. \begin{array}{ll} \dfrac{\partial \dot{x}}{\partial t} = \dfrac{\partial P}{\partial x}\dfrac{\partial x}{\partial t} + \dfrac{\partial P}{\partial y}\dfrac{\partial y}{\partial t}, & \dfrac{\partial \dot{x}}{\partial \lambda} = \dfrac{\partial P}{\partial x}\dfrac{\partial x}{\partial \lambda} + \dfrac{\partial P}{\partial y}\dfrac{\partial y}{\partial \lambda} \\[3mm] \dfrac{\partial \dot{y}}{\partial t} = \dfrac{\partial Q}{\partial x}\dfrac{\partial x}{\partial t} + \dfrac{\partial Q}{\partial y}\dfrac{\partial y}{\partial t}, & \dfrac{\partial \dot{y}}{\partial \lambda} = \dfrac{\partial Q}{\partial x}\dfrac{\partial x}{\partial \lambda} + \dfrac{\partial Q}{\partial y}\dfrac{\partial y}{\partial \lambda} \end{array} \right\} \tag{A.5.16}$$

利用式 (A.5.10) 计算 $W(t, \lambda)$ 对 t 的全导数, 将上式代入整理后得到

$$\frac{\mathrm{d}W}{\mathrm{d}t} = \left(\frac{\partial P}{\partial x} + \frac{\partial Q}{\partial y}\right) W \tag{A.5.17}$$

积分得到

$$\ln \frac{W(t, \lambda)}{W(0, \lambda)} = \int_0^t \left(\frac{\partial P}{\partial x} + \frac{\partial Q}{\partial y}\right) \mathrm{d}t \tag{A.5.18}$$

令上式中 $t = T, \lambda = 0$, 积分沿闭轨迹 $\varGamma$ 进行, 得到

$$\frac{W(T, 0)}{W(0, 0)} = \exp \oint_{\varGamma} \left(\frac{\partial P}{\partial x} + \frac{\partial Q}{\partial y}\right) \mathrm{d}t = e^{hT} \tag{A.5.19}$$

其中参数 h 即庞加莱定义的闭轨迹 Γ 的特征指数：

$$h = \frac{1}{T} \oint_{\Gamma} \left(\frac{\partial P}{\partial x} + \frac{\partial Q}{\partial y} \right) \mathrm{d}t \tag{A.5.20}$$

将式 (A.5.18) 代入式 (A.5.15), 导出

$$\sigma_0 = \mathrm{e}^{hT} \tag{A.5.21}$$

则闭轨迹 Γ 的稳定性取决于 h 的符号：

$$
\begin{aligned}
&h < 0: \quad \sigma_0 < 1 \quad \text{闭轨迹}\Gamma\text{稳定} \\
&h > 0: \quad \sigma_0 > 1 \quad \text{闭轨迹}\Gamma\text{不稳定}
\end{aligned}
\tag{A.5.22}
$$

从而证明庞加莱判据：**若平面自治系统的闭轨迹 Γ 的特征指数 $h < 0$, 则闭轨迹 Γ 稳定；若 $h > 0$, 则 Γ 不稳定.**

若 $h = 0$, $\sigma_0 = 1$, 则闭轨迹 Γ 的稳定性要由式 (A.5.6) 中被忽略的 λ 的高次项确定, 而不能直接判断.

附录六　摄动法的数学依据

A.6.1　庞加莱定理

讨论非自治的单自由度弱非线性系统, 其动力学微分方程为

$$\dot{x} = P(x, y, t, \varepsilon), \quad \dot{y} = Q(x, y, t, \varepsilon) \tag{A.6.1}$$

其中 ε 是足够小的与 x, y, t 无关的独立参数, 函数 P, Q 均为 ε 的解析函数. 设此方程的解满足存在性、唯一性定理和对参数的解析性定理, $\varepsilon = 0$ 时, 系统 (A.6.1) 转化为派生系统:

$$\dot{x} = P(x, y, t, 0), \quad \dot{y} = Q(x, y, t, 0) \tag{A.6.2}$$

设此系统有周期 T 的周期解:

$$x = x_0(t), \quad y = y_0(t) \tag{A.6.3}$$

设原系统 (A.6.1) 有与派生解接近的基本解:

$$x = x(t, \varepsilon), \quad y = y(t, \varepsilon) \tag{A.6.4}$$

此基本解与派生解的不同初始值之差为 ε 的函数, 记作

$$\beta_1(\varepsilon) = x(0, \varepsilon) - x_0(0), \quad \beta_2(\varepsilon) = y(0, \varepsilon) - y_0(0) \tag{A.6.5}$$

函数 $\beta_1(\varepsilon)$ 和 $\beta_2(\varepsilon)$ 应满足

$$\beta_1(0) = \beta_2(0) = 0 \tag{A.6.6}$$

436

则可将基本解写作 $\beta_1, \beta_2, \varepsilon$ 和 t 的函数：

$$x = x(t, \beta_1, \beta_2, \varepsilon), \quad y = y(t, \beta_1, \beta_2, \varepsilon) \tag{A.6.7}$$

其初始条件为

$$\left. \begin{array}{l} x(0, \beta_1, \beta_2, \varepsilon) = x_0(0) + \beta_1(\varepsilon) \\ y(0, \beta_1, \beta_2, \varepsilon) = y_0(0) + \beta_2(\varepsilon) \end{array} \right\} \tag{A.6.8}$$

引入以下函数：

$$\left. \begin{array}{l} \psi_1 = x(T, \beta_1, \beta_2, \varepsilon) - x(0, \beta_1, \beta_2, \varepsilon) \\ \psi_2 = y(T, \beta_1, \beta_2, \varepsilon) - y(0, \beta_1, \beta_2, \varepsilon\,) \end{array} \right\} \tag{A.6.9}$$

则基本解亦为周期 T 的周期函数的充分必要条件为

$$\psi_1 = \psi_2 = 0 \tag{A.6.10}$$

若方程组 (A.6.10) 的雅可比行列式 J 在 $\beta_1 = \beta_2 = \varepsilon = 0$ 时不为零. 以下标 0 表示 J 的取值, 写作

$$J = \left| \frac{\partial(\psi_1, \psi_2)}{\partial(\beta_1, \beta_2)} \right|_0 \neq 0 \tag{A.6.11}$$

根据隐函数存在定理, 方程组 (A.6.10) 在 $\beta_1 = \beta_2 = \varepsilon = 0$ 附近存在单值隐函数：

$$\beta_1 = \beta_1(\varepsilon), \quad \beta_2 = \beta_2(\varepsilon) \tag{A.6.12}$$

将上式代入式 (A.6.8), 以此为初始条件的基本解即以 T 为周期的周期函数. 根据解的唯一性, 当 $\varepsilon = 0$ 时, 此基本解与派生解必完全符合.

　　以上分析证明了**庞加莱定理**: 如对于所研究的周期派生解, 雅可比行列式 $J = \partial(\psi_1, \psi_2)/\partial(\beta_1, \beta_2)$ 在 $\beta_1 = \beta_2 = \varepsilon = 0$ 时不为零, 则当 ε 充分小时, 唯一地存在一个周期基本解, 当 $\varepsilon = 0$ 时变为派生解, 且对 ε 是解析的.

A.6.2　弱非线性系统的受迫振动

　　讨论单自由度弱非线性系统的受迫振动：

$$\ddot{x} + \omega_0^2 x = F(t) + \varepsilon f(x, \dot{x}, t, \varepsilon) \tag{A.6.13}$$

其中 $F(t)$ 是周期为 T 的周期函数. 此系统的派生系统为

$$\ddot{x} + \omega_0^2 x = F(t) \tag{A.6.14}$$

派生系统的稳态周期解 $x_0(t)$ 可利用杜阿梅尔 (J. M. C. Duhamel) 积分导出:

$$x = x_0(t) = \frac{1}{\omega_0} \int_0^t F(\tau) \sin \omega_0 (t - \tau) \mathrm{d}\tau \tag{A.6.15}$$

设原系统的基本解与派生解的初始值之差为

$$\left.\begin{array}{l} x(0, \beta_1, \beta_2, \varepsilon) - x_0(0) = \beta_1(\varepsilon) \\ \dot{x}(0, \beta_1, \beta_2, \varepsilon) - \dot{x}_0(0) = \beta_2(\varepsilon) \end{array}\right\} \tag{A.6.16}$$

将方程 (A.6.13) 的基本解展成 β_1, β_2 和 ε 的幂级数, 得到

$$x(t, \beta_1, \beta_2, \varepsilon) = x_0(t) + A(t)\beta_1 + B(t)\beta_2 + \cdots \tag{A.6.17}$$

省略号表示与以下计算无关的 ε 的一次项及更高次项. 将上式代入方程 (A.6.13), 利用式 (A.6.14) 简化, 令 β_1, β_2 的同次幂的系数相等, 得到以下微分方程:

$$\ddot{A} + \omega_0^2 A = 0 \tag{A.6.18a}$$

$$\ddot{B} + \omega_0^2 B = 0 \tag{A.6.18b}$$

$A(t), B(t)$ 的初始条件可从式 (A.6.16),(A.6.17) 导出

$$A(0) = 1, \quad \dot{A}(0) = 0, \quad B(0) = 0, \quad \dot{B}(0) = 1 \tag{A.6.19}$$

解出方程组 (A.6.18) 的满足初始条件 (A.6.19) 的解:

$$A(t) = \cos \omega_0 t, \quad B(t) = \frac{1}{\omega_0} \sin \omega_0 t \tag{A.6.20}$$

利用式 (A.6.9) 定义的 ψ_1, ψ_2 函数, 其中的 $y(T, \beta_1, \beta_2, \varepsilon)$ 以 $\dot{x}(T, \beta_1, \beta_2, \varepsilon)$ 代替, 将式 (A.6.17) 代入, 再代入周期性条件 (A.6.10), 得到

$$\left.\begin{array}{l} \psi_1 = [A(T) - A(0)]\beta_1 + [B(T) - B(0)]\beta_2 = 0 \\ \psi_2 = [\dot{A}(T) - \dot{A}(0)]\beta_1 + [\dot{B}(T) - \dot{B}(0)]\beta_2 = 0 \end{array}\right\} \tag{A.6.21}$$

将式 (A.6.19), (A.6.20) 代入上式, 令 $T = 2\pi/\omega$, 计算其雅可比行列式, 在 $\beta_1 = \beta_2 = \varepsilon = 0$ 时取值, 得到

$$J = \left| \frac{\partial(\psi_1, \psi_2)}{\partial(\beta_1, \beta_2)} \right|_0 = \begin{vmatrix} \cos\omega_0 T - 1 & \omega_0^{-1}\sin\omega_0 t \\ -\omega_0\sin\omega_0 T & \cos\omega_0 T - 1 \end{vmatrix} = \left(\cos\frac{2\pi\omega_0}{\omega} - 1\right)^2 + \left(\sin\frac{2\pi\omega_0}{\omega}\right)^2 \tag{A.6.22}$$

在远离共振情形, $\omega_0 \neq n\omega$, 上式中的 J 必不为零. 齐次方程组 (A.6.21) 存在 β_1 和 β_2 的非零解. 根据庞加莱定理, 可得出以下结论:

如弱非线性系统的派生系统的固有频率 ω_0 并非激励频率 ω 的整倍数, 则当 ε 充分小时, 唯一地存在一个频率为 ω 的周期基本解, 当 $\varepsilon = 0$ 时变为派生解, 且对 ε 是解析的.

接近共振的受迫振动的证明从略.

A.6.3 弱非线性系统的自由振动

讨论自治的弱非线性系统, 其动力学微分方程为

$$\ddot{x} + \omega_0^2 x = \varepsilon f(x, \dot{x}, \varepsilon) \tag{A.6.23}$$

此系统的派生系统为

$$\ddot{x} + \omega_0^2 x = 0 \tag{A.6.24}$$

派生系统存在周期为 $T_0 = 2\pi/\omega_0$ 简谐变化的派生解:

$$x = x_0(t) = a\cos\omega_0 t \tag{A.6.25}$$

设原系统 (A.6.23) 的基本解 $x = x(t, \varepsilon)$ 与派生解的初始值之差为 β, 而初始速度相同. 可将基本解写作 $x = x(t, \beta, \varepsilon)$, 其初始条件为

$$\left. \begin{array}{l} x(0, \beta, \varepsilon) = x_0(0) + \beta = a + \beta \\ \dot{x}(0, \beta, \varepsilon) = \dot{x}_0(0) = 0 \end{array} \right\} \tag{A.6.26}$$

若基本解也是 t 的周期函数, 其周期 T 与派生解的周期 T_0 之差为 α, 即

$$T = \frac{2\pi}{\omega_0} + \alpha \tag{A.6.27}$$

其中 $\alpha = \alpha(\varepsilon)$ 和 $\beta = \beta(\varepsilon)$ 均为 ε 的函数, 与 ε 为同阶小量, 且满足边界条件:

$$\alpha(0) = \beta(0) = 0 \tag{A.6.28}$$

将基本解 $x = x(t, \beta, \varepsilon)$ 展成 β 和 ε 的幂级数:

$$x(t, \beta, \varepsilon) = x_0(t) + A(t)\beta + \varepsilon[C(t) + D(t)\beta + E(t)\varepsilon + \cdots] + \cdots \tag{A.6.29}$$

省略号表示其余的二次项及更高次项. 利用上式将非线性项 $f(x, \dot{x}, \varepsilon)$ 在 $\varepsilon = 0, x = x_0$ 附近展成泰勒级数, 得到

$$f(x, \dot{x}, \varepsilon) = f(x_0, \dot{x}_0, 0) + \left[\left(\frac{\partial f}{\partial x} \right)_0 A + \left(\frac{\partial f}{\partial \dot{x}} \right)_0 \dot{A} \right] \beta + \cdots \tag{A.6.30}$$

将式 (A.6.29),(A.6.30) 代入方程 (A.6.23) 的两边, 令 ε 和 β 的同次幂系数相等, 导出以下线性方程组:

$$\ddot{A} + \omega_0^2 A = 0 \tag{A.6.31a}$$

$$\ddot{C} + \omega_0^2 C = f(x_0, \dot{x}_0, 0) \tag{A.6.31b}$$

$$\ddot{D} + \omega_0^2 D = \left(\frac{\partial f}{\partial x} \right)_0 A + \left(\frac{\partial f}{\partial \dot{x}} \right)_0 \dot{A} \tag{A.6.31c}$$

其中以下标 0 表示在 $\alpha = \beta = \varepsilon = 0$ 时取值. $A(t), C(t), D(t)$ 的初始条件可从式 (A.6.26) 和 (A.6.29) 导出:

$$A(0) = 1, \quad \dot{A}(0) = 0, \quad C(0) = \dot{C}(0) = D(0) = \dot{D}(0) = 0 \tag{A.6.32}$$

各方程满足此初始条件的解为

$$A(t) = \cos \omega_0 t \tag{A.6.33a}$$

$$C(t) = \frac{1}{\omega_0} \int_0^t f[x_0(\tau), \dot{x}_0(\tau), 0] \sin \omega_0 (t - \tau) \, \mathrm{d}\tau \tag{A.6.33b}$$

$$D(t) = \frac{1}{\omega_0} \int_0^t \left[\left(\frac{\partial f}{\partial x} \right)_0 \cos \omega_0 \tau - \omega_0 \left(\frac{\partial f}{\partial \dot{x}} \right)_0 \sin \omega_0 \tau \right] \sin \omega_0 (t - \tau) \, \mathrm{d}\tau \tag{A.6.33c}$$

利用式 (A.6.26) 写出基本解的周期性条件:

$$\left.\begin{array}{l} x(T_0+\alpha,\beta,\varepsilon)-x(0,\beta,\varepsilon)=x(T_0+\alpha,\beta,\varepsilon)-a-\beta=0 \\ \dot{x}(T_0+\alpha,\beta,\varepsilon)-\dot{x}(0,\beta,\varepsilon)=\dot{x}(T_0+\alpha,\beta,\varepsilon)=0 \end{array}\right\} \tag{A.6.34}$$

将此条件在 $\alpha=0$ 附近展成 α 的泰勒级数, 得到

$$\left.\begin{array}{l} x(T_0,\beta,\varepsilon)+\dot{x}(T_0,\beta,\varepsilon)\alpha+\dfrac{1}{2}\ddot{x}(T_0,\beta,\varepsilon)\alpha^2+\cdots-a-\beta=0 \\ \dot{x}(T_0,\beta,\varepsilon)+\ddot{x}(T_0,\beta,\varepsilon)\alpha+\cdots=0 \end{array}\right\} \tag{A.6.35}$$

其中 $\ddot{x}(T_0,\beta,\varepsilon)$ 与 $\ddot{x}_0(T_0,\beta,\varepsilon)$ 的差值为 α 的同阶小量, 可用后者代替. 利用式 (A.6.25) 化作

$$\left.\begin{array}{l} x(T_0,\beta,\varepsilon)+\dot{x}(T_0,\beta,\varepsilon)\alpha-\dfrac{1}{2}\omega_0^2 x(T_0,\beta,\varepsilon)\alpha^2+\cdots-a-\beta=0 \\ \dot{x}(T_0,\beta,\varepsilon)-\omega_0^2 x(T_0,\beta,\varepsilon)\alpha+\cdots=0 \end{array}\right\} \tag{A.6.36}$$

将式 (A.6.29) 代入式 (A.6.36), 第一式中保留 ε,α,β 的二阶小量, 第二式中保留一阶小量, 得到

$$\varepsilon\left[C(T_0)+D(T_0)\beta+E(T_0)\varepsilon+\dot{C}(T_0)\alpha\right]-\dfrac{1}{2}\omega_0^2 a\alpha^2=0 \tag{A.6.37a}$$

$$\varepsilon\dot{C}(T_0)-\omega_0^2 a\alpha=0 \tag{A.6.37b}$$

从式 (A.6.37b) 解出 α 后代入式 (A.6.37a), 导出

$$C(T_0)+D(T_0)\beta+\varepsilon\left[E(T_0)+\dfrac{\varepsilon\dot{C}^2(T)}{2\omega_0^2 a}\right]=0 \tag{A.6.38}$$

为保证 $\varepsilon=0$ 时 $\beta(0)=0$, 应满足以下条件:

$$C(T_0)=0, \quad D(T_0)\neq 0 \tag{A.6.39}$$

将派生解 $x_0(t)$ 代入原方程 (A.6.23) 的非线性项 $f(x,\dot{x},\varepsilon)$ 后, 展成周期为 T_0 的傅里叶级数:

$$f(x_0,\dot{x}_0,t,0)=\dfrac{f_0}{2}+\sum_{m=1}^{\infty}(f_m\cos m\omega_0 t+g_m\sin m\omega_0 t) \tag{A.6.40}$$

其中与 $m = 1$ 对应的系数 f_1, g_1 为

$$\left.\begin{aligned}
f_1(a) &= \frac{\omega_0}{\pi} \int_0^{T_0} f\left(a\cos\omega_0\tau,\ -\omega_0 a\sin\omega_0\tau, 0\right)\cos\omega_0\tau\mathrm{d}\tau \\
g_1(a) &= \frac{\omega_0}{\pi} \int_0^{T_0} f\left(a\cos\omega_0\tau,\ -\omega_0 a\sin\omega_0\tau, 0\right)\sin\omega_0\tau\mathrm{d}\tau
\end{aligned}\right\} \tag{A.6.41}$$

将上式中的 $g_1(a)$ 与积分上限 $t = T_0$ 的式 (A.6.33b) 比较, $\sin\omega_0\left(T_0 - \tau\right)$ 以 $\sin\omega_0\left(-\tau\right)$ 代替, 得出

$$g_1(a) = -\frac{\omega_0^2}{\pi}C(T_0) \tag{A.6.42}$$

将上式中的 $g_1(a)$ 对 a 求导, 与积分上限 $t = T_0$ 的式 (A.6.33c) 比较, 得出

$$\frac{\partial g_1(a)}{\partial a} = \frac{\omega_0^2}{\pi}D\left(T_0\right) \tag{A.6.43}$$

则条件 (A.6.39) 可化作

$$g_1(a) = 0, \quad \frac{\partial g_1(a)}{\partial a} \neq 0 \tag{A.6.44}$$

因式 (A.6.41) 中 $f_1(a)$ 和 $g_1(a)$ 的被积函数中 $\sin\omega_0\tau$ 与 $\cos\omega_0\tau$ 同为简谐函数, 可推知 $f_1(a)$ 有类似性质:

$$f_1(a) = 0, \quad \frac{\partial f_1(a)}{\partial a} \neq 0 \tag{A.6.45}$$

根据条件 (A.6.44),(A.6.45) 判断, $f\left(x_0, \dot{x}_0, \varepsilon\right)$ 的傅里叶展开式中, 一次谐波系数 $f_1(a), g_1(a)$ 为零的等式满足隐函数 a 的存在条件. 从而得出以下结论:

如弱非线性自治系统的派生系统的固有频率为 ω_0, 将派生解代入非线性项, 并按 ω_0 频率展成傅里叶级数, 若一次谐波系数为零的等式中能单值解出自由振动振幅 a, 则当 ε 充分小时, 唯一地存在一个频率接近 ω_0 的周期基本解, 当 $\varepsilon = 0$ 时变成派生解, 且对 ε 是解析的.

附录七　平面霍普夫分岔定理的证明

A.7.1　霍普夫分岔定理证明的思路

在本附录中将应用庞加莱–伯克霍夫范式 (PB 范式) 证明平面霍普夫分岔定理. 这一证明过程包括三个主要步骤: 导出一次近似方程具有共轭特征值的非线性系统的 3 阶 PB 范式; 分析所导出 3 阶 PB 范式定义的截断系统的分岔特性; 说明原系统与截断系统在分岔值邻域具有相同的分岔特性.

本附录不仅证明了霍普夫分岔定理, 也说明了 PB 范式应用于分岔问题研究的过程, 包括带参数系统 PB 范式的推导, 截断系统的分岔特性分析及原系统与截断系统关系的讨论. 特别需要强调, 由于 PB 范式截断并不必然反映原系统的全部动力学行为, 最后一个步骤是必要的.

需要说明, 霍普夫分岔定理有不止一种证明方法. 其中一种便于推广到无穷维系统的方法是将满足霍普夫分岔定理条件的动态分岔问题转化为周期函数空间中抽象微分方程的静态分岔问题, 然后利用李雅普诺夫–施密特约化, 可参阅文献 [27] 第 341-358 页. 在应用 PB 范式的证明中, 也可以直接导出系统 PB 范式而不先转化为复数的形式, 可参阅文献 [54] 第 262-268 页.

A.7.2　霍普夫分岔系统的 PB 范式

为运算的方便将式 (5.6.2) 改写为复数的形式, 引入变换

$$\begin{pmatrix} x \\ y \end{pmatrix} = \frac{1}{2} \begin{pmatrix} 1 & 1 \\ -i & i \end{pmatrix} \begin{pmatrix} z \\ \bar{z} \end{pmatrix} \quad \text{即} \quad \begin{pmatrix} z \\ \bar{z} \end{pmatrix} = \begin{pmatrix} 1 & i \\ 1 & -i \end{pmatrix} \begin{pmatrix} x \\ y \end{pmatrix} \tag{A.7.1}$$

式 (A.7.1) 代入式 (5.6.2), 得到

$$\dot{z} = \lambda(\mu) z + F(z, \bar{z}, \mu) \tag{A.7.2}$$

$$\dot{\bar{z}} = \bar{\lambda}(\mu) \bar{z} + \bar{F}(z, \bar{z}, \mu) \tag{A.7.3}$$

其中

$$\lambda(\mu) = \alpha(\mu) + \mathrm{i}\beta(\mu), F(z, \bar{z}, \mu) = f(x(z, \bar{z}), y(z, \bar{z}), \mu) + \mathrm{i}g(x(z, \bar{z}), y(z, \bar{z}), \mu) \tag{A.7.4}$$

式 (A.7.3) 仅是式 (A.7.2) 的复共轭, 实质上仅需要研究式 (A.7.2). 将式 (A.7.2) 展开幂级数, 得到

$$\dot{z} = \lambda(\mu) z + F_2(z, \bar{z}, \mu) + F_3(z, \bar{z}, \mu) + \cdots + F_{k-1}(z, \bar{z}, \mu) + O(k) \tag{A.7.5}$$

其中 F_j $(j = 2, 3, \cdots, k-1)$ 为 z 和 $\bar{z}$ 的 j 次多项式, $O(k)$ 为与 z 和 $\bar{z}$ 的 k 次多项式同阶的项, 各多项式系数均与 μ 有关.

为导出 PB 范式, 引入变换

$$z = w + P_k(w, \bar{w}, \mu) \tag{A.7.6}$$

由式 (5.4.8), 式 (5.4.6) 定义的算子 $\mathbf{L}_A$ 可逆时, 其零空间为 0 维, PB 范式中的非线性项可以消去. 对于 w 和 $\bar{w}$ 的齐次多项式所成空间的 $m + n$ 次基函数 $w^m \bar{w}^n$, 在算子 $\mathbf{L}_A$ 的作用下为

$$\begin{aligned}
\mathbf{L}_A(w^m \bar{w}^n) &= \lambda(\mu) w \frac{\partial}{\partial w}(w^m \bar{w}^n) + \bar{\lambda}(\mu) \bar{w} \frac{\partial}{\partial \bar{w}}(w^m \bar{w}^n) - \lambda(\mu)(w^m \bar{w}^n) \\
&= (m\lambda(\mu) + n\bar{\lambda}(\mu) - \lambda(\mu))(w^m \bar{w}^n)
\end{aligned} \tag{A.7.7}$$

当 $\mu = 0$ 时, 算子 $\mathbf{L}_A$ 有零空间的条件是

$$m\lambda(\mu) + n\bar{\lambda}(\mu) - \lambda(\mu) = 0 \tag{A.7.8}$$

由式 (5.6.4) 和 (A.7.4), 得到

$$m - n = 1 \tag{A.7.9}$$

考虑 $m+n<5$ 的情形, 仅有 $m=2$ 和 $n=1$ 满足上式.

根据以上分析, 在 μ 充分小时, 式 (A.7.2) 用式 (A.7.6) 定义的新复变量 w 表示, 有

$$\dot{w} = \lambda(\mu)w + pw^2\bar{w} + O(5) \tag{A.7.10}$$

的形式. 改写为实数形式, 令

$$w = u + \mathrm{i}v, \quad p = a + \mathrm{i}b \tag{A.7.11}$$

在 μ 充分小时由式 (A.7.4) 有

$$\lambda(\mu) = (\alpha(0) + \alpha'(0)\mu) + \mathrm{i}(\beta(0) + \beta'(0)\mu) \tag{A.7.12}$$

式 (A.7.11) 和 (A.7.12) 代入式 (A.7.10) 并注意到式 (5.6.7) 和 (5.6.8), 即得到 PB 范式的实数形式

$$\left. \begin{aligned} \dot{u} &= c\mu u - (e\mu + \omega)v + (au - bv)(u^2 + v^2) + O(5) \\ \dot{v} &= (e\mu + \omega)u + c\mu v + (bu + av)(u^2 + v^2) + O(5) \end{aligned} \right\} \tag{A.7.13}$$

A.7.3　3 阶 PB 范式截断系统的分岔特性

引入极坐标变换

$$u = \rho\cos\varphi, \quad v = \rho\sin\varphi \tag{A.7.14}$$

式 (A.7.13) 可写作

$$\dot{\rho} = c\mu\rho + a\rho^3 + O(\rho^5), \quad \dot{\varphi} = \omega + e\mu + b\rho^2 + O(\rho^4) \tag{A.7.15}$$

略去 4 次及更高次的项, 得到 3 阶 PB 范式截断系统

$$\dot{\rho} = c\mu\rho + a\rho^3, \quad \dot{\varphi} = \omega + e\mu + b\rho^2 \tag{A.7.16}$$

系统的极限环由方程

$$c\mu r + ar^3 = 0 \tag{A.7.17}$$

445

的非零解确定. 当 $c\mu$ 和 a 异号时, 式 (A.7.17) 有解

$$\rho_0 = 0, \quad \rho_c = \sqrt{-\frac{c\mu}{a}} \tag{A.7.18}$$

式 (A.7.16) 在 $\rho=0$ 和 $\rho=\rho_c$ 的一次近似方程分别为

$$\dot{\rho} = c\mu\rho, \quad \dot{\varphi} = \omega + e\mu \tag{A.7.19}$$

$$\dot{\rho} = -2c\mu\rho, \quad \dot{\varphi} = \omega + e\mu \tag{A.7.20}$$

故当 $c\mu<0$ 时, 平衡点 $\rho=0$ 渐近稳定, 极限环 $\rho = \rho_c$ 不稳定; 当 $c\mu>0$ 时, 平衡点 $\rho=0$ 不稳定, 极限环 $\rho = \rho_c$ 渐近稳定.

对于具体问题, c 和 e 由式 (5.6.7) 给出, 而尚未推导 a 的具体表达式. 以下证明式 (5.6.8). 为此仅需要导出 $\mu=0$ 时 PB 范式, 此时式 (A.7.2) 可改写为

$$\dot{z} = \mathrm{i}\omega z + h(z, \bar{z}) \tag{A.7.21}$$

其中

$$h(z, \bar{z}) = F(z, \bar{z}, 0) \tag{A.7.22}$$

而其 PB 范式为

$$\dot{w} = \mathrm{i}\omega w + pw^2\bar{w} + O(5) \tag{A.7.23}$$

引入变换

$$z = w + \psi(w, \bar{w}) \tag{A.7.24}$$

式 (A.7.24) 代入式 (A.7.21), 得到

$$\dot{w} + \frac{\partial \psi}{\partial w}\dot{w} + \frac{\partial \psi}{\partial \bar{w}}\dot{\bar{w}} = \mathrm{i}\omega(w + \psi) + h(w + \psi, \bar{w} + \bar{\psi}) \tag{A.7.25}$$

注意到式 (A.7.24) 中 ψ 和式 (A.7.21) 中 h 均是 2 次及更高次量, 则有

$$\psi(w, \bar{w}) = \frac{1}{2}\frac{\partial^2 \psi}{\partial w^2}w^2 + \frac{\partial^2 \psi}{\partial w \partial \bar{w}}w\bar{w} + \frac{1}{2}\frac{\partial^2 \psi}{\partial \bar{w}^2}\bar{w}^2 + \frac{1}{6}\frac{\partial^3 \psi}{\partial w^3}w^3 +$$
$$\frac{1}{2}\frac{\partial^3 \psi}{\partial w^2 \partial \bar{w}}w^2\bar{w} + \frac{1}{2}\frac{\partial^3 \psi}{\partial w \partial \bar{w}^2}w\bar{w}^2 + \frac{1}{2}\frac{\partial^3 \psi}{\partial \bar{w}^3}\bar{w}^3 + O(3) \tag{A.7.26}$$

$$h\left(w+\psi,\bar{w}+\bar{\psi}\right)=\frac{1}{2}\frac{\partial^2 h}{\partial w^2}w^2+\frac{\partial^2 h}{\partial w\partial\bar{w}}w\bar{w}+\frac{1}{2}\frac{\partial^2 h}{\partial\bar{w}^2}\bar{w}^2+\frac{1}{2}\frac{\partial^3 h}{\partial w^2\partial\bar{w}}w^2\bar{w}+O(3)$$

$$(A.7.27)$$

式 (A.7.26) 和 (A.7.27) 及式 (A.7.24) 与其共轭代入式 (A.7.25), 比较 2 次项系数, 得到

$$\frac{\partial^2\psi}{\partial w^2}=-\frac{\mathrm{i}}{\omega}\frac{\partial^2 h}{\partial w^2}\,,\qquad \frac{\partial^2\psi}{\partial w\partial\bar{w}}=\frac{\mathrm{i}}{\omega}\frac{\partial^2 h}{\partial w\partial\bar{w}}\,,\qquad \frac{\partial^2\psi}{\partial\bar{w}^2}=\frac{\mathrm{i}}{3\omega}\frac{\partial^2 h}{\partial\bar{w}^2} \qquad (A.7.28)$$

比较 $w^2\bar{w}$ 项系数, 得到

$$p-\frac{\partial^2 h}{\partial w^2}\frac{\partial^2\psi}{\partial w\partial\bar{w}}-\frac{\partial^2 h}{\partial w\partial\bar{w}}\left(\frac{1}{2}\frac{\partial^2 h}{\partial w^2}+\frac{\partial^2\bar{\psi}}{\partial w\partial\bar{w}}\right)-\frac{1}{2}\frac{\partial^2 h}{\partial\bar{w}^2}\frac{\partial^2\bar{\psi}}{\partial\bar{w}^2}=\frac{1}{2}\frac{\partial^3 h}{\partial w^2\partial\bar{w}} \quad (A.7.29)$$

式 (A.7.28) 代入式 (A.7.29), 得到

$$p=\frac{\mathrm{i}}{6\omega}\left(3\frac{\partial^2 h}{\partial w^2}\frac{\partial^2 h}{\partial w\partial\bar{w}}-6\frac{\partial^2 h}{\partial w\partial\bar{w}}\frac{\partial^2\bar{h}}{\partial w\partial\bar{w}}-\frac{\partial^2 h}{\partial\bar{w}^2}\frac{\partial^2\bar{h}}{\partial\bar{w}^2}\right)+\frac{1}{2}\frac{\partial^3 h}{\partial w^2\partial\bar{w}} \qquad (A.7.30)$$

注意到上式括号中后两项均为实数, 由式 (A.7.11)

$$a=\mathrm{Re}\,(p)=\frac{1}{2}\mathrm{Re}\left(\frac{\partial^3 h}{\partial w^2\partial\bar{w}}\right)-\frac{1}{\omega}\left(\mathrm{Re}\left(\frac{\partial^2 h}{\partial w^2}\right)\mathrm{Im}\left(\frac{\partial^2 h}{\partial w\partial\bar{w}}\right)\right.$$

$$\left.+\mathrm{Im}\left(\frac{\partial^2 h}{\partial w^2}\right)\mathrm{Re}\left(\frac{\partial^2 h}{\partial w\partial\bar{w}}\right)\right) \qquad (A.7.31)$$

根据式 (A.7.22)、(A.7.5)、(A.7.1) 和 (A.7.24) 按复合函数求导法, 依次得到

$$\frac{\partial h}{\partial w}=\frac{1}{2}\left(\left(\frac{\partial f}{\partial x}+\frac{\partial g}{\partial y}\right)+\mathrm{i}\left(\frac{\partial g}{\partial x}-\frac{\partial f}{\partial y}\right)\right) \qquad (A.7.32)$$

$$\frac{\partial^2 h}{\partial w^2}=\frac{1}{4}\left(\left(\frac{\partial^2 f}{\partial x^2}-\frac{\partial^2 f}{\partial y^2}+2\frac{\partial^2 g}{\partial x\partial y}\right)+\mathrm{i}\left(\frac{\partial^2 g}{\partial x^2}-\frac{\partial^2 g}{\partial y^2}-2\frac{\partial^2 f}{\partial x\partial y}\right)\right) \quad (A.7.33)$$

$$\frac{\partial^2 h}{\partial w\partial\bar{w}}=\frac{1}{4}\left(\left(\frac{\partial^2 f}{\partial x^2}+\frac{\partial^2 f}{\partial y^2}\right)+\mathrm{i}\left(\frac{\partial^2 g}{\partial x^2}+\frac{\partial^2 g}{\partial y^2}\right)\right) \qquad (A.7.34)$$

$$\mathrm{Re}\left(\frac{\partial^3 h}{\partial w^2\partial\bar{w}}\right)=\frac{1}{8}\left(\frac{\partial^3 f}{\partial x^3}+\frac{\partial^3 f}{\partial x\partial y^2}+\frac{\partial^3 g}{\partial x^2\partial y}+\frac{\partial^3 g}{\partial y^3}\right) \qquad (A.7.35)$$

式 (A.7.33)、(A.7.34) 和 (A.7.35) 代入式 (A.7.31) 即导出式 (5.6.8).

从以上分析可得到 3 阶 PB 范式截断系统 (A.7.16) 的分岔特性. (1) 当 $c>0$ 和 $a>0$ 时, 原点对 $\mu>0$ 不稳定, 对 $\mu<0$ 渐近稳定; 当 $\mu<0$ 时存在不稳定极限

环. (2) 当 $c>0$ 和 $a>0$ 时, 原点对 $\mu<0$ 渐近稳定, 对 $\mu>0$ 不稳定; 当 $\mu>0$ 时存在渐近稳定极限环. (3) 当 $c<0$ 和 $a>0$ 时, 原点对 $\mu>0$ 渐近稳定, 对 $\mu<0$ 不稳定; 当 $\mu>0$ 时存在不稳定极限环. (4) 当 $c<0$ 和 $a<0$ 时, 原点对 $\mu>0$ 渐近稳定, 对 $\mu<0$ 不稳定; 当 $\mu<0$ 时存在渐近稳定极限环.

附录八 混沌的拓扑描述

A.8.1 符号动力学

符号动力学是形式上最简单的一种系统, 是对实际系统的一种高度概括和抽象. 应用符号序列研究系统动力学行为起源于 20 世纪 20 年代伯克霍夫和莫泽的工作. 随后, 鲍文 (R. Bowen)、茹厄勒、西奈 (Ya. G. Sinai) 等各自在微分动力学系统理论和遍历性理论中发展了符号动力学. 1973 年米特罗波利斯 (N. Metropolis) 等创立实用符号动力学. 郝柏林等发展实用符号动力学进行混沌研究. 20 世纪 80 年代以来, 符号动力学成为系统动力学行为研究尤其是混沌研究的重要方法. 此处仅为从拓扑角度描述混沌, 叙述符号动力学若干基本概念和结果. 关于符号动力学的系统论述可参阅文献 [60,77], 关于实用符号动力学及其在混沌中的应用, 可参阅文献 [38,58].

多于 1 个的有限数目的元素集合

$$A = \{a_1, a_2, \cdots, a_N\} \tag{A.8.1}$$

称为**字母表**. 字母表 A 中的元素称为**符号**. 以 A 中元素任意地排成双向无限的序列

$$S = (\cdots, s_{-2}, s_{-1}; s_0, s_1, s_2, \cdots) \tag{A.8.2}$$

称为**符号序列**, 其中 $s_i \in A$ ($i = 0, \pm 1, \pm 2, \cdots$), 记号 ";" 加在零位元素的左方. 记所有符号序列全体的集合为 Σ_A.

对于符号集合 Σ_A 中任意两个元素 $S = (\cdots, s_{-2}, s_{-1}; s_0, s_1, s_2, \cdots)$ 和 $T =$

$(\cdots, t_{-2}, t_{-1}; t_0, t_1, t_2, \cdots)$, 定义两者距离

$$d(S, T) = \sum_{i=-\infty}^{\infty} \frac{\delta_i}{2^{|i|}} \tag{A.8.3}$$

其中

$$\delta_i = \begin{cases} 0 & s_i = t_i \\ 1 & s_i \neq t_i \end{cases} \qquad (i = 0, \pm 1, \pm 2, \cdots) \tag{A.8.4}$$

可以验证, 集合 Σ_A 和距离 d 构成度量空间 (Σ_A, d), 称为**符号空间**, 也简记为 Σ_A. 容易证明, 当 $s_i = t_i (i = 0, \pm 1, \pm 2, \cdots, \pm n)$ 时, $d(S, T) \leqslant 1/2^{n-1}$; 而当 $d(S,T) < 1/2^{n-1}$ 时, 对于 $i = 0, \pm 1, \pm 2, \cdots, \pm n$ 有 $s_i = t_i$.

在上 Σ_A 定义映射 σ, 使得对 $S \in \Sigma_A$ 任意有

$$\sigma(S) = \sigma((\cdots, s_{-2}, s_{-1}; s_0, s_1, s_2, \cdots)) = (\cdots, s_{-2}, s_{-1}, s_0; s_1, s_2, \cdots) \tag{A.8.5}$$

即 $\sigma(S)$ 的第 i 个符号为

$$(\sigma(S))_i = s_{i+1} \tag{A.8.6}$$

映射 σ 将符号序列 S 中每个位置上的符号向左移一位. 映射 σ 的逆映射 σ^{-1} 存在, 且 σ^{-1} 是将符号序列 S 中每个位置上的符号向右移一位. 在距离 d 意义下, 可以证明映射 σ 和 σ^{-1} 均连续. 因此, σ 是 Σ_A 上的一个同胚, 称为**移位自同构**.

符号空间 Σ_A 和移位自同构 σ 构成的系统 (Σ_A, σ) 称为**符号动力学**. 移位自同构 σ 具有若干特殊的动力学性质, 列举如下.

性质 1　移位自同构 σ 具有周期为任意自然数的周期点, 即存在可数无穷多个周期点.

事实上, 对于任意自然数 n, 仅考虑 A 有两个符号 0 和 1 的情形, 此时 Σ_A 记为 Σ_2. 以 n 个符号构成的字节 $\overbrace{(0, 0, \cdots, 0, 1)}^{n个}$ 循环生成符号空间 Σ_2 的元素 S_n, 则 $\sigma^n(S_n) = S_n$, 因此该元素即是映射 σ 的 n 周期点.

性质 2　移位自同构 σ 的周期点在符号空间 Σ_A 中为**稠密**, 即在任意 Σ_A 中元素的任意小邻域内都存在 σ 的周期点.

事实上, 对于任意 $S = (\cdots, s_{-2}, s_{-1}; s_0, s_1, s_2, \cdots) \in \Sigma_A$ 和任意正数 ε, 设 m 是满足 $m > -\log_2\varepsilon + 1$ 的正整数, 则由 S 的中间 $2m+1$ 个符号构成字节 $(s_{-m}, \cdots, s_{-2}, s_{-1}; s_0, s_1, s_2, \cdots, s_m)$ 循环得到的 Σ_A 中元素 S_{2m+1} 是 $2m+1$ 周期点, 且根据距离 d 的性质满足 $d(S, S_{2m+1}) \leqslant 1/2^{n-1} < \varepsilon$, 即 S_{2m+1} 在 S 的 ε 邻域内.

性质 3 移位自同构 σ 有**稠密轨道** (dense orbit), 即存在 $S_0 \in \Sigma_A$, 使得符号空间 Σ_A 中的集合 $\{S | S = \sigma^i(S_0), i = 0, \pm1, \pm2, \cdots\}$ 在 Σ_A 中是稠密的.

事实上, 当 A 仅由两个符号 0 和 1 构成时, 取

$$S_0 = (\cdots, s_{-2}, s_{-1}; s_0, 0, 1, \overbrace{0, 0, 1, 1, 0, 1, 1, 0,}^{\text{一切两个符号组合}}$$

$$\overbrace{0, 0, 0, 1, 0, 0, 0, 1, 0, \cdots, 0, 1, 1, 1, 1, 1,}^{\text{一切三个符号组合}} \cdots) \tag{A.8.7}$$

对于任意 $S \in \Sigma_2$ 和 $\varepsilon > 0$, 由性质 2 知存在周期点 S_n 使得 $d(S, S_n) < \varepsilon/2$. 由 S_0 的构造知 S_0 的足够长某一节符号与周期点 S_n 的相应节完全相同, σ 作用下移位若干次后可将该节移至符号序列的中间, 即存在 i 使得 $d(\sigma^i(S_0), S_n) < \varepsilon/2$. 因此有 $d(\sigma^i(S_0), S) < \varepsilon$.

移位自同构最引人注目的性质是具有初值敏感性. 根据德凡尼 (R. Devaney) 的定义, 映射 $f : I \to J$ 具有初态敏感性是指: 存在 $\eta > 0$, 对任意 $x \in I$ 和 x 的任意邻域 N, 存在 $y \in N$ 和 $n \geqslant 0$, 使得 $d(f^n(x), f^n(y)) > \eta$.

现在证明移位自同构的初态敏感性. 取 $\eta = 0.5$. 对于任意 $S \in \Sigma_A$, 如式 (A.8.2) 和 S 的 ε 小邻域 N, 存在 $i = 0, \pm1, \pm2, \cdots, \pm m$ 时有 $s_i = t_i$ 且 $s_{m+} \neq t_{m+1}$ 而其他元素任意的 $T \in \Sigma_A$. 由 (A.8.4) 式, $\delta_{m+1} = 1$. 根据距离 d 的性质, 当 $m > -\log_2\varepsilon$ 时, $d(S, T) < \varepsilon$, 即 $T \in N$. 取 $n = m+1$, 根据移位映射的定义 (A.8.5)

$$\left. \begin{array}{l} \sigma^n(S) = \sigma((\cdots, s_{m-1}, s_m; s_{m+1}, s_{m+2}, s_{m+3}, \cdots)) \\ \sigma^n(T) = \sigma((\cdots, t_{m-1}, t_m; t_{m+1}, t_{m+2}, t_{m+3}, \cdots)) \end{array} \right\} \tag{A.8.8}$$

式 (A.8.8) 代入距离 d 的定义 (A.8.3) 和 (A.8.4), 得到

$$d\left(\sigma^n\left(S\right),\sigma^n\left(T\right)\right)=\sum_{i=-\infty}^{\infty}\frac{\delta_{i+m+1}}{2^{|i|}}=1+\sum_{\substack{i=-\infty\\i\neq0}}^{\infty}\frac{\delta_{i+m+1}}{2^{|i|}}\geqslant1>\eta \qquad (A.8.9)$$

符号空间上移位自同构反映了混沌的主要特性, 具有初值敏感性和稠密的可数无穷多个周期点, 可作为描述混沌的基本数学模型.

从 1975 年李天岩 (T. Y. Li) 和约克首次给出混沌的数学定义以来, 数学家们致力于探索严格而包括对象又足够广泛的混沌定义. 一般认为混沌映射应满足三个条件: (1) 周期点稠密, (2) 有稠密轨道, (3) 具有对初始条件的敏感依赖性. 条件 (1) 表明混沌映射不同于完全的随机运动, 含有规律性的成分. 条件 (2) 表明混沌映射具有不可分解性, 不能被分解成两个在映射作用下彼此无关的子系统. 条件 (3) 表明混沌映射具有不可长期预测性. 1992 年有人证明了一个让人们意外的结论, 上述条件 (3) 仅是条件 (1) 和 (2) 的自然推论. 1994 年又有人对于定义域为实数的映射证明了条件 (1) 和 (3) 都仅是条件 (2) 的推论. 但无论怎样定义混沌, 移位自同构都是典型的呈现混沌性态的映射.

A.8.2 斯梅尔马蹄映射

非线性振动等实际问题中涉及的系统往往不能直接应用符号动力系统进行讨论, 但可通过拓扑共轭建立两系统之间的动力学等价性. 两个系统 (X_i,f_i) $(i=1,2)$, 若存在同胚映射 $h:X_1\to X_2$, 使得

$$h\circ f_1=f_2\circ h \qquad (A.8.10)$$

其中 "∘" 表示函数的复合关系, 则称两个系统 (X_1,f_1) 和 (X_2,f_2) 为**拓扑共轭**. 同胚映射可逆, 式 (A.8.10) 也可以写作

$$f_2=h\circ f_1\circ h^{-1} \qquad (A.8.11)$$

可以证明, 两个拓扑共轭的系统具有完全等价的动力学行为, 也即是 5.1.1 节所称的拓扑轨道等价. 前面已经说明符号动力学 (Σ_A,σ) 具有混沌性态, 因此与

(Σ_A,σ) 拓扑共轭的系统也将呈现混沌性态. 这样, 可以把所讨论系统混沌性态的问题转化为与 (Σ_A,σ) 拓扑共轭关系的问题.

与符号动力学 (Σ_A,σ) 拓扑共轭的一个直观实例为斯梅尔马蹄变换在其不变集上产生的动力学系统. 斯梅尔马蹄变换是将正方形竖直方向伸长、水平方向压缩后弯成马蹄形再放回原正方形中的映射. 以下将具体构造斯梅尔马蹄映射及其不变集.

考虑平面上的正方形 S. 将正方形在竖直方向上以拉伸比 $\mu>2$ 拉长, 在水平方向上以压缩比 $\nu<1/2$ 压缩, 形成一竖直窄长条, 然后弯成马蹄形, 放回原来的正方形. 如图 A.8.1 所示. 这样构造一个映射 $f: S \to R^2$, 由斯梅尔首先定义, 称为斯梅尔马蹄映射, 简称马蹄映射或斯梅尔马蹄. 马蹄映射 f 及其逆映射 f^{-1} 作用的过程如图 A.8.1 所示. 以下先构造马蹄映射的不变集.

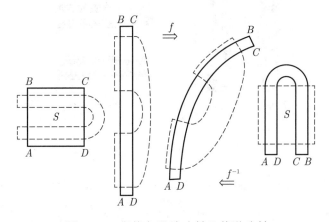

图 A.8.1　斯梅尔马蹄映射及其逆映射

正方形 S 及其映射后的像 $f(S)$ 共同部分 $V = S \cap f(S)$ 为不相交的两个竖条 V_0 和 V_1, 即 $V = V_0 \cap V_1$, 如图 A.8.2(a) 所示, 每个竖条的宽度小于 $1/2$. V 的逆像 $H = f^{-1}(V)$ 是由两个不相交的横条 $H_0 = f^{-1}(V_0)$ 和 $H_1 = f^{-1}(V_1)$ 组成, 即 $H = H_0 \cap H_1$, 如图 A.8.2(b) 所示. 每个横条的厚度小于 $1/2$.

进一步考虑马蹄映射作用两次所成的像和逆像. $F^2(S)$ 与 $S \cap f(S)$ 相交于 4 个竖条 V_{00}, V_{01}, V_{11} 和 V_{10}. $S \cap f(S) \cap f^2(S) = V_{00} \cup V_{01} \cup V_{11} \cup V_{10}$, 如图 A.8.3(a) 所示. 4 个竖条经过 f^{-2} 作用分别生成 4 个横条 H_{00}, H_{01}, H_{11} 和

H_{10}. $S \cap f^{-1}(S) \cap f^{-2}(S) = H_{00} \cup H_{01} \cup H_{11} \cup H_{10}$, 其中 $H_{jk} = f^{-2}(V_{jk})$. 如图 A.8.3(b) 所示.

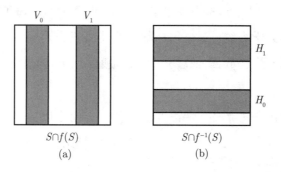

图 A.8.2 马蹄映射的像和逆像

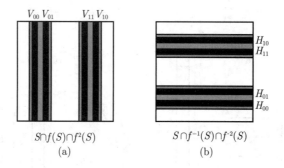

图 A.8.3 2 次马蹄映射的像和逆像

再考虑马蹄映射像与逆像的交集. 如图 A.8.4(a) 所示, 1 次马蹄映射的像与逆像的交集 $\Lambda_1 = f^{-1}(S) \cap S \cap f(S)$ 由 4 个小正方形构成. 如图 A.8.4(b) 所示, 2 次马蹄映射的像与逆像的交集 $\Lambda_2 = f^{-2}(S) \cap f^{-1}(S) \cap S \cap f(S) \cap f^2(S)$ 由 16 个小正方形构成.

一般地, k 次马蹄映射的像与逆像的交集

$$\Lambda_k = f^{-k}(S) \cap \cdots \cap f^{-2}(S) \cap f^{-1}(S) \cap S \cap f(S) \cap f^2(S) \cap \cdots \cap f^k(S) \quad \text{(A.8.12)}$$

由 2^{2k} 个小正方形构成. Λ_k 中的点在 $j(j \leqslant k)$ 次马蹄映射或逆映射作用后仍在 Λ_k 中. 取 $k \to \infty$, 得到马蹄映射的不变集

$$\Lambda = \lim_{k \to \infty} \Lambda_k \quad \text{(A.8.13)}$$

Λ 中的点不论进行多少次马蹄映射或逆映射仍在 Λ 中. 由于 $\mu > 2$、$\nu < 1/2$, 故当 $k \to \infty$ 时, 每个小正方形收缩为点, 因此 Λ 为无穷点集.

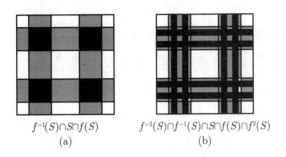

$$f^{-1}(S) \cap S \cap f(S) \qquad\qquad f^{-2}(S) \cap f^{-1}(S) \cap S \cap f(S) \cap f^2(S)$$
$$\text{(a)} \qquad\qquad\qquad\qquad\qquad \text{(b)}$$

图 A.8.4　马蹄映射像与逆像的交集

现建立马蹄映射不变集 Λ 与两个符号的无穷序列所成符号空间 Σ_2 的同胚. 对于任意 $x \in \Lambda$, 定义映射

$$h(x) = (\cdots, a_{-i}, \cdots, a_{-1}; a_1, \cdots, a_i, \cdots) \tag{A.8.14}$$

其中符号序列中的符号

$$a_k = \begin{cases} 0 & f^k(x) \in H_0 \\ 1 & f^k(x) \in H_1 \end{cases} \qquad (k = \pm 1, \cdots, \pm i, \cdots) \tag{A.8.15}$$

可以证明映射 h 连续, 且存在连续的逆映射 h^{-1}. 故 $h : \Lambda \to \Sigma_2$ 为同胚. 根据式 (A.8.14) 和 (A.8.15) 容易验证

$$h \circ f = \sigma \circ h \tag{A.8.16}$$

因此 (Λ, f) 和 (Σ_2, σ) 是拓扑共轭的. 即 f 在 Λ 上的动力学行为是混沌的. 这样也证明了 1963 年斯梅尔得到的著名结果: 马蹄映射具有一个闭不变集, 该不变集包含可数无穷多个周期为任意自然数的周期轨道和非周期轨道的不可数集合, 并存在非周期轨道可以任意接近不变集中任意点.

马蹄映射及其不变集具有结构稳定性. 对映射 f 加以小扰动, 将使映射和逆映射分别得到的竖条和横条由矩形发生轻微变形成为曲边的长条, 仍可以横

跨或纵越原正方形 S, 因而仍然可以彼此相交得到 Λ_k, 只是 Λ_k 由 2^{2k} 个小曲边形而非正方形构成. 对 Λ_k 取极限 $k \to \infty$, 仍能得到不变集 Λ, 使得 (Λ, f) 与 (Σ_2, σ) 拓扑共轭.

斯梅尔马蹄映射可以推广到高维系统. 在动力学系统中发现斯梅尔马蹄映射的存在为研究混沌的一种重要拓扑方法. 以下要讨论的横截同宿点, 就伴随着斯梅尔马蹄的产生.

A.8.3 横截同宿点

对于具体的动力学系统, 为证实斯梅尔马蹄映射的存在, 往往涉及细致的估计. 在实际问题中更为可行的是判断横截同宿点的存在. 横截同宿点为鞍点的稳定流形和不稳定流形横截相交的交点. 这一概念在中 6.4.2 节已进行直观的讨论. 现从理论上分析横截同宿点与斯梅尔马蹄映射的关系, 从而给出具有横截同宿点的映射呈现混沌性态的证明. 为使问题不至于过分抽象, 仅讨论 2 维映射的情形.

先陈述莫泽给出判断马蹄映射存在的一个定理. 仍研究 (x, y) 平面上的正方形 $S = [0,1] \times [0,1]$. 若对 $y \in [0,1]$ 有 $0 \leqslant v(y) \leqslant 1$ 且存在常数 ν 使得

$$|v(y_1) - v(y_2)| \leqslant \nu |y_1 - y_2|, \quad y_1, y_2 \in [0, 1] \tag{A.8.17}$$

则称曲线 $x = v(y)$ 为**竖直曲线**. 若对 $y \in [0,1]$ 两条竖直曲线 $x = v_1(y)$ 和 $x = v_2(y)$ 满足 $0 \leqslant v_1(y) < v_2(y) \leqslant 1$ 则称集合

$$V = \{(x, y) \,|\, y \in [0, 1], \quad v_1(y) \leqslant x \leqslant v_2(y)\} \tag{A.8.18}$$

为**竖直条**. 构成竖直条 V 的两条竖直曲线间最大距离

$$d(V) = \max_{y \in [0,1]} |v_1(y) - v_2(y)| \tag{A.8.19}$$

称为竖直条 V 的**宽度**. 类似地可以定义**水平曲线** $y = h(x)$、**水平条** H 及其宽度 $d(H)$. 现设 S 中有 m 个互不相交的竖直条 V_i 和水平条 H_i $(i = 1, 2, \cdots, m)$. 定义于 S 上的微分同胚 f 满足条件: (1) $f(H_i) = V_i$ $(i = 1, 2, \cdots, m)$, 且边界仍映为边

界；(2) 对竖直条 $V \subset \overset{m}{\underset{i=1}{\cup}} V_i$, $f(V) \cap V_i$ 也是竖直条，且有 $d(f(V) \cap V_i) \leqslant \nu d(V)$，其中 $0 < \nu < 1$ 为常数；(3) 对水平条 $H \subset \overset{m}{\underset{i=1}{\cup}} H_i$, $f^{-1}(H) \cap H_i$ 也是水平条，且有 $d(f^{-1}(H) \cap H_i) \leqslant \nu d(V)$，则可以证明存在 S 的子集 Λ 使 (Λ, f) 与 (Σ_2, σ) 拓扑共轭。条件 (1) 表明 f 将至少两个水平条映为竖直条，条件 (2) 表明 f 在水平方向压缩，条件 (3) 表明 f 在竖直方向拉伸。因此莫泽上述结论是斯梅尔马蹄映射构造方法的推广。

利用上述结论研究具有同宿点的映射 f. 其关键是构造两个被映为竖直条的水平条。考察 f 的双曲鞍点 $\boldsymbol{p}_s$，不失一般性设 $\boldsymbol{p}_s$ 的稳定流形 $W^s(\boldsymbol{p}_s)$ 的切线比不稳定流形 $W^u(\boldsymbol{p}_s)$ 的切线更接近水平方向。取包含 $\boldsymbol{p}_s$ 邻近一段包含稳定流形的水平条 H_1，如图 A.8.5 所示，存在正整数 I，使得在 f^I 作用下 H_1 映射为包含不稳定流形的竖直条 V_1，且 $f^I(H_1) = V_1$.

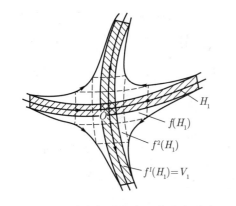

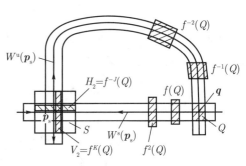

图 A.8.5　鞍点邻域的水平条和竖直条　　图 A.8.6　鞍点与同宿点的水平条与竖直条

再取包含 $\boldsymbol{p}_s$ 的正方形 S 使 $S \cap H_1$ 和 $S \cap V_1$ 分别为水平条和竖直条，如图 A.8.6. S 在映射 f 作用下的像沿 $W^u(\boldsymbol{p}_s)$ 拉伸，同宿点 $\boldsymbol{q} \in W^u(\boldsymbol{p}_s)$，故存在正整数 J 使得 $\boldsymbol{q} \in f^J(S)$. 在逆映射 f^{-1} 作用下 S 的像沿 $W^s(\boldsymbol{p}_s)$ 拉伸，同宿点 $\boldsymbol{q} \in W^s(\boldsymbol{p}_s)$，故存在正整数 K 使得 $\boldsymbol{q} \in f^{-K}(S)$. 令 $Q = f^J(S) \cap f^{-K}(S)$，则 $\boldsymbol{q} \in Q$. $H_2 = f^{-J}(Q)$ 为 S 内在 $W^s(\boldsymbol{p}_s)$ 上方的水平条，$V_2 = f^K(Q)$ 为 S 内在 $W^u(\boldsymbol{p}_s)$ 右方的竖直条，可取 H_1 和 V_1 充分窄使得 H_1 和 H_2、V_1 和 V_2 各不相交。映射 f^{J+K} 将 H_2 映为 V_2 且边界映为边界。取 $N = \max\{I, J+K\}$，则 H_1

和 H_2 在映射 f^N 之下映为两纵向穿越正方形 S 的竖直条. 可以验证前述莫泽定理的条件满足, 故存在正整数 N 和 S 的子集 Λ 使得动力学系统 (Λ, f^N) 和 (Σ_2, σ) 拓扑共轭. 上述横截同宿点伴随着混沌的结论称为**斯梅尔–伯克霍夫同宿定理**.

A.8.4　拓扑意义上的混沌与可观测的混沌

拓扑方法描述的仅是具有混沌性态的不变集, 不一定具有吸引性. 从实验或数值计算中可观测的混沌必须是具有吸引性的不变集, 即混沌吸引子, 并且要求有足够大的吸引盆. 因此, 对于实际系统, 即使可以判定具有拓扑意义上的混沌不变集, 仍没有充分理由断定该不变集就是实际观测到的混沌. 这是拓扑方法的局限所在, 也是以混沌的拓扑描述为基础的解析预测方法的局限所在.

尽管混沌的拓扑描述存在上述局限, 横截同宿点的出现仍为预测混沌提供了重要的线索. 双曲鞍点的稳定流形是不同吸引子的吸引盆边界, 它与不稳定流形横截相交后, 这种盆边界变得极为复杂而成为分形盆边界. 如 6.3.3 节所述, 吸引盆的分形盆边界伴随着对初值的敏感性, 因此, 横截同宿点是混沌出现的一种先兆.

上述不变集本身也具有分形性质. 可以证明, 集合 Σ_Λ 在式 (A.8.3) 定义的距离下是紧致、完全和完全不连通的空间, 根据拓扑学中的相关定理它与康托集合同胚. 斯梅尔马蹄映射中不变集 Λ 的分形特征更为直观.

附录九　梅利尼科夫函数的推导

当 $\varepsilon \neq 0$ 但充分小时, 系统 (6.5.1) 存在唯一的双曲周期轨道 $\boldsymbol{x}_{s\varepsilon}(t) = \boldsymbol{p}_0 + O(\varepsilon)$. 因此, 系统 (6.5.1) 的庞加莱映射存在唯一双曲鞍点 $\boldsymbol{p}_{s\varepsilon} = \boldsymbol{p}_0 + O(\varepsilon)$. 此时 $\boldsymbol{p}_{s\varepsilon}$ 的稳定流形和不稳定流形不再重合, 但仍可认为充分接近 $\varepsilon = 0$ 时的同宿轨道 $\boldsymbol{x}^{\mathrm{h}}(t - \tau)$, 如图 6.11 所示. 故可设其位于稳定流形和不稳定流形上的轨道的方程分别为

$$\boldsymbol{x}^{\mathrm{s}}(t, \tau) = \boldsymbol{x}^{\mathrm{h}}(t - \tau) + \varepsilon \boldsymbol{x}_1^{\mathrm{s}}(t, \tau) + O\left(\varepsilon^2\right) \tag{A.9.1}$$

$$\boldsymbol{x}^{\mathrm{u}}(t, \tau) = \boldsymbol{x}^{\mathrm{h}}(t - \tau) + \varepsilon \boldsymbol{x}_1^{\mathrm{u}}(t, \tau) + O\left(\varepsilon^2\right) \tag{A.9.2}$$

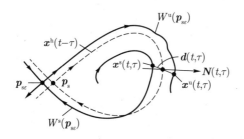

图 A.9.1　推导梅利尼科夫函数示意图

在时刻 t 的稳定流形和不稳定流形上两点的位移为

$$\boldsymbol{d}(t, \tau) = \boldsymbol{x}^{\mathrm{s}}(t, \tau) - \boldsymbol{x}^{\mathrm{u}}(t, \tau) = \varepsilon\left(\boldsymbol{x}_1^{\mathrm{s}}(t, \tau) - \boldsymbol{x}_1^{\mathrm{u}}(t, \tau)\right) + O\left(\varepsilon^2\right) \tag{A.9.3}$$

将位移 $\boldsymbol{d}(t, \tau)$ 投影到未受扰动系统的同宿轨道 $\boldsymbol{x}^{\mathrm{h}}$ 在 t 时刻的点 $\boldsymbol{x}^{\mathrm{h}}(t - \tau)$ 处的法线 $\boldsymbol{N}$, 如图 A.9.1 所示

$$\boldsymbol{N}(t, \tau) = \left(-f_2\left(\boldsymbol{x}^{\mathrm{h}}(t - \tau)\right), f_1\left(\boldsymbol{x}^{\mathrm{h}}(t - \tau)\right)\right) \tag{A.9.4}$$

其中 f_1、f_2 为 $\boldsymbol{f}$ 的投影. 对于向量 $\boldsymbol{a}=(a_1,a_2)^{\mathrm{T}}$ 和 $\boldsymbol{b}=(b_1,b_2)^{\mathrm{T}}$ 定义算子 $\wedge$

$$\boldsymbol{a} \wedge \boldsymbol{b} = a_1 b_2 - a_2 b_1 \tag{A.9.5}$$

得到

$$d_N(t,\tau) = \boldsymbol{N} \cdot \boldsymbol{d} = \boldsymbol{f} \wedge \boldsymbol{d} = \varepsilon \left(d_N^{\mathrm{s}} - d_N^{\mathrm{u}} \right) + O\left(\varepsilon^2\right) \tag{A.9.6}$$

其中

$$d_N^{\mathrm{s}} = \boldsymbol{f} \wedge \boldsymbol{x}_1^{\mathrm{s}} \quad , \quad d_N^{\mathrm{u}} = \boldsymbol{f} \wedge \boldsymbol{x}_1^{\mathrm{u}} \tag{A.9.7}$$

对 d_N^{s} 取时间微分, 得到

$$\dot{d}_N^{\mathrm{s}} = \dot{\boldsymbol{f}} \wedge \boldsymbol{x}_1^{\mathrm{s}} + \boldsymbol{f} \wedge \dot{\boldsymbol{x}}_1^{\mathrm{s}} = \mathbf{D}\boldsymbol{f} \cdot \dot{\boldsymbol{x}}^{\mathrm{h}} \wedge \boldsymbol{x}_1^{\mathrm{s}} + \boldsymbol{f} \wedge \dot{\boldsymbol{x}}_1^{\mathrm{s}} \tag{A.9.8}$$

其中 $\mathbf{D}\boldsymbol{f}$ 在 $\boldsymbol{x}^{\mathrm{h}}$ 处计算. 将式 (A.9.1) 代入式 (6.4.1), 略去 ε^2 及其更高阶的项, 得到

$$\dot{\boldsymbol{x}}_1^{\mathrm{s}} = \mathbf{D}\boldsymbol{f} \cdot \boldsymbol{x}_1^{\mathrm{s}} + \boldsymbol{g}\left(\boldsymbol{x}^{\mathrm{h}}\left(t-\tau\right), t\right) \tag{A.9.9}$$

式 (A.9.1) 略去与 ε^2 同阶项后, 和式 (A.9.9) 代入式 (A.9.8), 得到

$$\dot{d}_N^{\mathrm{s}} = \mathbf{D}\boldsymbol{f} \cdot \boldsymbol{f} \wedge \boldsymbol{x}_1^{\mathrm{s}} + \boldsymbol{f} \wedge \mathbf{D}\boldsymbol{f} \cdot \boldsymbol{x}_1^{\mathrm{s}} + \boldsymbol{f} \wedge \boldsymbol{g} \tag{A.9.10}$$

整理为

$$\dot{d}_N^{\mathrm{s}} = \mathrm{tr}\left(\mathbf{D}\boldsymbol{f}\right) \boldsymbol{f} \wedge \boldsymbol{x}_1^{\mathrm{s}} + \boldsymbol{f} \wedge \boldsymbol{g} \tag{A.9.11}$$

即

$$\dot{d}_N^{\mathrm{s}} = \mathrm{tr}\left(\mathbf{D}\boldsymbol{f}\right) d_N^{\mathrm{s}} + \boldsymbol{f} \wedge \boldsymbol{g} \tag{A.9.12}$$

式 (A.9.12) 为关于 d_N^{s} 的一阶非齐次线性常微分方程, 可从 τ 到 $+\infty$ 积分得

$$d_N^{\mathrm{s}}\left(+\infty,\tau\right) - d_N^{\mathrm{s}}\left(\tau,\tau\right) = \int_\tau^{+\infty} \boldsymbol{f} \wedge \boldsymbol{g} \mathrm{e}^{-\int_0^{t-\tau} \mathrm{tr}\left(\mathbf{D}\boldsymbol{f}\left(\boldsymbol{x}^{\mathrm{h}}(z)\right)\right)\mathrm{d}z} \mathrm{d}t \tag{A.9.13}$$

利用式 (A.9.7) 和 (6.4.3) 并注意到 $\boldsymbol{p}_{\mathrm{s}}$ 为 (6.4.2) 的平衡点, 有

$$d_N^{\mathrm{s}}\left(+\infty,\tau\right) = \boldsymbol{f}\left(\boldsymbol{x}^{\mathrm{h}}\left(+\infty-\tau\right)\right) \wedge \boldsymbol{x}_1^{\mathrm{s}} = \boldsymbol{f}\left(\boldsymbol{p}_{\mathrm{s}}\right) \wedge \boldsymbol{x}_1^{\mathrm{s}} = 0 \tag{A.9.14}$$

故

$$d_N^s\left(\tau,\tau\right) = -\int_{\tau}^{+\infty} \boldsymbol{f} \wedge \boldsymbol{g} \mathrm{e}^{-\int_0^{t-\tau} \mathrm{tr}\left(\mathbf{D}\boldsymbol{f}\left(\boldsymbol{x}^{\mathrm{h}}(z)\right)\right)\mathrm{d}z}\mathrm{d}t \qquad (A.9.15)$$

同理, 有

$$d_N^{\mathrm{u}}\left(\tau,\tau\right) = \int_{-\infty}^{\tau} \boldsymbol{f} \wedge \boldsymbol{g} \mathrm{e}^{-\int_0^{t-\tau} \mathrm{tr}\left(\mathbf{D}\boldsymbol{f}\left(\boldsymbol{y}^{\mathrm{h}}(z)\right)\right)\mathrm{d}z}\mathrm{d}t \qquad (A.9.16)$$

由式 (A.9.6)、(A.9.15) 和 (A.9.16) 知, 若定义梅利尼科夫函数

$$M\left(\tau\right) = \int_{-\infty}^{+\infty} \boldsymbol{f}\left(\boldsymbol{x}^{\mathrm{h}}\left(t-\tau\right)\right) \wedge \boldsymbol{g}\left(\boldsymbol{x}^{\mathrm{h}}\left(t-\tau\right),t\right) \mathrm{e}^{-\int_0^{t-\tau} \mathrm{tr}\left(\mathbf{D}\boldsymbol{f}\left(\boldsymbol{x}^{\mathrm{h}}(z)\right)\right)\mathrm{d}z}\mathrm{d}t \quad (A.9.17)$$

则有

$$d_N\left(\tau,\tau\right) = -\varepsilon M\left(\tau\right) + O\left(\varepsilon^2\right) \qquad (A.9.18)$$

进行积分变量变换, 式 (A.9.17) 可导出 6.5.3 节中的梅利尼科夫函数表达式 (6.5.4). 从上述推导过程, 尤其是式 (A.9.18) 可知, 梅利尼科夫函数是稳定流形与不稳定流形距离投影的 1 阶量.

附录十　什尔尼科夫定理的证明思路

研究三维连续动力学系统

$$
\left.
\begin{aligned}
\dot{x} &= \alpha x - \beta y + P(x,y,z) \\
\dot{y} &= \beta x + \alpha y + Q(x,y,z) \\
\dot{z} &= \lambda z + R(x,y,z)
\end{aligned}
\right\} \tag{A.10.1}
$$

其中光滑函数 P, Q, R 及其导数在原点 $O(0,0,0)$ 处均为零. 因此原点 O 为系统 (A.10.1) 的平衡点. 若设 $\alpha<0$ 和 $\lambda>0$, 则原点 O 为系统 (A.10.1) 的鞍焦点. 进一步假设系统 (A.10.1) 存在鞍焦型同宿轨道 Γ 当 $t \to \pm\infty$ 时都趋于原点 O. 以下在特征值满足

$$
\lambda > -\alpha > 0 \tag{A.10.2}
$$

时, 构造庞加莱映射使之具有斯梅尔马蹄映射的性质.

在三维相空间原点附近定义有限圆柱面 Σ_0 和平面 Σ_1, 分别为

$$
\Sigma_0 = \left\{ (x,y,z) \,\middle|\, x^2 + y^2 = r_0^2, 0 < z < z_1 \right\} \tag{A.10.3}
$$

$$
\Sigma_1 = \left\{ (x,y,z) \,\middle|\, x^2 + y^2 < r_0^2, 0 < z = z_1 \right\} \tag{A.10.4}
$$

若 r_0 和 z_1 充分小, 可以认为在 Σ_0 和 Σ_1 上及其所围成空间区域中系统 (A.10.1) 可用一次近似系统

$$
\left.
\begin{aligned}
\dot{x} &= \alpha x - \beta y \\
\dot{y} &= \beta x + \alpha y \\
\dot{z} &= \lambda z
\end{aligned}
\right\} \tag{A.10.5}
$$

代替. 由式 (A.10.5) 解出

$$
\begin{pmatrix}
x\left(t\right) \\
y\left(t\right) \\
z\left(t\right)
\end{pmatrix}
=
\begin{pmatrix}
\mathrm{e}^{\alpha t}\left[x\left(0\right)\cos\beta t - y\left(0\right)\sin\beta t\right] \\
\mathrm{e}^{\alpha t}\left[x\left(0\right)\sin\beta t + y\left(0\right)\cos\beta t\right] \\
z\left(0\right)\mathrm{e}^{\lambda t}
\end{pmatrix}
\tag{A.10.6}
$$

设 $(x(0),\,y(0),\,z(0))$ 为 Σ_0 上任意点, 令 $\theta=\arctan(y(0)/x(0))$, 则该点位置可用 $(\theta,\,z)$ 描述. 相应地 Σ_1 上点可用 (x,y) 描述. 由式 (A.9.6) 中 $z(t)$ 的表达式, 该点沿相轨迹到 Σ_1 的时间满足 $z_1 = z(0)\mathrm{e}^{\lambda t_0}$, 即 $t_0 = \ln(z_1/z(0))/\lambda$. 定义映射 $\boldsymbol{\Psi}$: $\Sigma_0 \to \Sigma_1$, 使 Σ_0 上任意点对应于以该点为起始点的相轨迹与 Σ_1 的交点, 如图 A.10.1 所示. 将时间 t_0 代入式 (A.9.6) 中 $x(t)$ 和 $y(t)$ 的表达式, 令 $\gamma = \beta t_0 = \beta\ln(z_1/z(0))/\lambda$, 得到映射 $\boldsymbol{\Psi}$ 的表达式

$$
\begin{aligned}
\boldsymbol{\Psi}\left(\theta,z\right) &= \left(\Psi_1\left(\theta,z\right),\Psi_2\left(\theta,z\right)\right) \\
&= \left(r_0\left(\frac{z_1}{z}\right)^{\frac{\alpha}{\lambda}}\cos\left(\theta+\gamma\right), r_0\left(\frac{z_1}{z}\right)^{\frac{\alpha}{\lambda}}\sin\left(\theta+\gamma\right)\right)
\end{aligned}
\tag{A.10.7}
$$

注意到映射 $\boldsymbol{\Psi}$ 将 Σ_0 上的线段 (θ 为常数) 映为 Σ_1 上环绕 z 轴的对数螺线.

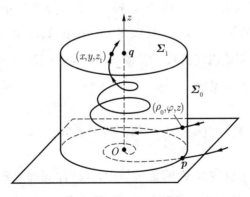

图 A.10.1　截面 Σ_0 和 Σ_1 及映射 $\boldsymbol{\Psi}$ 示意图

微分式 (A.10.7), 得到映射 $\boldsymbol{\Psi}$ 的雅可比矩阵

$$\mathbf{D\Psi}(\theta, z) = \begin{pmatrix} \dfrac{\partial \psi_1}{\partial \theta} & \dfrac{\partial \psi_1}{\partial z} \\[2mm] \dfrac{\partial \psi_2}{\partial \theta} & \dfrac{\partial \psi_2}{\partial z} \end{pmatrix}$$

$$= r_0 \left(\frac{z_1}{z}\right)^{\alpha/\lambda} \begin{pmatrix} \cos\gamma & -\sin\gamma \\ \sin\gamma & \cos\gamma \end{pmatrix} \begin{pmatrix} -\sin\theta & \dfrac{-\alpha\cos\theta + \beta\sin\theta}{\lambda z} \\[3mm] \cos\theta & \dfrac{-\alpha\sin\theta - \beta\cos\theta}{\lambda z} \end{pmatrix}$$

$$\tag{A.10.8}$$

其行列式为

$$\det\left(\mathbf{D\Psi}\right) = \frac{1}{\lambda}\alpha r_0^2 z_1^{2\alpha/\lambda} z^{-(1+2\alpha/\lambda)} \tag{A.10.9}$$

式 (A.10.9) 表明 Σ_0 中的铅垂线段 $\{(\theta,z)|\theta = 常数, 0 < z < z_0\}$ 被映射为最大半径为 $r_0(z_1/z_0)^{\alpha/\lambda}$ 的对数螺线, 且当 $z_0 \to \infty$ 时, 线段长度被拉伸为无穷.

设原点 O 的不稳定流形 $W^{\mathrm{u}}(O)$ 分别与 Σ_0 和 Σ_1 相交于 $\boldsymbol{p}$ 和 $\boldsymbol{q}$. 不失一般性设 $\boldsymbol{p}$ 在 x 轴上, 即 $\theta=0$. z_1 取充分小, 可设 $\boldsymbol{q}$ 在 z 轴上. 沿 $W^{\mathrm{u}}(O)$ 从 $\boldsymbol{q}$ 到 $\boldsymbol{p}$ 不存在平衡点, 故可以从 Σ_1 上包含 $\boldsymbol{q}$ 的小邻域到圆柱面

$$\tilde{\Sigma}_0 = \left\{(x,y,z)\,\middle|\,x^2+y^2 = r_0^2, |z| < z_1\right\} \tag{A.10.10}$$

上包含 $\boldsymbol{p}$ 的小邻域定义微分同胚 $\boldsymbol{\Phi}$, 它将 Σ_1 上含 $\boldsymbol{q}$ 邻域中任意点映到从该点出发相轨迹与 $\tilde{\Sigma}_0$ 的第一个交点, 且满足 $\boldsymbol{\Phi}(\boldsymbol{q})=\boldsymbol{p}$, 如图 A.10.2 所示. 因此, 可以在 Σ_0 上 $\boldsymbol{p}$ 的小邻域内定义庞加莱映射 $\boldsymbol{P}=\boldsymbol{\Phi\Psi}:\Sigma_0 \to \Sigma_0$.

取 Σ_0 上的一个小邻域

$$V = \{(r,\theta,z)\,|\,r = r_0, |\theta| < \delta, 0 < z < \varepsilon\} \tag{A.10.11}$$

其中选择 ε 使 $\boldsymbol{\Psi}(V)$ 包含在 $\boldsymbol{\Phi}$ 的定义域中. 此时, 庞加莱映射 $\boldsymbol{P}$ 在 V 上有定义. $\boldsymbol{\Psi}$ 将 V 中每一条铅垂线段映射为 Σ_1 上环绕 $\boldsymbol{q}$ 的对数螺线, 而 $\boldsymbol{\Phi}$ 又将该对数螺线同胚地映射到 $\tilde{\Sigma}_0$ 上. 若选择 δ 远远大于 ε, 则 $\boldsymbol{P}(V)$ 中每一条对数螺线在达到 V 顶端不再切割 V 之前垂直切割 V 多次, 如图 A.10.3 所示.

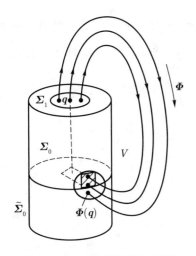

图 A.10.2 庞加莱映射示意图

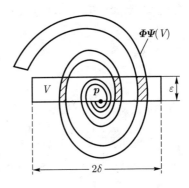

图 A.10.3 V 和 $P(V)$ 示意图

现确定 V 的子集使映射 $\boldsymbol{P}=\boldsymbol{\Phi\Psi}$ 在其上具有斯梅尔马蹄映射的性质. 根据式 (A.10.7), 若 z 沿着 $z \in (z', z'')$ 的铅垂段 $J \subset V$ 变化, 其中 z' 和 z'' 满足 $(\beta/\lambda)(\ln(z_1/z') - \ln(z_1/z'')) = 2\pi$ 即 $z''/z' = \mathrm{e}^{2\pi\lambda/\beta}$, 则 $\boldsymbol{\Psi}(J)$ 使对数螺线旋转一周. $\boldsymbol{\Psi}(J)$ 与 q 之间的距离与 $(z_1/z)^{\alpha/\lambda}$ $(z \in J)$ 同量级. 当式 (A.10.2) 成立时, $z \to 0$ 时有比值 $(z_1/z)^{\alpha/\lambda}/z \to \infty$. 令 V 的定义式 (A.10.11) 中 $\delta > 0$ 为小量, 取 (z', z'') 具有性质: (1) $z''/z' = \mathrm{e}^{2\pi\lambda/\beta}$; (2) z' 和 z'' 充分小, 使 $(z_1/z)^{\alpha/\lambda} < \delta$ 对一切 $z \in (z', z'')$; (3) 若 $|\theta| < \delta$, 则映射 $\boldsymbol{P}(r_0, \theta, z')$ 和 $\boldsymbol{P}(r_0, \theta, z')$ 的像在 $\tilde{\Sigma}_0$ 上. 在 V 中选取子集

$$W = \{(r_0, \theta, z) \in V \,|\, z \in (z', z'')\} \tag{A.10.12}$$

根据 (z', z'') 上述性质, $W \cap \boldsymbol{P}(W)$ 具有斯梅尔马蹄的特点, 如图 A.10.4 所示.

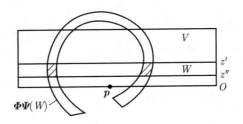

图 A.10.4 W 和 $P(W)$ 示意图

可以从数学上严格证明 $(W, \boldsymbol{P})$ 与 (Σ_2, σ) 拓扑共轭. 为此需要进行一系列数值估计, 然后利用 A.8.3 节所述莫泽定理的一种改进形式, 具体过程此处从略. 参阅文献 [42] 第 318-325 页或文献 [80].

参 考 文 献

[1] Малкин И Г. Методы Ляпунова и Пуанкарев теории нелиннейных колебаний[M]. Ленинград: ОГИЗ, 1949.

(中译本: 马尔金 ИГ. 非线性振动理论中的李雅普诺夫与邦加来方法[M]. 秦元勋, 等, 译. 北京: 科学出版社, 1956.)

[2] Stoker J J. Nonlinear vibrations in mechanical and electrical systems[M]. New York: Interscience Publishers, 1950.

(中译本: 斯托克 J J. 力学及电学系统中的非线性振动[M]. 谢寿鑫, 等译. 上海: 上海科学技术出版社,1963.)

[3] Четаев Н Г. Устойчивость Движение[M]. Москва：ГИТТЛ, 1955.

(中译本：契塔耶夫 Н Г. 运动稳定性[M].   王光亮, 等译. 北京: 国防工业出版社, 1959.)

[4] Митропольский Ю А. Нестационарные Процесы в нелинейныхz ных колебательных системах[M]．Киев: Изд. А Н, 1955.

[5] Боголюбов Н Н, Митропольский Ю А. Асимптотические методы в теорий нелинейных колебаний[M]．Москва：Физматгиз, 1958.

(中译本: 博戈留波夫 Н Н, 米特罗波尔斯基 Ю А. 非线性振动理论中的渐近方法[M]. 金福临, 等译. 上海: 上海科学技术出版社, 1963.)

[6] Kauderer H. Nichtlineare Mechanik[M]. Berlin: Springer-Verlag,1958.

[7] Андронов А А , Витт А А , Хайкин С Э. Теория колебаний[M]. Москва：Физматгиз,1959.

(中译本: 安德罗诺夫 А А, 维特 А А, 哈依金 С Э. 振动理论[M]. 高为柄, 等译. 北京: 科学出版社, 1981.)

[8] Minorsky N. Nonlinear oscillations[M]. Princeton: Van Nostrand, 1962.

[9] Hayashi C. Nonlinear oscillations in physical systems[M]. New York: McGraw-Hill, 1964.

[10] Magnus K. Schwingungen[M]. Stuttgart: Teubner,1969.

[11] Meirovich L. Methods of analytical dynamics[M]. New York: McGraw-Hill, 1970.

[12] Moser J. Stable and random motions in dynamical systems with special emphasis on celestial mechanics[M]. Princeton: Princeton University Press, 1973.

[13] Nayfeh A H. Perturbation method[M]. New York: Wiley,1973.
(中译本: 奈弗 A H. 摄动方法[M]. 王辅俊, 等译. 上海: 上海科学技术出版社, 1984.)

[14] Marsden J E, McCracken M. The Hopf bifurcation and its applications[M]. New York: Springer-Verlag, 1976.

[15] Poore A B. On the theory and applications of the Hopf-Friedrichs bifurcation theory[J]. *Archive for Rational Mechanics and Analysis*, 1976, 60: 371-393.

[16] Nekhoroshev N N. An exponential estimate of the time of stability of nearly-integrable Hamitonian systems[J]. *Russian Mathematical Surveys*, 1977, 32(6): 1-65.

[17] Abraham R, Marsden J E. Foundations of mechanics: a mathematical exposition of classical mechanics with an introduction to the qualitative theory of dynamical systems and applications to the three-body problem[M]. Massachusetts: Benjamin, 1978.

[18] Nayfeh A H, Mook D T. Nonlinear oscillations[M]. New York: John Willy & Sons, 1979.
(中译本: 奈弗 A H, 穆克 D T. 非线性振动[M]. 宋家骕, 等译. 北京: 高等教育出版社, 1990.)

[19] Carr J. Applications of centre manifold theory[M]. New York: Springer-Verlag, 1981.

[20] Hassard B D, Kazarinoff N D, Wan Y H. Theory and applications of Hopf bifurcation[M]. Cambridge: Cambridge University Press, 1981.

[21] Nayfeh A H. Introduction to perturbation techniques[M]. New York: John Willy & Sons, 1981.
(中译本: 奈弗 A H. 摄动方法导论[M]. 宋家骕, 等译. 上海: 上海翻译出版公司, 1990.)

[22] Chow S N, Hale J K. Methods of bifurcation theory[M]. New York: Springer-Verlag, 1982.

[23] Kubicek M, Marek M. Computational methods in bifurcation theory and dissipative structures[M]. New York: Springer-Verlag, 1983.

[24] Szlenk W. An Introduction to the theory of smooth dynamical systems[M]. New York: John Wiley & Sons, 1984.

[25] 朱照宣. 非线性动力学中的混沌[J]. 力学进展. 1984, 14(2): 129-143.

[26] Nayfeh A H. Problems in perturbation[M]. New York: John Wiley & Sons, 1985.
(中译本: 奈弗 A H. 摄动方法习题集 [M]. 宋家骕, 等译. 上海: 上海翻译出版公司, 1990.)

[27] Golubitsky M, Schaeffer D G. Singularities and groups in bifurcation theory: Vol 1[M].

New York: Springer-Verlag, 1985.

[28] 季文美, 方同, 陈松淇. 机械振动[M]. 北京: 科学出版社, 1985.

[29] Sanders J A, Verhulst F. Averaging methods in nonlinear dynamical systems[M]. New York: Springer-Verlag, 1985.

[30] 张芷芳, 丁同仁, 黄文灶, 董镇喜. 微分方程定性理论[M]. 北京: 科学出版社, 1985.

[31] 郑兆昌, 丁奎元. 机械振动 (中册)[M]. 北京: 机械工业出版社, 1986.

[32] Hsu C S. Cell-to-cell mapping: a method of global analysis for nonlinear systems[M]. New York: Springer-Verlag, 1987.

[33] Golubitsky M, Stewart I, Schaeffer D G. Singularities and groups in bifurcation theory: Vol 2 [M]. New York: Springer-Verlag, 1988.

[34] Wiggins S. Global bifurcations and chaos: Analytical Methods[M]. New York: Springer-Verlag, 1988.

[35] Arnold V I. Mathematical methods of classical mechanics[M]. 2nd ed. New York: Springer-Verlag, 1989.

[36] Ding M, Grebogi C, Ott E. Evolution of attractors in quasi-periodically forced systems: from quasiperiodic to strange nonchaotic to chaos[J]. *Physical Reviews A*, 1989, 39: 2593-2598.

[37] Kreuzer K. 非线性动力学系统的数值研究[M]. 凌复华, 译. 上海: 上海交通大学出版社, 1989.

[38] Hao Bai-Lin. Elementary symbolic dynamics and chaos in dissipative systems[M]. Singapore: World Scientific, 1989.

[39] 李继彬. 混沌与 Melnikov 方法[M]. 重庆: 重庆大学出版社, 1989.

[40] Parker T S, Chua L O. Practical numerical algorithms for chaotic systems[M]. New York: Springer-Verlag, 1989.

[41] 朱正佑, 程昌钧. 分支问题的数值计算方法[M]. 兰州: 兰州大学出版社, 1989.

[42] Guckenheimer J, Holmes P. Nonlinear oscillations, dynamical systems, and bifurcations of Vector Fields[M]. 3rd ed. New York: Springer-Verlag, 1990.
(中译本：顾肯海默 J, 霍姆斯 P. 非线性振动, 动力学系统与向量场的分支[M]. 金成桴, 何燕琍, 译. 哈尔滨: 哈尔滨工业大学出版社,2021.)

[43] Wang D. An introduction to the normal form theory of ordinary differential equations[J]. *Advance in Mathematics*, 1990, 19(1): 38-71.

[44] Kapitaniak T. Chaotic oscillations in mechanical systems[M]. Manchester: Manchester

University. Press, 1991.

[45] Zaslavsky G M, Sagdeev R Z, Usikov D A, Chemikov A A. Weak chaos and quasi-regular patterns[M]. Cambridge: Cambridge University Press, 1991.

[46] Tong X, Rimrott F P J. Numerical studies on chaotic planar motion of satellites in an elliptic orbit[J]. *Chaos Solitons and Fractals*, 1991, 1: 176-186.

[47] Yim S C S, Lin H. Chaotic behavior and stability of free-standing offshore equipment[J]. *Ocean Engineering*, 1991, 18(3): 225-250.

[48] Yeh J P, Dimaggio F. Chaotic motion of pendulum with support in circular orbit[J]. *Journal of Engineering Mechanics*, 1991, 117(2):329-347.

[49] 陈予恕, 唐云, 陆启韶, 等. 非线性动力学中的现代分析方法[M]. 北京: 科学出版社, 1992.

[50] Lichtenberg A J, Lieberman M A. Regular and chaotic dynamics[M]. 2nd ed. New York: Springer-Verlag, 1992.

[51] Tufillaro N B, Abbott T, Relly J. An experimental approach to nonlinear dynamics and chaos[M]. New York: Addison-Wesley, 1992.

[52] 王海期. 非线性振动[M]. 北京: 高等教育出版社,1992.

[53] 王照林. 运动稳定性及其应用[M]. 北京: 高等教育出版社, 1992.

[54] 陈予恕. 非线性振动系统的分岔和混沌理论[M]. 北京: 高等教育出版社, 1993.

[55] 戴德成. 非线性振动[M]. 南京: 东南大学出版社, 1993.

[56] 黄安基. 非线性振动[M]. 成都: 西南交通大学出版社, 1993.

[57] Nayfeh A H. Method of normal forms[M]. New York: John Wiley & Sons, 1993.

[58] 郑伟谋, 郝柏林. 实用符号动力学[M]. 上海: 上海科技教育出版社, 1994.

[59] 武际可, 苏先樾. 弹性系统的稳定性[M]. 北京: 科学出版社, 1994.

[60] 周作领. 符号动力系统[M]. 上海: 上海科技教育出版社, 1994.

[61] Beletsky V V. Reguläre und Chaotische Bewegung Starrer Körper[M]. Stuttgart: Springer, 1995.

[62] 陆启韶. 分岔与奇异性[M]. 上海: 上海科技教育出版社, 1995.

[63] Nayfeh A H, Balachandran B. Applied nonlinear dynamics: analytical, computational, and experiment methods[M]. New York: John Wiley & Sons, 1995.

[64] Suire G, Cederbaum G. Periodic and chaotic behavior of viscoelastic nonlinear (elastica) bars under harmonic excitations[J]. *International Journal of Mechanical Science*, 1995, 37: 753-772.

[65] 汪秉宏. 弱混沌与准规则斑图[M]. 上海：上海科技教育出版社, 1995.

[66] 王光瑞, 陈光旨. 非线性常微分方程的混沌运动[M]. 南宁：广西科学技术出版社, 1995.

[67] 程崇庆, 孙义燧. 哈密顿系统中的有序与无序运动[M]. 上海：上海科技教育出版社, 1996.

[68] 褚亦清, 李翠英. 非线性振动分析[M]. 北京：北京理工大学出版社, 1996.

[69] Kapitaniak T. Controlling chaos: theoretical and practical methods in nonlinear dynamics[M]. New York: Academic, 1996.

[70] Lakshmanan M, Murali K. Controlling chaos in nonlinear oscillators[M]. Singapore: World Scientific, 1996.

[71] 邱家俊. 机电耦联动力系统的非线性振动[M]. 北京：科学出版社, 1996.

[72] Wittenburg J. Schwingungslehre[M]. Berlin: Springer-Verlag, 1996.

[73] Chen G R, Moiola J L. Hopf bifurcation analysis: A frequency domain approach[M]. Singapore: World Scientific, 1997.

[74] Mitropolskii Y A, Dao M V. Applied asymptotic methods in nonlinear oscillations[M]. Dordrecht: Springer, 1997.

[75] Chen G R, Dong X. From Chaos to order: methodologies, perspectives and applications[M]. Singapore: World Scientific, 1998.

[76] Kawakami H. Numerical methods for chaotic dynamical systems[M]. Singapore: World Scientific, 1998.

[77] Kitchens B P. Symbolic dynamics: one-sided, two-sided and countable state Markov shifts[M]. New York: Springer-Verlag, 1998.

[78] Kuznetsov Y A. Elements of applied bifurcation theory[M]. 2nd ed. New York: Springer, 1998.

[79] Nusse H E, Yorke J A. Dynamics: numerical explorations[M]. 2nd ed. New York: Springer, 1998.

[80] Shilnikov L. Mathematical problems of nonlinear dynamics: a tutorial[J]. *International Journal of Bifurcation and Chaos*, 1998, 8 (9): 1953-2001.

[81] 唐云. 对称性分岔理论基础[M]. 北京：科学出版社, 1998.

[82] 周纪卿, 朱因远, 非线性振动[M]. 西安：西安交通大学出版社, 1998.

[83] 胡岗. 混沌控制[M]. 上海：上海科技教育出版社, 2000.

[84] 胡海岩. 应用非线性动力学[M]. 北京：航空工业出版社, 2000.

[85] 刘延柱, 陈立群. 非线性动力学[M]. 上海：上海交通大学出版社, 2000.

[86] Nayfeh A H. Nonlinear interactions: analytical, computational, and experimental methods[M]. New York: John Wiley and Sons, 2000.

[87] Virgin L N. Introduction to experimental nonlinear dynamics: a case study in mechanical vibration[M]. Cambridge: Cambridge University Press, 2000.

[88] Pikovsky A, Rosenblum M, Kurths J. Synchronization: a universal concept in nonlinear science[M]. Cambridge: Cambridge University Press, 2001.

[89] 舒仲周, 张继业, 曹登庆. 运动稳定性[M]. 北京: 中国铁道出版社, 2001.

[90] 王光瑞, 丁熙龄, 陈式刚. 混沌的控制、同步与利用[M]. 北京: 国防工业出版社, 2001.

[91] 闻邦椿, 李以农, 韩清凯. 非线性振动理论中的解析方法及工程应用[M]. 沈阳: 东北大学出版社, 2001.

[92] Chen L Q, Liu Y Z. Chaotic attitude motion of a magnetic rigid spacecraft and its control[J]. *International Journal of Non-Linear Mechanics*, 2002, 37(3): 493-504.

[93] 陈予恕. 非线性振动[M]. 北京: 高等教育出版社, 2002.

[94] 刘曾荣. 混沌研究中的解析方法[M]. 上海: 上海大学出版社, 2002.

[95] Ott E. Chaos in dynamical systems[M]. 2nd ed. Cambridge: Cambridge University Press, 2002.

[96] Thompson J M T, Stewart H B. Nonlinear dynamics and chaos[M]. 2nd ed. New York: John Wiley & Sons, 2002.

[97] Chen G R, Hill D J, Yu X H. Bifurcation control: theory and applications[M]. New York: Springer, 2003.

[98] Wiggins S. Introduction to applied nonlinear dynamical systems and chaos[M]. 2nd ed. New York: Springer, 2003.

[99] 杨绍普, 申永军. 滞后非线性系统的分岔与奇异性[M]. 北京: 科学出版社, 2003.

[100] Szemplinska-Stupnicka W. Chaos, bifurcations and fractals around us: a brief introduction[M]. Singapore: World Scientific, 2003.

[101] Allgower E L, Georg K. Introduction to numerical continuation methods[M]. Philadelphia: SIAM, 2004.

[102] Moon F C. Chaotic and fractal dynamics: an introduction for applied scientists and engineers[M]. Weinheim: Wiley-VCH, 2004.

[103] 罗冠炜, 谢建华. 碰撞振动系统的周期运动和分岔[M]. 北京: 科学出版社, 2004.

[104] Nayfeh A H, Pai P F. Linear and nonlinear structural mechanics[M]. Hoboken: John Wiley & Sons, 2004.

[105] 金栋平, 胡海岩. 碰撞振动与控制[M]. 北京: 科学出版社, 2005.

[106] Schuster H G. Deterministic Chaos: an introduction[M]. 4th ed. New York: VCH, 2005.

[107] Awrejcewicz J, Krysko V. Introduction to asymptotic methods[M]. New York: Chapman & Hall/CRC, 2006.

[108] 陈关荣, 汪小帆. 动力系统的混沌化: 理论、方法与应用[M]. 上海: 上海交通大学出版社, 2006.

[109] Hirsch M W, Smale S, Devaney R L. Differential equations, dynamical systems, and an introduction to chaos[M]. Singapore: Elsevier, 2006.

[110] 廖世俊. 超越摄动[M]. 北京: 科学出版社, 2006.

[111] Tel T, Gruiz M. Chaotic dynamics: an introduction based on classical mechanics[M]. Cambridge: Cambridge University Press, 2006.

[112] 陈树辉. 强非线性振动系统的定量分析方法[M]. 北京: 科学出版社, 2007.

[113] Fradkov A L. Cybernetical physics: from control of chaos to quantum control[M]. Berlin: Springer-Verlag, 2007.

[114] 李继彬, 赵晓华, 刘正荣. 广义哈密顿系统理论及其应用[M]. 2 版. 北京: 科学出版社, 2007.

[115] 闻邦椿, 李以农, 徐培民, 等. 工程非线性振动[M]. 北京: 科学出版社, 2007.

[116] Zaslavsky G M. The physics of chaos in Hamiltonian systems[M]. 2nd ed. London: Imperial College Press, 2007.

[117] Balanov A, Janson N, Postnov D, Sosnovtseva O. Synchronization: from simple to complex[M]. Berlin: Springer-Verlag, 2009.

[118] 丁文镜. 自激振动[M]. 北京: 清华大学出版社, 2009.

[119] 陆启韶, 彭临平, 杨卓琴. 常微分方程与动力系统[M]. 北京: 北京航空航天大学出版社, 2010.

[120] Mickens R E. Truly nonlinear oscillations: harmonic balance, parameter expansions, iteration, and averaging methods[M]. Singapore: World Scientific, 2010.

[121] Seydel R. Practical bifurcation and stability analysis[M]. 3rd ed. New York: Springer, 2010.

[122] Marinca V, Herisanu N. Nonlinear dynamical systems in engineering: some approximate approaches[M]. Dordrecht: Springer, 2011.

[123] Liu Y, Chen L. Chaos in attitude dynamics of spacecraft[M]. Beijing: Tsinghua University Press, Berlin: Springer, 2013.

[124] Dumas H S. The KAM story: a friendly introduction to the content, history, and significance of classical Kolmogorov-Arnold-Moser theory[M]. Singapore: World Scientific, 2014.

[125] Wagg D, Neild S. Nonlinear vibration with control[M]. 2nd ed. New York: Springer, 2015.

[126] Xing J T. Energy flow theory of nonlinear dynamical systems with applications[M]. New York: Springer, 2015.

[127] Magnus K, Popp K, Sextro W. Schwingungen: Grundlagen-Modelle-Beispiele[M]. Wiesbaden: Springer Vieweg, 2016.

[128] 刘延柱. 开尔文定理的一个注记及其应用[J]. 动力学与控制学报, 2016, 14(1): 14-18.

[129] 唐驾时, 符文彬, 钱长照, 等. 非线性系统的分岔控制[M]. 北京: 科学出版社, 2016.

[130] 刘延柱, 陈立群, 陈文良. 振动力学[M]. 3 版. 北京: 高等教育出版社, 2019.

[131] 侯祥林, 孙长春, 赵晓旭. 工程非线性振动[M]. 沈阳: 东北大学出版社,2019.

[132] Esmailzadeh E, Younesian D, Askari H. Analytical methods in nonlinear oscillations[M]. Dordrecht: Springer, 2019.

[133] Krack M, Gross J. Harmonic balance for nonlinear vibration problems[M]. Switzerland: Springer, 2019.

索　引

外国人名译名对照表

Abraham, R.	亚伯拉罕	Galilei G.	伽利略
Baker, J. G.	贝克	Gollub, J. P.	郭勒卜
Bendixon, I. O.	本迪克松	Golubitsky, M.	戈鲁比茨基
Bernoulli, D. I.	伯努利	Grebogi, C.	格鲍吉
Birkhoff, G. D.	伯克霍夫	Hadamard, J. S.	阿达玛
Bowen, R.	鲍文	Hamilton, W. R.	哈密顿
Cantor, G.	康托	Haupt, O.	霍普特
Cartwright, M. L.	卡特莱特	Hausdoff, F.	豪斯多夫
Cauchy, A. L.	柯西	Hayashi, C.	林千博
Cooleyk, J. W.	库利	Heiles, C.	海尔斯
d'Alembert, J. le R.	达朗贝尔	Helmholtz, H.	亥姆霍兹
Den Hartog, J. P.	邓哈托	Henon, M.	埃侬
Duffing, G.	达芬	Hill, G. W.	希尔
Duhamel, J. M. C.	杜阿梅尔	Holmes, P. J.	霍尔姆斯
Euclid	欧几里得	Hopf, E.	霍普夫
Euler, L.	欧拉	Huygens, C.	惠更斯
Faraday, M.	法拉第	Jackson, E. A.	杰克逊
Feigenbaum, F. J.	费根鲍姆	Jacobi, C. G. J.	雅可比
Floquet, G.	弗洛凯	Jordan, M. E. C.	若尔当
Fourier, J. B. J.	傅里叶	Kaplan, L. D.	卡普兰

Kelvin Lord	开尔文	Poisson, S-D.	泊松
Kelley, A.	凯利	Pomeau, Y.	玻莫
Lagrange, J. L.	拉格朗日	Rayleigh, J. W. S.	瑞利
Landau, L. D.	朗道	Rulle, D.	茹厄勒
Levinson, N.	莱文森	Sacker, R. J.	沙克
Li, T. Y.	李天岩	Schaeffer, D. G.	沙弗
Lindstedt, A.	林滋泰德	Schmidt, E.	施密特
Lienard	李纳	Sinai, Y. G.	西奈
Lipschitz, R. O. S.	利普希茨	Smale, S.	斯梅尔
Littlewood, J. E.	李特尔伍德	Sturrock, P. A.	斯特罗克
Manneville, P.	曼维尔	Swinney, H. L.	斯文尼
Marsden, J. E.	马斯登	Tait, P. G.	泰特
Mather, J. N.	马瑟	Takens, F.	塔肯斯
Mathieu, E.	马蒂厄	Thom, R.	托姆
Melde, F.	麦尔德	Tukky, J. W.	特基
Metropolis, N.	米特罗波利斯	Ueda, Y.	上田
Mobius, A. F.	默比乌斯	Van der Pol, B.	范德波尔
Morse, M.	莫尔斯	Whitney, H.	惠特尼
Moser, J.	莫泽	Wiener, N.	维纳
Nayfeh, A. G.	奈弗	Wisdom, J.	威兹德姆
Newhouse, S. E.	纽豪斯	Wronsky, H. J. M.	朗斯基
Newton, I.	牛顿	Yorke, J. A.	约克
Noether, E.	诺特	Андронов, А. А.	
Ott, E.	奥特	(Andronov A. A.)	安德罗诺夫
Peixoto, M.	比索杜	Арнольд, В. И.	
Perron, O.	佩龙	(Arnol'd, V. I.)	阿诺德
Pliss, V.	普利斯	Боголюбов, Н. Н.	
Poincaré, H.	庞加莱	(Bogoliubov, N. N.)	博戈留波夫

Галёркин, В. А.

(Chetayev, N. G.)　切塔耶夫

Четаев, Н. Г.

(Galerkin, B. G.)　伽辽金

Колмогоров, А. Н.

(Kolmogorov, A. N.)柯尔莫戈洛夫

Крылов, Н. М.

(Krylov, N. M.)　克雷洛夫

Ляпунов, А. М.

(Lyapunov, A. M.)　李雅普诺夫

Мельников, В. К.

(Melnikov, V. K.)　梅利尼科夫

Митропольский, Ю. А.

(Mitropolsky, Y. A.)米特罗波尔斯基

Неймарк, Ю. И.

(Neimark, Y. I.)　内依马克

Понтрягин, Л. С.

(Pontryagin, L. S.)　庞特里亚金

Хинчин, А. Я.

(Khinchin, A. Y.)　辛钦

Шилников, Л. П.

(Shilnikov, L. P.)　什尔尼科夫

习 题 答 案

第一章

1.1 $kl > mg$ 稳定, $kl < mg$ 不稳定

1.2 $V = -\left(\dfrac{\mu}{r} + \dfrac{\omega_c^2 r^2}{2}\right)$, $r_s = \sqrt[3]{\dfrac{\mu}{\omega_c^2}}$, $\left(\dfrac{\mathrm{d}^2 V}{\mathrm{d} r^2}\right)_{r_s} = -3\omega_c^2 < 0$, 不稳定, 与实际情况不符

1.3 (1) 稳定; (2) a 和 b 为正时渐近稳定, a 和 b 为零时稳定, a 和 b 为负时不稳定; (3) 渐近稳定; (4) 渐近稳定; (5) $a>0$ 时不稳定, $a=0$ 稳定, $a<0$ 渐近稳定; (6) 渐近稳定; (7) 不稳定; (8) 不稳定

1.4 利用 $V = (ax_1 + bx_2)^3$ 给出证明

1.6 (1) 渐近稳定; (2) 不稳定; (3) $a < -0.5$ 时渐近稳定, $a < -0.5$ 时不能判断, $a > -0.5$ 时不稳定; (4) 渐近稳定

1.11 $\varphi_{s1} = 0$, $\varphi_{s2} = \pm \arccos\left[3g/(2l\omega^2)\right]$

$\omega \leqslant \sqrt{3g/(2l)}$ 时, φ_{s1} 稳定, φ_{s2} 不存在

$\omega > \sqrt{3g/(2l)}$ 时, φ_{s1} 不稳定, φ_{s2} 稳定. $\omega_{cr} = \sqrt{3g/(2l)}$

1.12 $\varphi_{s1} = 0$, $\varphi_{s2} = \pm \arccos\left[(mg + kl)/(2kr)\right]$

$k \leqslant mg/(2r - l)$ 时, φ_{s1} 稳定, φ_{s2} 不存在

$k > mg/(2r - l)$ 时, φ_{s1} 不稳定, φ_{s2} 稳定. $k_{cr} = mg/(2r - l)$

1.14 (1) 不稳定焦点; (2) 不稳定结点; (3) 不稳定退化结点; (4) 中心; (5) 稳定结点; (6) 鞍点; (7) 稳定结点; (8) 稳定焦点

1.15 (1) 稳定结点 (1,0) 和 (0,2), 不稳定结点 (0,0), 鞍点 (0.5,0.5);

(2) 鞍点 (0,0), 不稳定结点 (1,2);

(3) 鞍点 (0,0), 稳定结点 $(-1,-1)$;

(4) 不稳定结点 (2,1), 稳定结点 $(-2,-1)$, 鞍点 (1,2) 和 $(-1,-2)$

1.16 $x_{s1} = \varepsilon a$: 鞍点; $x_{s2} = (1-\varepsilon)a$: 中心

1.17 (1) 半稳定极限环 $x^2 + y^2 = 1$;

(2) 稳定极限环 $x^2 + y^2 = 1$, 不稳定极限环 $x^2 + y^2 = 4$

(3) 不稳定极限环 $x^2 + y^2 = 1$;

(4) 稳定极限环 $x^2 + y^2 = 1$

1.19 $a < -1$ 时奇点 $(0,0)$ 渐近稳定, 无极限环, $a = -1$ 时奇点 $(0,0)$ 渐近稳定, 有半稳定极限环 $x^2 + y^2 = 1$; $0 > a > -1$ 时奇点 $(0,0)$ 渐近稳定, 有不稳定极限环 $x^2 + y^2 = 1 - \sqrt{1+a}$; $a \geqslant 0$ 时奇点 $(0,0)$ 不稳定, 有稳定极限环 $x^2 + y^2 = 1 + \sqrt{1+a}$

1.20 在半平面 $\dot{x} > c/2a$ 和 $\dot{x} < c/2a$ 中均无极限环, 但不能判断是否有与直线 $\dot{x} = c/2a$ 相交的极限环

第二章

2.1 $x = A \sin \omega t + A_3 \sin 3\omega t$

$$\omega^2 = \omega_0^2 \left(1 + \frac{4\mu}{\pi k A}\right), \quad \omega_0^2 = \frac{k}{m}, \quad A_3 = \frac{\mu A}{3 \left(9\mu + 2\pi k A\right)}$$

2.2 $x = A \cos \omega t + A_3 \cos 3\omega t$, $B = F_0/\omega_0^2$, $s = \omega/\omega_0$

$$1 - s^2 + \frac{3\varepsilon}{4} \left(A^2 + A A_3 + 2 A_3^2\right) = \frac{4B}{\pi A}$$

$$1 - 9s^2 + \frac{\varepsilon}{4} \left(\frac{A^3}{A_3} + 6A^2 + 3A_3^2\right) = \frac{4B}{3\pi A_3}$$

2.3 $x = A_0 + A \cos \left(\omega t/2\right) + A_1 \cos \omega t$, $B = F/\omega_0^2$, $s = \omega/\omega_0$

$$\varepsilon A_0^2 + A_0 + \frac{\varepsilon}{2} \left(A^2 + A_1^2\right) = 0$$

$$1 - \frac{s^2}{4} - \frac{A_1}{A} \left(1 - s^2\right) + \frac{\varepsilon A}{2} \left(\frac{A_1}{A} - 1\right) = \frac{B}{A}$$

解存在条件: $\varepsilon \sqrt{A^2 + A_1^2} \leqslant 1/\sqrt{2}$

2.4 $\dot{a} = -\dfrac{\varepsilon}{\omega_0} Q\left(a,b\right)$, $\dot{b} = \dfrac{\varepsilon}{\omega_0} P\left(a,b\right)$

$$Q\left(a,b\right) = \frac{1}{2\pi} \int_0^{2\pi} f\left(a\cos\psi + b\sin\psi, -a\omega_0\sin\psi + b\omega_0\cos\psi\right) \sin\psi \,\mathrm{d}\psi$$

$$P\left(a,b\right) = \frac{1}{2\pi} \int_0^{2\pi} f\left(a\cos\psi + b\sin\psi, -a\omega_0\sin\psi + b\omega_0\cos\psi\right) \cos\psi \,\mathrm{d}\psi$$

2.5 $\left(k_1 + \dfrac{3}{4} k_2 A^2 - m\omega^2\right)^2 + \left(\dfrac{4\mu mg}{\pi A}\right)^2 = \left(\dfrac{F}{A}\right)^2$

2.6 $x\left(t\right) = a \cos \left[\left(1 - \dfrac{\varepsilon a^2}{8}\right) \omega_0 t + \alpha\right]$

2.7 $x(t) = a\cos\left[\left(1 + \dfrac{3\varepsilon_1 a^2}{8} + \dfrac{5\varepsilon_2 a^4}{16}\right)\omega_0 t + \alpha\right]$

2.8 $\left(1 + 4c^2 x^2\right)\ddot{x} + 4c^2\dot{x}^2 x + \left(2gc - \omega^2\right)x = 0$

$$x(t) = a\cos\left[\omega_0\left(1 - c^2 a^2\right)t + \alpha\right], \quad \omega_0 = \sqrt{2gc - \omega^2}$$

2.9 $\left(\dfrac{1}{12}l^2 + r^2\varphi^2\right)\ddot{\varphi} + r^2\varphi\dot{\varphi}^2 + gr\varphi\cos\varphi = 0$

$$\phi(t) = a\cos\left\{\omega_0\left[1 - \dfrac{3}{16}\left(1 + \dfrac{20r^2}{l^2}\right)a^2\right]t + \alpha\right\}, \quad \omega_0 = \dfrac{2}{l}\sqrt{3gr}$$

2.10 $\left(m_1 l^2 + m_2 x^2\right)\ddot{x} + m_2 x\dot{x}^2 + \left(kl + m_2 g\right)lx = 0$

$$x(t) = a\cos\left[\left(1 + \dfrac{m_2 a^2}{8m_1 l^2}\right)\omega_0 t + \alpha\right], \quad \omega_0 = \sqrt{\dfrac{k}{m_1} + \dfrac{m_2 g}{m_1 l}}$$

2.11 $x(t) = a\cos\left[\left(1 - \varepsilon^2 a^2\right)t + \alpha\right] - \varepsilon a^2$

2.12 $x(t) = ae^{-\varepsilon\delta t}\cos\left(t - \dfrac{3a^2}{8\delta}e^{-2\varepsilon\delta t} + \alpha\right)$

2.13 $x(t) = a\left(1 - \dfrac{\varepsilon\delta a^2}{4}t\right)\cos\left[\left(1 + \dfrac{3\varepsilon b a^2}{8}\right)t + \alpha\right]$

2.14 (1) $x(t) = a\cos\left[\left(1 + \dfrac{4\varepsilon a}{3\pi\omega_0^2}\right)\omega_0 t + \alpha\right]$

(2) $x(t) = \left[\left(a + \dfrac{\delta_1}{\pi\omega_0\delta_2}\right)e^{-\varepsilon\delta_2 t} - \dfrac{\delta_1}{\pi\omega_0\delta_2}\right]\cos(\omega_0 t + \alpha)$

(3) $x(t) = \dfrac{a\cos(t + \alpha)}{e^{\varepsilon\delta_1 t} + \dfrac{4\delta_2\omega_0 a}{3\pi\delta_1}\left(e^{\varepsilon\delta_1 t} - 1\right)}$

2.15 $x(t) = \left(a - \dfrac{2\rho\omega_0}{\pi k}t\right)\cos\left[\left(1 + \dfrac{2\mu}{\pi ka}\right)\omega_0 t + \theta_0\right], \quad \omega_0 = \sqrt{\dfrac{k}{m}}$

2.16 $\omega = \omega_0\left[1 + \dfrac{\varepsilon a_0^2\sqrt{mk}}{2\pi}G(\alpha)\right]$, 其中 $\alpha = a/a_0$

$$G(\alpha) = \begin{cases} 0 & (\alpha \leqslant 1) \\ \left(3 + \dfrac{3\alpha^2}{4}\right)\left[\arccos\left(\dfrac{1}{\alpha}\right) - \dfrac{2}{\alpha}\sqrt{1 - \left(\dfrac{1}{\alpha}\right)^2}\right] & (\alpha > 1) \end{cases}$$

2.17 $x = a\cos(\omega_0 t + \theta) + a_1\cos(\omega_1 t + \theta_1) + a_2\cos(\omega_2 t + \theta_2)$

$$a_i = \frac{F_i}{\omega_0^2 - \omega_i^2} \quad (i = 1, 2)$$

(1) $\dot{a} = -\varepsilon\delta a - \dfrac{\varepsilon b a_1 a_2}{2\omega_0}\sin(\theta_1 - \theta_2 - \theta)$

$\dot{\theta} = \dfrac{\varepsilon b a_1 a_2}{2\omega_0 a}\cos(\theta_1 - \theta_2 - \theta)$

(2) $\dot{a} = -\varepsilon\delta a - \dfrac{\varepsilon b a_1 a_2}{2\omega_0}\sin(\theta_1 + \theta_2 - \theta)$

$\dot{\theta} = \dfrac{\varepsilon b a_1 a_2}{2\omega_0 a}\cos(\theta_1 + \theta_2 - \theta)$

2.18 $x = a\mathrm{e}^{2(\mathrm{i}\omega_0 t + \theta)}\left[\mathrm{e}^{\varepsilon t} - \dfrac{3\varepsilon(2s\omega_0 + \mathrm{i})\,a^2}{4\omega_0(1 + 4s^2\omega_0^2)}\mathrm{e}^{2(\mathrm{i}\omega_0 t + \theta)}\right]$

$u = \dfrac{(1 - 2\mathrm{i}s\omega_0)\,a^2}{1 + 4s^2\omega_0^2}\mathrm{e}^{2(\mathrm{i}\omega_0 t + \theta)}$

2.19 $A_{10} = 2\sqrt{2}\sqrt{\dfrac{\omega_{10}^2\varphi(2 - \varphi) - \omega_{20}^2(\varphi - 1)}{\omega_{10}^2\varphi(2 - \varphi^3) - \omega_{20}^2(1 + \varphi^3)}}, \quad A_{20} = \varphi A_{10}$

2.20 $\dot{a}_1 = \dfrac{\varepsilon b_1}{4\omega_{10}}a_1 a_2\sin(\theta_2 - 2\theta_1) - \dfrac{\varepsilon F_1}{2\omega_{10}}\sin\theta_1$

$\dot{\theta}_1 = -\dfrac{\varepsilon b_1}{4\omega_{10}}a_2\cos(\theta_2 - 2\theta_1) - \dfrac{\varepsilon F_1}{2\omega_{10}a_1}\cos\theta_1$

$\dot{a}_2 = \dfrac{\varepsilon b_2 a_1^2}{4\omega_{20}}\sin(2\theta_1 - \theta_2) - \dfrac{\varepsilon F_2}{2\omega_{20}}\sin\theta_2$

$\dot{\theta}_2 = -\dfrac{\varepsilon b_2 a_1^2}{4\omega_{20}a_2}\cos(2\theta_1 - \theta_2) - \dfrac{\varepsilon F_2}{2\omega_{20}a_2}\cos\theta_2$

2.21 $x_i = a_i\cos(\omega_{i0}t + \theta_i) \quad (i = 1, 2, 3), \quad \varphi = \theta_3 - \theta_1 - \theta_2$

$\dot{a}_1 = -\dfrac{\varepsilon b_1 a_2 a_3}{4\omega_{01}}\sin\varphi, \quad \dot{\theta}_1 = -\dfrac{b_1 a_2 a_3}{4\omega_{01}a_1}\cos\varphi$

$\dot{a}_2 = -\dfrac{\varepsilon b_2 a_3 a_1}{4\omega_{02}}\sin\varphi, \quad \dot{\theta}_2 = -\dfrac{\varepsilon b_2 a_3 a_1}{4\omega_{02}a_2}\cos\varphi$

$\dot{a}_3 = -\dfrac{\varepsilon b_3 a_1 a_2}{4\omega_{03}}\sin\varphi, \quad \dot{\theta}_3 = -\dfrac{b_3 a_1 a_2}{4a_3\omega_{03}}\cos\varphi$

2.22 $\dot{a}_1 = -\Gamma a_2^2\cos\varphi, \quad \dot{\theta}_1 = (\Gamma/a_1)\sin\varphi, \quad \dot{a}_2 = \dot{\theta}_2 = 0$

$\Gamma = \dfrac{1}{2\beta}\left[1 - \dfrac{\omega_{20}(\alpha - \omega_{10}^2)}{\omega_{10}(\alpha - \omega_{20}^2)}\right], \quad \varphi = \theta_1 - 2\theta_2 + \varepsilon\sigma T_1$

第三章

3.2 (1) 能, 否; (2) 趋于静止; (3) $\Delta E = 2M \arctan{(h/a)}$

3.3 $\ddot{\varphi} + \left(\dfrac{2l'}{l}\right)\dot{\varphi}^2 + \left(\dfrac{g}{l}\right)\varphi = 0,\quad \dfrac{\mathrm{d}y}{\mathrm{d}x} = -\left(\dfrac{g}{l}\right)\dfrac{x}{y} - 2\varepsilon_0\,|y|,\quad y = \dot{\varphi}$

$$\varepsilon_0 > 0:\text{自激振动},\quad \varepsilon_0 < 0:\text{衰减振动}$$

3.4 $\ddot{x} - \varepsilon\dot{x}(1 - \delta x^2) + \omega_0^2 x = 0$

$$\varepsilon = \dfrac{M'(\Omega) + c_{\mathrm{d}}}{ml^2},\quad \delta = \dfrac{M''(\Omega)}{6\,[M'(\Omega) + c_{\mathrm{d}}]},\quad \omega_0^2 = \dfrac{g}{l}$$

3.5 $\Delta a = \dfrac{2mg}{k}\,(f_{\mathrm{R}} - f_{\mathrm{L}})$

3.6 $\varphi(0) > F_0/k,\quad \varphi(t_{\mathrm{d}}) < F_0/k$

3.8 $I \geqslant \dfrac{\pi c a^2}{2\omega_{\mathrm{d}}\,(a^2 - x_0^2)}$, a 为振幅

$$\omega_{\mathrm{d}} = \omega_0\sqrt{(1 - \zeta^2)},\quad \omega_0 = \sqrt{k/J},\quad \zeta = c/(2J\omega_0)$$

3.9 $\omega = 1 + \dfrac{3\varepsilon}{2}$, $a = 2$

3.10 $\dot{a} = \dfrac{\varepsilon a}{2}\left(1 - \dfrac{a^2}{4}\right),\quad \dot{\theta} = 0$

$$x(t) = \dfrac{2}{\sqrt{1 + \left(\dfrac{4}{a_0^2} - 1\right)\mathrm{e}^{-\varepsilon t}}}\cos\left[\left(2 + \dfrac{3\varepsilon}{2}\right)t + \alpha\right]$$

3.11 $\omega = 1,\quad a = \sqrt[4]{8} \approx 1.68$

3.12 $\dot{a} = \dfrac{\varepsilon a}{2}\left(1 - \dfrac{a^2}{8}\right),\quad \dot{\theta} = 0$

$$x(t) = \sqrt{\dfrac{8}{1 + \left(\dfrac{8}{a_0^2} - 1\right)\mathrm{e}^{-\varepsilon t}}}\cos(t + \alpha)$$

第四章

4.1 $\ddot{\xi} + (\delta + 2\varepsilon\cos\omega t)\xi = 0$

$\delta = \omega_0^2\left(1 + \dfrac{3}{2}\mu a^2\right),\quad \varepsilon = \dfrac{3}{4}\omega_0^2\mu a^2$, 周期运动稳定

4.2 $\delta = -\dfrac{4mgl}{J\omega^2},\quad \varepsilon = \dfrac{2mal}{J},\quad \omega > \dfrac{1}{a}\sqrt{\dfrac{2Jg}{ml}}$

4.3 $\delta = \dfrac{4\,(K - F_0 a)}{J\omega^2}$, $\varepsilon = \dfrac{2a\Delta F}{J\omega^2}$, 稳定

4.4 $\delta = \dfrac{mgL}{Fl}$, $\varepsilon = \dfrac{2y_0}{l}$, $\omega = 2\sqrt{\dfrac{F}{mL}}$, 稳定

4.5 $\delta = \dfrac{4F_0}{ml\omega^2}$, $\varepsilon = \dfrac{2F_1}{ml\omega^2}$, 稳定

4.6 $\delta = \dfrac{4F_0}{ml_0\omega^2}$, $\varepsilon = \dfrac{2R\Delta\varphi}{ml_0\omega^2}\left(ES + \dfrac{F_0}{l_0}\right)$

4.7 $k = -\dfrac{3EI}{l^3}\delta = \dfrac{12EI}{l_0^3 m\omega^2}$, $\varepsilon = \dfrac{6l_1 EI}{l_0^4 m\omega^2}$, 稳定

4.8 $\dfrac{4g}{l_0\omega^2} > 1 + \dfrac{2\mu g}{l_0\omega^2}$ 或 $\dfrac{4g}{l_0\omega^2} < 1 - \dfrac{2\mu g}{l_0\omega^2}$

4.9 $\dfrac{4}{\omega^2}\left(\dfrac{g}{l} - \Omega_0^2\right) > 1 + \dfrac{4\mu\Omega_0^2}{\omega^2}$

   或 $\dfrac{4}{\omega^2}\left(\dfrac{g}{l} - \Omega_0^2\right) < 1 - \dfrac{4\mu\Omega_0^2}{\omega^2}$

4.10 $\dfrac{4}{\omega^2}\left(\dfrac{g}{l} - \Omega_0^2\right) > 1 + \dfrac{4\mu\Omega_0^2}{\omega^2}\sqrt{1 - \left(\dfrac{c}{\mu m l^2 \Omega_0^2}\right)^2}$

   或 $\dfrac{4}{\omega^2}\left(\dfrac{g}{l} - \Omega_0^2\right) < 1 - \dfrac{4\mu\Omega_0^2}{\omega^2}\sqrt{1 - \left(\dfrac{c}{\mu m l^2 \Omega_0^2}\right)^2}$

4.11 $\dot{a} - \left(\dfrac{\varepsilon\sigma}{2}\right)b = 0$, $\dot{b} + \left(\dfrac{\varepsilon\sigma}{2}\right)a = 0$, $a_{\mathrm{s}} = b_{\mathrm{s}} = 0$ 为稳定平衡, 不存在周期运动.

4.12 $\dot{a} - \dfrac{\varepsilon a}{2}\sin 2\theta = 0$, $\dot{\theta} - \dfrac{\varepsilon a}{2}\left(\sigma + \cos 2\theta + \dfrac{3}{4}a^2\right) = 0$

   $a_{\mathrm{s}} = 2\sqrt{(1-\sigma)/3}$, $\theta_{\mathrm{s}} = \pi/2$, 临界情形不能判断稳定性.

4.13 $\dot{a}_1 + \left\{\dfrac{\omega_{20}^2}{2} + \varepsilon\left[\dfrac{c_{11}}{4} + \sigma\,(\omega_{10} + \omega_{20})\right]\right\}b_1 + \dfrac{c_{12}}{4}b_2 = 0$

   $\dot{b}_1 + \left\{\dfrac{\omega_{20}^2}{2} + \varepsilon\left[\dfrac{c_{11}}{4} + \sigma\,(\omega_{10} + \omega_{20})\right]\right\}a_1 + \dfrac{c_{12}}{4}a_2 = 0$

   $\dot{a}_2 + \dfrac{c_{21}}{4}b_1 + \left\{\dfrac{\omega_{10}^2}{2} + \varepsilon\left[\dfrac{c_{22}}{4} + \sigma\,(\omega_{10} + \omega_{20})\right]\right\}b_2 = 0$

   $\dot{b}_2 + \dfrac{c_{21}}{4}a_1 + \left\{\dfrac{\omega_{10}^2}{2} + \varepsilon\left[\dfrac{c_{22}}{4} + \sigma\,(\omega_{10} + \omega_{20})\right]\right\}a_2 = 0$

第五章

5.1 $\mu = 0$ 在 $(0,0)$ 处叉式分岔

5.2 $\mu=0$ 在 (0,0) 处跨临界叉式分岔

5.3 $\mu=0$ 在 (0,0) 和 $(-2,0)$ 处跨临界分岔, $\mu=-0.25$ 在 $(-1, -0.25)$ 处鞍结分岔

5.4 $\dot{x} = \mu x - 2x^3 + o\left(x^3\right)$ 超临界叉式分岔

5.6 平衡点 $O(0,0)$, $W^{\mathrm{s}}(O)=\{(X,Y) \in R^2 | X =0\}$, $W^{\mathrm{u}}(O)=\{(X,Y) \in R^2 | Y = X^2/3\}$;
$E^{\mathrm{s}}(O) = \{(X,Y) \in R^2 | X = 0\}$, $E^{\mathrm{s}}(O) = \{(X,Y) \in R^2 | Y = 0\}$

5.7 $h(x) = cx^2 + O(x^4)$, $\dot{x} = (a+c)\,x^3 + O\left(x^5\right)$

5.8 $h(x,y) = -x^2 - y^2 + \cdots$; $\dot{x} = -y - x^3 - xy^2 + \cdots$, $\dot{y} = x - x^2 y - y^3 + \cdots$; 稳定

5.9 $\dot{x} = \mu x - 2x^3 + o\left(x^3\right)$ 超临界叉式分岔

5.10 $\dot{u} = 3u + au^3$, $\dot{v} = v$

5.11 $\dot{u} = 3u + au^3$, $\dot{v} = 2v$; $x = u + u^2 + uv + v^2$, $y = v + u^2 + uv$

5.12 $\dot{y}_1 = -y_2 + (ay_1 - by_2)\left(y_1^2 + y_2^2\right)$, $\dot{y}_2 = y_1 + (ay_1 + by_2)\left(y_1^2 + y_2^2\right)$

5.13 $h(x,\mu) = x^3 - (\mu - 0.5)x$, $(x,\mu) = (0,0.5)$ 超临界叉式分岔

5.14 $\mu=0$ 在 (0,0) 霍普夫分岔

5.15 当 $\mu=0$ 时, $\omega = \sqrt{2}$, $c =0.5$, $a = -2\sqrt{2}$, 霍普夫分岔, $\mu>0$ 有稳定极限环

5.16 平衡点 $(q, \mu/q)$ 当 $\mu < 1+q^2$ 时稳定, 当 $\mu > 1+q^2$ 时不稳定; 当 $\mu = 1+q^2$ 时,
$\omega = qc =0.5$, $a = -2q^5 - 4q^3$ 霍普夫分岔, $\mu > 1+q^2$ 有稳定极限环

5.17 变换为极坐标可以得到以 (x_0,y_0,z_0) 为初始条件的解为

$$(x, y, z) = \left(\frac{x_0 \cos \omega t - y_0 \sin \omega t}{\sqrt{x_0^2 + y_0^2} + \left(1 - \sqrt{x_0^2 + y_0^2}\right) \mathrm{e}^{-t}}, \frac{x_0 \sin \omega t + y_0 \cos \omega t}{\sqrt{x_0^2 + y_0^2} + \left(1 - \sqrt{x_0^2 + y_0^2}\right) \mathrm{e}^{-t}}, z\mathrm{e}^{ct} \right)$$

返回平面 $y =0$ 的时间为 $\tau = 2\pi/\omega$, 庞加莱映射为 $P(x,z) = (x/[x + (1-x)\mathrm{e}^{-\tau}], z\mathrm{e}^{c\tau})$; 存在不动点 $(1,0)$, 当 $c>0$ 时雅可比矩阵特征值为 $\mathrm{e}^{-\tau}$ 和 $\mathrm{e}^{c\tau}$, 均小于 1

第六章

6.2 b, 线性系统的李雅普诺夫指数是其特征值的实部

6.3 否, 混沌必须为有界运动

6.5 ln4/ln3

6.6 ln3/ln2

6.7 $-(P_l \ln P_l + P_r \ln P_r)$

6.11 $x_0(t)=2\arctan(\sinh t)$, $\dot{x}_0(t)=2\mathrm{sech}t$; $M(\tau)=2(a + f\mathrm{sech}(\omega\pi/2)\cos(\omega\tau))$; $f>a\cosh(\omega\pi/2)$

6.15 $\ddot{x} + x - x^2 + \varepsilon x \cos \omega t = 0$;

$$x_0(t) = \frac{1}{2}\left(3\tanh^2\left(\frac{t}{2}\right) - 1\right), \quad y_0(t) = \frac{3}{2}\tanh\left(\frac{t}{2}\right)\operatorname{sech}^2\left(\frac{t}{2}\right)$$

$$M(\tau) = \frac{3\pi}{4}\left(1 - \omega^2\right)\csc h\,(\pi\omega)\sin\omega\tau$$

作者简介

  刘延柱 1936 年生。1959 年毕业于清华大学工程力学研究班。1960 年至 1962 年进修于莫斯科大学力学数学系。1962 年至 1973 年任教于清华大学工程力学系。1973 年任教于上海交通大学工程力学系。历任上海交通大学教授、博士生导师、工程力学研究所所长、中国力学学会副理事长。2006 年退休。现为中国力学学会名誉理事。研究领域为陀螺力学、多体系统动力学、非线性动力学、超大变形弹性细杆力学等。著有《陀螺力学》《静电陀螺仪动力学》《航天器姿态动力学》《理论力学》《高等动力学》《振动力学》《非线性振动》《多体系统动力学》《充液系统动力学》《弹性细杆的非线性力学》《刚体动力学理论与应用》《Chaos in Attitude Dynamics of Spacecraft》等著作和教材，以及《趣味刚体动力学》《趣味刚体动力学（第二版）》《趣味振动力学》等科普读物。曾获 1986 年全国教育系统劳动模范，国家自然科学奖四等奖，教育部和上海市四项科技进步奖二等奖，优秀教材奖一等奖两项和二等奖三项，中国力学学会科普教育奖等表彰。

陈立群 1963 年生。1997 年于上海交通大学工程力学系获博士学位。1999年在上海市应用数学和力学研究所完成博士后研究，现为上海大学力学与工程科学学院 "伟长学者" 特聘教授、博士生导师。兼任《Nonlinear Dynamics》和《应用数学和力学 (英文版)》副主编。研究领域为非线性动力学和振动控制，近九年均入选 "中国高被引学者"。著有《振动力学》《非线性动力学》《非线性振动》《理论力学》《Chaos in Attitude Dynamics of Spacecraft》《Dynamics of Vehicle-Road Coupled System》和《Control of Axially Moving Systems》。所获荣誉和表彰有国家杰出青年科学基金、国家 "万人计划" 教学名师、政府特殊贡献津贴、全国优秀博士后、全国模范教师、全国先进工作者等，曾获国家自然科学奖二等奖和上海市教学成果一等奖两项，还获省部级自然科学奖二等奖七项、科技进步奖二等奖四项、教学成果二等奖两项。